U0213196

电缆的选型与应用

主编 常瑞增

机械工业出版社

本书介绍了220kV及以下电缆的选型和应用；包括对导电线芯、绝缘层和保护层材质的比较和选用；对电缆额定电压、中高压电缆金属护层的感应电压和电流等基本性能的选用；按稳定负荷、断续和短时负荷、冲击负荷、允许电压降、短路热稳定、经济电流密度等要求选择电缆截面积；对中性线、保护接地线、金属屏蔽层截面积的选用；对交联聚乙烯绝缘电缆、阻燃电缆、耐火电缆、矿物绝缘电缆、预制分支电力电缆、防（耐）水电力电缆、风电用耐扭曲电力电缆、耐高温电缆、交联聚乙烯绝缘耐寒电缆、防白蚁电缆、氟塑料绝缘电力电缆、通用橡套软电缆、矿用橡套软电缆、船用乙丙橡胶绝缘电缆、常用控制电缆、本质安全型信号控制电缆、常用计算机电缆、中、低压变频器专用电缆、高铁和城市轨道交通用控制信号电缆和交、直流牵引电缆、海底电力电缆、光纤复合低压电力电缆、海底光纤复合电力电缆、光纤电力复合扁形橡套软电缆、电缆附件、电缆型号等内容，说明了其结构特征、技术性能，总结了选用的方法、经验和注意事项，给出许多算例和应用实例。在满足规范标准的前提下和设备电网需求的基础上，探讨了电缆选用的合理性、经济性和实用性。

本书是电气设计、管理和施工维修人员选用电缆的重要工具用书，可供电缆生产和科研部门的技术人员使用以及编写电缆招、投标书人员参考，也可以作为大专院校相关专业师生的参考用书。

图书在版编目（CIP）数据

电缆的选型与应用/常瑞增主编. —北京：机械工业出版社，2016.6
ISBN 978 - 7 - 111 - 53973 - 5

Ⅰ. ①电… Ⅱ. ①常… Ⅲ. ①电缆 - 基本知识 Ⅳ. ①TM246

中国版本图书馆 CIP 数据核字（2016）第 126609 号

机械工业出版社（北京市百万庄大街22号　邮政编码100037）
策划编辑：林春泉　责任编辑：林春泉
责任印制：常天培　责任校对：胡艳萍　陈秀丽
北京京丰印刷厂印刷
2016 年 11 月第 1 版·第 1 次印刷
184mm×260mm·25.5 印张·621 千字
0 001—3 000 册
标准书号：ISBN 978 - 7 - 111 - 53973 - 5
定价：78.00 元

凡购本书，如有缺页、倒页、脱页，由本社发行部调换
电话服务　　　　　　　　　网络服务
服务咨询热线：010-88361066　机 工 官 网：www.cmpbook.com
读者购书热线：010-68326294　机 工 官 博：weibo.com/cmp1952
　　　　　　　010-88379203　金 书 网：www.golden-book.com
封面无防伪标均为盗版　教育服务网：www.cmpedu.com

前　　言

随着新电缆材料的研发、生产，以及电缆制造工艺、设备的不断进步，越来越多的新型电缆正在生产和应用。如交联聚乙烯电缆的制造工艺采用了多项新技术，使其品质越来越优秀，已基本取代了常规的油浸纸绝缘电缆。近年来，超净交联聚乙烯通过化学交联工艺成功地进入超高压电缆市场，大有与充油电缆一决雌雄的趋势。

曾进入辉煌发展年代的聚氯乙烯绝缘电缆因其绝缘燃烧时会释放出氯化氢等有毒气体，危害人体健康。另外，它的稳定剂通常含有重金属，经废弃掩埋后会向外扩散、污染环境。有些地区已明文规定在配电网中不再采用聚氯乙烯绝缘电缆或限制它的生产使用。

合成的乙丙橡胶具有优良的绝缘、耐热老化性能，尤其是其工作温度（90℃）比天然（丁苯）橡胶高25℃，得到越来越广泛的应用，合成的乙丙橡胶软电缆大有取代资源匮乏、价格昂贵的天然橡胶软电缆的趋势。

随着城市和工厂经济建设规模的不断扩大，用电负荷的大量增加，在城市中心地区、人口稠密的小区、工厂内部等地设置了35kV、110kV，甚至220kV室内变配电站，为了供电安全、减少地面用地，使市容或厂容美观，应采用中、高压电缆直接埋地，地下电缆排管、地下电缆沟敷设等。不采用架空裸绞线或架空绝缘电缆。

对高层建筑、超高层建筑、城市轨道交通车站、重要的体育场馆等人员密集的场所，以及重要的政治经济场所，要求选择阻燃、低烟无卤阻燃、耐火电缆，低烟无卤耐火电缆，矿物绝缘电缆等。

高层建筑的大批涌现，超高层建筑的不断增加，对供电可靠性提出了越来越高的要求，电气竖井内的供电干线，先后被母线槽、穿刺线夹、预制分支电缆替代了普通电缆。

我国并网风力发电的主流机型——大型兆瓦级风力发电机组，由于风机大都处于三北（华北、东北、西北）的寒冷性地区；沿海及岛屿的潮湿地带，因此对风电场用电缆提出了特殊要求。

电气化高速铁路的兴建，城市轨道交通的迅猛发展，对电缆提出许多新的更高性能要求。

在电气传动系统中，为了降低变频器高次谐波对电缆及设备的不良影响，降低电机噪声，要求选用变频器专用电缆。

在爆炸危险场所，要求选用本质安全型信号控制电缆或本质安全电路计算机电缆。

为了保证为计算机可靠地输送电能和传递信号，要求选用屏蔽性能优良的计算机用电缆。

我国是海洋大国，由陆地向近岸的海岛或海岛向海岛供电；向石油、天然气等海上生产平台供电，或者海上钻井平台之间的电网连接；海上风力发电与陆地上的联网，都需要提供越来越多的海底电缆。

为了节约成本，降低敷设次数，要求将光纤单元与电力电缆复合在一起，同时输送电能和传输数据，光纤复合低压电缆、光纤复合海底电缆以及光纤电力复合扁形橡套软电缆应运而生。

我们曾经熟悉的一些电缆品种已经被淘汰或渐渐淡出电缆市场，一些采用新材料、新工艺的新品种电缆已经成功的应用。那种凭借经验选择电缆往往是"需要的没选上，选上的不需要"。为此，本书针对设计、管理、施工维修人员选用现行电缆和新品种时，提供必要的基础知识、性能参数，力求理论和经验并重，强调实用性。根据我们的工作经验，参考了许多书籍、杂志，并收集了工厂企业的产品技术资料，总结并给出一些新品种电缆的截面积选择，计算方法，选择应用时应注意的问题和应用实例等。有些新品种电缆还没有国家规范标准，目前执行的是企业标准，书中内容若与新修订的标准规范和有关规程条款不一致时，应以国家公布的现行规范和规程为准。

本书由常瑞增主编，参加编写的还有陈秉祥、刘增敏、王存龄、王璞、常青等。本书在编写中得到机械工业出版社林春泉编审的大力支持和帮助，在此对她表示诚挚的感谢。

由于本书介绍的电缆多为新品种，且水平有限，可能有不够全面，甚至有不对的地方，希望同行们对本书中的错误和不足给与批评指正。

向支持、协助本书编写工作并提供产品技术资料的企业表示感谢！

常瑞增

2016 年 7 月

目　录

电缆是传输电能和电信号的载体，是人们生活、生产不可或缺、用途十分广泛的电工器材。只有对其结构参数、技术性能、用途特点、使用的注意事项等问题有比较清楚的了解，才能根据负荷性质、载流量、电压等级、输电系统类别、敷设方式、环境条件、·运行状况、用户对电缆的特殊要求、较好的性价比等因素恰如其分地选定电缆的型号、规格提出适宜的招标书，使它物有所值。

第1章　电缆结构类型的选择

电缆的基本结构一般主要由以下三部分组成：用于传输电能或信号的导电芯线，保证电能或信号沿导电芯线传输和保证导电芯线与外界隔离而承受电网电压的绝缘层，包覆在绝缘层上起保护密封作用并能使绝缘性能长期保持的保护层。此外，电压等级稍高的电缆，为了将电场、磁场屏蔽在电缆内并保护电缆免受外电磁场影响，一般在导体外和绝缘层外用半导体或金属材料制成屏蔽层；为了使成缆线芯圆整，需要对绝缘线芯空隙进行填充。

1.1　导电线芯的选择

1.1.1　导体材料的选择

金属导电性能最好的是银，其次是铜、铝。由于银的价格昂贵，除在特殊场合及特殊用途下使用银外，各种电缆常用的导体是铜芯线或铝芯线，铜是电的良导体，导电性能仅次于银；机械强度高，易于进行压延、拉丝和焊接等加工，有良好的物理力学性能和优异的工艺性能。

鉴于铜、铝资源趋于减少的状况，铜大约是地球上最早枯竭的矿产资源。从科学发展的角度看问题，以铝代铜是必然的发展趋势。就电线电缆导体而言，由于铝的强度较低，拉制细线比较困难，目前加工软导体和特软导体还不现实。但截面积为 $4mm^2$ 以上的电线电缆完全可以放心采用铝导体，大力推行以铝代铜，既可以保证传输功能，又可以降低投入成本，符合可持续发展的战略。

目前，以铝为基础材料制成的电缆产品在市场上常见的有 0.6/1kV 铝导体的电缆、0.6/1kV 铝合金电缆，还有超高压（500kV）耐热铝合金导线。在欧美电缆市场已使用多年的 0.6/1kV 世德合金低压电力电缆，其导体是采用在铝行业协会的牌号 AA8030 的铝合金制成，该合金是在铝中加入铜、镁、铁、硼、钛、锌、硅等元素。使用该合金制成的导体，经过退火处理，具有良好的防腐性能、抗蠕变特性、导体柔软、抗弯折能力强，最小弯曲半径可以达到 7 倍电缆直径。0.6/1kV 世德合金低压电力电缆在我国逐步推广应用，已经有超过500 个项目使用了世德合金电缆。

应采用铜芯电线电缆的场合如下：

1）需要确保长期运行中连接可靠的回路，如重要电源、重要的操作回路及二次回路、电机的励磁、移动式设备的线路、振动剧烈场合的线路。

2）有爆炸危险或火灾危险场合的线路。

3）对铝腐蚀严重而对铜腐蚀轻微的场合。

4）特别重要的公共建筑物，军队的指挥中心场所，党政的重要办公楼、地铁车站。

5）高温设备旁的场所。

6）与应急系统，消防系统有关的场合。

7）耐火电缆。

8）工作电流较大，需增多电缆根数的场合。

此外，在高层建筑，大、中型计算机房的建筑，重要的公共建筑、适应国外要求的国内外工程和外资工程等应优先选用铜线芯的导体，因为小截面铝导体的接头技术在我国未得到可靠的解决，而铝导体接头部位容易引起火灾事故。

1.1.2　四类不同的电缆导体

按国家标准 GB/T 3956—2008《电缆的导体》或国际标准 IEC 60228《绝缘电缆的导体》的规定，电缆导体分为以下四类：

1）1 类导体为实芯导体，即导体由一根导线构成，有圆形线和扇形线，对于大截面圆形导电线芯，为了减小趋肤效应，有时采用四分割，五分割等分割线芯，分割线芯大多由扇形组成。

2）2 类导体为紧压绞合导体，截面有圆形、扇形、瓦形等几种，其压紧系数（或填充系数）可达 0.9 以上，即其中空隙截面小于 10%，绞制线芯经过紧压，提高了导体结构稳定性，缩小了导体外径，可减少绝缘和护层材料，从而降低电缆重量和生产成本，同时有利于实现导体纵向阻水，是工厂生产能力水平的体现，它是应用最多的电缆导体，但不是衡量电缆质量的技术指标。这里应该指出的是，交联聚乙烯电缆一般采用紧压绞合导体是为了避免挤出和交联时，在压力作用下绝缘料被挤进导体间隙，同时为防止水分通过导体间隙扩散。圆形绞合导体几何形状固定、稳定性好，表面电场比较均匀。10kV 及以上交联聚乙烯电缆一般都采用圆形绞合导体结构，1kV 及以下多芯塑料电缆，为了减小电缆直径，节约材料消耗，有的采用扇形或腰圆形导体结构。

3）5 类导体为通用软导体，即用作一般移动电缆的导体。

4）6 类导体为特软导体，用于特殊移动电缆，如电焊机龙头线。

其中，5 类导体和 6 类导体又分为镀锡铜导体与不镀锡铜导体。

1.1.3　导体的关键指标——20℃直流电阻值

导体是电线电缆的核心构件，占成本比重大，是用户最关心的内容，其结构性能是各种电线电缆设计、加工、检验及使用的依据。在《电缆的导体》标准中，规定了衡量电缆导体合格与否的关键指标——20℃直流电阻的最大值。如果导体截面积偏小或采用不纯的导体材料，导体直流电阻就会比关键指标值大；反之，如果导体截面积偏大，而电缆外径一定，则绝缘厚度变薄（规定绝缘厚度为标称值），这两种情况都不符合要求。导体的直流电阻是导体的一个基本技术指标，但不是导体工作时的电阻。导体工作时的实际电阻与导体工作温度，电流的性质，导体截面积大小和结构状况以及敷设状态等有关。关键指标即标准值见表1-1，常使用的导体截面积、外径和重量等数据均为"标称值"，而"标称值"只是一种名义称为，不规定取值偏差界限，不等于"标准值"，不作衡量指标。

表 1-1　电缆芯线的直流电阻值[1]

标称截面积 /mm²	20℃ 直流电阻≤/(Ω/km)			标称截面积 /mm²	20℃ 直流电阻≤/(Ω/km)		
	Cu		Al		Cu		Al
	1 类/2 类	5 类/6 类	1 类/2 类		1 类/2 类	5 类/6 类	1 类/2 类
1 × 0.5	36.0	39.0	—	1 × 70	0.268	0.272	0.443
1 × 0.75	24.5	26.0	—	1 × 95	0.193	0.206	0.320
1 × 1.0	1.81	1.95	—	1 × 120	0.153	0.161	0.253
1 × 1.5	12.1	13.3	18.1	1 × 150	0.124	0.129	0.206
1 × 2.5	7.41	7.98	12.1	1 × 185	0.099 1	0.106	0.164
1 × 4	4.61	4.95	7.41	1 × 240	0.075 4	0.080 1	0.125
1 × 6	3.08	3.30	4.61	1 × 300	0.060 1	0.064 1	0.100
1 × 10	1.83	1.91	3.08	1 × 400	0.047 0	0.048 6	0.077 8
1 × 16	1.15	1.21	1.91	1 × 500	0.036 6	0.038 4	0.060 5
1 × 25	0.727	0.780	1.20	1 × 630	0.028 3	0.028 7	0.046 9
1 × 35	0.524	0.554	0.868	1 × 800	0.022 1	—	0.036 7
1 × 50	0.387	0.386	0.641	1 × 1 000	0.017 6	—	0.029 1

注：表中的数据为不镀锡铜导体的 20℃ 直流电阻值。镀锡铜导体的电阻值约增大 1%。

1.1.4　1kV 及以下对 1～5 芯线缆的选择条件

1. 单芯电缆

1）线路较长、工作电流较大的回路或水下敷设时，为避免或减少中间接头，或单芯电缆比多芯电缆有较好的综合技术经济时，可选用单芯电缆，但应注意用于交流系统的单芯电缆不得采用磁性材料铠装（如钢带铠装）。

2）低压直流供电回路，当需要时可采用单芯电缆。

2. 2 芯电缆

1）1kV 及其以下电源中性点直接接地时，单相回路的电缆芯数，当保护线和中性线合用同一导体时，应采用 2 芯电缆。

2）直流供电回路，宜采用 2 芯电缆。

3. 3 芯电缆

1）1kV 及其以下电源中性点直接接地时，单相回路的电缆芯数为：当保护线和中性线各自独立时，宜采用 3 芯电缆。

2）除上述 1）的情况外，对三相平衡的交流供电回路宜用 3 芯电缆。

4. 4 芯电缆

1kV 及其以下的 4 芯电缆（3 + 1 电缆），其中的第 4 芯除作为保护接地外，还要输送电力系统在不平衡电流及短路电流。它的大小由不平衡电流及短路电流来确定，但一般不得小于相线的 1/2。20 世纪 90 年代，随着计算机和晶闸管的广泛应用，电路中非线性阻抗大量增加，造成 3 次谐波电流在中性线（PN 线）通过时电流很大，达到了相电流同样大小水平。这样中性线要求扩大到相线截面水平，即所谓 4 等截面。

1kV 及其以下的三相四线制低压配电系统，当保护线和中性线合用同一导体时，应采用

4 芯电缆，而不得采用 3 芯电缆加单芯电缆组合成一回路的方式，甚至直接利用 3 芯电缆的金属护套或铠装层等作中性线的方式。否则，当 3 相电流不平衡时，相当于单芯电缆的运行状态，容易引起工频干扰。对铠装电缆来说，则使铠装发热，从而降低了电缆的载流能力，甚至导致热击穿。

5. 5 芯电缆

1kV 及其以下的三相四线制低压配电系统，有些安全性要求较高的电气装置配电线路，以及有些既要保证电气安全，又要抗干扰接地的通信中心和自动化设备，宜采用 5 芯线的 TN-C 低压配电系统，使保护线（PE 线）和中性线（PN 线）各自独立，缆芯截面积一般为 3 大 2 小或 4 大 1 小或 5 大。建筑部门多数需要 4 + 1 芯结构，其他用户也有要求 3 + 2 芯结构，5 芯电缆以圆形电缆居多。

1.1.5　中、高压电缆芯数的选择

1）对 3 ~ 35kV 三相供电回路电缆芯数的选择。当工作电流较大的回路或电缆敷设于水下时，每回路可选用 3 根单芯电缆；除上述情况外，应选用 3 芯电缆，3 芯电缆可选用普通统包型，也可选用 3 根单芯电缆绞合构造型。

2）对 110kV 三相供电回路，除敷设于湖、海水下等场所且电缆截面不大时可选用 3 芯外，每回路可选用 3 根单芯电缆。

3）对 110kV 以上三相供电回路，每回路应选用 3 根单芯电缆。

4）电气化铁路等高压交流单相供电回路，应选用 2 芯电缆或每回选用 2 根单芯电缆。

5）高压直流输电系统，宜选用单芯电缆；在湖、海等水下敷设时，也可选用同轴型 2 芯电缆。

1.1.6　中、高压 3 芯与 3 根单芯电缆的比较

1）工作电流较大的回路或水下或重要的较长线路，每回路可选用 3 根单芯电缆（注意用于交流系统的单芯电缆不得采用钢带铠装，应采用非磁性铠装电缆），3 根单芯电缆虽然比普通 3 芯电缆投资大，但具有以下优点：

①电缆与柜盘内终端连接时，由于可减免交叉，使电气安全距离较大，改善了安装作业条件。

②对长线路工程，可减少甚至不用电缆中间接头，运行可靠性加大。

③和 3 芯电缆相同截面积下，单芯电缆载流量可增大 10% 左右，在载流量相同的情况下，可选择降低一档的电缆截面积。

④相间绝缘容易保障，若接地短路发生，不易发展成相间短路。

⑤弯曲半径可减小，有利于大截面积电缆的敷设。例如，根据 GB 50054—2011《低压配电设计规范》规定，600/1000V 非金属护套电缆弯曲半径，单芯电缆为 $20D$，多芯电缆为 $15D$（D 为参考直径）。若选 YJV 非铠装 $1 \times 185mm^2$ 单芯电缆的参考直径 $D = 25mm$，其弯曲半径 $R = 20D = 500mm$；而 $4 \times 185mm^2$ 4 芯电缆的参考直径 $D = 58mm$，其弯曲半径 $R = 15D = 870mm$。

⑥电缆运输较为方便，敷设较为容易；一盘电缆可做的比较长。

缺点：电缆本身不能带铠装防护，抗外力破坏能力较差；电缆根数较多，占地面积大；

电缆进出变电站、户外爬塔不好布置；单位造价比 3 芯电缆高；特别是单芯电缆长期运行中如发生金属屏蔽层多点接地，易造成环流，导致电缆发热，最终烧坏电缆。

2）不属于上述情况的线路，应选用 3 芯电缆。3 芯电缆可选用普通绕包型，也可选用 3 根单芯电缆绞合构造型。绞合构造型的特点是把 3 根单芯电缆沿纵向全长采用钢带按恰当螺距以螺旋方式环绕或按适当间距以间隔或捆扎形成 1 根整体，不像绕包 3 芯电缆各缆芯之间需有填充料。3 芯电缆无论在线路安全性、单位造价、占地面积等多方面都具有单芯电缆所没有的优点。

对于 35kV 电压等级的电缆，除负荷容量特别大、3 芯电缆截面载流量不能满足要求，需要选择单芯大截面电缆。一般情况下，对于 $500mm^2$ 及以下截面电缆，还是以选择 3 芯电缆较为适宜。

因此，负荷容量不是特别大，3 芯电缆截面载流量能满足要求的情况下，一般对于 $500mm^2$ 及以下截面电缆，还是以选择 3 芯电缆较为适宜。

1.2　常用绝缘层材质的选择

因为电缆的芯线处于高电位，有大电流通过，所以电缆绝缘层主要承受电压作用，保证多芯导线间及导线与护套间相互隔离。其介质损耗低，并要求有一定的耐热性能和稳定的绝缘质量。它决定着电线电缆使用的可靠性、安全性及使用寿命。

电缆的绝缘厚度与工作电压、电缆截面积等有关：电压越高，绝缘层的厚度也越厚；当导线截面积大时，绝缘层的厚度可以薄些。绝缘层既要保证在工频电压和冲击电压下不会被击穿，又要保证电缆在正常施工时绝缘层不会受到机械损坏。

目前，各种不同的电力电缆按绝缘材料分主要有：油浸纸绝缘电缆、塑料绝缘电缆、橡胶绝缘电缆和矿物绝缘电缆。

1.2.1　油浸纸绝缘层

油浸纸绝缘层是由电缆纸与浸渍剂组合而成的。它的优点是：耐电强度高，介电性能稳定，工作寿命长，热稳定性能较好，允许载流量大。它的缺点是：绝缘材料弯曲性能差。对于 35kV 及以下电压等级，一般场合下均可选用，若电缆落差较大时，可选用不滴流浸渍纸绝缘电缆。进入 21 世纪，传统的中、低压油浸纸绝缘电缆已基本淘汰，被性价比更高的交联聚乙烯电缆取代；对于 66、110kV 电压等级，可选用自容式充油纸绝缘电缆和充气黏性浸渍纸绝缘电缆；对于 220kV 电压等级及以上也可选用自容式充油纸绝缘电缆和充气黏性浸渍纸绝缘电缆。但这两种电缆都存在结构复杂、施工、维护不便，成本高等特点。随着我国将 220kV 交联聚乙烯电缆大规模应用到城市电网中，高压交联聚乙烯电缆将会取代自容式充油纸绝缘电缆和充气黏性浸渍纸绝缘电缆。

1.2.2　常用的塑料绝缘层

电线电缆用的塑料有聚乙烯（PE）、聚氯乙烯（PVC）、交联聚乙烯（XLPE）、氟塑料、聚丙烯、聚烯烃、尼龙等，还有在 20 世纪末发展起来的具有阻燃性、燃烧时烟雾小且无毒气的无卤低烟聚烯烃。常用的有下列 4 种塑料。

（1）聚乙烯是目前应用最广，用量最大的塑料，聚乙烯的介质损耗小，绝缘电阻高，击穿场强高，工艺性好，是目前最好的电绝缘材料。但由于其工作温度低，所以主要用作通信电缆的绝缘。中密度和高密度的聚乙烯的强度和硬度较高且透水率低，多用作电缆护套。

（2）聚氯乙烯具有良好的物理力学性能和优异的工艺性能，是 20 世纪用量最多的塑料，但因介质损耗人，在较高电压下运行不经济，所以只适用于 1kV 及以下电压等级线路的绝缘材料和护套材料。进入 21 世纪，虽然它的一些性能有了提高，但在火灾时，会产生有毒气体等，由于环保要求在电缆市场中将逐渐萎缩甚至淡出。

（3）交联聚乙烯是利用低密度聚乙烯加入交联剂，用化学方法或物理方法，使聚乙烯分子由线型分子变为空间的网状结构，由热塑性的聚乙烯变为热固性的交联聚乙烯，大幅度地提高了它的机械性能、热老化性能和环境适应能力，以及优良的电气性能。它在继承聚乙烯诸多优良性能的基础上，成为目前电力电缆最好的绝缘材料。

（4）氟塑料因工作温度高、介质损耗小，又有绝缘性、耐候性、耐酸碱性、耐油性、阻燃性好等许多优点，在电线电缆中的应用日益广泛，但价格较贵。

1.2.3　常用的橡胶绝缘层

橡胶绝缘材料主要分为三类：其一，天然橡胶（代号 NR）加不同的添加剂组成的各种橡胶绝缘，适用于低压等级，最大优点是柔软，富有弹性，适用于作移动电缆的绝缘，它对水不敏感，无"水树"击穿之虑，可作水下电缆，它的介质损耗比较高（是交联聚乙烯的 10 倍），不宜作高压电缆绝缘；其二，人工合成的乙丙橡胶（代号 EPH）绝缘，适用于低压等级，它具有较高的工作温度，耐热老化性能好，价格比天然橡胶便宜，是通用橡套电缆的换代绝缘材料；其三，硅橡胶绝缘（代号 SIR），适用于低、中电压等级，该类电缆耐湿性能和柔软性能好，它的工作温度宽（120～180℃）、耐受温度极宽（-90～250℃），具有较高的化学稳定性和电气性能，虽然价格较高，但在 35kV 及以下电压等级的水下敷设和弯曲半径较小的场合得到应用。

有关橡胶绝缘电缆的特点以及乙丙橡胶绝缘有取代天然橡胶趋势的内容可参见第 5 章 5.12 节有关内容。

1.2.4　矿物绝缘层

矿物绝缘电缆采用氧化镁绝缘，氧化镁耐温及电气绝缘性能十分良好，在其熔点（2 800℃）以下几乎不起变化，它的优良特性等内容可参见第 5 章 5.5.1 节。

1.2.5　绝缘层的标称厚度

电力电缆的绝缘质量和绝缘水平在结构上决定了电缆的使用安全性、可靠性和使用寿命。绝缘性能是评价电缆品质优劣的主要指标。评判绝缘性能品质的方法有耐电压试验（如工频耐压试验和冲击耐压试验）和局部放电试验。另外，测量绝缘厚度是检验电缆绝缘质量的最直观、最便捷的首要步骤。电缆绝缘层的标称厚度见表 1-2，电缆绝缘层厚度平均值（实测值）应不小于规定的标称值，绝缘层最薄点的厚度对不同的绝缘材料规定了不同的数值（如中低压塑力绝缘层最薄点的厚度不小于标称厚度的 90% -0.1mm）。导体和绝缘外面的任何隔离层的厚度不包括在绝缘厚度内。

表1-2　电缆绝缘层的标称厚度[2]

（单位：mm）

导体截面积/mm²	额定电压/kV 0.3/0.5 0.45/0.75	0.6/1	1.8/3	3.6/6	6/6 6/10	8.7/10 8.7/15	12/15 12/20	18/20 18/30	21/35 26/35	64/110	126/220
	交联聚乙烯 聚氯乙烯	交联聚乙烯 聚氯乙烯 乙丙橡胶	交联聚乙烯 聚氯乙烯	交联聚乙烯 聚氯乙烯	交联聚乙烯 乙丙橡胶	交联聚乙烯 乙丙橡胶	交联聚乙烯 乙丙橡胶	交联聚乙烯 乙丙橡胶	交联聚乙烯 乙丙橡胶	交联聚乙烯	交联聚乙烯
0.5	0.5/0.6	—	—	—	—	—	—	—	—	—	—
0.75	0.5/0.6	—	—	—	—	—	—	—	—	—	—
1.0	0.5/0.6	0.7/0.8	—	—	—	—	—	—	—	—	—
1.5	0.6/0.7	0.7/0.8	—	—	—	—	—	—	—	—	—
2.5	0.7/0.8	0.7/0.8	—	—	—	—	—	—	—	—	—
4	0.7/0.8	0.7/1.0	—	—	—	—	—	—	—	—	—
6	0.7/0.8	0.7/1.0	—	—	—	—	—	—	—	—	—
10	0.8/1.0	0.7/1.0	2.0/2.2	2.5/3.4	—	—	—	—	—	—	—
16	0.8/1.0	0.7/1.0	2.0/2.2	2.5/3.4	—	—	—	—	—	—	—
25	0.8/1.2	0.9/1.2	2.0/2.2	2.5/3.4	3.4	—	—	—	—	—	—
35	0.8/1.2	0.9/1.2	2.0/2.2	2.5/3.4	3.4	4.5	—	—	—	—	—
50	0.9/1.4	1.0/1.4	2.0/2.2	2.5/3.4	3.4	4.5	5.5	8.0	9.3/10.5	—	—
70	1.0/1.4	1.1/1.4	2.0/2.2	2.5/3.4	3.4	4.5	5.5	8.0	9.3/10.5	—	—
95	1.0/1.6	1.1/1.6	2.0/2.2	2.5/3.4	3.4	4.5	5.5	8.0	9.3/10.5	—	—
120	1.2/1.6	1.2/1.6	2.0/2.2	2.5/3.4	3.4	4.5	5.5	8.0	9.3/10.5	—	—
150	1.4/1.8	1.4/1.8	2.0/2.2	2.5/3.4	3.4	4.5	5.5	8.0	9.3/10.5	—	—
185	1.6/2.0	1.6/2.0	2.0/2.2	2.5/3.4	3.4	4.5	5.5	8.0	9.3/10.5	—	—
240	1.6/2.2	1.7/2.2	2.0/2.2	2.5/3.4	3.4	4.5	5.5	8.0	9.3/10.5	19.0	—
300	1.8/2.4	1.8/2.4	2.0/2.4	2.6/3.4	3.4	4.5	5.5	8.0	9.3/10.5	18.5	27.0
400	—	2.0/2.6	2.0/2.4	2.8/3.4	3.4	4.5	5.5	8.0	9.3/10.5	17.5	27.0
500	—	2.2/2.8	—	3.0/3.4	3.4	4.5	5.5	8.0	9.3/10.5	17.0	27.0
630	—	2.4/2.8	—	3.2/3.4	3.4	4.5	5.5	8.0	9.3/10.5	16.5	26.0
800	—	2.6/2.8	—	3.2/3.4	3.4	4.5	5.5	8.0	9.3/10.5	16.0	25.0
1 000	—	2.8/3.0	—	3.2/3.4	3.4	4.5	5.5	8.0	9.3/10.5	16.0	24.0
1 200	—	3.0/3.2	—	3.2/3.4	3.4	4.5	5.5	8.0	9.3/10.5	16.0	24.0

1.2.6　淘汰中低压油浸纸绝缘电缆的原因

由于油浸纸绝缘的结构经典、合理，电气性能和热性能裕度大，使用寿命长（60～70年），油浸纸绝缘电缆在1990年以前是中低压电缆的主导产品，但存在电缆制造工艺复杂，生产周期长，电缆弯曲性能差，允许工作温度低，油浸纸绝缘电缆的敷设受高度落差影响，有漏油的麻烦、接头工艺复杂，施工维修不方便等问题。

交联聚乙烯电缆与油浸纸绝缘电缆相比，交联聚乙烯虽然发展较晚，但结构简单，制造周期短，无油，不受敷设落差的限制，其终端和接头方便，质量轻，外径小，敷设、安装和维护简单，具有耐化学腐蚀，运行可靠，输电损耗小等特点。一方面由于其耐热性和机械性能好（交联聚乙烯电缆导体最大工作温度比油浸纸绝缘电缆工作温度高25℃），不仅适用于中低压系统还可以应用到高压和超高压系统中，另一方面交联聚乙烯电缆技术发展迅速，成本不断降低，进入21世纪，中低压油浸纸电缆已基本淘汰，被交联聚乙烯绝缘电缆所代替。但对水底敷设的海底电缆，不滴流浸渍纸绝缘电缆重量较重、可沉于海底，价格便宜，在有丰富使用经验的地区仍可选用。

1.2.7　限制聚氯乙烯绝缘电缆的生产和使用的原因

曾进入辉煌发展年代的聚氯乙烯绝缘电缆，在燃烧时会释放出强烈的浓烟和酸雾，不但导致人体窒息、中毒，甚至死亡，酿成群死群伤重大事故，并且污染环境，以致造成重大经济损失。几种材料的毒性指数见表1-3。

表1-3　几种材料的毒性指数[3]

项　　目	气体浓度 C_Q（$\times 10^{-6}$）			危险浓度 C_i（$\times 10^{-6}$）
	无卤聚烯烃	交联聚乙烯	聚氯乙烯	
CO	1 405	1 971	5 525	4 000
CO_2	43 500	125 400	46 300	100 000
HCL	0	0	6 173	500
NO_2	1.4	3.6	1.5	250
SO_2	0	1.8	325	400
毒性指数	0.79	1.77	15.01	

从表1-3中看出，无卤聚烯烃和交联聚乙烯在燃烧时几乎没有氯化氢释放，而聚氯乙烯在燃烧时却放出对人有害的氯化氢等气体，无卤阻燃料的毒性指数仅为0.79，比聚氯乙烯料的毒性低19倍。若人在聚氯乙烯烟雾中只能存活2min，而换成无卤料就能延长40min，从而大大增加了火灾时逃生的时间。材料含卤量多，燃烧时产生的烟量就大，聚氯乙烯在燃烧时产生的烟量比无卤阻燃料大得多，浓烟的透光率低，火灾时会影响人员的逃生以及消防人员的救助。还有聚氯乙烯电缆的稳定剂通常含有重金属，经废弃掩埋后会向外扩散、污染环境。

聚氯乙烯的缺点是：密度大、约为交联聚乙烯的1.5倍，且绝缘成本高；工作温度低；耐寒性能差（-15℃时变脆）。

由于上述原因，为了人的生命安全和保护生态环境，必须限制聚氯乙烯绝缘（PVC）电缆的生产与使用，应开发、生产和使用无卤电缆材料，聚氯乙烯绝缘电缆在市场上将渐渐萎缩直至淡出。最近，在我国的城网改造中，硅烷交联聚乙烯绝缘是聚氯乙烯绝缘的更新换代产品，有些地区已明文规定配电网中不再采用聚氯乙烯绝缘电缆，特别是在人员密集的公共场所不采用聚氯乙烯绝缘电缆，而应选用无含卤族元素的聚烯烃材料电缆，例如采用交联聚乙烯电缆或乙丙橡皮电缆等。

1.3　对绝缘层类型选择的有关规定

1.3.1　一般选择规定

1）在工作电压、工作电流及其特征和环境条件下，电缆绝缘特性应不小于常规预期使用寿命。

2）应根据运行可靠性、施工和维护的简便性，以及允许最高工作温度与造价的综合经济性等因素选择。

3）应符合防火场所的要求，并有利于安全。

4）明确有环境保护要求时，应选用符合环境保护要求的绝缘型电缆。

1.3.2　对不同环境和用电回路选择的有关规定

1）在移动式电气设备等经常弯移或有较高柔软性要求的回路，应选用天然橡胶、乙丙橡胶、硅橡胶等橡皮绝缘电缆。

2）在放射线作用的场所，应选用交联聚乙烯或乙丙橡皮绝缘等耐射线辐照强度的电缆。

3）在60℃以上的高温场所，应按经受高温及其持续时间和绝缘类型的要求，选用耐热聚氯乙烯、交联聚乙烯或乙丙橡皮绝缘等耐热型电缆；在100℃以上的高温环境，宜选用矿物绝缘电缆。在高温场所不宜选用普通聚氯乙烯绝缘电缆。

4）在-15℃以下的低温环境，应选用交联聚乙烯、聚乙烯、耐寒橡皮绝缘等电缆。在低温场所不宜选用聚氯乙烯绝缘电缆。

5）在人员密集的公共设施，以及有低毒阻燃性防火要求的场所，可选用交联聚乙烯或乙丙橡皮等不含卤素的绝缘电缆。防火有低毒性要求时，不宜选用聚氯乙烯电缆。

1.3.3　对选择低、中、高压电缆绝缘层的有关规定

1）低压电缆绝缘层除满足1.3.2的有关规定外，宜选交联聚乙烯型电缆、挤塑绝缘型电缆、或聚氯乙烯绝缘型电缆。但有环境保护要求时，不得选用聚氯乙烯绝缘电缆。

2）中压电缆宜选交联聚乙烯绝缘类型电缆。

3）对6kV重要回路或6kV以上的交联聚乙烯电缆，应选用内、外半导电与绝缘层三层共挤工艺特征的型式。

4）在高压交流系统中，宜选交联聚乙烯绝缘类型电缆。在有较多的运行经验地区，可选用自容式充油电缆。

5）高压直流输电电缆，可选用不滴流浸渍纸绝缘型、自容式充油类型。在需要提高输

电能力时，宜选用以半合成纸材料构成的型式。

直流输电系统不宜选用普通交流聚乙烯型电缆。

1.4　屏蔽层

屏蔽层是将电场、磁场限制在电缆内或电缆元件内，并保护电缆免受外电场、磁场影响的材料层。

GB/T 12706.1 ~.3—2008《额定电压 1kV（$U_m = 1.2kV$）到 35kV（$U_m = 40.5kV$）挤包绝缘电力电缆及附件》规定，额定电压大于 1.8/3kV 的塑料绝缘电力电缆必须具有导体屏蔽、绝缘屏蔽和金属屏蔽结构。

6kV 及以上的电缆，在芯线导体表面和绝缘层之间加一层半导体屏蔽层，称为导体屏蔽层，又称为内半导电屏蔽层。在绝缘层表面和保护层之间加一层半导体屏蔽层，称为绝缘屏蔽层，又称外半导电屏蔽层。挤包绝缘电缆的屏蔽层材料是加入碳黑粒子的聚合物，要求加入的炭黑粒子应均匀地分布在聚合物中，不应有尖凸、杂质。它能改善线芯表面的光洁度，减少气隙的局部放电，对提高电缆的击穿强度起到了积极的作用。没有金属护套的挤包绝缘电缆，在外半导电屏蔽外需用铜带或铜丝绕包作为金属屏蔽层。它们的材料和作用等参见第 4 章 4.5 节。

1.5　常用保护层材质的选择

为了使电缆绝缘不受损坏，并能适应各种使用环境的要求在电缆绝缘层外面加的保护覆盖层，称为电缆护层。电缆护层包括内护层和外护层。

内护层是包覆在电缆绝缘上的保护覆盖层，用于防止绝缘层受潮、机械损伤以及光和化学侵蚀，同时还可以流过短路电流，以确保绝缘性能不变。内护层有金属护套（铅护套、铝套、皱纹铝护套、钢护套、综合护套等）和非金属护套（塑料护套、橡胶护套）。

外护层是包覆在电缆护套（内护层）外面的保护覆盖层，主要能增加电缆受拉、抗压的机械强度，保护电缆绝缘层在敷设和运行过程中免遭机械损伤和各种环境因素等的破坏，以保证长时间、稳定的电气性能。

常用电缆有内护层为金属护套的外护层和内护层为非金属护套（塑料护套）的外护层。

电缆保护层主要分为 3 大类：金属护层（包括外护层）、橡塑护层和组合护层。另外，为满足某些特殊要求，如防生物等的电缆护层称为特种护层，可参见第 5 章 5.10 节。

1.5.1　金属护层的选择

金属护层一般由金属护套（内护层）和外护层两部分构成。金属护层具有完全不透水性，可以防止水分及其他有害物质进入到电缆绝缘内部，例如，110kV 及以上交联聚乙烯电缆为了防止产生水树枝，要求采用金属护层。金属护套常用的材料是铝、铅和钢，按其加工工艺的不同，可以分为热压金属护套和焊接金属护套两种。外护层通常由内衬层、铠装层和外被层三部分所构成。根据电缆使用环境的不同（见表 1-4），电缆外被层的组成结构也略有不同（见表 1-5）。

铅的熔点低，在制造过程中不会使电缆绝缘过热；化学性能稳定，耐腐蚀性好，不易受酸碱等物质的腐蚀；质地柔软，不会影响电缆的可曲性。但铅的机械强度低，易受外力损伤，蠕变性和疲劳龟裂性很差，密度大，资源缺乏，价格昂贵。但在过江及海底一定要采用铅护套，一旦外护套破损，铝护套会很快穿孔，不如铅护套耐用。

铝护套的性能比铅护套优越。其蠕变性和疲劳龟裂性均比铅或铅合金小得多，机械强度又比铅高得多。在落差较大或过载情况下，铝包电缆不易发生护套膨胀、漏油等故障。在直埋敷设时，铝护套可以不用钢带铠装，可大大简化它的护套层。铝的电导率比铅高得多，并有良好的屏蔽性，在有些场合可以直接作为接地保护的导线。铝护套厚度比铅薄，密度小，所以运输和施工方便，价格相对便宜。但铝护套的缺点是没有铅护套那样柔软。

实践证明，铅套和铝套是安全可靠的（参见第 4 章 4.9 节有关内容），只是增加了电缆的重量和费用，搬运更为困难。

1.5.2　金属套电缆通用外护层的数字型号、名称、适用场所和结构标准

金属套的外护层通常由内衬层、铠装层和外被层构成。内衬层位于金属护层与铠装层之间，起铠装衬垫和金属护层防腐蚀作用。铠装层为金属带或金属丝，主要起机械保护作用，金属丝可承受拉力。外被层在铠装层外，对金属铠装起防腐蚀作用。内衬层及外被层由沥青、聚氯乙烯带、浸渍纸、聚氯乙烯护套或聚乙烯护套等材料组成。

根据国家标准《GB/T 2952.2—2008 电缆外护层第 2 部分：金属套电缆外护层的规定，金属套电缆通用外护层的数字型号、名称及适用场所》见表 1-4。金属套电缆通用外护层的结构组成标准见表 1-5。

表 1-4　金属套电缆通用外护层的数字型号、名称及适用场所

型号	名称	被保护的金属层	主要适用敷设场所												
			敷设方式									特殊环境			
			架空	室内	隧道	电缆沟	管道	一般土壤	多砾石	竖井	水下	易燃	强电干扰	严重腐蚀	拉力
02	聚氯乙烯外套	铅套	△	△	△	△	△					△		△	
		铝套	△	△	△	△	△					△		△	
		皱纹钢套或铝套	△	△	△	△	△					△		△	
03	聚乙烯外套	铅套	△	△	△	△	△								
		铝套	△	△	△	△	△				△			△	
		皱纹钢套或铝套	△	△											
22	钢带铠装聚氯乙烯外套	铅套			△	△		△					△	△	
		铝套或皱纹铝套			△	△			△				△	△	
23	钢带铠装聚乙烯外套	铅套			△	△		△						△	
		铝套或皱纹铝套			△	△		△						△	
32	细圆钢丝铠装聚氯乙烯外套	各种金属套						△	△	△	△	△		△	△

（续）

型号	名称	被保护的金属层	主要适用敷设场所												
			敷设方式										特殊环境		
			架空	室内	隧道	电缆沟	管道	一般土壤	多砾石	竖井	水下	易燃	强电干扰	严重腐蚀	拉力
33	细圆钢丝铠装聚乙烯外套	铅套						△	△	△				△	△
41	粗圆钢丝铠装纤维外套	铅套									△			○	△
42	粗圆钢丝铠装聚氯乙烯外套	铅套								△	△			△	△
43	粗圆钢丝铠装聚乙烯外套	铅套									△			△	△
441	双粗圆钢丝铠装纤维外被	铅套									△				△
241	钢带—粗圆钢丝铠装纤维外被	铅套									△			○	△

注：1. △表示适用；○表示当采用涂塑钢丝或具有良好非金属防蚀层的钢丝时适用。
　　2. 表中"型号"的数字意义见表10-1外护层的个位和十位数字说明。

表1-5　金属套电缆通用外护层的结构组成标准

型号	外护层结构		
	内衬层	铠装层	外被层
02	无	无	电缆沥青（或热熔胶）聚氯乙烯外套
03	无	无	电缆沥青（或热熔胶）聚乙烯外套
22	绕包型：电缆沥青—塑料带，或电缆沥青—塑料带—无纺麻布带，或电缆沥青—塑料带—浸渍纸带（浸渍麻）—电缆沥青 挤出型：电缆沥青—聚氯乙烯套，或电缆沥青—聚乙烯套	双钢带	聚氯乙烯外套
23		双钢带	聚乙烯外套
32		单细圆钢丝	聚氯乙烯外套
33		单细圆钢丝	聚乙烯外套
41	电缆沥青（或热熔胶）—聚乙烯外套，允许用电缆沥青—塑料带—浸渍麻—电缆沥青	单细圆钢丝	胶粘涂料—聚丙烯绳或电缆沥青—浸渍麻—电缆沥青—白垩粉
42		单细圆钢丝	聚氯乙烯外套
43		单细圆钢丝	聚乙烯外套
441		双粗圆钢丝	胶粘涂料—聚丙烯绳或电缆沥青—浸渍麻—电缆沥青—白垩粉
241		双钢带—单粗圆钢丝	

注：表中"型号"的数字意义见表10-1外护层的个位和十位数字说明。

1.5.3　橡塑护层的选择

橡塑护层的特点是柔软、轻便、高弹性，在移动式电缆中得到极其广泛的应用。橡塑护层的结构比较简单，通常只有一个护套，并且一般是橡皮绝缘的电缆用橡皮护套（也有用塑料护套的），但塑料绝缘的电缆都用塑料护套。塑料护套主要是聚氯乙烯外套、聚乙烯外套和纤维外套。

氯丁橡胶（代号 CH）和氯磺化聚乙烯（代号 CSPE）具有优良的力学性能和耐候性能，是移动橡套电缆最好的护套材料。它们具有一定的耐酸碱和耐油性能，但只适用于有少量酸碱和油污的场合，对于经常接触油类的场合，宜采用丁腈橡胶或聚氯乙烯-丁腈橡胶复合物作护套，后者因工艺性能好而得到日益广泛的应用。对于浸泡在油中的电缆，宜采用氯化聚醚橡胶或氟橡胶作护套。

橡皮护套的强度、弹性和柔韧性较高，工艺较复杂。塑料护套的防水性能好，价格便宜，得到广泛的应用。一般为增加橡塑护层的强度，常在橡塑护层中引入金属铠装，在铠装外面有一个塑料护套作为防腐蚀的外被层。

根据电缆使用环境的不同（参见表1-6），电缆外被层的组成结构也略有不同（参见表1-7）。

1.5.4 橡塑外护套的数字型号、名称、适用场所和结构标准

内护层为塑料护套的外护层的结构有两种，一种是无外护层而仅有聚氯乙烯或聚乙烯护套；另一种是铠装层外还挤包了聚氯乙烯或聚乙烯护套。

根据国家标准《GB/T 2952.2—2008 电缆外护层第 2 部分：金属套电缆外护层的规定，通用橡塑外护层的数字型号、名称及适用场所》见表1-6。非金属套电缆通用外护层的结构组成标准见表1-7。

表1-6 通用橡塑外护层的数字型号、名称及适用场所

型号	名　称	主要适用敷设场所										
		敷设方式								特殊环境		
		室内	隧道	电缆沟	管道	埋地		竖井	水下	易燃	严重腐蚀	拉力
						一般土壤	多砾石					
12	联锁钢带铠装聚氯乙烯外套	△	△	△		△	△			△	△	
22	钢带铠装聚氯乙烯外套	△	△	△		△	△			△	△	
23	钢带铠装聚乙烯外套					△	△				△	
32	细圆钢丝铠装聚氯乙烯外套					△	△	△	△	△		△
33	细圆钢丝铠装聚乙烯外套					△	△	△	△			△
41	粗圆钢丝铠装纤维外被										○	△
42	粗圆钢丝铠装聚氯乙烯外套							△	△	△		△
43	粗圆钢丝铠装聚乙烯外套							△	△			△
62	铝带铠装聚氯乙烯外套	△	△	△		△	△			△		
63	铝带铠装聚乙烯外套	△				△	△					
441	双粗圆钢丝铠装纤维外被								△		○	△
241	钢带—粗圆钢丝铠装纤维外被								△		○	△

注：1. △表示适用；○表示当采用涂塑钢丝或具有良好非金属防蚀层的钢丝时适用。
　　2. 表中"型号"的数字意义见表10-1 外护层的个位和十位数字说明。

表 1-7　通用橡塑外护层的结构组成标准

型号	外护层结构		
	内衬层	铠装层	外被层
12	绕包型:塑料带或无纺布带 挤出型:塑料套	联锁铠装	聚氯乙烯外套
22		双钢带铠装	聚氯乙烯外套
23			聚乙烯外套
32		单细圆钢丝铠装	聚氯乙烯外套
33			聚乙烯外套
62		双钢带(或铝合金带)铠装	聚氯乙烯外套
63			聚乙烯外套
42	塑料管	单粗圆钢丝铠装	聚氯乙烯外套
43			聚乙烯外套
41			胶粘涂料—聚丙烯绳或电缆沥青—浸渍麻—电缆沥青—白垩粉
441		双粗圆钢丝铠装	
241		双钢带—单粗圆钢丝铠装	

注:表中"型号"的数字意义见表 10-1 外护层的个位和十位数字说明。

1.5.5　组合护层的选择

组合护层又称为综合护层或简易金属护层,近年来,在塑料通信电缆和电力电缆中得到了广泛应用。组合护层通常由薄铝带和聚乙烯护套组合而成,既保留塑料电缆柔软轻便,又利用薄铝带防水特性好的特点,使它的透水性比单一塑料护层大大减小。组合护层的结构可分为铝—聚乙烯、铝—钢—聚乙烯和铝—聚乙烯黏结。组合护层的电缆重量轻、尺寸小,在零序短路容量不大的系统中使用有降低造价的优势,在零序短路容量较大的系统内需加铜丝屏蔽。组合护层的金属箔是有效的阻水层,但其抗外力破坏及外护层穿孔后的耐腐蚀作用很脆弱。

1.5.6　按敷设方式和环境条件选用外护层

电力电缆的敷设方式和环境条件的不同,选择的电缆外护层也不同。若电缆直埋在容易发生振动的区域必须使用铠装电缆。在空气中固定敷设电缆时,或室内、电缆沟内敷设不受机械外力时,可选用无铠装电缆;在电缆桥架、梯架等敷设时,可选用无铠装电缆。

在高层或超高层的电缆竖井内、风力发电机的塔筒内、地铁客运站内,重要的公共场所,应考虑选用阻燃或耐火电缆。在电缆竖井内或塔筒内还应考虑能承受拉力的钢丝铠装。

当电缆工作环境有油污时,应选用耐油效果较好的氟塑料绝缘电缆;当电缆工作环境有腐蚀性介质(酸或碱)时,应选用交联聚乙烯绝缘电缆或氟塑料绝缘电缆;当电缆长期工作在水中时,应选用耐水橡皮电缆,如 JHS 型防水电缆;当要求阻燃时,应选用辐照聚烯烃绝缘的无卤低烟电缆;当有耐火要求时,应选用铜芯铜套矿物绝缘电缆;当电缆长期敷设在海水中时,应选用海底电缆。

在有水或化学液体浸泡的场所使用 35kV 及以上的交联聚乙烯电缆时,应选用金属塑料复合阻水层、铅套、铝套或膨胀式阻水带等防水构造的外护层。敷设在水下的高压交联聚乙烯电缆应选用有纵向阻水构造的外护套。有化学腐蚀的地方，应选用有防腐外护套的电缆。

当线路总长度未超过电缆制造长度时，宜选用满足全线条件的同一种或差别尽量少的一种以上的外护套；当线路总长超过电缆制造长度时，可按相应区段分别采用适合的不同形式的外护套。为说明交联聚乙烯电力电缆按敷设方式和环境条件的选用情况，参见第 4 章表 4-2。

1.5.7　按环境温度选用外护层

电缆的工作温度和环境温度是不同的。一般来说，电缆的规定工作温度应比环境最高温度高 $30 \sim 50$℃。环境温度为 $-15 \sim 40$℃ 的区域，选用常规电缆。当环境最高温度长时间高于 50℃ 时，应选耐热电缆，如辐照交联电缆、氟塑料绝缘电缆等工作温度大于 105℃ 的电缆，当环境最高温度长时间低于 -15℃ 时，应选耐寒电缆，如耐寒的交联聚乙烯绝缘电缆等。

1.6　对保护层类型选择的有关规定

1.6.1　一般选择规定[4]

1）交流系统单芯电力电缆，当需要增强电缆抗外力时，应选用非磁性金属铠装层，例如，铝合金，不得选用未经非磁性有效处理的钢制铠装。

2）在潮湿、含化学腐蚀环境或易受水浸泡的电缆，其金属层、加强层、铠装上应有聚乙烯外护层，水中电缆的粗钢丝铠装应有挤塑外护层。

3）在人员密集的公共设施，例如地铁的地下车站，以及有低毒阻燃性防火要求的场所，可选用聚乙烯或乙丙橡皮等不含卤素的外护层。

防火有低毒性要求时，不宜选用聚氯乙烯外护套。

4）除 -15℃ 以下低温环境或药用化学液体浸泡场所，以及有低毒难燃性要求的电缆挤塑外护层宜选用聚乙烯外，其他可选用聚氯乙烯外护套。

5）在有水或化学液体浸泡场所使用 $6 \sim 35$kV 重要回路或 35kV 以上的交联聚乙烯电缆时，应选用具有符合要求的金属塑料复合阻水层、金属套等径向防水构造的保护层。

敷设在水下的中、高压交联聚乙烯电缆应具有纵向阻水构造的保护层。

1.6.2　直埋敷设电缆保护层的选择规定[4]

1）当电缆承受较大压力或有机械损伤等危险时，应选用具有加强层或钢带铠装的保护层的电缆。

2）在流沙层、回填土地等可能出现位移的土壤中，应选用具有钢丝铠装的电缆。

3）在白蚁严重危害地区用的挤塑电缆，应选用较高硬度的外护层，也可在普通外护层上挤包较高硬度的薄外护套，其材质可采用尼龙或特种聚烯烃共聚物等，也可采用金属套或钢带铠装。

4）在地下水位较高的地区，应选用聚乙烯外护套。

5）除上述情况外，可选用不含铠装的外护层。

1.6.3　在空气中固定敷设时电缆保护层的选择规定[4]

1）直接在支架上敷设小截面积挤塑绝缘电缆时，应选用具有钢带铠装保护层的电缆。

2）在地下客运、商业设施等安全要求较高且鼠害严重的场所，选用的塑料绝缘电缆应具有金属包带或钢带铠装。

3）在电缆位于高落差的受力条件时，选用的多芯电缆应具有钢丝铠装保护层，选用的交流单芯电缆应符合第1.6.1节中的（1）的规定。

4）敷设在桥架等支撑较密集的场所，电缆可不含铠装。

5）在明确要求与环境保护相协调时，不得采用有聚氯乙烯外层的电缆。

6）在60℃以上的高温场所，应选用有聚乙烯等耐热外护层的电缆。

1.6.4　在水下敷设时电缆保护层的选择规定[4]

1）在沟渠、不通航小河等场所，并且不需要铠装层承受拉力的电缆，可选用钢带铠装电缆。

2）在江河、湖海中使用的电缆，选用的钢丝铠装型式应满足受力条件。当敷设条件有机械损伤等防范要求时，应选用具有符合防护、耐蚀性增强要求的外护层电缆。

1.6.5　几种环境下的用电回路电缆保护层的选择规定[4]

1）在移动式电气设备经常弯移或有较高柔软要求回路中的电缆，应具有天然橡胶、乙丙橡胶、硅橡胶等橡皮的外护层。

2）在放射线作用场所的电缆，应具有适合耐受放射线辐照强度的聚氯乙烯、氯丁橡皮、氯磺化聚乙烯等外护层。

3）在保护管中敷设的电缆，应具有挤塑外护层。

4）在路径通过不同敷设环境，当线路总长未超过电缆制造长度时，宜选用满足全线条件的同一种或差别尽量小的一种以上型式；当线路总长超过电缆制造长度时，可按相应区段分别选用适合的不同型式。

1.7　使用中、高压单芯电缆的注意事项

1.7.1　单芯电缆的感应电压安全允许值提高引起的变化

GB 50217—2007《电力工程电缆设计规范》中对交流单芯电力电缆线路金属护套上正常感应电压保留了50V（指未有防护）的规定，而取消在使用有效绝缘防护用具情况下带电接触电压，即允许感应电压最大值原100V，改为300V。

感应电压允许最大值提升3倍后，意味着今后工程设计时，对距离接地点沿金属护层电气通路的允许长度，比过去可增加3倍。有助于减少线路绝缘接头，缩短工程工期，降低投资，增强电缆线路运行可靠性。

不长的电缆线路，按过去需采取交叉互联接地方式，如今就可能只需一点接地，省去了绝缘接头和施工接头工作。

对较长采用交叉互联的电缆线路，按提升后感应电压允许最大值设计，相比以往交叉互联单元减少为原来的1/3。

允许感应电压最大值提升至300V后，注意对电缆护层保护器的正确选择。

1.7.2　中、高压单芯交流电缆在50mm² 以上的优越性

对中、高压单芯交流电缆来说，它的最小截面积为25mm²，选用单芯电缆至少在50mm²以上，通常大截面积才选用单芯电缆，小截面积电缆选用单芯电缆优越性不大。

1.7.3　中、高压单芯交流电缆不应采用磁性材料铠装

用钢带铠装（即磁性材料的铠装）的中、高压单芯电缆只能用于直流（DC），用于交流（AC）的单芯电缆在室内敷设，一般不用铠装。如在室外埋地敷设、室内防止机械损伤敷设、在水中或在海中敷设时须用铠装单芯电缆，这种单芯电缆的铠装应是非磁性金属材料，非磁性金属材料可以是青铜、黄铜、铜或铝（铝合金）等。铜的价格昂贵，铝的价格便宜。但铝容易受到海水的腐蚀，在海中不能用铝或铝合金。由铜丝绞合的铠装结合了低电阻率和高耐腐蚀性，但机械强度低于钢丝铠装。

当1相交流电流通过单芯电缆时，若单芯电缆采用钢带铠装，将在钢带中产生交变的磁力线。并且随着电流的增大，磁场强度也相应增大。根据电磁感应原理知道，在铠装钢带中将产生涡流使电缆发热，这增加了损耗，降低了电缆的载流量。为保证单芯电缆的安全经济运行，在制造单芯电缆时，不采用普通钢带铠装。

为降低交流电流通过单芯电缆的磁损耗，有两种误解：其一，中、高压单芯交流电缆曾采用所谓"隔磁结构"，即在圆周方向使用几根铜丝来隔开铠装钢丝的磁回路（如钢丝铠装用4根铜丝把钢丝隔开），误认为这样就能提高钢丝的交流单芯电缆的载流量。实践证明，这种结构不能有效降低磁损耗，对载流量的提高几乎没有作用[5]。其二，曾采用昂贵的不锈钢丝作为铠装单丝，误认为这是低损耗的非磁性铠装。对不锈钢丝作为铠装进行分析计算，不锈钢丝电阻率远大于普通镀锌钢丝，分析计算结果，由于不锈钢铠装的电阻达到了镀锌钢丝铠装电阻的5倍，造成金属套和铠装并联的等效电阻也超过了镀锌钢丝铠装结构等效电阻的2倍。不锈钢铠装结构电缆的载流量明显小于采用镀锌钢丝铠装结构电缆。不锈钢丝用作中、高压单芯电缆铠装时，因为电缆两端互联接地后产生了巨大环流，从而引起很大的损耗，由于不锈钢有磁性材料，一旦用错了材料，后果是严重的。因此，采用不锈钢丝作为电缆铠装，不仅增加投资，而且也不能有效提高中、高压单芯电缆的输送容量，是不可行的[5]。

1.7.4　单芯交流电缆应穿非磁性保护管过马路或过墙

单芯交流电缆过马路或过墙时，应该穿非磁性材料的金属管或非金属管，也可以是三相三线或三相四线共穿同一钢管，但绝不可以一根单芯电缆穿一根钢管，这是为了防止磁滞涡流损耗。如果敷设在有盖的桥架或槽盒内，应将三相三线或三相四线的单芯电缆敷设在同一桥架或槽盒内。

1.7.5　单芯交流电缆应采用非磁性材料固定在桥架支架上

单芯交流电缆固定于桥架支架上时，电缆卡箍应为非磁性材料，以免增加不必要的损

耗。例如采用塑料扎带、铜丝、铝丝或开口钢质抱箍，但不可以用铁丝（镀锌铁丝即俗称的铅丝）。

1.7.6　单芯电缆的标注要与多芯电缆有明显区别

单芯电缆的标注一定要与多芯电缆有明显区别，否则安装单位或筹建单位订货时无法区别。

1.8　多芯电缆采用填充绳（条）的选择

为了使成缆线芯圆整，提高外观质量，成缆时需要对绝缘线芯空隙进行填充。填充材料的选择对电缆圆整度起着至关重要的作用。

电缆的不圆整问题往往影响用户的满意度，造成用户的投诉。选择采用价廉实用的填充绳（条）可以有效解决这个问题。

1.8.1　多芯电缆采用的填充绳

目前，使用的填充绳，主要是聚丙烯（PP）填充绳。它柔软，可以不同规格随意组合搭配满足不同空隙形状和面积的需要，使用方便，应用广泛，可参考第7章图7-11、图7-14等。

有时，采用填充绳电缆外观效果不够理想。

对于三芯电缆，特别是中、高压三芯电缆，由于填充绳松软，有时在成缆填充后已使电缆呈三角形，有时成缆时填充很饱满，但是在经过牵引后，填充绳不能保证缆芯外圆弧面形状，造成缆芯不圆整。

对于4芯、5芯等非正规绞合的圆形绝缘线芯成缆，中心空隙较大，结构不稳固，填充绳柔软易变形，不能有效支撑。有时缆芯通过牵引，缆芯受压变形，产生压扁现象，造成缆芯不圆整。

1.8.2　多芯电缆采用的圆形填充条

圆形填充条主要用来填充中心位置，对非正规绞合结构绝缘线芯起到支撑作用。

为解决4芯、5芯等成缆结构不稳定、容易压扁的问题，对于环保和外观等要求较高的产品，有的采用聚氯乙烯等护套材料挤成实心圆形填充条，作为这类结构电缆的中心填充条，边缘填充仍采用聚丙烯（PP）填充绳。材料能满足成缆线芯圆整要求。但是这种圆形填充条比常规填充绳密度高、成本高。

1.8.3　多芯电缆采用的复合填充条

为降低上节圆形填充条的成本，不采用实心结构，而采用复合填充条。复合填充条的中心采用密度低、价格便宜的聚丙烯（PP）填充绳，外表面包覆挤塑外套。这种填充条，重量轻，可根据不同的外套材料硬度调整其厚度，来保证填充条的有效支撑性能和弯曲性能。

1.8.4　多芯电缆采用的扇形填充条

扇形填充条主要用于大外径圆形绝缘线芯边缘空隙，扇形填充条内角按照空隙形状设计，外弧按照成缆外圆弧设计，所以采用扇形填充条成缆表面圆整度较好（参见第 7 章图 7-25 和第 7 章图 7-27）。目前，扇形填充条应用较多的材料是交联聚乙烯回收料粉末与聚烯烃共混附加发泡剂、增塑剂等添加剂挤出生产。这种填充条密度小，成本低，填充后缆芯圆整。

第 2 章　电缆基本电性能的选择

额定电压值、导体的电阻和阻抗、电缆的工作电容是电缆最基本的电性能。正确地选择电缆的额定电压值是确保长期安全运行的关键之一。电缆导体上有电阻和阻抗，在输电过程中必然产生电压降，低压电缆线路以及较长的中高压电缆线路应核算电压降，并把线路的电压降限制到允许的范围内。中高压电缆存在电缆工作电容，电缆电容的大小是绝缘品质的表征。

2.1　电缆额定电压的选择

2.1.1　额定电压名义值 U_0/U 和 U_m

电缆的额定电压是关于电缆正常使用的基本参数。IEC60183—2015《对于高压交流选择指导有线电视系统》和 GB50150—2016《电气设备交接试验标准》的规定，电缆的额定电压用三个名义值表示，即 U_0、U 和 U_m。U_0 为缆芯对地（与绝缘屏蔽层或金属护套之间）电压，俗称相电压，它不但决定了电缆裕度，电力系统的安全性，还与电缆选用时的经济指标有很大关系。U 是两相缆芯之间的电压，俗称线电压或系统电压，所谓电压等级就是指系统电压而言。选择电力电缆的电压等级时，不但要考虑电力系统的线电压 U，还要考虑与电缆绝缘设计密度有关的 U_0。U_m 为输电线路的最高电压，也称系统的最高电压，是电缆绝缘水平的表征。一般 $U_m \approx 2U_0$，$U = \sqrt{3} U_0$。

2.1.2　A、B、C 三类输电系统

IEC60183—2015《对于高压交流选择指导有线电视系统》、IEC60502《额定电压 1kV（$U_m = 1.2$ kV）以上至 30kV（$U_m = 36$ kV）挤出绝缘电力电缆及其附件》及 GB/T 12706—2008《电缆标准》等标准规定输电系统分为 A、B、C 三类。

A 类输电系统为中性点直接接地系统或经小电阻接地系统。中性点直接接地系统的单相故障短路须在 5s 内排除。一般高压及超高压输电系统均属此类。中性点经小电阻接地系统，在任何情况下单相故障短路持续时间不超过 1min。一般中、高压输电系统采用双回路供电时即属此类。

B 类输电系统还称为单相故障接地允许短时过载运行系统。系统采取中性点经消弧线圈接地。单相故障短路持续时间一般不超过 1h，最长也不能超过 8h，每次故障接地过载运行时间最多 2h，一年累计故障接地过载运行时间不得超过 125h。我国的电网系统是参照前苏联的模式建制的，在 6～66kV 系统中，大部分是采用中性点不接地方式，允许单相接地情况下继续运行，当 35kV 系统电容电流 $I_C > 10$ A，6～10kV 系统电容电流 $I_C > 20$ A 时，必须采用经中性点经消弧线圈接地。

C 类输电系统为 A 类、B 类以外的输电系统，又称为长时间故障接地运行系统。这类输

电系统的电缆绝缘水平比 A 类、B 类高一个档次（如 6/10kV 改为 8.7kV，绝缘厚度由 3.4mm 增加到 4.5mm）。这就是说，输电系统的额定电压不变，而电缆的额定电压提高了，即电缆的绝缘加厚了，从而提高了电缆的过电压承受能力，以确保安全供电。

B 类输电系统在允许电缆短时带故障过载运行期间，电缆绝缘上过高的电场强度在一定程度上会减少电缆寿命，它的一次性投入最低，但电缆使用寿命短，线路能耗高，因此有的认为 B 类输电系统归为 C 类更为合适，即 10kV 系统中应选用 $U_0/U(U_m) = 8.7/10(12)$ kV；35kV 系统中应选用 $U_0/U(U_m) = 26/35(40.5)$ kV；66kV 系统中应选用 $U_0/U(U_m) = 48/66(72.5)$ kV。

还应该说明，输电系统的类别在中性点的接地方式。对于那些中性点直接接地或经过小电阻接地的输电系统来说，由于其根本不会有过载运行的情况，当然也无须选用如 6/6（7.2）、8.7/10（12）以及 26/35（40.5）这类的电缆了。

2.1.3　电缆额定电压的选用

电缆的额定电压（见表 2-1）是关于电缆正常使用的基本参数，它必须大于或等于其运行的供电系统额定电压，电缆的最高运行电压不得超过其额定电压的 15%。

电缆 U_0/U 的划分与 U_0 类型的选择实际上是根据电网的运行情况——中性点接地方式和故障切除时间等因素来选择电缆的绝缘标称厚度（见第 1 章表 1-2）。

表 2-1　几类输电系统的电缆额定电压

输电系统电压等级/kV	选用电缆的额定电压/kV		
	A 类	B 类	C 类
	$U_0/U(U_m)$	$U_0/U(U_m)$	$U_0/U(U_m)$
1	0.6/1(1.2)	0.6/1(1.2)	0.6/1(1.2)
3	—	1.8/3(3.6)	3/3(3.6)
6	—	3.6/6(7.2)	6/6(7.2)
10	6/10(12)	6/10(12)	8.7/10(12)
15	8.7/15(17.5)	8.7/15(17.5)	12/15(17.5)
20	12/20(24)	12/20(24)	18/20(24)
30	18/30(36)	18/30(36)	26/30(36)
35	21/35(40.5)	21/35(40.5)	26/35(40.5)
66	37/66(72.5)	37/66(72.5)	48/66(72.5)
110	64/110(126)	—	—
220	127/220(252)	—	—

2.1.4　按电压划分的电缆种类

按电压划分电力电缆的种类见表 2-2。

表 2-2　按电压划分的电缆种类

名称种类	电压范围	名称种类	电压范围
低压电缆	≤1kV	高压电缆	66 ~ 220kV
中压电缆	3 ~ 35kV	超高压电缆	>220kV

2.2　电缆的电阻

2.2.1　电缆的直流电阻

（1）电缆直流电阻的计算

电荷在导体内移动时，导体阻碍电荷移动的能力成为电阻，电阻的大小与导体长度成正比，与导体截面积成反比，此外还与导体的材料有关。电阻 R_θ（Ω）可用下式计算。

$$R_\theta = \rho_\theta C_j \frac{L}{A}$$

式中　L——线路长度（m）；

A——导体截面积（mm^2）；

C_j——绞入系数单股导线为 1，多股导线为 1.02；

ρ_θ——导线温度为 θ℃时的电阻率（$\times 10^{-4}\Omega \cdot cm$），其中 $\rho_\theta = \rho_{20}[1 + \alpha(\theta - 20)]$；

ρ_{20}——导线温度为 20℃时的电阻率，铝线芯（含铝电线、铝电缆、硬铝母线）为 $0.0282 \times 10^{-4}\Omega \cdot cm$，铜线芯（含铜电线、铜电缆、硬铜母线）为 $0.017\ 2 \times 10^{-4}\Omega \cdot cm$；

α——电阻温度系数，铝和铜都取 0.004；

θ——导线实际工作温度（℃）。

（2）标称截面电缆的直流电阻　$1 \times 0.5 \sim 1 \times 1\ 000 mm^2$ 各标称截面电缆缆芯每 km 长 20℃的直流电阻值见第 1 章表 1-1。

2.2.2　电缆的交流电阻

导体的直流电阻是导体的基本技术指标，但它不是导体工作时的电阻。导体工作时的实际电阻与导体工作温度、电流的温度、电流的性质（直流或交流）、导体截面积大小和结构状况（趋肤效应）以及敷设状态（邻近效应）等有关。电缆缆芯的交流电阻 R_j（Ω）可用下式计算。

$$R_j = K_{jf}K_{lj}R_\theta = KR_\theta$$

式中　R_θ——电缆缆芯直流电阻（Ω）；

K_{jf}——趋肤效应系数，当频率为 50Hz，线芯截面积 ≤240mm^2 时，可取 1；

K_{lj}——邻近效应系数，因为邻近导体接通交流电时，如电流方向相同，则电流密度最大的地方是二导体相背的表面，相邻的表面几乎无电流通过，所以邻近效应系数应大于 1。

交流电流通过导线时，导线截面上电流的分布是不均匀的，中心处电流密度小，越接近导线表面，电流密度越大。这种交流电流在导线内趋于导线表层的现象称为趋肤效应。由于这一效应使导线的有效导电截面减少，趋肤效应与频率有关，频率越高趋肤效应越显著。

K——缆芯导体的交流电阻与直流电阻之比，K 值可参见第 3 章中的表 3-27。

中压交联聚乙烯电缆工作温度下导体的交流电阻见表 2-3 和表 2-4。

表 2-3　8.7/10kV 单芯和三芯交联电缆工作温度下的导体交流电阻

（单位：Ω/km）

导体截面积/mm^2	单芯电缆						三芯电缆所有型号	
	无铠装		细圆钢丝铠装		粗圆钢丝铠装			
	铜 Cu	铝 Al	铜 Cu	铝 Al	铜 Cu	铝 Al	铜 Cu	铝 Al
25	0.927 1	1.538 5	0.927 1	1.538 5	0.927 1	1.538 5	0.927 1	1.538 5
35	0.668 3	1.113 0	0.668 3	1.113 0	0.668 3	1.113 0	0.668 4	1.113 0
50	0.493 6	0.822 0	0.493 6	0.822 0	0.493 6	0.822 0	0.493 7	0.822 0
70	0.342 0	0.568 1	0.342 0	0.568 1	0.342 0	0.568 1	0.342 1	0.568 2
95	0.246 5	0.410 5	0.246 5	0.410 5	0.246 5	0.410 5	0.246 7	0.410 6
120	0.195 6	0.324 7	0.195 6	0.324 7	0.195 6	0.324 7	0.195 8	0.324 8
150	0.158 8	0.264 5	0.158 7	0.264 5	0.158 7	0.264 5	0.159 1	0.264 7
185	0.127 2	0.210 8	0.127 1	0.210 7	0.127 1	0.210 7	0.127 6	0.211 0
240	0.097 2	0.160 9	0.097 1	0.160 9	0.097 1	0.160 8	0.097 8	0.161 3
300	0.077 9	0.129 0	0.077 9	0.129 0	0.077 8	0.128 9	0.078 8	0.129 5
400	0.061 6	0.101 0	0.061 5	0.101 0	0.061 5	0.100 9	0.062 8	0.101 8
500	0.048 9	0.078 9	0.048 7	0.078 8	0.048 7	0.078 8	0.050 4	0.079 9
630	0.038 9	0.061 9	0.038 7	0.061 8	0.038 6	0.061 7	0.040 9	0.063 2

注：表中数据取自河北宝丰线缆有限公司资料。

表 2-4　26/35kV 单芯交联电缆工作温度下的导体交流电阻　（单位：Ω/km）

导体截面积/mm^2	单芯电缆					
	无铠装		细圆钢丝铠装		粗圆钢丝铠装	
	铜 Cu	铝 Al	铜 Cu	铝 Al	铜 Cu	铝 Al
25	0.927 1	1.538 5	0.927 1	1.538 5	0.927 1	1.538 5
35	0.668 3	1.113 0	0.668 3	1.113 0	0.668 3	1.113 0
50	0.493 6	0.822 0	0.493 6	0.822 0	0.493 6	0.822 0
70	0.342 0	0.568 1	0.342 0	0.568 1	0.342 0	0.568 1
95	0.246 5	0.410 5	0.246 5	0.410 5	0.246 5	0.410 5
120	0.195 6	0.324 7	0.195 6	0.324 7	0.195 6	0.324 6
150	0.158 7	0.264 5	0.158 7	0.264 5	0.158 7	0.264 5
185	0.127 1	0.210 7	0.127 1	0.210 7	0.127 1	0.210 7
240	0.097 1	0.160 8	0.097 1	0.160 8	0.097 1	0.160 8
300	0.077 8	0.128 9	0.077 8	0.128 9	0.077 8	0.128 9
400	0.061 5	0.101 0	0.061 4	0.100 9	0.061 4	0.100 9
500	0.048 7	0.078 8	0.048 6	0.078 8	0.048 6	0.078 7
630	0.038 6	0.061 7	0.038 5	0.061 7	0.038 5	0.061 6

注：表中数据取自河北宝丰线缆有限公司资料。

2.3　电缆的电感

载流导体处于交变电磁场中会产生电感，电感的大小等于导体所交链的磁通变化率与导体电流变化率的比，单位为亨利（H）。电缆的电感是自感和互感的综合，是导体产生自感和互感电动势的能力，它与电缆结构、导体截面、电缆的中心距、电缆长度、敷设状态及周围环境，即环境磁场强度（周围有无铁磁物质）大小有关，因此，电缆电感的准确计算比较困难，当没有电缆的具体电感资料时，表 2-5 列出部分电缆电感的参考数据。

表 2-5　部分电缆电感参考数据[2]　　　　　　　（单位：H）

导体截面积 /mm²	0.6/1kV		6/10kV		8.7/10kV		26/35kV		64/110kV	
	1 芯	3 芯	1 芯	3 芯	1 芯	3 芯	1 芯	3 芯	水平排列	品字排列
1.0	0.653	0.352	—	—	—	—	—	—	—	—
1.5	0.625	0.332	—	—	—	—	—	—	—	—
2.5	0.588	0.305	—	—	—	—	—	—	—	—
4	0.558	0.286	—	—	—	—	—	—	—	—
6	0.456	0.271	—	—	—	—	—	—	—	—
10	0.440	0.256	—	—	—	—	—	—	—	—
16	0.424	0.240	—	—	—	—	—	—	—	—
25	0.426	0.241	0.617	0.380	0.647	0.406	0.727	0.518	—	—
35	0.419	0.234	0.593	0.361	0.625	0.386	0.702	0.467	—	—
50	0.466	0.232	0.571	0.342	0.601	0.366	0.675	0.427	—	—
70	0.454	0.228	0.549	0.323	0.577	0.345	0.647	0.401	—	—
95	0.445	0.223	0.532	0.309	0.561	0.329	0.628	0.379	—	—
120	0.441	0.222	0.530	0.299	0.547	0.318	0.612	0.371	—	—
150	0.438	0.224	0.508	0.290	0.534	0.307	0.596	0.369	—	—
185	0.436	0.224	0.501	0.282	0.525	0.301	0.584	0.366	—	—
240	0.431	0.222	0.489	0.273	0.514	0.290	0.568	0.354	0.757	0.508
300	0.429	0.221	0,482	0.265	0.503	0.282	0.554	0.335	0.734	0.489
400	0.429	0.204	0.470	0.256	0.493	0.271	0.540	—	0.708	0.465
500	0.423	0.219	0.462	0.250	0.485	0.264	0.527	—	0.683	0.445
630	0.420	0.218	0.456	0.244	0.475	0.257	0.516	—	0.657	0.424
800	0.418	0.217	0.450	0.240	0.466	0.255	0.509	—	0.633	0.406

注：表列电感值为无铠装电缆的电感，有铠装电缆的电感增大 10% ~15%。

2.4　电缆的阻抗

2.4.1　电缆的正序 (负序) 阻抗

三相交流输电系统中，三芯电缆或对称布置（正三角形排列）的单芯电缆导体上的阻

抗称为正序（负序）阻抗。阻抗 $Z_{正}$ 或 $Z_{负}$（Ω/km）的计算公式为

$$Z_{正} = Z_{负} = \sqrt{R^2 + X_L^2}$$

式中　R——导体工作温度下的交流电阻（Ω/km）；

　　　X_L——导体上的电抗（Ω/km）。

　　　X_L（Ω/km）的计算公式为

$$X_L = 2\pi f L$$

式中　L——导体上的电感（H/km），见表 2-5；

　　　f——频率，$f = 50\text{Hz}$。

电缆的正序（负序）阻抗的参考值见表 2-6。由于电缆的阻抗与电缆的敷设状态、敷设环境、运行温度、接地方式等诸多因素有关，表中的参考值与具体的电缆阻抗难以吻合。仅在没有具体的电缆正序（负序）阻抗时，供分析参考。

表 2-6　常用电缆的正序（负序）阻抗参考数据[2]　　　　　　　　（Ω/km）

导体截面积/mm²	0.6/1kV		6/10kV		18/30kV		64/110kV	
	Cu	Al	Cu	Al	Cu	Al	Cu	Al
25	0.930	1.54	0.935	1.54	—	—	—	—
35	0.672	1.12	0.678	1.12	—	—	—	—
50	0.499	0.825	0.505	0.829	0.511	0.833	—	—
70	0.349	0.573	0.357	0.577	0.364	0.581	—	—
95	0.256	0.417	0.259	0.422	0.268	0.427	—	—
120	0.209	0.333	0.217	0.338	0.226	0.344	—	—
150	0.174	0.274	0.183	0.280	0.193	0.286	—	—
185	0.146	0.222	0.155	0.228	0.165	0.235	—	—
240	0.120	0.176	0.130	0.182	0.142	0.191	0.202	0.239
300	0.106	0.147	0.114	0.154	0.126	0.163	0.189	0.215
400	0.093	0.123	0.101	0.129	0.116	0.141	0.176	0.193
500	0.084	0.105	0.093	0.111	0.141	0.121	0.166	0.177
630	0.079	0.093	0.086	0.098	0.098	0.109	0.159	0.166
800	0.075	0.084	0.082	0.080	0.092	0.100	0.153	0.157

注：表列正序（负序）阻抗值为单芯电缆三角形排列敷设的参考值，若平列布置阻抗将大大增加。

2.4.2　电缆的零序阻抗

三相交流输电系统中，出现短路故障时，导体与金属屏蔽间形成通路，这个短路回路中的阻抗称为零序阻抗。Z_0（Ω/km）的计算公式为

$$Z_0 = \sqrt{R^2 + R_0^2 + X_0^2}$$

式中　R——导体工作温度下的交流电阻（Ω/km）；

　　　R_0——金属屏蔽的交流电阻（Ω/km）；

　　　X_0——零序电抗（Ω/km）。

电缆的零序阻抗的参考值见表 2-7。由于电缆的阻抗与电缆的敷设状态、敷设环境、运

行温度、接地方式等诸多因素有关，表中的阻抗参考值与具体的电缆阻抗难以吻合。仅在没有具体的电缆零序阻抗时，供分析参考。

表 2-7　常用电缆的零序阻抗参考数据[2]　　　　（单位：Ω/km）

导体截面积 /mm²	6/10kV		18/30kV		64/110kV	
	Cu	Al	Cu	Al	Cu	Al
25	1.61	2.02	—	—	—	—
35	1.46	1.70	—	—	—	—
50	1.39	1.54	1.37	1.52	—	—
70	1.35	1.43	1.33	1.40	—	—
95	0.864	0.926	0.849	0.912	—	—
120	0.854	0.892	0.837	0.876	—	—
150	0.847	0.873	0.830	0.856	—	—
185	0.616	0.639	0.605	0.627	—	—
240	0.611	0.624	0.599	0.612	0.176	0.218
300	0.610	0.618	0.598	0.606	0.158	0.182
400	0.608	0.614	0.595	0.600	0.157	0.176
500	0.608	0.611	0.596	0.600	0.150	0.163
630	0.611	0.612	0.596	0.600	0.146	0.154
800	0.610	0.611	0.594	0.594	0.140	0.146

注：电缆金属屏蔽，6/10kV、18/30kV 电缆为铜丝；64/110kV 电缆为皱纹铝套。金属屏蔽的电感 L_0（mH/km）的计算公式为

$$L_0 = 0.2\ln(1.1r/0.778\,8r_c)$$

式中　r——金属屏蔽的平均半径（mm）；

r_c——导体半径（mm）。

2.5　电缆的电容参数

电缆本身是一个标准的圆柱形电容器，导电线芯和接地的金属屏蔽层（或金属护套）构成了电容器的两个极。电容电流大时，限制电缆的传输容量和长度。通过电容的测量，可以检查电缆的质量和工艺。因此电容是电缆较重要的电气参数。

2.5.1　电缆的工作电容

中高压电缆为使绝缘中的电场强度分布均匀，绝缘外面都有金属屏蔽（或金属护套），从而导体芯与金属屏蔽层因绝缘形成了圆柱形电容器，其中电容器即电缆工作电容。

电缆电容的计算公式为

$$C = \frac{\varepsilon_r}{18\ln(D/d)}$$

电容充电电流计算公式为

$$I_C = U_0 \omega C$$

式中　C——电缆工作电容（μF/km）；

　　　ε_r——绝缘材料的相对介电常数；

　　　D——电缆绝缘外径（mm）；

　　　d——电缆绝缘内径（mm）；

　　　I_C——电容充电电流（A）；

　　　U_0——导体对地（屏蔽）电压（V）；

　　　ω——电流角频率（rad/s），$\omega = 2\pi f$，$f = 50$Hz。

2.5.2　通过工作电容检查电缆绝缘

工作电容是电缆较重要的电气参数，通过测量电容的大小，可以检查电缆的质量和工艺。绝缘品质好，厚度大而均匀，则电容小；相反，则电容大。电容大，将导致大的充电电流和大的介质损耗，增大电缆的温升，影响电缆的使用寿命。因此，GB/T 11017 和 GB/Z 18890 规定，电缆电容的实测值应不大于计算值的 108%。交联聚乙烯电缆（XLPE）和乙丙橡胶电缆（EPR）的电容参考数据见表 2-8。

表 2-8　电缆电容参考数据[2]　　　　　　　　　　（μF/km）

导体截面积/mm²	6/6kV 交联聚乙烯	6/10kV 乙丙橡胶	8.7/10kV 交联聚乙烯	12/20kV[①]※ 交联聚乙烯	18/30kV[①]※ 交联聚乙烯	21/35kV[①]※ 交联聚乙烯	26/35kV 交联聚乙烯	64/110kV 交联聚乙烯
25	0.192	0.251	0.158	0.138	0.116	0.106	0.099	—
35	0.212	0.276	0.173	0.150	0.125	0.114	0.106	—
50	0.237	0.306	0.192	0.166	0.136	0.124	0.115	—
70	0.269	0.351	0.217	0.187	0.151	0.137	0.126	—
95	0.300	0.391	0.240	0.206	0.164	0.148	0.137	—
120	0.327	0.426	0.260	0.223	0.176	0.158	0.146	—
150	0.357	0.475	0.283	0.242	0.189	0.170	0.156	—
185	0.387	0.515	0.312	0.266	0.203	0.182	0.167	—
240	0.429	0.569	0.344	0.292	0.221	0.197	0.181	0.126
300	0.471	0.624	0.376	0.318	0.239	0.213	0.195	0.136
400	0.531	0.712	0.421	0.355	0.265	0.235	0.215	0.156
500	0.584	0.791	0.461	0.388	0.288	0.255	0.232	0.168
630	0.648	0.889	0.510	0.428	0.345	0.279	0.253	0.185
800	0.757	0.988	0.587	—	—	—	0.290	0.206

① 注：※中的数据摘自宝丰线缆有限公司的资料。

2.5.3　通过电容电流选择中压接地方式

B 类输电系统的变电站，对电缆出线不多时，中性点采用不接地方式运行；在电缆出线较多，系统电容电流较大的变电站，中性点采用经消弧线圈接地或低电阻接地的方式，并配有暂态微机保护，实现小电流接地系统继电保护的选择性。

对电缆出线较多的 10kV 变电站，当其电容电流超过 10A 时，单相接地故障时电弧不易燃灭，宜采用中性点经消弧线圈接地的方式运行。

消弧线圈是具有一定容量的单相电感线圈，接在变压器中性点上，消弧线圈的感性电流部分或全部补偿（一般要求过补偿）线路的电容电流，使流过故障点的电流值大大减小，使电弧易于熄灭，接地电弧不能重燃，从而使单相电弧接地过电压限制在 2.3～3.2 倍相电压，相对于中性点不接地系统来说，可适当降低设备绝缘水平。选用自动跟踪补偿型消弧线圈可根据系统电容电流的变化进行补偿，使系统较好的稳定运行。

目前，一般消弧线圈补偿电流最大在 100A 左右，当一个 10kV 变电站的电缆电容电流超过 100A 时，可选用低电阻接地方式。它在北京、上海、深圳、珠海、福建等城市有成功的运行经验。

低电阻接地方式就是在 10kV 变压器中性点接入阻值在 10Ω 以下的电阻，它与系统对地电容构成一并联回路，当系统发生接地故障时，系统对地电容上的积累电荷通过电阻释放。同时，电阻对系统的谐振起阻尼作用。因此，它可降低弧光接地过电压，从而降低设备的绝缘水平，降低氧化锌避雷器持续运行电压，经济效益显著；其次，由于谐振过电压发展不起来，从根本上抑制系统谐振过电压；还有这种方式对电容电流的适用范围大，不会因变电站馈线的不断增多而改变电阻。但低电阻接地方式，由于流过接地点的电流较大，可能影响同一电缆沟或电缆隧道里的其他相邻电缆，同时，因地电位升高，对人身安全、对通信设备都有不同程度的影响。为保证人身和设备的安全运行，必须从电网结构自动化装置上采取措施以达到跳闸后迅速恢复供电或对用户不断电的目的[6]。

2.5.4　通过电容电流选择电缆漏电整定值

在供电系统中，漏电保护是重要的功能之一。特别在煤矿生产中，随着大功率设备的投入，入井电压不断升高，对 6kV 供电的井下电缆系统中，要求供电设备必须有过电流、过载断相保护及漏电保护功能，各种保护功能必须灵敏可靠，否则容易造成供电事故，危及人身安全，因此漏电保护非常重要。以矿用隔爆、BGP 型高压开关为例，需要对供电设备进行漏电整定。但整定大，漏电不动作；整定小，太灵敏影响正常生产。所以一般情况根据电缆长度、截面和电压等级及电缆电容量来计算和整定漏电电流[7]。

2.5.5　通过电容电流限制的交流输电距离

由电容电流限制的交流输电距离可参考第 6 章 6.11 节内容。

2.6　电缆金属护层的感应电压及电流

根据电磁感应的原理，交流电缆运行时，周围存在交变磁场，处于交变电磁场中的导体就会产生感应电压，并可能产生两种电流——环流和涡流，如电缆的金属屏蔽层、金属护套及铠装层中就会产生这样的效应。如图 2-1 所示，单芯电缆的导线和金属护层之间相当一个单匝空心变压器，导线中运行的交变电流所产生的磁通有相当大的部分与金属护层交链，并在金属护套上产生感应电动势。对于单芯电缆，当金属护层一点接地时，其中只有涡流而无环

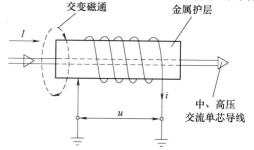

图 2-1　中、高压交流单芯电缆感应电压示意图

流；当金属护层两端（或两点）接地时，其中就会即有涡流又有环流。对于一根三芯电缆统包金属屏蔽或金属护层来说，电感电压相互抵消，可以忽略不计。

2.7 单芯电缆的感应电压安全允许值和最大值

IEC61936-1—2014 交流电压大于 1kV 的电力装置 第 1 部分：通用规则标准中人体安全允许电压为 50~80V，所以 50V 是交流系统中人体接触带电设备的安全允许值，IEC/TR 61200-52—2013《电气设施导则—第 52 部分：电气设备的选择和安装—布线》标准按通过人体不危及生命安全的允许电流 29mA 和人体电阻 1725Ω 计算，推荐在带电接触时允许电压。GB 50217 对交流单芯电力电缆线路金属护套上正常感应电压保留了 50V（指未有防护）的规定，而取消在使用有效绝缘防护用具情况下，带电接触电压，即单芯电缆的感应电压允许最大值由原来 100V 改为 300V。

当中、高压交流单芯电缆运行时，它们的金属护套（或护层）在交变磁力线作用下，必然会产生感应电压。一根三芯电缆带电负荷平衡时，三相电流向量和为零，金属屏蔽层感应电压叠加为零，所以电缆两端屏蔽层短接后可接地。三根单芯电缆每相之间其三相外皮在非品字型紧密连接的情况下，由于相间距离不对称，交变电场在三相金属屏蔽层上感应的电动势不能抵消。金属屏蔽层感应电压的大小与电缆线路的长度、流经导体的电流成正比，与电缆排列方式的中心距、金属屏蔽层的平均直径有关。一般电缆金属护层中的感应电压为 10~100V/km。当电缆线路较长或导体交流电流大于 400A 时，单芯电缆线路的金属护套只有一点接地时，金属护层中感应电压有可能超过安全电压，甚至超过单芯电缆的感应电压允许最大值。另外，当线路发生短路故障、遭受操作过电压或雷电电压冲击时，单芯电缆的金属屏蔽层上会形成很高的感应电压，甚至可能击穿绝缘护套。因此，有必要采用不同的接地方式来限制感应电压使其满足安全要求。

2.8 限制中、高压单芯电缆感应电压及环流的接地方式

由于 2.7 节所述原因，必须采取合适的接地方式，以使感应电压限制在安全电压或最大工作电压内，并限制两点直接接地出现的环流，提高中、高压交流单芯电缆的传输容量，确保电缆安全、经济运行。通常采用以下 3 种接地方式[8]。

1. 电缆金属护层一端直接接地

当线路不长（一般不大于 500m）时，可采用将电缆金属护层一端直接接地方式。

若另一端也直接接地，中、高压单芯电缆带负荷及金属护层两端形成通路，金属护层中就会出现环流。仅当电缆线路很短、最大利用小时数较低，且传输容量有较大裕度时，金属护套两端接地形成通路后，金属护套中的环流也较小，造成的损耗不显著，对电缆的载流量影响不大。否则，由于护层的截面积大，电阻、电抗都很小，尽管感应电压不高，环流也会很大，有可能达到几百安，甚至与导体电流相当，其损耗使电缆外皮发热，降低传输容量。可能会造成外护套绝缘击穿，屏蔽层损坏。

若另一端不直接接地，就会面临下列问题：当雷电流或过电压波沿线芯流动时，电缆金属屏蔽层不接地端会出现很高的冲击电压；在系统发生短路时，短路电流流经线芯时，金属

屏蔽层不接地端也会出现较高的工频感应电压，在电缆外护层绝缘不能承受这种过电压的作用而损坏时，将导致出现多点接地，形成环流，为防止不接地端出现过电压，在不接地端经保护器或称护层电压限制器（间隙接地或非线型电阻）接地如图 2-2 所示，这样不构成回路，因此消除了环流，从而能充分利用电缆的传输能力。但非接地端护层中的感应电动势不应超过 50V，当采取有效绝缘防护用具情况下，此感应电压可以提高到 300V。

为降低电缆线路发生故障时金属护套的感应电压，防止干扰电缆线路附近的其他电缆线路及通信线路，需沿电缆线路平行敷设一根回流线。回流线的两端应可靠接地，其截面应满足短路电流热稳定的要求。

2. 电缆金属护层中间接地

电缆线路稍长，且无法分成三段组成交叉互联系统，当采用一端接地，另一端感应电压太高时，可采用金属护套中间接地，两端经保护器或称护层电压限制器（间隙接地或非线型电阻）接地如图 2-3 所示。也可按金属护套一端接地方式的相关规定加设回流线。

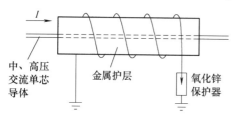

图 2-2　一端接地，另一端经间隙接地
或非线型电阻接地

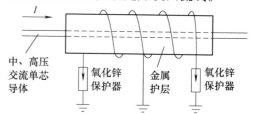

图 2-3　中间接地，两端经非线型电阻
或间隙接地

3. 电缆金属护层交叉互联接地

对于较长（约在 1000m 以上）的单芯交流电缆线路，或对 110kV 及以上的交流单芯电缆线路，可将电缆均匀分割成三段或三的倍数段，对电缆金属护层进行交叉换位互联接地如图 2-4 所示。每组交叉互联段中的两小段之间装设绝缘接头，绝缘接头处的金属护套通过同轴电缆经交叉互联箱进行换位连接（交叉互联），绝缘接头处装设一组保护器，每组交叉互联的两端金属护套直接接地。使护层接地点之间的感应电动势尽可能平衡。

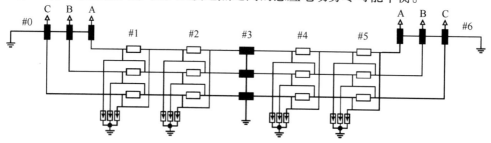

图 2-4　电缆金属护层进行交叉换位互联接地

注：#0、#3 和#6 为直接接地箱；#1、#2、#4 和#5 为交叉互联箱。

在完全换位的情况下，金属护套（屏蔽）层中无环流通过，两端对地之间也无感应电压。每段电缆中间有感应电压，且换位处感应电压最高。交叉互联接地与单点直接接地电缆的载流量相同。这种接地方式虽然适应长线路，但应根据最高允许感应电压确定相邻两个换位点之间的距离。

　　金属护套采用交叉互联的接地方式时，感应电压低、环流小，且不需装设回流线。

4. 电缆金属护层与保护器连接的要求

　　连接导线应尽量短，宜采用同轴电缆；连接导线截面应满足热稳定要求；连接导线的绝缘水平与电缆护层绝缘水平相同；保护器应配有动作记录器。

2.9　大截面单芯 10kV 电缆限制环流的工程实例

　　【例 2-1】　21 世纪初，海滨城市珠海实施配电线路电缆改造，许多 10kV 开关站的进线采用额定电流为 500A 的电缆，而原先的三芯 10kV、240mm² 的交联聚乙烯电缆无法满足负荷，为此，引进 10kV、300mm² 的单芯交联聚乙烯电缆，其长度通常在 3km 以上。当时有关技术资料很少，又缺乏经验，他们只是参照三芯电缆的方式敷设并制作了中间接头和终端接头就投入使用；运行还不到三个月，便发现有中间接头炸裂，而且炸裂处多为单芯电缆中间接头的铜丝网屏蔽层，而铜芯及塑料主绝缘部分却完好无损。而后组织人员重做中间接头，且在中间接头的铜丝屏蔽层处加焊一条大于 25mm² 的铜接地线，做好后运行还不到半个月，该中间接头又炸裂了，而且故障现象相仿，多为铜丝网屏蔽层损坏。为此，特意实测了单芯电缆终端接头接地线中流过的接地电流，结果发现流过单芯电缆接地的电流超过工作电流的 1/3，有时高达 150A，是铜丝网屏蔽多次损坏的原因。于是借鉴 110kV 单芯电缆屏蔽层交叉换位的做法（见图 2-4），再次实测，结果发现环流下降至工作电流的 1/15（该部分环流主要由三相负荷不平衡引起，属于正常范围），单芯电缆恢复了正常运行[9]。

第3章 缆芯、中性线和金属屏蔽层截面积的选择和实例

为使电缆降低能耗，安全经济运行，电缆截面积的选择是电缆选型中最为重要和复杂的环节。理论上，无论根据哪种方法选择的电缆截面积，都应该用其他方法校验，亦即根据各种方法分别求出电缆截面积。满足技术和经济要求的最佳截面积为最终选定值。在设计选择电缆的实践中，对1kV和10kV以下的线路及低压动力线路，通常先按发热条件选择导线或电缆截面积，再校验电压损失和机械强度等；对低压照明线路，通常先按允许电压损失选择导线或电缆截面积，再校验发热条件和机械强度等；对35kV及以上的高压线路和35kV以下长距离大电流线路，通常先按经济电流密度选择导线或电缆截面积，再校验电压损失、发热条件、热稳定校验和机械强度等。以下是仅供参考的设计经验。

3.1 稳定负荷按允许持续载流量选用缆芯截面积

3.1.1 按允许持续载流量选择缆芯截面积

电缆载流量即电缆长期正常运行允许输送的最大电流（以下简称载流量），亦即保证最大工作电流作用下的电缆线芯温度不超过规定的长期允许工作值，电缆按发热条件的允许长期工作电流，应不小于线路的工作电流。载流量的确定是选定电缆的前提，载流量估算的正确与否关系到电缆的安全运行和电缆的使用寿命。电缆本身的材料和结构，敷设状态和环境条件等都是影响电缆载流量的因素。考虑这些因素使得按载流量计算公式的计算比较复杂，设计选型时一般不代入有关公式计算，而查载流量的电气性能数据。不同资料给出的载流量也不尽相同，但相差甚微。敷设状态、环境条件等对载流量的影响修正系数见表3-4～表3-11。

综上所述，当选择电缆截面积时，必须满足下列条件

$$I_{max} \leqslant K_0 I_o \tag{3-1}$$

式中 I_{max}——通过电缆的最大长期工作电流；

I_o——指定条件下的允许持续载流量（见第4～7章的有关内容）；

K_0——电缆允许持续载流量的总修正系数。

不同的敷设环境与条件，总修正系数有如下不同的组合：

空气中多根并列敷设时：$K_0 = K_1 K_2$； $\tag{3-2}$

空气中单根穿管敷设时：$K_0 = K_1 K_3$； $\tag{3-3}$

单根直埋敷设时：$K_0 = K_1 K_4$； $\tag{3-4}$

多根并列直埋敷设时：$K_0 = K_1 K_4 K_5$； $\tag{3-5}$

户外明敷无遮阳时：$K_0 = K_1 K_6$； $\tag{3-6}$

式中 K_1——环境温度修正系数（见表3-4～表3-5）；

K_2——空气中并列修正系数（见表 3-6 ~ 表 3-7）；

K_3——空气中穿管修正系数（见表 3-8）；

K_4——土壤热阻系数不同时的修正系数（见表 3-9）；

K_5——直埋并列修正系数（见表 3-10）；

K_6——日照对电缆载流量的修正（见表 3-11）。

3.1.2　电缆的长期允许工作温度

在电力电缆运行中，由于导体电阻、绝缘层、保护层和铠装层的能量损耗，都将使电缆发热而温度升高。电缆中导体的温度最高，但导体"允许最高温度"取决于绝缘的耐热性能，当电缆的运行温度超过某一定值时，会导致电缆的绝缘水平下降，甚至击穿。限定的这一特定值称为电缆的长期允许工作温度。它是电缆使用寿命的保证，是过载与否的准绳。国产电缆线芯的长期允许温度见表 3-1，常用绝缘材料的温度参数见表 3-2。

表 3-1　国产电缆线芯的长期允许温度[10]

绝缘类型	电压等级/kV	长期允许工作温度/℃
交联聚乙烯绝缘电缆	≤10	90
	20 ~ 220	90①
聚氯乙烯绝缘电缆	1 ~ 6	70
橡皮绝缘电力电缆	0.5	65
通用橡套软电缆	0.5	65
橡皮绝缘软电线	0.5	65
塑料绝缘电线	0.5	70
黏性浸渍纸绝缘电缆	110 ~ 330（充油电缆）	75
乙丙橡皮绝缘电缆		90

① GB 50217—2007《电力工程电缆设计规范》中规定，不大于 500kV 的交联聚乙烯绝缘电缆的长期允许工作温度为 90℃。

表 3-2　常用绝缘材料的温度参数[2]　　　　（单位：℃）

名　称	代　号	允许长期最高工作温度	允许短时过载温度	允许短路温度	允许最低温度
聚氯乙烯	PVC	70	110	140	-20
聚乙烯	PE	70	100	130	-70
交联聚乙烯	XLPE	90	130	250	-70
聚四氟乙烯	PTFE（F_4）	250	300	310	-80
聚全氟乙丙烯	FEP（F_{46}）	200	250	280	-80
聚丙烯	PP	110	110	150	-5
天然橡胶	NR	65	120	150	-50
乙丙橡胶	EPR	90	130	250	-50
硅橡胶	SIR	150	250	350	-80
油纸绝缘	—	65	90	150	—

3.1.3 电缆允许持续载流量的环境温度

式（3-2）~式（3-6）中的 K_1 为不同环境温度时载流量的修正系数。环境温度对电缆载流量的影响较大，它的取值正确与否关系到输电的安全和电缆的寿命，正确取值应按使用地区的多年气象温度平均值，并计入实际环境的温升影响[4]，宜符合表 3-3 的规定。

表 3-3　电缆允许持续载流量的环境温度[4]　　　　　　（单位：℃）

电缆敷设场所	有无机械通风	选取的环境温度
土中直埋	—	埋深处的最热月平均地温
水下	—	最热月的日最高水温平均值
户外空气中、电缆沟	—	最热月的日最高温平均值
有热源设备的厂房	有	通风设计温度
	无	最热月的日最高温平均值另加 5℃
一般性厂房、室内	有	通风设计温度
	无	最热月的日最高温平均值
户内电缆沟	无	最热月的日最高温平均值另加 5℃
隧道		
隧道	有	通风设计温度

注：数量较多的缆芯工作温度大于 70℃ 的电缆敷设于未装机械通风的隧道、竖井时，应计入对环境温升的影响，不能直接采取仅加 5℃。

3.1.4 不同电缆运行环境温度的载流量修正（K_1）

一般在列有电缆长期允许载流量的电缆技术数据表下面，均标注了给定值的条件。当电缆工作条件与表中不符时，则需要对电缆允许持续载流量进行修正。

电缆运行环境温度的改变，会导致电缆长期允许载流量的改变，对于同一根电缆，假设除周围环境温度 θ_0 改变之外，其他不变时，则在 θ_{01} 和 θ_{02} 两个环境温度下的长期允许载流量 I_1 和 I_2（K_1 值），可以通过式（3-7）计算求得，它不是恒定值，而是与许多因素相关的变量。

$$K_1 = \frac{I_1}{I_2} = \sqrt{\frac{\theta_C - \theta_{01}}{\theta_C - \theta_{02}}} \tag{3-7}$$

式中　θ_0——电缆导体允许持续工作温度（缆芯最高工作温度）（℃），见表 3-1 和表 3-2；

　θ_{01}、θ_{02}——电缆周围环境温度（℃）；

　I_1、I_2——和周围环境温度 θ_{01}、θ_{02} 相对应的电缆长期允许载流量（A）。

为使用方便，将环境温度 θ_0 为不同值时的 K_1 值列于表 3-4 和表 3-5。

表 3-4　空气中敷设不同环境温度时载流量的修正系数（K_1）

线芯长期工作温度/℃	标准环境温度/℃	空气环境温度/℃							
		15	20	25	30	35	40	45	50
105	40	1.19	1.15	1.11	1.08	1.04	1.00	0.95	0.91
90	30	1.11	1.08	1.04	1.00	0.96	0.91	0.87	0.82
	40	1.22	1.18	1.14	1.09	1.05	1.00	0.94	0.89

（续）

线芯长期工作温度/℃	标准环境温度/℃	空气环境温度/℃							
		15	20	25	30	35	40	45	50
80	25	1.06	1.04	1.00	0.954	0.905	0.853	0.798	—
	30	1.14	1.10	1.05	1.00	0.95	0.89	0.84	0.77
	40	1.27	1.22	1.17	1.11	1.06	1.00	0.93	0.86
70	30	1.17	1.12	1.06	1.00	0.94	0.87	0.79	0.71
	40	1.35	1.29	1.22	1.15	1.08	1.00	0.91	0.81
65	25	1.12	1.06	1.00	0.935	0.865	0.791	0.707	
	30	1.20	1.13	1.07	1.00	0.93	0.85	0.76	0.65
	40	—	—	—	1.18	1.09	1.00	0.89	—
60	25	1.13	1.07	1.00	0.926	0.845	0.756	0.655	
	30	1.22	1.15	1.08	1.00	0.91	0.82	0.71	0.57
	40	—	—	—	1.22	1.11	1.00	0.86	
50	25	1.18	1.09	1.00	0.895	0.775	0.663	0.447	

注：本表适用于 35kV 及以下的电缆。

表 3-5　直埋地敷设不同环境温度时载流量的修正系数（K_1）

线芯长期工作温度/℃	标准环境温度/℃	土壤温度/℃											
		-5	0	5	10	15	20	25	30	35	40	45	50
90	15	1.13	1.10	1.06	1.03	1.00	0.97	0.93	0.89	0.86	0.82	0.77	0.72
	25	1.21	1.18	1.14	1.11	1.07	1.04	1.00	0.96	0.92	0.88	0.83	0.78
80	15	1.14	1.11	1.07	1.04	1.00	0.96	0.92	0.88	0.83	0.78	0.73	0.68
	25	1.24	1.20	1.17	1.13	1.09	1.04	1.00	0.95	0.90	0.85	0.80	0.74
75	15	1.15	1.12	1.08	1.04	1.00	0.96	0.91	0.87	0.82	0.76	0.69	0.62
	25	1.26	1.22	1.18	1.14	1.09	1.05	1.00	0.95	0.89	0.84	0.78	0.72
70	15	1.17	1.13	1.09	1.04	1.00	0.95	0.90	0.85	0.80	0.74	0.67	0.59
	25	1.29	1.25	1.20	1.15	1.11	1.05	1.00	0.94	0.88	0.82	0.76	0.70
65	15	1.18	1.14	1.10	1.05	1.00	0.95	0.89	0.84	0.77	0.71	0.63	0.55
	25	1.32	1.27	1.22	1.17	1.12	1.06	1.00	0.94	0.87	0.79	0.71	0.61
60	15	1.20	1.15	1.12	1.06	1.00	0.94	0.88	0.82	0.75	0.67	0.57	0.47
	25	1.36	1.31	1.25	1.20	1.13	1.07	1.00	0.93	0.85	0.76	0.66	0.54

说明：1. 虽然表 3-4 标明是空气环境温度，表 3-5 标明是土壤温度，但是它们都可看作是实际环境温度，标准环境温度分别取 15℃、25℃、30℃ 和 40℃ 代入式（3-7）计算的结果。

2. 本表适用于 35kV 及以下的电缆。

利用表 3-5 时，在缺乏具体土壤温度资料的情况下，土壤温度的取值参考如下：一般地面以下 0.7~1.0m 深处取 25℃；地面以下 0.5m 以内土壤温度最高，可达 40~50℃；电缆沟内填沙且上有日照的情况宜取 40℃；江河水下及浅海水中取 25℃。待取得具体土壤温度资料后再核实。

3.1.5　电缆在空气中并列敷设时的载流量修正（K_2）

　　电缆并列敷设时，电缆产生的热量更难分散，因此载流量较正常情况要小些，并列电缆的根数越多，则电缆的允许持续载流量修正系数就越小。

　　电缆"在空气中敷设"是指室内外普通支架单根电缆明敷。包括电缆槽或托盘、梯架内、地沟或隧道中敷设。多根电缆并列明敷时应乘以表3-6中的系数 K_2，在托盘、梯架内敷设时应乘以表3-7中的系数 K_2。

表3-6　电缆空气中并列敷设时载流量的修正系数（K_2）[4]

并列根数		1	2	3	4	5	6	4	6
并列方式		○	○○	○○○	○○○○	○○○○○	○○○○○○	○○ ○○	○○○ ○○○
电缆中心距离	$S=d$	1.00	0.90	0.85	0.82	0.81	0.80	0.80	0.75
	$S=2d$	1.00	1.00	0.98	0.95	0.93	0.90	0.90	0.90
	$S=3d$	1.00	1.00	1.00	0.98	0.97	0.96	1.00	0.96

　　注：1. S 为电缆中心间距离，d 为电缆外径。

　　　　2. 表中按全部电缆具有相同外径条件制定，当并列敷设的电缆外径不同时，建议 d 取平均近似值。

　　　　3. 本表不适用于交流系统中使用的单芯电力电缆。

表3-7　在电缆桥架上多层并列敷设时载流量的修正系数（K_2）[4]

叠置电缆层数		1	2	3	4
桥架类别	梯架	0.80	0.65	0.55	0.5
	托盘	0.70	0.55	0.50	0.45

　　注：1. 电缆为无间距配置。

　　　　2. 呈水平状并列电缆数不少于7根。

3.1.6　电缆在空气中穿管敷设时的载流量修正（K_3）

　　电力电缆的运行方式中，整个电缆线路穿管运行的比较少。但在电缆线路的某个区段，有时为了防护机械外力的损伤而穿管运行，如果穿管长度大于10m时，其长期允许载流量要考虑电缆与管内壁之间绝热空气的影响，进行详细的计算较为复杂，一般工程计算采用修正系数进行修正，10kV及以下空气中穿管运行电缆的允许持续载流量应乘以表3-8中的系数 K_3。

表3-8　10kV及以下电缆穿管敷设时载流量的修正系数（K_3）

线芯截面/mm²	≤95	120～240	≥300
修正系数	0.90	0.85	0.80

　　说明：电线穿管敷设是指电线穿管明敷在空气中或暗敷在墙壁、楼板内及地坪下。环境温度采用敷设地点最热月平均最高温度。橡皮绝缘电线穿钢管敷设的载流量见表5-64。橡皮绝缘电线穿塑料管敷设的载流量见表5-65。穿电线的钢管或塑料管2～4根并列敷设时，其载流量应乘以0.95修正系数；穿电线的钢管或塑料管4根以上并列敷设时，其载流量应乘

以 0.90 修正系数。电线穿管敷设时，对于不载流的或正常情况下载流很小的中性线不计入电线根数。

3.1.7　电缆敷设土壤热阻不同时的载流量修正（K_4）

电缆"直埋地敷设"是指电缆在土壤中直埋。埋深≥0.7m，并非地下穿过敷设。若其他条件相同，敷设在土壤热阻系数较大地区的电缆允许持续载流量较小；反之较大。不同土壤的特征、热阻系数及其载流量修正系数见表 3-9。当直埋电缆允许持续载流量的土壤热阻系数不是按 1.2℃·m/W 给出的，应乘以表 3-9 的系数 K_4。

沟内电缆埋砂且无经常性水分补充时，应按砂质情况选取热阻系数大于 2.0（℃·m/W）。电缆直埋敷设在干燥或潮湿土壤中，除实施换土处理能避免水分迁移的情况外，热阻系数应不小于 2.0（℃·m/W）。

表 3-9　不同土壤热阻系数时电缆载流量的修正系数（K_4）[4]

土壤热阻系数 /（℃·m/W）	土壤特征和雨量	修正系数
0.8	土壤很潮湿，经常下雨。如湿度大于 9% 的沙土；湿度大于 10% 的沙-泥土等 潮湿地区：沿海、湖、河畔地带，雨量多的地区，如华东、华南地区等	1.05
1.2	土壤潮湿，规律性下雨。如湿度为 7%~9% 的沙土；湿度为 12%~14% 的沙-泥土等 普通土壤，如东北大平原夹杂质的黑土或黄土、黄黏土、沙土等	1.0
1.5	土壤较干燥，雨量不大。如湿度为 8%~12% 的沙-泥土等 较干燥土壤，如高原地区。雨量较少的山区、丘陵、干燥地带	0.93
2.0	土壤干燥，少雨。如湿度为 4%~7% 的沙土，湿度为 4%~8% 的沙-泥土等 干燥土壤，如高原地区。雨量少的山区、丘陵、干燥地带	0.87
3.0	多石地层，非常干燥。如湿度 <4% 的沙土	0.75

注：1. 本表适用于缺乏实测土壤热阻系数时的粗略分类。对 110kV 及以上电压电缆线路工程，宜取实测土壤热阻系数。
　　2. 不适用于三相交流系统的高压单芯电缆。
　　3. 本表的土壤热阻系数（℃·m/W）取 1.2 为标准值，当土壤热阻系数取 1.0 为标准值时，可参考第 4 章交联聚乙烯电缆直埋或穿管埋地敷设的载流量数值。

3.1.8　电缆直埋并列敷设时的载流量修正（K_5）

多根电缆直埋并列敷设时，电缆产生的热量较难发散，它的允许持续载流量应乘以表 3-10 中的系数 K_5。

表 3-10　电缆直埋并列敷设时的载流量修正系数（K_5）[4]

电缆间净距/mm	并列根数							
	1	2	3	4	5	6	7	8
100	1.00	0.90	0.85	0.80	0.78	0.75	0.73	0.72
200	1.00	0.92	0.88	0.84	0.82	0.81	0.80	0.79
300	1.00	0.93	0.90	0.87	0.86	0.85	0.84	0.84

注：本表不适用于三相交流系统的单芯电缆。

3.1.9　日照对电缆载流量的修正（K_6）

电缆敷设在室外有日照的环境中，日照是环境温度的基本热源，即日照强度决定环境温度，并对直接接受日照的电缆表面温度有明显影响，它对电缆载流量的影响高达 10% ~ 30%。电缆外护层材料的不同，日照对载流量的影响也不同，日照对载流量的修正系数如下：

聚乙烯护套：$K_6 = 0.87$；聚氯乙烯护套：$K_6 = 0.80$；沥青纤维外被：$K_6 = 0.72$。

其中，K_6 不是十分准确。它只是表明：日照对电缆载流量的影响不可忽略，影响程度与日照强度、电缆外护层材料以及电缆敷设状态等因素有关。

对 1 ~ 6kV 电缆户外明敷无遮阳时载流量的校正系数 K_6 见表 3-11。

表 3-11　1 ~ 6kV 电缆户外明敷无遮阳时载流量的校正系数（K_6）

电缆截面积/mm²			35	50	70	95	120	150	185	240
电压 /kV	1	芯数 三芯	—	—	—	0.90	0.98	0.97	0.96	0.94
	6	三芯	0.96	0.95	0.94	0.93	0.92	0.91	0.90	0.88
		单芯	—	—	—	0.99	0.99	0.99	0.99	0.98

注：运用本表系数校正对应的载流量基础值，是采取户外环境温度的户内空气中电缆载流量。

3.2　按断续和短时负荷下的允许载流量选用电缆芯截面积

3.2.1　断续和短时负荷下的允许载流量

常用的弧焊机、电阻焊机、钎焊机、电渣焊机、磁粉探伤机，门座式起重机、多用途门机、岸边集装箱装卸桥、大型或中型电动机的软起动装置等是断续工作或短时工作的。断续工作设备的工作周期一般不超过 1min，短时工作制用的电动机定额按标准分为 10min、30min、60min 和 90min 4 种，短时工作制用的探伤机在最大容量时最长连续工作时间有 5、7、10、15、24、30min 等几种。大型或中型电动机的软起动装置工作时间一般为几十秒钟。

电缆在断续负荷和短时负荷下的允许载流量，应为长期负荷下允许载流量乘以校正系数，由于采用修正系数的计算公式，进行试算来选择电缆截面积很不方便[10]，因此根据所用导线和电缆的数据，参考文献 [10] 直接给出修正后的载流量。如橡皮、塑料绝缘穿管导线在断续负荷或短时负荷下的载流量表，橡皮、塑料绝缘明敷导线、空气中敷设电缆在断续负荷或短时负荷下的载流量表。下面将介绍软起动装置按热平衡方程选择电缆的方法，并提供用这种方法选择软起动装置电缆截面积的实例。

3.2.2　短时工作软起动装置按热平衡选择电缆截面积的方法

中压电动机的软起动一般不是频繁起动的，一天起动 1 ~ 2 次或一个月起动 1 ~ 2 次，甚至更长时间才起动一次。软起动装置的电缆回路在每次起动时仅工作几十秒，它的电缆若按长期工作的允许持续载流量来选择，显然是不太经济的。

选择中压电动机软起动装置的电缆截面积时，只考虑软起动装置电流通过电缆的发热，不考虑电缆的散热，电流通过电缆电阻产生的热全部会使电缆发热，热平衡的方程式为

$$I^2RT = I^2\left(\frac{\rho L}{S}\right)T = SLPC\Delta T \tag{3-8}$$

式中　I——通过电缆的电流（kA）；

　　　R——电缆电阻（Ω）；

　　　T——软起动的时间（s）；

　　　ρ——电阻率，铜的电阻率取（$18.8 \times 10^{-9}\,\Omega \cdot m$）；

　　　L——电缆长度（m）；

　　　S——电缆截面积（mm^2）；

　　　P——质量密度，铜的密度取 8 900kg/m^3；

　　　C——比热容，铜的比热容 0.39×10^{-3}J/(kg·℃)；

　　ΔT——电缆的温升（℃）。

把铜芯电缆的有关数据带入式（3-8），得铜芯电缆的温升为

$$\Delta T = 5\ 416\left(\frac{I}{S}\right)^2 T \tag{3-9}$$

若是铝芯电缆，要把铝的电阻率、质量密度和比热容值代入式（3-8）中，整理计算出温升 ΔT。

根据软起动装置确定的起动时间和起动电流，预选铜芯电力电缆，按式（3-9）计算短时运行一次的电流温升，要留有充分的余量。若起动一次温升过大不合适，增大电缆截面积，重新计算电缆温升，直到预留的温升足够大。然后，对预选电缆进行起动电压降的校验，短路时的热稳定校验。这些条件都满足，该电力电缆的截面积就是所选的经济截面积[11]。

3.2.3　短时工作软起动装置按热平衡选择电缆截面积的实例

【例3-1】[11]　某钢厂煤气压缩机的电动机参数：功率为 17 000kW，额定电压为 10kV，额定电流为 1 108A，起动电流倍数为 4.37。采用热变电阻软起动装置起动，系统中的切换柜、热变电阻柜、起动柜所用的电力电缆承受短时工作的电流。

通过设计计算，采用软起动后，确定起动电流为 2 倍的电动机额定电流，即起动电流为2.216kA，起动时间计算为 50s。

预选 YJV-8.7/10kV—1×185 电力电缆。将有关数据代入式（3-9），得

$$\Delta T = 5\ 416\left(\frac{I}{S}\right)^2 T = 5\ 416 \times \left(\frac{2.216}{185}\right)^2 \times 50 = 38.8℃$$

即电动机起动一次，电力电缆的温升为 38.8℃，若考虑环境温度为 35℃，YJV 电缆缆芯的最高允许温度为 90℃，则电动机可以连续起动 1.4 次。如果选 YJV-8.7/10kV—1×240电力电缆，将有关数据代入式（3-9），得

$$\Delta T = 5\ 416\left(\frac{I}{S}\right)^2 T = 5\ 416 \times \left(\frac{2.216}{240}\right)^2 \times 50 = 23.1℃$$

即电动机起动一次，电力电缆的温升为 23.1℃，若考虑环境温度为 35℃，YJV 电缆缆芯的最高允许温度为 90℃，则电动机可以连续起动 2.4 次。

如果选 YJV-8.7/10kV—1×300 电力电缆，将有关数据代入式（3-9），得

$$\Delta T = 5\,416\left(\frac{I}{S}\right)^2 T = 5\,416 \times \left(\frac{2.216}{300}\right)^2 \times 50 = 14.7℃$$

即电动机起动一次，电力电缆的温升为14.7℃，若仍考虑环境温度为35℃，YJV电缆缆芯的最高允许温度为90℃，则电动机可以连续起动3.8次。

对于功率达17 000kW的电动机，一般连续起动的次数不超过2次，从上面的计算过程可以得出，选YJV-8.7/10kV—1×240电力电缆即可满足要求。但是考虑到留有足够的温升余地，又考虑到运行柜至电动机每相的电缆已为2根YJV-8.7/10kV—1×300，尽量减少电缆规格比较好。所以，该工程短时运行的软起动装置电缆每相选用了1根YJV-8.7/10kV—1×300电力电缆。

若按采用软起动后，起动电流为2倍的电动机额定电流，即把起动电流为2.216kA作为长期工作电流，不考虑电动机起动的电压降限制，那么软起动装置电缆每相需选用4根YJV-8.7/10kV—1×300电力电缆。显然是不经济的。

3.3　按冲击负荷下的允许载流量选用电缆芯截面积

3.3.1　电气化铁道和地铁供电是冲击非线性负荷

在电气化铁道的牵引供电系统中，由110/27.5kV或220/27.5kV牵引变电站将接触网的高压单相交流供给运功中的电力机车，在电力机车上对27.5kV交流再次降压并整流，得到脉动的直流，供给脉动式直流电动机来驱动列车运动。所以牵引供电系统负荷不仅存在直流分量，而且还包括有一系列谐波组成的交流分量。表3-12列出了在西南某段电气化铁道牵引供电系统中实测、统计的牵引负荷电流谐波含量，可见牵引负荷的谐波电流总畸变率（THD）高达30.3%。

表3-12　西南某段电气化铁道牵引供电系统中的谐波[12]

谐波次数	3	5	7	9	11	13	15	17	19	THD
谐波含量/%	28	9	5	2.9	2.4	2.1	1.8	2	2	30.3

电气化铁道牵引变电站引出的每段供电臂一般长15～25km。就牵引供电系统而言，大部分时间是空载的，只有当电气化列车高速通过某段时，担任该段的牵引变电站才有负荷。显然，这种负荷是一种冲击性的非线型负荷。

电气化铁道电力机车取流是通过受电弓与接触网导线之间的接触、滑动来实现的。气温的变化、风力的大小、接触线高度的变化等多种因素都会使受电弓与接触网导线之间的接触压力出现波动，甚至跳跃、离线，这些因素往往会造成拉弧、刮弓、断线、短路等事故频发。因此，电气化铁道的牵引供电系统将频繁遭受较大的冲击电流、短路电流作用。

我国地铁或轻轨基本采用直流牵引。在牵引变电所内，整流变压器和整流器组成的整流机组将35kV或10kV电压转换成机车运行电压，通过高速直流开关给接触网（第三轨）供电，地铁的直流供电系统，大部分时间是空载的，只有当电气化机车高速通过某段时，担任该段的牵引变电所才具有负荷，负荷率远小于1。和电气化铁道供电基本相似，气温的变化、风力的大小、接触线高度的变化等多种因素都会使受电弓与接触网导线之间的接触压力出现波动，甚至跳跃、离线，这些因素会造成拉弧、刮弓、断线、短路等事故频发。因此，地铁的牵引供电也是冲击非线型负荷。

3.3.2　电气化铁路冲击负荷对电缆线路的影响

表3-12中的实测谐波含量数据表明，电气化铁道负荷含有较大的谐波分量，使电缆的交流电阻、介质损耗较工频时的交流电阻、介质损耗有所增加，其影响会导致载流量降低，但电力机车负荷具有随时间变化很大的随机性，日负荷率远小于1，考虑到固体绝缘电缆的允许过载能力小，按正常工作温度下估计电缆载流量将是安全的。

电气化铁道电力机车牵引变电站由两相供电回路接至单相主变压器，正常运行中形成单相回路。每条回路两根电缆同时具有最大值的反向电流，这对交流电阻的邻近效应和单相电缆金属护套感应电流影响将有所减弱。鉴于电气化铁道电力机车负荷工作为非持续方式，负荷电流不大，不计入这一有利因素将使电缆实际工作温度比计算值稍低，偏于安全。而且当相邻电缆的中心距大于200mm时，邻近效应系数小于1%，可以忽略不计，这个条件在实际敷设时很容易满足。与通常的三相供电不同的是，要考虑两根相邻电缆同时最大电流时的互热或热阻影响。

电气化铁路负荷虽然在电缆线路中会频繁产生冲击电流，有可能烧损导线，但由于负荷持续时间短，在线路温度尚未升高到临界熔点温度时，电流早已开始下降。例如，电气化列车以150km/h的速度行驶在供电臂长为15km线路，则牵引负荷持续时间为6min。因此，考虑冲击电流后电缆所处的工作状态是安全的。

3.3.3　直埋冲击负荷下的电缆载流量的计算

电气化铁道的牵引供电电缆往往采用穿玻璃钢保护管直埋敷设于地下，但电缆终端部分电缆可能处于空气中，因空气中比穿管埋地时电缆的载流量要大，故以穿管埋地敷设情况来计算电缆载流量。计算过程先算出直埋时电缆载流量基础值。然后计入反映本线路电气化铁路含谐波的影响和电缆穿管埋地的校正，就可求得确切的电缆载流量。

直埋电缆载流量按IEC60287《电缆额定电流的计算》中下式计算。

$$I = \sqrt{\frac{(\theta_M - \theta_0) - W_d(0.5T_1 + T_3 + T_4)}{R[T_1 + (1 + \lambda)(T_3 + T_4)]}} \tag{3-10}$$

式中　R——电缆在θ_M下的交流电阻（Ω）；

$\quad\quad W_d$——电缆的介质损耗（W/m）；

$\quad\quad T_4$——电缆的外部热阻 [（℃·m）/W]；

T_1、T_3——缆芯导体与金属护套、金属护套与外护套之间的热阻 [（℃·m）/W]；

θ_M、θ_0——缆芯导体允许最高工作温度、环境最高温度（℃）；

$\quad\quad \lambda$——电缆金属套环流损耗系数；若金属套为单端接地时，$\lambda = 0$。

3.3.4　对冲击负荷选择220kV电缆截面积的工程实例

【例3-2】[12]　电气化铁道某牵引变电站，由220kV系统的城乡变电站供电，主接线为双电源T形桥接方式，2台主变压器均为单相变压器，额定容量为2×31.5MVA，额定电压为 220/25kV，经 220kV 交联聚乙烯电缆与架空线接在系统的 B、C 两相之间，正常工作方式为一组运行，另一组处于热备用。2001 年和 2005 年该牵引变电站供电负荷为 34.2MW 和 35.9MW，牵引变电站供电回路如图 3-1。

1. 电缆工作电流计算

1）按牵引变电站变压器正常运行计入 23% 过载（4h）时工作电流为

$$I_1 = 1.23 \times 3\,150/220 = 1.23 \times 143.2 = 176 \ (A)$$

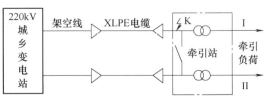

图 3-1　电气化铁路牵引变电站供电回路

2）考虑 2005 年的供电 35.9MW，取功率因数为 0.8，由 1 组"变压器—电缆"负担时的工作电流为

$$I_2 = 35\,900/(0.8 \times 220) = 204 \ (A)$$

3）按牵引变电站 2 台变压器额定容量估算今后可能承受的应急负荷时为 1 回电缆负担的工作电流

$$I_3 = 2 \times 31\,500/220 = 286.4 \ (A)$$

2. 短路电流计算

已知该电网参数：电网阻抗为 0.253p. u.，架空线长 2.5km，正序阻抗为 0.451Ω/km，零序阻抗为 0.538Ω/km；电缆长 2.3km，正序阻抗为 (0.222 2 + j0.429)Ω，零序阻抗为 (0.343 2 + j0.296 2)Ω，电容为 0.244 2μF。当牵引变电站入口处（见图 3-1 中的 K 点）发生接地故障时，通过电缆的电流最大，根据计算最大短路电流为 29kA。

3. 冲击负荷对电缆线路的影响

本例电气化铁路负荷对 220kV 电缆的影响按 3.3.2 节的分析，考虑冲击电流后对电缆所处的工作状态是安全的。

4. 电缆芯截面载流量计算及其参数选择

本例的牵引变电站供电线路为两回路，由 4 根单相电缆沿同一路径敷设构成。采用穿入玻璃钢（FRP 型）保护管直埋敷设于地下 2.4m 深，管与管中心距按 250mm 或 300mm 计。电缆终端和接头相连的局部段处于空气中，本例可按式（3-10）算出直埋时电缆载流量。

这里需要说明的是，本例电气化铁路负荷及其供电方式使 T_4、W_d、R 与通常计算有所差异，即以每回 2 根单相电缆以两相接至牵引站单相变压器，运行中 2 根并列单相电缆同时有最大幅值的反相负荷电流，与通常每回 3 根并列单相电缆的三相对称负荷电流工况不同，因而在反映电缆之间互热影响方面有不同的 T_4 表达式；再者，电气化铁路负荷含谐波，比通常仅为工频时的 W_d、R 值要增大，从而使 I 值降低。参考国内外文献，有关参数选取如下：

1）适合 2 根等负荷电流并列单相电缆的 T_4 表达式是引自 IEC 60287-1-1—2006《电缆额定电流的计算　第 1-1 部分　额定电流方程（100% 负荷系数）和电损》。

2）谐波含量 $\alpha_n = I_n/I_1$，可显示谐波影响程度，按各自谐波含量 α_n（$n = 1$、3、5、7）与对应 R_n 值分项计算，其乘积之和的方均根值为包含谐波因素的等值交流电阻，以 $K = \sqrt{\dfrac{R_1}{\sum \alpha_n R_n}}$ 作为谐波分量影响 I 的校正系数。

本例牵引变电站谐波含量预计值见表 3-13。

表3-13　一个牵引变电站电气化铁道预计谐波含量[12]

各 次 谐 波	基波	3 次	5 次	7 次	THD
接触网平均工作电流 I_n/A	502	114	38	23	—
谐波含量 α 推算值(%)	100	22.71	7.57	4.57	24.3

3）谐波分量对 W_d 的影响直接以 $W_d \sum n\alpha_n$ 代入式（3-10）的算式求得 I 值。

4）对穿管埋地方式的 T_4 经实测为 0.9。

5）基于本例电缆最大工作电流为 204A，具有短时冲击性而远非 100% 连续最大，电缆允许最高工作温度 θ_M 按 90℃ 应属合适，考虑安全耐久性，θ_M 取 80℃ 作为校验更稳妥。

6）土壤热阻系数 ρ_T 与土质有关，与 T_4 呈线性关系，直埋电缆一般 $\rho_T = 0.8 \sim 1.2$（℃·m）/W。考虑本例工程情况，取 $\rho_T = 2.0$（℃·m）/W。

7）环境温度指电缆周围介质的温度。本例工程所在地冻土层厚 2.0m，地下 2m 处最热月平均土壤 25℃。而本例电缆实际埋深 2.4m，这将使电缆载流能力含有裕度。

根据上述因素，现以电缆的绝缘厚度为 27mm，波纹铝护套厚 2mm，聚氯乙烯（PVC）外护套厚 4.5mm 的国产电缆为样本，电缆载流量计算结果见表3-14。

表3-14　220kV 交联聚乙烯绝缘聚氯乙烯护套冲击负荷的载流量[12]

铜缆芯截面积/mm²			240		300		400
金属套接地方式			单端	两端	单端	两端	两端
电缆载流量/A	直埋未计入谐波影响时的载流量/A	$\theta_M = 90℃$	441	380	497	416	456
		$\theta_M = 80℃$	405	349	456	382	418
	直埋计入谐波影响时的载流量/A	$\theta_M = 90℃$	419	363	472	396	433
		$\theta_M = 80℃$	385	332	433	362	396
	穿管埋地计入谐波影响时的载流量/A	$\theta_M = 90℃$	377	327	425	356	390
		$\theta_M = 80℃$	347	299	390	326	356

由上表可见，240mm² 铜芯截面积按 $\theta_M = 80$ 时，已满足最大工作电流。此外，按参考文献［4］附录 D 算出允许截面积应不小于 180mm²，所以，本例中电缆芯最小截面积取 240mm² 及以上为宜。

5. 对电缆进行技术和经济综合评价，选择适宜的缆芯截面积

在上述容许最小缆芯截面积为 240mm² 基础上，还应考虑其经济性。增大缆芯截面积可减少运行中电能损耗费，但存在相应增大初投资及其折旧摊提的不利因素，应对初投资增加和年运行费减少进行综合评价，然后决定电缆芯截面积选择多大为宜。

本例按 1 回路 1 台变压器工作，另 1 回路另 1 台变压器备用，1 台变压器的日负荷按其容量的 0.6 计，每台变压器日平均工作电流为 0.6 × 31 500/220 ≈ 86（A），工作回路的变压器一年按 86 × 8 760（Ah）连续工作，电缆金属套以两端接地其环流损耗一并计入，当时平均电价为 0.4 元/kWh；当时 220kV 交联聚乙烯电缆缆芯截面积 1 × 300mm² 与 1 × 400mm² 的价格差为 50 000 元/kW；经估算，两回 240 ~ 400mm² 缆芯截面积的年电能损耗及其费用和投资差额计算结果见表3-15。

表 3-15　220kV 交联聚乙烯电缆的经济分析表[12]

缆芯截面积/mm²	240	300	400
年电能损耗/(kWh/年)	42 450	36 442	31 168
年电能损耗费/(万元/年)	1.7	1.46	1.25
年电能损耗费差额/(万元/年)	+0.24	0	-0.21
投资差额/万元	-30	0	+50

　　全面计入电气化铁路负荷谐波分量影响及其单相回路特点，择取相关参数，缆芯截面积为 240mm² 已能满足最大工作电流和适应今后一回路电缆承担牵引站 2 台变压器负荷的可能需要。从减少工程投资和减少运行中的年电能损耗费等综合权衡，缆芯截面积宜比 240mm² 稍大。缆芯截面积为 300mm² 的电缆比缆芯截面积为 400mm² 的电缆年电能损耗费虽增加约 0.21 万元/年，但工程初投资可节省约 50 万元，故选择 300mm² 的电缆截面积为宜。

3.4　按允许电压降选用电缆芯截面积

3.4.1　电缆回路的允许电压降

　　电缆导体上有电阻和阻抗，在有电流通过导体时必然产生电压降。在最大工作电流作用下的电压降，不得超过该回路允许值。允许电压降应按照用电设备端子电压偏差允许值的要求和变压器高压侧电压偏差的具体情况确定。

1. 配电回路设计允许电压降

　　当缺乏计算资料时，电缆回路的允许电压降值见表 3-16。变压器高压侧为恒定系统标称电压时，低压侧线路允许电压降值见表 3-17。

表 3-16　电缆回路的允许电压降[10]

名　　称	允许电压降(%)
从配电变压器二次侧母线算起的低压线路	5
从配电变压器二次侧母线算起的供给有照明负荷的低压线路	3 ~ 5
从 110(35)/10(6)kV 变压器二次侧母线算起的 10(6)kV 母线	5

　　注：照明回路允许电压降宜取 +5% ~ -2.5%，一般照明回路允许电压降可取 +5% ~ -5%。

表 3-17　变压器高压侧为恒定额定电压时，低压侧线路的允许电压降[10]

负荷率	cosφ	SL7 和 S7 型变压器容量/kVA							
		200	250	315	400,500	630	800	1 000,1 200	1 600
	1	8	8	8.5	8.5	8.5	8.5	8.5	9
	0.9	7	7	7	7.5	7	7.5	7.5	7.5
1.0	0.85	6.5	7	7	7	7	7	7	7
	0.8	6.5	6.5	6.5	6.5	6	6	6.5	6.5
	0.7	6	6	6	6	6	6	6	6
	0.6 ~ 0.5	6	6	6	6	5.5	5.5	5.5	5.5

（续）

负荷率	cosφ	SL7 和 S7 型变压器容量/kVA							
		200	250	315	400,500	630	800	1 000,1 200	1 600
0.8	1	8.5			8.5	9		9	
	0.95	7.5			8	7.5		8	
	0.9	7.5			7.5	7.5		7.5	
	0.8	7			7	7		7	
	0.7	7			7	6.5		6.5	
	0.6 ~ 0.5	6.5			6.5	6.5		6.5	

注:1. 本表按用电设备允许电压偏差为 ±5%,变压器空载电压比低压系统标称电压高 5%（相当于变压器高压侧为恒定额定电压）进行计算。将允许总的电压损失 10% 扣除变压器电压损失,得本表数据。

　　2. 当照明回路允许电压偏差为 +5% ~ -2.5% 时,应按本表数据减少 2.5%。

2. 电动机起动时允许电压降

电动机起动时,其端子电压应保证被拖动机械要求的起动转矩,且在配电系统中引起的电压下降不应妨碍其他用电设备的工作,即电动机起动时应符合下面的允许电压降要求:

1）在一般情况下,电动机频繁起动时不应低于系统标称电压的 90%,电动机不频繁起动时,不宜低于标称电压的 85%。

2）配电母线上未接照明或其他对电压下降较敏感的负荷且电动机不频繁起动时,不应低于标称电压的 80%。

3）配电母线上未接其他用电设备时,可按保证电动机起动转矩的条件决定,对于低压电动机,还应保证接触器线圈的电压不低于释放电压。

3.4.2　按负荷电流和电缆长度核算电压降选电缆芯截面积

为保证供电质量,选用的电缆末端电压与电流的相位角为零时,对低压线路,主要考虑线缆电阻上产生的电压降来核算;对中、高压电缆线路来说,当线路的感抗和电阻相比,可忽略时,和低压线路用相同的方法核算电压降。这时,它们可按下面的计算公式核算电压降选电缆线芯截面积 $S(\mathrm{mm}^2)$。

在三相系统中

$$S \geqslant \frac{\sqrt{3}I\rho L}{U\Delta u\%}$$

在单相系统中

$$S \geqslant \frac{2I\rho L}{U\Delta u\%}$$

式中　I——负荷电流（A）;

　　　U——额定电压,三相系统为线电压,单相系统为相电压（V）;

　　　L——电缆长度（m）;

　　$\Delta u\%$——允许电压降百分数,可参考 3.4.1 内容选取;

　　　ρ——电阻率（Ω·mm²/m）,其中 $\rho_{铜} = 0.0206\,\Omega \cdot \mathrm{mm}^2/\mathrm{m}$（50℃）,$\rho_{铝} = 0.035\,\Omega \cdot \mathrm{mm}^2/\mathrm{m}$（50℃）。

　　一般额定电压是已知的，根据负荷电流和电缆长度按上面公式计算出的截面积是满足允许电压降要求的，应选取最接近它的标称截面积。当这个标称截面积大于按长期允许载流量选择的电缆截面积时，应选大的电缆截面积。

3.4.3　核算电压降选电缆芯截面积

　　选用的电缆末端电压与电流的相位角不为零时，电缆上的电压降与电缆中的电流、有效电阻、电抗和电缆长度有关，另外还应考虑电缆末端电压与电流的相位角。电缆的充电电流对电压降也有影响，低压短线路可以忽略，但 10kV 以上的长线路必须考虑。电缆上的电压降应不大于允许的电压降百分数（可参考 3.4.1 内容选取），计算公式如下：

1. 直流线路上的电压降

$$\Delta U\% = 2IRL$$

2. 单相交流线路的电压降

$$\Delta U\% = 2IL(R\cos\varphi + X\sin\varphi)/u$$

3. 三相平衡负荷交流线路的电压降

$$\Delta U\% = \sqrt{3}IL(R\cos\varphi + X\sin\varphi)/u$$

式中　u——单相线路的相电压或三相线路的相电压（V）；

　　　I——电缆导体中的电流（A）；

　　　R——电缆导体的有效电阻（Ω/m）；

　　　X——电缆导体的电抗（Ω/m）；

　　　L——电缆长度（m）；

　　　φ——电缆末端电压与电流之间的相位角；

　　$\Delta U\%$——电压降百分数。

3.4.4　查表格按电压降速选电缆芯截面积

　　若已知负荷电流、电缆长度和电缆端点的功率因数，按电缆端点的功率因数，对 1kV 交联聚乙烯绝缘电力电缆用于三相 380V 系统的电压损失可查表 3-18；对于 6kV 和 10kV 交联聚乙烯绝缘电力电缆的电压损失可分别查表 3-19、表 3-20，从表中查出电压损失，再乘以已知负荷电流、电缆长度，得出的电压损失值小于并最接近从 3.4.1 小节内容选取允许电压降百分数 $\Delta u\%$（缺乏资料时，可按 5% 考虑），和电压损失相对应的电缆芯截面积就是所要选的电缆截面积。

　　当按长期允许载流量选择电缆截面积后，用上述方法核算，若不满足要求，电缆的缆芯截面积需加大，直到满足要求。

表 3-18　1kV 交联聚乙烯绝缘电力电缆用于三相 380V 系统的电压损失

截面积/mm²		电阻 θ = 80℃/(Ω/km)	感抗/(Ω/km)	电压损失/[%/(A·km)]					
				cosφ					
				0.5	0.6	0.7	0.8	0.9	1.0
铜芯	4	5.332	0.097	1.253	1.494	1.733	1.971	2.207	2.430
	6	3.554	0.092	0.846	1.006	1.164	1.321	1.476	1.620

（续）

截面积/mm²	电阻 θ=80℃ /(Ω/km)	感抗/(Ω/km)	电压损失/[%/(A·km)]					
			cosφ					
			0.5	0.6	0.7	0.8	0.9	1.0
铜芯 10	2.176	0.085	0.529	0.626	0.722	0.816	0.909	0.991
16	1.359	0.082	0.342	0.402	0.460	0.518	0.574	0.619
25	0.870	0.082	0.231	0.268	0.304	0.340	0.373	0.397
35	0.622	0.080	0.173	0.199	0.224	0.249	0.271	0.284
50	0.435	0.079	0.130	0.148	0.165	0.180	0.194	0.198
70	0.310	0.078	0.101	0.113	0.124	0.134	0.143	0.141
95	0.229	0.077	0.083	0.091	0.098	0.105	0.109	0.104
120	0.181	0.077	0.072	0.078	0.083	0.087	0.090	0.083
150	0.145	0.077	0.063	0.068	0.071	0.074	0.075	0.080
185	0.118	0.077	0.058	0.061	0.063	0.064	0.064	0.065
240	0.091	0.077	0.051	0.053	0.054	0.054	0.053	0.041
铝芯 4	8.742	0.097	2.031	2.426	2.821	3.214	3.605	3.985
6	5.828	0.092	1.365	1.627	1.889	2.150	2.409	2.656
10	3.541	0.085	0.841	0.999	1.157	1.314	1.469	1.614
16	2.230	0.082	0.541	0.640	0.738	0.836	0.931	1.016
25	1.426	0.082	0.357	0.420	0.482	0.542	0.601	0.650
35	1.019	0.080	0.264	0.308	0.351	0.393	0.434	0.464
50	0.713	0.079	0.194	0.224	0.253	0.282	0.308	0.325
70	0.510	0.078	0.147	0.168	0.188	0.207	0.225	0.232
95	0.376	0.077	0.116	0.131	0.145	0.158	0.170	0.171
120	0.297	0.077	0.098	0.109	0.120	0.129	0.137	0.135
150	0.238	0.077	0.085	0.093	0.101	0.108	0.113	0.108
185	0.192	0.077	0.075	0.081	0.087	0.091	0.094	0.080
240	0.148	0.077	0.064	0.069	0.072	0.075	0.076	0.067

表 3-19　6kV 交联聚乙烯绝缘电力电缆的电压损失

截面积 /mm²	电阻 θ=80℃ /(Ω/km)	感抗 /(Ω/km)	埋地 25℃ 时的允许负荷/MVA	明敷 35℃ 时的允许负荷/MVA	电压损失/[%/(MW·km)]			电压损失/[%/(A·km)]		
					cosφ			cosφ		
					0.8	0.85	0.9	0.8	0.85	0.9
铜 16	1.359	0.124			4.033	3.988	3.942	0.034	0.035	0.037
25	0.870	0.411	1.403	1.299	2.648	2.608	2.566	0.022	0.023	0.024
35	0.622	0.105	1.663	1.642	1.947	1.909	1.869	0.016	0.017	0.018
50	0.435	0.099	1.975	1.995	1.415	1.379	1.341	0.012	0.012	0.013
70	0.310	0.093	2.390	2.442	1.055	1.021	0.986	0.009	0.009	0.009

（续）

截面积/mm²		电阻 θ=80℃ /(Ω/km)	感抗 /(Ω/km)	埋地25℃时的允许负荷/MVA	明敷35℃时的允许负荷/MVA	电压损失/[%/(MW·km)] cosφ			电压损失/[%/(A·km)] cosφ		
						0.8	0.85	0.9	0.8	0.85	0.9
铜	95	0.229	0.089	2.858	2.941	0.822	0.789	0.756	0.007	0.007	0.007
	120	0.181	0.087	3.222	3.440	0.684	0.653	0.620	0.006	0.006	0.006
	150	0.145	0.085	3.637	3.939	0.580	0.549	0.517	0.005	0.005	0.005
	185	0.118	0.082	4.105	4.489	0.499	0.469	0.438	0.004	0.004	0.004
	240	0.091	0.080	4.728	5.290	0.419	0.391	0.360	0.004	0.003	0.003
铝	16	2.230	0.124			6.453	6.408	6.361	0.054	0.057	0.060
	25	1.426	0.111	1.091	1.050	4.193	4.152	4.111	0.035	0.037	0.038
	35	1.019	0.105	1.299	1.247	3.049	3.011	2.972	0.025	0.027	0.028
	50	0.713	0.099	1.506	1.548	2.187	2.151	2.114	0.018	0.019	0.020
	70	0.510	0.093	1.871	1.891	1.611	1.577	1.542	0.013	0.014	0.014
	95	0.376	0.089	2.234	2.297	1.230	1.198	1.164	0.010	0.011	0.011
	120	0.297	0.087	2.546	2.692	1.006	0.975	0.942	0.008	0.009	0.009
	150	0.238	0.085	2.858	3.045	0.838	0.808	0.776	0.007	0.007	0.007
	185	0.192	0.082	3.222	3.544	0.704	0.674	0.644	0.006	0.006	0.006
	240	0.148	0.080	3.741	4.136	0.578	0.549	0.519	0.005	0.005	0.005

表 3-20　10kV 交联聚乙烯绝缘电力电缆的电压损失

截面积/mm²		电阻 θ=80℃ /(Ω/km)	感抗 /(Ω/km)	埋地25℃时的允许负荷/MVA	明敷35℃时的允许负荷/MVA	电压损失/[%/(MW·km)] cosφ			电压损失/[%/(A·km)] cosφ		
						0.8	0.85	0.9	0.8	0.85	0.9
铜	16	1.359	0.133			1.459	1.441	1.423	0.020	0.021	0.022
	25	0.870	0.120	2.238	2.165	0.960	0.944	0.928	0.013	0.014	0.015
	35	0.622	0.113	2.771	2.737	0.707	0.692	0.677	0.010	0.010	0.011
	50	0.435	0.107	3.291	3.326	0.515	0.501	0.487	0.007	0.007	0.008
	70	0.310	0.101	3.984	4.070	0.386	0.373	0.359	0.005	0.006	0.006
	95	0.229	0.096	4.763	4.902	0.301	0.289	0.276	0.004	0.004	0.004
	120	0.181	0.095	5.369	5.733	0.252	0.240	0.227	0.004	0.004	0.004
	150	0.145	0.093	6.062	6.564	0.215	0.203	0.190	0.003	0.003	0.003
	185	0.118	0.090	6.842	7.482	0.186	0.174	0.162	0.003	0.003	0.003
	240	0.091	0.087	7.881	8.816	0.156	0.145	0.133	0.002	0.002	0.002
铝	16	2.230	0.133			2.330	2.312	2.294	0.032	0.034	0.036
	25	1.426	0.120	1.819	1.749	1.516	1.500	1.484	0.021	0.022	0.023
	35	1.019	0.113	2.165	2.078	1.104	1.089	1.074	0.015	0.016	0.017
	50	0.713	0.107	2.511	2.581	0.793	0.779	0.765	0.011	0.012	0.012

（续）

截面积 /mm²		电阻 θ=80℃ /(Ω/km)	感抗 /(Ω/km)	埋地 25℃ 时的允许负荷/MVA	明敷 35℃ 时的允许负荷/MVA	电压损失/[%/(MW·km)]			电压损失/[%/(A·km)]		
						cosφ			cosφ		
						0.8	0.85	0.9	0.8	0.85	0.9
铝	70	0.510	0.101	3.118	3.152	0.586	0.573	0.559	0.008	0.008	0.009
	95	0.376	0.096	3.724	3.828	0.448	0.436	0.423	0.006	0.006	0.007
	120	0.297	0.095	4.244	4.486	0.368	0.356	0.343	0.005	0.005	0.005
	150	0.238	0.093	4.763	5.075	0.308	0.296	0.283	0.004	0.004	0.004
	185	0.192	0.090	5.369	5.906	0.260	0.248	0.236	0.004	0.004	0.004
	240	0.148	0.087	6.235	6.894	0.213	0.202	0.190	0.003	0.003	0.003

3.5　用校核允许最大电缆长度来替代校核电压降

应用 3.4 节按电压损失检验电缆截面积，在实际设计中有时感到应用不便，如建筑规划设计中可能不是把中压变（配）电所布置在负荷中心，而是布置在最边角的地方，可能会造成最远端的用户因电压损失过大而使电压质量不符合要求；化工企业油品罐区用的电动阀门和泵因远离非防爆的中压变（配）电所，可能会造成电压损失过大而使电压质量不符合要求；港口和城市的道路照明，末端的一些路灯可能因距离低压配电柜太远而造成电压质量不符合要求等。所以若用校核电缆长度来替代校核电压降的检验会更直接简捷。需要说明的是以上几种情况的电缆敷设方式皆为直接埋地敷设，3.5 节内容都是按这种敷设方式来论述的。

在选择电缆时，当电缆达到载流量的额定值或电动机起动时的尖峰电流时，只要电压损失不超过 3.4.1 节中规定的允许电压降值，设计就符合有关规范。由此可根据 3.4.3 节有关的公式计算出不同截面电缆在对应允许电流下电压损失不超过允许电压损失百分数的最远供电距离，计算结果见表 3-21～表 3-26。根据这些表中的结果，校核电压损失就变成只要校核电缆长度了。需要说明的是，这些表中的结果都是按不利的情况设定计算的，实际电缆允许的供电半径可能还要长些。

3.5.1　不同截面积配电回路的电缆最大允许长度

按表 3-16 的规定，一般用电设备允许线路电压损失为 5%，所以一般配电回路的电缆允许电压损失按 5% 考虑。目前，一般低压用户在用电端进行就地无功补偿的比较少，大部分是集中在 10（6）kV 变（配）电所或公用变压器处。因此，380V 低压时考虑功率因素为 0.7，而 10（6）kV 电力电缆的用电功率因素为 0.9。选择电缆的允许电流（即允许持续载流量）时，按最不利的环境温度为 25℃ 直埋情况考虑。几种配电回路的不同截面积最大允许长度见表 3-21～表 3-23。

按表 3-21～表 3-23 的电缆最大允许长度，校验电压损失就变成校验电缆长度了。例如，如果一条截面积为 3×16mm² 的三相铜芯交联聚乙烯电缆用于 380V 系统满载运行，长度达到 115.6m 时，其电压损耗已达到极限值的 5%，更长的距离就要用更大截面积的电缆。上述表中，还告知：当电缆铜线芯为 3×240mm² 时，380V 电缆最大供电半径应不超过

232.1m，6kV 电缆最大供电半径应不超过 3 831.4m，10kV 电缆最大供电半径应不超过 5 747.1m，若超过，就要更换较大的电缆截面积并进行电压损失校核。

上述表中的最大允许长度都是按三相平衡负荷计算的，当用两芯电缆对单相负荷供电时，供电半径应减半控制。这是因为单相负荷电流在相线和中性线中都流动。当电缆由于温度不同、土壤热阻系数不同、多根电缆并行敷设、穿管敷设等不同的敷设条件时，电缆的实际设计载流量要比允许载流量小，因此电缆允许的供电半径可延长。

表 3-21　1kV 交联聚乙烯绝缘电力电缆用于三相 380V 配电电压损失 5% 时的供电距离

电缆截面积 /mm²	铜芯			铝芯		
	电压损失 /[％/(A·km)]	允许电流 /A	供电距离 /m	电压损失 /[％/(A·km)]	允许电流 /A	供电距离 /m
3 ×4	1.733	44	65.6	2.821	—	—
3 ×6	1.164	54	79.5	1.889	—	—
3 ×10	0.722	73	94.9	1.157	56	77.2
3 ×16	0.460	94	115.6	0.738	92	81.0
3 ×25	0.304	120	137.1	0.482	93	111.5
3 ×35	0.224	144	155.0	0.351	111	128.3
3 ×50	0.165	169	179.3	0.253	131	150.9
3 ×70	0.124	205	196.7	0.188	159	167.3
3 ×95	0.098	245	208.2	0.145	190	181.5
3 ×120	0.083	278	216.7	0.120	216	192.9
3 ×150	0.071	309	227.9	0.101	240	206.3
3 ×185	0.063	347	228.7	0.087	271	212.1
3 ×240	0.054	399	232.1	0.072	312	222.6

说明：本表的 cosφ 取 0.7，允许电流（A）摘自表 4-4 直埋土壤温度 25℃ 的载流量，土壤热阻系数为 1.0℃·m/W，敷设深度为 1.0m。电压损失摘自表 3-18。

表 3-22　6kV 三相交联聚乙烯绝缘电力电缆配电电压损失 5% 时的供电距离

电缆截面积 /mm²	铜芯			铝芯		
	电压损失 /[％/(A·km)]	允许电流 /A	供电距离 /m	电压损失 /[％/(A·km)]	允许电流 /A	供电距离 /m
3 ×25	0.024	125	1 666.7	0.038	100	1 315.8
3 ×35	0.018	155	1 792.1	0.028	120	1 488.1
3 ×50	0.013	180	2 136.8	0.020	140	1 785.7
3 ×70	0.009	220	2 525.3	0.014	170	2 100.8
3 ×95	0.007	265	2 695.4	0.011	210	2 164.5
3 ×120	0.006	300	2 777.8	0.009	235	2 364.1
3 ×150	0.005	340	2 941.2	0.007	260	2 747.3
3 ×185	0.004	380	3 289.5	0.006	300	2 777.8
3 ×240	0.003	435	3 831.4	0.005	345	2 898.6

说明：本表的 cosφ 取 0.9，允许电流（A）摘自表 4-23 直埋土壤温度 25℃ 的载流量，土壤热阻系数为 1.0℃·m/W，敷设深度为 1.0m。电压损失摘自表 3-19。

表 3-23　10kV 三相交联聚乙烯绝缘电力电缆配电电压损失 5% 时的供电距离

电缆截面积 /mm²	铜芯			铝芯		
	电压损失 /[%/(A·km)]	允许电流 /A	供电距离 /m	电压损失 /[%/(A·km)]	允许电流 /A	供电距离 /m
3×25	0.015	125	2 666.7	0.023	100	2 173.9
3×35	0.011	155	2 932.6	0.017	120	2 451.0
3×50	0.008	180	3 472.2	0.012	140	2 976.2
3×70	0.006	220	3 787.9	0.009	170	3 268.0
3×95	0.004	265	4 717.0	0.007	210	3 401.3
3×120	0.004	300	4 166.7	0.005	235	4 255.3
3×150	0.003	340	4 902.0	0.004	260	4 807.7
3×185	0.003	380	4 386.0	0.004	300	4 166.7
3×240	0.002	435	5 747.1	0.003	345	4 830.9

说明：本表的 cosφ 取 0.9，允许电流（A）摘自表 4-23 直埋土壤温度 25℃ 的载流量，土壤热阻系数为 1.470℃·m/W，敷设深度为 1.0m。电压损失摘自表 3-20。

3.5.2　不同截面积的电动机回路中电缆最大允许长度

交流电动机（包括异步笼型电动机和同步电动机）在直接起动时，起动电流一般是 6 ~ 7.5 倍的额定电流；采用软起动装置起动时，起动电流一般是 2 ~ 4 倍的额定电流。这里一律按电动机频繁起动时不低于系统标称电压的 90% 考虑，那么，电动机正常运行时，电动机回路电缆允许电压损失一般不会超过 5%。

对于三相 380V 低压交流电动机，考虑起动时的功率因数为 0.7，电动机起动时不低于系统标称电压的 90%。不同截面积的电动机回路中电缆最大允许长度用表 3-21 的供电距离减半控制即可。

对于三相 10（6）kV 中压交流电动机，考虑起动时的功率因数为 0.8，电动机起动时不低于系统标称电压的 90%。不同截面积的交流电动机回路中电缆最大允许长度见表 3-24 和表 3-25。

除上述特点外，其他可参考 3.5.1 节的相关说明。

表 3-24　6kV 三相交联聚乙烯绝缘电力电缆电动机回路电压损失 10% 时的供电距离

电缆截面积 /mm²	铜芯			铝芯		
	电压损失 /[%/(A·km)]	允许起动尖峰电流/A	供电距离 /m	电压损失 /[%/(A·km)]	允许起动尖峰电流/A	供电距离 /m
3×25	0.022	125	3 636.4	0.035	100	2 857.1
3×35	0.016	155	4 032.3	0.025	120	3 333.3
3×50	0.012	180	4 629.7	0.018	140	3 968.3
3×70	0.009	220	5 050.5	0.013	170	4 524.9
3×95	0.007	265	5 390.8	0.010	210	4 761.9
3×120	0.006	300	5 555.6	0.008	235	5 319.1

（续）

电缆截面积 /mm²	铜芯			铝芯		
	电压损失 /[%/(A·km)]	允许起动尖峰电流/A	供电距离/m	电压损失 /[%/(A·km)]	允许起动尖峰电流/A	供电距离/m
3×150	0.005	340	5 882.4	0.007	260	5 494.5
3×185	0.004	380	6 578.9	0.006	300	5 555.6
3×240	0.004	435	5 747.1	0.005	345	5 797.1

说明：本表的 cosφ 取 0.8，允许起动尖峰电流（A）摘自表 4-23 直埋土壤温度 25℃的载流量，土壤热阻系数为 1.0℃·m/W，敷设深度为 1.0m。电压损失摘自表 3-19。

表 3-25　10kV 三相交联聚乙烯绝缘电力电缆电动机回路电压损失 10%时的供电距离

电缆截面积 /mm²	铜芯			铝芯		
	电压损失 /[%/(A·km)]	允许起动尖峰电流/A	供电距离/m	电压损失 /[%/(A·km)]	允许起动尖峰电流/A	供电距离/m
3×25	0.013	125	6 153.8	0.021	100	4 761.9
3×35	0.010	155	6 451.6	0.015	120	5 555.6
3×50	0.007	180	7 936.5	0.011	140	6 493.5
3×70	0.005	220	9 090.9	0.008	170	7 352.9
3×95	0.004	265	9 434.0	0.006	210	7 936.5
3×120	0.004	300	8 333.3	0.005	235	8 510.6
3×150	0.003	340	9 803.9	0.004	260	9 615.4
3×185	0.003	380	8 771.9	0.004	300	8 333.3
3×240	0.002	435	11 494.3	0.003	345	9 661.8

说明：本表的 cosφ 取 0.8，允许起动尖峰电流（A）摘自表 4-23 直埋土壤温度 25℃的载流量，土壤热阻系数为 1.470℃·m/W，敷设深度为 1.0m。电压损失摘自表 3-20。

3.5.3　照明回路不同截面积的电缆最大允许长度

按表 3-16 的规定，在保证灯具正常发光效率的情况下，一般照明设备允许电压损失为 2.5%。目前，为节约电能，一般照明灯具里或附近或路灯的灯杆内设置电容进行无功补偿，因此考虑照明回路电缆的用电功率因数为 0.9。选择电缆的允许电流（即允许持续载流量）时，按最不利的环境温度为 25℃直埋情况考虑。照明回路不同截面积最大允许长度见表 3-26。除上述特点外，其他可参考 3.5.1 节的相关说明。

表 3-26　1kV 交联聚乙烯绝缘电力电缆用于三相 380V 照明电压损失 2.5%时的供电距离

电缆截面积 /mm²	铜芯			铝芯		
	电压损失 /[%/(A·km)]	允许电流/A	供电距离/m	电压损失 /[%/(A·km)]	允许电流/A	供电距离/m
3×4	2.207	44	25.7	3.605	—	—
3×6	1.476	54	31.4	2.409	—	—
3×10	0.909	73	37.7	1.469	56	30.4

（续）

电缆截面积 /mm²	铜芯			铝芯		
	电压损失 /[%/(A·km)]	允许电流 /A	供电距离 /m	电压损失 /[%/(A·km)]	允许电流 /A	供电距离 /m
3×16	0.574	94	46.3	0.931	92	29.2
3×25	0.373	120	55.9	0.601	93	44.7
3×35	0.271	144	64.1	0.434	111	51.9
3×50	0.194	169	76.3	0.308	131	62.0
3×70	0.143	205	85.3	0.225	159	69.9
3×95	0.109	245	93.6	0.170	190	77.4
3×120	0.090	278	99.9	0.137	216	84.5
3×150	0.075	309	107.9	0.113	240	92.2
3×185	0.064	347	112.6	0.094	271	98.1
3×240	0.053	399	118.2	0.076	312	105.4

说明:本表的 $\cos\phi$ 取 0.9,允许电流(A)摘自表 4-4 直埋土壤温度 25℃ 的载流量,土壤热阻系数为 1.0℃·m/W,敷设深度为 1.0m。电压损失摘自表 3-18。

3.6　按最大短路电流的热稳定选用电缆芯截面积

3.6.1　电缆短路热稳定计算的最小截面积

对于电压为 0.6/1kV 及以下的电缆,当采用断路器或熔断器作线路保护时,一般可满足短路热稳定性的要求,不必再进行核算。对于非熔断器保护的 0.6/1kV 及以下回路,对于中、高压等级的电缆,应按式(3-11)计算电缆热稳定的最小截面积 $S_{\min}$（mm²）,并选用接近于计算值的标称截面电缆[4]。

$$S_{\min} \geqslant \frac{I_z\sqrt{t}}{C} \times 10^3 \qquad (3-11)$$

式中　I_z——短路电流周期分量起始有效值(kA);

t——短路切除时间(s);

C——热稳定系数。

为校验计算,热稳定系数(C)、短路切除时间(t)和短路电流周期分量有效值(I_z)分别确定如以下。

1. 热稳定系数(C)的确定

热稳定系数（C）由式（3-12）[4]和表 3-28 确定:

$$C = \frac{1}{\eta}\sqrt{\frac{Jq}{\alpha K\rho}\ln\frac{1+\alpha(\theta_m-20)}{1+\alpha(\theta_p-20)}} \qquad (3-12)$$

式中　$\theta_p = \theta_0 + (\theta_h - \theta_0)\left(\dfrac{I_P}{I_h}\right)$

J——热功当量系数 ,取 1.0;

q——缆芯导体的单位体积热容量（$J/cm^3 \cdot ℃$），铝芯取 2.48，铜芯取 3.4；

θ_m——短路作用时间内电缆缆芯允许最高温度（℃）；

θ_P——短路发生前的电缆缆芯最高工作温度（℃）；

θ_h——电缆额定负荷的缆芯允许最高工作温度（℃）；

θ_0——电缆所处的环境温度最高值（℃）；

I_h——电缆的额定负荷电流（A）；

I_P——电缆实际最大工作电流（A）；

α——20℃时缆芯导体的电阻温度系数（1/℃），铜芯为 0.003 93，铝芯为 0.004 03；

ρ——20℃时缆芯导体的电阻率（$\Omega \cdot cm^2/cm$），铜芯为 $0.018\ 4 \times 10^{-4}$，铝芯为 0.031×10^{-4}；

η——计入包含电缆芯线充填物热容影响的校正系数，对 3～10kV 电动机馈线回路，宜取 $\eta = 0.93$，其他情况可按 $\eta = 1$；

K——缆芯导体的交流电阻与直流电阻之比值，可由表 3-27 选取。

表 3-27　K 值选择用表[4]

电缆类型	6～35kV 挤塑					自容式充油		
缆芯截面积/mm²	95	120	150	185	240	240	400	600
缆芯数　单芯	1.002	1.003	1.004	1.006	1.010	1.003	1.011	1.029
缆芯数　多芯	1.003	1.006	1.008	1.009	1.021			

由式（3-12）可以看出，热稳定系数（C）受到许多因素的影响，由于电缆所处的环境温度最高值不同，电缆的额定负荷电流和电缆的实际最大工作电流不同等，使得热稳定系数（C）的确定计算较为麻烦，即使用计算程序，也需要输入较多的参数，文献［4］给出了电缆长期允许工作温度和短路时的允许最高温度及相应的热稳定系数（C），具体数值可参见表 3-28。将其应用到工程中，与公式（3-12）相比，产生的误差不大，这里的热稳定校验即按表 3-28 给出的 C 值计算。

表 3-28　电缆允许工作温度和热温定系数（C）

导体种类和材料		$\theta_H/℃$	$\theta_m/℃$	C
6～10kV 交联聚乙烯绝缘电缆	铝芯	90	200	77
	铜芯	90	250	137
PVC 绝缘电缆	铝芯	65	160	74
	铜芯	65	160	114

2. 短路切除时间（t）的确定

短路切除时间 t 可按下式计算

$$t = t_b + t_{fd} = t_b + t_{gu} + t_{hu} \tag{3-13}$$

式中　t_b——主保护装置动作时间（s）；

t_{fd}——断路器全分闸时间（s）；

t_{gu}——断路器固有分闸时间（s）；

t_{hu}——断路器燃弧持续时间（s）。

主保护装置动作时间 t_b 应为该保护装置的起动机构、延时机构和执行机构动作时间的总和。

断路器固有分闸时间 t_{gu}，可由产品样本查得。

当断开额定容量时，断路器燃弧持续时间 t_{hu} 可参考下列数值：空气断路器为 0.01 ~ 0.02s，少油或多油断路器为 0.02 ~ 0.04s（目前一般不采用）。

当主保护装置为速动时（无延时保护），短路电流持续时间 t 可取表 3-29 数据。当继电保护有延时整定时，则按延时时间整定。

表 3-29　校验热效应的短路电流持续时间

断路器开断速度	断路器全分闸时间 t_{fd}/s	短路切除时间 t/s
高速	< 0.08	0.1
中速	0.08 ~ 0.12	0.15
低速	> 0.12	0.2

这里，选表 3-29 中的低速断路器的短路切除时间 t，把它代入式（3-11）计算的 10（6）kV 电缆的最小截面积，经过截面积的规范（因为电缆是按规定的标准截面积生产）后，高、中速断路器保护的 10(6)kV 电缆选用这个标称截面积是适用的。

3. 短路电流周期分量有效值（I_z）的确定

在三相交流系统中可能发生的短路故障主要有三相短路、两相短路和单相短路（包括单相接地故障），通常三相短路电流最大。当短路点发生在发电机附近时，两相短路电流可能大于三相短路电流。在大中城市中，一般远离发电机端，所以本文短路计算不考虑短路电流周期分量的衰减，忽略 110(35)/10(6)kV 变压器到 10(6)kV 开关柜的密集式母线槽的阻抗，从 110(35)/10(6)kV 变电站供电的 10(6)kV 电缆，短路计算时短路点选在 10(6)kV 开关柜断路器的输出端子附近的电缆上；从 10(6)/0.4kV 配电站供电的 10(6)kV 电缆，短路计算时短路点选在 10(6)kV 开关柜断路器的输出端子附近的电缆上。

从参考资料［10］查出远离发电机端短路时 110(35)/10(6)kV 常用变压器分裂运行低压侧三相短路的短路容量，按式（3-14）计算三相短路电流周期分量有效值（I_z）（A）列在表 3-30 和表 3-31。当相同变压器并列运行时，变压器并列低压侧三相短路的短路容量应成倍考虑。

$$I_Z = \frac{S_K}{\sqrt{3} U_P} \tag{3-14}$$

式中　S_K——短路容量（MVA）；

U_P——短路点所在级的网络平均电压（kV）。

表 3-30　远离发电机端的 35/10(6)kV 变电站 10(6)kV 开关柜断路器的

输出端子上三相短路时的 I_z 值

变压器容量 /kVA	阻抗电压/%	变压器高压侧的短路容量/MVA									
		30	50	75	100	150	200	250	300	500	∞
		10.5kV 三相短路时短路电流周期分量有效值(I_z)/kA									
4 000	7	1.082	1.467	1.783	1.999	2.275	2.444	2.557	2.639	2.820	3.142
5 000		1.162	1.617	2.012	2.291	2.661	2.894	3.055	3.173	3.437	3.928

（续）

变压器容量 /kVA	阻抗电压/%	变压器高压侧的短路容量/MVA									
		30	50	75	100	150	200	250	300	500	∞
10.5kV 三相短路时短路电流周期分量有效值（I_z）/kA											
6 300	7.5	1.216	1.723	2.179	2.510	2.961	3.253	3.458	3.608	3.955	4.619
8 000		1.287	1.872	2.422	2.838	3.428	3.825	4.111	4.327	4.834	5.866
10 000		1.347	1.999	2.639	3.142	3.882	4.339	4.782	5.076	5.789	7.331
12 500		1.384	2.083	2.787	3.353	4.208	4.824	5.287	5.648	6.546	8.592
16 000	8	1.435	2.200	3.000	3.666	4.713	5.499	6.110	6.598	7.855	10.997
20 000		1.650	2.291	3.172	3.928	5.155	6.110	6.873	7.498	9.165	13.767
6.3kV 三相短路时短路电流周期分量有效值（I_z）/kA											
4 000	7	1.803	2.435	2.972	3.332	3.793	4.073	4.263	4.399	4.700	5.237
5 000		1.937	2.695	3.353	3.819	4.435	4.823	5.099	5.288	5.730	6.546
6 300		2.026	2.872	3.631	4.184	4.935	5.421	5.762	6.014	6.591	7.698
8 000	7.5	2.145	3.120	4.036	4.730	5.713	6.376	6.853	7.212	8.057	9.776
10 000		2.244	3.332	4.399	5.237	6.469	7.332	7.970	8.460	9.647	12.219
12 500		2.307	3.472	4.645	5.589	7.014	8.039	8.812	9.416	10.911	14.320
16 000	8	2.391	3.748	4.999	6.110	7.855	9.165	10.183	10.998	13.092	18.329
20 000		2.749	3.819	5.287	6.546	8.592	10.183	11.456	12.497	15.275	22.912

**表 3-31　远离发电机端的 110/10（6）kV 变电站 10（6）kV 开关柜断路器的
输出端子上三相短路时的 I_z 值**

变压器容量 /kVA	阻抗电压/%	变压器高压侧的短路容量/MVA									
		30	50	75	100	150	200	250	300	500	∞
10.5kV 三相短路时短路电流周期分量有效值（I_z）/kA											
8 000	10.5	1.183	1.660	2.078	2.378	2.778	3.034	3.211	3.341	3.636	4.189
10 000		1.254	1.803	2.307	2.682	3.203	3.548	3.792	3.975	4.399	5.237
12 500		1.317	1.936	2.530	2.989	3.649	4.104	4.435	4.687	5.288	6.547
16 000		1.379	2.070	2.764	3.320	4.152	4.756	5.206	5.556	6.422	8.379
20 000		1.425	2.177	2.959	3.605	4.615	5.365	5.945	6.407	7.584	10.474
25 000		1.465	2.272	3.136	3.872	5.060	5.977	6.706	7.299	8.869	13.092
31 500		1.499	2.357	3.299	4.124	5.499	6.598	7.498	8.248	10.310	16.496
40 000		1.529	2.430	3.445	4.356	5.918	7.212	8.300	9.228	11.895	20.947
6.3kV 三相短路时短路电流周期分量有效值（I_z）/kA											
8 000	10.5	1.972	2.767	3.464	3.963	4.631	5.056	5.351	5.568	6.060	6.983
10 000		2.090	3.005	3.845	4.470	5.338	5.913	6.321	6.625	7.332	8.728
12 500		2.196	3.227	4.217	4.981	6.077	6.840	7.392	7.811	8.813	10.911
16 000		2.298	3.450	4.606	5.534	6.928	7.926	8.676	9.261	10.703	13.965

（续）

变压器容量 /kVA	阻抗电压/%	变压器高压侧的短路容量/MVA									
		30	50	75	100	150	200	250	300	500	∞
		6.3kV 三相短路时短路电流周期分量有效值(I_z)/kA									
20 000	10.5	2.375	3.629	4.931	6.009	7.691	8.941	9.908	10.678	12.641	17.457
25 000		2.441	3.767	5.227	6.454	8.434	9.962	11.176	12.165	14.778	21.821
31 500		2.499	3.928	5.499	6.873	9.165	10.998	12.497	13.747	17.184	27.494
40 000		2.549	4.051	5.743	7.259	9.863	12.019	13.833	15.381	19.816	34.923

说明：表 3-30 和表 3-31 的数据按变压器分裂运行计算的，若变压器的运行方式为并列运行，那么三相短路电流值要成倍加大，交联聚乙烯电缆的最小标称截面积应相应地增大。

将上面确定的热稳定系数（C）、短路切除时间（t）和短路电流周期分量有效值（I_z）代入式（3-11），可计算满足热稳定校验的 10(6)kV 交联聚乙烯电缆的最小标称截面积（供参考使用）见表 3-32 和表 3-33。

表 3-32 　远离发电机端的 35/10(6)kV 变电站馈出的 10(6)kV 交联聚乙烯电缆的最小标称截面积

10kV 铜芯交联聚乙烯电缆的最小标称截面积/mm^2（$t=0.2s$）

变压器容量 /kVA	阻抗电压/%	变压器高压侧的短路容量/MVA									
		30	50	75	100	150	200	250	300	500	∞
4 000	7	25*	25*	25*	25*	25*	25*	25*	25*	25*	25*
5 000		25*	25*	25*	25*	25*	25*	25*	25*	25*	25*
6 300	7.5	25*	25*	25*	25*	25*	25*	25*	25*	25*	25(35)
8 000		25*	25*	25*	25*	25*	25*	25(35)	25(35)	25(35)	25(35)
10 000		25*	25*	25*	25*	25*	25(35)	25(35)	25(35)	25(35)	25(50)
12 500	8	25*	25*	25*	25*	25(35)	25(35)	25(35)	25(50)	25(50)	35(70)
16 000		25*	25*	25*	25(35)	25(35)	25(35)	25(35)	25(50)	35(50)	50(70)
20 000		25*	25*	25*	25(35)	25(35)	25(50)	25(50)	25(50)	35(70)	50(95)

6kV 铜芯交联聚乙烯电缆的最小标称截面积/mm^2（$t=0.2s$）

变压器容量 /kVA	阻抗电压/%	变压器高压侧的短路容量/MVA									
		30	50	75	100	150	200	250	300	500	∞
4 000	7	25*	25*	25*	25*	25*	25*	25*	25(35)	25(35)	25(35)
5 000		25*	25*	25*	25(35)	25(35)	25(35)	25(35)	25(35)	25(35)	25(50)
6 300	7.5	25*	25*	25*	25(35)	25(35)	25(35)	25(50)	25(50)	25(50)	35(50)
8 000		25*	25*	25*	25(35)	25(35)	25(50)	25(50)	25(50)	35(70)	35(70)
10 000		25*	25*	25(35)	25(35)	25(50)	25(50)	35(50)	35(50)	35(70)	50(95)
12 500	8	25*	25*	25(35)	25(35)	25(50)	35(70)	35(70)	35(70)	50(70)	50(95)
16 000		25*	25*	25(35)	25(50)	25(50)	35(70)	50(70)	50(95)	50(95)	70(120)
20 000		25*	25*	25(35)	25(50)	35(70)	35(70)	50(70)	50(95)	50(95)	95(150)

注：1. 表中 25* 表示铜芯和铝芯交联聚乙烯电缆的最小标称截面积皆为 25（mm^2）。

2. （ ）中的数字表示铝芯交联聚乙烯电缆的最小标称截面积。

表 3-33　远离发电机端的 110/10(6)kV 变电站馈出的 10(6)kV
交联聚乙烯电缆的最小标称截面积

变压器容量 /kVA	阻抗电压/%	变压器高压侧的短路容量/MVA									
		30	50	75	100	150	200	250	300	500	∞
10kV 铜芯交联聚乙烯电缆的最小标称截面积/mm² ($t=0.2\mathrm{s}$)											
8 000		25 *	25 *	25 *	25 *	25 *	25 *	25 *	25 *	25 *	25 *
10 000		25 *	25 *	25 *	25 *	25 *	25 *	25 *	25 *	25(35)	25(35)
12 500		25 *	25 *	25 *	25 *	25 *	25(35)	25(35)	25(35)	25(35)	25(50)
16 000	10.5	25 *	25 *	25 *	25 *	25 *	25(35)	25(35)	25(35)	25(50)	35(50)
20 000		25 *	25 *	25 *	25 *	25(35)	25(35)	25(50)	25(50)	35(70)	35(70)
25 000		25 *	25 *	25 *	25 *	25(35)	25(35)	25(50)	25(50)	35(70)	50(95)
31 500		25 *	25 *	25 *	25 *	25(35)	25(35)	25(50)	25(50)	35(70)	70(120)
40 000		25 *	25 *	25 *	25(35)	25(35)	25(50)	35(50)	35(70)	50(70)	70(150)
6kV 铜芯交联聚乙烯电缆的最小标称截面积/mm² ($t=0.2\mathrm{s}$)											
8 000		25 *	25 *	25 *	25 *	25(35)	25(35)	25(35)	25(35)	25(50)	25(50)
10 000		25 *	25 *	25(35)	25(35)	25(35)	25(50)	25(50)	35(50)	35(70)	35(70)
12 500		25 *	25 *	25(35)	25(35)	25(50)	25(50)	35(50)	35(50)	35(70)	50(70)
16 000	10.5	25(35)	25(35)	25(35)	25(50)	35(50)	35(70)	35(70)	35(70)	50(70)	50(95)
20 000		25(35)	25(35)	25(35)	35(50)	35(70)	35(70)	35(70)	35(70)	50(95)	70(120)
25 000		25(35)	25(35)	25(50)	25(50)	35(70)	35(70)	50(70)	50(95)	50(95)	95(150)
31 500		25(35)	25(35)	25(35)	35(70)	50(70)	50(70)	50(95)	50(95)	70(120)	95(185)
40 000		25(35)	25(35)	25(50)	50(70)	50(70)	50(95)	50(95)	70(95)	70(120)	120(240)

注：1. 表中 25 * 表示铜芯和铝芯交联聚乙烯电缆的最小标称截面积皆为 25（mm²）。

2. （）中的数字表示铝芯交联聚乙烯电缆的最小标称截面积。

3.6.2　查表格速核短路电流的热效应，选用电缆芯截面积

为适应工程设计的快节奏，对于常用的 10(6)kV 交联聚乙烯绝缘电缆按热稳定进行校验，计算出这些电缆的最小标称截面积，列成表格，方便简捷，供选择时参考使用。

按式（3-11）对 110(35)/10(6)kV 变电站馈出的电缆进行热稳定校验，常用的 10(6)kV 交联聚乙烯电缆的最小标称截面积列在表 3-32 和表 3-33。

已知 110(35)/10(6)kV 变电站的变压器高压侧的短路容量和变压器容量，从表 3-32 和表 3-33 很快能找出：满足热稳定校验的 10(6)kV 交联聚乙烯电缆的最小标称截面积。

已知 10(6)kV 开关柜母线上或断路器的输出端子上的三相短路时短路电流周期分量有效值，在表 3-30 和表 3-31 中的相应电压下找到最接近的三相短路电流周期分量有效值。然后在这个表中找到对应的变压器高压侧的短路容量和变压器容量，再在表 3-32 或表 3-33 中，由短路容量和变压器容量找出相应的 10(6)kV 交联聚乙烯电缆的最小标称截面积。

需要说明的是：表 3-32、表 3-33 中按主保护装置为速动保护（低速断路器保护）进行热稳定校验，不适合有延时保护装置的电缆热稳定校验。它适用与高、中速断路器保护的 10(6)kV 电缆的热稳定校验，只不过有时查出的最小标称截面积有些偏大。

3.6.3　根据短路电流热效应选用电缆芯截面积的算例

【例 3-3】[11]　某 110/6.3kV 变电站在不同地点的三相短路电流分别为 31.5kA 和 16kA，现有电缆 6/6kV、YJY$_{22}$—3×70 用于配电，当地最高温度为 40℃，I_P/I_H 控制在 0.85，是否满足热稳定要求？

1. 利用公式计算热稳定

把有关参数代入式（3-11）和式（3-12）计算确定短路点的电缆最小截面积。

该系统按热稳定计算的参数：

I_z——单相短路电流，该系统 $I_z = 31.5$kA，另一点 $I_z = 16$kA。

t——短路故障切除时间，$t = 0.2$（s）；

J——热功当量系数，取 1.0；

q——缆芯导体的单位体积热容量（J/cm^3·℃），铜芯取 3.4；

θ_m——交联聚乙烯电缆短路作用时间内电缆缆芯允许最高温度（见表 3-2 或表 3-28），$\theta_m = 250$（℃）；

θ_P——短路发生前的电缆缆芯最高工作温度 $\theta_P = 90$（℃）；

α——20℃时缆芯导体的电阻温度系数（1/℃），铜芯为 0.003 93；

ρ——20℃时缆芯导体的电阻率（Ω·cm^2/cm），铜芯为 0.018 4×10^{-4}；

η——计入包含电缆芯线充填物热容影响的校正系数，按 $\eta = 1$；

K——缆芯导体的交流电阻与直流电阻之比值（见表 3-27），$K = 1.003$。

$$\theta_p = \theta_0 + (\theta_H - \theta_0)\left(\frac{I_P}{I_H}\right) = 40 + (90 - 40) \times 0.85 = 82.5\ (℃)$$

$$
\begin{aligned}
C &= \frac{1}{\eta}\sqrt{\frac{Jq}{\alpha K\rho}\ln\frac{1+\alpha(\theta_m - 20)}{1+\alpha(\theta_P - 20)}} \\
&= \sqrt{\frac{1 \times 3.4}{0.003\ 93 \times 1.003 \times 0.018\ 4}\ln\frac{1 + 0.003\ 93 \times (250 - 20)}{1 + 0.003\ 93 \times (82.5 - 20)}} \\
&= 141
\end{aligned}
$$

$I_z = 31.5$kA 地点

$$S_{min} = \frac{I_z\sqrt{t}}{C} \times 10^3 = \frac{31.5\ \sqrt{0.2}}{141} \times 10^3 = 100\ (mm^2)$$

$I_z = 16$kA 地点

$$S_{min} = \frac{I_z\sqrt{t}}{C} \times 10^3 = \frac{16\ \sqrt{0.2}}{141} \times 10^3 = 50.7\ (mm^2)$$

规范为最小标称截面积后分别为 120mm^2 和 70mm^2。

2. 利用查表方法校验热稳定

在表 3-31 中 6.3kV 侧，与 31.5kA 和 16kA 最接近的短路电流分别为 34.923kA 和 15.381kA，前者短路电流对应的高压侧短路容量和变压器容量分别为 ∞ MVA 和 40 000kVA；后者短路电流对应的高压侧短路容量和变压器容量分别为 300MVA 和 40 000kVA。然后在表 3-33 中，对应与有关的高压侧短路容量和变压器容量查出 6kV 铜芯交联聚乙烯电缆的最小标称截面积分别为 120mm^2 和 70mm^2。

计算结果和查表结果是相同的。说明电缆 6/6kV、YJY_{22}—3×70 用于配电只有在短路电流为 16kA 时才能满足热稳定要求。

3.7 按经济电流密度选用电缆芯截面积

过去，在设计中仅按载流量紧凑地选择电缆截面积，由于功率损耗与电流的平方成正比，所以对较长距离的大电流回路，或导致线损较大的情况。因此应按电缆的初始投资与使用寿命期间的运行费用的综合经济来选择电缆截面积。不仅按技术条件，而且还要考虑经济条件，即按经济电流密度来选用缆芯截面积。

根据经济电流密度选择电缆截面积时，首先应知道电缆线路中年最大负荷利用时间，按年最大负荷利用时间查得所选导电线芯材料的经济电流密度，一般将经济电流密度代入式 (3-15) 计算出选用缆芯截面积[4]。

经济电缆截面积 S_j（mm^2）以下列公式计算：

$$S_j = \frac{I_{max}}{J} \qquad (3-15)$$

式中 J——经济电流密度（A/mm^2）；

I_{max}——最大负荷电流（A）。

根据计算所得的导线截面积值，通常选择不小于这个值，并最靠近这个值的标称电缆截面积。

按经济条件选择缆芯截面积，往往比按技术条件选的缆芯截面积大，由于加大了电缆截面积，提高了载流能力，使电缆的使用寿命得以延长；由于截面积增大，线路电阻降低，使线路压降减少，提高了供电质量，电能损耗降低，节约电力运行费用，节省能源、改善环境。我国已进入市场经济的发展时期，工程投资越来越注意整体和长远的经济性。

3.7.1 经济电流密度的计算方法

经济电流密度是按照总费用最小法则计算的，但是经济电流密度受电缆成本、贴现率、电价、电缆使用寿命以及最大负荷利用小时数等多种因素的影响，很难给出一个合适的经济电流密度数值，参考文献 [4] 中推荐的经济电流密度 $J(A/mm^2)$ 计算方法如下：

$$J = \sqrt{\frac{A}{F\rho_{20}B[1 + \alpha_{20}(\theta_m - 20)] \times 1000}} \qquad (3-16)$$

式中 A——电缆成本的可变部分，与截面有关（由电缆设计部门提供）（元/m·mm^2）；

F——计算电缆总成本的辅助量（由电缆设计部门提供）（元/kW）；

θ_m——允许的最高温度（℃）；

B——系数，B 一般取平均值 1.001 4；

ρ_{20}——20℃时电缆导体的电阻率（$\Omega \cdot mm^2/m$），铜芯为 18.4×10^{-9}；铝芯为 31×10^{-9}，计算时可分别取 18.4 和 31；

α_{20}——20℃时电缆导体的电阻温度系数（1/℃），铜芯为 0.003 93，铝芯为 0.004 03。

按式 (3-16) 计算的经济电流密度，涉及的参数多、计算较麻烦，为简化选择程序，下面给出经济电流密度的一个参考表和经济电流密度范围，供选择截面积时参考。

3.7.2　经济电流密度的参考表

经济电流密度，就是在选择电缆截面积时，用来校验其截面积是否在经济的范围内，这是一个很重要的指标。使用了多年的电缆经济电流密度见表 3-34。若知道电缆线路的年最大负荷利用时间，从表 3-34 查得所选电缆线芯材料的经济电流密度，然后再按式（3-15）计算电缆截面积。表 3-34 仅反映年最大负荷利用时间对经济电流密度的影响，而没有反映出当地电价对经济电流密度的影响，在第 3.7.3 中电缆的经济电流范围同时考虑了这两个因素。

表 3-34　电缆经济电流密度表　　　　（单位：A/mm²）

线芯材料	年最大负荷利用时间 T_{max}/h		
	≤3 000(1 班制)	3 000~5 000(2 班制)	≥5 000(3 班制)
铜芯	2.50	2.25	2.00
铝芯	1.92	1.73	1.54

3.7.3　电缆的经济电流范围

在 3.7.2 节说明，经济电流密度受最大负荷利用小时数的影响，不同行业的年最大负荷利用小时见表 3-35，几种不同类别电缆的经济电流范围表见表 3-36 和表 3-37。

表 3-35　不同行业的年最大负荷利用小时 T_{max}

行 业 名 称	T_{max}/h	行 业 名 称	T_{max}/h	行 业 名 称	T_{max}/h
铝电解	8 200	铁合金工业	7 700	城市生活用电	2 500
有色金属电解	7 500	机械制造工业	5 000	农业灌溉	2 800
有色金属采选	5 800	建材工业	6 500	一般仓库	2 000
有色金属冶炼	6 800	纺织工业	6 000	农业企业	3 500
黑色金属冶炼	6 500	食品工业	4 500	农村照明	1 500
煤炭工业	6 000	电气化铁道	6 000		
石油工业	7 000	冷藏库	4 000		
化学工业	7 300				

表 3-36　6~10kV 交联聚乙烯绝缘电缆的经济电流范围　　　　（单位：A）

线芯材料	截面积/mm²	低电价区（西北、西南）			中电价区（华北、华中、东北）			高电价区（华东、华南）		
		1 班制 T_{max}=2 000h	2 班制 T_{max}=4 000h	3 班制 T_{max}=6 000h	1 班制 T_{max}=2 000h	2 班制 T_{max}=4 000h	3 班制 T_{max}=6 000h	1 班制 T_{max}=2 000h	2 班制 T_{max}=4 000h	3 班制 T_{max}=6 000h
铜芯	35	62~87	46~66	36~51	57~80	42~59	32~45	53~75	38~54	29~41
	50	87~123	66~93	51~72	80~113	59~83	45~64	75~105	54~76	41~58
	70	123~170	93~128	72~100	113~156	83~115	64~88	105~145	76~105	58~80

（续）

线芯材料	截面积/mm²	低电价区（西北、西南）			中电价区（华北、华中、东北）			高电价区（华东、华南）		
		1 班制 $T_{max}=2000h$	2 班制 $T_{max}=4000h$	3 班制 $T_{max}=6000h$	1 班制 $T_{max}=2000h$	2 班制 $T_{max}=4000h$	3 班制 $T_{max}=6000h$	1 班制 $T_{max}=2000h$	2 班制 $T_{max}=4000h$	3 班制 $T_{max}=6000h$
铜芯	95	170~222	128~167	100~130	156~204	115~150	88~115	145~190	105~137	80~104
	120	222~279	167~210	130~164	204~257	150~188	115~145	190~239	137~172	104~131
	150	279~347	210~261	164~203	257~319	188~234	145~180	239~297	172~214	131~163
	185	347~438	261~330	203~257	319~403	234~296	180~227	297~376	214~270	163~206
	240	438~558	330~421	257~328	403~514	296~377	227~290	376~478	270~344	206~262
	300	558	421	328	514	377	290	478	344	262
铝芯	35	28~40	22~30	17~24	27~38	20~29	16~23	24~34	18~25	14~20
	50	40~56	30~43	24~34	38~54	29~40	23~32	34~48	25~36	20~28
	70	56~78	43~59	34~47	54~74	40~56	32~44	48~67	36~50	28~39
	95	78~102	59~78	47~62	74~97	56~73	44~57	67~88	50~65	39~50
	120	102~128	78~98	62~77	97~122	73~92	57~72	88~110	65~81	50~63
	150	128~169	98~129	77~103	122~161	92~122	72~96	110~146	81~108	63~84
	185	169~190	129~145	103~115	161~181	122~137	96~107	146~164	108~121	84~94
	240	190~256	145~196	115~155	181~244	137~184	107~145	164~221	121~163	94~127
	300	256	196	155	244	184	145	221	163	127

注：1. 低电价区 0.3~0.33 元/kWh，中电价区 0.38~0.4 元/kWh，高电价区 0.5~0.52 元/kWh。

2. 本表取功率因数 $\cos\varphi = 0.9$ 为代表值。

3. 本表原始数据摘自国际铜业协会（中国）资料。

表 3-37　0.6/1.0kV 低压电缆的经济电流范围　　　　　　　（单位：A）

线芯材料	截面积/mm²	低电价区（西北、西南）			中电价区（华北、华中、东北）			高电价区（华东、华南）		
		1 班制 $T_{max}=2000h$	2 班制 $T_{max}=4000h$	3 班制 $T_{max}=6000h$	1 班制 $T_{max}=2000h$	2 班制 $T_{max}=4000h$	3 班制 $T_{max}=6000h$	1 班制 $T_{max}=2000h$	2 班制 $T_{max}=4000h$	3 班制 $T_{max}=6000h$
铜芯	1.5	5	4	~3	~3	~3	~3	~4	~3	~2
	2.5	5~8	4~6	3~5	3~7	3~5	3~4	4~7	3~5	2~4
	4	8~12	6~9	5~8	7~11	5~8	4~6	7~10	5~7	4~6
	6	12~19	9~14	8~11	11~18	8~13	6~10	10~17	7~12	6~9
	10	19~31	14~24	11~19	18~29	13~21	10~16	17~27	12~20	9~15
	16	31~50	24~37	19~29	29~46	21~34	16~26	27~43	20~31	15~23
	25	50~73	37~55	29~43	46~68	34~50	26~38	43~63	31~45	23~34
	35	73~104	55~78	43~61	68~96	50~70	38~54	63~89	45~64	34~49

（续）

线芯材料	截面积 /mm²	低电价区 (西北、西南)			中电价区 (华北、华中、东北)			高电价区 (华东、华南)		
		1 班制	2 班制	3 班制	1 班制	2 班制	3 班制	1 班制	2 班制	3 班制
		$T_{max}=$ 2 000h	$T_{max}=$ 4 000h	$T_{max}=$ 6 000h	$T_{max}=$ 2 000h	$T_{max}=$ 4 000h	$T_{max}=$ 6 000h	$T_{max}=$ 2 000h	$T_{max}=$ 4 000h	$T_{max}=$ 6 000h
铜芯	50	104 ~ 147	78 ~ 111	61 ~ 86	96 ~ 135	70 ~ 99	54 ~ 76	89 ~ 126	64 ~ 91	49 ~ 69
	70	147 ~ 202	111 ~ 153	86 ~ 119	135 ~ 186	99 ~ 137	76 ~ 105	126 ~ 173	91 ~ 125	69 ~ 95
	95	202 ~ 265	153 ~ 200	119 ~ 156	186 ~ 244	137 ~ 179	105 ~ 138	173 ~ 227	125 ~ 163	95 ~ 125
	120	265 ~ 333	200 ~ 251	156 ~ 196	244 ~ 307	179 ~ 225	138 ~ 173	227 ~ 285	163 ~ 205	125 ~ 156
	150	333 ~ 414	251 ~ 312	196 ~ 243	307 ~ 381	225 ~ 279	173 ~ 215	285 ~ 354	205 ~ 255	156 ~ 194
	185	414 ~ 523	312 ~ 394	243 ~ 307	381 ~ 481	279 ~ 353	215 ~ 271	354 ~ 448	255 ~ 323	194 ~ 246
	240	523 ~ 666	394 ~ 502	307 ~ 391	481 ~ 613	353 ~ 450	271 ~ 346	448 ~ 571	323 ~ 411	246 ~ 313
	300	666	502	391	613	450	346	571	411	313
铝芯	25	~ 23	~ 18	~ 14	~ 22	~ 17	~ 13	~ 20	~ 15	~ 11
	35	23 ~ 32	18 ~ 25	14 ~ 20	22 ~ 31	17 ~ 23	13 ~ 18	20 ~ 28	15 ~ 21	11 ~ 16
	50	32 ~ 46	25 ~ 35	20 ~ 28	31 ~ 44	23 ~ 33	18 ~ 26	28 ~ 40	21 ~ 29	16 ~ 23
	70	46 ~ 63	35 ~ 48	28 ~ 38	44 ~ 60	33 ~ 46	26 ~ 36	49 ~ 55	29 ~ 40	23 ~ 31
	95	63 ~ 83	48 ~ 63	38 ~ 50	60 ~ 70	46 ~ 60	36 ~ 47	55 ~ 71	40 ~ 53	31 ~ 41
	120	83 ~ 104	63 ~ 80	50 ~ 63	79 ~ 99	60 ~ 75	47 ~ 59	71 ~ 90	53 ~ 66	41 ~ 52
	150	104 ~ 138	80 ~ 105	63 ~ 84	99 ~ 131	75 ~ 100	59 ~ 78	90 ~ 110	66 ~ 88	52 ~ 68
	185	138 ~ 155	105 ~ 118	84 ~ 94	131 ~ 147	100 ~ 112	78 ~ 88	119 ~ 133	88 ~ 99	68 ~ 77
	240	155	118	94	147	112	88	133	99	77

注：1. 低电价区为 0.3 ~ 0.33 元/kWh，中电价区为 0.38 ~ 0.4 元/kWh，高电价区为 0.5 ~ 0.52 元/kWh。

2. 本表取功率因数 $\cos\varphi = 0.9$ 为代表值。

3. 本表原始数据摘自国际铜业协会（中国）资料。

3.7.4　按经济电流范围等条件选电缆截面积的算例

【例 3-4】　华北某石油设备的额定电压为三相 380V，计算功率 $P_{js} = 15kW$，计算电流 $I_{js} = 26.81A$，功率因数 $\cos\phi = 0.85$，三相埋地敷设载流量校正系数 $K = 0.7$，电缆长度 100m，按允许持续载流量、允许电压降、塑壳断路器的整定电流，经济电流范围选择交联聚乙烯电缆的截面积。

【解】　1）按允许持续载流量选电缆截面积。查 4.4 节表 4-4 的 4 芯 6mm² 的土壤中长期载流量为 54A，校正后 54 × 0.7 = 37.8A，大于计算电流 $I_{js} = 26.81A$。

2）按允许电压降校验电缆截面积。查表 3-18，6mm² 的 YJV 电缆，当 $\cos\phi = 0.90$ 时，电压损失为 1.476（%/A·km），26.81 × 0.1 × 1.476 = 3.96% < 线路允许电压降 5.00%；当 $\cos\phi = 0.80$ 时，电压损失为 1.321（%/A·km），26.81 × 0.1 × 1.321 = 3.54% < 线路允许电压降 5.00%。选 6mm² 的 YJV 电缆满足允许电压降的要求。

3）按塑壳断路器的整定电流校验电缆截面积。塑壳断路器的整定电流为 30A，校正后的载流量（校正后载流量 = 样本载流量 × 校正系数 × 样本温度/环境温度）54 × 0.7 × 25.00/25 = 37.8A，按壳断路器的整定电流校验 37.8/1.1 = 34.4A > 30A，选择的截面积满足要求。

4）按经济电流范围选电缆截面积，从表 3-35 中查出，石油行业年负荷最大利用小时为 7 000h，华北地区属中电价区，经济电缆截面计算从表 3-37 查出为 25mm²。

本例中，按技术条件选择的电缆截面积为 6mm²，按经济条件选择的电缆截面积为 25mm²，按经济条件选择的电缆截面积比按技术条件选择的电缆截面积大 3 级。综合考虑，选择 25mm² 的 YJV 电缆。

3.7.5　按经济电流选择电缆截面积时应注意的事项

1）应选用按照工程条件、电价、电缆成本、贴现率等计算出来的经济电流密度值。

2）按经济条件及技术条件选择结果的比较：通常按经济条件选择大于按技术条件选择的截面积 2 ~ 3 级（经验数值）[13]，但是，也有按热稳定等技术条件选择大截面积的情况，因此应该同时满足技术条件和经济条件，取二者截面积较大者。简化设计程序时，可按允许载流量所选的截面积放大 2 ~ 3 级（经验数值），基本能满足经济条件所选择的结果。当电缆经济电流截面积介于电流标称截面积之间，可按接近程度选择，接近程度相差不大时宜偏小选取。

3）年最大负荷利用小时 T_{max} 愈大，经济电流值愈小，反则愈大。经济电流值的不同，会影响经济截面积的大小。但在选择电缆截面积时，不必过分追求 T_{max} 的准确性，表 3-35 的行业统计数据可供参考选用。

4）对于备用回路的电缆，如备用电动机回路等，宜按正常使用运行小时数的 1/2 选择电缆截面积。对于一些长期不使用的回路，不宜按经济电缆密度选择截面积[13]。

5）由于按经济电流选择电缆截面积，截面积较大，使初投资增加，一般不到 5 年即可回收投资。年最大负荷利用小时数 T_{max} 愈大，回收年限愈短。当超过回收年限之后，因损耗减少每年可节约费用是可观的。

3.8　交流供电回路由多根电缆并联时截面积的选择

并联电缆是指同型号、同规格的两根或多根电缆并联作为一个回路的电缆。

大电流负荷的供电回路，往往由多根电缆并联组成，运行时屡因电流分配不均，而产生电缆过热，以至于影响继续供电。

3.8.1　并联电缆的必要使用条件

交流供电回路多根电缆并联时的电流分配，主要依赖于导体阻抗，同时还受金属层（有环流）阻抗的影响。交流供电回路由多根电缆并联组成时，使电流能均匀分配的必要条件是：各电缆宜等长，并应用相同材质、相同截面积的导体；具有金属护套的电缆，金属材质和构造截面积也应相同。还应具有相同的绝缘类型，以及相同的端部连接方式。另外，参考文献［4］明确规定，并联电缆应采用铜芯电缆。

为了使并联导体平均分担负荷电流，防止其中任何一根导体过载，对于所有相线和中性线中的并联导体都必须满足上述必要条件。在一般工程和设计中，选择电力电缆时，为三相负荷供电的同一回路并联电缆中的所有相线均应采用相同的材料、相同的截面积、相同的绝缘及几乎相同的长度，以有效降低配电系统的三相不对称度。当遇到特殊情况，尤其是在改造或增容工程中为节省投资而采用新电缆与旧电缆并联使用时，也必须把握该原则，不得将不同规格的电缆并联使用。

在应用单芯电缆时，各电缆在空间上几何配置的相互关系，常难使各阻抗值均等；而各电缆的相序排列关系，也影响电流分配。以计算方式确定各电流分配的电流值，较为复杂繁琐。可推论，若不具备并联电缆各导体阻抗、金属层阻抗均等的条件，计算各电缆的电流分配必将更繁琐。因此，敷设时需尽量对称排列每相电缆，即尽量使同相并联电缆与另两相电缆的距离相等，从而使其阻抗基本相等。例如，为尽量降低型号和长度均基本相同的同相两根并联电缆的载流量不平衡性，敷设时需尽量对称排列每相电缆，即尽量使同相两根并联电缆与另两相电缆的距离相等，可参见图3-2。电缆呈上下两层水平布置时，同一相电缆布置在上下两层电缆支架上；电缆呈三角形布置时，不同相电缆合并成一回路，且同回路内的电缆间距远小于两回路间的距离。

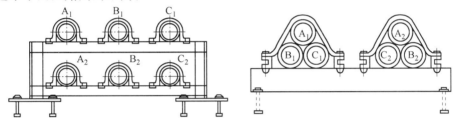

图 3-2　同相两根并联电缆的布置图

3.8.2　并联电缆的允许持续载流量

在计算并联电缆的持续载流量时，应考虑电缆的数量、电缆间的间距及敷设环境，采用合适的载流量降低系数（修正系数）。在选取载流量降低系数时，并联导体中的每根载流导体应算作单独的一根载流导体。因此，由 n 根电缆组成的 1 组并联电缆应按 n 根电缆并行敷设来选取降低系数，即并联导体和单根导体并行敷设时的载流量降低系数取相同数值。表3-6 列出电缆在空气中并列敷设时载流量的修正系数，表3-10 列出直埋并列敷设电缆允许持续载流量修正系数。从表中可以看出，并联的导体数量越多，载流量降低系数取值越小，对并联电缆载流量的影响就越大。

下面举例说明：两根较小截面积电缆组成的并联电缆和 1 根较大截面积电缆的允许持续载流量。将两根 YJV-0.6/1kV—3×70 三芯电缆并联，单层敷设在水平的有孔托盘上，贴邻敷设，环境温度为30℃，从表4-3 查得：每根电缆的载流量均为195A。当相邻电缆水平间距低于 2 倍电缆外径时，需考虑载流量降低系数。查表3-6，降低系数（修正系数 K_2）为0.9。因此，这两根并联电缆的长期允许载流量为 $2×195×0.9=351A$。该数值和单根 YJV-0.6/1kV—3×185 三芯电缆以同样环境、同样方式敷设时的载流量355A（见表4-3）相差不大。两根并联电缆的每相导体总截面积为 $2×70=140mm^2$，小于单根 YJV-0.6/1kV—3×185 电缆的每相导体截面积为 $185mm^2$，但获得了相近的载流能力。这是由于导体的散热问题和趋肤效应，小截面积导体的单位截面积载流量比大截面积导体的更大。由此可见，在一定的载流能力下，由较小截面积电缆组成的并联电缆，总的截面积将比单根大截面积电缆更小、更经济。

采用并联电缆减小整体的导体截面积，将比单根大截面积电缆产生更大的阻抗和更高的电压降，设计选择电缆时，必须考虑电压降的限制。

三根单芯高压交联聚乙烯电缆平行排列和三角形排列方式不同，它们之间的载流量也有较大的差别，参见表4-35。由此并联单芯电缆敷设排列方式对其载流量也有一定影响。

由于并联的导体数量越多，载流量降低系数对并联电缆载流量的影响就越大，因此，应尽量使并联的导体不超过两根。

3.8.3　使用并联电缆的注意事项

一般供电回路的载流量超过截面积为 185mm² 电缆的允许载流量时，或改造、增容工程中为节省投资而需要使用大截面积并联电缆。大截面积电缆的电阻很小，两根电缆并联时，如其中一根电缆的导体与母线排发生松动，则接触电阻可能达到或超过导体电阻，那么流过与之并联的另一个导体的电流将成倍增加，从而导致热击穿。在使用并联电缆时，应采取可靠措施防止电缆的导体与母线排发生松动。

3.9　中性线、保护线、保护接地中性线截面积的选择

3.9.1　中性线、保护线、保护接地中性线的截面积

1. 中性线（N 线）

在单相两线制电路中，无论相线截面积大小，中性线截面积都应与相线截面积相同。

1kV 以下电源中性点直接接地时三相四线制系统的电缆中型线（N 线）截面积，不得小于按线路最大不平衡电流持续工作所需的最小截面积；对有谐波电流影响的三相平衡系统中，中性线三次谐波电流值等于相线谐波电流的 3 倍。当谐波电流较小时，仍可按相线电流选择导线截面积，但计算电流应按基波电流除以表 3-38 中的校正系数。当三次谐波电流超过 33% 时，它所引起的中性电流超过基波的相电流。此时，按中性线电流选择导线截面积。

表 3-38　谐波电流的校正系数

相电流中三次谐波分量	校正系数		相电流中三次谐波分量	校正系数	
	按相线电流选截面积	按中性线电流选截面积		按相线电流选截面积	按中性线电流选截面积
0 ~ 15	1.0		33 ~ 45		0.86
15 ~ 33	0.86		>45		1.0

注：表中数据仅适用于中性线与相线等截面积的 4 芯或 5 芯电缆及穿管导线，并以三芯电缆或三线穿管的载流量为基础，即把整个回路的导体视为一综合发热体来考虑。

一般估算时，可按参考文献［4］来考虑：当谐波电流大于 10% 时，中性线的线芯截面积应不小于相线。如以气体放电灯为主要负荷的照明供电线路，变频调速设备、计算机及直流电源设备等的供电线路。除上述情况外，中性线截面积不宜小于 50% 的相芯截面积，具体的可参考 3.9.2 的【例 3-5】。

2. 保护线（PE 线）或保护接地中性线（PEN 线）

保护线（PE 线）若是用配电电缆或电缆金属外护层时，按机械强度要求，截面积不受限制。PE 线若是用绝缘导线或裸导线而不是配电电缆或电缆外护层时，按机械强度要求，敷设在套管、线槽等有机械保护时不小于 2.5mm^2，敷设在绝缘子、瓷夹上等无机械保护时不小于 4mm^2。

保护接地中性线（PEN 线）的截面积，应满足回路保护电器可靠动作的要求。对铜质缆芯截面积应不小于 10mm^2，对铝质缆芯截面积应不小于 16mm^2，

保护线或保护接地中性线的截面积按热稳定要求不小于表 3-39 所列数值。

表 3-39　PE 线或 PEN 线按热稳定要求的最小截面积[4]

相线截面积/mm^2	PE 线或 PEN 线按热稳定要求的最小截面积/mm^2
$S \leqslant 16$	S
$16 < S \leqslant 35$	16
$35 < S \leqslant 400$	$S/2$
$400 < S \leqslant 800$	200
$S > 800$	$S/4$

注：S 为电缆相芯线截面积。

3. 采用多芯电缆的干线

其中性线和保护接地线合一的导体，截面积应不小于 4mm^2。

3.9.2　考虑谐波影响的中性线截面积选择算例

【例 3-5】　三相平衡系统，负荷电流 43A，采用 YJV 绝缘 4 芯电缆，沿墙明敷，求不同三次谐波下对电缆截面积的选择。

【解】　按表 3-38 查出谐波电流的校正系数，按表 4-3 中，查出 YJV 的额定载流量，不同谐波电流下的计算电流和选择结果见表 3-40。

表 3-40　谐波对导线截面积选择的影响[10]

负荷电流状况	选择截面积的计算电流/A		选择结果	
	按相线电流	按中性线电流	截面积/mm^2	额定载流量/A
无谐波	43		6	46
20% 三次谐波	$\dfrac{\sqrt{43^2 + (43 \times 0.2)^2}}{0.86} = 51$		10	63
40% 三次谐波		$\dfrac{43 \times 0.4 \times 3}{0.86} = 60.0$	10	63
50% 三次谐波		$\dfrac{43 \times 0.5 \times 3}{1.0} = 64.5$	16	84

3.10　爆炸及火灾危险环境导线截面积的选择

不同爆炸及火灾危险区、导线截面积的选择参见表 3-41。

表 3-41 爆炸及火灾危险区域导线截面积的选择 （mm²）

区域	电缆明敷或沟内敷设及穿管线			移动电缆	高压配线
	电力	照明	控制		
1 区	铜≥2.5	铜≥2.5	铜≥2.5	重型	铜芯电缆
2 区	铜≥1.5	铜≥1.5	铜≥1.5	中型	铜芯电缆
	铝≥4	铝≥2.5			
10 区	铜≥2.5	铜≥2.5	铜≥2.5	重型	铜芯电缆
11 区	铜≥1.5			中型	铜芯或铝芯电缆
	铝≥2.5				
21 区	铜、铝芯不延燃导线穿管或电缆			轻型	
22 区					
23 区					

注：1. 1、2 区内电动机支线载流量≥1.25 倍额定电流。

2. 爆炸危险区域内宜选用阻燃电缆，并不允许有中间接头，穿线管材应采用"低压流体输送用镀锌焊接钢管"。

3.11 按机械强度校验电缆芯截面积

按机械强度校验导线允许的最小截面积见表 3-42。

表 3-42 按机械强度导线允许的最小截面积[10]

用　　途			导线最小允许截面积/mm²		
			铝	铜	铜芯软线
裸导线敷设于绝缘子上(低压架空)			16	10	
绝缘导线敷设于绝缘上，支点距离 L(m)	室内,L≤2		2.5	1.0	
	室外	L≤2	2.5	1.5	
		2<L≤6	4	2.5	
		6<L≤15	6	4	
		15<L≤25	10	6	
固定敷设护套线,轧头直敷			2.5	1.0	
移动式用电设备的导线	生产用				1.0
	生活用				0.2
照明灯头引下线	工业建筑	屋内	2.5	0.8	0.5
		屋外	2.5	1.0	1.0
	民用建筑、室内		1.5	0.5	0.4
绝缘导线穿管			2.5	1.0	1.0
绝缘导线槽板敷设			2.5	1.0	
绝缘导线线槽敷设			2.5	1.0	

3.12 电力电缆金属屏蔽层截面积的选择

3.12.1 金属屏蔽层截面积应通过热稳定计算来确定

交联聚乙烯电力电缆金属屏蔽层有两个主要作用（详细内容可参考第 4 章 4.5.3 节），

一方面是弥补半导体屏蔽的不足，将电缆通电时产生的电磁场屏蔽在绝缘线芯内，以减少对外界产生电磁干扰；另一方面是作为事故电流的通路，保护系统安全运行。

在电缆敷设时，电缆外护套因不慎发生破损，或电缆敷设后受外力破坏，外护套损坏。在这种情况下，水分就会进入电缆（尤其直埋敷设、电缆沟内敷设的电缆其周围有水时），如果屏蔽层是铜屏蔽层。铜屏蔽层遇水被腐蚀断裂，则从铜带屏蔽层非接地端流向接地端的充电电流会在铜带屏蔽层断裂处强行通过外半导电层流过，会使铜带屏蔽层断裂处的外半导电层急剧老化，直至绝缘破坏，造成一点接地故障。在我国的中性点经消弧线圈接地或中性点不接地的由电缆供电的电力系统，当某相电缆发生一点接地故障后，虽然有关规范允许继续运行2h，但实际上往往不到2h就由于该相电缆接地引起另外两相过电压，造成不同相电缆另一地点接地，也即发生两相接地短路。

若一条供电线路是由一段架空线和一段电缆组成，在大风季节时树枝碰及架空线，瞬间接地产生过电压；雷雨天气，雷击塔顶及附近避雷线导致绝缘子串闪络。这些可能使电力电缆中的绝缘薄弱环节在过电压时被击穿。造成不同地点的相间短路。

如果金属屏蔽层不直接接地，即经过电容接地，则正常时会产生感应电压，故障时感应电压更高，也会带来一系列问题。

我国的10kV和35kV系统大多为中性点非直接接地系统，在发生单相接地故障时，电容电流均限制在20A之内，否则必须安装消弧线圈补偿。理论上，屏蔽层不需要考虑事故时间的回路电流，但是，由于上述的原因形成相间短路时，电缆的金属屏蔽层就形成了短路电流的通道。如果不计电力设备的阻抗、接地电阻假定为10Ω，35kV系统相间短路电流约为2kA，此时屏蔽层的电流可达1kA，已足够烧损热容量不足的屏蔽层和通道不良的接触件。因此，只有从结构上重视和加强金属屏蔽层，使它满足相间短路电流热容量，系统才能比较安全可靠运行。

3.12.2　三种金属屏蔽层截面积的计算

中压交联电缆的金属屏蔽主要有铜带屏蔽和疏绕铜丝屏蔽这两种形式，对于海底交联电缆因要求阻水性通常采用铅护层兼作屏蔽层，而编织屏蔽因交联电缆属于非软结构产品故较少采用。

1. 铜带屏蔽截面的计算

铜带屏蔽是35kV及以下交联聚乙烯电缆最常规的结构。除了26/35kV 500mm² 及以上截面积的电缆之外，其余中压交联聚乙烯电缆均可采用铜带屏蔽结构，其中单芯电缆的铜带标称厚度应不小于0.12mm，三芯电缆的铜带标称厚度应不小于0.1mm，若用户或设计单位对铜带层数和重叠率无特殊要求，均按国家标准执行。铜带屏蔽截面积的两种计算方法：

（1）《带宽×带厚》法计算公式[14]如下：

$$S = n\omega\delta$$

式中　n——金属带层数；

　　　ω——带宽；

　　　δ——带厚。若为三芯电缆，其屏蔽截面积则乘以3，即 $S = 3n\omega\delta$。

上式是IEC 60949—1988《短路电流的计算》标准中对"带状绕包的屏蔽结构"规定的屏蔽截面积计算公式。此公式的计算只与带厚和带宽有关，与电缆外径无关，并且较充分地考虑了安全裕度。

（2）《圆环法》计算电缆金属屏蔽层截面积 S（mm^2）的公式[1]如下：

$$S = \pi\delta(D + \delta)/(1 - k) \tag{3-17}$$

式中　D——电缆屏蔽前缆芯外径（mm）；

　　　δ——铜带厚度（mm）；

　　　k——铜带重叠率，一般取 0.6。

2. 疏绕铜丝屏蔽截面积的计算[14]

GB/T 12706.3—2008《额定电压 1kV（$U_m = 1.2kV$）到 35kV（$U_m = 40.5kV$）挤包绝缘电力电缆及附件　第 3 部分：额定电压 35kV（$U_m = 40.5kV$）电缆》规定：26/35kV 500mm^2 及以上电缆，其金属屏蔽应采用疏绕铜丝＋反向铜带或铜丝结构，若用户对电缆接地故障电流有特殊要求时，可采用该结构。一般是根据用户提供的短路容量反算得到屏蔽层截面积。计算电缆金属屏蔽层截面积 S（mm^2）公式为

$$S = n(\pi d^2/4)$$

式中　n——疏绕铜丝根数；

　　　d——疏绕铜丝单丝直径（mm）。

其中，反向铜带的截面积和疏绕铜丝的绞入率不应计入。

3. 铅护套屏蔽截面积的计算[14]

对于海底交联聚乙烯电缆，铅护层不仅是径向阻水必不可少的结构，同时也常兼作电缆接地屏蔽用。

可根据 GB/T 12706 标准中铅套前假设外径的计算方法得到铅护层的厚度，也可根据敷设环境和系统要求指定其厚度。铅层厚度确定后，其电缆金属屏蔽层截面积 S（mm^2）按下式计算：

$$S = \pi t(D + t) \tag{3-18}$$

式中　D——铅护套前缆芯外径（mm）；

　　　t——铅层厚度（mm）。

3.12.3　金属屏蔽层短路电流容量的计算

金属屏蔽层短路热稳定的最小截面积的计算可参照 3.6.1 的式（3-11）和式（3-12）计算。下面介绍电缆允许短路电流绝热法计算。

电缆出现短路时，巨大的短路电流流过导体和金属屏蔽，使导体和屏蔽的温度迅速上升，从而威胁绝缘和护套。为确保系统安全运行，需要对导体和屏蔽的允许短路电流进行估算。IEC60949—1988《短路电流的计算》标准规定，当短路持续时间与导体截面积比小于 0.1s/mm^2 时，采用绝热法计算公式计算，其计算结果对导体和金属套来说已足够精确；而对屏蔽层来说，计算值可能比实际值要大。

电缆允许短路电流 I_K（A）绝热法计算公式[2]为

$$I_K^2 t = K_z^2 S^2 \ln\frac{\theta + \beta}{\theta_0 + \beta} \tag{3-19}$$

式中　t——短路持续时间（s）；

K_z——载流材料常数（$A \cdot s^{1/2}/mm^2$）；K_z 的取值见表 3-43；

S——金属屏蔽截面积（mm^2）；S 可由 3.12.2 计算获得；

θ——允许短路最高温度（℃），θ 的取值见表 3-44；

θ_0——短路起始温度（℃）；

β——导体或屏蔽为 0℃ 时电阻温度系数的倒数（℃），β 的取值见表 3-43。

表 3-43　K_z 和 β 的取值

载流材料	铜	铝	铅	铁	青铜
K_z	226	148	41	78	180
β	234.5	228	230	202	313

表 3-44　允许短路最高温度 θ 的取值

绝缘或护套材料	交联聚乙烯（XLPE）	聚氯乙烯（PVC）	乙丙橡胶（EPR）	聚乙烯（PE）
导体温度/℃	250	150	250	150
屏蔽温度/℃	—	200	—	180

说明：短路时，导体允许最高温度取决于绝缘材料的承受能力，金属屏蔽允许最高温度取决于它所贴近的绝缘屏蔽和护套材料的承受能力（取其中较低值）。另外，短路起始温度 θ_0 指短路前导体或屏蔽的实际温度。一般取导体长期运行允许最高温度（如 90℃）；屏蔽可取 60℃。

电缆金属屏蔽与导体允许短路电流参考值见表 3-45。

表 3-45　金属屏蔽与导体允许短路电流参考值[2]　　　（A）

导体截面积 /mm²	导体				金属屏蔽		
	90℃		70℃		60℃		
	铜	铝	铜	铝	铝套	铅套	铜丝
10	1 510	966	1 150	700	—	—	—
16	2 390	1 560	1 840	1 220	—	—	—
25	3 580	2 420	2 870	1 900	—	—	3 255
35	5 150	3 370	4 028	2 660	—	—	3 255
50	7 310	4 790	5 750	3 800	—	—	3 255
70	10 200	6 680	8 050	5 320	—	—	3 255
95	13 800	9 030	10 930	7 200	—	—	3 524
120	17 400	11 400	13 830	9 100	—	—	3 524
150	21 700	14 200	17 260	11 400	—	—	3 524
185	26 700	17 500	21 290	14 000	39 200	14 200	4 930
240	34 600	22 600	27 600	18 200	41 900	14 400	4 930
300	43 100	28 200	34 500	22 800	42 600	15 200	4 930
400	57 400	37 600	41 160	27 200	43 400	15 400	4 930

（续）

导体截面积 /mm²	导体				金属屏蔽		
	90℃		70℃		60℃		
	铜	铝	铜	铝	铝套	铅套	铜丝
500	71 700	47 000	51 500	34 000	44 600	15 800	4 930
630	88 800	58 000	65 500	42 800	46 100	16 700	4 930
800	114 000	74 400	82 800	54 400	48 500	18 000	4 930

注：1. 本表短路持续时间按 1s 计算。

2. 铜丝疏绕屏蔽截面积取值：导体截面积取值为 70mm² 及以下，取 16mm²；导体截面积取值为 95～150mm²，取 25mm²；导体截面积为 185mm² 及以上，取 35mm²。

3. 计算屏蔽允许短路电流，θ 值取 200℃。

3.12.4　交联聚乙烯电缆金属屏蔽层最小截面积推荐值

对交联聚乙烯电力电缆金属屏蔽层截面积的选择。为了使系统发生单相接地或不同地点两相接地时流过金属屏蔽层的故障电流不至将它烧损，也就是在短路电流作用下温升值不超过短路允许最高温度平均值。在 DL 401—1991《高压电缆选用导则》规定，该屏蔽层最小截面积应满足表 3-46。

表 3-46　交联聚乙烯电缆金属屏蔽层最小截面积推荐值

输电系统电压等级/kV	6～10	35	66	110	220	330	500
金属屏蔽层 S_{min}/mm²	25	35	50	75	95	120	150

对于 110kV 及以上电压等级的交联聚乙烯电力电缆，为了减少流经金属屏蔽层的接地故障电流，可加装接地的回流线，但该回流线截面积应通过热稳定计算来确定。

3.12.5　确定金属屏蔽层截面积的两个算例

【例 3-6】[1]　某供电系统采用 110kV 交联聚乙烯绝缘电缆，型号为 CAZV-1×500/120（120mm² 为屏蔽层截面积），$U_0/U = 71/123$kV，金属屏蔽层截面积的选择首先参考了武汉供电局引进瑞典 110kV 交联聚乙烯绝缘电缆，型号为 ASEA-1×400/105（105mm² 为金属屏蔽层截面积），$U_0/U = 71/123$kV，然后又用该系统的下列参数代入式（3-11）和式（3-12），按相间短路电流热稳定要求确定金属屏蔽层的最小截面积 $S_{min} = 120$mm²。

【解】　该系统按短路热稳定计算的参数：

I_z：单相短路电流，该系统 $I_z = 17$kA，流过每相金属屏蔽层电流为 17/3kA；

t：短路故障切除时间，$t = 3$（s）；

J：热功当量系数，取 1.0；

q：缆芯导体的单位体积热容量（J/cm³·℃），铜芯取 3.4；

θ_m：聚氯乙烯护套短路作用时间内电缆缆芯允许最高温度，$\theta_m = 120$（℃）；

θ_P：短路发生前的电缆缆芯最高工作温度 $\theta_P = 65$（℃）；

α：20℃时缆芯导体的电阻温度系数（1/℃），铜芯为 0.003 93；

ρ：20℃时缆芯导体的电阻率（Ω·cm²/cm），铜芯为 0.018 4×10⁻⁴；

η：计入包含电缆芯线充填物热容影响的校正系数，按 $\eta = 1$；

K：缆芯导体的交流电阻与直流电阻之比值（因没有 110kV 的数据，参考表 3-27），取 $K = 1.003$。

$$C = \frac{1}{\eta} \sqrt{\frac{Jq}{\alpha K \rho} \ln \frac{1 + \alpha\,(\theta_m - 20)}{1 + \alpha\,(\theta_P - 20)}} = \sqrt{\frac{1 \times 3.4}{0.003\,93 \times 1.003 \times 0.018\,4} \ln \frac{1 + 0.003\,93 \times (120 - 20)}{1 + 0.003\,93 \times (65 - 20)}} = 88.8$$

$$S_{min} = \frac{I_z \sqrt{t}}{C} \times 10^3 = \frac{17\sqrt{3}}{3 \times 88.8} \times 10^3 = 110.7 \ (\text{mm}^2)$$

综合参考典型工程经验和短路电流热稳定的计算，该电缆的金属屏蔽层选 120mm² 是合理的。

【例 3-7】　某企业的 YJV-26/35kV—1 × 300mm² 电缆，发生短路故障后铜带屏蔽层被烧坏，系统的两相接地短路电流为 14.36kA，线路延时速断保护整定值为 0.5s，按热稳定计算选用屏蔽层截面积[15]。

【解】　该系统按短路热稳定计算的参数：

计算金属屏蔽截面积 $S = 1\text{mm}^2$ 时能承受的两相短路电流

t——短路持续时间，$t = 0.5$（s）；

K_z——载流材料常数（$\text{A} \cdot \text{s}^{1/2}/\text{mm}^2$）；$K_z$ 的取值见表 3-43；$K_z = 180$（青铜）；

β——导体或屏蔽为 0℃时电阻温度系数的倒数（℃），β 的取值见表 3-43，$\beta = 313$（青铜）；

θ——允许短路最高温度（℃），θ 的取值可参见表 3-44，交联聚乙烯允许最高温度为 $\theta = 250℃$，聚氯乙烯外护套允许最高温度为 $\theta = 150℃$，金属屏蔽层取两者的平均值，$\theta = 200℃$；

θ_0——短路起始温度（℃），环境温度 40℃时，短路前金属屏蔽层起始温度取 $\theta_0 = 65℃$；

将上面的数据代入式（3-19），得单位截面积金属屏蔽层允许短路电流

$$I_K = \frac{1}{\sqrt{t}} K_z S \sqrt{\ln \frac{\theta + \beta}{\theta_0 + \beta}} = \frac{1}{\sqrt{0.5}} \times 180 \times 1 \times \sqrt{\ln \frac{200 + 313}{65 + 313}} = 140.7 \ (\text{A}/\text{mm}^2)$$

根据经验数据，金属屏蔽层发热量同时消耗于贴近物转化的影响因素为 1.2，则 1mm² 截面积金属屏蔽层能承受的两相接地短路电流值为 $I = 1.2 \times 140.7 = 168.8$（A），本例两相接地短路电流为 14.36kA，所以该 35kV 电缆的金属屏蔽层面积为

$$S = \frac{14\,360 \times 0.7}{168.8} = 59.5 \ (\text{mm}^2)$$

式中，分流系数取 0.7，是考虑金属屏蔽层采用两端接地而引起分流修正系数。经修正后该电缆的金属屏蔽层标称截面积应选用 60mm²，并采用铜丝、铜带组合屏蔽，即铜丝屏蔽绕包铜带结构。

3.12.6　金属屏蔽层截面积和允许短路电流两个算例

【例 3-8】　某 YJV-26/35kV 1 × 185mm² 电缆的结构参数见表 3-47。这根单芯电缆的金属屏蔽层的截面积和允许短路电流容量是多少[1]？

表 3- 47　某 26/35kV 交联聚乙烯电缆结构参数

部　　位	厚度/mm	标称外径/mm	材　　质
导体		16. 1	铜
内屏蔽	0. 8 + 0. 2	18. 1	半导电 PE
绝缘	10. 5	40. 2	交联聚乙烯
外屏蔽	0. 8 ± 0. 2	42. 0	半导电 PE
铜带	0. 12	42. 5	铜
绕包内衬层	—	43. 3	—
外护套	24 ± 0. 24	48. 3	聚氯乙烯

【解】

1. 金属屏蔽层截面积计算：表 3- 47 中的有关数据

D——电缆屏蔽前缆芯外径，$D = 42. 0$（mm）；

δ——铜带厚度，$\delta = 0. 12$（mm）；

k——铜带重叠率，一般取 0. 6；

将上面的数据代入式（3-17），得金属屏蔽层截面积

$$S = \pi\delta(D + \delta)/(1 - k)$$
$$= 3. 14 \times 0. 12 \times (42 + 0. 12)/(1 - 0. 6)$$
$$= 39. 68（mm^2）。$$

2. 短路电流容量计算，本例取

S——金属屏蔽截面积，$S = 39. 68$（mm²）；

t——短路持续时间，$t = 1$（s）；

K_z——载流材料常数（A·s$^{1/2}$/mm²）；K_z 的取值见表 3-43；$K_z = 226$；

β——导体或屏蔽为 0℃ 时电阻温度系数的倒数（℃），β 的取值见表 3-43，$\beta = 234. 5$；

θ——允许短路最高温度（℃），θ 的取值可参见表 3-44，$\theta = 200℃$；

θ_0——短路起始温度（℃），取 $\theta_0 = 60℃$；

将上面的数据代入式（3-19），得允许短路电流

$$I_K = \frac{1}{\sqrt{t}}K_z S \sqrt{\ln\frac{\theta + \beta}{\theta_0 + \beta}} = 226 \times 39. 68 \times \sqrt{\ln\frac{200 + 434. 5}{60 + 434. 5}} = 5\ 593（A）$$

【例 3-9】 某 YJV-64/110kV 1 × 240mm² 电缆的结构参数见表 3-48。这根单芯电缆的金属屏蔽层的截面积和允许短路电流容量是多少[1]？

表 3-48　某 64/110kV 交联聚乙烯电缆结构参数

部　　位	厚度/mm	标称外径/mm	材　　质
导体		18. 3	铜
内屏蔽	1. 0	20. 3	半导电 PE
绝缘	19. 0	58. 3	交联聚乙烯
外屏蔽	1. 0	60. 3	半导电 PE
缓冲层	0. 5 × 2	62. 3	—
铅护套	2. 6	67. 7	合金铅

【解】

1. 金属屏蔽层截面积的计算：将表 3-48 中的有关数据

D——电缆金属屏蔽层外经，$D = 62.3$（mm）；

t——合金铅厚度，$t = 2.6$（mm）；

代入式（3-18）可得金属屏蔽层截面积为

$$S = \pi t(D + t) = 3.14 \times 2.6(62.3 + 2.6) = 529.8 \ (mm^2)$$

2. 允许短路电流容量计算；本例取

S——金属屏蔽截面积，$S = 529.8$（mm^2）；

t——短路持续时间，$t = 1$（s）；

K_z——载流材料常数（$A \cdot s^{1/2}/mm^2$）；K_z 的取值见表 3-43；$K_z = 41$；

β——导体或屏蔽为 0℃时电阻温度系数的倒数（℃），β 的取值见表 3-43，$\beta = 230$；

θ——允许短路最高温度（℃），θ 的取值可参见表 3-44，$\theta = 200℃$；

θ_0——短路起始温度（℃），取 $\theta_0 = 60℃$。

将上面的数据代入式（3-19），得允许短路电流

$$I_K = \frac{1}{\sqrt{t}} K_z S \sqrt{\ln \frac{\theta + \beta}{\theta_0 + \beta}} = 41 \times 529.8 \times \sqrt{\ln \frac{200 + 230}{60 + 230}} = 13\ 633 \ (A)$$

3.12.7 选购电缆必须注明金属屏蔽层的结构和截面积

选购电缆时，应注明电缆型号，同时还应注明金属屏蔽层结构和截面积，目前，中、高压电缆制造单位常以如下两种方式供货：

1）按 GB 12706—1991 标准规定，常规中压交联电缆均采用铜带屏蔽，其屏蔽截面积 S = 层数×带宽×带厚，即单芯电缆为 3.6 或 4.2mm²，三芯电线电缆为 3×3.0 或 3×3.5mm²。这种电缆通常只适用短路电流不太大的非有效接地系统。若要求采用铜丝屏蔽或电网的短路电流较大（如电阻接地系统），要求屏蔽截面积也大，这些都必须在选购时特别注明。

2）按 DL 401—1991《高压电缆选用导则》中规定的金属屏蔽层最小截面积（见表 3-46）供货。从 3.12.5 的【例 3-6】和【例 3-7】，3.12.6 的【例 3-8】和【例 3-9】看出许多供电线路的短路电流都比较大，求得的金属屏蔽层面积都比表 3-46 给出的大得多。

综上所述，由于金属屏蔽的截面积直接关系到电缆接地故障电流的承受能力，供电系统为了安全可靠运行，越来越多的国内外标书要求提供金属屏蔽短路电流计算书，或告知敷设条件和短路接地故障电流；要求投标方设计屏蔽结构、确定屏蔽截面积等，为此，我们不仅要熟悉产品的国内外相关标准，还要学习和掌握 IEC60949—1988《短路电流的计算》、IEC 60287-1-1—2006《电缆额定电流的计算第 1-1 部分额定电流方程和电损耗计算》等有关短路电流、载流量等参数计算方法的标准和资料。在选购电缆时注明金属屏蔽层的结构和要求的截面积。只有这样，我们选择的带金属屏蔽层的交联电缆才能真正让用户放心地使用。

3.13 按抗拉要求选择的水下电缆截面积

参考文献［4］规定：敷设于水下的电缆，当需导体承受拉力且较合理时，可按抗拉要求选择截面积。

第4章 交联聚乙烯绝缘电力电缆的选择

交联聚乙烯是利用低密度聚乙烯经过物理或化学方法合成的一种优良的热固型绝缘材料，它不仅具有聚乙烯的诸多优良性能，而且大幅度地提高了力学性能、环境适应能力、耐老化性能、耐候性和允许工作温度，从而被广泛应用。

4.1 交联聚乙烯绝缘材料特性

聚乙烯绝缘虽具有优良的电气性能，但属于热塑性材料，即有热可塑性，当电缆通过较大的电流时，绝缘就会熔融变形，其分子结构为直链状，而交联聚乙烯是利用低密度聚乙烯加入交联剂，用化学或物理方法，使聚乙烯分子由线型分子（直链状）结构变为空间的网状结构。目前，聚乙烯的交联结构主要有三种方法：①过氧化物交联：利用过氧化物提供自由基诱发聚乙烯的 C-C 键使其成为交联网络；②硅烷交联：使聚乙烯分子间形成 C-Si-O-Si-C 的交联网络；③辐照交联：利用高能电子射线引发自由基形成 C-C 键的交联网络。其中，过氧化物交联主要用于 10kV 及以上的中高电缆；硅烷交联和辐照交联主要用于 1kV 及以下的低压电缆。由于交联方式不同，使它们的物理性能也不同，如 125℃辐照交联聚乙烯电缆可使用较高耐热等级的环境。

交联聚乙烯与其他绝缘材料的性能对比见表 4-1。

表4-1 交联聚乙烯与其他绝缘材料的性能对比[1]

性　　能		交联聚乙烯	聚乙烯	聚氯乙烯	乙丙橡胶	油浸纸
电气性能	体积电阻(20℃)/(Ω·m)	10^{14}	10^{14}	10^{11}	10^{13}	10^{12}
	介电常数(20℃,50Hz)	2.3	2.3	5.0	3.0	3.5
	介质损耗角正切值(20℃,50Hz)	0.000 5	0.000 5	0.07	0.003	0.003
	击穿强度/(kV/mm)	30~70	30~50	—	—	—
耐热性能	导体最大工作温度/℃	90	75	70	85	65
	允许最大短路温度/℃	250	150	135	250	250
机械性能	抗张强度/(N/mm²)	18	14	18	9.5	—
	伸长率(%)	600	700	250	850	—
耐老化性能	100℃	优	良	可	优	良
	120℃	优	熔	差	良	可
	150℃	良	熔	—	可	差
其他性能	抗热变形(150℃)	良	熔	差	优	良
	耐油(70℃)	良	良	良	差	—
	柔软(-10℃)	良	差	差	优	—

交联聚乙烯的特点如下：

1. 耐热特性优异

网状结构的交联聚乙烯具有很好的耐热特性，其长期工作温度达到 90℃，与油浸纸绝缘电缆、聚氯乙烯电缆相比，它的最大优点是工作温度提高了 20℃（见表 4-1），从而提高了电缆的安全性和降低了电缆的投入成本。例如，硅烷交联电缆的长期载流量比同规格的聚氯乙烯电缆的长期允许载流量要大 20% 左右。交联聚乙烯电缆的过载温度为 130℃，短路温度为 250℃（5s）。这些特性是普通型聚乙烯（PE）和聚氯乙烯（PVC）绝缘电缆所不可比拟的。

2. 电气特性优良

交联聚乙烯保持了聚乙烯（PE）原有的良好特性，并进一步提高了绝缘电阻，且介质损耗正切很小，基本不随温度的变化而变化。

3. 机械性能好

交联后的聚乙烯保持并提高了原有优良的机械性能，弥补了聚乙烯耐环境应力龟裂性能差的缺点，同时具有很好的耐磨性和承受集中的机械应力的能力。

4. 化学特性优

交联聚乙烯的耐酸碱、耐油性能均比聚乙烯强，其燃烧产物是 CO_2 和 H_2O，因此对环境的危害较少，符合现代消防安全的要求。

5. 安装维修方便

交联聚乙烯电缆与油浸纸绝缘电缆相比，不受高度落差限制，不漏油，可简便地做终端和中间接头，安装维修方便。

4.2　选用普通交联聚乙烯电缆注意事项

由于普通交联聚乙烯电缆在直流电压作用下，电缆绝缘中的空间电荷会集中在某处，从而造成此处局部场强过高而被击穿。因此，普通的交联聚乙烯适用于交流电绝缘，而不适宜做直流电绝缘，尤其是直流高压会降低其绝缘寿命。当交联聚乙烯绝缘用于直流高压供电时，在绝缘材料中须采用特殊添加剂，才能减缓电缆绝缘中空间电荷的累积。另外，对于交流中、高压及超高压电压电缆绝缘，在其加工、储运及绝缘挤制过程中特别忌水，应慎重选用交联聚乙烯电缆。当交联聚乙烯电缆用于经常潮湿有水的地方时，特别是敷设于江、河、湖、海水底的交联聚乙烯电缆必须考虑有径向阻水和纵向阻水结构，可参见第 5 章 5.7 节和第 6 章的有关内容。

4.3　交联聚乙烯电力电缆的型号、名称及使用范围

交联聚乙烯电力电缆在中低压范围内已替代传统的油浸纸绝缘电缆，目前应用广泛。并在高压或超高压等级与自容式充油浸纸绝缘电缆有竞争。表 4-2 中列出了交联聚乙烯电力电缆的型号、名称及使用范围。还可参考 10.2 节中 1. 的有关内容。

表 4-2　交联聚乙烯电力电缆的型号、名称及使用范围

型号		名　称	使 用 范 围
铜芯	铝芯		
YJY(V)	YJLY(V)	交联聚乙烯绝缘铜带屏蔽聚乙烯(聚氯乙烯)护套电力电缆	适用于架空、室内、隧道、电缆沟、管道及地下直埋敷设
YJSY(V)	YJLSY(V)	交联聚乙烯绝缘铜丝屏蔽聚乙烯(聚氯乙烯)护套电力电缆	
YJV22	YJLV22	交联聚乙烯绝缘铜带屏蔽钢带铠装聚氯乙烯护套电力电缆	适用于室内、隧道、电缆沟及地下直埋敷设,电缆能承受机械外力作用,但不能承受大的拉力
ZR-YJV22	ZR-YJLV22	阻燃型交联聚乙烯绝缘铜带屏蔽钢带铠装聚氯乙烯护套	
YJV32	YJLV32	交联聚乙烯绝缘铜带屏蔽细钢丝铠装聚氯乙烯护套电力电缆	适用于地下直埋、竖井及水下敷设,电缆能承受机械外力作用,并能受相当的拉力
YJSV32	YJLSV32	交联聚乙烯绝缘铜丝屏蔽细钢丝铠装聚氯乙烯护套电力电缆	
YJV42	YJLV42	交联聚乙烯绝缘铜带屏蔽粗钢丝铠装聚氯乙烯护套电力电缆	适用于地下直埋、竖井及水下敷设,电缆能承受机械外力作用,并能受较大的拉力
YJSV42	YJLSV42	交联聚乙烯绝缘铜丝屏蔽粗钢丝铠装聚氯乙烯护套电力电缆	
YJLW02 YJLW03	—	铜芯交联聚乙烯绝缘皱纹铝套电缆	机械强度高,短路电流承受能力大,重量小于铅套电缆,适用高压电缆
YJQ02 YJQ03	—	铜芯交联聚乙烯绝缘铅套电缆	电缆柔软,弯曲性能好,防水、防潮、防腐蚀好
YJQ41G	—	铜芯交联聚乙烯绝缘铅护套粗钢丝铠装纤维外被海底电力电缆	适用单芯海底敷设电缆,电缆能承受机械外力作用,并能受较大的拉力,防水、防海水腐蚀,弯曲性能好
YJQF41G	—	铜芯交联聚乙烯绝缘分相铅护套粗钢丝铠装纤维外被海底电力电缆	适用单芯海底敷设电缆,电缆能承受机械外力作用,并能受较大的拉力,防水、防海水腐蚀,弯曲性能好

注:1. 6kV 及以上的电力电缆应有铜带、铜丝等金属屏蔽层,有时金属屏蔽层在型号中没有标注出来。

　　2. 外护层 02 表示聚氯乙烯护套,外护层 03 表示聚乙烯护套。

4.4　低压交联聚乙烯绝缘电缆载流量和结构尺寸

本节介绍的电缆额定交流电压为 U_0/U 为 0.6/1kV,适用于固定敷设输配电能。

交联聚乙烯电力电缆的缆芯允许长期最高工作温度为 90℃。缆芯短路温度不超过 250℃,持续最长时间不超过 5s;敷设温度低于 0℃时,必须预先加温。敷设不受落差限制。电缆试验电压为 3.5kV,1kV 及以下的交联聚乙烯电缆载流量和结构尺寸见表 4-3 ~ 表 4-20。表中数据摘自上海电缆厂有限公司资料,虽指明的是交联聚乙烯绝缘、聚氯乙烯护套电缆的

参数，但基本也适用于交联聚乙烯绝缘、聚乙烯护套电缆和阻燃电缆，供设计、采购、施工和维修时参考。

表 4-3　0.6/1kV　1~5 芯 YJV、YJLV 在空气中的长期允许载流量

标称截面积/mm²	空气环境温度30℃的载流量/A											
	（YJV）铜						（YJLV）铝					
	1C 品字形	1C 水平形	2C	3C	4C	5C	1C 品字形	1C 水平形	2C	3C	4C	5C
1.5	22	30	25	21	21	21						
2.5	30	40	33	28	28	28						
4	39	53	44	37	37	37						
6	50	67	55	46	46	46						
10	70	93	77	63	63	63	53	71	59	48	48	48
16	94	124	101	84	84	84	85	121	101	82	82	82
25	124	168	140	109	109	109	99	130	106	85	85	85
35	154	207	173	132	132	132	118	160	130	102	102	102
50	191	252	218	159	159	159	150	195	150	123	123	123
70	241	308	264	195	195	195	185	239	191	152	152	152
95	297	384	331	237	237	237	231	298	256	184	184	184
120	346	439	379	273	273	273	268	340	293	213	213	213
150	399	507	433	310	310	310	308	392	336	241	241	241
185	465	591	498	355	355	355	365	459	388	277	277	277
240	552	694	580	416	416	416	427	539	453	326	326	326
300	652	810	667	473	473	473	502	629	522	372	372	372
400	777	937					590	731				
500	921	1 078					687	845				

表 4-4　0.6/1kV 1~5 芯 YJV、YJLV 在土壤中的长期允许载流量

标称截面积/mm²	土壤温度25℃的载流量/A											
	（YJV）铜						（YJLV）铝					
	1C 品字形	1C 水平形	2C	3C	4C	5C	1C 品字形	1C 水平形	2C	3C	4C	5C
1.5	40	43	36	25	25	25						
2.5	54	57	47	33	33	33						
4	71	74	63	44	44	44						
6	91	94	78	54	54	54						
10	123	127	105	73	73	73	95	97	80	56	56	56
16	158	165	136	94	94	94	156	162	132	92	92	92
25	201	213	189	120	120	120	159	165	139	93	93	93
35	244	256	217	144	144	144	191	199	169	111	111	111

（续）

标称截面积/mm²	土壤温度25℃的载流量/A										
	（YJV）铜						（YJLV）铝				
	1C 品字形	1C 水平形	2C	3C	4C	5C	1C 品字形	1C 水平形	2C	3C	4C	5C
50	292	304	258	169	169	169	224	235	198	131	131	131
70	355	372	315	205	205	205	283	289	246	159	159	159
95	433	449	377	245	245	245	338	348	293	190	190	190
120	496	512	422	278	278	278	387	398	334	216	216	216
150	554	575	482	309	309	309	430	445	372	240	240	240
185	624	650	540	347	347	347	490	505	422	271	271	271
240	726	757	620	399	399	399	568	589	491	312	312	312
300	819	855	683	446	446	446	639	664	532	351	351	351
400	934	976					701	762				
500	1 061	1 110					898	870				

注：土壤热阻系数为 1.0℃·m/W，敷设深度为 1.0m。

表4-5　0.6/1kV 1～5 芯 YJV、YJLV 的结构尺寸

标称截面积/mm²	电缆外径/mm					电缆质量/(kg/km)									
						铜					铝				
	1C	2C	3C	4C	5C	1C	2C	3C	4C	5C	1C	2C	3C	4C	5C
1.5	5.9	10.4	10.8	11.6	12.4	47	123	150	162	192					
2.5	6.3	11.2	11.7	12.6	13.5	59	151	188	228	252					
4	6.8	12.2	12.7	13.7	14.8	77	198	241	297	359					
6	7.3	13.2	13.8	14.9	16.1	99	250	309	390	472					
10	8.6	15.8	16.6	18.0	19.6	148	374	471	582	713	84	246	278	325	392
16	9.7	17.9	18.9	20.6	22.4	212	518	678	854	1 053	109	312	370	443	539
25	11.4	21.3	22.6	24.8	27.2	314	772	1 012	1 278	1 583	153	451	530	635	780
35	12.5	23.6	25.1	27.6	30.5	416	1 006	1 338	1 710	2 134	191	556	663	810	1 009
50	14.1	26.7	28.5	31.6	35.0	571	1 365	1 838	2 384	2 955	250	723	874	1 099	1 348
70	16.2	31.0	33.2	36.8	40.8	781	1 872	2 523	3 280	4 081	331	972	1 174	1 480	1 832
95	18.3	35.1	37.6	41.8	46.4	1 036	2 475	3 353	4 367	5 422	425	1 254	1 521	1 926	2 369
120	20.2	39.0	41.8	46.5	51.7	1 294	3 089	4 201	5 475	6 791	523	1 546	1 888	2 390	2 935
150	22.3	43.3	46.4	51.6	57.4	1 608	3 834	5 213	6 805	8 465	644	1 906	2 321	2 949	3 646
185	24.8	48.2	51.7	57.6	64.1	1 977	4 721	6 428	8 384	10 453	789	2 343	2 861	3 629	4 509
240	27.9	54.3	58.3	64.9	72.3	2 538	6 052	8 265	10 794	13 442	995	2 968	3 638	4 625	5 731
300	30.7	60.0	64.4	71.8	80.0	3 145	7 492	10 227	13 381	16 673	1 217	3 637	4 443	5 669	7 034
400	34.4					4 164					1 576				
500	38.6					5 168					1 955				

表 4-6　0.6/1kV 3～5 芯扇形 YJV、YJLV 的长期允许载流量

标称截面积/mm²	空气环境温度30℃的载流量/A						土壤温度25℃的载流量/A					
	扇形(YJV)铜			扇形(YJLV)铝			扇形(YJV)铜			扇形(YJLV)铝		
	3C	4C	5C	3C	4C	5C	3C	4C	5C	3C	4C	5C
50	159	159	159	123	123	123	169	169	169	131	131	131
70	195	195	195	152	152	152	205	205	205	159	159	159
95	237	237	237	184	184	184	245	245	245	190	190	190
120	273	273	273	213	213	213	278	278	278	216	216	216
150	310	310	310	241	241	241	309	309	309	240	240	240
185	355	355	355	277	277	277	347	347	347	271	271	271
240	416	416	416	326	326	326	399	399	399	312	312	312

注：土壤热阻系数为 1.0℃·m/W，敷设深度为 1.0m。

表 4-7　0.6/1kV 3～5 芯扇形 YJV、YJLV 的结构尺寸

标称截面积/mm²	电缆外径/mm			电缆质量/(kg/km)					
				扇形(YJV)铜			扇形(YJLV)铝		
	3C	4C	5C	3C	4C	5C	3C	4C	5C
50	24.8	28.0	31.3	1 739	2 263	2 814	790	998	1 233
70	28.8	32.9	36.7	2 376	3 128	3 879	1 048	1 357	1 666
95	32.0	36.5	41.2	3 124	4 112	5 153	1 322	1 709	2 149
120	34.8	39.7	44.7	3 888	5 120	6 401	1 611	2 085	2 606
150	38.4	44.2	49.5	4 829	6 395	7 963	1 983	2 600	3 222
185	42.3	48.6	54.7	5 931	7 844	9 797	2 421	3 164	3 947
240	47.4	54.5	61.4	7 604	10 070	12 588	3 051	3 999	4 999

表 4-8　0.6/1kV 3＋1 芯、3＋2 芯、4＋1 芯 YJV、YJLV 的长期允许载流量

标称截面积/mm²		空气环境温度为30℃的载流量/A						土壤温度为25℃的载流量/A					
		铜			铝			铜			铝		
相线	副线	3＋1C	3＋2C	4＋1C	3＋1C	3＋2C	4＋1C	3＋1C	3＋2C	4＋1C	3＋1C	3＋2C	4＋1C
4	2.5	37	37	37				44	44	44			
6	4	46	46	46				54	54	54			
10	6	63	63	63	48	48	48	73	73	73	56	56	56
16	10	84	84	84	82	82	82	94	94	94	92	92	92
25	16	109	109	109	85	85	85	102	102	102	93	93	93
35	16	132	132	132	102	102	102	144	144	144	111	111	111
50	25	159	159	159	123	123	123	169	169	169	131	131	131
70	35	195	195	195	152	152	152	205	205	205	159	159	159
95	50	237	237	237	184	184	184	245	245	245	190	190	190
120	70	273	273	273	213	213	213	278	278	278	216	216	216
150	70	310	310	310	241	241	241	309	309	309	240	240	240
185	95	355	355	355	277	277	277	347	347	347	271	271	271
240	120	416	416	416	326	326	326	399	399	399	312	312	312
300	150	473	473	473	372	372	372	446	446	446	351	351	351

注：土壤热阻系数为 1.0℃·m/W，敷设深度为 1.0m。

表 4-9　0.6/1kV 3+1 芯、3+2 芯、4+1 芯 YJV YJLV 的结构尺寸

标称截面积/mm²		电缆外径/mm			电缆质量/(kg/km)					
					铜			铝		
相线	副线	3+1C	3+2C	4+1C	3+1C	3+2C	4+1C	3+1C	3+2C	4+1C
4	2.5	13.4	14.3	14.5	272	328	342			
6	4	14.6	15.6	15.9	355	433	446			
10	6	17.3	18.4	18.9	531	630	662			
16	10	20.0	21.4	21.9	769	930	986	396	483	511
25	16	23.8	25.4	26.2	1 151	1 390	1 473	567	702	728
35	16	25.8	27.5	28.8	1 465	1 717	1 903	688	836	901
50	25	29.9	32.1	33.4	2 059	2 451	2 669	934	1 165	1 223
70	35	34.6	37.1	38.8	2 832	3 351	3 669	1 257	1 552	1 645
95	50	39.3	42.2	44.1	3 786	4 502	4 920	1 634	2 028	2 157
120	70	44.2	47.7	49.6	4 797	5 785	6 245	2 034	2 572	2 711
150	70	48.0	51.4	54.1	5 798	6 813	7 664	2 457	3 022	3 259
185	95	53.8	57.7	60.5	7 220	8 575	9 412	3 043	3 788	4 046
240	120	60.5	64.9	68.2	9 256	10 956	12 083	3 858	4 787	6 143
300	150	66.9	74.0	75.1	11 504	13 659	14 981	4 757	5 948	6 306

表 4-10　0.6/1kV 3+1 芯、3+2 芯、4+1 芯扇形 YJV、YJLV 的长期允许载流量

标称截面积/mm²		空气环境温度为30℃的载流量/A						土壤温度为25℃的载流量/A					
		铜			铝			铜			铝		
相线	副线	3+1C	3+2C	4+1C	3+1C	3+2C	4+1C	3+1C	3+2C	4+1C	3+1C	3+2C	4+1C
50	25	159	159	159	123	123	123	169	169	169	131	131	131
70	35	195	195	195	152	152	152	205	205	205	159	159	159
95	50	237	237	237	184	184	184	245	245	245	190	190	190
120	70	273	273	273	213	213	213	278	278	278	216	216	216
150	70	310	310	310	241	241	241	309	309	309	240	240	240
185	95	355	355	355	277	277	277	347	347	347	271	271	271
240	120	416	416	416	326	326	326	399	399	399	312	312	312

注: 土壤热阻系数为 1.0℃·m/W, 敷设深度为 1.0m。

表 4-11　0.6/1kV 3+1 芯、3+2 芯、4+1 芯扇形 YJV、YJLV 的结构尺寸

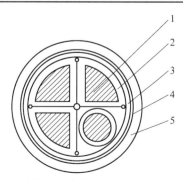

1—导体　2—绝缘　3—内衬层　4—金属铠装　5—外护套

（续）

标称截面积/mm²		电缆外径/mm			电缆质量/（kg/km）					
					铜			铝		
相线	副线	3 + 1C	3 + 2C	4 + 1C	3 + 1C	3 + 2C	4 + 1C	3 + 1C	3 + 2C	4 + 1C
50	25	26. 4	28. 2	29. 6	1 997	2 268	2 533	890	1 003	1 110
70	35	30. 6	32. 8	34. 6	2 733	3 116	3 486	1 184	1 345	1 494
95	50	34. 3	37. 0	38. 8	3 635	4 176	4 642	1 517	1 741	1 922
120	70	38. 0	41. 4	42. 7	4 620	5 375	5 862	1 900	2 213	2 384
150	70	41. 4	44. 5	46. 7	5 559	6 305	7 110	2 270	2 574	2 873
185	95	45. 5	49. 1	51. 6	6 885	7 889	8 820	2 274	3 178	3 540
240	120	50. 9	54. 7	57. 8	8 807	10 051	11 290	3 494	3 980	4 460

表 4-12　0. 6/1kV 1 ~ 5 芯 YJV22、YJLV22 在空气中的长期允许载流量

标称截面积/mm²	空气环境温度为30℃的载流量/A											
	（YJV22）铜						（YJLV22）铝					
	1C 品字形	1C 水平形	2C	3C	4C	5C	1C 品字形	1C 水平形	2C	3C	4C	5C
2. 5			28	28	28							
4			49	37	37	37						
6			61	47	47	47						
10	97	105	82	63	63	63	75	81	64	49	49	49
16	125	136	119	84	84	84	124	133	105	82	82	82
25	166	180	140	110	110	110	130	140	111	85	85	85
35	202	220	176	134	134	134	158	170	135	104	104	104
50	244	265	212	161	161	161	191	205	162	124	124	124
70	296	322	257	197	197	197	233	250	194	153	153	153
95	366	398	265	239	239	239	286	308	220	185	185	185
120	428	465	367	275	275	275	336	361	284	214	214	214
150	479	521	414	314	314	314	376	404	320	242	242	242
185	556	604	476	354	354	354	436	469	368	277	277	277
240	650	706	554	414	414	414	511	549	434	325	325	325
300	753	819					591	636				
400	874	949					689	741				
500	1 006	1 094					798	858				

注：单芯电缆在通过一相交流电流时，将在钢带铠装中产生交变的磁力线，因此产生的涡流会使电缆发热，这不仅增加了损耗，而且相应地降低了电缆的载流量，所以单芯电缆不采用普通钢带铠装。单芯电缆金属铠装结构在特殊条件下使用时，应设计成非磁性铠装金属带结构。

表 4-13　0.6/1kV 1～5 芯 YJV22、YJLV22 在土壤中的长期允许载流量

标称截面积/mm²	土壤温度为 25℃ 的载流量/A											
	（YJV22）铜						（YJLV22）铝					
	1C 品字形	1C 水平形	2C	3C	4C	5C	1C 品字形	1C 水平形	2C	3C	4C	5C
2.5				33	33	33						
4			59	43	43	43						
6			73	54	54	54						
10	115	125	97	71	71	71	89	96	74	55	55	55
16	149	162	126	92	92	92	148	159	123	90	90	90
25	193	210	162	118	118	118	152	163	127	92	92	92
35	233	253	195	141	141	141	182	196	152	110	110	110
50	275	299	230	167	167	167	253	272	198	129	129	129
70	337	366	281	203	203	203	264	284	219	158	158	159
95	407	442	339	242	242	242	319	343	262	188	188	188
120	465	505	386	274	274	274	365	392	300	213	213	213
150	522	567	433	305	305	305	408	439	336	237	237	237
185	588	639	487	341	341	341	462	497	380	267	267	267
240	684	744	564	392	392	392	578	578	439	308	308	308
300	775	842					608	654				
400	885	962					698	751				
500	1 006	1 094					798	858				

注：1. 单芯电缆在通过一相交流电流时，将在钢带铠装中产生交变的磁力线，因此产生的涡流会使电缆发热。这不仅增加了损耗，而且相应地降低了电缆的载流量，所以单芯电缆不采用普通钢带铠装。单芯电缆金属铠装结构在特殊条件下使用时，应设计成非磁性铠装金属带结构。

　　2. 土壤热阻系数为 1.0℃·m/W，敷设深度为 1.0m。

表 4-14　0.6/1kV 1～5 芯 YJV22、YJLV22 的结构尺寸

标称截面积/mm²	电缆外径/mm					电缆质量/(kg/km)									
						（YJV22）铜					（YJLV22）铝				
	1C	2C	3C	4C	5C	1C	2C	3C	4C	5C	1C	2C	3C	4C	5C
2.5			15.2	16.1	17.0			415	471	512					
4		15.7	16.2	17.2	18.3		433	487	562	643					
6		16.7	17.3	18.4	19.7		500	576	678	783					
10	14.0	19.3	20.1	21.5	23.2	307	673	791	929	1 090	243	538	598	672	769
16	15.1	21.4	22.4	24.1	26.0	387	857	1 041	1 249	1 484	284	645	732	838	970
25	16.8	24.9	26.1	28.4	31.0	514	1 173	1 446	1 761	2 121	353	845	964	1 118	1 318
35	18.0	27.2	28.7	31.3	34.3	633	1 449	1 828	2 255	2 733	408	990	1 153	1 356	1 608
50	19.5	30.5	32.3	35.8	39.8	810	1 877	2 041	3 003	3 994	489	1 226	1 437	1 718	2 388

（续）

标称截面积/mm²	电缆外径/mm					电缆质量/(kg/km)									
						（YJV22）铜					（YJLV22）铝				
	1C	2C	3C	4C	5C	1C	2C	3C	4C	5C	1C	2C	3C	4C	5C
70	21.5	34.8	38.5	42.1	45.9	1 046	2 454	3 511	4 377	5 308	596	1 585	2 162	2 578	3 059
95	23.4	40.0	42.9	47.5	51.6	1 322	3 483	4 475	5 624	6 830	712	2 298	2 643	3 182	3 777
120	25.2	44.0	47.5	52.2	57.1	1 601	4 213	5 459	6 951	8 377	830	2 695	3 146	3 866	4 521
150	27.2	48.4	52.1	58.2	62.9	1 937	5 087	6 684	8 458	10 248	973	3 221	3 792	4 602	5 428
185	29.7	54.1	58.3	64.2	69.9	2 339	6 191	8 085	10 250	12 472	1 150	3 794	4 518	5 494	6 528
240	32.7	60.4	64.8	71.5	78.4	2 938	7 717	10 154	12 927	15 760	1 396	4 708	5 528	6 758	8 049
300	35.6					3 582					1 654				
400	39.2					4 630					2 059				
500	43.5					5 720					2 507				

注：单芯电缆在通过一相交流电流时，将在钢带铠装中产生交变的磁力线，因此产生的涡流会使电缆发热。这不仅增加了损耗，而且相应地降低了电缆的载流量，所以单芯电缆不采用普通钢带铠装。单芯电缆金属铠装结构在特殊条件下使用时，应设计成非磁性铠装金属带结构。

表 4-15 0.6/1kV 3～5 芯扇形 YJV22、YJLV22 的长期允许载流量

标称截面积/mm²	空气环境温度为30℃的载流量/A						土壤温度为25℃的载流量/A					
	扇形（YJV22）铜			扇形（YJLV22）铝			扇形（YJV22）铜			扇形（YJLV22）铝		
	3C	4C	5C	3C	4C	5C	3C	4C	5C	3C	4C	5C
50	161	161	161	124	124	124	167	167	167	129	129	129
70	197	197	197	153	153	153	203	203	203	158	158	158
95	239	239	239	185	185	185	242	242	242	188	188	188
120	275	275	275	214	214	214	274	274	274	213	213	213
150	314	314	314	242	242	242	305	305	305	237	237	237
185	354	354	354	277	277	277	341	341	341	267	267	267
240	414	414	414	325	325	325	392	392	392	308	308	308

注：土壤热阻系数为 1.0℃·m/W，敷设深度为 1.0m。

表 4-16 0.6/1kV 3～5 芯扇形 YJV22、YJLV22 的结构尺寸

标称截面积/mm²	电缆外径/mm			电缆质量/(kg/km)					
				（YJV22）铜			（YJLV22）铝		
	3C	4C	5C	3C	4C	5C	3C	4C	5C
50	29.1	32.5	35.8	2 263	2 867	3 485	1 314	1 602	1 904
70	34.1	38.4	42.3	3 275	4 164	5 038	1 947	2 393	2 825
95	37.3	42.1	47.0	4 116	5 266	6 468	2 314	2 863	3 464
120	40.1	45.6	50.7	4 963	6 402	7 848	2 686	3 367	4 053

（续）

标称截面积/mm²	电缆外径/mm			电缆质量/（kg/km）					
				（YJV22）铜			（YJLV22）铝		
	3C	4C	5C	3C	4C	5C	3C	4C	5C
150	44.3	50.2	55.7	6 071	7 825	9 588	3 225	4 030	4 845
185	48.1	54.8	61.2	7 281	9 436	11 624	3 771	4 758	5 774
240	53.4	61.0	68.0	9 133	11 890	14 644	4 580	5 819	7 055

表 4-17 0.6/1kV 3 +1 芯、3 +2 芯、4 +1 芯 YJV22、YJLV22 的长期允许载流量

标称截面积/mm²		空气环境温度为30℃的载流量/A						土壤温度为25℃的载流量/A					
		（YJV22）铜			（YJLV22）铝			（YJV22）铜			（YJLV22）铝		
相线	副线	3 +1C	3 +2C	4 +1C	3 +1C	3 +2C	4 +1C	3 +1C	3 +2C	4 +1C	3 +1C	3 +2C	4 +1C
4	2.5	37	37	37				43	43	43			
6	4	47	47	47				54	54	54			
10	6	63	63	63				71	71	71			
16	10	84	84	84	82	82	82	92	92	92	90	90	90
25	16	110	110	110	85	85	85	118	118	118	92	92	92
35	16	134	134	134	104	104	104	141	141	141	110	110	110
50	25	161	161	161	124	124	124	167	167	167	129	129	129
70	35	197	197	197	153	153	153	203	203	203	158	158	158
95	50	239	239	239	185	185	185	242	242	242	188	188	188
120	70	275	275	275	214	214	214	274	274	274	213	213	213
150	70	314	314	314	242	242	242	305	305	305	237	237	237
185	95	354	354	354	277	277	277	341	341	341	267	267	267
240	120	414	414	414	325	325	325	392	392	392	308	308	308

注：土壤热阻系数为 1.0℃·m/W，敷设深度为 1.0m。

表 4-18 0.6/1kV 3 +1 芯、3 +2 芯、4 +1 芯 YJV22、YJLV22 的结构尺寸

标称截面积/mm²		电缆外径/mm			电缆质量/（kg/km）					
					（YJV22）铜			（YJLV22）铝		
相线	副线	3 +1C	3 +2C	4 +1C	3 +1C	3 +2C	4 +1C	3 +1C	3 +2C	4 +1C
4	2.5	17.3	17.8	18.4	544	611	636			
6	4	18.5	19.1	19.8	651	741	766			
10	6	21.2	21.9	22.8	880	987	1043			
16	10	23.9	24.9	25.8	1 171	1 346	1 426	798	909	950
25	16	27.7	29.1	30.4	1 632	1 884	2 015	1 048	1 196	1 269
35	16	30.0	32.3	34.1	1 997	2 541	2 799	1 220	1 660	1 797
50	25	35.2	37.4	38.7	2 987	3 403	3 699	1 862	2 117	2 253

（续）

标称截面积/mm²		电缆外径/mm			电缆质量/（kg/km）					
					（YJV22）铜			（YJLV22）铝		
相线	副线	3+1C	3+2C	4+1C	3+1C	3+2C	4+1C	3+1C	3+2C	4+1C
70	35	39.9	42.4	44.2	3 896	4 443	4 873	2 322	2 644	2 849
95	50	44.8	47.9	49.8	5 009	5 762	6 306	2 856	3 288	3 543
120	70	49.9	53.4	55.4	6 187	7 223	7 822	3 424	4 010	4 288
150	70	53.8	58.0	60.1	7 323	8 352	9 306	3 981	4 561	5 000
185	95	59.8	64.2	66.9	8 951	10 300	11 393	4 774	5 521	6 027
240	120	66.8	71.4	74.8	11 235	12 930	14 355	5 837	6 761	7 415

表4-19　0.6/1kV 3+1芯、3+2芯、4+1芯扇形 YJV22、YJLV22 的长期允许载流量

标称截面积/mm²		空气环境温度为30℃的载流量/A						土壤温度为25℃的载流量/A					
		（YJV22）铜			（YJLV22）铝			（YJV22）铜			（YJLV22）铝		
相线	副线	3+1C	3+2C	4+1C	3+1C	3+2C	4+1C	3+1C	3+2C	4+1C	3+1C	3+2C	4+1C
50	25	161	161	161	124	124	124	167	167	167	129	129	129
70	35	197	197	197	153	153	153	203	203	203	156	156	156
95	50	239	239	239	185	185	185	242	242	242	188	188	188
120	70	275	275	275	214	214	214	274	274	274	213	213	213
150	70	314	314	314	242	242	242	305	305	305	237	237	237
185	95	354	354	354	277	277	277	341	341	341	267	267	267
240	120	414	414	414	325	325	325	392	392	392	308	308	308

注：土壤热阻系数为1.0℃·m/W，敷设深度为1.0m。

表4-20　0.6/1kV 3+1、3+2、4+1芯扇形 YJV22、YJLV22 XLPE 的结构尺寸

标称截面积/mm²		电缆外径/mm			电缆质量/（kg/km）					
					（YJV22）铜			（YJLV22）铝		
相线	副线	3+1C	3+2C	4+1C	3+1C	3+2C	4+1C	3+1C	3+2C	4+1C
50	25	30.7	32.7	33.9	2 554	2 876	3 153	1 447	1 611	1 730
70	35	36.1	38.3	39.9	3 703	4 150	4 554	2 154	2 379	2 562
95	50	39.8	42.6	44.7	4 715	5 345	5 896	2 597	2 910	3 176
120	70	43.9	47.2	48.7	5 849	6 696	7 248	3 129	3 534	3 770
150	70	47.2	50.5	52.7	6 880	7 746	8 620	3 591	4 015	4 383
185	95	51.5	55.3	57.9	8 357	9 499	10 520	4 246	4 788	5 240
240	120	57.2	61.2	64.2	10 484	11 878	13 199	5 171	5 807	6 369

4.5　6kV 及以上电力电缆的屏蔽结构

IEC 有关标准规定，6kV 及以上电力电缆都有绝缘内半导电屏蔽（即导体屏蔽）和绝缘外半导电屏蔽（即绝缘屏蔽）及金属屏蔽（有铜带屏蔽、铜丝疏绕屏蔽、铅套、铝套及综合护套），其中在电缆型号中不标注半导电屏蔽和铜带屏蔽。综合护套即铝塑复合带纵包加上聚乙烯护套。这种结构具有相当的屏蔽效应和径向阻水防潮效果以及一定的机械保护作用。

4.5.1　内半导电屏蔽层的作用和结构

　　电力电缆绝缘层内侧（导电线芯表面）的半导电薄层即为内半导电屏蔽层，可见表4-25～表4-31中的结构图。它的主要作用如下：

　　1）消除导电线芯表面的气隙，提高耐局部放电、树枝放电的能力。

　　2）均匀导电线芯表面电场，减少因导电线芯效应所增加的导体表面最大工作场强，一般可降低导电线芯表面电场强度的20%～30%。

　　3）抑制电树枝的引发。当导体表面金属毛刺直接刺入绝缘层时，尖刺高场强的场致发射会引发电树枝。内半导电屏蔽将有效地减弱毛刺附近的电场强度，减少场致发射，从而提高耐树枝放电的特性。

　　4）热屏障作用。当电缆温度突然升高（线芯发热）时，有了内半导电屏蔽层的隔离，高温不会立即冲击到绝缘层，在一定程度上降低了绝缘层的温升，保护主绝缘，所以有热屏障作用。

　　内半导电屏蔽层应为挤包的半导电层，但标称截面积为500mm² 及以上的电缆的内半导电屏蔽应由半导电带和挤包半导电层联合组成；对35kV及以下交联聚乙烯电缆应是交联型的或是非交联型的，对110kV及以上交联聚乙烯电缆应是交联型的。半导电层应均匀地包覆在导体上，表面应光滑、无明显绞线凸纹，不应有尖角、颗粒及绕焦或擦伤的痕迹。

4.5.2　外半导电屏蔽层的作用和结构

　　电力电缆绝缘层外侧的半导电薄层即为外半导电屏蔽层（即绝缘屏蔽），见表4-25～表4-31中的结构图。它的主要作用如下。

　　1）电缆在运行中受弯曲时，电缆绝缘层表面受到张力作用而伸长，若这时存在局部放电，则会由于表面弯曲应力产生亚微观裂纹导致电树枝的引发，或表面受局部放电腐蚀引起新的开裂，引发新的树枝。随着电压等级的不同，屏蔽的结构与方式可以改变。有了外半导电屏蔽层，可抑制树枝的引发。

　　2）消除绝缘层与外金属屏蔽层之间的气隙，防止气隙放电，绝缘击穿。

　　额定电压 U_0 为8.7kV及以下的电缆外半导电屏蔽可采用挤包型、包带型或包带内加石墨涂层结构。U_0 为8.7kV以上的电缆外半导电屏蔽应为挤包半导电层。

　　额定电压为12kV及以下的电缆挤包型外半导电屏蔽层应是可剥离的，其目的是在安装和接头时剥出方便。

4.5.3　金属屏蔽层的作用和材料

　　绕包在外半导电层之外的金属薄带即为金属屏蔽层（金属屏蔽层面积的计算见3.12节有关内容）。从表4-25～表4-31中的结构图看出，它是中压（3.6/6kV～26/35kV）交联聚乙烯绝缘电力电缆不可或缺的结构，GB/T 12706—2002规定1.8/3kV及以上的塑料绝缘电力电缆必须具有金属屏蔽结构，其主要作用如下：

1）加强限制电场在绝缘层内的作用，使电场方向与绝缘半径方向一致（即径向）。金属屏蔽带接地、电场终止在金属带上，金属带外不再有电场。

2）防止轴向表面放电。电缆在没有良好接地的环境中，由于半导电层有一定的电阻率、在电缆轴向可能引起电位分布不均匀，造成电缆沿面放电。

3）电站保护系统需要外导体屏蔽。绕包铜带具有优异的防雷特性。

4）在正常情况下流过电容电流，短路时金属带可作为短路故障电流的回路。将系统产生的设计范围内的故障电流安全引入接地系统，保证系统安全运行。

金属屏蔽层有铜丝屏蔽和铜带屏蔽两种。

1）额定电压为 21kV 以上，并且标称截面积为 $500mm^2$ 及以上的电缆金属屏蔽层应采用铜丝屏蔽结构。铜丝屏蔽由疏散的软铜线组成，其表面应用反向铜丝或铜带扎紧。额定电压 U_0 为 26kV 及以下的电缆，其铜丝屏蔽的标称截面积有 $16mm^2$、$25mm^2$、$35mm^2$ 和 $50mm^2$，可根据故障电流容量要求选用。

2）铜带屏蔽由重叠绕包的软铜带组成，单芯电缆铜带标称厚度应不小于 0.12mm；三芯电缆铜带标称厚度应不小于 0.10mm。

铜带绕包形式在运行后往往在搭盖接触面产生氧化以及在弯曲或冷热后变形，使接触电阻增加，限制了短路容量的大小，并且电流不是沿轴向流动，而是绕轴心成螺旋流动，引起电感，导致感应电动势增加。近年来，逐渐采用铜丝疏绕结构，或铜带、铜丝共同使用。铜丝疏绕时，最好有两层相互反向绕包的铜丝，以防止感应电动势过大，同时也使它受热膨胀时不滑动。

另外，采用铅包或铝包金属套时，金属套可作为金属屏蔽层。

4.5.4　金属屏蔽层的接地和截面积的选择

金属屏蔽层的接地见第 2 章 2.8 节，金属屏蔽层的截面积选择见第 3 章 3.12.1 ~ 3.12.6 节。

4.6　中压交联聚乙烯绝缘电缆的载流量和结构尺寸

本节介绍的电缆用于额定交流电压 U_0/U 为 3.6/6kV，6/6kV，6/10kV，8.7/10kV，8.7/15kV，12/20kV，18/20kV，18/30kV，21/35kV，26/35kV，26/45kV 阻燃及非阻燃输配电系统。

在交联聚乙烯电力电缆的缆芯允许长期最高工作温度为 90℃。缆芯短路温度不超过 250℃，持续最长时间不超过 5s。敷设温度低于 0℃时，必须预先加温。敷设不受落差限制。单芯电缆允许弯曲半径为 $20(d+D)\pm5\%$，多芯电缆允许弯曲半径为 $15(d+D)\pm5\%$，其中 d 为导体的实际直径（mm），D 为电缆试样的实际外径（mm）。导体允许短路电流见表 4-21。在空气中敷设不同环境温度时载流量的修正系数见表 3-4，直埋地敷设不同环境温度时载流量的修正系数见表 3-5，不同土壤热阻系数的载流量修正系数见表 4-22，它们的载流量和结构尺寸见表 4-23 ~ 表 4-31。表中数据摘自上海电缆厂有限公司资料，虽然指明的是交联聚乙烯绝缘、聚氯乙烯护套电缆的参数，但也适用于交联聚乙烯绝缘、聚乙烯护套电缆和阻燃电缆，供设计、采购、施工和维修时参考。

表 4-21　导体允许短路电流

导线标称截面积 /mm²	导体允许短路电流		导线标称截面积 /mm²	导体允许短路电流	
	铜/kA	铝/kA		铜/kA	铝/kA
25	≤3.58	≤2.36	185	≤26.49	≤17.48
35	≤5.01	≤3.31	240	≤34.36	≤22.68
50	≤7.16	≤4.72	300	≤42.95	≤28.35
70	≤10.02	≤6.61	400	≤57.27	≤37.79
95	≤13.60	≤8.98	500	≤71.59	≤47.24
120	≤17.18	≤11.34	630	≤90.20	≤59.92
150	≤21.48	≤14.17	—	—	—

表 4-22　不同土壤热阻系数的载流量修正系数

导体标称截面积/mm²	3.6/6kV,6/6kV					6/10kV,8.7/10kV,8.7/15kV					12/20kV,18/20kV,21/35.2kV,6/45kV				
	土壤热阻系数/(K·m/W)					土壤热阻系数/(K·m/W)					土壤热阻系数/(K·m/W)				
	0.8	1.0	1.2	1.5	2.0	0.8	1.0	1.2	1.5	2.0	0.8	1.0	1.2	1.5	2.0
25~35	1.06	1.00	0.95	0.88	0.80	1.05	1.00	0.95	0.89	0.80	1.05	1.00	0.95	0.90	0.82
50~150	1.08	1.00	0.94	0.87	0.77	1.06	1.00	0.94	0.88	0.79	1.06	1.00	0.94	0.83	0.80
185~630	1.09	1.00	0.93	0.85	0.76	1.07	1.00	0.93	0.86	0.77	—	—	—	—	—

表 4-23　3.6/6kV, 6/6kV, 6/10kV, 8.7/10kV, 8.7/15kV, 12/20kV 交联聚乙烯电缆电流载流量

（A）

导线标称截面积 /mm²	单芯三角形排列				单芯扁平形排列				三芯			
	在空气中40℃		直埋土壤中25℃		在空气中40℃		直埋土壤中25℃		在空气中40℃		直埋土壤中25℃	
	铜	铝	铜	铝	铜	铝	铜	铝	铜	铝	铜	铝
25	140	110	150	115	165	130	160	120	120	90	125	100
35	170	135	180	135	205	155	190	145	140	110	155	120
50	205	160	215	160	245	190	225	175	165	130	180	140
70	260	200	265	200	305	235	275	215	210	165	220	170
95	315	245	315	240	370	290	330	255	255	200	265	210
120	360	280	360	270	430	335	375	290	290	225	300	235
150	410	320	405	305	490	380	425	330	330	255	340	260
185	470	365	455	345	560	435	480	370	375	295	380	300
240	555	435	530	400	665	515	555	435	435	345	435	345
300	640	500	595	455	765	595	630	490	495	390	485	390
400	745	585	680	520	890	695	725	565	565	450	520	440
500	855	680	765	595	1 030	810	825	650	640	515	605	500
630	980	790	860	680	1 190	950	940	745	—	—	—	—

表 4-24　18/20kV，18/30kV，21/35kV，26/35kV，26/45kV 交联聚乙烯电缆电流载流量

（A）

导线标称截面积/mm²	单芯三角形排列				单芯扁平形排列				三芯			
	在空气中 40℃		直埋土壤中 25℃		在空气中 40℃		直埋土壤中 25℃		在空气中 40℃		直埋土壤中 25℃	
	铜	铝	铜	铝	铜	铝	铜	铝	铜	铝	铜	铝
50	220	170	215	165	245	190	225	175	185	145	200	170
70	270	210	265	200	305	235	275	215	230	180	250	190
95	330	255	315	240	370	285	330	255	280	215	300	230
120	375	290	360	270	425	330	375	290	310	240	330	255
150	425	330	400	305	485	375	420	325	360	280	380	295
185	485	380	455	345	555	430	475	370	400	310	425	330
240	560	435	525	400	650	505	555	430	470	365	490	380
300	650	510	595	455	745	580	630	490	540	430	555	435
400	760	595	680	525	870	680	720	565	610	485	625	500
500	875	690	775	600	1 000	790	825	645	—	—	—	—
630	1000	800	875	685	1 160	920	940	740	—	—	—	—

表 4-25　3.6/6 ~ 26/45kV 单芯 YJV、YJLV 的结构型尺寸

结构图

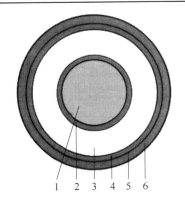

1—导体　2—内半导电屏蔽　3—交联聚乙烯绝缘　4—外半导电屏蔽　5—软铜带　6—聚氯乙烯护套

导线标称截面积/mm²	3.6/6kV			6/6kV,6/10kV			8.7/10kV,8.7/15kV			12/20kV		
	电缆近似外径/mm	电缆近似重量		电缆近似外径/mm	电缆近似重量		电缆近似外径/mm	电缆近似重量		电缆近似外径/mm	电缆近似重量	
		铜/(kg/km)	铝/(kg/km)		铜/(kg/km)	铝/(kg/km)		铜/(kg/km)	铝/(kg/km)		铜/(kg/km)	铝/(kg/km)
25	20.50	619	464	22.30	690	535	24.50	781	626	—	—	—
35	21.50	737	520	23.30	809	592	25.50	905	688	27.50	997	780
50	22.60	901	591	24.40	976	666	26.60	1 075	765	28.60	1 172	862
70	24.30	1 128	694	26.10	1 207	773	28.30	1 312	878	30.50	1 426	992
95	25.70	1 391	802	27.50	1 474	885	29.90	1 597	1 008	31.90	1 703	1 114
120	27.20	1 655	911	29.00	1 744	1 000	31.40	1 870	1 126	33.60	1 995	1 251
150	28.60	1 961	1 031	30.55	2 066	1 136	32.95	2 199	1 269	34.95	2 315	1 385

（续）

导线标称截面积/mm²	3.6/6kV 电缆近似外径/mm	电缆近似重量 铜/(kg/km)	铝/(kg/km)	6/6kV,6/10kV 电缆近似外径/mm	电缆近似重量 铜/(kg/km)	铝/(kg/km)	8.7/10kV,8.7/15kV 电缆近似外径/mm	电缆近似重量 铜/(kg/km)	铝/(kg/km)	12/20kV 电缆近似外径/mm	电缆近似重量 铜/(kg/km)	铝/(kg/km)
185	30.50	2 334	1 187	32.30	2 433	1 286	34.70	2 572	1 425	36.90	2 709	1 562
240	33.10	2 904	1 416	34.90	3 013	1 525	37.30	3 163	1 675	39.50	3 310	1 822
300	36.00	3 547	1 687	37.40	3 636	1 776	39.80	3 797	1 936	41.80	3 933	2 073
400	39.30	4 572	2 092	40.10	4 624	2 144	42.50	4 796	2 314	44.50	4 940	2 460
500	43.70	5 630	2 530	44.10	5 659	2 559	46.50	5 843	2 743	48.50	6 002	2 902
630	47.40	6 922	3 016	47.80	6 952	3 046	50.20	7 154	3 248	52.20	7 372	3 417

导线标称截面积/mm²	18/20kV,18/30kV 电缆近似外径/mm	电缆近似重量 铜/(kg/km)	铝/(kg/km)	21/35kV 电缆近似外径/mm	电缆近似重量 铜/(kg/km)	铝/(kg/km)	26/35kV,26/45kV 电缆近似外径/mm	电缆近似重量 铜/(kg/km)	铝/(kg/km)
50	34.10	1 439	1 158	36.80	1 640	1 300	39.40	1 811	1 501
70	35.90	1 706	1 278	38.50	1 904	1 470	41.10	2 082	1 648
95	37.70	2 021	1 448	40.10	2 213	1 624	42.70	2 400	1 811
120	39.00	2 308	1 595	41.60	2 512	1 768	44.20	2 703	1 959
150	40.50	2 644	1 759	43.20	2 866	1 936	45.75	3 063	2 133
185	42.40	3 044	1 943	44.90	3 267	2 120	47.50	3 473	2 326
240	45.10	3 693	2 226	47.50	3 901	2 413	50.10	4 115	2 627
300	47.40	4 361	2 518	50.00	4 574	2 714	52.60	4 800	2 940
400	50.30	5 263	2 914	52.70	5 617	3 137	55.30	5 853	3 373
500	54.40	6 445	3 369	56.70	6 730	3 630	59.30	6 984	3 884
630	58.70	7 834	—	60.40	8 099	—	63.00	8 368	—

表4-26　3.6/6～26/45kV 单芯 YJV32、YJLV32 的结构型尺寸

结构图

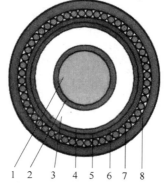

1—导体　2—内半导电屏蔽　3—交联聚乙烯绝缘　4—外半导电屏蔽　5—软铜带

6—聚氯乙烯内护套　7—金属丝　8—聚氯乙烯护套

（续）

导线标称截面积 /mm²	3.6/6kV			6/6kV,6/10kV			8.7/10kV,8.7/15kV			12/20kV		
	电缆近似外径 /mm	电缆近似重量		电缆近似外径 /mm	电缆近似重量		电缆近似外径 /mm	电缆近似重量		电缆近似外径 /mm	电缆近似重量	
		铜 /(kg/km)	铝 /(kg/km)		铜 /(kg/km)	铝 /(kg/km)		铜 /(kg/km)	铝 /(kg/km)		铜 /(kg/km)	铝 /(kg/km)
25	26.10	1 396	1 241	27.90	1 531	1 376	30.30	1 714	1 559	—	—	—
35	27.10	1 550	1 333	28.90	1 687	1 470	31.30	1 874	1 657	34.30	2 291	2 074
50	28.20	1 754	1 444	30.20	1 907	1 597	32.40	2 086	1 776	35.40	2 515	2 205
70	30.10	2 054	1 620	31.90	2 200	1 766	35.10	2 641	2 207	37.30	2 847	2 413
95	31.50	2 367	1 778	33.50	2 531	1 942	36.70	2 990	2 401	38.70	3 186	2 597
120	33.20	2 701	1 957	33.80	3 103	2 359	38.20	3 332	2 588	40.40	3 547	2 803
150	35.35	3 301	2 371	37.35	3 488	2 558	39.75	3 723	2 793	41.75	3 928	2 998
185	37.30	3 756	2 609	39.30	3 950	2 803	41.50	4 174	3 027	43.70	4 402	3 255
240	40.10	4 458	2 970	41.70	4 623	3 135	44.10	4 874	3 386	47.50	5 554	4 066
300	43.00	5 223	3 363	44.20	5 351	3 491	47.80	6 056	4 196	50.00	6 323	4 463
400	47.30	6 804	4 324	48.10	6 901	4 421	50.50	7 195	4 715	52.90	7 501	5 021
500	51.70	8 094	4 994	52.10	8 145	5 045	54.70	8 485	5 385	56.90	8 776	5 676

导线标称截面积 /mm²	18/20kV,18/30kV			21/35kV			26/35kV,26/45kV		
	电缆近似外径 /mm	电缆近似重量		电缆近似外径 /mm	电缆近似重量		电缆近似外径 /mm	电缆近似重量	
		铜 /(kg/km)	铝 /(kg/km)		铜 /(kg/km)	铝 /(kg/km)		铜 /(kg/km)	铝 /(kg/km)
50	40.90	3 005	2 749	43.60	3 329	3 019	47.40	4 049	3 739
70	43.80	3 749	3 338	45.50	3 687	3 253	49.30	4 433	3 999
95	45.50	4 133	3 586	48.30	4 510	3 921	50.70	4 809	4 220
120	46.90	4 510	3 846	49.80	4 891	4 147	52.60	5 247	4 503
150	48.50	4 932	4 102	51.35	5 323	4 393	53.95	5 663	4 733
185	50.40	5 446	4 407	53.30	5 850	4 703	55.90	6 191	5 044
240	53.20	6 240	4 826	55.90	6 620	5 132	58.70	7 003	5 515
300	56.00	7 712	5 944	58.60	7 456	5 596	61.20	7 819	5 959
400	59.00	8 800	6 547	61.30	8 642	6 162	64.10	9 051	6 571

注：单芯金属丝铠装电缆采用非磁性金属材料，见1.7.3节内容。

表 4-27 3.6/6~26/45kV 单芯 YJV42、YJLV42 的结构型尺寸

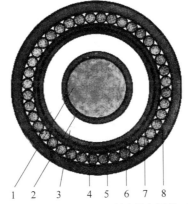

结构图

1—导体 2—内半导电屏蔽 3—交联聚乙烯绝缘 4—外半导电屏蔽 5—软铜带 6—聚氯乙烯内护套
7—金属丝 8—聚氯乙烯护套

（续）

导线标称截面积/mm²	3.6/6kV			6/6kV,6/10kV			8.7/10kV,8.7/15kV			12/20kV		
	电缆近似外径/mm	电缆近似重量		电缆近似外径/mm	电缆近似重量		电缆近似外径/mm	电缆近似重量		电缆近似外径/mm	电缆近似重量	
		铜/(kg/km)	铝/(kg/km)		铜/(kg/km)	铝/(kg/km)		铜/(kg/km)	铝/(kg/km)		铜/(kg/km)	铝/(kg/km)
25	32.60	2 808	2 650	34.60	3 046	2 888	36.90	3 341	3 183	—	—	—
35	33.70	3 025	2 806	35.60	3 250	3 031	38.00	3 549	3 330	40.10	3 831	3 612
50	35.20	3 261	3 001	37.10	3 506	3 246	39.50	3 792	3 534	41.60	4 077	3 820
70	36.70	3 662	3 235	38.10	3 896	3 469	41.00	4 207	3 777	43.10	4 496	4 069
95	38.60	4 071	3 513	40.50	4 327	3 769	42.90	4 625	4 067	45.00	4 922	4 364
120	40.40	4 466	3 795	42.30	4 707	4 038	44.70	5 530	4 363	46.80	5 331	4 667
150	42.00	4 881	4 045	43.90	5 147	4 311	46.30	5 455	4 622	48.40	5 760	4 930
185	43.90	5 418	4 371	45.90	5 569	4 623	48.20	6 004	4 963	50.30	6 316	5 278
240	46.70	6 256	4 831	48.40	6 507	5 082	50.80	6 852	5 430	52.90	7 151	5 731
300	49.60	7 130	5 343	50.80	7 330	5 543	53.20	7 660	5 875	55.30	7 990	6 209
400	53.20	8 281	6 010	54.10	8 426	6 158	56.40	8 791	6 525	58.60	9 107	6 845
500	56.80	9 836	6 767	57.20	9 898	6 830	59.60	10 253	7 186	—	—	—

导线标称截面积/mm²	18/20kV,18/30kV			21/35kV			26/35kV,26/45kV		
	电缆近似外径/mm	电缆近似重量		电缆近似外径/mm	电缆近似重量		电缆近似外径/mm	电缆近似重量	
		铜/(kg/km)	铝/(kg/km)		铜/(kg/km)	铝/(kg/km)		铜/(kg/km)	铝/(kg/km)
50	47.20	4 841	4 585	50.00	5 241	4 887	52.70	5 654	5 400
70	48.70	5 257	4 830	51.50	5 664	5 237	54.20	6 083	5 656
95	50.60	5 716	5 160	53.40	6 132	5 577	56.10	6 559	6 005
120	52.40	6 116	5 456	55.20	6 538	5 881	57.90	6 969	6 314
150	54.00	6 580	5 756	56.80	7 007	6 187	59.50	7 448	6 630
185	55.90	7 128	6 097	58.70	7 565	6 534	61.40	8 012	6 984
240	58.40	8 010	6 596	61.20	8 457	7 043	64.00	8 916	7 506
300	60.90	8 866	7 093	63.70	9 324	7 553	66.40	9 794	8 025
400	64.10	10 010	7 757	66.90	10 478	8 229	68.70	10 860	8 716

注：单芯金属丝铠装电缆采用非磁性金属材料，见 1.7.3 节内容。

表 4-28　3.6/6~26/45kV 三芯 YJV、YJLV 的结构型尺寸

结构图

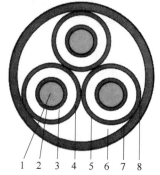

1—导体　2—内半导电屏蔽　3—交联聚乙烯绝缘　4—外半导电屏蔽　5—软铜带　6—填充

7—包带　8—聚氯乙烯护套

（续）

导线标称截面积 /mm²	3.6/6kV			6/6kV,6/10kV			8.7/10kV,8.7/15kV			12/20kV		
	电缆近似外径 /mm	电缆近似重量		电缆近似外径 /mm	电缆近似重量		电缆近似外径 /mm	电缆近似重量		电缆近似外径 /mm	电缆近似重量	
		铜 /(kg/km)	铝 /(kg/km)		铜 /(kg/km)	铝 /(kg/km)		铜 /(kg/km)	铝 /(kg/km)		铜 /(kg/km)	铝 /(kg/km)
25	39.25	1 858	1 391	43.34	2 109	1 642	48.49	2 452	1 985	—	—	—
35	41.61	2 244	1 589	45.70	2 499	1 844	50.85	2 862	2 207	55.57	3 223	2 568
50	44.19	2 767	1 832	48.28	3 040	2 105	53.43	3 419	2 484	57.95	3 776	2 841
70	48.06	3 494	2 186	52.15	3 787	2 479	57.30	4 189	2 881	62.02	4 594	3 286
95	51.29	4 334	2 558	55.57	4 662	2 885	60.53	5 067	3 291	65.25	5 488	3 712
120	54.73	5 181	2 938	59.01	5 533	3 290	63.97	5 953	3 710	68.69	6 397	4 154
150	57.84	6 154	3 350	62.13	6 522	3 718	67.08	6 966	4 162	71.80	7 429	4 625
185	62.02	7 334	3 876	66.11	7 703	4 245	71.26	8 199	4 741	75.78	8 655	5 197
240	67.84	9 146	4 660	71.69	9 531	5 045	76.65	10 036	5 550	81.37	10 558	6 072
300	74.04	11 176	5 568	76.86	11 466	5 858	82.01	12 035	6 427	86.53	12 555	6 947
400	80.93	14 359	6 882	82.66	14 546	7 069	87.81	15 125	7 675	92.53	15 745	8 268
500	90.41	17 716	8 369	91.27	17 819	8 472	96.42	18 481	9 134	101.14	19 127	9 780

导线标称截面积 /mm²	18/20kV,18/30kV			21/35kV			26/35kV,26/45kV		
	电缆近似外径 /mm	电缆近似重量		电缆近似外径 /mm	电缆近似重量		电缆近似外径 /mm	电缆近似重量	
		铜 /(kg/km)	铝 /(kg/km)		铜 /(kg/km)	铝 /(kg/km)		铜 /(kg/km)	铝 /(kg/km)
50	69.70	4 728	3 881	75.57	4 817	4 492	81.15	6 033	5 098
70	73.60	5 569	4 280	79.44	5 668	5 000	85.02	6 945	5 637
95	77.30	6 642	4 919	82.86	6 642	5 533	88.25	7 935	6 159
120	80.30	7 548	5 395	86.30	7 603	6 054	91.69	8 843	6 700
150	83.60	8 687	6 014	89.42	8 678	6 593	94.80	10 066	7 262
185	87.50	9 932	6 609	93.40	9 965	7 255	98.98	11 453	7 995
240	93.40	12 057	7 633	98.78	11 914	8 216	104.37	13 473	8 987
300	98.20	14 132	8 571	104.15	14 026	9 248	109.73	15 669	10 061
400	104.50	17 068	9 989	109.95	17 266	10 663	115.53	18 993	11 516

表 4-29　3.6/6～26/45kV 三芯 YJV22、YJLV22 的结构型尺寸

结构图

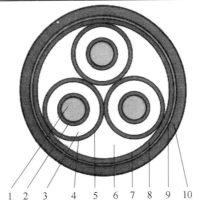

1 2 3 4 5 6 7 8 9 10

1—导体　2—内半导电屏蔽　3—交联聚乙烯绝缘　4—外半导电屏蔽　5—软铜带　6—填充

7—包带　8—聚氯乙烯内护套　9—钢带　10—聚氯乙烯护套

（续）

导线标称截面积/mm²	3.6/6kV			6/6kV,6/10kV			8.7/10kV,8.7/15kV			12/20kV		
	电缆近似外径/mm	电缆近似重量		电缆近似外径/mm	电缆近似重量		电缆近似外径/mm	电缆近似重量		电缆近似外径/mm	电缆近似重量	
		铜/(kg/km)	铝/(kg/km)		铜/(kg/km)	铝/(kg/km)		铜/(kg/km)	铝/(kg/km)		铜/(kg/km)	铝/(kg/km)
25	44.05	2 816	2 348	48.34	3 181	2 714	53.69	3 675	3 208	—	—	—
35	46.41	3 254	2 600	50.70	3 630	2 976	56.25	4 167	3 512	60.77	4 617	3 962
50	48.99	3 842	2 907	53.48	4 258	3 323	58.83	4 787	3 852	63.55	5 286	4 351
70	53.26	4 706	3 398	57.55	5 152	3 816	62.90	5 682	4 374	67.62	6 205	4 897
95	56.69	5 646	3 870	60.77	6 056	4 280	66.13	6 640	4 864	71.05	7 209	5 433
120	60.13	6 580	4 337	64.41	7 038	4 795	69.77	7 643	5 400	74.69	8 241	5 998
150	63.44	7 659	4 855	67.93	8 165	5 361	73.08	8 769	5 965	78.00	9 387	6 583
185	67.62	8 946	5 488	71.91	9 444	5 986	77.26	10 109	6 651	81.98	10 718	7 260
240	73.84	10 972	6 485	77.49	11 420	6 933	82.85	12 123	7 637	88.97	13 706	9 220
300	80.27	13 194	7 586	83.06	13 560	7 952	89.61	15 208	9 600	94.53	15 981	10 373
400	88.53	17 489	10 012	90.46	17 782	10 305	95.81	18 624	11 147	100.53	19 398	11 921
500	98.41	21 289	11 942	99.47	21 472	12 126	104.82	22 375	13 031	109.34	23 159	13 812

导线标称截面积/mm²	18/20kV,18/30kV			21/35kV			26/35kV,26/45kV		
	电缆近似外径/mm	电缆近似重量		电缆近似外径/mm	电缆近似重量		电缆近似外径/mm	电缆近似重量	
		铜/(kg/km)	铝/(kg/km)		铜/(kg/km)	铝/(kg/km)		铜/(kg/km)	铝/(kg/km)
50	75.60	6 789	5 963	83.17	8 376	7 441	88.95	9 212	8 277
70	79.60	7 872	6 587	87.24	9 442	8 134	93.02	10 311	9 003
95	83.40	8 940	7 234	90.66	10 573	8 797	96.45	11 471	9 695
120	87.90	11 070	8 974	94.10	11 690	9 447	99.89	12 609	10 366
150	91.20	12 196	9 587	97.42	12 957	10 153	103.20	13 900	11 096
185	95.30	13 705	10 461	101.40	14 423	10 965	107.18	15 399	11 941
240	101.40	15 973	11 609	107.18	16 717	12 231	112.97	17 729	13 243
300	106.50	18 358	12 874	112.70	19 570	14 098	118.90	20 616	15 160
400	113.00	21 670	14 596	119.30	22 720	15 655	125.50	23 821	16 760

表4-30　3.6/6～12/20kV 三芯 YJV32、YJLV32 的结构型尺寸

结构图	

1—导体　2—内半导电屏蔽　3—交联聚乙烯绝缘　4—外半导电屏蔽　5—软铜带　6—填充
7—包带　8—聚氯乙烯内护套　9—钢丝　10—聚氯乙烯护套

（续）

导线标称截面积/mm²	3.6/6kV			6/6kV,6/10kV			8.7/10kV,8.7/15kV			12/20kV		
	电缆近似外径/mm	电缆近似重量		电缆近似外径/mm	电缆近似重量		电缆近似外径/mm	电缆近似重量		电缆近似外径/mm	电缆近似重量	
		铜/(kg/km)	铝/(kg/km)		铜/(kg/km)	铝/(kg/km)		铜/(kg/km)	铝/(kg/km)		铜/(kg/km)	铝/(kg/km)
25	46.80	4 196	3 721	51.10	4 671	4 196	57.80	6 001	5 526	—	—	—
35	49.20	4 703	4 041	53.50	5 234	4 572	60.20	6 542	5 880	65.00	7 235	6 573
50	52.60	5 342	4 515	55.30	6 510	5 694	63.20	7 278	6 459	68.40	7 915	7 101
70	57.30	6 996	5 707	61.70	7 620	6 331	66.90	8 298	7 009	71.80	9 027	7 738
95	61.60	8 131	6 429	65.90	8 703	7 005	71.20	9 518	7 817	76.00	10 233	8 531
120	65.60	9 191	7 086	69.90	9 843	7 752	75.20	10 609	8 528	80.00	11 412	9 336
150	69.20	10 417	7 808	73.50	11 014	8 410	78.80	11 832	9 235	83.60	12 580	9 995
185	73.50	11 816	8 561	77.80	12 535	9 299	83.10	13 315	10 078	87.90	14 228	11 003
240	79.60	14 195	9 826	83.50	14 789	10 918	88.80	15 846	11 489	—	—	—
300	86.10	16 601	11 116	98.00	17 227	11 748	—	—	—	—	—	—

表4-31　3.6/6～12/20kV 三芯 YJV42、YJLV42 的结构型尺寸

结构图

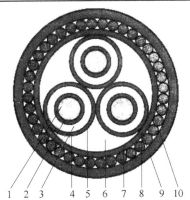

1—导体　2—内半导电屏蔽　3—交联聚乙烯绝缘　4—外半导电屏蔽　5—软铜带　6—填充
7—包带　8—聚氯乙烯内护套　9—钢丝　10—聚氯乙烯护套

导线标称截面积/mm²	3.6/6kV			6/6kV,6/10kV			8.7/10kV,8.7/15kV			12/20kV		
	电缆近似外径/mm	电缆近似重量		电缆近似外径/mm	电缆近似重量		电缆近似外径/mm	电缆近似重量		电缆近似外径/mm	电缆近似重量	
		铜/(kg/km)	铝/(kg/km)		铜/(kg/km)	铝/(kg/km)		铜/(kg/km)	铝/(kg/km)		铜/(kg/km)	铝/(kg/km)
25	51.70	5 807	5 332	55.90	6 361	5 886	61.00	7 150	6 675	—	—	—
35	54.00	6 357	5 695	58.20	6 694	6 332	63.30	7 737	7 075	67.90	8 476	7 814
50	57.20	7 076	6 272	61.40	7 656	6 854	66.50	8 482	7 675	71.10	9 164	8 360
70	60.50	8 138	6 848	64.70	8 802	7 513	69.70	9 572	8 283	74.40	10 343	9 054
95	64.60	9 341	7 648	68.80	9 952	8 262	73.90	10 821	9 125	78.50	11 540	9 845
120	68.50	10 420	8 338	72.70	11 107	9 040	77.70	11 922	9 861	82.40	12 761	10 708
150	72.00	11 666	9 084	76.10	12 304	9 728	81.20	13 200	10 631	85.80	13 983	11 425
185	76.10	13 122	9 911	80.20	13 884	10 679	85.30	14 706	11 500	89.90	15 651	12 455
240	82.00	15 583	11 238	85.70	16 197	11 847	90.80	17 291	12 957	—	—	—
300	88.20	18 043	12 588	91.00	18 669	13 219	—	—	—	—	—	—

4.7　高压交联聚乙烯绝缘电缆的绝缘问题

64/110kV 和 126/220kV 电力电缆的绝缘是这些电缆产品质量的关键问题。国家标准 GB11017 规定上述高压交联电力电缆的绝缘标称厚度分别为 16 ~ 19mm 和 24 ~ 27mm 见表 1-2，这么厚的绝缘极易产生偏心，并导致电场集中，严重时可显著缩短电缆的使用寿命。为了保证同心度达到国家标准的要求，需要用 X—射线分层扫描测偏仪，几秒钟扫描一次。监视器即时显示导体屏蔽、绝缘和绝缘屏蔽的最大厚度、最小厚度和平均厚度，操作人员及时调整模具，从而保证挤出的最佳同心度和稳定的各层厚度。另外，利用旋转装置使线芯在交联管内的旋转消除交联聚乙烯绝缘在交联管中交联固化前，因重力引起的下垂偏心。

为了保证高压交联聚乙烯电缆的绝缘在试验和运行中不会因为工作电场高而导致树枝发展形成放电通道造成击穿，对绝缘中的杂质，不但在尺寸上有限制，还规定了其数量。国标规定不得有大于 $178\mu m$ 的杂质，小于 $178\mu m$ 的杂质，它的个数不多于 6 个/$10cm^3$。

绝缘中的微孔因其含有交联副产品或水分，在高电场作用下极易引起放电形成水树、电树，逐步发展成放电通道而引起击穿。因此，国家标准规定不得有大于 $76\mu m$ 的微孔，小于 $76\mu m$ 的微孔个数不得多于 18 个/$10cm^3$。通常高压交联聚乙烯电缆绝缘中的水分含量应小于 100×10^{-6}。

4.8　高压交联聚乙烯绝缘电缆的防水问题

高压交联聚乙烯的防水（防海水参考第 6 章）问题一直是倍加关注的问题。一般从两方面考虑水对交联电缆击穿的影响。一是微观角度防水，即认为绝缘中含水，在电场作用下会在绝缘中形成水树，造成绝缘破坏，水树枝是直径小于几 μm 的许多微观充水空隙组成的微孔通路。在电场作用下，水树炭化形成电树，即产生电通路破坏绝缘。因此，在电缆生产工艺采用干式交联取代蒸汽交联，使交联电缆绝缘水分子含量从 $2\,000 \times 10^{-6}$ 以上降到不大于 100×10^{-6}。二是从宏观角度防水即高压交联聚乙烯电缆结构中，除了采用金属护套作为径向防水结构外，在金属护套内应该有纵向防水结构（具体可参见 5.7.4），外护层一旦破损，水或潮气进入，防水膨胀阻水带吸收所进水分或潮气，体积马上膨胀，从而堵住水分或潮气继续沿轴向移动。保证电缆正常运行，从而提高运行的可靠性和电缆寿命[16]。

4.9　高压交联聚乙烯绝缘电缆的金属护套（屏蔽层）的选择

高压交联聚乙烯电缆常采用金属护套作为径向防水结构，它的金属护套（可作为金属屏蔽层）的选择主要有以下两个方面：

1. 金属护套厚度的选择

金属护套厚度的确定关键要和所用在的输电系统单相接地、相间及三相短路最大故障电流、持续时间相匹配。通常计算（3s）时导体和金属屏蔽的最大允许短路电流，可参考 3.12.3 节的式（3-19）计算求得，然后根据金属护套的面积，确定金属护套的厚度。

2. 金属护套的材质选择

我国生产的高压交联聚乙烯电缆金属护套种类有：铅套、皱纹铝套、皱纹铜套和铝塑综合护套。

铅套电缆的优点是熔点低，易于加工；在制造过程中不会使电缆绝缘过热，柔软，弯曲性能、密封性和耐腐蚀性好，不易受酸碱物质腐蚀；化学稳定性好，便于敷设、也便于电缆附件的安装，适合用于防水、防潮以及防腐蚀性要求较高的场合，特别是海底电缆须采用铅护套。缺点是机械强度低，抗蠕变性差，不适合用在振动或正压力较大的情况下；铅资源缺少且有毒、价格较贵且不利环保；另外铅的密度大、直流电阻率高，允许通过的短路电流小。

皱纹铝套的优点是资源丰富，铝的机械强度比铅大得多，由于皱纹铝套的机械抗压性能很好，采用皱纹铝套作为交联电缆的径向防水层还可以免去铠装结构；铝的导电性能优良，其电导率仅次于银、铜、金，居第四位，直流电阻小，允许通过的短路电流大，见表 4-32；由于铝的密度小，使得电缆的重量明显小于铅套，见表 4-33，有利于电缆的制造和安装。与铅套相比铝套电缆的缺点是电缆外径大，装盘长度短，耐腐蚀性差，容易出现电化腐蚀，一般皱纹铝套的表面需要涂一层电缆沥青或热熔胶作为防腐层，或采用表面钝化处理。另外，铝欠柔软、不易弯曲，在电缆附件安装过程中封焊比较困难。

表 4-32　金属套允许通过的短路电流[17]

标称截面积/mm²		240	300	400	500	630	800
短路电流/kA	YJV	15.4	15.3	15.2	15.2	15.0	15.0
	YJQ02	19.4	19.7	19.9	20.4	20.8	24.9
	YJLW02	57.8	58.4	58.8	60.0	63.5	69.6

注：表中各型号电缆均为铜芯交联聚乙烯电缆，电压为 110kV，其中铝套厚度为 2.0mm，铅套厚度为 3.4mm。不同的是其护套或外护套材料的不同，如 YJV 聚乙烯护套；YJQ02 为铅护套聚氯乙烯外护套；YJLW02 为皱纹铝护套聚氯乙烯外护套。

表 4-33　铅套、铝套电缆的重量[17]

标称截面积/mm²		240	300	400	500	630	800
重量/(kg/km)	YJQ02	14 233	15 060	15 948	17 332	21 340	26 181
	YJLW02	7 905	8 617	9 415	10 655	14 053	17 510
	YJLQ02	12 711	13 135	13 487	14 171	16 156	19 549
	YJLLW02	6 383	6 692	6 954	7 495	8 861	10 878

注：表中各型号电缆的额定电压均为 110kV，铝套厚度为 2.0mm，铅套厚度为 3.4mm，型号的含义与表 4-32 相同，不同的是 YJLQ02、YJLLW02 均采用铝导电线芯。

铝塑综合护套电缆除其外径小，重量略轻于皱纹铝套电缆外，没有其他优点，缺点是密封性差。因为铝塑复合带本身厚度薄，一般在 0.15 ~ 0.20mm 左右，而且接缝处不可避免地存在缺陷；另外，由于铝塑复合层与外护套之间的摩擦系数较小，电缆在敷设过程中容易起皱，甚至会产生破裂。这种结构的电缆不适用于直接埋地或湿度较大的环境条件。

皱纹铜套电缆与铅套电缆相比重量轻，允许通过的短路电流大，与皱纹铝套电缆相比几乎没有优点。而且在焊接过程中焊弧对焊缝的自动跟踪性差，一旦焊弧飘移，轻则出现缝隙，重则当焊缝两侧熔融状态的铜不能接合在一起时，必然向铜套内侧滴淌，并在内壁形成铜柱。可见皱纹铜套的焊接工艺不易控制，焊缝质量不易保证。铝套与铜套不同，其焊接过程中，焊弧的自动跟踪性能良好，不会出现焊弧漂移，焊缝质量能够得到保证。

综上所述，高压交联聚乙烯电缆在选择其金属护套（屏蔽层）时应优先采用铅护套或皱纹铝护套。

4.10　高压交联聚乙烯绝缘电缆外护套材料的选择

交联聚乙烯电缆的外护套材料主要有聚氯乙烯和聚乙烯两种。

聚氯乙烯外护套的主要优点是在较高环境温度下电缆的弯曲性能好，与外表面半导电石墨涂层的粘附性强，阻燃性能也好。普通的聚氯乙烯护套的氧指数就能达到 26 左右，而且它是一种高填充物材料，加入大量阻燃剂后，其氧指数可以达到 30 以上，按氧指数法可评价为阻燃材料（见 5.2.5 节内容）。聚氯乙烯外护套材料的缺点是绝缘电阻较低，在运输、储存过程中吸潮后会使绝缘电阻进一步下降，甚至无法进行直流电压试验。

聚乙烯按其密度或分子结构的不同，又分为低密度、中密度、高密度和线型低密度。它是一种非极性材料，作为电缆护套具有较强的防湿、防潮性能，绝缘电阻远远高于聚氯乙烯。聚乙烯外护套的不足之处是阻燃性能差，它是一种低填充物材料，在制造过程中很难加入大量的阻燃剂。即便是阻燃型的聚乙烯护套料，氧指数也达不到 30，而且在燃烧过程中容易流淌，电缆在经受 GB/T 18380.31—2008《电缆和光缆在火焰条件下的燃烧试验　第 31 部分：垂直安装的成束电线电缆火焰垂直蔓延试验装置》时不容易合格。聚乙烯护套与其表面的半导电涂层的粘附性也较差，电缆在复绕、存放和运行过程中均会有脱落现象。上述特点是聚乙烯护套的共性，聚乙烯护套的性能随密度的变化也有所不同，尤其是机械强度和耐磨性差异较大。低密度和线型低密度护套可以用于重量较轻的通信电缆，用于高压交联电缆时在敷设过程中容易受到机械损伤。高密度聚乙烯护套虽然有良好的机械性能，但生产工艺不如中密度，表面质量也没有中密度优良。所以说，聚乙烯护套用于高压交联电缆，中密度是最佳选择。

综上所述，对阻燃要求较高的场合选用聚氯乙烯外护套，对防湿、防潮、防腐要求严格以及护套对地绝缘电阻要求较高的场合应选用聚乙烯护套。

4.11　接地方式对高压交联聚乙烯绝缘电缆载流量的影响

高压交联聚乙烯绝缘电缆大多数采用三根单芯电缆，为防止高压单芯电缆的导体中通过交流电流时，在金属护套（或金属屏蔽层）中产生过电压，造成人身安全事故，或者为防止误操作、雷电在高压单芯电缆中形成的冲击电压，造成电缆绝缘损坏。电缆金属护套（或金属屏蔽层）的三种接地方式为用单端直接接地而另一端不接地或通过保护接地、电缆金属护套（金属屏蔽层）中间接地和交叉互联接地（可见第 2 章 2.8 节）。单端直接接地和电缆金属护套（金属屏蔽层）中间接地这两种接地的金属屏蔽层对地之间有感应电压存在，感应电压与电缆的长度成正比，但无环流通过。交叉互联接地在完全换位的情况下，金属屏蔽层中无环流通过，两端对地之间也无感应电压，每段电缆中间有感应电压，且换位处感应电压最高。这三种接地方式的屏蔽层中都没有环流存在，它们的载流量基本相同。

当金属护套两端（或两点）接地时，其中就会即有涡流又有环流（可见第 2 章 2.6

节）。环流的通过会降低电缆的载流量，见表 4-34。

表 4-34　不同接地方式的载流量^[17]

标称截面积/mm²		240	300	400	500	630	800
载流量/A	单端接地	558	629	718	847	923	1032
	双端接地	469	512	557	616	649	690

注：电缆为 YJLW02，110kV 平行直埋敷设。

从表 4-34 可以看出，双端接地时电缆的载流量比单端接地或交叉互联接地小得多，不仅造成资源浪费也造成能源损失。这种方式只是在特殊情况下采用，如电缆需要过江、过海底以及受条件所限无法采用交叉互联的场合。

从接地方式对高压交联聚乙烯绝缘电缆载流量影响的角度考虑，金属护套单端接地时为最佳方案。

4.12　敷设方式对高压交联聚乙烯绝缘电缆载流量的影响

三根单芯高压交联聚乙烯电缆敷设排列方式有平行排列和三角形排列两种，由于两种方式的电感和热阻不同，它们之间的载流量有较大的差别，表 4-35 列出单芯电缆不同的排列方式和金属护（金属屏蔽）层不同接地方式的载流量。

表 4-35　不同的排列和不同接地方式时的载流量^[17]

标称截面积/mm²	平行排列/A				三角形排列/A			
	单端接地	单端接地	双端接地	双端接地	单端接地	单端接地	双端接地	双端接地
	Cu	Al	Cu	Al	Cu	Al	Cu	Al
240	551	428	479	392	517	403	510	399
300	622	484	524	433	583	454	573	450
400	710	555	574	482	663	520	649	514
500	841	635	637	532	781	595	758	584
630	918	726	669	630	850	679	820	663
800	1 031	823	710	681	948	768	907	745

注：电缆为 YJQ02，110kV 平行直埋敷设，土壤温度为 25℃，土壤热阻为 1.2K·m/W，敷设深度为 1m。

从表 4-35 可以看出，同一结构的电缆，当金属护层采用单端或交叉互联接地时，平行敷设排列的载流量高于三角形排列；当金属护层采用双端接地时，三角形排列的载流量高于平行排列。将金属护层的两种不同接地方式和电缆的两种敷设方式进行组合其载流量由高到低的顺序为单端接地平行排列→单端接地三角形排列→双端接地三角形排列→双端接地平行排列。

从载流量的角度考虑，单端接地平行排列敷设为最佳方案。

4.13　64/110kV 和 127/220kV 电缆的结构尺寸和载流量

本节电缆用于额定交流电压 U_0/U 为 64/110kV 和 127/220kV 的交联聚乙烯电力电缆，

它们的载流量、结构尺寸和导体允许短路电流见表4-36～表4-44。表中数据摘自上海上缆藤仓电缆有限公司资料。这些电缆符合 GB/T 11017.1—2002 额定电压 110kV 交联聚乙烯绝缘电力电缆及其附件　第1部分：试验方法和要求、GB/Z 18890.1—2002 额定电压 220kV（$U_m = 252kV$）交联聚乙烯绝缘电力电缆及其附件　第1部分：额定电压 220kV（$U_m = 252kV$）交联聚乙烯绝缘电力电缆及其附件的电力电缆系统—试验方法和要求、IEC62067—2011 额定电压为 150kV 到 500kV 的挤塑绝缘及其配件的电力电缆等标准。

表4-36　64/110kV 单芯 XLPE 绝缘皱纹铝护套电力电缆结构

结构图

1—导体　2—导体包带　3—导体屏蔽　4—绝缘　5—绝缘屏蔽　6—缓冲层
7—铝包　8—防腐层　9—非金属护套

导体			导体包带/mm	内屏蔽厚度/mm	绝缘厚度/mm	外屏蔽厚度/mm	缓冲层/mm	铝套厚度/mm	防腐层厚度/mm	外护套厚度/mm	电缆近似外径/mm	电缆近似重量/(kg/km)	20℃导体直流电阻/(Ω/km)	电容/(μF/km)	绝缘电阻/(MΩ/km)
截面积/mm²	形状	外径/mm													
240	圆绞拉模紧压	18.3	—	1.0	19.0	1.0	0.5×2	2.0	0.5	4.0	88.3	7 600	0.075 4	0.121 1	16 791
300		20.4	—	1.0	18.5	1.0	0.5×2	2.0	0.5	4.0	89.4	8 233	0.060 1	0.131 0	15 521
400		23.1	—	1.0	17.5	1.0	0.5×2	2.0	0.5	4.0	90.1	8 998	0.047 0	0.146 3	13 896
500		26.5	0.12×1	1.0	17.0	1.0	0.5×2	2.0	0.5	4.0	92.9	10 209	0.036 6	0.164 3	12 378
630		30.0	0.12×1	1.0	16.5	1.0	0.5×2	2.0	0.5	4.5	97.4	11 786	0.028 3	0.181 9	11 178
800		33.8	0.12×1	1.0	16.0	1.0	0.5×2	2.0	0.5	4.5	100.2	13 530	0.022 1	0.201 7	10 081
1 000	分割导体	41.0	0.18×2	1.5	16.0	1.0	0.5×2	2.3	0.5	4.5	109.6	16 640	0.017 6	0.237 9	8 549
1 200		43.5	0.18×2	1.5	16.0	1.0	0.5×2	2.3	0.5	5.0	113.1	18 885	0.015 1	0.248 1	8 197
1 400		46.4	0.18×2	1.5	16.0	1.0	0.5×2	2.3	0.5	5.0	116.0	21 113	0.012 9	0.259 0	7 824
1 600		50.0	0.18×2	1.5	16.0	1.0	0.5×2	2.3	0.5	5.0	119.6	23 190	0.011 3	0.274 6	7 406

注:表中数据为典型结构,具体按供需双方签订的技术协议进行生产。

表4-37　64/110kV 单芯 XLPE 绝缘合金铅护套电力电缆结构

结构图

1—导体　2—导体包带　3—导体屏蔽　4—绝缘　5—绝缘屏蔽　6—缓冲层
7—铅包　8—防腐层　9—非金属护套

（续）

导体			导体包带/mm	内屏蔽厚度/mm	绝缘厚度/mm	外屏蔽厚度/mm	缓冲层/mm	铅套厚度/mm	防腐层厚度/mm	外护套厚度/mm	电缆近似外径/mm	电缆近似重量/(kg/km)	20℃导体直流电阻/(Ω/km)	电容/(μF/km)	绝缘电阻/(MΩ/km)
截面积/mm²	形状	外径/mm													
240	圆绞拉模紧压	18.3	—	1.0	19.0	1.0	0.5×2	2.6	0.75	4.0	78.0	11 986	0.075 4	0.121 1	16 791
300		20.4		1.0	18.5	1.0	0.5×2	2.6	0.75	4.0	79.1	12 698	0.060 1	0.131 0	15 521
400		23.1		1.0	17.5	1.0	0.5×2	2.7	0.75	4.0	80.0	13 764	0.047 0	0.146 3	13 896
500		26.5	0.12×1	1.0	17.0	1.0	0.5×2	2.7	0.75	4.0	82.8	15 193	0.036 6	0.164 3	12 378
630		30.0	0.12×1	1.0	16.5	1.0	0.5×2	2.6	0.75	4.5	86.5	17 178	0.028 3	0.181 9	11 178
800		33.8	0.12×1	1.0	16.0	1.0	0.5×2	2.9	0.75	4.5	89.5	19 431	0.022 1	0.201 7	10 081
1 000		41.0	0.18×2	1.5	16.0	1.0	0.5×2	3.0	0.75	4.5	98.5	23 418	0.017 6	0.237 9	8 549
1 200	分割导体	43.5	0.18×2	1.5	16.0	1.0	0.5×2	3.1	0.75	5.0	102.2	26 178	0.015 1	0.248 1	8 197
1 400		46.4	0.18×2	1.5	16.0	1.0	0.5×2	3.2	0.75	5.0	105.3	29 100	0.012 9	0.259 9	7 824
1 600		50.0	0.18×2	1.5	16.0	1.0	0.5×2	3.3	0.75	5.0	109.1	31 757	0.011 3	0.274 6	7 406

注：表中数据为典型结构，具体按供需双方签订的技术协议进行生产。

表 4-38　127/220kV 单芯 XLPE 绝缘皱纹铝护套电力电缆结构

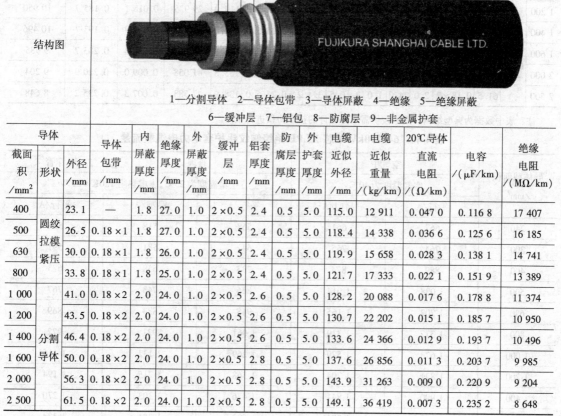

1—分割导体　2—导体包带　3—导体屏蔽　4—绝缘　5—绝缘屏蔽
6—缓冲层　7—铝包　8—防腐层　9—非金属护套

导体			导体包带/mm	内屏蔽厚度/mm	绝缘厚度/mm	外屏蔽厚度/mm	缓冲层/mm	铝套厚度/mm	防腐层厚度/mm	外护套厚度/mm	电缆近似外径/mm	电缆近似重量/(kg/km)	20℃导体直流电阻/(Ω/km)	电容/(μF/km)	绝缘电阻/(MΩ/km)
截面积/mm²	形状	外径/mm													
400	圆绞拉模紧压	23.1	—	1.8	27.0	1.0	2×0.5	2.4	0.5	5.0	115.0	12 911	0.047 0	0.116 8	17 407
500		26.5	0.18×1	1.8	27.0	1.0	2×0.5	2.4	0.5	5.0	118.4	14 338	0.036 6	0.125 6	16 185
630		30.0	0.18×1	1.8	26.0	1.0	2×0.5	2.4	0.5	5.0	119.9	15 658	0.028 3	0.138 1	14 741
800		33.8	0.18×1	1.8	25.0	1.0	2×0.5	2.4	0.5	5.0	121.7	17 333	0.022 1	0.151 9	13 389
1 000		41.0	0.18×2	2.0	24.0	1.0	2×0.5	2.6	0.5	5.0	128.2	20 088	0.017 6	0.178 8	11 374
1 200		43.5	0.18×2	2.0	24.0	1.0	2×0.5	2.6	0.5	5.0	130.7	22 202	0.015 1	0.185 7	10 950
1 400	分割导体	46.4	0.18×2	2.0	24.0	1.0	2×0.5	2.6	0.5	5.0	133.6	24 366	0.012 9	0.193 7	10 496
1 600		50.0	0.18×2	2.0	24.0	1.0	2×0.5	2.8	0.5	5.0	137.6	26 856	0.011 3	0.203 7	9 985
2 000		56.3	0.18×2	2.0	24.0	1.0	2×0.5	2.8	0.5	5.0	143.9	31 263	0.009 0	0.220 9	9 204
2 500		61.5	0.18×2	2.0	24.0	1.0	2×0.5	2.8	0.5	5.0	149.1	36 419	0.007 3	0.235 2	8 648

注：表中数据为典型结构，具体按供需双方签订的技术协议进行生产。

表 4-39 127/220kV 单芯 XLPE 绝缘合金铅护套电力电缆结构

结构图

1—分割导体 2—导体包带 3—导体屏蔽 4—绝缘 5—绝缘屏蔽 6—缓冲层
7—铅包 8—防腐层 9—非金属护套

导体 截面积 /mm²	导体 形状	外径 /mm	导体包带 /mm	内屏蔽厚度 /mm	绝缘厚度 /mm	外屏蔽厚度 /mm	缓冲层 /mm	铅套厚度 /mm	防腐层厚度 /mm	外护套厚度 /mm	电缆近似外径 /mm	电缆近似重量 /(kg/km)	20℃导体直流电阻 /(Ω/km)	电容 /(μF/km)	绝缘电阻 /(MΩ/km)
400	圆绞拉模紧压	23.1	—	1.8	27.0	1.0	2×0.5	2.7	2×0.25	5.0	104.2	18 957	0.047 0	0.116 8	17 407
500		26.5	0.18×1	1.8	27.0	1.0	2×0.5	2.7	2×0.25	5.0	107.6	20 632	0.036 6	0.125 6	16 185
630		30.0	0.18×1	1.8	26.0	1.0	2×0.5	2.7	2×0.25	5.0	109.3	22 414	0.028 3	0.138 1	14 741
800		33.8	0.18×1	1.8	25.0	1.0	2×0.5	2.8	2×0.25	5.0	111.1	24 225	0.022 1	0.151 9	13 389
1 000		41.0	0.18×2	2.0	24.0	1.0	2×0.5	2.8	2×0.25	5.0	117.2	27 231	0.017 6	0.178 8	11 374
1 200		43.5	0.18×2	2.0	24.0	1.0	2×0.5	2.9	2×0.25	5.0	119.9	29 925	0.015 1	0.185 7	10 950
1 400	分割导体	46.4	0.18×2	2.0	24.0	1.0	2×0.5	3.0	2×0.25	5.0	123.0	32 716	0.012 9	0.193 7	10 496
1 600		50.0	0.18×2	2.0	24.0	1.0	2×0.5	3.1	2×0.25	5.0	126.8	35 684	0.011 3	0.203 7	9 985
2 000		56.3	0.18×2	2.0	24.0	1.0	2×0.5	3.2	2×0.25	5.0	133.3	41 058	0.009 0	0.220 9	9 204
2 500		61.5	0.18×2	2.0	24.0	1.0	2×0.5	3.4	2×0.25	5.0	138.9	47 583	0.007 3	0.235 2	8 648

注：表中数据为典型结构，具体按供需双方签订的技术协议进行生产。

表 4-40 64/110kV 单芯 XLPE 绝缘皱纹铝护套电力电缆载流量

导体截面积 /mm²	空气中		直埋		穿管
	空气温度为 40℃		土壤温度为 25℃，土壤热阻 1.0K·m/W		
	平行/A	品型/A	平行/A	品型/A	平行/A
240	667	661	568	518	523
300	764	755	642	581	591
400	889	874	733	658	673
500	1 038	1 014	836	743	767
630	1 202	1 165	948	834	869
800	1 377	1 319	1 061	921	972
1 000	1 673	1 579	1 269	1 132	1 116
1 200	1 821	1 704	1 368	1 215	1 194
1 400	1 990	1 841	1 476	1 303	1 270
1 600	2 152	1 971	1 573	1 381	1 334

表 4-41 64/110kV 单芯 XLPE 绝缘合金铅护套电力电缆载流量

导体截面积 /mm²	空气中		直埋		穿管
	空气温度为40℃		土壤温度为25℃,土壤热阻1.0K·m/W		
	平行/A	品型/A	平行/A	品型/A	平行/A
240	658	656	567	520	522
300	755	752	642	587	590
400	878	872	735	669	674
500	1 020	1 010	838	759	768
630	1 183	1 164	954	859	874
800	1 361	1 328	1 075	959	984
1 000	1 649	1 620	1 262	1 136	1 157
1 200	1 795	1 756	1 358	1 219	1 246
1 400	1 961	1 907	1 464	1 306	1 343
1 600	2 120	2 050	1 556	1 381	1 429

表 4-42 127/220kV 单芯 XLPE 绝缘皱纹铝护套电力电缆载流量

导体截面积 /mm²	空气中		直埋		穿管
	空气温度为40℃		土壤温度为25℃,土壤热阻1.0K·m/W		
	平行/A	品型/A	平行/A	品型/A	平行/A
400	843	816	717	870	653
500	975	935	819	1 000	740
630	1 128	1 067	935	1 149	836
800	1 290	1 201	1 056	1 304	933
1 000	1 549	1 415	1 249	1 569	1 074
1 200	1 677	1 513	1 350	1 701	1 144
1 400	1 815	1 616	1 460	1 845	1 215
1 600	1 941	1 708	1 560	1 978	1 272
2 000	2 158	1 864	1 736	2 211	1 362
2 500	2 344	1 995	1 899	2 424	1 431

表 4-43 127/220kV XLPE 绝缘合金铅护套电力电缆载流量

导体截面积 /mm²	空气中		直埋		穿管
	空气温度为40℃		土壤温度为25℃,土壤热阻1.0K·m/W		
	平行/A	品型/A	平行/A	品型/A	平行/A
400	831	824	710	858	663
500	964	951	812	986	759
630	1 119	1 097	927	1 130	872
800	1 284	1 248	1 046	1 284	995

（续）

| 导体截面积 /mm² | 空气中 | | 直埋 | | 穿管 |
| | 空气温度为40℃ | | 土壤温度为25℃，土壤热阻1.0K·m/W | | |
	平行/A	品型/A	平行/A	品型/A	平行/A
1 000	1 556	1 511	1 237	1 546	1 124
1 200	1 695	1 634	1 337	1 676	1 208
1 400	1 848	1 767	1 447	1 817	1 302
1 600	1 994	1 889	1 546	1 947	1 381
2 000	2 251	2 100	1 722	2 176	1 517
2 500	2 482	2 275	1 884	2 384	1 624

表4-44　64/110kV 127/220kV XLPE 绝缘电力电缆导体允许短路电流　　　（kA）

截面积 短路电流 时间/s	240 /mm²	300 /mm²	400 /mm²	500 /mm²	630 /mm²	800 /mm²	1 000 /mm²	1 200 /mm²	1 400 /mm²	1 600 /mm²
0.1	108.7	135.8	181.1	226.4	285.2	362.2	452.8	543.3	633.9	724.4
0.2	76.8	96	128.1	160.1	201.7	256.1	320.1	384.2	448.2	512.2
0.5	48.6	60.7	81	101.2	127.6	162	202.5	243	283.5	324
1.0	34.4	43	57.3	71.6	90.2	114.5	143.2	171.8	200.4	229.1
1.5	28.1	35.1	46.8	58.5	73.6	93.5	116.9	140.3	163.7	187
3	19.8	24.8	33.3	41.3	52.1	66.1	82.7	99.2	115.7	132.3

注：表中导体短路电流计算单位为 kA。

4.14　上海小洋山工程应用110kV 交联聚乙烯电缆实例

1. 工程概况[18]

上海小洋山工程应用的110kV 交联聚乙烯电缆是从上海的220kV 芦一变电站引出经过芦潮港地区、东海大桥、海堤、颗珠山大桥后进入小洋山港区。电缆全长为38km，桥上部分为27km，陆上部分为11km。

2. 电缆选型

由于交联聚乙烯具有优良的电气性能、良好的防火能力，且容易施工，本工程选用了110kV 交联聚乙烯电缆。经计算，选630mm² 的单芯铜导体可满足小洋山102MW 负荷的需要。

在本工程中，敷设在桥上的电缆出于防振考虑，选用了耐疲劳特性较好的皱纹铝护套电缆。铝护套电缆结构尺寸：包带厚为0.3mm，导体屏蔽厚为1.0mm，交联聚乙烯绝缘厚为17.0mm，绝缘屏蔽厚为1.0mm，半导电缓冲厚为2.0mm，金属屏蔽布带厚为0.5m，皱纹铝护套厚为2.1mm，阻燃聚氯乙烯外护套厚为5.0mm。

敷设在陆地排管段电缆出于防腐考虑，选用了铅护套电缆，且外护套采用防腐性能较好的聚乙烯护套。

为了保证电缆接头质量及安装进度，电缆中间接头选用了全预制现场扩径绝缘接头312套，GIS 接头 12 套，并采用乙丙橡胶应力锥。

3. 按不同的大桥结构选择不同的安装位置

1）混凝土段桥上敷设电力电缆的空间：水平距离为 6 ~ 7m，净空距离约为 3m，所以这段采用水平排列的电缆布置。

2）颗珠山桥斜拉索桥沿桥每隔 4 ~ 4.5m 有一道钢板梁。为避免在钢板梁中产生磁闭合回路而出现环流损耗，因此在该段桥梁采用电缆三角形布置。虽然三角形敷设使电缆载流量有所下降，但经过计算仍能满足工程要求。

3）电缆布置在东海大桥斜拉索桥箱梁内，箱梁为密闭空间，致使它本身的散热条件较差。为了改善散热条件，将电力电缆在箱梁内水平布置。

4）在电缆上桥、电缆进出斜拉桥、电缆下桥等区段，电缆沿专用的管线桥内敷设。

4. 电缆分盘长度

由于本工程电缆长度较长，合理地选择电缆的分盘长度对降低工程造价，加快施工进度有较大影响。一般来说，电缆分盘长度越长，电缆接头就越少，接头的减少可以降低工程造价和减少事故率；另外敷设电缆时，接头的减少对加快施工进度也相当有利。但是分盘长度也不能无限制增大，因为如果电缆的分盘长度越长，必须保证电缆金属护套感应电压及施工牵引力在允许范围内（按当时规范要求：金属护套感应电压不超过 100V；电缆牵引力小于43kN）。综合考虑上述的各种因素，本工程大桥上的电缆分盘长度取为 800 ~ 900m，全桥取12 个全换位段，每段约为 2.3km。

5. 电缆金属护套的接地

电缆敷设在大桥的特殊环境下，110kV 电缆与其他电气设备接地系统需利用同一套接地系统，为保证高压电缆对其他通信电缆不构成干扰，造成危险的影响。在大桥上接地电阻应不超过 1Ω（实测值仅为 0.2Ω 左右），另外为降低电缆金属护套感应电压及降低金属护套内环流，全线电缆采用了交叉互联形式（大段两点直接接地）。在最严重的单相短路情况下，地电位的计算升高值为 377V，而接触电压允许值为 870V；通信缆危险电压的计算值为320V，而允许值为 650V。在最危险的单相短路情况下，地电位的升高值、危险影响都在允许范围内。

6. 电缆及大桥伸缩的对策

1）电缆热伸缩的吸收。在大桥支架上敷设的单芯电缆与在排管中敷设不同，因为在支架上敷设的电缆向半径方向滑移不会像排管那样受到管壁阻碍。当电缆轴向伸长后，会使电缆从支架上浮起而产生不规则的热伸缩滑移现象，为防止该类不规则的滑移，一般是采用连续蛇形敷设方法。采用蛇形敷设后，能把电缆金属护套的畸变量分散到各个蛇形弧上。

敷设电缆时按设计选定的蛇形波节进行，在每个波节段用非磁形电缆夹具固定，夹具的间距和蛇形波的最佳幅值取决于电缆的重量和刚度。本工程采用的蛇形波长为 6 ~ 9m，蛇形波的初始幅值取为 125 ~ 140mm 不等。

2）大桥伸缩的吸收。由于桥梁受温度的变化以及车辆在桥上行驶时荷载变动的影响，在桥梁的头部会发生伸缩。这个伸缩量主要根据桥梁支点间的跨度长、桥梁的种类（吊桥、斜拉桥等）有所不同，为保证电缆金属护套不因变形疲劳损坏。在桥梁伸缩缝处均需设置

能够提供较大长度补偿的装置（OFFSET 伸缩弧），由于斜拉桥的伸缩量较大，为了保证在
OFFSET 伸缩弧部分的电缆形状，OFFSET 伸缩弧采用了较复杂的支架结构固定电缆，且
OFFSET 伸缩弧的可动部分采用了滑轨结构，以保证在大桥伸缩时，任一点的电缆弯曲半径
及电缆伸缩畸变量不超过允许值，对本工程来说，电缆弯曲半径不小于 1800mm，电缆伸缩
畸变量不应大于 0.3%。

3）桥梁的折角的吸收。由于车辆负荷的存在，大桥会在伸缩缝处产生一个折角。因为
这个折角相当小，对电缆来说，承受这样的折角是没有问题的。仅在斜拉桥伸缩缝处 OFF-
SET 伸缩弧采用了万向接头的折角装置。

7. 电缆防振措施

振动主要由车辆行驶引起，其他如风振、地震引起的振动频率主要和大桥国有频率有
关，而且频率极低，对电缆影响有限。车辆引起的振动频率与车辆种类、车辆通过数量等具
体条件有关，一般不超过 30Hz，为避免东海大桥支架上的电缆与大桥产生共振，采用了以
下措施来减少大桥振动对电缆（附件）的寿命的影响。电缆的金属护套应使用耐疲劳特性
较好的铝护套；电缆支架间距小于 2m，以避免电缆与大桥产生共振现象；在电缆（附件）
支架下采用了氯丁橡胶方形垫块，以减少桥梁振动而引起的电缆金属护套的疲劳；电缆夹具
内采用橡胶垫以起到防振及保护效果[18]。

第 5 章　常用电缆的选择

为了降低或阻止火灾的蔓延，应选用阻燃电缆。火灾时，为保证人员较密集场所人的生命安全，应选用无卤低烟电缆；另外，为保证消防设备、重要的照明系统、油库附近易燃场所的设备在发生火灾时能够使用一段时间，应选用防火电缆或矿物绝缘电缆；为保证多层、高层和超高层供电的可靠性，应选用预制分支电缆。在江河和湖海中敷设电缆时，应选用防水电缆或海底电缆；为防止白蚁的危害，应选用防白蚁的电缆；在需要柔软电缆时，应选用橡胶绝缘电缆；在环境温度较高的场所应选用耐高温电缆；在环境温度较低的场所应选用耐寒电缆。近年来，风电、地铁和高铁行业选用特殊要求的电缆。为降低变频器谐波对电缆及设备的不良影响，应选用变频器专用电缆。由于上述电缆的成功应用，为我们提供了如何正确选用电缆的知识和方法。

5.1　电缆阻燃、防火的必要性

电气火灾发生率及所造成的财产损失均位居各类火灾原因之首。据统计，1997—2004年我国发生电气火灾 22 万余起，伤亡 9 000 余人，财产损失 35 亿元，这些由电气引起的火灾中，有 60% 以上是由电气线路（电线电缆）引燃、延燃的。应用普通电线电缆（包括油浸纸绝缘、塑料绝缘和橡胶绝缘电缆等）存在以下问题[19]：

1）电线电缆在长期带载运行中会带着一定的温度工作，致使电缆绝缘层和护套层产生局部老化，将导致这两层击穿，一旦击穿就会引起相间短路，较大容量的相间短路会在短时间内引起几千度的高温，足以使周围的可燃物燃烧。

2）起火电线电缆往往处于负荷状态，整体预热良好。一般的物体在燃烧前都有一个预热的过程，而温度高的物体则不需要这一过程，所以更具备燃烧的条件。一旦有外部火源，带载的电线电缆是极易引燃的。

3）由于敷设在电气竖井或线槽内的电线电缆往往是成束敷设的，一旦发生火灾，燃烧时的热辐射将互相传导，将造成火灾蔓延不止，泛滥成灾。

4）电线电缆引燃后会产生滚滚浓烟和大量的有毒气体。在以往发生的火灾中，烟雾的弥漫会使逃生的人辨不清方向而惊慌失措，导致在火灾现场中滞留。烟雾的弥漫还会妨碍消防人员救火，有毒气体将导致人窒息死亡。

无论是受外界火源引起还是由电缆本身故障造成的火灾，都具有火势猛、蔓延快、抢救难、损失严重的特点。为防止电气火灾的发生，应选用有足够传输能力（如选足够导体截面积和适当的电压等级）的电缆，并选用良好的敷设安装方式。为了降低普通电线电缆造成火灾后的损失，有必要开发及应用具有阻燃、防火的电缆。

5.2　阻燃电线电缆

5.2.1　阻燃电线电缆概述

　　阻燃电线电缆不是在任何条件下都不燃烧的电缆，也没有预防火灾的功能。其本质是阻止燃烧，使电缆在火焰中燃烧困难。阻燃电线电缆是在绝缘层和护套层以及辅助材料（包带及填充）中添加了阻燃剂，使其在火中不会延燃，阻止火势的蔓延。在外火源消失的情况下，经过一段时间能够自行熄灭。

　　由于阻燃电线电缆是在普通电缆绝缘层和护套层以及辅助材料（包带及填充）中添加了阻燃剂，阻燃 1kV 及以下交联聚乙烯绝缘聚乙烯护套电缆、阻燃 1kV 及以下交联聚乙烯绝缘聚氯乙烯护套电缆的载流量和技术参数可参见表第 4 章 4-3～表 4-20，阻燃 3.6/6～26/45kV 交联聚乙烯绝缘聚氯乙烯护套电缆的载流量和技术参数可参见第 4 章表 4-23～表 4-31。

　　阻燃电线电缆有以下几种类型：

　　1）普通阻燃电线电缆。在电线电缆制造过程中选用火焰传播速率相对较低的材料作电缆的绝缘和护套材料，或在绝缘和护套材料中加入特定的能降低火焰迅速蔓延的添加剂而制成的电缆。

　　2）低烟阻燃电线电缆。这类电线电缆除考虑低火焰传播速度外，还要求降低电线电缆燃烧时产生的烟浓度。因此，这类电线电缆在制造过程中往往加入氢氧化铝、硼酸锌、碳酸钙或钼化合物、钒化合物等抑烟剂，起到降低烟浓度的作用。

　　3）无卤低烟阻燃电线电缆。这类电线电缆除了具有阻止火焰蔓延特性外，还具有燃烧时不产生浓烟、燃烧产物的腐蚀性和毒性低等特性，因而减少了对仪器、设备和建筑的腐蚀，以及对人的损害。

　　以上三种阻燃材料的技术指标见表 5-1。

表 5-1　电缆阻燃技术指标一览表[2]

实验项目	普通阻燃(ZR)	低烟低卤(DD)	无卤低烟(WD)
成束燃烧实验(烧焦长度＜2.5m)	通过	通过	通过
烟密度/Dm	—	≤150	≤150
透光率(%)	—	≥35	≥60
释放气体的 pH 值	—	≥3.5	≥4.3
释放气体的电导率/(μS/mm)	—	≤180	≤10
释放气体的氢卤酸含量/(mg/g)	—	≤100	≤5
毒性指数	—	—	＜5

　　4）氟塑料阻燃电线电缆。用氟塑料（如聚四氟己烯、聚全氟乙丙烯等）作绝缘和护套材料制成的电线电缆。氟塑料材料的氧指数（OI）是聚乙烯塑料的 3 倍多，是聚氯乙烯塑料的 1.5 倍；其燃烧释放热量仅为木材的 1/4，为聚乙烯塑料的 1/7；同样实验条件下火焰

传播距离为聚氯乙烯塑料的 1/5；同样实验条件下产生的烟比聚氯乙烯塑料小得多，其透光率为聚氯乙烯的近 7 倍；其燃烧产物对设备、仪器的腐蚀性比聚乙烯、聚氯乙烯材料低。此外，它的介电常数、介质损耗因数、高速传输频带的信号衰减比其他材料的电缆都小，物理机械性能比其他材料好。氟塑料阻燃电线电缆是目前综合性能最优异的阻燃电线电缆，但其成本较高。

含卤的电缆（包括普通阻燃电线电缆，低卤低烟阻燃电线电缆）在火灾中释放出的卤酸气体（氯化氢等）和浓烟所造成的"二次灾害"，其危险性和造成生命财产的损失比火灾本身更大，火灾事故人员伤亡多是因毒气、烟气窒息致死。卤酸气体的毒性是非常可怕的。如果将在 30min 可致人死亡的气体浓度的毒性指数判定为 1，那么聚氯乙烯的毒性指数为 15.01，而卤聚烯烃的毒性指数仅为 0.79。在聚氯乙烯的烟雾中人只能存活 2min；而无卤的材料的烟雾中人存活的时间能延长到 40min，大大增加了火灾时逃生时间。据有关材料说明，阻燃聚氯乙烯电缆燃烧时所发出烟的透光率在 15% 以下，即人在此浓度烟里，其裸眼视觉为 2m 左右。所以在火灾中，强烈弥漫的浓烟将使受害者晕头转向而辩不清方向，延长在火场中滞留的时间，从而进一步吸入烟和有毒气体而窒息死亡。因此，在人口密度较高的公共场所应尽量选用无卤低烟阻燃电线电缆。近年来，大力推广使用无卤低烟阻燃电线电缆，以取代和逐步废弃使用有毒的聚氯乙烯（PVC）电缆[19]。

5.2.2　按阻燃特性分为 A、B、C、D 四级电缆

目前，考核阻燃电缆其阻燃性能的试验方法有 4 种：①单根垂直燃烧试验方法；②单根水平燃烧方法；③单根倾斜燃烧试验方法；④成束燃烧试验方法。国内电缆制造厂按成束试验方法来考核阻燃电缆的阻燃性能，因为电缆通过单根燃烧试验合格，并不意味其在多根成束敷设条件下仍具有阻燃性。

按国家标准 GB/T 18380.31—2008《电缆和光缆在火焰条件下的燃烧试验　第 31 部分：垂直安装的成束电线电缆火焰垂直蔓延试验装置》中规定——从成品电线电缆上截取试样，每根试样的长度为 3.5m，试样的根数按成束电线电缆每米长度所含非金属材料的不同体积分为四种类别：

A 类：试样根数应使每米所含的非金属材料的总体积为 7L。

B 类：试样根数应使每米所含的非金属材料的总体积为 3.5L。

C 类：试样根数应使每米所含的非金属材料的总体积为 1.5L。

D 类：试样根数应使每米所含的非金属材料的总体积为 0.5L。

试样电缆容量的计算方法如下：

$$V = n(S_1 - S_2)/1\,000 \tag{5-1}$$

式中　　V——试样每米所含的非金属材料的总容量之和（L/m）；

　　　　n——电缆试样根数；

　　　　S_1——试样电缆外截面积（mm^2）；

　　　　S_2——电缆试样中金属面积之和（mm^2）。

将不同根数的电缆在燃烧箱内进行试验，规定燃烧时间与火焰温度，由专用的带型喷灯火焰燃烧试样，A 类和 B 类试样供火时间为 40min，C 类和 D 类试样供火时间为 20min，如试样炭化部分所达到的高度不超过 2.5m，则判定试验结果为合格，见表 5-2。

表5-2　垂直安装的成束电线电缆火焰垂直蔓延试验阻燃性能的分类[20]

阻燃类别	试验标准	供火时间/min	火焰温度/℃	试样容量 V/(L/m)	及格判定
ZA 类	GB/T 18380. 33—2008	40	815	7	碳化高度≤2.5m
ZB 类	GB/T 18380. 34—2008	40	815	3. 5	碳化高度≤2.5m
ZC 类	GB/T 18380. 35—2008	20	815	1. 5	碳化高度≤2.5m
ZD 箱类	GB/T 18380. 36—2008	20	815	0. 5	碳化高度≤2.5m

注：ZD 适用于试样外径不大于 12mm 的小电缆或截面积不超过 35mm² 电缆。

ZA 类阻燃最为严格，阻燃的效果最好，ZB 类阻燃要求较高，均适用于对阻燃要求较为严格的场合，ZC 类阻燃为一般阻燃，适用于大多数要求阻燃的场合。用户在订购阻燃电缆时应根据需要在规定的型号"ZR"后注明类别代号"A"或"B"。未注代号者可视为 C 类阻燃电缆。

5.2.3　按电缆的非金属含量选择对应的阻燃级别

不同级别的阻燃电缆如何应用，国家标准中没有明确的规定，需要根据具体的工程情况来选定相应阻燃级别的电缆。从表5-2看出，ZA 类成束敷设阻燃的效果最好，同时要求制造厂商对材料的选取级别最高。在建筑工程中选择电缆时，如果只写明 ZR—YJY 电缆，不做等级标注，电缆行业中均以 ZC 类产品供货。在实际建筑工程干线配电中，电缆根数多，非金属材料体积远超过 C 类规定，发生火灾时候不阻燃的可能性增加。实际敷设的非金属含量与规定相差越大，燃烧的几率越大。

我国电缆检测机构曾经将各级别的阻燃电缆，按照超过 GB/T 18380《电缆和光缆在火焰条件下的燃烧试验》系列（等同采用 IEC 60332-3《标准的阻燃电缆试验》）标准规定的 A 类试料可燃质达 3 倍的情况（非金属含量为 22L/m，共 45 根电缆）进行考核试验，结果仅供火 20min 就延燃不息，直至全部可燃物质烧尽、说明测试时候的阻燃级别在一定条件和范围内可以达到理想的阻燃效果，并不意味着在所有条件下不会着火及不存在导致火灾扩大的危险。所以根据桥架内非金属含量来选择电缆的阻燃级别是科学的。

举例说明：某变配电所出线桥架内放置 0.6/1kV 电力电缆 4 根 WDZR-YJY—4 × 120 + 1 × 70，1 根 WDZR-YJY—4 × 50 + 1 × 25，3 根 WDZR-YJY—4 × 25 + 1 × 16，4 根 WDZR-YJY—4 × 95 + 1 × 50，此桥架内非金属含量见表5-3。

表5-3　某桥架内电力电缆非金属含量[20]

电缆型号	规　格	非金属含量/(L/m)	根数	总非金属含量/(L/m)
WDZR—YJY	4 × 120 + 1 × 70	1. 373	4	5. 492
	4 × 50 + 1 × 25	0. 651	1	0. 651
	4 × 25 + 1 × 16	0. 429	3	1. 287
	4 × 95 + 1 × 50	1. 097	4	4. 388
总计				11. 818

从表5-3看出，桥架内总的非金属含量为 11.818L/m。如果要达到阻燃效果，应采取阻

燃 A 类（ZA）为宜；如果采取阻燃 C 类（ZC 或 ZR），实际发生火灾时可能起不到阻燃的效果，火焰会沿电缆蔓延到各个区域，导致火灾更大[20]。

同一桥架（非封闭）内的非金属含量可按式（5-1）核实，公式中各字母的意义用下面的内容表达更准确：V 为非金属物质容量（L/m）；n 为同一通道中相同截面积的电缆根数；S_1 为电缆外截面积，$S_1 = \pi R^2$（mm^2），R 为电缆外半径（mm）；S_2 为电缆金属部分截面积之和（mm^2）。

不同截面积的电缆应分别求出相应的 V 值，然后各 V 值之和为该通道内电缆非金属物质容量。同一桥架内的电缆非金属物质容量不应超过相应阻燃级别的允许值，即在没有火焰折挡隔离措施的同一通道内，当 V 为 3.5L 以下时，宜选用 C 类阻燃电缆；V 为 7L 以下时，宜选用 B 类阻燃电缆；V 为 11L 以下时，宜选用 A 类阻燃电缆。如果电缆沿槽盒敷设或套钢管敷设，由于电缆是在封闭空间内，即使燃烧也会因为氧气缺乏而很快自熄，所以电缆敷设数量不会受到非金属物质容量多少的限制。因此，在火灾危险性较高的环境中，应该采用槽盒的敷设方式，这样可以大大提高防火安全性。

根据电缆束的总非金属含量选择不同阻燃级别的电缆，可以满足工程需要，有利于确保火灾时电缆阻燃性能的使用效果。

5.2.4　按烟密度划分的阻燃级别

国家标准对于低烟无卤电缆中的"低烟"的考核是采用烟密度（最小透光率）指标，根据 GB/T 17651.2—1998《电缆或光缆在特定条件下燃烧的烟密度测定　第 2 部分：实验步骤和要求》规定，最小透光率≥60% 即为低烟电缆[20]。

公共安全行业标准 GA 306.1—2007《阻燃及耐火电缆　塑料绝缘阻燃及耐火电缆分级和要求　第 1 部分：阻燃电缆》按烟密度（最小透光率）将阻燃级别细化为四级：最小透光率≥80% 为 Ⅰ 级，≥60% 为 Ⅱ 级，≥20% 为 Ⅲ 级，<20% 为 Ⅳ 级。Ⅰ 级、Ⅱ 级为无卤低烟型，Ⅲ 级、Ⅳ 级为非无卤低烟型。这样，考虑阻燃特性又考虑烟密度的阻燃级别就比较全面的描述阻燃性能，如 Ⅰ A、Ⅰ B、Ⅰ C、Ⅱ A、Ⅱ B、Ⅱ C、……Ⅳ C 阻燃级别，目前只有辐照阻燃低烟无卤交联聚乙烯绝缘电缆可达 1A 级[21]。

5.2.5　氧指数与阻燃级别之间的联系

阻燃电缆除具有电缆应有的电器性能、理化性能外，还要具有阻燃性能。电缆实现阻燃的方式有两种：一是电缆外包金属套管，二是电缆采用阻燃材料。电缆的阻燃性是通过电缆成束燃烧试验来判定的，材料的阻燃性也可以用有氧指数来判定。

我国电缆厂家按《垂直安装的成束电线电缆火焰垂直蔓延试验》方法来划分阻燃电缆级别，但是目前有些地方的质量监督校验部门和电缆厂本身不具备电缆成束燃烧试验条件，也就无法对电线电缆样品做此项试验。于是就用成本较低的电缆氧指数的大小来判断产品的阻燃性能。

氧指数（OI）是指在规定的试验条件下，固体材料在氧气和氮气混合气流中，刚好能维持平稳燃烧所需的最低氧浓度，以氧的体积百分比表示。

氧指数是判断电线电缆用材料在空气中与火焰接触时燃烧的难易程度的一个重要参数。空气中氧含量为 21%。氧指数高表示材料不易燃烧，氧指数低表示材料容易燃烧。材料的氧指数（OI）与其阻燃性的对应关系如下：OI < 22，易燃材料；OI 在 22 ~ 27，难燃材料；LOI > 27，高难阻燃材料，其阻燃性能很好[22]。

$$OI = (\sum S \times oi) \div \sum S$$

式中　oi——可燃材料的氧指数；

　　　S——可燃材料在电缆中所占的面积。

质量监督检验部门认定，如果该指标符合阻燃指标要求，则判断该产品为阻燃产品，否则为不合格产品。

几种电缆材料氧指数与电缆成束燃烧试验之间的联系见表 5-4。

表 5-4　几种电缆材料氧指数与电缆成束燃烧试验之间的联系[22]

型 号 规 格	电缆外径/mm	试样根数	火焰温度/℃	箱内温度/℃	残焰时间/min	炭化长度/m	成束类别	氧指数
ZR-VV22-0. 6/1—3 × 120 + 1 × 70	50. 0	2	870	26	0	0. 24	C	30
	50. 0	3	875	29	3	0. 52	B	30
	50. 0	5	870	—	—	> 2. 50	A	30
ZR-YJV22-0. 6/1—3 × 185 + 1 × 95	57. 1	2	870	32	0	0. 64	C	30
	57. 1	2	860	31	0	0. 70	B	30
	57. 1	4	865	—	—	> 2. 50	A	30
ZR-YJV22-0. 6/1—3 × 185	54. 6	2	855	33	2	0. 35	C	32
	54. 6	2	870	40	5	0. 42	B	32
	54. 6	4	860	45	7	1. 45	A	32
ZR-BV-0. 6/1—1 × 2. 5	3. 4	2	845	52	12	0. 90	C	30
	3. 4	5	835	68	27	2. 25	B	30
VV-0. 6/1—3 × 35	29. 0	3	850	—	—	> 2. 50	C	27
YJV22-6/6—3 × 25	44. 0	2	845	—	—	> 2. 50	C	27

从表 5-4 可以看出[22]：

1）非阻燃的普通电缆的护套料（PVC）其氧指数为 27，属自息性材料，单根垂直燃烧试验可以通过，但在 C 类成束燃烧时间内试验失败，说明阻燃电缆必须用氧指数大于 30 的阻燃料。

2）护套阻燃（OI≥30），绝缘不阻燃（OI = 27）的 PVC 阻燃电缆，能够轻松通过 C 类成束燃烧试验；如果缆径较大或有铠装结构，也可通过 B 类成束燃烧试验，但不会通过 A 成束燃烧试验。

3）护套阻燃（OI≥30），绝缘不阻燃（OI = 27）的 XLPE 阻燃交联电缆，能够通过 C 类成束燃烧试验；如果缆径较大或有铠装结构，也可通过 B 类成束燃烧试验，但不会通过 A 成束燃烧试验。

4）护套阻燃（OI≥32），绝缘不阻燃的 XLPE 阻燃交联电缆，能够通过 A 类成束燃烧试验。

5）C 类阻燃电线（OI≥30）可以通过 C 类成束燃烧试验，试样碳化长度为 0. 9m，但在 B 类成束燃烧试验时的试样碳化已增长为 2.25m，如果适当提高材料的氧指数可增强产品的阻燃性能。

5.2.6　无卤低烟辐照交联聚乙烯绝缘电缆（阻燃级别ⅠA）

普通的交联聚乙烯绝缘材料不含卤素，虽然燃烧时不会产生大量毒气及烟雾，但不具有阻燃性能，要增加阻燃性能，就需要添加阻燃剂，目前较常用的是添加有卤阻燃剂（如 ZR-YJV 型电缆，ZR-BV 型电线等），这种电线电缆燃烧时会产生大量的有毒烟雾；而添加其他阻燃剂（如氢氧化物等），若采用非辐照的交联工艺，会使电缆的机械及电气性能下降，目前还只有采用辐照交联工艺才能制成不产生大量有毒烟雾，又能保证其机械及电气性能的阻燃电力电缆，如阻燃无卤低烟交联聚乙烯绝缘电力电缆。

辐照交联工艺又称物理交联，是利用电子加速器产生的高能量电子速流，轰击绝缘层和护套，将高分子链打断，被打断的每个断点称为自由基，自由基不稳定，相互之间要重新组合，重新组合后由原来的链状分子结构变成三维网状的分子结构形成交联。此交联方式无高温、无水，即能使聚烯烃交联，又不影响阻燃性能和电气性能，所以阻燃无卤低烟聚烯烃目前只能采用辐照交联的方式。

辐照阻燃无卤低烟交联聚乙烯绝缘电力电缆的性能（摘自上海八方电工集团资料，仅供参考）如下：

1）电气性能。绝缘电阻常数（90℃）：17.6MΩ/km。

2）阻燃性能。电缆燃烧时气体逸出试验：绝缘 pH 值为 6.74（≥4.3），绝缘电导率为 1.18（≤10）μS/mm。电缆燃烧时烟浓度试验：透光率 97%（≥80%）。氧指数：38。碳化高度：≤2.5m；自熄时间：≤60min。上述括号内为ⅠA级阻燃级别（具体划分可参见 5.2.4）技术要求。由此可见，辐照阻燃低烟无卤交联聚乙烯绝缘电力电缆的阻燃性能高于国际ⅠA级的要求。

3）机械物理性能。135℃，168h 空气箱老化试验：老化后抗张强度保留率为 106%，老化后断裂伸长率保留率为 90%。热延伸试验（200℃，15min）：负荷下伸长率≤175%，冷却后永久变形率≤15%。

辐照阻燃无卤低烟交联聚乙烯绝缘电缆允许长期最高工作温度达到 135℃；短路温度在 280℃时，持续时间可达 5min；电缆截面积≤25mm² 敷设时的最小弯曲半径为 7D（D 为电缆外径），电缆截面积>25mm² 敷设时的最小弯曲半径一般为 10D（不同截面积最小弯曲半径略有不同，使用时注意核实），环境温度最低为 -40℃。

辐照阻燃无卤低烟交联聚乙烯绝缘电缆在 90℃工作温度下载流量比同截面的普通交联聚乙烯电缆大，电缆的使用寿命可达 35 年，远高于普通交联聚乙烯电缆寿命（一般为 20 年）。

5.2.7　无卤低烟辐照交联聚乙烯电缆和其他电缆的性价比

上节说明辐照阻燃无卤低烟交联聚乙烯绝缘电缆的绝缘和护套都为阻燃无卤低烟聚乙烯，而且现在绝缘只能采用辐照交联工艺，可达 1A 级。

目前，市场上有一种无卤低烟交联聚乙烯的阻燃电缆，其绝缘层采用的是非阻燃绝缘材料，外护层采用的是无卤低烟阻燃聚乙烯材料，若按 GB/T 18380.3 中 A 类规定的要求，其阻燃特性达到 A 类或超过 A 类，若按 GA 306.1—2007《阻燃及耐火电缆　塑料绝缘阻燃及耐火电缆分级和要求 第1部分：阻燃电缆》标准规定的烟密度（最小透光率）要求，其阻燃级别只能达到Ⅱ级，不能用于要求ⅠA或ⅠB级阻燃要求的建筑物内，其载流量与普通交联聚乙烯电缆相当，不能称之为完全的无卤低烟阻燃交联聚乙烯电缆。在设计选型和安装采购时，要注意这两类电缆的区别，避免造成不必要的损失[21]。表5-5是这3种电缆性价比对照表。

表5-5　电缆性价比对照表[21]

名称	辐照阻燃无卤低烟交联聚乙烯绝缘无卤低烟阻燃聚乙烯护套电缆	交联聚乙烯绝缘无卤低烟阻燃聚乙烯护套电缆	交联聚乙烯绝缘阻燃聚氯乙烯护套电缆
型号	WDZ-ⅠA-YJ(F)E	WDZ-ⅡA-YJE(或WDZ-YJY)	ZR-ⅢA(或B、C)-YJV
导体	GB/T 3953—2009《电工圆铜线》		
绝缘	辐照阻燃无卤低烟交联聚乙烯	交联聚乙烯	
填充	无卤低烟填充	一般填充	
护套	无卤低烟阻燃聚乙烯护套		聚氯乙烯护套
导体允许工作温度	135℃	90℃	
pH值	6.74(接近中性,无毒)	4.3(较强酸性,有毒)	不做要求,剧毒
气体透光率	97%	60%	不做要求
载流量比	1.3	1.0	1.0
价格比	1.14	1.09	1.0
安全及可靠性	很高	较高	一般
使用寿命	长	较长	短

5.2.8　选择无卤低烟辐照交联聚乙烯绝缘电缆的依据

由于在5.1节叙述的有烟有毒电缆在火灾时引起的危害，JGJ 16—2008《民用建筑电气设计规范》（以下简称《民规》）7.4.1条第二款第三项规定："对一类高层建筑以及重要的公共场所等防火要求高的建筑物，应采用阻燃低烟无卤交联聚乙烯绝缘电力电缆、电线或无烟无卤电力电缆、电线。"虽然"阻燃低烟无卤交联聚乙烯绝缘电力电缆"制造需要特殊的辐照交联工艺，可能电缆的成本较高些，但是《民规》的这项"严格"规定是非常必要的。

5.2.9　无卤低烟阻燃电缆的型号、名称和规格

无卤低烟阻燃电力电缆，各生产厂的表示方法不尽相同，无卤低烟阻燃电力电缆一般以"WDZ"表示，在其后面再注明电缆的阻燃类别代号"（A）"、"（B）"或"（C）"。未注代号者可视为C类阻燃电缆。这里介绍的是宝胜集团的35kV及以下交联聚乙烯绝缘无卤低烟阻燃电力电缆。其他阻燃电缆的一般型号参见10.2节中的2.的内容。

（1）适用范围

该电缆在着火后不延燃，具有无卤、低烟、无毒、无腐蚀等特性，适用于核电站、地下设施、隧道、高层建筑以及广播电视台等场合，作固定敷设在额定电压35kV及以下的电力线路中传输电能之用。

（2）技术特点

电缆导体长期允许最高工作温度为90℃。短路时（最长持续时间不超过5s），电缆导体的最高温度不超过250℃。电缆的敷设温度不低于0℃。最小弯曲半径：无铠装层外径为40mm及以下电缆应不小于电缆外径的8倍，其余电缆应不小于电缆外径的16倍。

（3）燃烧性能

1）腐蚀性试验：pH值≥4.3，电导率10MS/min。

2）电缆燃烧发烟量试验：透光率≥60%。

3）电缆阻燃试验：通过GB/T 12666.5—1990《电线电缆燃烧试验方法　第5部分：成束电线电缆燃烧试验方法》规定的成束A类（或B类或C类）燃烧试验要求。

（4）35kV及以下交联聚乙烯绝缘无卤低烟阻燃电缆的型号、名称和规格见表5-6和表5-7。

表5-6　35kV及以下交联聚乙烯绝缘无卤低烟阻燃电缆的型号、名称和规格（1）

型　号		名　称	芯数	额定电压/kV					
				0.6/1	1.8/3	3.6/6, 6/6	6/10, 8.7/10	8.7/15	18/20, 26/35
				标称截面积/mm²					
WDZA-YJY	WDZA-YJLY	交联聚乙烯绝缘无卤低烟A(B或C)类阻燃电力电缆	1	2.5 ~ 1 000	10 ~ 1 000	25 ~ 1 000	25 ~ 1 000	35 ~ 1 000	50 ~ 1 000
WDZB-YJY	WDZB-YJLY								
WDZC-YJY	WDZC-YJLY								
WDZA-YJY33	WDZA-YJLY33	交联聚乙烯绝缘细铜丝铠装无卤低烟A(B或C)类阻燃电力电缆		10 ~ 1 000	10 ~ 1 000	25 ~ 1 000	25 ~ 1 000	35 ~ 1 000	50 ~ 1 000
WDZB-YJY33	WDZB-YJLY33								
WDZC-YJY33	WDZC-YJLY33								
WDZA-YJY43	WDZA-YJLY43	交联聚乙烯绝缘粗铜丝铠装无卤低烟A(B或C)类阻燃电力电缆		10 ~ 1 000	10 ~ 1 000	25 ~ 1 000	25 ~ 1 000	35 ~ 1 000	50 ~ 1 000
WDZB-YJY43	WDZB-YJLY43								
WDZC-YJY43	WDZC-YJLY43								

注：本表中的33或43铠装标注的是铜丝，可以采用其他非磁性金属材料。

表5-7　35kV及以下交联聚乙烯绝缘无卤低烟阻燃电缆的型号、名称和规格（2）

型　号		名　称	芯数	额定电压/kV					
				0.6/1	1.8/3	3.6/6, 6/6	6/10, 8.7/10	8.7/15	18/20, 26/35
				标称截面积/mm²					
WDZA-YJY	WDZA-YJLY	交联聚乙烯绝缘无卤低烟A(B或C)类阻燃电力电缆	2 3 4 5	2.5 ~ 400	10 ~ 300	25 ~ 300	25 ~ 300	25 ~ 300	25 ~ 300
WDZB-YJY	WDZB-YJLY								
WDZC-YJY	WDZC-YJLY								
WDZA-YJY23	WDZA-YJLY23	交联聚乙烯绝缘钢带铠装无卤低烟A(B或C)类阻燃电力电缆	3 + 1 3 + 2 4 + 1	4 ~ 400	10 ~ 300	25 ~ 300	25 ~ 300	25 ~ 300	25 ~ 300
WDZB-YJY23	WDZB-YJLY23								
WDZC-YJY23	WDZC-YJLY23								

（续）

型　号		名　称	芯数	额定电压/kV					
				0.6/1	1.8/3	3.6/6、6/6	6/10、8.7/10	8.7/15	18/20、26/35
				标称截面积/mm²					
WDZA-YJY33	WDZA-YJLY33	交联聚乙烯绝缘细钢丝铠装无卤低烟A（B 或C）类阻燃电力电缆	2 3 4 5	4 ~ 400	10 ~ 300	25 ~ 300	25 ~ 300	25 ~ 300	25 ~ 300
WDZB-YJY33	WDZB-YJLY33								
WDZC-YJY33	WDZC-YJLY33								
WDZA-YJY43	WDZA-YJLY43	交联聚乙烯绝缘粗钢丝铠装无卤低烟A（B 或C）类阻燃电力电缆	3 + 1 3 + 2 4 + 1	4 ~ 400	10 ~ 300	25 ~ 300	25 ~ 300	25 ~ 300	25 ~ 300
WDZB-YJY43	WDZB-YJLY43								
WDZC-YJY43	WDZC-YJLY43								

5.2.10　对无卤低烟阻燃电缆的两种不妥标注

有些图样上标注无卤低烟交联聚乙烯电缆不妥，如 WDZR-YJV 或 WDZ-YJY，应注意。

WDZR-YJV 是错误标注，是因为 YJV 的"YJ"表示交联聚乙烯绝缘，普通交联聚乙烯绝缘材料不含卤素，燃烧时不会产生大量毒气及烟雾，但不"阻燃"；而 YJV 的"V"表示聚氯乙烯（PVC）做护套，普通的聚氯乙烯护套氧指数就能达到 26 左右，加入阻燃剂后可阻燃，尽管做护套的材料量与做绝缘的材料相比，在数量上要少些，但聚氯乙烯含有卤族元素氯，燃烧时候正是氯产生有毒的氯化氢和浓烟，这和"WD"表示的无卤低烟是冲突的。交流聚乙烯电缆如果希望达到无卤低烟，目前比较常用的是采用聚烯烃做护套，如采用聚乙烯做护套，标注为 YJY。正确的标注可参考表 5-6 和表 5-7 中的型号。

WDZ-YJY 标注不妥，是因为"WDZ"的概念容易引起误会，其一，"WDZ"中的"Z"表示单根阻燃的性能，见表 5-8（GB/T 19666—2005《阻燃和耐火电线电缆通则》中规定的性能），因为电缆通过单根燃烧试验合格，并不意味其在多根成束敷设条件下仍具有阻燃性。这种标注不符合国内电缆制造厂按成束试验方法来考核阻燃电缆的实际。其二，"WDZ"未标注阻燃代号，可以视为"成束试验方法"的 C 类阻燃电缆。建议应该标注出不同的阻燃等级 ZA、ZB 及 ZC 等，如"WDZC-YJY"。

表 5-8　单根阻燃电缆性能要求[20]

代号	试样外径① D/mm	供火时间/s	合格指标	实验办法
Z	D ≤ 25	60	试样烧焦应不超过距上夹具下缘 50 ~ 540mm 的范围之外	GB/T 18380.1 GB/T 18380.2②
	25 < D ≤ 50	12		
	50 < D ≤ 75	240		
	D > 75	480		

①　对非圆形电缆或光缆如扇形电缆，应测量其周长并换算成等效直径。

②　直径 0.4 ~ 0.8mm 实芯铜导体和截面积为 0.1 ~ 0.5mm² 绞合铜导体电线电缆采用 GB/T 18380.2。

5.2.11　选用阻燃电缆应注意的问题

实际工程是复杂的，在设计中应如何确定阻燃电缆的类别，提出以下注意点供读者参考。

1) 由于含卤阻燃电缆（包括普通阻燃电缆、低烟阻燃电缆）在燃烧时会释放具有腐蚀性的卤酸气体，大大阻碍了消防人员的工作，从而耽误救火时间并加剧火势蔓延，因此在人口密度较高的公众场所应尽量选用无卤低烟阻燃的电缆。在人口密度较小的作业区可以选用任意一种阻燃电缆。

2) 电缆敷设的环境。电缆受外火源侵袭几率的多少和着火后延燃成灾的可能性大小主要取决于电缆敷设的环境。如直埋或单独穿管的（金属、石棉、水泥管）可以考虑用非阻燃电缆。而置于半密闭桥架、槽盒或专用带盖板电缆沟的，可适当降低阻燃要求，如该选用B类的退而选用C类。如此考虑是因为上述的环境受外因侵袭少，即是着燃，由于空间狭小闭塞也容易自熄，不易成灾。反之，室内明敷，穿房爬梯，或者暗道、夹层、隧洞廊道，这些环境人迹火种容易达到，且着火后空间相对较大，空气容易流通，其阻燃等级应适度从严。当上述环境处于高温（炉前、炉后）或易燃易爆（化工、石油、矿井）环境时则必须从严处理，宁高勿低。

3) 电缆敷设数量。电缆数量的多少是确定阻燃类别高低的基础之一。在计算电缆容量的时候，同一通道的概念，是指电缆着燃时，其火焰或热量，可以不受阻挡地辐射到临近电缆并能够将其引燃的空间。譬如有防火板相互隔离的桥架或槽盒。若上下或左右无任何防火隔离，一旦着火互相辅助者，其电缆容量计算时，以统一纳入为宜。

4) 电缆的粗细。同一通道内电缆容量确定后，若电缆外径细（$\phi20mm$以下）的较多，则阻燃类别宜从严处置。若粗（$\phi40mm$以上）的居多，宜偏向低级别。这是因为细电缆吸热量小，易引燃，而粗电缆热容量大，不易引燃。大火形成灾关键是引燃，引而不燃火自熄，燃而不熄火成灾。

5) 阻燃与非阻燃电缆不宜在同一通道中并列敷设。不同阻燃类别的阻燃电缆也不宜并列敷设。在同一通道中敷设电缆，其阻燃等级以一致或接近为宜，低级别或非阻燃电缆的延燃，对于高级别的阻燃电缆而言即为外火源存在，此时即使A类阻燃电缆也有着烧的可能。

6) 视工程的重要程度和火灾的危害程度而异。对于重要、重大工程用电缆，如重要党政机关的办公大楼、超高层或高层建筑、银行金融中心、大型特大型人流集散场所等，在其他因素同等条件下其阻燃类别宜偏高、偏严。

7) 动力电缆与非动力电缆应相互隔离布设。相对而言动力电缆容易起火，因为它是发热的，而且有短路击穿的可能。非动力控制、信号电缆因电压低，负荷小处于冷态，本身不易自发起火，因此建议在同一空间二者隔离布设，并且动力电缆在上，控制电缆在下（火热朝上），还要在中间加防火隔离措施，防止着燃物溅落。

8) 设计人员提供订货清册时应标明阻燃电缆的类别。订货单位要购买打印有阻燃类别标志的电缆，如在订购无卤低烟ⅠA级阻燃交联聚乙烯电缆时，不要漏掉电缆绝缘一定采用辐照交联工艺的要求。一是以防假货，二是火灾事故发生时，用户或有关单位可按标定的阻燃类别进行复测，作为追究法律责任的凭证。

9) 从外观上无法区分阻燃电缆的A、B、C类别，只有靠制造厂家进行供货保证，因此在设计和订货时应慎重选择制造厂家。

5.3　耐火电力电缆

5.3.1　耐火和阻燃电缆的不同点

　　耐火电缆和阻燃电缆同样没有预防火灾的功能，它是在着火燃烧时仍能保持一定时间的正常运行。通俗地讲就是，万一失火，电缆不会一下就燃烧，也不是不怕燃烧，只是在一段时间内给主要电器设备保持不断的电源供给和控制，主要设备是指消防水泵、油罐区的泡沫库泵、油码头和油罐区电动泡沫炮和水炮的电动机、火灾自动报警系统等。这也就是为什么有了阻燃电缆后，还要采用耐火电缆的道理。耐火电缆与阻燃电缆的主要区别：耐火电缆在火灾发生时能维持一段时间（实验要求 90min）的正常供电，保证电力和通信的畅通，最大限度地赢得宝贵的抢救时间，减少人员的伤亡和生命财产的损失，而阻燃电缆不具备这个特性。此外，阻燃实验和耐火实验是两种不同的实验，所以阻燃和耐火是不同的燃烧特性，不是档次高低。如果电缆通过阻燃实验，则为阻燃电缆。若电缆通过耐火实验，则为耐火电缆，此时该电缆不一定是阻燃的。只有即通过阻燃实验，又通过耐火实验，该电缆才为阻燃耐火电缆。一般耐火电缆不是耐高温电缆，当电缆线芯温度或环境温度超过电缆的允许范围时，电缆的外护套层和内绝缘层材料将老化而龟裂，其云母耐火带挡不住潮气的侵入而很快被击穿。因此，一般耐火电缆的长期温度和普通电缆是一样的，允许使用的环境温度也是一样的。耐火电缆根据其非金属材料的阻燃性能，可分为阻燃耐火电线电缆和非阻燃耐火电线电缆[19]。

5.3.2　耐火电缆的结构、材料和工艺

　　耐火电缆按结构、材料和工艺的不同，主要有三种类型[19]：

1. 用无机材料与一般有机绝缘材料复合构成的复合绝缘电缆

　　该电缆耐火层采用耐火云母带绕包在普通导体外。这种电缆工艺简单，价格较低，制造长度和使用范围不受影响，耐火性能较好，国内生产的耐火电缆多属此种，这种耐火电缆的结构和普通电缆基本相同，不同之处在于耐火电缆的导体采用耐火性能好的铜导体（铜的熔点为 1 083℃），并在导体和绝缘层间增加耐火层。耐火层由两层或多层云母带重叠绕包而成。因为不同云母带的允许工作温度差别大，所以电缆耐火性能的关键是云母带。这节主要介绍这种耐火电缆。

2. 耐火硅橡胶绝缘耐火电力电缆

　　该电缆绝缘采用陶瓷化高分子复合耐火硅橡胶，它以硅橡胶为基料及载体，加入无机硅粉状填充剂、结构控制剂，以及其他助剂，在常温下无毒、无味，具有耐高、低温、耐臭氧老化、耐气候老化及优良的电绝缘性能，也具备了普通硅橡胶的良好的加工性能。因此，它具有较好的耐火性能，能够抵御火灾现场水浇和间接的机械振动，但这种材料我国还不能大批量生产，主要靠进口。价格偏高，制造及应用受限制。

3. 矿物绝缘电缆

　　该电缆又称氧化镁（氧化镁熔点为 2 800℃）绝缘电缆，简称 MI（minerl insulated）电缆。采用氧化镁作绝缘材料，无缝铜管作护套，经特殊工艺制作将铜导线嵌置在内有紧密压实的氧化镁的无缝铜管中而成，由于电缆全部由无机材料构成，不会引发和传播火种，无缝

铜管的护套不透水、油和气体，所以它具有优良的防火、防爆、耐高温、耐腐蚀等特性，应用于要求特别安全或高环境温度、高辐射强度的场所。该电缆的长期使用温度为 250℃，在 950~1 000℃可持续供电 3h。绝缘电缆的耐火性能超过 A 类。但该类电缆价格贵、制造长度受限制。较详细的内容可参见 5.5 节内容。

5.3.3　A、B 两类耐火电线电缆

根据 GB/T 12666.6—1990《电线电缆燃烧试验　第 6 部分：电线电缆耐火特性试验方法》规定，按电缆燃烧时燃烧温度的不同来分类：A 类耐火电缆，它能够在 950~1 000℃火焰中和额定电压下耐受至少 90min 而电缆不被击穿（即 3A 熔断丝不熔断）；B 类耐火电缆，它能够在 750~800℃火焰中和额定电压下耐受至少 90min 而电缆不被击穿（即 3A 熔断丝不熔断）。在实验中，将电缆水平固定，在规定的温度及规定的时间内持续燃烧，并在实验期间接通电源，在试样上施加工作电压，以考核电缆在规定的条件下是否能够维持正常工作。如果在规定的实验期间电缆试样不击穿，则可判定该电缆为耐火电缆。

关于耐火电缆的额定电压说明如下：由于耐火电线电缆的服务对象基本是低压线路和低压电器设备，其额定电压通常不会超过 1 000V，电压越高，制造难度越大，成本也越高。目前，我国耐火电力电缆额定电压可达 0.6~1kV，耐火控制电缆为 450~750V，耐火电线为 300~500V。

A 类耐火电缆的耐火性能优于 B 类。各厂家的标注不尽相同，用户在订购耐火电缆时应根据需要在规定的型号"NH"后注明类别代号"（A）"或"（B）"。B 类也可不标注[23]。

5.3.4　低压耐火电缆的型号、名称和规格

目前，对低压耐火电缆尚没有统一的标准规范，不同厂家生产的型号、结构也不同。这里介绍的是江苏宝胜集团的 0.6/1kV 及以下耐火电缆。其他耐火电缆的一般型号可参见第 10.2 节中 3. 的内容。

（1）适用范围

该电缆适用于交流工频电压为 0.6/1kV 及以下电力线路作传输电能用。该电缆除具有普通塑料电力电缆的特性外，还具有在万一发生火灾燃烧时，仍能保证在一定时间内正常通电的特性。特别适用于火灾报警、消防设备、紧急疏散等火灾应急系统的配电。

（2）技术特点及使用条件

1）能经受工频耐压试验为 3 500V、5min 不击穿。对于单芯电缆，则能经受浸水耐压试验。

2）电缆耐火性能符合 GB/T 12666.6—1990《电线电缆燃烧试验第 6 部分：电线电缆耐火特性试验方法》的 A 类或 B 类耐火试验要求，具体可参考 5.3.3 的有关内容。

3）交联聚乙烯绝缘电缆导体长期允许最高工作温度为 90℃。

4）短路时（最长持续时间不超过 5s），电缆导体的最高温度不超过 250℃。

5）电缆的敷设温度不低于 0℃。

6）单芯电缆的允许弯曲半径不小于电缆外径的 40 倍；多芯电缆的允许弯曲半径不小于电缆外径的 30 倍。

（3）0.6/1kV 及以下交流聚乙烯绝缘耐火电缆型号、名称和规格

见表 5-9。

表 5-9　0.6/1kV 耐火电缆型号、名称和规格

型号	名称	芯数	标称截面积/mm²
NH A(B)-YJV	铜芯交联聚乙烯绝缘聚氯乙烯护套 A(B)级耐火电力电缆	1	1.5～1 000
NH A(B)-YJV22	铜芯交联聚乙烯绝缘钢带铠装聚氯乙烯护套 A(B)级耐火电力电缆		
NH A(B)-YJV32	铜芯交联聚乙烯绝缘细铜丝铠装聚氯乙烯护套 A(B)级耐火电力电缆		10～300
NH A(B)-YJV42	铜芯交联聚乙烯绝缘粗铜丝铠装聚氯乙烯护套 A(B)级耐火电力电缆		
NH A(B)-YJV	铜芯交联聚乙烯绝缘聚氯乙烯护套 A(B)级耐火电力电缆	2	1.5～185
NH A(B)-YJV22	铜芯交联聚乙烯绝缘钢带铠装聚氯乙烯护套 A(B)级耐火电力电缆		
NH A(B)-YJV32	铜芯交联聚乙烯绝缘细铜丝铠装聚氯乙烯护套 A(B)级耐火电力电缆		4～185
NH A(B)-YJV42	铜芯交联聚乙烯绝缘粗铜丝铠装聚氯乙烯护套 A(B)级耐火电力电缆		
NH A(B)-YJV	铜芯交联聚乙烯绝缘聚氯乙烯护套 A(B)级耐火电力电缆	3	1.5～300
NH A(B)-YJV22	铜芯交联聚乙烯绝缘钢带铠装聚氯乙烯护套 A(B)级耐火电力电缆		
NH A(B)-YJV32	铜芯交联聚乙烯绝缘细钢丝铠装聚氯乙烯护套 A(B)级耐火电力电缆		4～300
NH A(B)-YJV42	铜芯交联聚乙烯绝缘粗钢丝铠装聚氯乙烯护套 A(B)级耐火电力电缆		
NH A(B)-YJV	铜芯交联聚乙烯绝缘聚氯乙烯护套 A(B)级耐火电力电缆	3+1	4～300
NH A(B)-YJV22	铜芯交联聚乙烯绝缘钢带铠装聚氯乙烯护套 A(B)级耐火电力电缆		
NH A(B)-YJV32	铜芯交联聚乙烯绝缘细钢丝铠装聚氯乙烯护套 A(B)级耐火电力电缆	4	
NH A(B)-YJV42	铜芯交联聚乙烯绝缘粗钢丝铠装聚氯乙烯护套 A(B)级耐火电力电缆		

注：1. 单芯或双芯 NH A(B)-YJV22，电缆只允许用于直流场合，可按用户要求生产 5 芯或其他型号规格的耐火电力电缆。单芯或双芯中的 32 或 42 铠装标注的是铜丝，可以采用其他非磁性金属材料。

2. 根据需要在"NH"后注明类别代号"(A)"或"(B)"。

3. NH A(B)-YJV 用于固定敷设的耐火场合；NH A(B)-YJV22 用于承受较大机械外力固定敷设的耐火场合；NH A(B)-YJV32 和 NH A(B)-YJV42 用于承受较大机械外力、抗拉强度要求高固定敷设的耐火场合。

5.3.5　中高压耐火电力电缆

中、高压交联聚乙烯绝缘耐火电缆的结构，不能采取 1kV 及以下电压的导体上绕包耐火云母带的方式，也不能采取铜芯铜护套氧化镁绝缘方式。目前，没有中高压电缆的耐火实验方法的国家标准，无锡市沪安电线电缆有限公司会同上海电缆研究所，制定了中高压电缆的耐火实验的企业标准。该公司采用绝热层、阻燃降温层和挡火层组合的耐火结构，通过了企业标准。研制的中高压电缆由外至内的结构为外护套层、挡火层、降温层、绝热层、外屏蔽层、绝缘层、导体屏蔽层和导体。

外护套层起到阻燃作用；挡火层由金属材料构成，起到挡火的作用；降温层采用专门研制的挤出阻燃型降温材料，该材料在高温条件下会放出大量水分，水分蒸发会吸收大量的热量，从而在一定时间内从电缆表面到内部形成温度梯度；绝热层采用具有良好绝热性能的材料，阻止高温传递到绝缘层。

由于加上了多层阻隔，使空气中的氧气不能渗入电缆绝缘层，从而达到绝缘线芯的绝缘层只软化（交联聚乙烯不融化），不产生氧化分解的效果，保证火灾时电缆能在规定的 90min 内正常工作。通过挡火层、降温层、绝缘层的协同作用，最终实现耐火的目的。

阻燃型降温材料以聚乙烯为基体捏合了大量氢氧化镁或氢氧化铝，其阻燃降温原理如下：一是氢氧化物被燃烧时吸收周围空气中的大量热量，因该反应为吸热反应；二是生成的水分子，蒸发过程中也需要吸收大量热能，这降低了燃烧现场的温度；三是产生了不溶的金属氧化物结壳，阻止了氧气与有机物的接触。所以阻燃降温层是采用吸热与隔氧的方法进行阻燃降温的。

绝热层采用绝热性能优良的陶瓷材料，它的隔热效果特别优良，保证了外部的热量不易传导到电缆的绝缘层上，从而保护了电缆的绝缘芯线。

挡火层采用绕包或纵包的金属带构成。金属材料可以挡住炎热的火焰进一步伤害电缆，使电缆结构稳定。

其他结构材料选用与普通的中高压电缆相同的材料。使研制的高中压耐火电缆的电气性能经国家电线电缆质量监督检测中心检测，符合企业标准要求，获得国家专利[24]。

5.3.6　选用耐火电缆应注意的问题

根据耐火电缆的具体特性，在工程设计中应注意的问题如下：

1）当耐火电缆用于电缆密集的电缆隧道、电缆夹层中，或位于油管、油库附近、大型油码头等易燃场所时，应首选 A 类耐火电缆。除此外，在配置电缆数量少的情况下，可采用 B 类耐火电缆。

2）当耐火电缆应用于发生火灾时需要继续工作的设备，如消防泵，油库或油码头的电动泡沫炮和消防炮、消防电梯、消防排烟机，地铁中的消防用排烟机、应急疏散照明和指示灯等。由于火灾时环境温度急剧上升，为保证线路的输送容量，降低电压，对于供电线路较长且严格限定电压降的回路，应将耐火电缆截面积至少放大一级。

3）一般耐火电缆不是耐高温电缆，它的长期工作温度和普通电缆是一样的，允许的环境温度也是一样的。当电缆线芯温度或环境温度超过电缆的允许范围时，电缆的外护套层和内绝缘层将老化，一旦外护套层和内绝缘层材料因老化而龟裂，其云母耐火带挡不住潮气的侵入而很快被击穿，因此一般耐火电缆不能当作耐高温电缆使用。

4）耐火电缆根据其非金属材料的阻燃性能，可分为阻燃耐火电缆和非阻燃耐火电缆。当耐火电缆在桥架内成束敷设时，应采用阻燃型耐火电缆。

5）在安装中应尽量减少接头数量，以降低电缆接头在火灾事故中的故障几率。如果需要做分支接线，应对接头作好防火处理。

6）设计人员提供订货清册时应标明防火电缆的类别。订货单位要购买打印有防火类别标志的电缆。一是以防假货，二是火灾事故发生时，用户或有关单位可按标定的防火类别进行复测，作为追究法律责任的凭证。

5.3.7　无卤低烟阻燃耐火电缆的型号、名称和规格

5.3.1 节说明若电缆通过耐火实验，则为耐火电缆，此时该电缆不一定是阻燃的。只有即通过阻燃实验，又通过耐火实验，该电缆才为阻燃耐火电缆。目前，尚没有统一的标准规范，不同厂家生产的型号、结构也不同。这里介绍的是江苏宝胜集团的几种 0.6/1kV 无卤低烟阻燃耐火电缆。

（1）适用范围

该电缆适用于交流工频电压为 0.6/1kV 及以下设备、火灾报警和消防设备、紧急通道运输、照明等应急设备的供电线路中要求耐火的场合。特别适用于地铁、地下商场、高层建筑、智能通信大楼、电站等安全要求高的重要场所。

（2）技术特点

该电缆具备无卤低烟阻燃电力电缆的一切特性。在 800℃ 及以下火焰环境中燃烧，能够

保证通电 180min 以上，比常规耐火时间延长一倍，更具安全性。

能经受工频耐压试验为 3 500V、5min 不击穿。电缆导体长期允许最高工作温度为 90℃。短路时（最长持续时间不超过 5s），电缆导体的最高温度不超过 250℃。电缆的敷设温度不低于 0℃。单芯电缆的允许弯曲半径不小于电缆外径的 20 倍；多芯电缆的允许弯曲半径不小于电缆外径的 15 倍。

（3）燃烧性能

1）卤素气体释放量试验，pH 值≥4.3，电导率 10MS/min。

2）电缆燃烧发烟量试验，透光率≥60%。

3）电缆耐火试验，通过 GB/T 12666.6—1990《电线电缆燃烧试验 第 6 部分：电线电缆耐火特性试验方法》规定的 B 类耐火试验要求。

4）电缆阻燃试验，通过 GB/T 12666.5—1990《电线电缆燃烧试验方法 第 5 部分：成束电线电缆燃烧试验方法》规定的成束 A 类（或 B 类或 C 类）燃烧试验要求。

（4）无卤低烟阻燃电力电缆的型号、名称和规格

见表 5-10。

表 5-10　0.6/1kV 无卤低烟阻燃耐火电缆的型号、名称和规格

产品型号	产品名称	芯数	导体标称截面积/mm²
WDZANB-YJY	铜芯交联聚乙烯绝缘聚烯烃护套 A 类无卤低烟阻燃 B 类耐火电力电缆	1	2.5 ~ 1 000
WDZBNB-YJY	铜芯交联聚乙烯绝缘聚烯烃护套 B 类无卤低烟阻燃 B 类耐火电力电缆		
WDZANB-YJY23	铜芯交联聚乙烯绝缘钢带铠装聚烯烃护套 A 类无卤低烟阻燃 B 类耐火电力电缆		
WDZBNB-YJY23	铜芯交联聚乙烯绝缘钢带铠装聚烯烃护套 B 类无卤低烟阻燃 B 类耐火电力电缆		
WDZANB-YJY33	铜芯交联聚乙烯绝缘钢丝铠装聚烯烃护套 A 类无卤低烟阻燃 B 类耐火电力电缆		
WDZBNB-YJY33	铜芯交联聚乙烯绝缘钢丝铠装聚烯烃护套 B 类无卤低烟阻燃 B 类耐火电力电缆		
WDZANB-YJY	铜芯交联聚乙烯绝缘聚烯烃护套 A 类无卤低烟阻燃 B 类耐火电力电缆	2	4 ~ 240
WDZBNB-YJY	铜芯交联聚乙烯绝缘聚烯烃护套 B 类无卤低烟阻燃 B 类耐火电力电缆	3	
WDZANB-YJY23	铜芯交联聚乙烯绝缘钢带铠装聚烯烃护套 A 类无卤低烟阻燃 B 类耐火电力电缆	4	
WDZBNB-YJY23	铜芯交联聚乙烯绝缘钢带铠装聚烯烃护套 B 类无卤低烟阻燃 B 类耐火电力电缆	5	
WDZANB-YJY33	铜芯交联聚乙烯绝缘钢丝铠装聚烯烃护套 A 类无卤低烟阻燃 B 类耐火电力电缆		
WDZBNB-YJY33	铜芯交联聚乙烯绝缘钢丝铠装聚烯烃护套 B 类无卤低烟阻燃 B 类耐火电力电缆		

注：单芯电缆需铠装时，导体截面积应不小于 10mm²，且应采用非磁性材料结构。

5.3.8　无卤低烟阻燃耐火电缆在地铁的应用实例

【例 5-1】　城市地铁车站属于人员密集的公共场所，地铁站之间的区间隧道里有许多的电力电缆和控制信号电缆，这些区域应选择无卤低烟的阻燃、耐火电缆。2008 年，某城市的地铁二号线、八号线对低压配电与照明的电线电缆的选择总体要求为：阻燃耐火电缆应选用 WDZBNB-YJY—1kV，即选用绝缘等级为 1kV 交联聚乙烯绝缘聚烯烃护套 B 类无卤低烟阻燃 B 类耐火电力电缆；控制电缆应选用 WDZBNB-KYJYP—1kV，即选用绝缘等级为 1kV 交联聚乙烯绝缘聚烯烃护套 B 类无卤低烟阻燃 B 类耐火屏蔽控制电缆（K 表示控制电缆。P 表示屏蔽电缆）；电线的选用为 WDZBNB-BYJR—500V 和 WDZBNB-BYJS—500V，即选用绝缘等级为 500V 交联聚乙烯绝缘 B 类无卤低烟阻燃 B 类耐火软（或信号）电线（R 表示软电缆；S 表示信号电缆）。典型地铁车站和区间（区间小于 2km）的消防应急照明、疏散指示控制方案如图 5-1 所示。

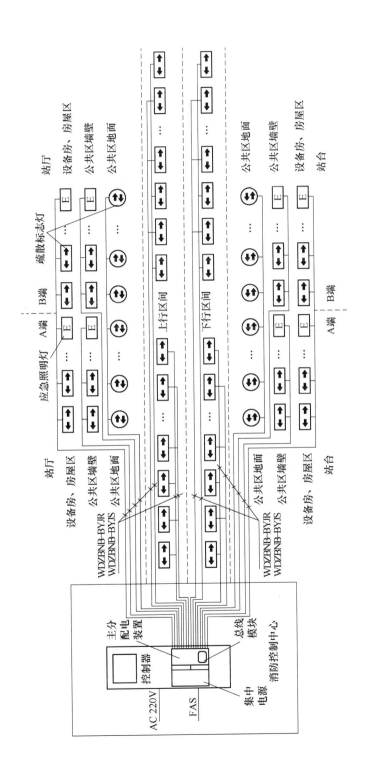

图5-1　典型地铁车站和区间的消防应急照明、疏散指示控制方案图

5.4 阻燃、耐火电缆适用场合的选择

在5.2.11 和5.3.6 介绍了在工程中选用阻燃、耐火电缆时应注意的一些问题。在此介绍阻燃、防火电缆适用场合的选择（见表5-11），供设计人员选型时参考。

表5-11 阻燃、耐火电缆适用场合的选择

使用场合			电 缆 名 称				
			阻燃电缆	低卤低烟阻燃电缆	无卤低烟阻燃电缆	耐火电缆	无卤低烟耐火电缆
高密度人口区	公共交通	地铁车站	不适用	尚可用 不推荐	适用	不适用	适用
		隧道	不适用	—	适用	不适用	适用
		机车车辆	不适用	—	尚可用 不推荐	不适用	适用
	建筑物（高楼、会场、影院、剧场、购物中心、图书馆）		不适用	尚可用 不推荐	适用	尚可用 不推荐	适用
	石油工业（近海石油平台）		不适用	尚可用 不推荐	适用	不适用	适用
	其他工业		不适用	尚可用 不推荐	适用	不适用	适用
低密度人口区	电力（发电和配电）		尚可用	可用	适用	不适用	适用
	石油工业（炼油厂）		尚可用	可用	适用	尚可用	适用
	化学工业中心		尚可用	可用	适用	尚可用	适用
	其他工业		尚可用	可用	适用	尚可用	适用
	各种区域的应急（报警、照明、通风、动力、泵等）		不适用	不适用	不适用	尚可用	适用

5.5 矿物绝缘电缆（超 A 类耐火）

5.5.1 矿物绝缘电缆的概述和优良特性

矿物绝缘电缆（即 MI 电缆）由载流铜导体、氧化镁绝缘层和铜护套三部分组成。它是在同一金属护套内，由经压缩的矿物粉绝缘的一根或数根导体组成的电缆。矿物绝缘电缆与普通塑料电缆在材料上最大的区别在于完全由无机材料组成，包括铜导体熔点为 1 083℃、高纯度氧化镁矿物熔点为 2 800℃、无缝连续铜管护套熔点为 1 083℃。在某些场所使用时具有其他电缆无法替代的优越性，它的特性如下：

1. 耐火性能超过 A 类

矿物绝缘电缆的绝缘材料为氧化镁，氧化镁的熔点高达 2 800℃，在这个温度以下，氧化镁不会产生任何有害气体，其本身不会燃烧，也不会助燃，在火灾情况下，仍能保持良好的绝缘状态。矿物绝缘电缆的外护套采用铜护套，铜也是无机材料，熔点为 1 083℃，同样

具有不燃烧和不助燃的特点。矿物绝缘电缆可在接近铜的熔点下持续运行，试验证明矿物绝缘电缆在950～1 000℃高温条件下持续运行3h。国内外的很多火灾现场也充分证明火灾后的所有电缆中，仅有矿物绝缘电缆完好无损并能保持连续供电。由此可见，矿物绝缘电缆具有非常优秀的耐火、耐高温的性能，其耐火性能超过 A 类。

2. 无烟无毒

塑料电缆过载和遇到外部火灾时会产生大量的烟雾和有毒气体，是火灾中人员死亡的主要致命因素。即使是无卤低烟电缆，在燃烧时也会产生一些烟雾和少量有害气体，而矿物绝缘电缆与普通塑料在材料上的最大区别在于全部由无机材料组成，因此即使遇到外部火灾。也不会产生任何有害气体和烟雾。这对火灾时确保消防设备连续供电和人员（包括消防救援人员）安全至关重要。

3. 载流量大

氧化镁绝缘材料的导热系数远大于塑料绝缘材料，截面积相同的情况下能比其他电缆传送更高的电流（可参考表5-15～表5-18），而且该电缆还可耐受相当大的过载。在敷设时不需要穿管或用密封桥架保护，因此可以比塑料绝缘电缆考虑更少的降容。

4. 耐高温

矿物绝缘电缆可在250℃高温下连续正常工作，在紧迫情况下，甚至可在接近铜的熔点1 083℃下短时工作。铜护套在1 083℃熔融，而氧化镁材料的熔点为2 800℃，在此温度下不会有变化。

5. 防爆

矿物绝缘电缆由无缝铜护套、紧密压实的氧化镁绝缘材料和铜线芯组成，可经受巨大外界冲击力，在易燃易爆环境中杜绝由电缆引起的连锁性爆炸。

6. 耐腐蚀性高

矿物绝缘电缆的铜护套是无缝的金属铜管，能阻止水、油和气体的渗透，可以在水中敷设长期使用。因为铜本身具有良好的耐腐蚀性，在大多数情况下，不需要采取附加保护措施。但在部分对铜有腐蚀作用的特殊场合（如有氨及氨气的环境）下敷设时，应在铜护套外加聚氯乙烯护套，如图5-2所示。使用聚氯乙烯外护套矿物绝缘电缆，因塑料只占很小部分，即使周围烧起来，有害气体的释放量也要比其他电缆低得多。

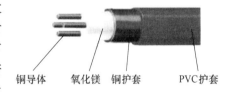

铜导体　　氧化镁　铜护套　　　　PVC护套

图5-2　外加聚氯乙烯护套
的矿物绝缘电缆结构

7. 机械强度高

矿物绝缘电缆的铜护套有一定的强度和韧性，氧化镁在制造电缆时又经高度压缩，故电缆在弯曲、压扁和扭转变形时，线芯之间及线芯与护套之间的相对位置能保持不变，不会短路。它可经受剧烈的机械破坏而不会损害其导电性能，在电缆外径变形到2/3的情况下仍可正常工作。

8. 固定敷设接地可靠

一般不需要独立的接地电线，矿物绝缘电缆的铜护套本身可作接地 PE 线使用，即可靠又节约了线材，可提供较好的低接地电阻。

9. 弯曲半径小，安装方便

矿物绝缘电缆在形成成品前都经过 650～700℃ 的高温退火，电缆具有较好的柔软性，它的最小弯曲半径允许值≤6D（D 为电缆直径），而交联类电缆的最小弯曲半径一般为电缆直径的 10 倍以上。所以，矿物绝缘电缆弯曲性能完全和普通电缆一样，甚至更好。现在使用的附件均为压装式，连接简单，操作方便。一般施工时，制造厂会派技术人员到现场指导，很快就能掌握有关技术；另外，也可按 99D163《矿物绝缘电缆敷设》国家标准设计图集的步骤施工，即可完成安装和敷设。

10. 寿命长

矿物绝缘电缆是无机材料制成，故不老化。其寿命按铜护套腐蚀速率计算，护套氧化 0.25mm 在 250℃ 下需 275 年，在 400℃ 下需 5.83 年。通常铜护套厚度为 0.34～1.03mm，使用温度又低于 250℃，其使用寿命之长是显而易见的。

5.5.2　矿物绝缘电缆与其他类型电缆价格的对比

5.5.1 节介绍了矿物绝缘电缆的优良特性，那么它的价格是十分昂贵吗？

按照 GB/T 16895.15—2002《建筑物电气装置　第 5 部分：电气设备的选择和安装　第 523 节：布线系统载流量》，在载流量相同的前提下，比较那时的电缆价格，矿物绝缘电缆、耐火（NH）电缆和普通电缆的价格比为 1.4:1.3:1。穿管线管保护的安装成本上升 20%～80% 不等，同样在桥架敷设中，普通梯形桥架同防火密封桥架比为 1:1.8，安装密封桥架的施工费用还要上升。所以采用矿物绝缘电缆具有较好的经济性。

近几年来，随着国内生产技术的成熟和生产能力的提高，矿物绝缘电缆使用成本不断降低，它的价格正在不断向普通电缆价格靠拢，表 5-12 是矿物绝缘电缆、耐火电力电缆及无卤低烟耐火电力电缆有关载流量和价格的对比情况。此外，矿物绝缘电缆截面积在 25mm² 以上多为单芯，单芯矿物绝缘电缆的载流量比普通电缆的载流量要大，同时矿物绝缘电缆的铜护套可直接用于接地线，这样在选用矿物绝缘电缆时可减少一根电缆线芯。

表 5-12　矿物绝缘电缆载流量、价格和其他电缆的比较[25]

对比性能	矿物绝缘电能 BTTZ	耐火电缆 NH-YJV	无卤低烟耐火电缆 WDNH-YJY
电缆规格	4×120	4×150+1×70	4×150+1×70
载流量/A	380	360	365
敷设条件	可明敷、不用桥架	需封闭桥架保护	需封闭桥架保护
价格/（元/m）	305	290	310

我国人民大会堂大礼堂照明系统改造项目，原计划采用耐火电缆穿管，后决定改用矿物绝缘电缆，两个方案拟选的电缆规格相同（均为小规格电缆），最终工程的总造价比较为：97.57:100。

国家电力调度中心新建项目，原计划采用无卤低烟阻燃电力电缆，后决定改用矿物绝缘电缆，选用矿物绝缘电缆比原计划使用的电缆减小一个截面（均为大规格电缆），最终工程的总造价的比较为用矿物绝缘电缆和无卤低烟阻燃电力电缆的价格比为 96.38:100。

由于矿物绝缘电缆使用寿命可达百年，而一些重要的建筑物其设计寿命也要几十年或者上百年，如果选用普通电缆，在这几十年或者上百年中，建筑物内的电缆至少更换 3 ~ 4 次。另外，美国保险商试验室确认矿物绝缘电缆比其他电缆穿刚性电缆管后总重量轻 60%，所需空间少 80%[25]。

5.5.3　矿物绝缘电缆的特殊吸潮性

氧化镁很容易吸潮，受潮后绝缘电阻迅速降低。

矿物绝缘电缆的绝缘电阻在很大程度上取决于氧化镁的纯度及其内水分含量，在标准条件下，当湿度不超过 0.4%（最大允许值）时，应用于电缆绝缘的高纯度紧压氧化镁绝缘，电阻通常比常用的氧化镁绝缘材料高，20℃时可达 $10^{11} \sim 10^{13} \Omega \cdot m$。

氧化镁的吸潮过程基本上取决于绝缘层的最终密度、周围介质温度及相对湿度。当氧化镁粉与潮气相互作用时便会产生水合反应，从而导致绝缘电阻降低。

矿物绝缘电缆绝缘在正常条件下，一方面由于氧化镁吸潮后生成氢氧化镁，使体积增大，从而有效地阻止了电缆纵向深处的绝缘进一步吸潮，因此即使未封头矿物绝缘电缆长期放在潮湿的空气介质中，其绝缘的吸潮深度也不超过 200mm，如果存在 24h，其吸潮深度通常不超过 30mm，另一方面即使电缆端部受潮，只需进行局部加热，会使氢氧化镁重新变成氧化镁，同样可恢复其原有的绝缘性能[26]。

对矿物绝缘电缆来说，其中间连接器和端头是防潮关键，必须密封好，中间连接器和端头安装之后，应立即进行一次测试，24h 后再测试一次。其绝缘电阻换算到 1 000m 长度的电缆在常温下不低于 1 000MΩ 即为合格。这两个关键点处理好了，使用矿物绝缘电缆就没有后顾之忧了。

5.5.4　矿物绝缘电缆型号、名称、载流量等数据

矿物绝缘电缆的型号、名称和技术数据分别见表 5-13 和表 5-14。

表 5-13　矿物绝缘电缆的型号、名称

结构特征	电压等级	型号	名称	芯数	截面积/mm²
轻载	500V	BTTQ	轻型铜芯铜护套矿物绝缘电缆	1、2、3、4、7	1 ~ 4
		BTTVQ	轻型铜芯铜护套矿物绝缘聚氯乙烯外套电缆	1、2、3、4、7	1 ~ 4
		WD-BTTYQ	轻型铜芯铜护套矿物绝缘无卤低烟外套电缆	1、2、3、4、7	1 ~ 4
重载	750V	BTTZ	重型铜芯铜护套矿物绝缘电缆	1、2、3、4、7 10、12、19	1 ~ 400
		BTTVZ	重型铜芯铜护套矿物绝缘聚氯乙烯外套电缆	1、2、3、4、7 10、12、19	1 ~ 400
		WD-BTTYZ	重型铜芯铜护套矿物绝缘无卤低烟外套电缆	1、2、3、4、7 10、12、19	1 ~ 400

注：摘自久盛电气股份有限公司资料。

表 5-14　矿物绝缘电缆的技术数据

结构特征	芯数×标称截面积/mm²	电缆外径		额定载流量		铜护套横截面积/mm²	成品电缆最大长度/m	近似重量	
		裸电缆/mm	塑料护层/mm	裸电缆/A	塑料护层/A			裸电缆/(kg/km)	塑料护层/(kg/km)
轻载	2×1.0	5.1	6.4	17.5	19.5	6.0	800	104	125
	2×1.5	5.7	7.0	22.5	25	7.1	800	130	153
	2×2.5	6.6	7.9	30	33	9.4	600	179	205
	2×4	77	92	40	44	12.1	450	248	287
	3×1.0	5.8	7.1	15	16.5	7.6	800	135	169
	3×1.5	6.4	7.7	19	21	8.9	650	168	193
	3×2.5	7.3	8.8	25	28	10.7	500	224	261
	4×1.0	6.3	7.6	14.5	16	8.8	700	161	187
	4×1.5	7.0	8.3	19	21	10.2	550	202	230
	4×2.5	8.1	9.6	25	28	12.8	400	278	319
	7×1.0	7.6	9.1	10	11	11.6	650	233	271
	7×1.5	8.4	9.9	12.5	14	13.3	530	291	333
	7×2.5	9.7	11.2	17	19	17.4	400	407	455
重载	1×1.5	4.9	6.2	30	33	5.8	1 000	97	117
	1×2.5	5.3	6.6	39	43	6.4	1 000	116	137
	1×4	5.9	7.2	51	56	77	1 000	146	170
	1×6	6.4	7.7	63	69	8.9	900	180	206
	1×10	7.3	8.8	81	90	10.7	700	241	278
	1×16	8.3	9.8	107	119	13.2	560	329	371
	1×25	9.6	11.1	139	154	17.0	425	455	502
	1×35	10.7	12.2	168	187	20.2	340	384	637
	1×50	12.1	13.6	207	230	24.7	250	773	831
	1×70	13.7	15.2	251	279	30.9	220	1 022	1 088
	1×95	15.4	17.4	300	333	36.7	220	1 315	1 403
	1×120	16.8	18.8	344	382	42.6	190	1 604	1 703
	1×150	18.4	20.4	388	431	49.5	155	1 950	2 054
	1×185	20.4	22.9	434	482	58.1	125	2 360	2 496
	1×240	23.3	25.8	483	537	70.1	90	2 993	3 147
	1×300	26.0	28.6	795	883	86.7	80	3 680	3 852
	1×400	30.0	32.8	948	1 053	110.8	60	4 805	5 007
	2×1.5	7.9	9.4	23.5	26	12.5	560	230	270
	2×2.5	8.7	10.2	32	36	14.6	480	284	327

（续）

结构特征	芯数×标称截面积 /mm²	电缆外径		额定载流量		铜护套横截面积 /mm²	成品电缆最大长度 /m	近似重量	
		裸电缆 /mm	塑料护层 /mm	裸电缆 /A	塑料护层 /A			裸电缆 /(kg/km)	塑料护层 /(kg/km)
重载	2×4	9.8	11.3	42	47	17.6	360	365	413
	2×6	10.9	12.4	54	60	20.9	300	459	512
	2×10	12.7	14.2	74	82	26.7	230	634	695
	2×16	14.7	16.2	98	109	34.1	170	871	941
	2×25	17.1	19.1	128	142	43.4	130	1 201	1 299
	3×1.5	8.3	9.8	20	22	13.6	550	260	302
	3×2.5	9.3	10.8	27	30	16.1	440	332	378
	3×4	10.4	11.9	36	40	19.3	350	426	477
	3×6	11.5	130	46	51	23.1	270	537	593
	3×10	13.6	15.1	62	69	30.3	200	768	833
	3×16	15.6	17.6	83	92	38.1	150	1 050	1 140
	3×25	18.2	20.2	108	120	47.4	100	1 460	1 564
	4×1.5	9.1	10.6	20.5	23	15.8	450	312	358
	4×2.5	10.1	11.6	27	30	18.5	360	395	444
	4×4	11.4	12.9	36	40	22.9	300	519	574
	4×6	12.7	14.2	46	51	26.7	220	658	719
	4×10	14.8	16.3	61	68	34.4	170	927	997
	4×16	17.3	19.3	80	89	45.8	148	1 353	1 455
	4×25	20.1	22.6	104	116	56.0	124	1 822	1 956
	7×1.5	10.8	12.3	14	15.5	20.7	260	444	496
	7×2.5	12.1	13.6	19	21	24.7	240	562	620
	10×1.5	13.5	15.0	12.5	13.5	26.0	180	638	703
	10×2.5	15.2	17.2	17	19	29.7	150	836	924
	12×1.5	14.1	15.6	11.5	13	32.2	160	706	774
	12×2.5	15.6	17.6	15.5	17	38.1	150	907	997
	19×1.5	16.6	18.6	10	11	41.6	120	982	1 077

注：1. 摘自久盛电气股份有限公司资料；

　　2. 交货时,成品电缆的长度以实际交货长度为准。

　　矿物绝缘电缆长期工作温度为70℃，在无人触及的场合矿物绝缘电缆长期工作温度为105℃，在特殊高温场合，长期工作温度可以在250℃及以下。在950～1 000℃可以持续供电3h以上，短时或非常短时工作温度可以达到1 083℃。温度为70℃的载流量分别见表5-15和表5-16。温度为105℃的载流量分别见表5-17和表5-18。环境空气温度不等于30℃时的校正系数见表5-19。电缆的电压降见表5-20。矿物绝缘电缆允许最小弯曲半径见表5-21。

表 5-15 矿物绝缘电缆，带塑料外护层或允许接触的裸电缆敷设在木质墙上
金属护套温度为 70℃，环境温度为 30℃ 的载流量

导体标称截面积 /mm²	载流量/A		
	二根负荷导体 二芯或单芯电缆	三根负荷导体	
		多芯或三角形排列 的单芯电缆	扁平排列的 单芯电缆
500V			
1.5	23	19	21
2.5	31	26	29
4	40	35	38
750V			
1.5	25	21	23
2.5	34	28	31
4	45	37	41
6	57	48	52
10	77	65	70
16	102	86	92
25	133	112	120
35	163	137	147
50	202	169	181
70	247	207	221
95	296	249	264
120	340	286	303
150	388	327	346
185	440	371	392
240	514	434	457
300	782	748	879
400	940	893	1 032

注：1. 在回路中，单芯电缆铜护套两端相互连接在一起；

2. 对于允许接触的裸护套电缆其载流量值应按该表乘以 0.9；

3. 有间距敷设时留有的间距应至少有 1 根电缆外径；

4. 摘自久盛电气股份有限公司资料。

表 5-16 矿物绝缘电缆，带塑料外护层或允许接触的裸电缆敷设在空气中
金属护套温度为 70℃，环境温度为 30℃ 的载流量

导体标称截面积 /mm²	载流量/A				
	二根负荷导体 二芯或单项电缆	三根负荷导体			
		多芯或三角形排 列的单芯电缆	相互接触的 单芯电缆	单芯电缆垂直 平行敷设留有间距	单芯电缆水平敷 设留有间距
500V					
1.5	25	21	23	26	29
2.5	33	28	31	34	39
4	44	37	41	45	51

（续）

导体标称截面积 /mm²	载流量/A				
	二根负荷导体 二芯或单项电缆	三根负荷导体			
		多芯或三角形排列的单芯电缆	相互接触的 单芯电缆	单芯电缆垂直 平行敷设留有间距	单芯电缆水平敷 设留有间距
750V					
1.5	26	22	26	28	32
2.5	36	30	34	37	43
4	47	40	45	49	56
6	60	51	57	62	71
10	82	69	77	84	95
16	109	92	102	110	125
25	142	120	132	142	162
35	174	147	161	173	197
50	215	182	198	213	242
70	264	223	241	259	294
95	317	267	289	309	351
120	364	308	331	353	402
150	416	352	377	400	454
185	472	399	426	446	507
240	552	466	496	497	565
300	812	758	789	792	889
400	965	913	933	938	1 058

注：1. 在回路中，单芯电缆铜护套两端相互连接在一起；

　　2. 对于允许接触的裸护套电缆其载流量值应按该表乘以 0.9；

　　3. 摘自久盛电气股份有限公司资料。

表 5-17　矿物绝缘电缆不允许人接触的裸电缆敷设在砖石墙上 金属护套温度为 105℃，环境温度为 30℃ 的载流量

导体标称截面积 /mm²	载流量/A		
	二根负荷导体 二芯或单项电缆	三根负荷导体	
		多芯或三角形排列 的单芯电缆	扁平排列的 单芯电缆
500V			
1.5	28	24	27
2.5	38	33	36
4	51	44	47
750V			
1.5	31	26	30
2.5	42	35	41
4	55	47	53
6	70	59	67

（续）

导体标称截面积 /mm²	载流量/A		
	二根负荷导体 二芯或单项电缆	三根负荷导体	
		多芯或三角形排列 的单芯电缆	扁平排列的 单芯电缆
750V			
10	96	81	91
16	127	107	119
25	166	140	154
35	203	171	187
50	251	212	230
70	307	260	280
95	369	312	334
120	424	359	383
150	485	410	435
185	550	465	492
240	643	544	572
300	973	947	964
400	1 230	1 136	1 146

注：1. 在回路中，单芯电缆铜护套两端相互连接在一起；

2. 成束敷设时，电缆载流量值不需要校正；

3. 摘自久盛电气股份有限公司资料。

表 5-18　矿物绝缘电缆不允许人接触的裸电缆敷设在空气中 金属护套温度为 105℃，环境温度为 30℃ 的载流量

导体标称截面积 /mm²	载流量/A				
	二根负荷导体 二芯或单项电缆	三根负荷导体			
		多芯或三角形排 列的单芯电缆	相互接触的单芯 电缆	单芯电缆垂直平 行敷设留有间距	单芯电缆水平敷 设留有间距
500V					
1.5	31	26	29	33	37
2.5	41	35	39	43	49
4	54	46	51	56	64
750V					
1.5	33	28	32	35	40
2.5	45	38	43	47	54
4	60	50	56	61	70
6	76	64	71	78	89
10	104	87	96	105	120
16	137	115	127	137	157
25	179	150	164	178	204
35	220	184	200	216	248
50	272	228	247	266	304

（续）

导体标称截面积 /mm²	载流量/A				
	二根负荷导体 二芯或单项电缆	三根负荷导体			
		多芯或三角形排 列的单芯电缆	相互接触的单芯 电缆	单芯电缆垂直平 行敷设留有间距	单芯电缆水平敷 设留有间距
	750V				
70	333	279	300	323	370
95	400	335	359	385	441
120	460	385	411	411	505
150	526	441	469	498	565
185	596	500	530	557	629
240	692	584	617	624	704
300	1 012	945	973	1 026	1 098
400	1 197	1 129	1 161	1 200	1 312

注：1. 在回路中，单芯电缆铜护套两端相互连接在一起；

　　2. 成束敷设时，电缆载流量值不需要校正；

　　3. 有间距敷设时留有的间距应至少有 1 根电缆外径；

　　4. 摘自久盛电气股份有限公司资料。

表 5-19　环境空气温度不等于 30℃时的校正系数

环境温度 /℃	塑料外护套和易于 接触的裸电缆 70℃	不允许接触的 裸电缆 105℃	环境温度 /℃	塑料外护套和易于 接触的裸电缆 70℃	不允许接触的 裸电缆 105℃
10	1.26	1.14	55	0.57	0.80
15	1.21	1.11	60	0.45	0.75
20	1.14	1.07	65	—	0.70
25	1.07	1.04	70	—	0.65
30	1.00	1.00	75	—	0.60
35	0.93	0.96	80	—	0.54
40	0.85	0.92	85	—	0.47
45	0.77	0.88	90	—	0.40
50	0.67	0.64	95	—	0.32

注：摘自久盛电气股份有限公司资料。

表 5-20　矿物绝缘电缆的电压降

导体标称截面积 /mm²	单相供电时的电压降/[mV/(A·m)]		三相供电时的电压降/[mV/(A·m)]			
	2 根单芯 相接触	多芯电缆	三根单芯电缆			多芯电缆
			三角形接触排列	水平接触排列	水平间距排列	
1	—	42	—	—	—	36
1.5	—	28	—	—	—	24
2.5	—	17	—	—	—	14
4	—	10	—	—	—	9.1

（续）

导体标称截面积 /mm²	单相供电时的电压降/[mV/(A/m)]		三相供电时的电压降/[mV/(A/m)]			
	2根单芯 相接触	多芯电缆	三根单芯电缆			多芯电缆
			三角形接触排列	水平接触排列	水平间距排列	
6	—	7	—	—	—	6.0
10	4.2	4.2	3.6	3.6	3.6	3.6
16	2.6	2.6	2.3	2.3	2.3	2.3
25	1.65	1.65	1.45	1.45	1.45	1.45
35	1.20	—	1.05	1.05	1.05	—
50	0.89	—	0.78	0.97	0.82	—
70	0.62	—	0.54	0.55	0.58	—
95	0.46	—	0.40	0.41	0.44	—
120	0.37	—	0.32	0.33	0.36	—
150	0.30	—	0.26	0.29	0.32	—
185	0.25	—	0.21	0.25	0.28	—
240	0.19	—	0.165	0.21	0.26	—
300	0.15	—	0.130	0.16	0.18	—
400	0.112	—	0.097	0.12	0.14	—

注：摘自久盛电气股份有限公司资料。

表 5-21　矿物绝缘电缆允许最小弯曲半径

电缆的外径 D/mm	$D < 7$	$7 \leqslant D < 12$	$12 \leqslant D < 15$	$D \geqslant 15$
电缆内侧最小弯曲半径 R/mm	$2D$	$3D$	$4D$	$6D$

注：摘自久盛电气股份有限公司资料。

5.5.5　矿物绝缘电缆的选择

1）BTTZ、BTTVZ、WD-BTTYZ（重载）适用于线芯和护套之间以及线芯和线芯之间的电压不超过750V交流和直流有效值的场合。

BTTQ、BTTVQ、WD-BTTYQ（轻载）适用于线芯和护套之间以及线芯和线芯之间的电压不超过500V交流和直流有效值的场合。

2）当电缆敷设在对铜护套有腐蚀作用的环境，或直埋敷设，或穿管敷设，或明敷设在建筑物非技术空间，有美观要求的场所时，应采用带塑料护套的矿物绝缘电缆。

3）按电缆的敷设环境，确定电缆最高使用温度，合理地选择相应的电缆载流量，确定电缆的截面积规格。

4）敷设在下列情况时，应按70℃正常的工作温度的电缆载流量来选择截面积。

①沿墙、支架、顶板及桥架等明敷线路。

②与其他种类电缆共同敷设在同一桥架、竖井、电缆沟、电缆隧道的线路。

③其他由于电缆护套温度过高易引起人员伤害的或设备损坏的场所。

5）电缆单独敷设于桥架，电缆沟，穿管无人触及的场所，可按105℃的正常工作温度的电缆载流量来选择截面积。

6）应根据线路实际长度和电缆交货长度，合理地确定矿物绝缘电缆规格。由于矿物绝缘电缆加工长度受到原材料的限制，大规格单芯和多芯电缆的交货长度，无法同塑料电缆一样长，见表 5-14。因此，选择规格时，需要考虑电缆的交货长度。尽可能地避免使用中间接头。例如，计算负荷为 1 000A 的线路，按照最高使用温度不超过 70℃ 要求。按表 5-15 选择 400mm² 电缆。交货长度［根据电缆数据表（表 5-14）］为 60m。如果线路长度大于 60m，则选用 240mm² 双拼，交货长度达到 90m，可避免使用中间连接，更长的线路也采用 240mm² 双拼连接。因为线路越长敷设条件越苛刻。采用小规格的电缆敷设，为避免使用中间接头，其交货长度可延长。又例如，根据计算负荷采用 1 × 25mm² 的电缆，其交货长度可以达到 425m。无需中间接头。

7）护套可作 PE 接地线，故一般无需 PE 线。

8）双拼、多拼一般无需考虑系数。

9）利用大截面积电缆双拼或多拼代替母线槽，可降低工程投资，增加线路安全性。

10）采用专用分支接线盒，可以实现电缆的分支。

5.5.6　超高层建筑偏移对矿物绝缘电缆的影响

超高层建筑多为钢结构，当受到风荷载时，建筑物做摆动运动。结构偏移量极限值为 1/800，即每米极限变形量为 1.25mm。建筑物越高，其偏移量越大。如，中钢国际广场高为 358m，楼顶端极限偏移量为 447.5mm，若考虑双向偏移量之和的位移量，楼顶端极限位移量达 895mm，这么大的位移量对矿物绝缘电缆的影响主要有两方面[27]：

1）矿物绝缘电缆的连接器由于摆动是否会造成连接部位的松动？如果连接器出现松动，氧化镁必将受潮，绝缘电阻降低，甚至不绝缘。

2）电缆端头要与配电装置或用电设备相连接，摆动是否会造成电缆端头密封胶受损，进而造成氧化镁受潮，绝缘电阻降低。

为减少超高层建筑物摆动的影响，即使矿物绝缘电缆的连接器和电缆端头不受超高层建筑物的摆动影响，应按下面要求正确使用矿物绝缘电缆，确保供电可靠。

1）超高层建筑中的电缆一般要使用数十年，建议分段使用矿物绝缘电缆，尽量减少矿物绝缘电缆的长度，以减少偏移量。

2）矿物绝缘电缆的连接器应按国家建筑标准设计图集 09D101-6《矿物绝缘电缆敷设》中的电缆直通式中间连接器的标准做法，如图 5-3 所示，以确保连接器的安装质量。电缆分别插入连接器左右两侧，拧紧压装螺母，将压装斜垫和斜装弹簧圈（即缺口垫圈）压紧，这样两侧电缆在电气性能上得以保证，接触电阻较小。同时，联结器将矿物绝缘电缆压紧、密封，起到防水防潮的作用。该做法得到众多实际工程的验证，也通过模拟试验的验证，只要精心按此做法施工，质量是有保证的。

3）电缆端头应防止芯线溅水，连接矿物绝缘电缆的配电柜（箱）和用电设备接线盒的防护等级不宜低于 IP55[27]。

5.5.7　超高层建筑采用矿物绝缘电缆的依据

GB 50352—2005《民用建筑设计通则》第 3.1.2 条第 2 款指出，"建筑高度大于 100m

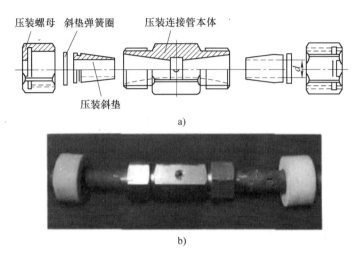

图 5-3　连接器的标准做法

a）标准做法　b）完成后的实例

的民用建筑为超高层建筑"

超高层建筑中消防设备供电干线及分支干线应采用矿物绝缘电缆，主要依据以下两个规范：

1）JGJ 16—2008《民用建筑电气设计规范》第13.10.4条规定："1. 火灾自动报警系统保护对象分级为特级的建筑物，其消防设备供电干线及分支干线，应采用矿物绝缘电缆。2. 火灾自动报警系统保护对象分级为一级的建筑物，其消防设备供电干线及分支干线，宜采用矿物绝缘电缆……"

2）GB 50116—2013《火灾报警系统设计规范》第3.1.1条规定，建筑高度超过100m的高层民用建筑为特级保护对象。

综合上述两项规定，超高层建筑中消防设备供电干线及分支干线应采用矿物绝缘电缆[28]。

5.5.8　矿物绝缘电缆在高层、超高层建筑的应用实例

据有关部门统计，北京市目前已建成的各类高层（10层以上）建筑有4 000多幢，广州约有7 000多栋高层建筑，100m以上的超高层有360多栋，上海市高层建筑总量已达5 000多幢，其中的超高层建筑有160余幢。高层、超高层建筑的软肋是火灾危险。随着超高层建筑越来越多的落成，对火灾的危害越来越被关注，《民用建筑电气设计规范》对耐火电缆的选择作了严格的规定。规定第13.10.4条中对消防设备供电及控制电线的选型有明确的规定，同时规定火灾时消防设备持续运行时间和电缆选择及敷设方式。具体要求如下：

1）消火栓泵、消防电梯、消防泵房、防排烟设备和消防控制中心的备用照明，火灾时持续时间为3h，应采用氧化镁矿物绝缘电缆配电。35mm²及以上采用吊架安装，25mm²及以下可沿电缆桥架安装。

2）喷淋水泵火灾时持续运行时间为1h，如喷淋水泵与消防火栓泵共用水泵房，持续运行时间应按3h设置。喷淋水泵和相应机房备用照明，火灾时持续运行时间大于1h，选择

NH 型耐火电缆较好，采用氧化镁矿物绝缘电缆更合理。当采用耐火电缆时，应采用防火桥架敷设。

【例 5-2】　近几年中国超高层建筑中按规范的有关要求皆采用了矿物绝缘电缆。如建筑高度为 632m 的上海中心，消防线路和控制线路采用了矿物绝缘电缆；建筑高度为 600m 的广州塔，其消防设备供电干线采用矿物绝缘耐火电缆；建筑高度为 646m 的深圳平安金融中心、建筑高度为 358m 的天津中钢国际广场项目，其消防设备供电干线采用矿物绝缘耐火电缆，还有高度为 336.9m 的天津津搭、460m 高的广州西塔其消防设备供电干线采用矿物绝缘耐火电缆……以上都说明矿物绝缘电缆非常适合在超高层建筑中使用[28]。

5.5.9　矿物绝缘电缆在国家体育场的应用实例

【例 5-3】　奥运期间，国家体育场“鸟巢”容纳运动员、观众和演员等约 12 万多人，场馆防火等级须达到特级。

选用矿物绝缘电缆是根据低压出线原则，作为特一级设备干线、一级消防设备干线。

矿物绝缘电缆主要应用场所为主席台、VIP 贵宾席、计时计分装置、计算机房、电话机房、体育竞赛综合信息管理系统、安全防范系统、数据网络、消防控制室、仲裁录像系统等（双电源 + 柴油机 + UPS/EPS）。

此外，在比赛场地照明、消防负荷、消防电梯、消防栓泵、自动喷淋装置、水喷雾泵、消防稳压设备、防排风机、变电所、显示屏及显示系统、广播机房、电台和电视转播、新闻摄像电源（双电源 + 柴油机）等也均通过矿物绝缘电缆给各用电设备输电。

上述有的不是消防回路，为何还选用矿物绝缘电缆呢？这是因为：

1）消除国家体育场火灾事故隐患有两个要求：其一是电缆自身不能成为引发电气火灾的主体。因矿物绝缘电缆是由无机材料组成，即使因过载发热，电缆自身的温度超过铜的熔点时，电缆才会被破坏，而此时线路保护装置在电流达一定值时已率先起保护。过载能力强是矿物绝缘电缆的突出电气优点，在特殊情况下，可以保证线路通电时间更长。其次是自身不成为电气火灾传播介质。很多情况并非电缆产生火源并引起火灾，而是火焰沿着电缆四处传播，迅速扩大。而矿物绝缘电缆因采用无机材料，因而电缆本身遇火不自燃、不延燃。因此，电缆本身安全性不仅体现在不引燃，更不会传播火灾。而现在所有的有机塑料电缆均不具有上述两点性能。

2）一般体育场馆内鼠害问题严重，必须防范。而矿物绝缘电缆不但具有优越的防火及电性能，还有机械强度高、使用寿命长、载流量大、无烟、无卤、无毒、防水、防鼠、防白蚁等塑料电缆无法比拟的综合性能。

3）体育场所有照明系统对电缆的电压降要求非常高。标准 GB/T 13033—2007《矿物绝缘电缆》明确规定，矿物绝缘电缆适用于一般布线系统。由于矿物绝缘电缆应用照明系统中其压降比较小，所以它可用于公共场所或关键电力系统的主干线、重要的照明控制线路等。

本例还说明：矿物绝缘电缆不仅适用于消防等安保系统，而且还可用于公共场所或关键电力系统的主干线、重要的照明控制线路等[26]。

5.5.10　矿物绝缘电缆在地铁站的应用实例

【例 5-4】　广州地铁二号线纪念堂站是一座南北向地下三层的岛式车站。其东面是中山纪念堂，西面是广东科学馆，北面是应元路。由纪念堂站低压配电室到车站南端隧道风机房和北端隧道风机房的 400V 动力电缆采用 8 096m 矿物绝缘电缆，其中 BTTZ 1H 185 型 6 072m，BTTZ 1H 95 型 2 024m。

5.6　预制分支电力电缆

5.6.1　预制分支电力电缆概述及主要特点

预制分支电力电缆简称为分支电缆（以下简称分支电缆），它和普通电缆最本质区别在于分支连接体的采用，它是在传统的普通电缆基础上发展而来，把经过专门工艺处理的电力电缆作为建筑配电的主干电缆，根据各建筑具体的结构特点和尺寸，量体裁衣，预先把主电缆、分支电缆和分支护套（接头）（见图 5-4）一同设计，在工厂制造，再配套安装附件（见图 5-5）（参见预制分支电力电缆标准图集 00D101-7）。其实质是使配电线路简化，实现高可靠性，并把大量现场施工工作由工地移到工厂，使其在规范的工艺、质管环境中完成制造，既提高质量，更可缩短工期。按规定的方法安装后一次开通率高。正常运行的分支电缆系统平时不需要做任何维护保养。

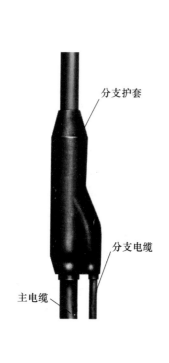

图 5-4　分支电缆接头示意图

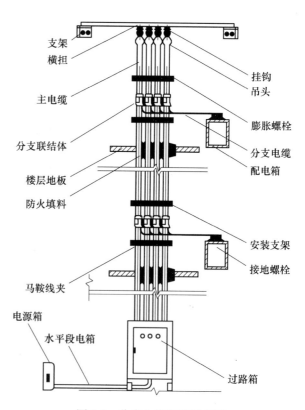

图 5-5　分支电缆安装示意图

分支电缆的主要特点是：分支护套（接头）绝缘电阻不小于 200MΩ。分支接头的接触电阻小（接触电阻与等长的分支线的基准电阻之比值≤1.2），并不受热胀冷缩的影响，具有良好的气密性和防水性，接头短路强度大，短路后接触电阻比率的变化率≤0.2。具有良好的耐腐蚀性，YJV 型分支电缆具有优良的热稳定性和抗老化性。

目前，分支电缆有三种结构：一为单芯预制分支电缆，即单芯主干电缆与单芯分支电缆连接后一次注塑；二为单芯扭绞成型预制分支电缆，是单芯主干电缆成缆后分别与单芯分支电缆间隔连接后分别注塑；三为多芯预制分支电缆，是多芯绝缘线芯成缆、装铠、挤包护套后作为主干线电缆和分支电缆，然后将主干、分支电缆的相对应绝缘线芯分别连接后一次注塑[28]。

分支电缆广泛应用于高、中层建筑、住宅楼、商厦、宾馆和医院等电气竖井内 1kV 低压垂直供电，也适用于隧道、机场、桥梁和公路等 1kV 低压照明供电系统。

5.6.2　预制分支电力电缆型号、名称及规格

分支电缆的应用种类不断增多，性能不断提高，从最初的普通电缆发展到阻燃、耐火、无卤低烟阻燃，由小面积发展到大面积，由单芯发展到多芯。这里把宝胜集团的分支电缆的型号和规格列在下面，供选择参考。

1）预制分支电力电缆型号、名称见表 5-22，其他型号参见第 10.2 节中的 4. 内容。

表 5-22　预制分支电力电缆型号、名称

型　　号	名　　称
FZ-YJV	铜芯交联聚乙烯绝缘聚氯乙烯护套分支电缆
FZ-ZRYJV	铜芯交联聚乙烯绝缘聚氯乙烯护套阻燃分支电缆
FZ-NHYJV	铜芯交联聚乙烯绝缘聚氯乙烯护套耐火分支电缆
FZ-WDNYJV FZ-CLSYJV	铜芯交联聚乙烯绝缘聚烯烃护套无卤低烟耐火清洁安全型分支电缆
FZ-ZBYJV	铜芯交联聚乙烯绝缘聚氯乙烯护套支线保护型分支电缆

2）分支电力电缆规格见表 5-23。

表 5-23　分支电力电缆规格

标称截面积 /mm²	干线	10	16	25	35	50	70	95	120	150	185	240	300	400	500	630	800	1 000
	支线	10	10 ~ 16	10 ~ 25	10 ~ 35	10 ~ 50	10 ~ 70	10 ~ 95	10 ~ 120	10 ~ 150	10 ~ 185	10 ~ 240	~300					
芯数	.	1、2、3、4、5											1					
额定电压		600V/1 000V																

3）分支电力电缆规格表示法——采用芯数、标称截面积和电压等级表示。

①单芯分支电缆规格表示法：同一回路电缆根数 X（1 根的标称截面积），0.6/1kV，如 4X（1X185）＋1X95，0.6/1kV。

②多芯绞和型分支电缆规格表示法：同一回路电缆根数 X1 根的标称截面积，0.6/1kV，如 4X1X185＋1X95，0.6/1kV。

③多芯绞一体化型分支电缆规格表示法：电缆芯数 X 标称截面积，0.6/1kV，如 4X185 +1X95，0.6/1kV。

④完整的型号规格表示法。分支电力电缆包含主干电缆和支线电缆，而且两者规格结构不同，因此有两种表示法。①将主干线和支线电缆分别表示，如主干电缆 FZ-YJV-4X（1X185）+1X95，0.6/1kV，支线电缆 FZ-YJV-4X（1X25）+1X16，0.6/1kV。

这种方法在设计时尤为简明，可以方便地表示出支线规格的不同。

②将主干线和支线连同表示。如 FZ-YJV-4X（1X185/25）+1X95/16，0.6/1kV。

这种方法比较直观。但仅限于支线电缆为同一规格的情况，无法表示支线的不同规格。

由于预制分支电缆主要用于 1kV 低压配电系统，因此其额定电压 0.6/1kV 在设计标注时，有的可以省略（供参考）。

5.6.3　预制分支电缆的技术数据

预制分支电缆的结构、载流量等技术数据见表 5-24 ~ 表 5-32，表中的数据取自宝胜集团的资料和企业标准。

表 5-24　FZ-YJV、FZ-ZRYJV、FZ-WDZYJY、FZ-DPYJV、FZ-ZBYJV 型单芯型电缆技术参数

导　体			绝缘标称厚度/mm	护套标称厚度/mm	电缆外径/mm	电缆重量/(kg/km)	20℃时导体直流电阻/(≤Ω/km)	40℃额定载流量/A
标称截面积/mm²	结构根数/线径(mm)	外径/mm						
6	7/1.04	3.1	0.7	1.4	7.9	99	3.08	60
10	7/1.38	3.9	0.7	1.4	8.7	148	1.83	85
16	7/1.78	4.8	0.7	1.4	9.6	212	1.15	113
25	7/2.15	6.0	0.9	1.4	11.2	314	0.727	150
35	7/2.53	7.0	0.9	1.4	12.2	416	0.529	182
50	10/2.53	8.3	1.0	1.4	13.7	571	0.387	228
70	14/2.53	10.0	1.1	1.4	15.8	781	0.268	292
95	19/2.53	11.6	1.1	1.5	17.4	1 036	0.193	356
120	24/2.53	13.0	1.2	1.6	19.2	1 294	0.153	410
150	30/2.53	14.6	1.4	1.6	21.4	1 608	0.124	479
185	37/2.53	16.2	1.6	1.6	23.7	1 977	0.099 1	546
240	48/2.53	18.4	1.7	1.7	26.1	2 538	0.075 4	643
300	61/2.53	20.3	1.8	1.8	28.4	3 145	0.060 1	738
400	60/2.95	23.2	2.0	1.9	31.8	4 146	0.047 0	908
500	60/3.35	26.4	2.2	2.0	35.6	5 168	0.036 6	1 026
630	60/3.74	29.5	2.4	2.2	39.4	6 460	0.028 3	1 177
800	60/4.19	33.9	2.6	2.3	44.4	8 455	0.022 1	1 410
1 000	91/3.75	41.2	2.8	2.4	52.0	10 600	0.017 6	1 600

表5-25 FZ-VV、FZ-ZRVV、FZ-DPYJV、FZ-ZBYJV 型单芯型分支电缆技术参数

导 体			绝缘标称厚度/mm	护套标称厚度/mm	电缆外径/mm	电缆重量/(kg/km)	20℃时导体直流电阻/(≤Ω/km)	40℃额定载流量/A
标称截面积/mm²	结构根数/线径/mm	外径/mm						
6	7/1.04	3.1	1.0	1.4	8.5	111	3.08	51
10	7/1.38	3.9	1.0	1.4	9.3	167	1.83	70
16	7/1.78	4.8	1.0	1.4	10.1	233	1.15	94
25	7/2.15	6.0	1.2	1.4	11.8	345	0.727	123
35	7/2.53	7.0	1.2	1.4	12.8	450	0.529	148
50	10/2.53	8.3	1.4	1.4	14.5	591	0.387	190
70	14/2.53	10.0	1.4	1.4	16.3	807	0.268	231
95	19/2.53	11.6	1.6	1.5	18.3	1 102	0.193	285
120	24/2.53	13.0	1.6	1.6	20.0	1 349	0.153	332
150	30/2.53	14.6	1.8	1.6	22.2	1 654	0.124	379
185	37/2.53	16.2	2.0	1.7	24.3	2 060	0.099 1	439
240	48/2.53	18.4	2.2	1.8	27.0	2 651	0.075 4	529
300	61/2.53	20.3	2.4	1.9	29.8	3 323	0.060 1	610
400	60/2.95	23.2	2.6	2.0	33.1	4 205	0.047 0	740
500	60/3.35	26.4	2.8	2.1	36.9	5 359	0.036 6	855
630	60/3.74	29.5	2.8	2.2	40.2	6 707	0.028 3	1 028
800	60/4.19	33.9	2.8	2.3	44.9	8 550	0.022 1	1 210
1 000	91/3.75	41.2	3.0	2.5	53.0	10 740	0.017 6	1 379

表5-26 FZ-YJV、FZ-ZRYJV、FZ-DPYJV、FZ-ZBYJV 四芯一体化型分支电缆技术参数

导 体		电缆外径/mm	绞合后电缆重量/(kg/km)	20℃时导体直流电阻/(Ω/km)	40℃额定载流量/A
标称截面积/mm²	结构根数/线径/mm				
6	7/1.04	14.9	390	3.08	42
10	7/1.38	18.0	582	1.83	65
16	7/1.78	20.6	854	1.15	89
25	7/2.15	24.8	1 278	0.727	119
35	7/2.53	27.6	1 710	0.524	150
50	10/2.53	31.6	2 384	0.387	183

表 5-27　FZ-YJV、FZ-ZRYJV、FZ-WDZYJY、FZ-DPYJV、FZ-ZBYJV 五芯绞和型分支电缆技术参数

导　　体		电缆外径 /mm	绞合后电缆 重量 /（kg/km）	20℃时导体 直流电阻 /（Ω/km）	40℃ 额定载流量 /A
标称截面积 /mm²	结构 根数/线径 /mm				
6	7/1.04	21.3	495	3.08	53
10	7/1.38	23.5	740	1.83	72
16	7/1.78	25.9	1 060	1.15	94
25	7/2.15	30.2	1 570	0.727	125
35	7/2.53	32.9	2 080	0.529	152
50	10/2.53	37.0	2 855	0.387	185
70	14/2.53	42.7	3 905	0.268	232
95	19/2.53	47.0	5 180	0.193	289
120	24/2.53	51.8	6 470	0.153	329
150	30/2.53	57.8	8 040	0.124	396
185	37/2.53	64.0	9 885	0.099 1	453
240	48/2.53	70.5	12 690	0.075 4	538
300	61/2.53	76.7	15 725	0.060 1	636

表 5-28　不同环境温度下载流量的修正系数

环境温度		30℃	35℃	40℃	45℃
修正系数	导体温度90℃	1.10	1.05	1.00	0.95
	导体温度70℃	1.15	1.08	1.00	0.91

表 5-29　空气中单层多根并排敷设时载流量的修正系数

并列根数		1	2	3	4	6
电缆中心距	S = d		0.90	0.85	0.82	0.80
	S = 2d	1.00	1.00	0.98	0.95	0.90
	S = 3d		1.00	1.00	0.98	0.96

表 5-30　桥架中多层并排敷设时载流量的修正系数

重叠电缆层数		1	2	3	4
桥架类别	梯架	0.8	0.65	0.55	0.5
	托盘	0.7	0.55	0.5	0.45

表 5-31　安装附件

名称	型　号	适用范围		说　　明
		品种	导体标称截面/mm²	
横担吊钩	FZP-HD-1-1	单芯型	10 ~ 240	1. 根据各具体建筑电气井道的不同，可以为用户设计特殊非标安装附件 2. 电缆支架垂直间距按电缆截面积规格选取 单芯 120mm² 以下　间距可选 1.5 ~ 2.5m 　　150 ~ 240mm²　间距可选 1.5 ~ 2.0m 　　300 ~ 1 000mm²　间距可选 1.0 ~ 2.0m ①多芯型电缆应以每根线芯截面积之和进行计算 ②支架间距选择越小，对支撑电缆越有利 3. 多芯电缆用提升金具的型号在对应单芯型号的数码前加 S，导体规格与上面对应一致 4. 根据各类工程的安装特点，可选配部分安装附件
	FZP-HD-1-2		300 ~ 1 000	
	FZP-HD-S-1	多芯型	10 ~ 95	
	FZP-HD-S-2		120 ~ 300	
提升金具	FZP-TJ-1	单芯型	10 ~ 25	
	FZP-TJ-2		35 ~ 95	
	FZP-TJ-3		120 ~ 185	
	FZP-TJ-4		240 ~ 400	
	FZP-TJ-5		500 ~ 1 000	
电缆支架	FZP-XJ-1-1	单芯型	10 ~ 240	
	FZP-XJ-1-2		300 ~ 1 000	
	FZP-XJ-S-1	多芯型	10 ~ 95	
	FZP-XJ-S-2		120 ~ 300	
马鞍线夹	FZP-ZJ-1	单芯型	单回路	10 ~ 240	
	FZP-ZJ-2			300 ~ 1 000	
	FZP-ZJ-d1	单芯型	双回路	10 ~ 240	
	FZP-ZJ-d2			300 ~ 1 000	
	FZP-ZJ-d1	多芯型	单、双回路	10 ~ 240	
	FZP-ZJ-d2		多回路	10 ~ 300	

表 5-32　转接箱

型号	适用范围		
	品种	导体标称截面积/mm²	箱体外形尺寸/mm
FZP-X1-Y1	一进一出	10 ~ 120	250 × 400 × 600
FZP-X2-Y1		150 ~ 300	250 × 550 × 750
FZP-X3-Y1		400 ~ 800	250 × 650 × 800
FZP-X4-Y1		1 000	250 × 750 × 900
FZP-X1-Y2	两进两出	10 ~ 120	300 × 400 × 600
FZP-X2-Y2		150 ~ 300	300 × 550 × 750
FZP-X3-Y2		400 ~ 800	300 × 650 × 800
FZP-X4-Y2		1 000	300 × 750 × 900

5.6.4　预制分支电缆和母线槽的应用比较

供电主干线是系统中非常重要的组成部分，一旦发生故障将会造成严重的后果。因此人们一直在不断改进并研制好的产品来提高主干线的可靠性。20 世纪 80 年代初的普通电缆发展到封闭式母线槽(下面简称"母线槽")，又进一步创制了分支电缆。分支电缆与母线槽相比，无论在制作工艺、材料性能、产品质量还是生产成本、安装技术和施工方法上，都体现了较大的优势。但是，预制分支电缆也有自己的局限性。下面列出它们的特性优缺点比较（见表5-33）。它们的经济性指标的比较结果可见5.6.8的【例5-5】和【例5-6】，供选型应用参考。

表5-33 预制分支电缆与封闭式母线槽和穿刺线夹几项优缺点比较表[29][30]

项目		预制分支电缆	封闭式母线槽	电缆用穿刺线夹分支
供电安全可靠性		1. 主干电缆导体无接头，连续性好，减少了故障点	1. 插接接头多，产生故障多	1. 电缆导体无接头，连续性好
		2. 分支接头采用全程机械化制作，避免了人为因素造成质量差的现象	2. 在现场插接过程中，受操作工人的人为因素的影响较大	2. 在现场分支过程中，受操作工人的素质、情绪、责任心的影响较大
		3. 分支接头结构合理，接触电阻小，不受热胀冷缩影响		3. 分支不太合理，受热胀冷缩影响较大
		4. 短时间内完成其绝缘和护套，避免了接头导体长时间裸露在空气中产生氧化导致接触电阻增大		4. 多芯电缆穿刺时，破坏了主电缆的绝缘层和护套
		5. 产品出厂前，均对主干、分支电缆和分支接头进线严格的技术性能检验和测试，有完善的质保体系，确保其质量		5. 分支完成后，在现场对其进行技术性能检验和测试较难
		6. 支电缆的载流量不受影响		6. 因穿刺接触是牙针式导体，载流量相应受到影响
		7. 可室外和埋地敷设		7. 不宜室外和埋地敷设
		8. 一条干线所辖楼层配出水平干线或支线不受限制，可由低层向高层任意分支		8. 一条供电干线一般最多只能辖7个楼层
品种规格		1. 主电缆单根截面可做10～1000mm²，任意组合。1000mm²的单根截面电缆最大允许电流1600A	1. 铝质母线槽的最大允许电流为5000A，铜质母线槽的最大允许电流为6000A	1. 主干电缆截面积在240mm²以下较为适合，大面积不易穿刺
		2. 任意选择单芯、绞合或多芯电缆	2. 有密集绝缘型和空气绝缘型	2. 只能单芯电缆穿刺，多芯电缆不能用穿刺线夹整体穿刺
		3. 分支连接体与主干、分支的型号、规格等同		3. 型号单调，无论何种型号的电缆仅用一种型号的绝缘穿刺线夹，而没有与电缆繁多型号相匹配的型号
		4. 铠装电力电缆也可做预制分支电缆，适宜室外和地埋敷设		4. 铠装电力电缆不能利用穿刺线夹分支
		5. 只有1kV及以下等级，没有10kV等级	3. 有1kV及以下等级，还有10kV等级	5. 只有1kV及以下等级，没有10kV等级

（续）

项目	预制分支电缆	封闭式母线槽	电缆用穿刺线夹分支
主要性能	1. 优良的抗震性	1. 抗震性较差	1. 较好的抗震性
	2. 良好的气密性、防水性、能在经常潮湿的环境中正常供电，可以 48h 浸泡在水中运行	2. 耐潮湿性差	2. 自密封结构，但防水、防潮湿性能差
	3. 良好的抗氧化性能	3. 抗氧化性能较差	3. 抗氧化性能较差
	4. 优良的耐腐蚀性	4. 耐腐蚀性能差	4. 耐腐蚀、无机盐、油、碱、酸等溶剂的侵蚀性能较差
	5. 绝缘抗老化		5. 绝缘抗老化性一般
施工安装	1. 占用面积小，有利于建筑面积的有效利用	1. 占用建筑面积大	1. 占用建筑面积较大
	2. 施工环境要求低，安装精度要求不高	2. 现场操作，要有一定的空间安装和洁净的施工环境，要求有丰富经验的技术工人操作	2. 现场操作，要有一定空间安装和洁净的施工环境，工人技术水平要求高
	3. 安装简单方便、施工安装周期短，安装劳动强度小	3. 安装周期较长，安装劳动强度较大	3. 安装周期长，安装劳动强度大
	4. 安装难度低，只要从楼顶放下或从下而上吊起，竖井内明设即可	4. 安装精度高	4. 安装难度大
维护	1. 按规定方法安装后，一次性开通率100%	1. 安装后，一次性开通率较低	1. 安装后，一次性开通率较低
	2. 正常运行平时不需要做任何维修和保养	2. 故障点多，故障率较高，平时需要经常维修和保养	2. 故障点多，故障率较高，平时需要经常维修和保养
	3. 设计时干线和支线截面积要求增加一个档次，特殊情况下预留分支线备用，不会因楼层功能改变而有较大变动	3. 楼层用电负荷可改变，母线槽在保证不超出总负荷的前提下，可以调整各分支的用电负荷	3. 若楼层功能改用电负荷增加，还要重新更换用

母线槽分为空气绝缘型和密集绝缘型两种。空气绝缘型重量轻，结构简单，价格较便宜；密集绝缘型散热性能好，可通过的电流较大。

母线槽作为供电主干线，随着时间的进程和实际运行说明母线槽有以下缺陷：

1）供电可靠性差。一般高层建筑电气竖井内安装的母线槽每层均有一个插接接头，接头多，故障点多。产品由母线槽厂家生产，分段运至施工现场用螺栓进行安装连接，所以母线槽接头安装的可靠性受人为因素影响较大。

2）安装占用建筑面积大，安装环境要求高，施工周期长。

3）耐潮湿、耐腐蚀性差，使用寿命短。

4）维护保养工作量大。

5) 一次投资大。

但是，母线槽容量大，结构紧凑，在大负荷条件下具有优势。

综上所述，预制分支电缆设计合理，安装容易，维护方便。对 1 600A 以下者则预制分支电缆的性能价格比优于母线槽[30]。建筑用电负荷在 70W/m² 以上使用，或载流量 1 600A 以上的配电线路中使用母线槽，性能价格比较高。

5.6.5　预制分支电缆和穿刺线夹的应用比较

20 世纪 80 年代末推出了一种新的低压配电线路产品——穿刺线夹，它是主干电缆和分支电缆的连接器件，由高品质的材料制成，利用恒定的穿刺压力，特制的力矩螺母栓紧。使其内部的牙针式镀锌铜合金导体接触主干和分支电缆，但只能单芯电缆穿刺。穿刺线夹的利用，使电缆的分支较为简便，但它还需在施工现场操作，且防水性和配电安全可靠性有待验证。

普通电缆用穿刺线夹分支在一些工程应用后，效果不甚理想。如：新疆乌鲁木齐某房地产开发公司一高层住宅，低压配电线路中使用穿刺线夹，因供水管道破裂而产生漏水，造成供电线路损坏，停电多日。新疆克拉玛依市一草坪广场，照明和节日灯线路用穿刺线夹分支，露天和埋地敷设后不久，便发生事故。因其防水、防侵蚀、抗老化等性能差，类似上述情况的事故时常发生，给建设和施工单位造成不应有的损失，也给业主带来很多麻烦[33]。

预制分支电缆和穿刺线夹分支电缆的特性优缺点比较见表5-33。它们的经济性指标的比较可见 5.6.8 的【例5-7】，供选择应用参考。

综上所述，在高层和超高层建筑的电气竖井内低压配电系统的线路选择预制分支电缆更为合理，预制分支电缆性能价格比优于电缆用穿刺夹分支。

5.6.6　预制分支电缆适合（超）高层建筑的原因

1. 优良的抗震性

高层建筑受风荷载、地震等因素的影响，其主楼筒体在正常使用条件下会产生相对摇摆晃动现象，对于框架结构主体的高层建筑而言，这种摆晃引起的前后左右偏移随层高的加大而增大。普通100m 不到的高层建筑（超出100m 称为超高层建筑），其引起的偏移量最大要达到200mm，超高层建筑的偏移量还要大。也就是说，要求上下对齐的电气竖井预留孔存在着较明显的动态偏移。还有，在通过建筑物沉降缝时会产生上下移动。预制分支电缆不会受上述因素的影响，因为它属柔性结构，而对母线槽却有影响，母线槽是刚性物体，安装完成后的母线槽对大楼的摇摆晃动现象显得无所适从，偏移大就可能会影响母线槽的质量和安全。

2. 优良的供电可靠性

分支电缆的主干电缆导体无接头，连续性好，减少了故障点。分支接头采用工厂全程机械化制作，大大降低了人为因素造成质量不良的现象。在工厂里短时间内完成护套注塑工艺，避免了接头接触处铜芯长时间裸露在空气中产生氧化而导致接触电阻的增大，且不易受热胀冷缩的影响。而高层建筑电气竖井内安装的母线槽每层均有一个插接接头。产品由母线槽厂家生产，分段运至施工现场，安装人员仅用普通扳手凭感觉拧紧螺栓进行安装连接，实际上，现场螺栓连接得过紧、过松都会对母线槽的内在性能质量产生潜在影响。所以，我国母线槽接头安装的可靠性受人为因素影响较大。国外的母线槽螺栓连接有专利，只要将螺栓拧断即可，这样才不受人为因素的影响，但价格偏高。

3. 应用后的优良效果

预制分支电缆由于配电安全可靠性高，在很多超高层、高层和智能化大厦安装使用后效果良好，已得到设计院（所）、建设和施工单位的充分肯定，到目前为止，还未发现什么事故。普通电缆用穿刺线夹分支在一些工程应用后，参见上节有关内容效果不甚理想。

4. 占用建筑面积小

采用预制分支电缆要比采用母线槽设计的电缆竖井尺寸小很多，有利于建筑面积的有效使用，对土建的空间尺寸无特殊要求。

5. 采用"NH"或"WDNZ"型的预制分支电缆，与相应的电力电缆为其配套

可在燃烧情况下，满足超高层（或高层）消防规范要求时间的供电运行。

6. 免维护

预制分支电缆按规定方法安装后，即可通电使用。正常运行的预制分支电缆系统平时不需要维修保养。

5.6.7 工程设计中选择预制分支电缆的要点

1. 预制分支电缆适用场所

预制分支电缆只适用于各分支电气负荷比较稳定，不会因建筑物各层使用性质的改变而引起电气负荷发生较大变化的场所。预制分支电缆不适用于变电所设置于高处，由上向下供电的供电方式。另外，目前预制分支电缆的额定电流在 1 600A 以内，超出此电流值为非标产品，性能价格比较差，不宜选用。但超过 1 600A 的高层或超高层建筑物可采用多回路分层配电方式。

2. 多回路分层配电方式适用范围

超过 1 600A 的建筑物可采用多回路分层配电方式。预制分支电缆的额定电流在 1 600A以内，并不说明超过 1 600A 用电就无法使用预分支电缆了，更不能说明用电量较大的建筑物不适合采用预分支电缆。超过 1 600A 的建筑物可采用多回路分层预制分支电缆方案。这样有效地解决了载流量限制的问题，并具有以下优点：

1）便于设备维修。对于分回路分层配电方式，当用电设备出现故障需要停电检修时，只需切断故障设备所在回路楼层的电源，不影响其他楼层的用电，缩小了停电范围。

2）与密集型母线槽相比，预分支电缆属于柔性结构，完全能够适应超高层建筑的正常应力摆动。

3）如果建筑物使用性质发生变化，部分用电负荷需要大幅度提升时，只需扩容供该负荷的预分支电缆回路，无需更换其他电缆。

3. 型号的选择

一般场所优先选用交联聚乙烯绝缘的 FZ-YJV 系列产品，重要场所选用阻燃型 FZ-ZRYJV 系列产品，应急电源选用耐火型 FZ-NHYJV 系列产品，特别重要场所，如智能大厦、计算机中心，程控机房、医院病房等，应选用无卤、清洁型产品，如：FZ-WDZYJY、FZ-WDNYJY、FZ-CLSYJV 等。一般工业与民用建筑，可选用单芯型分支电缆，也可以选用多芯绞和型；智能型建筑及其他抗干扰要求高的场所，应选用多芯绞合型；道路、桥梁、隧道等照明电路，可以选用多芯一体化型电缆；工厂等动力配电应选用动力配电型；建筑空调系统推荐选用动力配电型；长支线回路推荐选用支线保护型。

4. 单芯和多芯分支电缆的选择

预制分支电缆有单芯和多芯之分，单芯制作工艺较多芯简单，价格也较低。等截面积的单芯和多芯相比，其载流量大，重量轻，外径小，规格品种多，安装施工更简便，一根多芯预制分支电缆的价格明显高于多根同等截面积的单芯之和。因此，一般在设计和使用时多选择单芯预制分支电缆。

5. 主干电缆截面积与分支电缆截面积的跨度应在一个合理的范围内

表 5-23 中它们有的跨度太大，不合适，最好在 8 个规格等级之内。其原因如下：某建筑物主干线选

FZ-WDZA-YJY—4(1×1 000) +1(1×500)

而第 9 层的分支电缆选

FZ-WDZA-YJY—4(1×16) +1(1×10)

当 9 层的分支电缆过负荷或短路时，其过负荷或短路电流与主干线电缆相比很小，不足以使主干电缆上最近的保护装置动作，存在安全隐患。

6. 电缆截面积的选择

根据回路的总负荷预留 30% 余量，再乘以适当的同时系数，计算出额定电流。根据电缆的额定载流量（查 5.6.3 载流量参数表），取相似的较大截面积规格的电缆。

7. 末端压降计算

同普通电缆计算方法。设计主干电缆时，除考虑电缆载流量外，还要考虑电压降。主干电缆末端的电压降不应超过 5%，单相最大电压降不超过 11V，三相最大电压降不超过 19V。考虑了主干电缆的电压降 V_d 后，主干电缆允许长度非常有限，见表 5-34，供参考。这里把该表的计算式、电缆末端电压降 V_d 计算条件说明如下：与表 5-34 计算条件不同时，可根据具体条件计算。

$$V_d = \frac{KILV_0}{10^3 \cos\phi}$$

式中　K——配电系数，单相 $K=1$，三相四线 $K=\sqrt{3}$；

　　　I——工作电流或计算电流（A）；

　　　L——主干电缆的长度（m）；

　　　V_0——每米每安培电压降（mV/A·m）。

电缆末端电压降根据下列条件计算，导线温度为 70～90℃；工频额定电压 U_0/U 为 0.6/1kV；环境温度为 40℃；功率因数 $\cos\phi = 0.8$；末端允许电压降百分数 ≤5%。

表 5-34　预制分支电缆主电缆允许长度表[31]

主电缆截面/mm²	额定电流/A	电压降[注]/(mV/A·m)	单相允许长度/m	三相允许长度/m
10	85	2.0	51	51
16	113	1.3	60	60
25	150	0.84	70	70
35	181	0.63	77	77
50	265	0.49	68	68
70	290	0.36	84	84
95	347	0.29	87	87

（续）

主电缆截面/mm^2	额定电流/A	电压降[注]/(mV/A·m)	单相允许长度/m	三相允许长度/m
120	410	0.24	89	89
150	470	0.21	89	89
185	530	0.91	87	87
240	640	0.16	86	86
300	725	0.15	81	81
400	845	0.131	79	79
500	980	0.120	75	75
630	1 150	0.111	69	69
800	1 380	0.104	61	61
1 000	1 605	0.098	56	56

注：表中电压降允许值为每米长电缆通过每安培电流时允许电压降（毫伏），即（mV/A·m）。

8. 支线保护

根据规范要求，分支线长度不超过 3m 时，不必加保护，如特殊原因需加长而大于 3m 时，支线应穿不燃管道敷设，并应考虑支线出现单相或两相短路故障情况下的保护问题，装设相应的保护元件。另外，当主干电缆与分支电缆等截面积时，分支线不必单独保护。

9. 对电气井道的要求

分支电缆可在电缆桥架中敷设，也可单独安装敷设。当单独安装时，对电气井道有一定要求。

1）电气井道尽量采用直井，中间不转折，如需转折，设计时可考虑将分支电缆设计成两路甚至是多路。

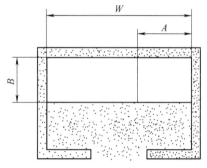

图 5-6　分支电缆预留井道的尺寸
W—楼板预留井道的宽度　A—供安装
分支电缆部分孔的长度
B—楼板预留孔的宽度

2）井道内空间应保证工人的安装操作。

3）井道内楼板预留孔应符合下列要求，如图 5-6 所示。

当选用单芯型电缆时：

A = 干线电缆外径 × 干线电缆根数 ×3

B =250mm（干线电缆截面积为 240mm^2 及以下单回路）

B =300mm（干线电缆截面积为 240mm^2 及以下双回路）

B =300mm（干线电缆截面积为 300mm^2 及以上单回路）

B =500mm（干线电缆截面积为 300mm^2 及以上双回路）

当选用绞合型电缆时，如多回路并排安装

A = 干线电缆绞和外径 × 回路数 ×3

B =350mm

绞合型分支电缆不推荐采用双层多回路安装。

10. 分支电缆的主干电缆采用单芯电缆时的规范

分支电缆的主干电缆采用单芯电缆时，应考虑防止涡流效应，禁止使用导磁金属夹具和穿一根钢管。穿管时必须 A、B、C、N 四根电缆合穿一根钢管。

11. 电缆垂直和水平敷设时的规范

电缆垂直和水平敷设时，穿楼板和墙体处都应按防火规范要求，采用防火堵料将四周封堵（参见预制分支电力电缆标准图集00D101-7）。

12. 分支电力电缆的安装要求

分支电力电缆在安装过程中应注意固定好分支电缆，避免分支电缆晃动，以保证分支接头内部压接部分接触良好。

13. 预制分支电力电缆订货选型应注意的问题

在订货选型时，除了向生产厂家提出主干电缆和各分支电缆的规格与长度外，还要提供工程建筑物楼层层高剖面图，如图5-7所示，分支接头距楼层地坪高度（高度要准确），以及分支电缆进楼层配电（照明）箱中设置的过载、短路保护器、上进线或下进线的方式。电缆的安装方法有由楼顶放下的固定放置或是从地面拉起的吊装两种方式。由楼顶放下的固定放置，则是把预制分支电缆盘运到敷设终止层，从上往下慢慢放下。从地面拉起的吊装是在电缆竖井顶层设置一转换架，用电缆夹紧装置（由厂商提供），把预制分支电缆从敷设开始逐层吊起。电缆放好后，用固定消磁装置直接固定在电缆竖井墙上。

14. 综合成本的考虑

单从价格看，预分支电缆比普通电缆贵1%～3%，但这没有考虑采用普通电缆增加的施工周期和施工成本，不是综合成本比较。有的为了降低成本，将普通电缆与预分支电缆组合使用，从低压配电柜到第一个分支点的位置采用普通电缆，然后通过转接箱与预分支点的位置采用普通电缆，然后通过转接箱与预分支电缆相连，如图5-8a所示。实际上，这种方

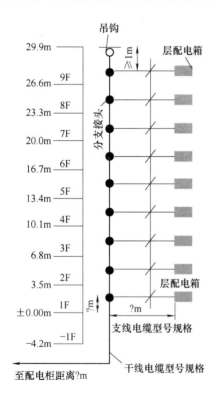

图5-7　分支电缆配电系统图

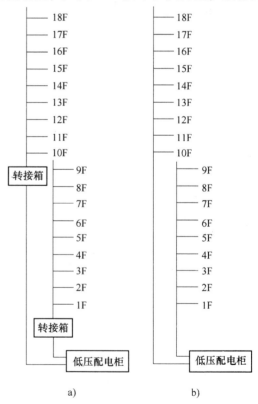

图5-8　普通电缆与预分支电
缆组合使用比较[32]
a）增加转接箱的配电方式　b）没有转接箱的配电方式

式增加了转接箱和人工费用，综合下来并没有节省成本。而且，主干线电缆本来不需要分段的，却因为增加转接箱而增加了两个连接点，降低了供电可靠性。如图 5-8b 所示是没有转接箱的配电方式。

15. 吊钩荷重的估算

预制分支电缆为悬吊式，因此必须在主电缆的顶端（高层电气竖井的顶部楼板底）预埋吊钩，吊钩荷重可为电缆和分接头重量（可向厂商索取）之和的 2.5 ~ 5 倍。这个估算值仅供参考。

16. 电缆竖井中应设等电位连接

从总等电位联结（MEB）端子箱引出一根 MEB 干线自下而上敷设在电气竖井中，竖井的每层设有辅助等电位连接（MEB）端子箱。专设 MEB 使用电更安全可靠，且易于连接和保养。

5.6.8　预制分支电缆应用实例和性能价格比

21 世纪初，预制分支电缆由于配电安全可靠性高和优良的性能价格比，已经广泛地应用于普通住宅、高层建筑、大型建筑及场所。如扭绞型单芯预制分支电缆在上海一些住宅楼已被普遍采用，广州琶州国际会议展览中心使用了大量的 5 芯预制分支电缆。

下面举 4 个工程实例，其中前两个实例说明预制分支电缆性能价格比优于母线槽，第 3 个实例说明预制分支电缆性能价格比优于穿刺线夹。第 4 个实例说明预制分支电缆在智能大厦中的应用。

【例 5-5】[30]　有一栋 26 层住宅，高度为 93m，母线采用 630A/5P 三段供电，母线槽总造价为 421 992 元；预制分支电缆采用 YZ-YJV—4 × (1 × 185) + 1 × 95/4 × (1 × 35) + 1 × 25，工程总造价：280 089 元，预制分支电缆比母线槽节省资金 33.6%。两者的工程造价分别见表 5-35 和表 5-36。

表 5-35　使用母线槽（630A/5P）供电的工程造价[30]

序号	型号及规格	单位	数量	单价/元	金额/元
1	母线槽	m	364	1.20/(A·m)	275 184.00
2	进线箱	个	12	700.00	8 400.00
3	进线节	节	12	900.00	11 520.00
4	插接箱	个	104	600.00	62 400.00
5	支架	套	100	200.00	20 000.00
6	膨胀螺栓	根	1 264	2.00	2 528.00
7	地线	根	104	15.00	1 560.00
8	铜排	kg	160	20.00	3 360.00
9	连接总成	套	104	350.00	36 400.00
合计金额					421 192.00

【例 5-6】[33]　以太原供电分公司最早使用、运行、实践的某广场 0.38kV 供电线路工程为例：该广场为 31 层，其中 1 ~ 7 层为商场（比较内容不包括这部分），8 ~ 31 层为住宅，总高为 99.5m，住宅部分层高 3m，居民总户数为 248 户。根据负荷计算，采用 6 根预制分支

电缆供电。其中主干线为 2 根 300mm²（额定电流为 625A）和 4 根 240mm²（额定电流为 535A），每层分支电缆用 50mm²（额定电流为 185A），长 3m。工程总造价约为 90 多万元。

表 5-36　使用预制分支电缆 YZ-YJV—4×（1×185）+1×95/4×（1×35）+1×25
供电的工程造价[30]

序号	名　称	型号及规格	单　位	数　量	单价（元）	金额（元）
1	主电缆	FZ-YJV1×185	m	1 470	85.23	125 288.10
		FZ-YJV1×95	m	364	44.82	16 314.48
2	子电缆	FZ-YJV1×35	m	312	18.09	5 644.08
		FZ-YJV1×25	m	104	13.70	1 424.80
3	分支接头	185/35	只	208	398.00	82 784.00
		95/25	只	52	326.00	16 952.00
4	横担	GM-HD2	套	3	589.00	1 767.00
5	吊头	GM-DT2	套	15	461.00	6 915.00
6	支线支架	GM-ZJ2	套	68	152.00	10 336.00
7	子线支架	GM-ZJ2	套	52	40.00	2 080.00
8	膨胀螺栓	10	个	492	2.00	984.00
9	进线箱		只	12	800.00	9 600.00
合计金额						280 089.00

为了验证预制分支电缆的经济性，对同一工程，采用密集母线槽供电，需 1 600A 母线槽 2 根，设计工程总造价达 210 万元。可见，预制分支电缆一次投资仅为密集母线的 50%，其综合经济效益十分明显。

【例 5-7】[29]　新疆哈密地区建设大厦，由地区建设局建设，广东建筑设计研究院设计，地上 15 层，地下 1 层，建筑物高度为 56.5m，建筑面积为 12 000m²。原设计低压配电系统的传输线路是普通电缆（ZR-VV）采用穿刺线夹分支，电缆沿桥架敷设。建设和施工单位经过市场调查，认为预制分支电缆性能价格比较优，后来设计院变更为预制分支电缆。原设计方案工程造价为 65.035 万元，其中，桥架为 21 万元，电缆为 35 万元，穿刺线夹为 2.56 万元，桥架安装费为 4.2 万元，电缆安装费为 2.275 万元。而预制分支电缆总造价为 55 万元，其中桥架为 4.5 万元，预制分支电缆及其配件计为 50.5 万元，厂家免费安装。后者较前者节约资金近 10 万元，成本降低近 16%，并在保质保量的前提下，缩短工期 35 天。

【例 5-8】[34]　某一智能大厦共 25 层，其中 1、2 层层高为 4m，3~25 层层高为 3m，总高为 77m，则主干电缆垂直高度为 77m，根据负荷计算，主干电缆选用 630mm²，额定电流为 1 150A，1~2 层分支电缆选用 95mm²，额定电流为 347A，5~8 层分支电缆选用 50mm²，额定电流为 265A，其余各层分支电缆选用 35mm²，额定电流为 181A。楼层配电箱进线端子到主干电缆分支接头间距为 2.5m，则分支电缆长度小于 3m，不需配分支保护箱。

5.7　防（耐）水电力电缆

5.7.1　防水电缆概述和三种类型防水电缆

能在水中正常使用的电缆统称阻水电力电缆。当电缆敷设于水下、经常浸水或潮湿的地方，则要求电缆具有防（耐）水的功能，即要求有全阻水的功能，以便阻止水分浸入电缆内部，对电缆造成损害，保证电缆在水下长期稳定运行。

我国使用的防水电力电缆主要有以下三类：

（1）油纸绝缘电缆是最典型的耐水电缆。它的绝缘和导体内充满了电缆油，绝缘外面有金属护套（铅套或铝套），是耐水性最好的电缆，以往海底（或水下）电缆多采用油纸绝缘电缆，但油纸绝缘电缆受落差限制，有漏油麻烦，维修不便，现在使用的越来越少。

（2）广泛用于中低压水下输电线路的乙丙橡胶绝缘电缆，是由于它无"水树"之忧的优越绝缘性能。防水橡套电缆（JHS 型）可以长期在浅水中安全运行。

（3）交联聚乙烯（XLPE）绝缘电力电缆由于它的优良电气、机械物理性能，且生产工艺简单、结构轻便、传输容量大、安装敷设及维护方便、不受落差限制等优点，成为应用最广泛的绝缘材料，但它对水分特别敏感，在制造和运行过程中如果绝缘有水浸染，容易发生"水树"击穿，极大地缩短电缆的使用寿命。因此，交联聚乙烯绝缘电缆，尤其是交流电压作用下的中高压电缆，在水的环境中或潮湿环境中使用必须有"阻水结构"。所谓"阻水结构"包括径向阻水结构和纵向阻水结构。本节主要介绍防水交联聚乙烯绝缘电缆。

5.7.2　普通型和防水性交联聚乙烯绝缘电缆结构

普通型交联聚乙烯（XLPE）电缆的一般结构由里向外依次为导体、导体屏蔽、交联聚乙烯绝缘、绝缘屏蔽、金属屏蔽、外护套；具有径向阻水功能的交联聚乙烯电缆结构由内向外依次为阻水型导体（即在各导线间填充阻水物质，如在绞合导体之间全部用阻水粉填充）、导体屏蔽、交联聚乙烯绝缘、绝缘屏蔽、内半导电阻水膨胀带、金属屏蔽层、外半导电阻水膨胀带、纵包铝塑层、聚乙烯外护套。如图 5-9 ~ 图 5-15 所示。

5.7.3　交联聚乙烯绝缘电力电缆的径向阻水结构

沿着电缆径向（或横向）透过护套渗水时，径向阻水结构就是隔断环境水分向绝缘渗透的屏障，是防水交联聚乙烯电缆绝对必需的，并且必须完好无损。径向阻水技术主要采用在绝缘屏蔽和金属屏蔽外面绕包半导电阻水膨胀带，在金属屏蔽层外面添加金属防水层，如图 5-9 ~ 图 5-11 所示。常用的径向阻水结构有 3 种：聚乙烯外护套，铅、铝、铜或不锈钢金属套，铅塑、铝塑复合综合护层。

1. 浸水环境下聚乙烯外护套不是有效的防水层

尽管聚乙烯不溶于水，也具有一定的阻水性能，但是不能采用单一的聚乙烯护套进行阻水。通过在地下敷设的聚乙烯护套通信电缆长期运行实践已经证实，尽管护套完好，电缆终端和连接头同样符合施工要求并且无缺陷或损伤，经检查，发现水分或水汽仍然会通过塑料护套渗入到电缆的缆芯中，造成电缆传输性能的恶化，所以单独使用聚乙烯护套阻水不能满足电缆径向阻水要求。聚乙烯护套一般是配合里面的铅、铝、不锈钢金属护套或铅塑、铝塑复合纵包层共同进行径向阻水。

2. 中压交联电缆

　　一般宜选用金属/塑料复合套作为径向防水层。考虑到电缆的重量、外径、弯曲特性以

及价格等因素，除非特殊场合选用铅套或铝套，中压电缆径向阻水通常采用铝塑复合综合护层，通过纵包的铝塑复合带如图 5-9 和图 5-10 所示和挤包的聚乙烯外护套共同达到阻水目的。当用挤包聚乙烯护套时，由于聚乙烯融高温和压力的作用，铝塑复合带表面的聚乙烯薄膜与聚乙烯护套的内表面得以很好地粘结，同时铝塑复合带纵包之间的搭盖也获得良好的粘结。从而完全堵塞了水分（气）渗入电缆的途径，达到良好的阻水效果。铝塑复合带规格常用厚度为

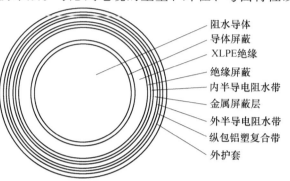

图 5-9　一种单芯中压交联聚乙烯
电缆径向阻水结构[35]

0.15 ~ 0.25mm，一般重叠宽度取 10 ~ 20mm，也有取重叠率 15% 的。但是，该阻水方式的缺点是熔接可靠性较差，且无法准确地检测聚乙烯薄膜的熔接及损坏的程度。金属/塑料复合套的防水特性见表 5-37、表 5-38。

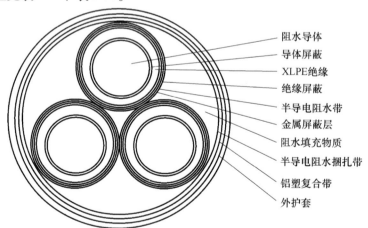

图 5-10　一种三芯中低压交联聚乙烯
电缆径向阻水结构[35]

表 5-37　金属/塑料复合套的防水特性（一）[36]

护套类型	PVC 护套	PE 护套	金属/塑料复合套	
			初期	伸缩试验后
透水率/ $(g \cdot cm/cm^3 \cdot dmmH_2O)$	160×10^{-8}	28×10^{-8}	$(0.05 \sim 1) \times 10^{-8}$	$(0.8 \sim 3) \times 10^{-8}$

表 5-38　金属/塑料复合套的防水特性（二）[36]

电压等级 浸水时间	护套类型	工频击穿电压/kV		冲击击穿电压/kV	
		试验前	试验后	试验前	试验后
15kV 浸水 2 年	金属/塑料复合套	150	150	—	—
	PVC 护套	150	60	—	—
15kV 浸水 1.3 年	铝护套	300	360	940	940
	金属/塑料复合套	320	340	880	960
	PVC 护套	340	300	860	820

3. 高压电缆通常采用具有完全密闭的金属护套，达到径向阻水的目的

高压电缆采用具有完全密闭的密封金属套，使电缆达到彻底的径向阻水。主要金属护套有：热挤压的铝或铅套、冷拔的金属套，以及纵包氩弧焊并轧纹的皱纹铝，如图 5-11 所示或不锈钢套。目前，采用较多的是纵包氩弧焊并轧纹的皱纹铝护套和热挤压并轧纹的皱纹铝护套。在金属护套外，通常还要挤包聚乙烯或聚氯乙烯

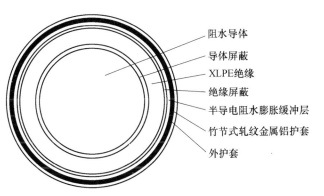

阻水导体
导体屏蔽
XLPE绝缘
绝缘屏蔽
半导电阻水膨胀缓冲层
竹节式轧纹金属铝护套
外护套

图 5-11　一种单芯高压交联
聚乙烯电缆径向阻水结构[35]

外护套，应该说，聚乙烯的阻水性能优于聚氯乙烯[35]。

5.7.4　交联聚乙烯绝缘电力电缆的纵向阻水结构

纵向阻水结构是指绝缘层内侧与外侧有阻止水沿纵向（指轴向）渗透的结构材料。纵向阻水结构的功能与径向阻水结构不同。径向阻水结构时刻都在发挥着阻水作用，而纵向阻水结构平时没有任何作用。因为电缆终端不会进水，只有当电缆受到外来伤害，如电缆被截断、电缆接头损伤或径向阻水结构（如金属套或综合护套）被破损，外界的水进入电缆，纵向阻水结构才发挥作用，阻止水纵向渗透，将进入电缆的水限制在一个有限的长度内，以减少修复更换电缆的长度，即减少电缆的维护费用。可见，纵向阻水结构实际上只是一种备用结构和应急措施。所以纵向阻水结构一般只用于大长度海底电缆和重要输电线路的大截面高压电缆，对于较短的过江河的水下电缆或小截面中低压水下电缆就不太适用。

要实现真正的纵向阻水，需在绞合导电线芯的空隙中和线芯屏蔽区填入阻水材料，阻断水分在缆芯中的扩散通道。通常有以下两种措施：

1）采用阻水型导体。在绞合紧压导体时添加阻水绳、阻水粉、阻水纱或绕包阻水带。

2）采用阻水型的缆芯。在缆芯成缆工艺中，填充阻水纱、绳及绕包半导电阻水带或绝缘阻水带。

下面介绍两种阻水导体的结构，如图 5-12 和图 5-13 所示。

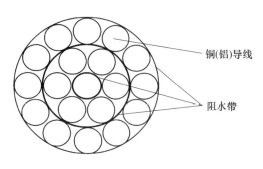

图 5-12　阻水带填充的阻水导体结构[35]

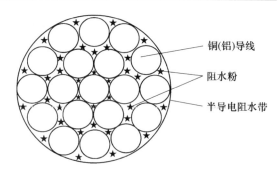

图 5-13　阻水粉填充的阻水导体结构[35]

如图 5-12 所示，在绞合导体的部分层间绕包或纵包半导电阻水带，再通过导体正常圆形紧压，使导体层间不存在间隙，以达到导体间的连接和导体的纵向阻水。这种结构安全可靠、寿命长，可利用现有设备生产，成本较低。但这种结构会使导体的外径增大、散热困难，还会出现电缆的电性能不稳定的情况。

如图 5-13 所示，在绞合导体之间全部用阻水粉填充。这种结构不增加导体的外径，不改变电缆的其他结构，且阻水粉填充的工艺问题得到解决，用热塑导线弹性体包裹阻水粉，然后利用静电喷涂技术使导体附粉。目前，阻水粉填充的阻水导体结构相对较好。

图 5-12 和图 5-13 的阻水结构都是针对导体单丝直径（1.5～4mm）较粗的硬导体设计的，一般适用于固定敷设电缆。对于移动场合使用的绝缘软电缆，其导体单丝直径（0.25～0.5mm）较小，阻水粉、阻水纱填充困难，上述阻水结构并不适用。

以上的阻水材料吸水后迅速膨胀，形成凝胶状物质，会阻塞渗水通道，终止水分和潮气的进一步扩散和延伸，使电缆的损失降到最低，从而达到阻止水纵向渗透的目的。

对于多芯电缆来说，由于多根的绝缘线芯之间的空隙较大，所以成缆时通常需要在绝缘线芯之间填充阻水绳、纱等。然后再绕包膨胀阻水带构成阻水型缆芯；对于单芯电缆而言，可以在阻水型导体表面缠绕阻水带构成阻水型缆芯。但是，从目前的技术发展来看，纵向阻水用阻水粉填充相对较好[35]。

5.7.5　交联聚乙烯绝缘电力电缆的全阻水结构

所谓"全阻水结构"即要考虑电缆的径向阻水结构也要考虑电缆的纵向阻水结构。如图 5-14 和图 5-15 所示。这两个图表示了两种中压单芯全阻水交联聚乙烯电缆结构，一种为全阻水粉填充，另一种为阻水带填充，三芯电缆也是这种结构，只是缆芯由单芯改为三芯而已。

实现电缆防水必然会影响电缆的散热、导电性能，应根据工程需要，选择或设计合适的阻水电缆结构。

5.7.6　26/35kV 及以下防水交联电缆的型号、规格、载流量等

防水交联电力电缆适用于港口、水电站、隧道、船闸、过江大桥、化工冶金、地铁等中压供电防水可靠性要求高的工程实施及基地，以及高降雨地带和地势低洼潮湿的中压电力传输。

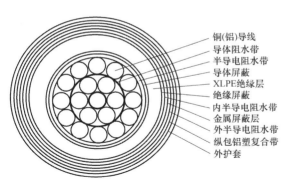

图 5-14　绕包阻水带的单芯中压交流
聚乙烯全阻水电缆结构[35]

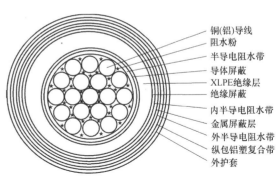

图 5-15　填充阻水粉的单芯中压交流
聚乙烯全阻水电缆结构[35]

　　防水交联电力电缆的防水护层纵向阻水实验（95 ~ 100℃ 循环 10 次），水分向两端渗透长度不超过 1 500mm；电缆导体长期允许最高工作温度为 90℃；短路时短时（最长不超过 5s）最高温度为 250℃；电缆敷设时的温度不低于 0℃。单芯电缆敷设时允许弯曲半径应不小于电缆外径的 20 倍；三芯电缆敷设时允许弯曲半径应不小于电缆外径的 30 倍。

　　防水交联电力电缆的载流量按普通交联选用有足够富裕度。

　　江苏宝胜集团生产的 26/35kV 及以下防水交联电力电缆型号是在普通交联聚乙烯绝缘电力电缆型号前面加"FS"表示。它们的型号、名称见表 5-39，电缆的规格见表 5-40。图 5-16 给出 35kV 及以下单芯防水型交联电力电缆的典型结构示意图。单芯防水型交联电力电缆的电感、电容见表 5-41，三芯防水型交联电力电缆的电感、电容表 5-42。由于目前还没有国家的统一标准，不仅选名称为防水电缆，还要根据使用的具体情况和厂方共同研究解决防水电缆结构的问题。

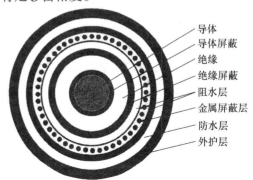

图 5-16　35kV 及以下单芯防水型
交联电力电缆的典型结构示意图

表 5-39　防水型交联电力电缆型号及名称

型　　号		名　　称
铜芯	铝芯	
FS-YJV	FS-YJLV	防水型铜（铝）芯交联聚乙烯绝缘聚氯乙烯护套电力电缆
FS-YJY	FS-YJLY	防水型铜（铝）芯交联聚乙烯绝缘聚乙烯护套电力电缆
FS-YJV22	FS-YJLV22	防水型铜（铝）芯交联聚乙烯绝缘钢带铠装聚氯乙烯护套电力电缆
FS-YJV32	FS-YJLV32	防水型铜（铝）芯交联聚乙烯绝缘细钢丝铠装聚氯乙烯护套电力电缆
FS-YJV42	FS-YJLV42	防水型铜（铝）芯交联聚乙烯绝缘粗钢丝铠装聚氯乙烯护套电力电缆

表 5-40　防水型交联电力电缆规格

型　　号		芯数	额定电压/kV					
铜　芯	铝　芯		3.6/6	6.6, 6/10	8.7/10 8.7/15	12/20	18/20 18/30	26/35
			标称截面积/mm²					
FS-YJY	FS-YJLY	1①	25~300	25~300	25~300	35~300	50~300	50~300
FS-YJV22	FS-YJLV22	3	25~300	25~300	25~300	35~300	—	—
FS-YJV32	FS-YJLV32							

①　单芯结构电缆均为非铠装电缆，只适用管道或电缆沟敷设。

表 5-41　单芯防水型交联电力电缆的电感（mH/km）、电容（ηF/km）

导线 截面积 /mm²	电压等级/kV											
	3.6/6		6.6, 6/10		8.7/10, 8.7/15		12/20		18/20, 18/30		26/35	
	电感	电容	电感	电容	电感	电容	电感	电容	电感	电容	电感	电容
25	0.420	0.24	0.433	0.19	0.449	0.15	—	—	—	—	—	—
35	0.408	0.26	0.411	0.21	0.427	0.18	0.459	0.16	—	—	—	—
50	0.385	0.30	0.398	0.24	0.414	0.19	0.426	0.17	0.481	0.13	0.513	0.11
70	0.366	0.34	0.379	0.27	0.392	0.22	0.414	0.19	0.455	0.15	0.487	0.12
95	0.344	0.38	0.354	0.30	0.369	0.24	0.392	0.21	0.436	0.16	0.465	0.13
120	0.331	0.42	0.344	0.32	0.360	0.26	0.379	0.23	0.417	0.17	0.446	0.14
150	0.315	0.46	0.334	0.35	0.350	0.28	0.366	0.25	0.404	0.19	0.430	0.15
185	0.308	0.50	0.322	0.38	0.341	0.30	0.350	0.27	0.302	0.20	0.417	0.16
240	0.301	0.54	0.313	0.42	0.325	0.34	0.341	0.29	0.376	0.22	0.394	0.18
300	0.296	0.56	0.302	0.47	0.314	0.37	0.328	0.32	0.360	0.24	0.293	0.19

注：此表单芯结构电缆均为非铠装电缆，只适用管道或电缆沟敷设。

表 5-42　三芯防水型交联电力电缆的电感（mH/km）、电容（ηF/km）

导线 截面积 /mm²	电压等级/kV							
	3.6/6		6.6, 6/10		8.7/10, 8.7/15		12/20	
	电感	电容	电感	电容	电感	电容	电感	电容
25	0.363	0.72	0.395	0.57	0.424	0.45	—	—
35	0.351	0.78	0.326	0.63	0.401	0.54	0.424	0.48
50	0.331	0.90	0.357	0.72	0.379	0.57	0.396	0.51
70	0.314	1.02	0.336	0.81	0.360	0.66	0.379	0.57
95	0.301	1.14	0.322	0.90	0.341	0.72	0.363	0.63
120	0.289	1.26	0.309	0.96	0.325	0.78	0.344	0.69
150	0.280	1.38	0.299	1.05	0.316	0.84	0.334	0.75
185	0.273	1.50	0.291	1.14	0.305	0.90	0.322	0.81
240	0.266	1.62	0.281	1.26	0.296	1.02	0.301	0.87
300	0.263	1.68	0.273	1.41	0.286	1.11	0.300	0.96

5.7.7　工程中选用防水电缆应注意的问题

根据防水电缆的防（耐）水功能，在工程设计中应注意以下问题：

1）按使用环境、使用条件（额定电压等技术要求）以及经济性（性价比）等综合因素选择防水油纸绝缘电缆、中低压水下输电线路的乙丙橡胶绝缘电缆、具有"阻水结构"的交联聚乙烯（XLPE）绝缘电缆。

2）交联聚乙烯电缆的径向阻水技术主要采用在绝缘屏蔽和金属屏蔽层外面绕包半导电阻水膨胀带，在金属屏蔽层外面添加金属防水层，中压电缆一般使用铝塑复合带作为径向防水层，高压电缆则采用铅、铝、不锈钢的金属密封套作为径向防水层。

3）交联聚乙烯电缆的纵向阻水主要采用在导线之间和缆芯屏蔽区添加阻水性物质，从目前的技术发展看，用阻水粉填充相对较好。

4）实现电缆防水必然会影响电缆的散热、导电性能，设计和选型需注意这一点。

5）目前认为引起交联聚乙烯电缆"水树"的原因，是在电缆制造、运输、保管、敷设过程中水分侵入电缆内部所致。采用净化的绝缘和屏蔽材料，三层共挤、干式交联法代替水式（蒸汽为交联媒质）工艺措施，保证电缆优良的制造质量。

6）对于中压三芯防水交联聚乙烯电缆可采用三根中压单芯阻水电缆绞合形成，这种结构节约了阻水填充材料，降低成本，而且电缆的散热好，其载流量增大。

5.8　风力发电用电力电缆

5.8.1　风电市场的发展对电缆的需求

把风能转变为电能的技术是风力发电。进入 20 世纪 90 年代后半期，随着风力发电技术的不断发展及人类对环境保护及可持续发展的关注，风力发电作为一种清洁的发电方式，越来越受到各国的重视、并得到迅速发展。目前，它是可再生能源中技术发展最快、最成熟、最具大规模开发和其经济性接近常规电源而具有商业化前景的发电方式。

我国风力资源极其丰富，其主要集中在三北（华北、东北、西北）北部地区与沿海地带及其岛屿。这两个区域特点不同，气候条件和地理环境也不同，因此设计和开发了三北风电和中、南部沿海风电两种典型的风力发电场传输、并网电缆。另外，海上风电场是未来风电场发展的方向，这对海底电缆（在第 6 章进行介绍）提出了需求。还有，由于风机不断地转动，对机舱内的布电缆，电力电缆的要求具有耐扭曲性能。风力发电用电缆作为风能发电的关键配套产品，随着风能利用的快速发展而得到广泛的应用。过去主要依赖进口，现在还没有专门的风力发电用电缆国家标准，国内电缆生产企业主要参照欧洲标准、德国标准、GB/T 5013—2008《额定电压450/750V 以下聚氯乙烯绝缘电缆》、GB/T 12706—2008《额定电压 1kV（$U_m = 1.2kV$）到 35kV（$U_m = 40.5kV$）挤包绝缘电力电缆及附件》和相关的企业标准进行生产和制造，生产的风力发电用电缆已投入多个风力风电场使用。

风电市场的发展对电缆的需求量是较大的。近几年，我国风力发电机的主力机型由600kW 转变为 MW 级，以 1.25MW 的风力发动机为例，塔架高度一般约为 90m，在塔架和机舱内，仅电力电缆就需要 1km 左右。以一个 5 万 kW 的风电场计算，需要电力电缆达

40km 之多。

5.8.2　35kV 及以下风电用耐扭曲电力电缆

大型风力发电机的出口电压大部分是 0.69kV，为了输送兆瓦级的电能，在机舱后部经中压变压器升压，升至 12/20kV 或 18/30kV 或 20/35kV，并经一根相应电压等级三相电缆输送到塔筒底部或附近的箱式变电站（或中压开关柜），进而接入国内的中压电网。此电缆上端连接在机舱后部的开关柜上，最上部在塔筒内部悬垂，随着机舱的转动，下部固定到塔筒内壁上，所以该中压电缆承受风机机舱迎风时的扭转。

下面介绍用于 2MW 及以上风力发电机组，20/35kV 风力发电耐扭曲电力电缆的结构、耐扭曲实验和材料，为选择各种风电用耐扭曲电力电缆作参考[37]。

1. 电缆结构

电缆的使用寿命为 20 年，环境温度为 -40 ~ +50℃，导体长期的最高工作温度为 90℃，瞬时短路电流引起最高短路温度不超过 250℃，最小弯曲半径为电缆直径的 6 倍，要求无卤低烟阻燃、耐低温、耐油、耐紫外线，电缆随风机不断旋转度达 ±1 440°。根据这些要求，电缆的结构示意图如图 5-17 所示。

2. 耐扭曲实验

目前还没有耐扭曲实验的国家标准或行业标准。下面介绍的是 20/35kV 风力发电耐扭曲电力电缆的实验。在室温环境下，将 10m 长的电缆试样上端悬挂在可旋转的转轮上，下端固定，转轮先顺时针扭转 4 圈（1 440°），再逆时针扭转 4 圈（1 440°），使电缆恢复到原始状态；此后逆时针扭转 4 圈（1 440°），再顺时针扭转 4 圈（1 440°），使电缆恢复到初始状态，此为一个周期。进行次数不少于 3 600 个周期实验后，外观应无开裂现象，护套表面不产生裂纹，并且局部放电和电压实验符合规定要求。

3. 材料的选用

1）导体选用符合 GB/T 12970—2009《电工软铜线》及 IEC60228—2004《电缆的导体》标准要求的第 5 种镀锡软铜导体，其材料是优质退火无氧铜。它的表面镀层应均匀、光亮、无氧化和毛刺。

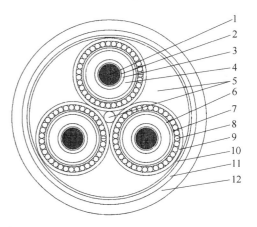

图 5-17　20/35kV 风力发电耐扭曲电力电缆的结构示意图[37]

1—导体　2—隔离层　3—内屏蔽层
4—绝缘层　5—填充　6—外屏蔽层
7—外屏蔽包带层　8—编织屏蔽层
9—编织屏蔽包带层　10—缆芯包
带层　11—内护套　12—外护套

2）隔离层材料采用半导电包带，其主要性能要求见表 5-43。

表5-43　半导电包带主要性能[37]

项目名称	指标要求		
厚度/mm	0.10 ± 0.02	0.12 ± 0.02	0.14 ± 0.02
单重/(g/m²)	90 ± 10	100 ± 10	110 ± 10
抗张强度/MPa	≥100	≥120	≥140

（续）

项目名称	指标要求		
断裂伸长率/%	$\geqslant 25$	$\geqslant 25$	$\geqslant 25$
表面电阻率/Ω	$< 1\ 000$	$< 1\ 000$	$< 1\ 000$
体积电阻率/$(\Omega \cdot cm)$	$< 1 \times 10^3$	$< 1 \times 10^3$	$< 1 \times 10^3$
外观	黑色,表面光滑、平整		

3）内、外屏蔽层材料采用乙丙橡胶混合物半导电屏蔽料,其热老化性能应与相结合的绝缘层相当。

4）绝缘材料采用符合 IEC60092—351—2004《船舶电气设施 第351部分:船载和海上成套动力装置、远程通信及控制数据电缆用绝缘材料》的乙丙橡胶（EPR）混合物,抗张强度应不小于6.5MPa,它柔软、富有弹性,具有较好的化学稳定性、优良的耐热老化性、优异的耐寒性、卓越的电绝缘性能和耐臭氧、耐气候性,并且无毒无臭。

5）填充材料选择对绝缘材料无影响（指不起化学反应）、廉价的非吸湿材料。

6）编织屏蔽层材料主要采用 GB/T 4910—2009《镀锡圆铜线》的镀锡铜丝,为防止扭转时屏蔽层开裂采取特殊设计,提高其耐扭转性能。

7）外屏蔽包带层和编织屏蔽包带层材料采用半导电包带,其主要性能见表5-43。

8）缆芯包带层材料采用高阻燃玻璃布带,该材料在 200～600℃ 燃烧时能吸收大量的热量,阻止火焰蔓延,保护绝缘层;被动燃烧时产生的烟雾量少,能见度好,大大降低了火灾的危险程度,减少了环境污染;不吸水并能防止电缆在储存、运行过程中潮气侵入绝缘层,其主要性能见表5-44。

表5-44 高阻燃玻璃布带主要性能[37]

项目名称	指标要求	项目名称	指标要求
厚度/mm	0.17 ± 0.02	氧指数	$\geqslant 50$
单重/(g/m^2)	190 ± 10	含水率（%）	$\leqslant 1$
抗拉强度/（N/25mm）	$\geqslant 300$（纵向）	外观	①

① 浅黄色双面浸胶,表面平整均匀,无胶层脱硫,无破洞和折痕,幅边无裂口。

9）根据使用环境和电缆正常运行温度,内护套材料采用低烟无卤橡皮混合物,其性能符合 EN 50264—4 中 EI101 型护套材料的规定;外护套材料采用聚醚型无卤阻燃热塑性聚氨酯,该种护套材料具有抗撕裂强度高、耐候性好、无卤阻燃性能以及优异的抗微生物性能、耐水性能、耐磨性能等,其性能见表5-45。

表5-45 无卤阻燃热塑性聚氨酯化合物典型性能[37]

项目名称	典型数值	项目名称	典型数值
邵氏硬度（A型/D型）	78/25	皂化值/（mgKOH/g）	< 150
抗张强度/MPa	30	-50℃低温卷绕性	通过
断裂伸长率（%）	800	阻燃性	①
老化后抗张强度变化率（%） 空气中,110℃、168 h 浸 ASTM 2#油,100℃、168 h 浸水,80℃、168 h	< 30 < 40 < 30	相对介电常数/（50Hz/10³ Hz）	8.0/8.5
		电气强度/（kV/mm）	35
		表面电阻率/Ω	10^{10}
热压变形率100℃、96 h（%）	< 50	体积电阻率/$(\Omega \cdot cm)$	10^{11}

① 通过美国保险商实验标准 UL94 V_0 燃烧等级。

5.8.3　三北风电：35kV 及以下用耐寒传输、并网电缆

三北（华北、东北、西北）北部地区是我国大型风电场的主要基地。气候特点是：低温干燥，昼夜温差大。用在这些地区的风电场电缆，在进行结构设计时，应考虑防止电缆在低温环境下开裂，护套应采用耐低温性能较好地高密度聚乙烯（HDPE）材料，确保保护层在 -35℃环境下不开裂；另外，考虑到内陆风电场有利于大型发电设备的运输和检修，以及避免运输车辆或吊车对架空杆或架空线的碰撞，一般采用地下埋设电力电缆，只有在发电场的条件对上述问题没有影响时，可采用投资较少的高压架空线路集电。因为风电场传输、并网电缆一般直埋敷设在野外地下，不可避免地会有水分的存在，电缆应增加阻止水分渗入的护层，一般采用双层护套结构。它的典型结构示意图如图 5-18 所示，耐低温聚乙烯护套的主要性能要求见表 5-46。

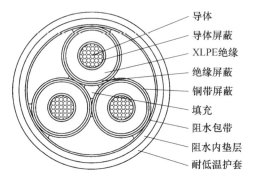

图 5-18　三北风电场用 35kV 及以下电缆典型结构示意图[38]

（导体、导体屏蔽、XLPE绝缘、绝缘屏蔽、铜带屏蔽、填充、阻水包带、阻水内垫层、耐低温护套）

表 5-46　耐低温聚乙烯护套要求的主要性能[38]

实验项目	指标要求
老化前机械性能	
抗张强度（MPa）	≥11
断裂伸长率（%）	≥180
空气箱老化后机械性能（100±3℃，168h）	
抗张强度（MPa）	≥11
抗张强度变化率（%）	≤ ±25
断裂伸长率（%）	≥180
断裂伸长率变化率（%）	≤ ±25
低温伸长实验（-35±2℃）	
断裂伸长率（%）	≥20
低温卷绕实验（-35℃）	无裂痕
低温冲击实验	通过

5.8.4　三北风电场 35kV 电缆附件的选择

1. 风电场集电线路电缆附件的性能特点

21 世纪以来，我国风力发电机的主力机型由 600kW 转变为 MW 级和 MW 级以上的发电机组，风电场的集电线路一般采用 35kV 电缆线路或 35kV 电缆直埋线路和架空线结合的方式。这两种集电线路方式都需要选用大量的电缆附件。电缆附件包括电缆中间连接以及电缆终端，用于连接电缆本体，以及使一个电缆终端与风力发电机组附近的 35kV 箱式变电站内的变压器或环网柜相接、集电线路的另一个电缆终端与 110kV 或 220kV 电网并网的总升压变电站内的开关柜相连接，选型的正确与否不仅影响工程的施工和投资，也直接影响集电线

路的供电可靠性。

35kV 及以下的中压电缆附件从材料上分为浇铸式、绕包式、热收缩式、冷收缩式和预制式。现阶段三北风电场常用的电缆附件主要为冷收缩式附件、热收缩式电缆附件和预制式电缆附件，这三种电缆附件的结构及结构特点对运行可靠性，安装工艺、使用寿命、价格的综合比较见第 9 章 9.4 节的有关内容。对它们的选择还要考虑环境对选用电缆附件的影响。

2. 三北风电场的环境对选用电缆附件的影响

我国三北风电场昼夜温差大，且风电场风电机组负荷变化也很大，造成电缆附件热胀冷缩频繁。预制件式电缆附件和冷收缩式电缆附件采用的是特制硅橡胶，硅橡胶分子结构比聚烯烃分子结构更具稳定性，且在 -50℃ ~250℃ 仍能保持良好的弹性。随着硅橡胶技术的发展，硅橡胶的绝缘性好、增水性强、耐盐雾污秽腐蚀、抗电痕、伸缩弹性好等优点渐渐被人们所认知，目前国内外的电缆附件厂家的冷收缩式附件、预制式电缆附件大都采用了硅橡胶作为原材料。因此，三北风电场的电缆附件选用冷收缩式电缆附件和预制式电缆附件较为适宜，而热收缩式电缆附件采用的是聚烯烃塑料，热收缩式电缆附件在热缩后一次成型，不能随电缆热胀冷缩，有可能造成电缆头进水，绝缘性降低，影响电缆线路的寿命。所以，风电场热缩终端头用于严重污秽、强烈振动、冰雪严重地区时，应慎重并需进一步采取相应的加强措施。

3. 三北风电场 35kV 电缆终端头的选择

安装在风电场集电 35kV 箱式变电站内的变压器用封闭型户内终端，常见的形式有两种：在欧式箱变内采用欧式封闭型户内终端（即 T 型头）；在美式箱变内采用美式封闭型户内终端（即肘型头）。它们的外形、结构略有差别，但均采用了预制式的应力锥结构，外表面复合半导体层并接地，设计为可触摸型。美式头拆装时需用专用的操作绝缘棒，在电缆箱内采用了平排接线，所占空间稍大；欧式 T 型头一般为前后安装，空间利用率比较高，但拆装也需专用工具，目前国内生产欧式 T 型头的厂家很多，各厂家互相安装的工具不同，造成施工检修中麻烦很多，但由于电缆终端的全密封，电缆附件安装完成后基本可以免维护，运行安全稳定。若风电场集电 35kV 箱式变电站内采用环网柜，该柜内可采用预制式电缆附件中的可分离连接器。

风电场集电 35kV 电缆与 110kV 或 220kV 电网并网的总升压变电站内的 35kV GIS 开关柜或真空断路器柜内连接的封闭型户内终端，可优先采用冷缩式应力锥电缆附件，其次采用预制式电缆附件。

5.8.5　沿海风电场 35kV 及以下用传输、并网电缆

中、南部沿海地区的风电场一般建设在沿海地区的海边，气候潮湿、常常受盐雾和海水的侵袭，敷设电缆时有时要经过池塘，甚至有部分电缆长期浸泡在水中，因此要求电缆必须具有优良的阻水性能，同时必须拥有良好的耐海水及盐雾腐蚀性能。主要技术要求：

1）通过电缆的防水、防潮性能试验　把电缆样品放在水中浸泡 72h 后，去除绝缘层外面的复合层后，用肉眼检查绝缘表面应是干燥的。

为满足防水、防潮性能的要求，电缆在成缆时，采用高膨胀性吸水填充材料进行填充，并采用 0.3mm 厚的高膨胀吸水双面阻水带进行重叠绕包，当有少量水分进入时，能迅速膨胀至 12mm 的高度，从而达到较好的阻水效果；还有在成缆缆芯外纵包铝塑复合带＋挤包聚

烯烃内衬层，铝塑带纵包时进行轧纹并用粘接胶粘合，铝塑金属护套作为内护套，可以有效地防止水分、潮气的径向浸入。这里需要指出的是：实现阻水性能的关键工艺是确保铝塑纵包综合金属护层的完整性。对中压交联电缆而言，成缆外径必须稳定、一致，否则在铝塑纵包过程中，极易出现铝带的拉破问题。

2）通过电缆的耐海水及盐雾腐蚀性能试验　把电缆样品放在90℃、浓度为5%的氯化钠溶液中，浸泡7天后，其拉伸强度变化率和断裂伸长率变化率皆应≤±25%。

为满足耐海水及盐雾腐蚀性能的要求，采用一种具有较强耐海水及盐雾腐蚀的聚合体材料新型丁腈聚氯乙烯复合物，其主要性能见表5-47。

表5-47　耐海水及盐雾腐蚀护套的主要性能要求[38]

实验项目	指标要求
老化前机械性能 　抗张强度/MPa 　断裂伸长率/%	 ≥10 ≥300
空气箱老化后机械性能（100±3℃，168h） 　抗张强度/MPa 　抗张强度变化率/% 　断裂伸长率/% 　断裂伸长率变化率/%	 ≥12 ≤±30 ≥250 ≤±40
耐5%氯化钠溶液性能（90℃，168h） 　抗张强度变化率/% 　断裂伸长率变化率/%	 ≤±25 ≤±25

为满足中、南部沿海地区风电场用电缆的典型结构示意图如图5-19所示。

5.8.6　在工程中选用风电场用电缆注意的问题

在工程中选用风电场用电缆时，应注意的问题如下：

1）风能电缆作为风机的关键配套产品，要求使用年限长，且具有抗风寒，抗扭转、抗紫外线、防水和抗拉等性能。选择普通的电力电缆不能满足在恶劣环境下的使用要求，我国某风电场的传输（集电）线路曾选用普通的 YJV$_{22}$-26/35　3×185 电缆是不适宜的，应采用具有新材料、新技术的电缆，例如采用聚氨酯材料、高密度聚乙烯（HDPE）材料等来提高电缆的使用性能。

2）针对风力发电场不同的地域环境和使用场所，参考选配本节合适的电缆结构和材料，可以有效地延长电缆的使用寿命和维护周期。

3）在行业规则和风能电缆国家标准没

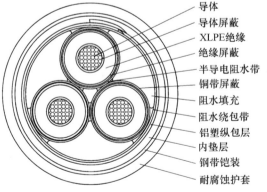

图5-19　中、南部沿海风电场用35kV及以下电缆的典型结构示意图[38]

导体
导体屏蔽
XLPE绝缘
绝缘屏蔽
半导电阻水带
铜带屏蔽
阻水填充
阻水绕包带
铝塑纵包层
内垫层
钢带铠装
耐腐蚀护套

有颁布前，各企业采用各自的企业标准，产品质量不能得到保证。在电缆设计、选型和采购时，没有简单的型号能说明风能电缆的结构和性能，可参考本节合适的结构、材料和实验条件，提出书面具体技术要求，采购风电场电缆的例子可参见第 10.3 节有关内容。

4）在风力发电场的地域环境和使用场所对风能电缆有特殊要求时，设计人员可以和有实力的生产制造厂合作，对风能电缆的敷设路径、运行环境、特殊要求进行深入的研究和探讨，形成特殊的成缆方案和实验方案。例如，海岸滩涂风电场光电复合电力电缆的成缆方案具有特殊性。

5.9 耐寒交联聚乙烯绝缘电缆的名称、型号和规格

我国北方及西部高寒地区，冬季温度低、时间长、早晚温差大，低温敷设的普通交联聚乙烯电缆会出现护套开裂现象。近年来，针对这些地区的电缆技术协议都增添了耐寒要求。然而，行业并未提供耐寒电缆具体的性能指标和实验方法。生产企业执行企业自己的标准，然后经国家电线电缆质量检测中心检测合格后投入生产。

例如江苏宝胜集团生产的交联聚乙烯绝缘耐寒电力电缆适用于低温条件下和北方高寒地区，长期使用的最低工作温度为 $-40℃$、最高工作温度为 $80℃$。电缆的耐寒护套在 $-40℃$、$16h$ 的低温冲击条件下，按 GB/T 2951—2008《电缆机械物理性能试验方法》进行试验后无任何目力可见的裂纹。

它生产的交联聚乙烯绝缘耐寒电力电缆适用于额定电压为 35kV 及以下的输配电线路（包括风力发电用电缆）。短路时（最长持续时间不超过 5s），电缆导体的最高温度不超过 $250℃$。电缆的敷设温度不低于 $-10℃$。单芯电缆的允许弯曲半径不小于电缆外径的 20 倍；多芯电缆的允许弯曲半径不小于电缆外径的 15 倍。耐寒电力电缆的结构尺寸、重量与同规格的普通交联聚乙烯绝缘电力电缆近似。

它生产的交联聚乙烯绝缘耐寒电缆型号是在普通交联聚乙烯绝缘电缆型号后面加"H"表示。交联聚乙烯绝缘耐寒电力电缆的型号和名称见表 5-48，规格见表 5-49。图 5-20 给出了耐寒交联聚乙烯绝缘电缆的典型结构示意图，供参考。

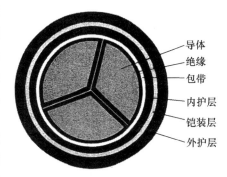

图 5-20 耐寒交联聚乙烯绝缘
电缆的典型结构示意图

导体
绝缘
包带
内护层
铠装层
外护层

表 5-48 交联聚乙烯绝缘耐寒电力电缆型号和名称

型 号		名 称
铜 芯	铝 芯	
YJYH	YJLYH	铜（铝）芯交联聚乙烯绝缘聚乙烯护套耐寒电力电缆
YJY23H	YJLY23H	铜（铝）芯交联聚乙烯绝缘钢带铠装聚乙烯护套耐寒电力电缆
YJY33H	YJLY33H	铜（铝）芯交联聚乙烯绝缘细钢丝铠装聚乙烯护套耐寒电力电缆
YJY43H	YJLY43H	铜（铝）芯交联聚乙烯绝缘粗钢丝铠装聚乙烯护套耐寒电力电缆

表 5-49　交联聚乙烯绝缘耐寒电力电缆规格

型　号		芯数	额定电压/kV					
铜芯	铝芯		0.6/1	1.8/3	3.6/6 6/6	6/10 8.7/10	8.7/15 ~ 12/20	18/20 ~ 26/35
			标称截面积/mm²					
YJYH	YJLYH	1	2.5 ~ 1 000	10 ~ 1 000	25 ~ 1 200	25 ~ 1 200	35 ~ 1 200	50 ~ 1 200
YJY02H	YJLY02H		10 ~ 1 000	10 ~ 1 000	25 ~ 1 200	25 ~ 1 200	35 ~ 1 200	50 ~ 1 200
YJY03H	YJLY03H		10 ~ 1 000	10 ~ 1 000	25 ~ 1 200	25 ~ 1 200	35 ~ 1 200	50 ~ 1 200
YJYH	YJLYH	2, 3, 5 3 + 1 4 + 1 3 + 2	2.5 ~ 300	10 ~ 300	25 ~ 300	25 ~ 300	35 ~ 300	—
YJY23H	YJLY23H		4 ~ 300	10 ~ 300	25 ~ 300	25 ~ 300	35 ~ 300	—
YJY33H	YJLY33H		4 ~ 300	10 ~ 300	25 ~ 300	25 ~ 300	35 ~ 300	—
YJY43H	YJLY43H		4 ~ 300	10 ~ 300	25 ~ 300	25 ~ 300	35 ~ 300	—

5.10　防白蚁电缆

5.10.1　白蚁对电缆的危害和防治

　　白蚁是世界性害虫之一,它对电线电缆的危害很普遍,特别是热带和亚热带地区。我国在很多省、市、自治区都发现过白蚁损坏电缆的现象,以广东、广西、福建、台湾、云南较多。白蚁主要对直埋电缆构成严重的威胁。有危害作用的白蚁有 10 余种,而发现对直埋电缆有危害作用的主要是家白蚁和黄胸散白蚁,还有其他一些种类的白蚁等。有的白蚁啃啮电缆塑料外护套乃至金属套直至绝缘层,使电缆绝缘受潮,绝缘电阻下降,造成单相接地短路,有的甚至引起爆炸,使电缆线路发生永久性故障,不容忽视。据统计广东地区由于白蚁对电缆危害造成的故障占电缆故障总数的 60% ~ 70%。

　　我国长江以南,尤其是广东、福建的电力电缆招标几乎都提出了防蚁的要求,供电部门对于白蚁试验又提出了比"群体法"更严格的"蚁巢法"试验要求。

　　目前,防止白蚁对直埋电缆的危害采取的措施有两种:物理防治和化学防治。化学防治又分为药物型电缆和施工方法的防治(毒土防治和诱杀法)。几种防白蚁的方法如下:

　　1) 毒土防治是在电缆周围的土壤中掺入一定剂量的毒杀药物,使电缆周围形成一个毒土包围圈,使白蚁不敢接触电缆,或白蚁接触到毒土即中毒死亡。这种防治的成本要比是环保药物型电缆高,用药量多,施工麻烦,需要定期复查,维护费时、费力。在多雨地区药物易流失。处理毒土时应注意安全,不要在井边、河边、鱼塘边配制和使用药物;施工人员应采取防护措施,戴口罩、手套等,吸烟、取食应按规定,并注意通风和风向;沾染药液后应及时用"肥皂"洗涤等[39]。

　　2) 诱杀法是在直埋电缆沿线区域,按照一定的间距和密度,在土壤中埋设白蚁喜食的材料并定期检查,当发现有白蚁取食饵料后,再采用药物杀灭白蚁。此方法是对已运行电缆的补救方法[40]。

　　3) 药物型电缆。在电缆护层材料(聚氯乙烯、橡胶等)中加入一定剂量对白蚁有毒作用的药物，利用药物躯避啮齿动物嚼切。以往采用电缆护套料内有毒添加剂（如氯丹、七氯、狄氏剂等）的办法，但这些有毒添加剂对环境和人身造成污染和危害。目前，对药物的要求：对白蚁有强杀作用而药性持久；数年至数 10 年不易失效；工艺简单、对电缆的机电性能均无影响，价格便宜；对人毒性低等。

4）物理防治（咬不动电缆），即采用白蚁咬不动的材料制造电缆外护套。如硬度大于邵氏 D70，表面光滑的电缆，白蚁则无从下手。

人们希望使用"绿色"无毒无害防白蚁电缆[41]，要求它们的技术性能：不含铅和镉等重金属；驱避剂应无毒无害，对环境无污染；邵氏硬度应大于 D70，并易于挤出加工；材料的挤出表面应相当光滑。

5.10.2 淘汰化学防治白蚁方法的原因

5.10.1 节介绍的三种化学防治白蚁方法：其一，毒土防治和诱杀法都是在电缆周围的土壤中惨入一定剂量的毒杀药物，阻杀白蚁；其次，药物型电缆是在电缆护层材料（聚氯乙烯、橡胶等）中加入一定剂量对白蚁有毒作用的药物，利用药物躯避啮齿动物嚼切。化学防治白蚁使用毒杀白蚁或驱杀白蚁的药品，一旦流失或渗透到土壤和水里，对人的健康极为有害，从环境保护的角度来看是不允许的。国际电信联盟（ITU）已明确规定禁止使用这些有毒性的物质，世界各国也已经陆续禁止生产。

可是，在我国电缆行业、电缆材料行业和白蚁防治部门，几乎很少认真讨论"化学防治白蚁方法"用的驱避剂对环境的污染及其对人体的危害，也很少有人去研究几乎或者完全不含毒性物质的防治白蚁电缆料。虽然有流行使用环烷酸金属盐作为防治白蚁添加剂，制造无毒无害防治白蚁电缆料，并且据说是绝对无毒的，但是其效果还有待长期验证。

关于"化学防治白蚁方法"防治白蚁电缆料的有效期。由于电缆的热效应，使护套所含的防白蚁药物老化、缓解，使电缆防白蚁性能降低，故不能保证药性长期有效。还有，电缆敷设线路的地下环境是不同的，有的地方干燥，有的地方潮湿，白蚁生存的条件也不完全一样。所以，防蚁电缆中的驱避剂的效力到底能保持多久，电缆的防治蚁有效期到底能保持几年，谁都说不清楚。国外有人研究过用不同的驱避剂会有不同的有效期，有的能保持五年，有的能保持十年不等，而国内从来没有一个大概的定数。曾经有个地方供电部门要求电缆厂保证防治白蚁交联电缆的防治蚁有效期为五年，并且还要立下保证书。这的确使电缆厂和材料厂都很为难。电缆厂说："我们的防白蚁料都是专用的防白蚁料"；电缆材料厂说："我们的防白蚁料都是经过专门实验的，我们卖了那么多白蚁料，还没有质量投诉过[41]"。即"化学防治白蚁方法"的保证有效期难以说得清楚。

综上所述，无论从防治白蚁效果还是从环境保护来看，特别是国家对环保要求越来越高，应该抛弃那种靠添加毒性药物来防治白蚁的"化学防治白蚁方法"，而大力发展无毒无害的物理防白蚁方法[41]。

5.10.3 防白蚁合理的对策是采用物理防治

所谓"物理防治白蚁方法"主要是利用塑料的硬度和电缆表面的光滑度来达到防止白蚁侵害的目的，而非利用化学物质的杀虫作用。研究证明，根据白蚁啃东西的硬度极限，一般可用邵氏硬度作为衡量标准。当材料硬度小于邵氏硬度（D70）时白蚁可咬得动，而如果硬度大于 D70，物体表面光滑，白蚁则无从下手。所以"物理防治白蚁方法"也即采用白蚁咬不动的材料制造电缆外护套。它解决了化学防白蚁有毒物质对自然环境的污染，对生态环境的破坏等问题，可以保证长期有效的防白蚁性能，不需要再采取施工防白蚁辅助保护。目前，主要有以下几种物理防治白蚁方法：

1）尼龙 11（PA11）、尼龙 12（PA12）　这两种尼龙是一种耐磨、耐热（180℃以上）、耐寒（-70℃）、耐药品、强韧、无毒、吸水性低（尼龙 11 为 0.2%，尼龙 12 为 0.7% ~ 0.9%）的塑料，其硬度超过邵氏 D67，并且具有良好的加工性能，可以满足跟各种材质的电缆护层配合使用，保证电缆在整个生命周期内有效可靠地防白蚁性能。因此，尼龙护套防蚁法是国际电信联盟（ITU）建议采用的方法之一，也是澳大利亚等国已经采用多年的方法。尼龙护套既可用于通信电缆，也可以用于电力电缆。

在国内尼龙 12 早已普遍使用在光缆的防白蚁中，由于电力电缆结构尺寸较大，尼龙 12 在国内电力电缆上的使用工艺一直不成熟，在生产过程中会造成很大的浪费，加之尼龙 12 价格较高，其作为防白蚁层的电力电缆成本居高不下，因此国内一直未推广使用。目前，有些电缆公司，如江苏亨通电力电缆有限公司改进工艺，已降低了生产成本[42]。

尼龙 12 护层防白蚁电力电缆结构在满足 GB/T 12706—2008《额定电压 1kV（U_m = 1.2kV）到 35kV（U_m = 40.5kV）挤包绝缘电力电缆及附件》标准结构设计基础上，在结构中增加不小于 0.2mm 的尼龙 12 护层来实现的。尼龙 12 材料标准可参考 YD/T 1020.1—2004 标准执行。尼龙 12 护层可以包覆在绝缘外的任一护层中（铠装内外、金属屏蔽内外、外护套内外）。无论包覆在哪一层，务必保证尼龙内外均有挤出型非金属护层作保护，以免尼龙在生产、敷设过程中破损，对于直埋型电缆或有腐蚀性液体或气体的环境下，可考虑尼龙层设计在外护套内或外，以防止白蚁蛀穿护套后使铠装或金属屏蔽被环境侵蚀破坏[42]。

2）硬度达到邵氏硬度（D）70 左右的高密度的聚乙烯（PE）　高度密度聚乙烯的硬度大于 D70，并且易于挤出，是常用的防白蚁材料之一。因其不含卤素，所以可以作为无毒无害防白蚁电缆料。目前，国外生产的无毒无害防白蚁电缆料，基本上都是以高密度聚乙烯为基础材料经改性而制成的[41]。

3）双层材料的使用应考虑经济上的因素，如果整个电缆护层全部都使用上述防白蚁材料，那么电缆的成本相对较高。于是，有人提出可以采用双层材料并用的方法，即能防白蚁，又可降低产品成本。具体解决方案是在普通的聚乙烯或交联聚乙烯护套外面，再挤包一层 1 ~ 1.5mm 厚的改性高密度聚乙烯，或 0.5 ~ 1.0mm 厚的尼龙 11、尼龙 12 等护层。此方案在小截面积上容易实现，但对于大截面积电缆来说，则需要对挤制工装模具进行工艺改进[41]。

4）"Termigon（退灭虫）"是国外梅戈诺（Megolon）公司推出一种 Termigon（译称"退灭虫"）特种聚烯烃共聚物防蚁护套料，其硬度高达邵氏（D）65 以上，不仅硬度比以往所用材料硬度毫不逊色，而且光洁有弹性又耐磨，防蚁性与抗酸性均优，无污染，又可用常规工艺挤出，实际使用时只需在电缆护套外挤一层 1 ~ 1.5mm 厚（中压电缆）或 2mm（高压电缆）的 Termigon 即可。工艺简单，成本比尼龙低。第一代"Termigon"开发后，于 1993 年通过了瑞士联邦农业研究站防白蚁对比试验。1994 ~ 1995 年在越南和澳大利亚等国进行了实地抗白蚁试验，抗白蚁蛀蚀性能优异。目前，其改进型第三代已问世，它在国外防蚁电缆制造中得到广泛的应用。工艺简单，成本比尼龙还低[40]。

5) 黄铜带绕包 此方法是在电缆的护层中重叠绕包不小于 0.1mm 的黄铜带,除防白蚁效果较好外,还具有较好的防鼠效果,同时作为屏蔽层还具有较好的电场屏蔽效果。但应用它的成本较高,限制它的推广[42]。目前,多用在综合要求较高的场所,但是金属材料耐腐蚀性较差,如果外层护套被破坏,长期暴露被腐蚀后,会影响电缆防白蚁功能。它宜敷设于无腐蚀性液体或气体的环境下。

"物理防治白蚁方法"还有:外护套采用坚硬聚烯烃外护套、硬质塑料等非金属材料,也可采用金属(如磷青铜、不锈钢等)套或钢带铠装。

5.10.4 规范对防白蚁电缆的规定

物理防治方法晚于化学防治方法,经验还不足,认识有待深化。虽然个别地区的金属套或钢铠装曾遭白蚁蛀蚀,但还不宜完全否定其功效,仍作为一种防白蚁手段保留。

防白蚁性能指标符合 GB/T 2951.38—1986《电线电缆白蚁试验方法》中 2.2 "实验群体法"的规定;蛀蚀等级应达二级。电缆内不含对空气、土壤、人身造成污染和危害的材料;要求电缆外护套机械强度高,耐磨性好,光洁度高。防鼠性能按《电线电缆防鼠实验方法》规定的实验方法进行防鼠实验,达到防鼠破坏 2 级的指标要求。

参考文献[4]中,考虑化学防治方法的副作用将危害生态环境协调,对防白蚁、防鼠合理的对策是采用物理防治法。在 1.6.2 节 3)中已有明确要求。

5.10.5 防白蚁(鼠)电缆的型号、名称及规格

防白蚁、防鼠电力电缆型号表示方法,目前还没有国家标准,有的企业是在型号前加"FYS"表示"防白蚁、防鼠",电缆的其他功能可参照有关规定。提供的防白蚁、防鼠电力电缆的型号、名称及规格见表 5-50 和防白蚁、防鼠控制电缆的型号、名称及规格见表 5-51。仅从型号、名称看不出它们是物理防白蚁电缆,还是化学防白蚁电缆? 目前,国内生产尼龙 12、尼龙 11,"退灭虫"等物理防白蚁电缆的厂家还少,应特别关注它是否满足有关规范的规定,宜选物理防白蚁电缆,对化学防白蚁电缆要根据实际情况,取得环保部门的认可,慎用。资料仅供参考。

表 5-50 防白蚁、防鼠电力电缆的型号、名称及规格

型号		名称	芯数	额定电压/kV				
铜芯	铝芯			0.1/1	1.8/3	3.6/6 6/6	6/10 8.7/10	8.7/15
				标称截面积/mm²				
FYS-YJY	FYS-YJLY	交联聚乙烯绝缘无毒无害防白蚁、防鼠电力电缆	1	2.5 ~ 1 000	10 ~ 1 000	25 ~ 1 200	25 ~ 1 200	35 ~ 1 200
FYS-YJY02	FYS-YJLY02	交联聚乙烯绝缘无铠装氯乙烯护套无毒无害防白蚁、防鼠电力电缆		10 ~ 1 000	10 ~ 1 000	25 ~ 1 200	25 ~ 1 200	35 ~ 1 200
FYS-YJY03	FYS-YJLY03	交联聚乙烯绝缘无铠装聚乙烯护套无毒无害防白蚁、防鼠电力电缆		10 ~ 1 000	10 ~ 1 000	25 ~ 1 200	25 ~ 1 200	35 ~ 1 200

（续）

型　号		名称	芯数	额定电压/kV				
铜芯	铝芯			0.1/1	1.8/3	3.6/6 6/6	6/10 8.7/10	8.7/15
				标称截面积/mm²				
FYS-YJY	FYS-YJLY	交联聚乙烯绝缘无毒无害防白蚁、防鼠电力电缆	2 3 4 5 3+1 3+2 4+1	2.5~300	10~300	25~300	25~300	25~300
FYS-YJY22	FYS-YJLY22	交联聚乙烯绝缘钢带铠装无毒无害防白蚁、防鼠电力电缆		4~300	10~300	25~300	25~300	25~300
FYS-YJY32	FYS-YJLY32	交联聚乙烯绝缘细钢丝铠装无毒无害防白蚁、防鼠电力电缆		4~300	10~300	25~300	25~300	25~300
FYS-YJY42	FYS-YJLY42	交联聚乙烯绝缘粗钢丝铠装无毒无害防白蚁、防鼠电力电缆		4~300	10~300	25~300	25~300	25~300

表 5-51　防白蚁、防鼠控制电缆的型号、名称及规格

型号	名称	额定电压/kV	导体标称截面积/mm²						
			0.75	1.0	1.5	2.5	4	6	10
			芯　数						
FYS-KYJY	铜芯交联聚乙烯绝缘无毒无害防白蚁、防鼠控制电缆	0.6/1	2~61					2~14	2~10
FYS-KYJYP	铜芯交联聚乙烯绝缘铜丝编织屏蔽无毒无害防白蚁、防鼠控制电缆								
FYS-KYJYP2	铜芯交联聚乙烯绝缘铜带屏蔽无毒无害防白蚁、防鼠控制电缆						4~14	4~10	
FYS-KYJYP3	铜芯交联聚乙烯绝缘铝塑复合带屏蔽无毒无害防白蚁、防鼠控制电缆								
FYS-KYJY23	铜芯交联聚乙烯绝缘钢带铠装无毒无害防白蚁、防鼠控制电缆		6~61				4~14	4~10	
FYS-KYJY2/23	铜芯交联聚乙烯绝缘铜带屏蔽钢带铠装无毒无害防白蚁、防鼠控制电缆								
FYS-KYJYP3/23	铜芯交联聚乙烯绝缘铝塑复合带屏蔽钢带铠装无毒无害防白蚁、防鼠控制电缆								

5.10.6　防白蚁电缆的应用实例

【例5-9】　肇庆地处广东西部，属亚热带地区，气候温暖，潮湿多雨，适合白蚁生长、

繁殖，是蚁害的高发区。

国内有关单位与国外梅戈诺（Megolon）公司合作生产"Termigon（退灭虫）"特种聚烯烃共聚物，用于通信电缆，经测定符合 GB/T 2951.38—1986《电线电缆白蚁试验方法》中的有关规定。在电讯行业逐渐使用，目前其改进型第三代已问世，其硬度高达邵氏（D65）以上，实际使用只需在电缆护套外加挤一层 1～1.5mm 厚的"Termigon"即可，2002 年又用于肇庆地区两个 110kV 电缆工程实践[39][4]。挤出的电缆外表光滑，与聚乙烯（PE）护套结合紧密，机械物理性能及电性能良好，不影响弯曲敷设，施工方便，实测硬度高达邵氏（D67），具有优良的防咬啮性能。

目前，广东电网公司直埋高压电缆的外护套一般都采用高密度聚乙烯材料（PE-ST7），并在护套外加挤一层 2mm 的"Termigon（退灭虫）"特种聚烯烃共聚物，经过多年的运行经验证明，厚度为 2mm 以上的"Termigon（退灭虫）"特种聚烯烃共聚物护套，可以有效地防止白蚁破坏电缆，确保电力电缆不受白蚁的蛀蚀[40]。

5.11　氟塑料绝缘高温防腐电力电缆

5.11.1　氟塑料绝缘高温防腐电缆概述和主要特点

氟塑料绝缘电力电缆适用于固定敷设在交流为 50Hz、额定电压为 0.6/1kV 及以下高温环境的输配电线路。例如钢铁、石油、化工、发电、冶金等工矿企业，在高温、低温和酸、碱、油、水及腐蚀气体的恶劣环境中固定敷设的线路。电缆具有优良的耐化学腐蚀性、耐气候性、阻燃和防水性能。其中聚偏二氟乙烯（F2）绝缘与护套电力电缆连接工作最高温度为 150℃，抗张强度高达 400kg/cm²，并具有较高的耐磨性；聚全氟乙丙烯（F46）绝缘与护套电力电缆连接工作最高温度为 200℃，在 -60℃仍具有可挠性，其介电常数仅为 2.0，体积电阻高达 $10^{18}\Omega\cdot cm$，介电击穿强度高达 500V/mil；聚四氟乙烯（F4）绝缘与护套电力电缆连接工作最高温度为 260℃，其电气性能等同聚全氟乙丙烯绝缘与护套电力电缆；而 F47 氟塑料的工作最高温度为 285℃。

5.11.2　氟塑料绝缘高温防腐电力电缆型号、名称及规格

目前，氟塑料绝缘电力电缆的型号、名称还没有国家的统一标准。下面介绍两个企业的氟塑料绝缘电力电缆的型号、名称及规格。

1）江苏宝胜集团生产的氟塑料绝缘电力电缆的型号、名称及规格见表 5-52。

表 5-52　氟塑料绝缘电力电缆型号、名称及规格（1）

型号	名称	使用温度/℃
F2H8	聚偏二氟乙烯绝缘与护套电力电缆	-55～150
F46H3	聚全氟乙丙烯绝缘与护套电力电缆	-60～200
F4H4	聚四氟乙烯绝缘与护套电力电缆	-60～260

注：表中数据参考江苏宝胜集团公司资料，电缆的额定电压为 0.6/1kV。

以上三种电缆当是单芯（1 芯）时，标称截面积可为 1.5～240（mm²）；若是 2 芯或 3 芯时，标称截面积可为 1.5～70（mm²）；若是 3＋1 或 4 芯时，标称截面积可为 4～70

（mm²）。对于 3 + 1 芯电缆第四芯（中性线）的截面积应符合第 3 章 3.9 节对中性线截面积选择的要求。

2）江淮电缆集团生产的氟塑料绝缘电力电缆的型号、名称及规格见表 5-53，该企业在型号前加"JH"表示企业型号。生产的氟塑料绝缘电力电缆的最大外径等结构参数见表 5-54。

表 5-53　氟塑料绝缘电力电缆型号、名称及规格（2）

型　号	名　称
JHFF	F_{46} 氟塑料绝缘和护套高温防腐电力电缆
$JHFF_{22}$	F_{46} 氟塑料绝缘和护套钢带铠装高温防腐电力电缆
$JHFF_{32}$	F_{46} 氟塑料绝缘和护套细钢丝铠装高温防腐电力电缆
JHFFP	F_{46} 氟塑料绝缘和护套铜丝编织屏蔽高温防腐电力电缆
$JHFFP_{22}$	F_{46} 氟塑料绝缘和护套铜丝编织屏蔽钢带铠装高温防腐电力电缆
$JHFFP_{32}$	F_{46} 氟塑料绝缘和护套铜丝编织屏蔽细钢丝铠装高温防腐电力电缆
JHFV	F_{46} 氟塑料绝缘和 105℃ 聚氯乙烯护套高温防腐电力电缆
$JHFV_{22}$	F_{46} 氟塑料绝缘和 105℃ 聚氯乙烯护套钢带铠装高温防腐电力电缆
$JHFV_{32}$	F_{46} 氟塑料绝缘和 105℃ 聚氯乙烯护套细钢丝铠装高温防腐电力电缆
$JHFV_F$	F_{46} 氟塑料绝缘和丁腈护套高温防腐电力电缆
$JHFV_{F-22}$	F_{46} 氟塑料绝缘和丁腈护套钢带铠装高温防腐电力电缆
$JHFV_{F-32}$	F_{46} 氟塑料绝缘和丁腈护套细钢丝铠装高温防腐电力电缆
JHFG	F_{46} 氟塑料绝缘和硅橡胶护套高温防腐电力电缆
$JHFG_{22}$	F_{46} 氟塑料绝缘和硅橡胶护套钢带铠装高温防腐电力电缆
$JHFG_{32}$	F_{46} 氟塑料绝缘和硅橡胶护套细钢丝铠装高温防腐电力电缆
JHF_4H_{11}	F_4 氟塑料绝缘 H_{11} 护套高温防腐电力电缆
$JHF_4H_{11}P$	F_4 氟塑料绝缘 H_{11} 护套铜丝编织屏蔽高温防腐电力电缆
$JHF_4H_{11}P_{22}$	F_4 氟塑料绝缘 H_{11} 护套铜丝编织钢带铠装高温电力电缆
$JHF_4H_{11}P_{32}$	F_4 氟塑料绝缘 H_{11} 护套铜丝编织屏蔽细钢丝铠装高温防腐电力电缆
$JHF_{47}H_9$	F_{47} 氟塑料绝缘和 H_9 护套高温防腐电力电缆
$JHF_{47}H_9P$	F_{47} 氟塑料绝缘和 H_9 护套铜丝编织屏蔽高温防腐电力电缆
$JHF_{47}H_9P_{22}$	F_{47} 氟塑料绝缘和 H_9 护套铜丝编织屏蔽钢带铠装高温防腐电力电缆
$JHF_{47}H_9P_{32}$	F_{47} 氟塑料绝缘和 H_9 护套铜丝编织屏蔽细钢丝铠装高温防腐电力电缆

注：表中电缆的额定电压为 0.6/1kV，电缆芯数为 1 ~ 4 芯，标称截面积为 1.5 ~ 240（mm²）。阻燃电缆在原型号前加"ZR"，并加注阻燃等级。耐火电缆在原型号前加"NH"，并加注耐火等级。

表 5-54　氟塑料绝缘电力电缆的最大外径等结构参数

线芯×标称截面积 /mm²	根数/直径 /mm	电缆最大外径/mm			
		JHFF JHF_4H_{11} $JHF_{47}H_9$	JHFFP $JHF_4H_{11}P$ $JHF_{47}H_9P$	$JHFFP_{22(32)}$ $JHF_4H_{11}P_{22(32)}$ $JHF_{47}H_9P_{22(32)}$	JHFV $JHFV_F$ JHFG
1 × 1.5	1/1.38	3.0	—	—	—

（续）

线芯×标称截面积 /mm²	根数/直径 /mm	电缆最大外径/mm			
		JHFF JHF$_4$H$_{11}$ JHF$_{47}$H$_9$	JHFFP JHF$_4$H$_{11}$P JHF$_{47}$H$_9$P	JHFFP$_{22(32)}$ JHF$_4$H$_{11}$P$_{22(32)}$ JHF$_{47}$H$_9$P$_{22(32)}$	JHFV JHFV$_F$ JHFG
1 × 2.5	1/1.78	3.4	—	—	—
1 × 4	1/2.25	3.9	—	—	—
1 × 6	1/2.76	4.4	—	—	—
1 × 10	7/1.35	5.9	—	—	—
1 × 16	7/1.70	6.9	—	—	—
1 × 25	7/2.25	8.0	—	—	—
1 × 35	7/2.62	9.0	—	—	—
1 × 50	7/3.15	10.3	—	—	—
1 × 70	19/2.15	12.4	—	—	—
1 × 95	19/2.62	14.0	—	—	—
1 × 120	19/2.88	15.8	—	—	—
1 × 150	36/2.33	17.4	—	—	—
1 × 185	36/2.62	19.4	—	—	—
1 × 240	36/2.97	21.6	—	—	—
2 × 1.5	1/1.38	7.5	8.4	11.8	8.6
2 × 2.5	1/1.78	8.4	9.2	12.6	9.4
2 × 4	1/2.25	9.4	10.4	13.8	10.4
2 × 6	1/2.76	10.6	11.4	14.8	11.6
2 × 10	7/1.35	13.6	14.4	17.8	14.6
2 × 16	7/1.70	15.6	17.4	20.2	16.6
2 × 25	7/2.25	18.2	19.0	22.8	19.2
2 × 35	7/2.62	20.2	21.4	25.2	21.2
2 × 50	7/3.15	18.6	20.2	24.0	19.6
2 × 70	19/2.15	21.0	21.6	25.8	22.0
2 × 95	19/2.62	23.8	23.0	27.2	24.8
2 × 120	19/2.88	27.0	29.0	33.2	28.0
2 × 150	36/2.33	29.0	31.0	35.6	30.0
2 × 185	36/2.62	32.6	34.6	39.6	33.6
3 × 1.5	1/1.38	8.0	8.8	12.2	9.0
3 × 2.5	1/1.78	8.9	9.7	13.1	9.9
3 × 4	1/2.25	10.2	11.0	14.4	11.2
3 × 6	1/2.76	11.2	12.0	15.4	12.2
3 × 10	7/1.35	14.6	15.2	19.6	15.4

（续）

线芯×标称截面积 /mm²	根数/直径 /mm	电缆最大外径/mm			
		JHFF JHF_4H_{11} $JHF_{47}H_9$	JHFFP $JHF_4H_{11}P$ $JHF_{47}H_9P$	$JHFFP_{22(32)}$ $JHF_4H_{11}P_{22(32)}$ $JHF_{47}H_9P_{22(32)}$	JHFV $JHFV_F$ JHFG
3×16	7/1.70	16.8	17.4	21.2	17.6
3×25	7/2.25	19.4	20.6	24.4	20.4
3×35	7/2.62	21.5	22.7	26.5	22.5
3×50	7/3.15	22.8	24.0	26.9	23.0
3×70	19/2.15	24.2	25.4	29.8	25.2
3×95	19/2.62	29.0	29.8	34.4	30.0
3×120	19/2.88	31.8	33.4	38.0	33.2
3×150	36/2.33	34.8	36.4	41.0	35.8
3×185	36/2.62	38.4	40.4	45.0	38.4
3×240	36/2.97	42.5	44.5	49.1	43.5
$3\times4+1\times2.5$	1/2.25	10.8	11.6	15.0	11.8
$3\times6+1\times4$	1/2.76	12.0	12.8	16.6	13.0
$3\times10+1\times6$	7/1.35	15.2	16.0	19.8	16.2
$3\times16+1\times10$	7/1.70	18.1	18.9	22.7	19.1
$3\times25+1\times16$	7/2.25	20.7	21.9	25.7	21.7
$3\times35+1\times16$	7/2.62	23.0	24.2	28.0	24.0
$3\times50+1\times25$	7/3.15	24.7	26.3	29.6	26.7
$3\times70+1\times35$	19/2.15	28.3	29.3	34.1	29.7
$3\times95+1\times50$	19/2.62	31.5	33.1	37.3	32.5
$3\times120+1\times70$	19/2.88	35.8	37.0	42.0	36.8
$3\times150+1\times70$	36/2.33	38.4	40.4	45.0	39.4
$3\times185+1\times95$	36/2.62	42.7	44.3	49.3	43.7
$3\times240+1\times120$	36/2.97	45.7	47.7	52.3	46.7
4×4	1/2.25	11.1	11.9	15.3	12.1
4×6	1/2.76	12.3	13.1	16.9	13.3
4×10	7/1.35	16.1	16.9	20.7	17.1
4×16	7/1.70	18.7	19.5	23.3	19.7
4×25	7/2.25	21.3	22.5	26.3	22.3
4×35	7/2.62	24.2	25.4	27.2	25.2
4×50	7/3.15	25.7	25.9	29.2	26.4
4×70	19/2.15	28.7	29.9	34.1	29.7
4×95	19/2.62	31.5	33.1	37.3	32.5
4×120	19/2.88	35.8	37.0	42.0	36.8

（续）

线芯×标称截面积 /mm²	根数/直径 /mm	电缆最大外径/mm			
		JHFF JHF₄H₁₁ JHF₄₇H₉	JHFFP JHF₄H₁₁P JHF₄₇H₉P	JHFFP₂₂(₃₂) JHF₄H₁₁P₂₂(₃₂) JHF₄₇H₉P₂₂(₃₂)	JHFV JHFVF JHFG
4×150	36/2.33	38.4	40.4	45.0	39.4
4×185	36/2.62	42.7	44.3	49.3	43.3

注：铠装电缆的最大外径比相同规格的非铠装电缆大 4mm。

5.11.3　氟塑料绝缘电缆在工程中应用实例

氟塑料绝缘电缆在趋肤效应电拌热系统的应用举例如下：

【例 5-10】[43]　石油化工行业的管线和设备大多需要在保持介质或工艺物料达到平衡状态的特定温度（也称维持温度）下运行，而维持温度往往高于外界的环境温度。如只对管线或设备采取保温措施，由于存在热量损失，不管保温做得多厚，管线或设备的温度最终都会降到环境温度。伴热，就是通过外界对管线或设备提供的热量与管线或设备的热损失相当，使它们保持在维持温度运行。以蒸汽作为传热介质的称为蒸汽伴热，以电能伴热的称为电伴热。

某港船舶燃料油码头输油管线伴热设计的主要基础参数如下：

1）温度参数：夏季最高气温为 40℃，冬季最低气温为 5℃，电伴热维持温度范围为 60～70℃。

2）输油管道参数：共有 2 根 DN—300 规格的管道，管线总长：2×2 100m，管线首、尾端设有阀门控制，运行过程中不需要扫线。

3）管道采用管沟敷设，保温管壳为具有阻燃性能的硬质聚氨酯材料，厚度为 60mm，最高使用温度为 60℃。

趋肤效应电拌热的芯线一般为镀镍绞织铜丝母线，电缆绝缘层一般为含氟聚合物的绝缘体，外护套一般为含氟聚合物的防磨损护套。本工程采用全 F46H3 氟塑料 30mm² 截面积电缆。芯线采用二次复合镀锡 19 股铜线，直流电阻 <1.16Ω/km。绝缘层厚度为 1.2mm，最薄处不小于标准值的 90%，外护套厚度为 0.8mm，无色透明。具有表面光滑，在耐磨性，抗老化性和机械强度上达到国际先进水平。电缆的长期允许使用温度为 100℃。电缆耐压等级为 10kV。趋肤效应电拌热电缆的结构示意如图 5-21 所示。

趋肤效应电伴热系统主要由工艺管道、保温层、保护外壳及伴热热管（包括绝缘耐热趋肤电缆）四部分组成，如图 5-22 所示。伴热热管为具有铁磁性的钢管，耐热趋肤电缆穿在伴热热管中，外面是保温层和保护外壳，趋肤伴热管道的断面构造示意图如图 5-23 所示。

趋肤效应电拌热是基于交变电流的趋肤效应和临近效应原理开发的新型管道伴热技术。趋肤效应是指交流电流在通过导体时渐趋集中于导体表面的现象；临近效应则是发生在 1 对通过反向等电流导体间的电磁现象，当高频反向电流流过相邻导体时，由于电磁作用使导体内的电流偏向靠近对方表面处流动的现象。根据管径的大小，伴热温度的高低，趋肤效应伴热分为单管、双管和三管伴热等。其主要工作原理是将耐热趋肤电缆从伴热热管中穿过，电缆的芯线与热管在终端位置相连，在电源端可分别向热管和趋肤电缆施加交流电压，当交变电流通过耐热趋肤电缆和伴热热管时，由于热管的铁磁特性加之交变电流的临近效应和趋肤效应，迫使电流只能在热管的内壁流动并产生热能，而热管的外表面没有电流通过，可将热管安全接地。趋肤效应系统的阻抗小，又能够承受高电压，因此趋肤效应系统特别适合长输管线，根据不同的应用，从单一供电点，它可以向长距离管线提供伴热，如图 5-24 所示。该例的趋肤效应电伴热管线平面示意图如图 5-25 所示。

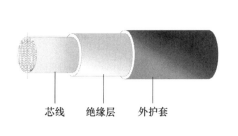

图 5-21　趋肤效应伴热电缆结构

芯线　绝缘层　外护套

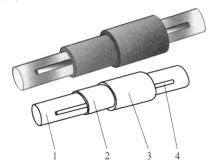

图 5-22　趋肤伴热管道构成图
1—工艺管道　2—保温层　3—保护外壳　4—伴热管

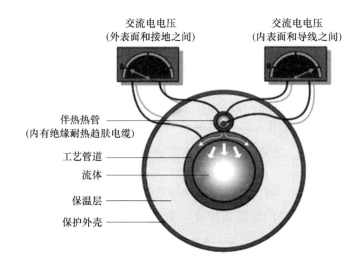

图 5-23　趋肤效应伴热管道断面图

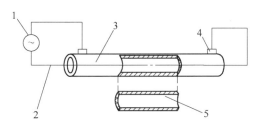

图 5-24　伴热热管电流示意图
1—交流电源　2—耐热趋肤电缆　3—伴热
热管　4—接线盒　5—趋肤电流层

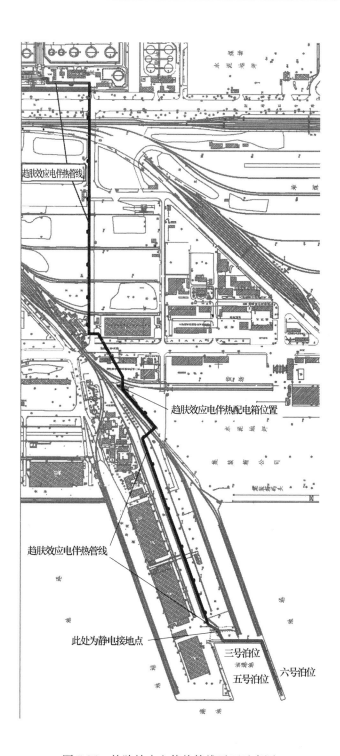

图 5-25　趋肤效应电伴热管线平面示意图

5.12　橡胶绝缘电缆

5.12.1　橡胶绝缘电缆的特点

橡胶绝缘电缆的绝缘层为天然橡胶、丁苯橡胶或人工合成橡胶（三元乙丙橡胶、丁苯橡胶）构成。

橡胶用作电缆绝缘层材料已有悠久的历史，最早的绝缘电线就是用马来西亚树胶作绝缘层的。橡胶的最大优点是柔软，可曲度大，富有弹性，对于气体、潮气、水分等具有较低的渗透性，较高的化学稳定性和电气性能，敷设安装简便。橡胶绝缘电缆虽然可用于 6kV 及以下固定敷设的线路，但用于定期移动的场所更能发挥它的柔软特性。当用于直流电力系统时，电缆的工作电压可为交流电压的两倍。

在天然-丁苯橡胶中，天然橡胶与丁苯橡胶各占 50%，天然橡胶可以弥补丁苯橡胶抗拉强度的不足，改善丁苯橡胶的工艺性能，而丁苯橡胶可以提高天然橡胶的热老化性能，天然橡胶的工作温度不太高（约 65℃）。丁基橡胶的电气性能、耐热性、耐气候性、耐臭氧性均较好，它的透水性和吸水性低，能用于较高压电缆、较重要（如船用电缆、高压电机引出线等）电缆的绝缘，缺点是可硫化比较困难，弹性小，机械强度较低，与其他橡胶相容性差，自三元乙丙橡胶出现后丁基橡胶用得较少。三元乙丙橡胶的电气性能和抗大气压老化、耐臭氧、耐电晕、热老化性能优于丁基橡皮，但它耐热、耐油性较差，目前我国主要用天然-丁苯橡胶作为绝缘层。

为了保护绝缘线芯不受光、潮气、化学药品侵蚀的作用和机械损伤，一般在电缆绝缘线芯外再挤以护套。橡胶绝缘电缆的护套有铅护套、氯丁橡胶护套和聚氯乙烯护套三种。聚氯乙烯护套重量轻，防潮性、耐振性和不燃性较好，但在低温下易变硬，使柔软性降低。氯丁橡胶护套的基本性能与聚氯乙烯护套相似，耐油性、耐热性、耐臭氧优于聚氯乙烯护套，柔软性也比聚氯乙烯护套好，不足之处是氯丁橡胶护套比聚氯乙烯护套工艺复杂，成本高。铅护套其密封性最好并具有屏蔽性，但是铅护套会降低橡胶绝缘电缆的柔软性，通常氯丁橡胶护套和聚氯乙烯护套的橡胶绝缘电缆在不低于 -15℃ 敷设时，其最小弯曲半径为 10D（D 是电缆的外径），而铅护套的橡胶绝缘电缆不低于 -20℃ 敷设时，其最小弯曲半径为 15D，所以一般不推荐使用铅护套，当电缆的力学性能需要加强时，采用内钢带铠装护层。

综上所述，橡胶绝缘电缆突出的优点是在很大的温度范围内具有高弹性，可挠性好，适用于水平高差大和垂直敷设的场合，用于非固定敷设场合，做移动电器设备电缆的绝缘和护套；另一个优点是吸水差或对水不敏感，无"水树"击穿之虑。但是橡胶绝缘电缆耐油性差，还有除三元乙丙橡胶绝缘外，它们的介损比较高（是交联聚乙烯的 10 倍），不宜用作高压电缆绝缘。

5.12.2　橡胶绝缘编织软电缆型号、名称及规格

橡胶绝缘编织软电线指导体为 5 类或 6 类铜绞线，几种常用的橡胶绝缘编织软电线型号、名称及规格见表 5-55。RXS 型电线的技术数据见表 5-56。RX 型电线的技术数据见表 5-57。RXH 型电线的技术数据见表 5-58。它适用交流额定电压 300/500V 及以下的室内照明灯

具、家用电器和工具等。它的线芯长期允许工作温度不应超过65℃。

表 5-55　橡胶绝缘编织软电线型号、名称及规格

名　　称	型　　号	额定电压/V	特　　性
橡皮绝缘总编织圆形软电线	RX	300/300	工作温度 65℃
橡皮绝缘编制双绞软电线	RXS	300/300	工作温度 65℃
橡皮绝缘护套总编织圆电线	RXH	300/300	工作温度 65℃

注：表中，R—软电线；　X—橡胶绝缘；　S—绞形。

表 5-56　RXS 型电线的技术数据

标称截面积 /mm²	结构与标称直径 /mm	线芯外径最大值 /mm	直流电阻/（Ω/km）	
			不镀锡	镀锡
0.3	16/0.15	3.0	≤69.2	≤71.2
0.4	23/0.15	3.1	≤48.2	≤49.6
0.5	28/0.15	3.2	≤39.0	≤40.1
0.75	42/0.15	3.4	≤26.0	≤26.7
1	32/0.20	3.6	≤19.5	≤20.0
1.5	48/0.20	4.4	≤13.3	≤19.7
2.5	77/0.20	5.2	≤7.98	≤8.21
4	128/0.20	5.7	≤4.95	—

表 5-57　RX 型电线的技术数据

标称截面积 /mm²	结构与标称直径 /mm	最大外径/mm		直流电阻/（Ω/km）	
		二芯	三芯	不镀锡	镀锡
0.3	16/0.15	6.0	6.4	≤71.3	≤73.0
0.4	23/0.15	6.4	6.9	≤49.6	≤51.1
0.5	28/0.15	7.6	8.1	≤40.2	≤41.3
0.75	42/0.15	8.0	8.6	≤26.8	≤27.5
1	32/0.20	8.4	9.0	≤20.1	≤20.6
1.5	48/0.20	9.0	9.6	≤13.7	≤14.1
2.5	77/0.20	12.1	13.0	≤8.2	≤8.46
4	128/0.20	13.3	14.3	≤5.1	≤5.24

表 5-58　RXH 型电线的技术数据

标称截面积 /mm²	结构与标称直径 /mm	最大外径/mm		直流电阻/（Ω/km）	
		二芯	三芯	不镀锡	镀锡
0.3	16/0.15	5.7	6.1	≤69.2	≤71.2
0.4	23/0.15	6.1	6.5	≤48.2	≤49.6
0.5	28/0.15	6.3	6.7	≤39.0	≤40.1
0.75	42/0.15	6.8	7.2	≤26.0	≤26.7

（续）

标称截面积 /mm²	结构与标称直径 /mm	最大外径/mm		直流电阻/（Ω/km）	
		二芯	三芯	不镀锡	镀锡
1	32/0.20	7.2	7.6	≤19.5	≤20.0
1.5	48/0.20	8.7	9.6	≤13.3	≤13.7
2.5	77/0.20	11.6	12.4	≤7.98	≤8.21
4	128/0.20	12.7	13.6	≤4.95	≤6.09

5.12.3 橡皮绝缘电力电缆型号、规格及载流量

1. 橡皮绝缘电力电缆的品种与敷设场合

橡皮绝缘电力电缆的品种与敷设场合见表5-59。

表5-59 橡皮绝缘电力电缆的品种与敷设场合

品　种	型　号		外护层种类	敷设场合
	铜芯	铝芯		
橡皮绝缘铅包电力电缆	XQ	XLQ	无外护层	敷设在室内、隧道及沟道中，不能承受机械外力和振动，对铅层应有中性环境
	XQ21	XLQ21	钢带铠装、外麻被	直埋敷设在土壤中，能承受机械外力，不能承受大的拉力
	XQ20	XLQ20	裸钢带铠装	敷设在室内、隧道及沟道中，其余同XQ21
橡皮绝缘聚氯乙烯护套电力电缆	XV	XLV	无外护层	敷设在室内、隧道及沟道中，不能承受机械外力
	XV22	XLV22	内钢带铠装	敷设在地下，能承受一定机械外力作用，不能承受大的拉力
橡皮绝缘氯丁橡套电力电缆	XF	XLF	无外护层	敷设于要求防燃烧的场合，其余同XV

2. 工作温度与敷设条件

1）导线长期允许工作温度不超过65℃。

2）橡皮绝缘电力电缆应在不低于下列温度时敷设：

裸铅护套　　－20℃，最小弯曲半径为15D；

橡皮护套　　－15℃，最小弯曲半径为10D；

聚氯乙烯护套　　－15℃，最小弯曲半径为10D；

具有外护层的电缆　　－7℃，最小弯曲半径为20D；

橡皮护套及聚氯乙烯护套的电缆应在环境温度不低于－40℃条件下使用。

3. 橡皮绝缘电力电缆的载流量

500V橡皮绝缘电力电缆的载流量见表5-60。500V橡皮绝缘聚氯乙烯护套电缆（XV、XLV）的长期允许载流量见表5-61。500V橡皮绝缘聚氯乙烯护套内钢带铠装电缆的长期允许载流量见表5-62。500V橡皮绝缘氯丁橡套电缆的载流量见表5-63。橡皮绝缘电线穿钢管敷设的载流量见表5-64。橡皮绝缘电线穿塑料管敷设的载流量见表5-65。6kV一芯橡皮绝缘

铅包电缆的载流量见表 5-66。

表 5-60　500V 橡皮绝缘电力电缆的载流量[10]

主线芯数 ×截面积 /mm²	中性线 截面积 /mm²	空气中				直埋地			
		长期允许工作温度 35℃				长期允许工作温度 35℃ 土壤热阻系数 $\rho_t = 1.2$℃·m/W			
		铜芯		铝芯		铜芯		铝芯	
		XV 型	XF XQ XQ20 XHF	XLV 型	XLF XLQ XLQ20 XLHF	XV22	XQ2	XLV22	XLQ2
3×1.5	1.5	17	18	—	—	22	23	—	—
3×2.5	1.5	22	23	18	20	29	30	—	—
3×4	2.5①	30	32	23	26	37	39	30	31
3×6	4	37	41	30	33	47	49	37	39
3×10	6	53	56	42	45	64	67	50	52
3×16	6	71	76	55	60	84	89	65	68
3×25	10	94	100	74	79	106	111	83	87
3×35	10	116	122	91	97	128	133	99	105
3×50	16	148	159	116	124	157	165	123	130
3×70	25	179	192	140	151	187	197	148	155
3×95	35	219	235	172	184	224	235	176	185
3×120	35	251	270	198	212	246	259	194	205
3×150	50	291	315	229	246	280	294	221	232
3×185	50	336	363	266	283	314	331	249	258

注：1. 表中数据为 3 芯电缆的载流量值，4 芯电缆载流量可借用 3 芯电缆的载流量值。

　　2. ZLQ，XLQ20 型电缆最小规格为 3×4＋1×2.5。

① 主线芯为 2.5mm² 的铝芯电缆，其中性线截面积为 2.5mm²；主线芯为 2.5mm² 的铜芯电缆，其中性线截面积为 1.5mm²。

表 5-61　500V 橡皮绝缘聚氯乙烯护套电缆（XV、XLV）的长期允许载流量[44]

导线截面积 /mm²	直埋敷设长期允许载流量/A												空气敷设长期允许载流量/A					
	土壤热阻系数 $\rho_t = 0.8$（℃·m/W）						土壤热阻系数 $\rho_t = 1.2$（℃·m/W）						铜芯			铝芯		
	铜芯			铝芯			铜芯			铝芯								
	一芯	二芯	三芯	一芯	二芯	三芯	一芯	二芯	三芯	一芯	二芯	三芯	一芯	二芯	三芯	一芯	二芯	三芯
1	29	23	20	—	—	—	27	21	18	—	—	—	20	17	15	—	—	—
1.5	36	29	25	—	—	—	33	26	22	—	—	—	25	21	18	—	—	—
2.5	48	38	33	38	30	26	44	34	30	35	27	23	34	28	24	27	22	19
4	64	50	43	50	40	34	58	45	38	46	36	30	45	37	32	35	30	25
6	80	63	54	64	50	43	73	56	48	57	45	38	57	47	40	45	37	32

（续）

导线截面积 /mm²	直埋敷设长期允许载流量/A												空气敷设长期允许载流量/A					
	土壤热阻系数 $\rho_t=0.8$(℃·m/W)						土壤热阻系数 $\rho_t=1.2$(℃·m/W)											
	铜 芯			铝 芯			铜 芯			铝 芯			铜芯			铝芯		
	一芯	二芯	三芯	一芯	二芯	三芯	一芯	二芯	三芯	一芯	二芯	三芯	一芯	二芯	三芯	一芯	二芯	三芯
10	111	86	74	87	67	58	100	76	65	78	60	51	80	66	57	62	52	45
16	148	114	98	115	88	76	132	101	86	102	78	66	107	89	76	83	69	59
25	191	147	125	150	115	98	170	129	109	133	101	86	141	118	101	110	93	79
35	232	175	151	182	138	118	205	154	131	161	121	103	172	144	124	135	113	97
50	289	217	186	227	170	146	254	190	162	199	149	127	218	184	158	171	144	124
70	348	259	220	273	204	173	304	227	191	239	178	150	265	223	191	208	175	150
95	413	306	263	323	240	206	361	268	228	283	211	179	323	271	234	253	213	184
120	471	347	298	369	273	234	410	304	258	322	239	203	371	312	269	291	246	212
150	531	395	336	417	311	264	463	345	291	363	272	229	429	362	311	337	285	245
185	602	443	380	473	350	300	524	387	329	412	306	260	494	414	359	388	327	284
240	702	—	—	553	—	—	610	—	—	480	—	—	590	—	—	465	—	—
300	—	—	—	627	—	—	—	—	—	544	—	—	—	—	—	537	—	—
400	—	—	—	720	—	—	—	—	—	625	—	—	—	—	—	632	—	—
500	—	—	—	820	—	—	—	—	—	710	—	—	—	—	—	733	—	—
630	—	—	—	941	—	—	—	—	—	814	—	—	—	—	—	858	—	—

注：1. 四芯电缆载流量可借用三芯电缆的载流量值。

2. 适用电缆型号：XV，XLV。

3. 导线工作温度：65℃，环境温度：25℃。

表 5-62　500V 橡皮绝缘聚氯乙烯护套内钢带铠装电缆的长期允许载流量[44]

导线截面积 /mm²	直埋敷设长期允许载流量/A								空气敷设长期允许载流量/A			
	土壤热阻系数 $\rho_t=0.8$(℃·m/W)				土壤热阻系数 $\rho_t=1.2$(℃·m/W)							
	铜芯		铝芯		铜芯		铝芯		铜芯		铝芯	
	二芯	三芯	二芯	三芯	二芯	三芯	二芯	三芯	二芯	三芯	二芯	三芯
1.5	27	24	—	—	25	22	—	—	21	18	—	—
2.5	37	32	—	—	34	28	—	—	28	24	—	—
4	48	41	38	33	44	37	35	29	37	31	30	25
6	61	52	48	41	55	46	44	37	47	40	37	31
10	83	71	65	56	75	63	59	50	66	56	51	44
16	111	93	86	72	99	83	77	64	89	75	69	58
25	142	120	111	94	126	106	99	83	116	98	91	77
35	171	145	134	113	152	128	119	100	141	119	111	94
50	212	178	167	140	188	157	148	123	178	150	140	118
70	252	213	198	168	223	188	175	147	216	183	169	143

（续）

导线截面积 /mm²	直埋敷设长期允许载流量/A								空气敷设长期允许载流量/A			
	土壤热阻系数 $\rho_t = 0.8$(℃·m/W)				土壤热阻系数 $\rho_t = 1.2$(℃·m/W)				铜芯		铝芯	
	铜芯		铝芯		铜芯		铝芯					
	二芯	三芯	二芯	三芯	二芯	三芯	二芯	三芯	二芯	三芯	二芯	三芯
95	302	255	237	200	267	224	209	175	263	222	206	175
120	339	286	266	225	299	251	235	198	300	254	236	200
150	386	326	304	257	340	285	268	225	346	293	272	231
185	436	365	344	289	384	320	303	253	395	334	313	264

注：1. 导线工作温度：65℃，环境温度：25℃。

2. 适用电缆型号：XV29、XLV29。

表 5-63　500V 橡皮绝缘氯丁橡套电缆的载流量[44]

导线截面积 /mm²	直埋敷设长期允许载流量/A																		空气敷设长期允许载流量/A					
	土壤热阻系数 $\rho_t = 0.8$(℃·m/W)						土壤热阻系数 $\rho_t = 1.2$(℃·m/W)						铜　芯			铝　芯		
	铜　芯			铝　芯			铜　芯			铝　芯								
	一芯	二芯	三芯	一芯	二芯	三芯	一芯	二芯	三芯	一芯	二芯	三芯	一芯	二芯	三芯	一芯	二芯	三芯
1	31	25	22	—	—	—	28	22	19	—	—	—	22	18	16	—	—	—
1.5	39	30	27	—	—	—	35	27	24	—	—	—	28	23	20	—	—	—
2.5	52	40	35	41	32	28	47	36	31	37	28	25	37	31	26	29	24	21
4	69	53	46	54	42	36	61	47	40	49	37	32	49	41	35	39	32	27
6	87	66	58	69	53	46	77	59	50	61	46	40	61	51	44	49	41	35
10	119	90	78	93	71	61	105	79	68	82	62	53	87	72	62	68	57	49
16	158	118	102	123	92	79	139	104	89	108	80	69	117	98	84	90	76	65
25	203	152	130	159	119	102	178	133	112	139	104	88	154	130	112	121	102	87
35	246	181	156	193	142	122	214	158	135	168	124	106	189	158	136	148	124	107
50	305	222	191	239	174	150	264	194	165	207	153	130	240	200	173	188	157	136
70	366	265	226	287	208	178	316	232	196	248	182	154	292	243	209	230	191	164
95	430	314	270	337	246	212	373	274	233	292	215	183	357	294	254	280	231	200
120	490	365	306	384	280	240	423	310	263	332	244	207	411	337	292	323	265	230
150	550	404	345	431	318	271	476	352	298	373	277	234	475	390	337	373	307	266
185	622	453	390	489	358	308	537	395	336	422	312	265	545	446	388	428	353	307
240	721	—	—	568	—	—	624	—	—	491	—	—	649	—	—	511	—	—
300	—	—	—	643	—	—	—	—	—	555	—	—	—	—	—	587	—	—
400	—	—	—	740	—	—	—	—	—	639	—	—	—	—	—	691	—	—
500	—	—	—	842	—	—	—	—	—	725	—	—	—	—	—	798	—	—
630	—	—	—	965	—	—	—	—	—	830	—	—	—	—	—	933	—	—

注：1. 导线工作温度：65℃；环境温度：25℃。

2. 适用电缆型号：XF，XLF。

表 5-64　橡皮绝缘电线穿钢管敷设的载流量[10]

材料	截面积/mm²	2根单芯/A				管径/mm 支线		干线		3根单芯/A				管径/mm 支线		干线		4根单芯/A				管径/mm 支线		干线	
		25℃	30℃	35℃	40℃	G	DG	G	DG	25℃	30℃	35℃	40℃	G	DG	G	DG	25℃	30℃	35℃	40℃	G	DG	G	DG
BX BXF 铜芯	1	15	14	12	11	15	19	—	—	14	13	12	11	15	19	—	—	12	11	10	9	15	19	—	—
	1.5	20	18	17	15	15	19	—	—	18	16	15	14	15	19	—	—	17	15	14	13	20	25	—	—
	2.5	28	26	24	22	15	19	—	—	25	23	21	19	15	19	—	—	23	21	19	18	20	25	—	—
	4	37	34	32	29	20	25	—	—	33	30	28	26	20	25	—	—	30	28	25	23	20	25	—	—
	6	49	45	42	38	20	25	—	—	43	40	37	34	20	25	—	—	39	36	33	30	20	25	—	—
	10	68	63	58	53	25	32	25	32	60	56	51	47	25	32	25	32	53	49	45	41	25	32	32	38
	16	86	80	74	68	25	32	32	38	77	71	66	60	32	32	32	38	69	64	59	54	32	38	40	(51)
	25	113	105	97	89	32	38	32	(51)	100	93	86	79	32	38	32	(51)	90	84	77	71	40	(51)	40	(51)
	35	140	130	121	110	32	(51)	50	(51)	122	114	105	96	32	(51)	50	(51)	110	102	96	87	40	(51)	50	—
	50	175	163	151	138	50	(51)	50	(51)	154	143	133	121	50	(51)	50	(51)	137	128	118	108	50	—	65	—
	70	215	201	185	170	50	(51)	65	—	193	180	166	152	50	(51)	65	—	173	161	149	136	65	—	65	—
	95	260	243	224	205	65	—	65	—	235	219	203	185	65	—	65	—	210	196	181	166	65	—	65	—
	120	300	280	259	237	65	—	65	—	270	252	233	213	65	—	65	—	245	229	211	193	65	—	80	—
	150	340	317	294	268	65	—	80	—	310	289	268	245	65	—	80	—	280	261	242	221	80	—	80	—
	185	385	359	333	304	80	—	80	—	355	331	307	280	80	—	80	—	320	299	276	253	80	—	100	—
BLX BLXF 铝芯	2.5	21	19	18	16	15	19	—	—	19	17	16	15	15	19	—	—	16	14	13	12	20	25	—	—
	4	28	26	24	22	20	25	—	—	25	23	21	19	20	25	—	—	23	21	19	18	20	25	—	—
	6	37	34	32	29	20	25	—	—	34	31	29	26	20	25	—	—	30	28	25	23	20	25	—	—
	10	52	48	44	41	25	32	25	32	46	43	40	36	25	32	25	32	40	37	34	31	25	32	32	38
	16	66	61	57	52	25	32	32	38	59	55	51	46	32	32	32	38	52	48	44	41	32	38	40	(51)
	25	86	80	74	68	32	38	32	(51)	76	71	65	60	32	38	32	(51)	68	63	58	53	40	(51)	40	(51)
	35	106	99	91	83	32	(51)	50	(51)	94	87	81	74	32	(51)	50	(51)	83	77	71	65	40	(51)	50	—
	50	133	124	115	105	50	(51)	50	(51)	118	110	102	93	50	(51)	50	(51)	105	98	90	83	50	—	65	—
	70	165	154	142	130	50	(51)	65	—	150	140	129	118	50	(51)	65	—	133	124	115	105	65	—	65	—
	95	200	187	173	158	65	—	65	—	180	168	155	142	65	—	65	—	160	149	138	126	65	—	65	—
	120	230	215	198	181	65	—	65	—	210	196	181	166	65	—	65	—	190	177	164	150	65	—	80	—
	150	260	243	224	205	65	—	80	—	240	224	207	189	65	—	80	—	220	205	190	174	80	—	80	—
	185	295	275	255	233	80	—	80	—	270	252	233	213	80	—	80	—	250	233	216	197	80	—	100	—

注: 1. 表中代号 G 为焊接钢管（又称"低压流体输送用焊接钢管"），管径指内径；DG 为电线管、管径指外径（GB3640—1988《普通碳素钢电线套管》）。

2. 括号中管径为 51mm 的电线管不推荐使用，因为管壁太薄，弯曲时容易破裂。

3. 表中管径适用于：直管≤30m；一个弯≤20m；二个弯≤15m；三个弯≤8m。超长应设连线盒；或将管径放大一级。

4. 导线工作温度：65℃。

表 5-65　橡皮绝缘电线穿塑料管敷设的载流量[10]

截面积/mm²		2 根单芯/A				管径/mm		3 根单芯/A				管径/mm		4 根单芯/A				管径/mm	
		25℃	30℃	35℃	40℃	支线	干线	25℃	30℃	35℃	40℃	支线	干线	25℃	30℃	35℃	40℃	支线	干线
BX BXF 铜芯	1	13	12	11	10	16	—	12	11	10	9	16	—	11	10	9	8	20	—
	1.5	17	15	14	13	16	—	16	14	13	12	16	—	14	13	12	11	20	—
	2.5	25	23	21	19	20	—	22	20	19	17	20	—	20	18	17	15	20	—
	4	33	30	28	26	20	—	30	28	25	23	20	—	26	24	22	20	25	—
	6	43	40	37	34	20	—	38	35	32	30	20	—	34	31	29	26	25	—
	10	59	55	51	46	25	32	52	48	44	41	32	32	46	43	39	36	32	40
	16	76	71	65	60	32	40	68	63	58	53	32	40	60	56	51	47	40	40
	25	100	93	86	79	40	40	90	84	77	71	40	40	80	74	69	63	40	50
	35	125	116	108	98	40	50	110	102	95	87	40	50	98	91	84	77	50	63
	50	160	149	138	126	50	50	140	130	121	110	50	50	123	115	106	97	63	63
	70	195	182	168	154	50	63	175	163	151	138	50	63	155	144	134	122	63	—
	95	240	224	207	189	63	63	215	201	185	170	63	63	—	—	—	—	—	—
	120	278	259	240	219	63	—	250	233	216	197	63	—	—	—	—	—	—	—
BLX BLXF 铝芯	2.5	19	17	16	15	20	—	17	15	14	13	20	—	15	14	12	11	20	—
	4	25	23	21	19	20	—	23	21	19	18	20	—	20	18	17	15	25	—
	6	33	30	28	26	20	—	29	27	25	22	20	—	26	24	22	20	25	—
	10	44	41	38	34	25	32	40	37	34	31	32	32	35	32	30	27	32	40
	16	58	54	50	45	32	40	52	48	44	41	32	40	46	43	39	36	40	40
	25	77	71	66	60	40	40	68	63	58	53	40	40	60	56	51	47	40	50
	35	95	88	82	75	40	50	84	78	72	66	40	50	74	69	64	58	50	63
	50	120	112	103	94	50	50	108	100	93	85	50	50	95	88	82	75	63	63
	70	153	143	132	121	50	63	135	126	116	106	50	63	120	112	103	94	63	—
	95	184	172	159	145	63	63	165	154	142	130	63	63	—	—	—	—	—	—
	120	210	196	181	166	63	—	190	177	164	150	63	—	—	—	—	—	—	—

注：1. 硬塑料管规格为轻型管，管径指内径，鸿雁电器公司生产无增塑刚性 PVC 管，亦相当于重型管并符合 IEC614 标准。

2. 表中管径适用于：直管≤30m；一个弯≤20m；二个弯≤15m；三个弯≤8m。超长应设连线盒；或将管径放大一级。

3. 导线工作温度：65℃。

表 5-66　6kV 一芯橡皮绝缘铅包电缆的载流量[44]

导线截面积 /mm²	长期允许载流量/A				导线截面积 /mm²	长期允许载流量/A			
	XQ	XLQ	XQ1	XLQ1		XQ	XLQ	XQ1	XLQ1
2.5	41	33	43	34	16	122	94	128	99
4	54	42	57	45	25	157	123	166	130
6	67	53	71	56	35	191	150	201	158
10	92	72	97	76	50	240	188	252	197

（续）

导线截面积 /mm²	长期允许载流量/A				导线截面积 /mm²	长期允许载流量/A			
	XQ	XLQ	XQ1	XLQ1		XQ	XLQ	XQ1	XLQ1
70	290	228	304	239	240	639	503	664	523
95	353	276	368	288	300	735	579	761	600
120	405	318	423	332	400	869	687	896	709
150	467	366	485	380	500	1 003	795	1 034	819
185	536	421	555	436	—	—	—	—	—

注：1. 一芯电缆载流量未计入铅层两端接地时的环流损耗。

　　2. 适用电缆型号：XQ、XLQ、XQ1、XLQ1。

　　3. 导线工作温度：65℃；环境温度：25℃。

4. 500V 橡皮绝缘电力电缆外径

500V 橡皮绝缘电力电缆外径见表 5-67。

表 5-67　500V 橡皮绝缘电力电缆外径[44]

主线芯数 × 截面积 /mm²	外径/mm			主线芯数 × 截面积 /mm²	外径/mm		
	XLQ XQ	XLV XV	XLF		XLQ XQ	XLV XV	XLF
1 × 1.0	5.6	7.1	—	4 × 1.0	10.0	11.5	—
1 × 1.5	5.8	7.4	—	4 × 1.5	10.7	12.2	—
1 × 2.5	6.3	7.8	7.8	3 × 2.5 + 1 × 1.5	11.7	13.2	—
1 × 4	6.7	8.2	8.2	3 × 4 + 1 × 2.5	12.6	14.1	14.1
1 × 6	7.2	8.7	8.7	3 × 6 + 1 × 4	13.8	15.3	15.3
1 × 10	8.9	11.0	11.0	3 × 10 + 1 × 6	19.6	21.5	21.5
1 × 16	9.9	12.0	12.0	3 × 16 + 1 × 6	22.2	23.9	23.9
1 × 25	11.6	13.7	13.7	3 × 25 + 1 × 10	26.5	29.0	29.0
1 × 35	12.8	14.9	14.9	3 × 35 + 1 × 10	30.2	32.9	32.9
1 × 50	14.8	16.9	16.9	3 × 50 + 1 × 16	35.0	38.7	38.7
1 × 70	16.4	18.5	18.5	3 × 70 + 1 × 25	39.4	42.6	42.6
1 × 95	18.6	20.7	20.7	3 × 95 + 1 × 35	44.9	49.9	49.9
1 × 120	20.2	22.3	22.3	3 × 120 + 1 × 35	48.8	53.8	53.8
1 × 150	22.4	25.3	25.3	3 × 150 + 1 × 50	53.6	58.6	58.6
1 × 185	24.5	27.4	27.4	3 × 185 + 1 × 50	58.7	63.7	63.7
1 × 240	27.6	—	—	—	—	—	—

5.12.4　通用橡套软电缆型号、规格及载流量

通用橡套软电缆是由 5 类或 6 类软铜绞线作导体，由橡胶作绝缘和护套的电缆，采用标准 GB/T 5013.1 ~ 7—2008《额定电压 450/750V 及以下橡皮绝缘电缆》和 GB/T 7594.1 ~ 11—1987《电线电缆橡皮绝缘和橡皮护套》。通用橡套软电缆主要用于非固定敷设场合的电

器设备和机械设备外部的低压连接。

通用橡套软电缆因用途不同、电压的区别以及导体截面积大小分为轻型、中型和重型电缆。可能由于通用橡套电缆的绝缘和护套材料比较单纯（通常采用天然橡胶）的缘故，电缆型号中没有绝缘和护套的代号，这与其他电缆不同。通用橡套软电缆型号、名称及规格见表 5-68。通用橡套软电缆的载流量见表 5-69 和表 5-70。人们习惯上把 YQ、YZ、YC 型视为传统型，即以天然（丁苯）橡胶为绝缘，工作温度为 65℃；把 YQW、YZW、YCW 型视为"加强型"，即以乙丙橡胶为绝缘，工作温度为 90℃。

表 5-68　通用橡套软电缆型号、名称及规格

名称	老型号（新型号）	截面积/芯数 /（mm²/No）	工作温度 /℃	额定电压 /V
轻型通用橡套电缆	YQ，YQW∗	0.3 ~ 0.5/2 ~ 3	65(90∗)	300/300
中型通用橡套电缆	YZ(245 IEC 53) YZW∗（245 IEC 57）	0.75 ~ 6.0/2 ~ 6	65(90∗)	300/500
重型通用橡套电缆	YC YCW∗（245 IEC 66）	1.5 ~ 300/1 ~ 5	65(90∗)	450/750
电焊机电缆	YH(245 IEC 81) YHF(245 IEC 82)	25 ~ 300	65(90)	220
无线电装置用电缆	SHH(SHHW∗)	10 ~ 100	65(90∗)	250,500,3 000
无线电装置用屏蔽电缆	SHHP(SHHPW∗)	10 ~ 100	65(90∗)	250,500,3 000
摄影光源软电缆	GER-500	1 ~ 10	90	500
防水橡套电缆	JHS(JHSW∗)	1 ~ 300	65(90∗)	300/500
潜水泵用扁电缆	YQSB，YQSFB	10 ~ 300	65(90)	300/500
弹簧电缆	YEEF	1 ~ 10	90	300/300
硅橡胶绝缘电缆	YG(245 IEC 03)	10 ~ 100	180	300/500
编织电梯电缆	YEB(245 IEC 70)	10 ~ 100	65	300/500
高强度橡套电梯电缆	YT(245 IEC 74)	10 ~ 100	90	450/750

注：表中为天然（丁苯）橡胶为绝缘的型号及数据，带"∗"的为"加强型"，即以乙丙橡胶为绝缘，工作温度为90℃。短路热稳定允许温度为250℃。

表 5-69　通用橡套软电缆的载流量[10]（1）

主线线 芯截面积 /mm²	中性线 截面积 /mm²	YZ、YZW、YHZ 型/A								YQ、YQW、YHQ 型/A	
		2 芯				2 芯、4 芯				2 芯	4 芯
		25℃	30℃	35℃	40℃	25℃	30℃	35℃	40℃	25℃	25℃
0.5	0.5	12	11	10	9	9	8	7	7	11	9
0.75	0.75	14	13	12	11	11	10	9	8	14	12
1.0	1.0	17	15	14	13	13	12	11	10	—	—
1.5	1.0	21	19	18	16	18	16	15	14	—	—
2.0	2.0	26	24	22	20	22	20	19	17	—	—
2.5	2.5	30	28	25	23	25	23	21	19	—	—
4	2.5	41	38	35	32	36	32	30	27	—	—
6	4	53	49	45	41	45	42	38	35	—	—

注：1. 本表中的电缆缆芯长期允许工作温度皆为65℃，电压为500V。

　　2. 三芯电缆中一根线不载流时，其载流量按两芯电缆数据。

表 5-70　通用橡套软电缆的载流量[10]　（2）

主线线芯截面积 /mm²	中性线截面积 /mm²	YC、YCW、YHC 型/A							
		2 芯				3 芯、4 芯			
		25℃	30℃	35℃	40℃	25℃	30℃	35℃	40℃
2.5	1.5	30	28	25	23	26	24	22	20
4	2.5	39	36	33	30	34	31	29	26
6	4	51	47	44	40	43	40	37	34
10	6	74	69	64	38	63	58	54	49
16	6	98	91	84	27	84	78	72	66
25	10	135	126	116	106	115	107	99	90
50	16	208	194	179	164	176	164	152	139
70	25	259	242	224	204	224	209	193	177
95	35	318	297	275	251	273	255	236	215
120	35	371	346	320	293	316	295	273	249

注：1. 本表中的电缆缆芯长期允许工作温度皆为 65℃，电压为 500V。

　　2. 三芯电缆中一根线不载流时，其载流量按两芯电缆数据。

对于额定电压 300/500V，工作温度为 65℃，各种移动电器设备和工具使用的中型通用橡套软电缆 YZ 的结构尺寸和电阻见表 5-71。

表 5-71　中型通用橡套软电缆 YZ 的结构尺寸和电阻

芯数×截面积 /mm²	绝缘厚度 /mm	护套厚度 /mm	平均外径上限 /mm	20℃导体电阻 不大于 /(Ω/km)		20℃时绝缘电阻 不小于 /（MΩ·km）
				不镀锡	镀锡	
2×0.75	0.6	0.8	8.2	26.0	26.7	50
2×1.0	0.6	0.9	8.8	19.5	20.0	50
2×1.5	0.8	1.0	10.5	13.3	13.7	50
2×2.5	0.9	1.1	12.5	7.98	8.21	50
2×4	1.0	1.2	14.0	4.95	5.09	50
2×6	1.0	1.3	17.0	3.30	3.39	50
3×0.75	0.6	0.9	8.8	26.0	26.7	50
3×1.0	0.6	0.9	9.2	19.5	20.0	50
3×1.5	0.8	1.0	11.0	13.3	13.7	50
3×2.5	0.9	1.1	13.0	7.98	8.21	50
3×4	1.0	1.2	14.5	4.95	5.09	50
3×6	1.0	1.3	18.0	3.30	3.39	50
4×0.75	0.6	0.9	9.6	26.0	26.7	50
4×1.0	0.6	1.0	10.8	19.5	20.0	50
4×1.5	0.8	1.1	12.0	13.3	13.7	50
4×2.5	0.9	1.2	14.0	7.98	8.21	50

（续）

芯数 × 截面积 /mm²	绝缘厚度 /mm	护套厚度 /mm	平均外径上限 /mm	20℃导体电阻 不大于 /(Ω/km)		20℃时绝缘电阻 不小于 /(MΩ·km)
				不镀锡	镀锡	
4 × 4	1.0	1.3	16.5	4.95	5.09	50
4 × 6	1.0	1.4	20.0	3.30	3.39	50
3 × 1.5 + 1 × 1.0	0.8/0.6	1.1	12.0	13.3	13.7	50
3 × 2.5 + 1 × 1.5	0.9/0.8	1.2	14.0	7.98	8.21	50
3 × 4 + 1 × 2.5	1.0/0.9	1.3	16.0	4.95	5.09	50
3 × 6 + 1 × 4	1.0/1.0	1.4	19.5	3.30	3.39	50
5 × 0.75	0.6	1.0	11.0	26.0	26.7	50
5 × 1.0	0.6	1.0	11.5	19.5	20.0	50
5 × 1.5	0.8	1.1	13.5	13.3	13.7	50
5 × 2.5	0.9	1.3	15.5	7.98	8.21	50
5 × 4	1.0	1.4	18.0	4.95	5.09	50
5 × 6	1.0	1.6	22.5	3.30	3.39	50

注：1. 导体允许镀锌或不镀锡绕包一层合适的带子作为隔离层。

　　2. 成品单芯电缆在水温（20±5）℃下浸水 1h，施加交流为 50Hz、电压为 2 000V、5min 不击穿。

　　3. 二芯及以上电缆应经受不浸水耐压试验，（20±5）℃时，施加交流为 50Hz、电压为 2 000V、5min 不击穿。

　　4. 本表摘自河北宝丰企业集团的资料。

对于额定电压为 450/750V、工作温度为 65℃的各种移动电器设备使用的并可承受机械外力作用的重型通用橡套软电缆 YC 的结构尺寸和电阻见表 5-72。

表 5-72　重型通用橡套软电缆 YC 的结构尺寸和电阻

芯数 × 截面积 /mm²	绝缘厚度 /mm	护套厚度 /mm	平均外径上限 /mm	20℃导体电阻 不大于 /(Ω/km)		20℃时绝缘电阻 不小于 /(MΩ·km)
				不镀锡	镀锡	
1 × 1.5	0.8	1.4	7.2	13.3	13.7	50
1 × 2.5	0.9	1.4	8.0	7.98	8.21	50
1 × 4	1.0	1.5	9.0	4.95	5.09	50
1 × 6	1.0	1.6	11.0	3.30	3.39	50
1 × 10	1.2	1.8	13.0	1.91	1.95	50
1 × 16	1.2	1.9	14.5	1.21	1.24	50
1 × 25	1.4	2.0	16.5	0.780	0.795	50
1 × 35	1.4	2.2	18.5	0.554	0.565	50
1 × 50	1.6	2.4	21.0	0.386	0.393	30
1 × 70	1.6	2.6	24.0	0.272	0.277	30
1 × 95	1.8	2.8	26.0	0.206	0.210	30
1 × 120	1.8	3.0	28.5	0.161	0.164	30

（续）

芯数×截面积 /mm²	绝缘厚度 /mm	护套厚度 /mm	平均外径上限 /mm	20℃导体电阻 不大于 /（Ω/km）		20℃时绝缘电阻 不小于 /（MΩ·km）
				不镀锡	镀锡	
1×150	2.0	3.2	32.0	0.129	0.132	30
1×185	2.2	3.4	34.5	0.106	0.108	20
1×240	2.4	3.5	38.0	0.0801	0.0817	20
1×300	2.6	3.6	41.5	0.0641	0.0654	20
1×400	2.8	3.8	46.5	0.0486	0.0496	20
2×1.5	0.8	1.5	11.5	13.3	13.7	50
2×2.5	0.9	1.7	13.5	7.98	8.21	50
2×4	1.0	1.8	15.0	4.95	5.09	50
2×6	1.0	2.0	18.5	3.30	3.39	50
2×10	1.2	3.1	24.0	1.91	1.95	50
2×16	1.2	3.3	27.5	1.21	1.24	50
2×25	1.4	3.6	31.5	0.780	0.795	50
2×35	1.4	3.9	35.5	0.554	0.565	50
2×50	1.6	4.3	41.0	0.386	0.393	30
2×70	1.6	4.6	46.0	0.272	0.277	30
2×95	1.8	5.0	50.5	0.206	0.210	30
3×1.5	0.8	1.6	12.5	13.3	13.7	50
3×2.5	0.9	1.8	14.5	7.98	8.21	50
3×4	1.0	1.9	16.0	4.95	5.09	50
3×6	1.0	2.1	20.0	3.30	3.39	50
3×10	1.2	3.3	25.2	1.91	1.95	50
3×16	1.2	3.5	29.5	1.21	1.24	50
3×25	1.4	3.6	34.0	0.780	0.795	50
3×35	1.4	4.1	38.0	0.554	0.565	50
3×50	1.6	4.5	43.5	0.385	0.393	30
3×70	1.6	4.8	49.5	0.272	0.277	30
3×95	1.8	5.3	54.0	0.206	0.210	30
4×1.5	0.8	1.7	13.5	13.3	13.7	50
4×2.5	0.9	1.9	15.5	7.98	8.21	50
4×4	1.0	2.0	18.0	4.95	5.09	50
4×6	1.0	2.3	22.0	3.30	3.39	50
4×10	1.2	3.4	28.0	1.91	1.95	50
4×16	1.2	3.6	32.0	1.21	1.34	50
4×25	1.4	4.1	37.5	0.780	0.795	50

（续）

芯数×截面积 /mm²	绝缘厚度 /mm	护套厚度 /mm	平均外径上限 /mm	20℃导体电阻 不大于 /（Ω/km）		20℃时绝缘电阻 不小于 /（MΩ·km）
				不镀锡	镀锡	
4×35	1.4	4.4	42.0	0.554	0.565	50
4×50	1.6	4.8	48.5	0.385	0.393	30
4×70	1.6	5.2	55.0	0.272	0.277	30
3×2.5+1×1.5	0.9/0.8	2.0	15.5	7.98	8.21	50
3×4+1×2.5	1.0/0.9	2.0	17.5	4.95	5.09	50
3×6+1×4	1.0/1.0	2.2	21.0	3.30	3.39	50
3×10+1×6	1.2/1.0	3.0	26.5	1.91	1.95	50
3×16+1×6	1.2/1.0	3.5	30.5	1.21	1.24	50
3×25+1×10	1.4/1.2	4.0	35.5	0.780	0.795	50
3×35+1×10	1.4/1.2	4.0	38.5	0.554	0.565	50
3×50+1×16	1.6/1.2	5.0	46.0	0.386	0.393	30
3×70+1×25	1.6/1.2	5.0	51.0	0.272	0.277	30
5×1.5	0.8	1.8	15.0	13.3	13.7	50
5×2.5	0.9	2.0	17.0	7.98	8.21	50
5×4	1.0	2.2	19.5	4.95	5.09	50
5×6	1.0	2.5	24.5	3.30	3.39	50
5×10	1.2	3.6	31.0	1.91	1.95	50
5×16	1.2	3.9	35.5	1.21	1.24	50
5×25	1.4	4.4	41.5	0.780	0.795	50

注：1. 导体允许镀锌或不镀锡绕包一层合适的带子作为隔离层。

2. 成品单芯电缆在水温（20±5）℃下浸水 1h，施加交流为 50Hz、电压为 2500V、5min 不击穿。

3. 二芯及以上电缆应经受不浸水耐压试验，（20±5）℃时，施加交流为 50Hz、电压为 2 500V、5min 不击穿。

4. 本表摘自河北宝丰企业集团的资料。

对于电焊机电缆的二次对地电压交流不超过 220V，直流峰值不超过 400V，工作温度为 65℃，电焊机与焊钳连接使用的电焊机电缆 YH 的结构尺寸和电阻见表 5-73。

表 5-73　电焊机电缆 YH 的结构尺寸和电阻

截面积 /mm²	单层或组合护 层总厚度 /mm	组合护层的 外护层厚度 /mm	电缆平均外径 /mm		参考重量 /（kg/km）	20℃导体电阻 /（Ω/km）	
			上限	下限		镀锡	不镀锡
10	1.8	1.2	9.7	7.5	142	1.95	1.91
16	2.0	1.3	11.5	9.2	214	1.19	1.16
25	2.0	1.3	13.0	10.5	310	0.780	0.758
35	2.0	1.3	14.5	11.5	410	0.552	0.536
50	2.2	1.5	17.0	13.5	573	0.390	0.379

（续）

截面积 /mm²	单层或组合护层总厚度 /mm	组合护层的外护层厚度 /mm	电缆平均外径 /mm		参考重量 /（kg/km）	20℃导体电阻 /（Ω/km）	
			上限	下限		镀锡	不镀锡
70	2.4	1.6	19.5	15.0	786	0.276	0.268
95	2.6	1.7	22.0	17.0	1 041	0.204	0.198
120	2.8	1.8	24.0	19.0	1 303	0.164	0.161
150	3.0	1.9	27.0	21.0	1 615	0.132	0.129
185	3.2	2.0	29.0	22.0	1 974	0.108	0.106

注：1. 导体允许镀锌或不镀锡绕包一层合适的带子作为隔离层。

　　2. 成品单芯电缆在水温（20±5）℃下浸水 1h，施加交流为 50Hz、电压为 2000V、5min 不击穿。

　　3. 本表摘自河北宝丰企业集团的资料。

天然（丁苯）橡胶绝缘和乙丙橡胶绝缘通用橡套软电缆的载流量见表 5-74。

表 5-74　两种绝缘通用橡套电缆载流量对比[2]

主线芯标称截面积 /mm²	天然（丁苯）橡胶绝缘（工作温度 65℃）	乙丙橡胶绝缘（工作温度 90℃）	主线芯标称截面积 /mm²	天然（丁苯）橡胶绝缘（工作温度 65℃）	乙丙橡胶绝缘（工作温度 90℃）
0.50	6	10	35	105	150
0.75	9	12	50	130	180
1.0	12	16	70	160	230
1.5	14	22	95	200	280
2.5	20	30	120	230	320
4	25	40	150	260	370
6	35	50	185	310	420
10	50	70	240	360	500
16	65	95	300	410	580
25	85	120			

注：载流量仅供分析对比参考。

5.12.5　矿用橡套软电缆型号、规格及载流量

矿用橡胶电缆在使用中要经受频繁的弯曲、矿石的冲砸、各种机械的刮碰和挤压等。因而需要采用橡套软电缆，它的线芯一般采用较细的铜丝（或镀锡铜丝）束绞而成，以获得更好的柔软性。它由 5 类或 6 类软铜绞线作导体，由橡胶（有的用乙丙橡胶）作绝缘和护套，电缆结构和性能符合标准 GB/T 12972.1~8—2008《矿用橡套软电缆》和部标 MT 818，MT 386 的规定。

矿用橡套软电缆主要用于非固定敷设场合的矿山机械的电源线路，常用矿用橡套软电缆的型号、名称和规格见表 5-75。

矿用橡套软电缆有三个特性：一是阻燃性，即不自燃、不延燃性；二是耐候性，不怕冷热风霜雨雪；三是良好的力学性能，即耐摩擦、耐挤压、耐反复缠绕。由于使用环境恶劣和

不停地拖拉缠绕，因此缩短了电缆的使用寿命。

表 5-75   矿用橡套软电缆型号、名称及规格[2]

名　　称	型号	规格 /mm²	工作温度 /℃	额定电压 /V
采煤机电缆	MC(UC)	16~50	65	380/660
采煤机屏蔽电缆	MCP(UCP)	16~50 35~95	65	380/660 660/1 140
采煤机屏蔽监视编织加强电缆	MCPJB(UCPJB)	35~95	90	660/1 140
采煤机屏蔽监视编织绕包加强电缆	MCPJR(UCPJR)	35~95	90	660/1 140
采煤机金属屏蔽电缆	MCPT(UCPT)	16~95	90	660/1 140
采煤机金属屏蔽监视型电缆	MCPTJ	16~95	90	660/1 140
矿用移动橡套电缆	MY(UY)	4~400	65	380/660
矿用移动屏蔽橡套电缆	MYP(UYP)	10~95	65 65 90	380/660 660/1 140 3 600/6 000
矿用移动屏蔽监视电缆	MYPJ(UYPJ)	25~50	90	3 600/6 000
矿用移动金属屏蔽橡套电缆	MYPT(UYPT)	16~95	90	1 900/3 300 3 600/6 000
矿用移动金属屏蔽监视型橡套电缆	MYPTJ(UYPTJ)	25~50	90	3 600/6 000
矿用移动金属屏蔽低温电缆	MYPTD(UYPTD)	16~50	-40~90	3 600/6 000
矿用电钻电缆	MZ(UZ)	2.5~4	65	300/500
矿用屏蔽电钻电缆	MZP(UZP)	2.5~4	65	300/500
矿用移动轻型电缆	MYQ(UYQ)	1.0~2.5	65	300/500
矿用帽灯电缆	MM(UM)	0.75~1.2	65	D.C—5

注：表中列出两种矿用橡胶电缆型号，"M"打头的是原煤炭部标准规定的型号，"U"打头的是原机电部标准规定的
　　型号，二者通用。

采煤机及类似设备使用的采煤机橡套电缆 MC（UC）等的规格和载流量见表 5-76。井下各种移动采煤设备使用的矿用移动橡套软电缆 MY（UY）等的规格和载流量见表 5-77。表中数据供选型参考。

表 5-76   采煤机橡套电缆 MC（UC）等的规格和载流量参考值[2]

型号	额定电压 /kV	规格 /mm²	工作温度 /℃	载流量 /A
MC、MCP	0.38/0.66	3×16+1×4+3×2.5	65	65
		3×35+1×6+4×2.5	65	100
		3×50+1×6+4×4	65	125
		3×50+1×10+7×4	65	125
MCP	0.66/1.14	3×35+1×6+3×6	65	100
		3×50+1×10+3×6	65	125
		3×70+1×16+3×6	65	155
		3×95+1×25+3×10	65	195

（续）

型号	额定电压 /kV	规格 /mm²	工作温度 /℃	载流量 /A
MCPJB MCPJR	0.66/1.14	$3 \times 35 + 1 \times 16 + 2 \times 2.5$	90	145
		$3 \times 50 + 1 \times 25 + 2 \times 2.5$	90	175
		$3 \times 70 + 1 \times 35 + 2 \times 2.5$	90	225
		$3 \times 95 + 1 \times 50 + 2 \times 2.5$	90	275
MCPT MCPTJ	0.66/1.14	$3 \times 16 + 1 \times 16 + 1 \times 16$	90	95
		$3 \times 25 + 1 \times 16 + 1 \times 16$	90	120
		$3 \times 35 + 1 \times 16 + 1 \times 16$	90	145
		$3 \times 50 + 1 \times 25 + 1 \times 25$	90	175
		$3 \times 70 + 1 \times 35 + 1 \times 35$	90	225
		$3 \times 95 + 1 \times 50 + 1 \times 50$	90	275

注：表中的载流量数据是常规环境（即环境温度最高为40℃）下的估算值。

表 5-77　移动采煤设备使用的矿用移动橡套软电缆 MY（UY）等的规格和载流量[2]

型号	额定电压 /kV	规格 /mm²	工作温度 /℃	载流量 /A
MY、MYP	0.38/0.66 0.66/1.14	$3 \times 4 + 1 \times 4$	65	25
		$3 \times 6 + 1 \times 6$	65	35
		$3 \times 10 + 1 \times 10$	65	50
		$3 \times 16 + 1 \times 10$	65	65
		$3 \times 25 + 1 \times 16$	65	85
		$3 \times 35 + 1 \times 16$	65	105
		$3 \times 50 + 1 \times 16$	65	130
		$3 \times 70 + 1 \times 25$	65	160
		$3 \times 95 + 1 \times 25$	65	195
MYPJ	3.6/6	$3 \times 25 + 3 \times 16/3 + 3 \times 2.5$	90	120
		$3 \times 35 + 3 \times 16/3 + 3 \times 2.5$	90	145
		$3 \times 50 + 1 \times 25/3 + 3 \times 2.5$	90	175
MYP MYPD	3.6/6	$3 \times 16 + 1 \times 16$	90	95
		$3 \times 25 + 1 \times 16$	90	120
		$3 \times 35 + 1 \times 16$	90	145
		$3 \times 50 + 1 \times 25$	90	175
MYPT MYPTD	3.6/6	$3 \times 16 + 1 \times 16/3$	90	95
		$3 \times 25 + 1 \times 16/3$	90	120
		$3 \times 35 + 1 \times 16/3$	90	145
		$3 \times 50 + 1 \times 25/3$	90	175

注：表中的载流量数据是常规环境（即环境温度最高为40℃）下的估算值，供参考。

5.12.6　乙丙橡胶绝缘有取代天然橡胶的趋势

天然（丁苯）橡胶的应用历史很长，工作温度低（65℃）、耐候性差，耐老化性能差。

随着石油化学合成工业的迅速发展，合成橡胶、特别是人工合成的乙丙橡胶的出现，不仅解决了天然橡胶资源的匮乏，价格昂贵的问题，还在许多性能方面得到了改善。乙丙橡胶是优良的电缆绝缘材料，其优点如下：

1）低密度、高填充性　乙丙橡胶生胶的密度可低至 $0.86g/cm^3$，是目前工业化生产的合成橡胶中密度最小的一种，可大量填充油料或其他填充剂，因而可降低电缆的成本。

2）耐热性、耐气候性和颜色稳定性好　乙丙橡胶绝缘电缆在 120℃ 下可长期使用，在 150~200℃ 下可短暂或间隙使用。考虑到电缆的使用寿命在 40 年以上，并确保降低电阻引起的损耗，乙丙橡胶绝缘电缆的长期使用温度规定为 85~90℃．工作温度比天然（丁苯）橡胶高 25℃，相同导体截面积的电缆，载流量可增加约 30%，短时使用温度为 130℃，短路时温度为 250℃。

3）耐臭氧　经过氧化物交联的乙丙橡胶可在更苛刻的条件下使用，在臭氧浓度为 5×10^{-5}、拉伸长度为 30% 的条件下，150h 不产生龟裂。

4）耐腐蚀　乙丙橡胶对各种极性化学品，如醇、酸、碱、氧化剂、制冷剂、洗涤剂、动植物油以及酮等，均有较好的耐腐蚀性，但在酯属和芳属溶剂（如汽油、苯等）及矿物油中稳定性较差，在浓酸长期作用下性能也会下降。

5）耐水蒸气和耐过热水　乙丙橡胶有优异的耐水蒸气性能，在 230℃ 过热蒸汽中放置 100h 后外观无变化。乙丙橡胶耐过热水性能也较好，以二硫代二吗啡啉、二硫化四甲基秋兰姆为硫化系统的乙丙橡胶，在 125℃ 过热水中浸泡 15 个月后，力学性能变化很小，体积膨胀率仅为 0.3%。

6）阻燃性好　低密度乙丙橡胶本身不属于阻燃材料，其氧指数约为 20%，但通过配方可以调整其极限氧指数，其极限氧指数可提高到 24.2%。

7）柔软性好　由于乙丙橡胶分子结构中不含极性取代基，分子内聚能低，分子链可在较宽范围内保持柔顺性，因此其柔软性仅次于天然橡胶和顺丁橡胶，即使在低温下也能保持一定的柔软性，在 -60℃ 时不会变脆。

8）载流量大　5.12.4 节表 5-74 列出两种绝缘通用橡套电缆载流量对比，乙丙橡胶绝缘电缆的工作温度比天然（丁苯）橡胶绝缘高 25℃，相同导体截面积的电缆，载流量可增加约 30%。

此外，乙丙橡胶绝缘电缆有优良的抗风化和光照的稳定性。由于它的载流量大等诸多优点，在中低压电缆中得到广泛的应用，大有取代传统的天然（丁苯）橡胶的趋势。

5.12.7　中、低压乙丙橡皮绝缘电缆的型号、规格及载流量

额定电压为 35kV 及以下乙丙橡皮绝缘电缆的型号、名称见表 5-78。中、低压乙丙橡皮绝缘电缆的规格见表 5-79。图 5-26 给出了 35kV 及以下乙丙橡皮绝缘电缆的典型结构示意图。0.6/1kV 乙丙橡皮绝缘电缆的载流量见表 5-80。

表 5-78　35kV 及以下乙丙橡皮绝缘电缆的型号、名称

型　　号		名　　称
铜芯	铝芯	
EF、EV、EY	ELF、ELV、ELY	铜（铝）芯乙丙橡皮绝缘电力电缆
EF24、EV22、EY23	ELF24、ELV22、ELY23	铜（铝）芯乙丙橡皮绝缘钢带铠装电力电缆
EF34、EV32、EY33	ELF34、ELV32、ELY33	铜（铝）芯乙丙橡皮绝缘细钢丝铠装电力电缆

表 5-79　中、低压乙丙橡皮绝缘电缆的规格

型　　号	芯数	额定电压/kV					
		0.6/1	1.8/3	3.6/6	6/6 6/10	8.7/10 8.7/15	18/20 26/35
		标称截面积 mm^2					
EF、EV、EY ELF、ELV、ELY	1	2.5 ~ 1 000	10 ~ 1 000	25 ~ 1 000	25 ~ 1 000	25 ~ 1 000	25 ~ 1 000
EF34、EV32、EY33 ELF34、ELV32、ELY33		10 ~ 1 000	10 ~ 1 000	25 ~ 1 000	25 ~ 1 000	25 ~ 1 000	25 ~ 1 000
EF、EV、EY ELF、ELV、ELY	2、4 3 + 1 3 + 2 4 + 1	2.5 ~ 400	—	—	—	—	—
EF24、EV22、EY23 ELF24、ELV22、ELY23		4 ~ 400	—	—	—	—	—
EF34、EV32、EY33 ELF34、ELV32、ELY33		4 ~ 400	—	—	—	—	—
EF、EV、EY ELF、ELV、ELY	3	2.5 ~ 400	10 ~ 300	25 ~ 300	25 ~ 300	25 ~ 300	25 ~ 300
EF24、EV22、EY23 ELF24、ELV22、ELY23		4 ~ 400	10 ~ 300	25 ~ 300	25 ~ 300	25 ~ 300	25 ~ 300
EF34、EV32、EY33 ELF34、ELV32、ELY33		4 ~ 400	10 ~ 300	25 ~ 300	25 ~ 300	25 ~ 300	25 ~ 300

注：本表摘自上海摩恩电气有限公司的资料，单芯电缆铠装应采用非磁性材料。

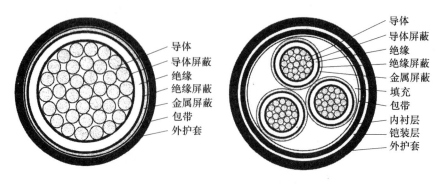

图 5-26　35kV 及以下乙丙橡皮绝缘电缆的典型结构示意图

表 5-80　0.6/1kV 铜芯乙丙橡皮绝缘电缆在空气中成束敷设的载流量[10]

截面积/mm²	3、4 芯/A				1 芯/A	2 芯/A
	50℃	55℃	60℃	65℃	50℃	50℃
1.5	13	12	11	10	19	16
2.5	19	17	16	14	26	23
4	25	23	21	19	36	30
6	32	30	27	24	45	39
10	44	41	37	33	63	54
16	59	55	50	45	85	72
25	79	73	66	60	113	96
35	96	89	81	72	136	116
50	118	110	100	89	169	144
70	149	137	125	112	212	180
95	181	168	152	137	259	220
120	211	195	177	159	301	258
150	241	228	202	182	343	—
185	—	—	—	—	390	—
240	—	—	—	—	461	—
300	—	—	—	—	526	—

注：表中数据适用 6 根及以下成束成缆，6 根以上应乘以 0.85。

5.12.8　船用乙丙橡胶绝缘电缆的型号、规格及载流量

海洋及内河船舶应选用船用电缆或满足船舶使用要求的电缆。它由 2 类或 5 类铜导体与橡胶或塑料绝缘护套组成，在船舶内部作为电能或信号的传输载体，是船舶的重要构件。它的电缆结构和性能应符合标准 GB 9331.1~4—1988《额定电压 0.6~1kV 及以下船用电力电缆和电线》、GB 9332.1~3—1988《船用控制电缆》、GB 9333.1~3—1988《船用对称式通信电缆》、GB/T 17755—2010《船用额定电压为 6kV（U_m = 7.2kV）至 30kV（U_m = 36kV）的单芯及三芯挤包实心绝缘电力电缆》和 GB/T 18380.1~31—2008《电缆和光缆在火焰条件下的燃烧试验》的有关规定。

船用电缆的三个特性：一是阻燃性，即不自燃、不延燃性，考虑船员及其他人员的安全，建议在这些人员常在的舱室或场所选无卤阻燃或无卤耐火电缆；二是耐候性好；三是柔软性，且外径均匀，便于穿孔敷设。

表 5-81 给出了安全性较好的船用乙丙橡胶电缆的型号和规格，表 5-82 给出了船用电缆在不同敷设状态的载流量对比参考值。

表 5-81　船用乙丙橡胶电缆的型号及规格

名称	型号	规格/mm²	额定电压/kV	工作温度/℃
乙丙橡胶绝缘氯丁橡胶护套电力电缆	CEF/DA/SA	4~300	0.6/1 1.8/3 3.6/6 6/10 8.7/15	90
	CEF₈₀/DA/SA			
	CEF₉₀/DA/SA			
	CEF₈₂/DA/SA			
	CEF₉₂/DA/SA			
	CEFR/DA/SA			

（续）

名称	型号	规格 /mm²	额定电压 /kV	工作温度 /℃
乙丙橡胶绝缘无卤交联聚烯烃护套电力电缆	CEPJ/DC/SC	4 ~ 300	0.6/1 1.8/3 3.6/6 6/10 8.7/15	90
	CEPJ₈₀/DC/SC			
	CEPJ₉₀/DC/SC			
	CEPJ₈₅/DC/SC			
	CEPJ₉₅/DC/SC			
	CEPJR/DC/SC			
乙丙橡胶绝缘无卤非交联聚烯烃护套电力电缆	CEPO/DC/SC	4 ~ 300	0.6/1 1.8/3 3.6/6 6/10 8.7/15	90
	CEPO₈₀/DC/SC			
	CEPO₉₀/DC/SC			
	CEPO₈₆/DC/SC			
	CEPO₉₆/DC/SC			
	CEPOR/DC/SC			
乙丙橡胶绝缘无卤交联聚烯烃护套控制电缆	CKEPJ/DC/SC	0.75 ~ 4	0.45/0.75	90
乙丙橡胶绝缘无卤非交联聚烯烃护套控制电缆	CKEPO/DC/SC			
乙丙橡胶绝缘无卤交联聚烯烃护套通信电缆	CHEPJ/DC/SC	0.32 ~ 0.8	—	90
乙丙橡胶绝缘无卤非交联聚烯烃护套通信电缆	CHEPO/DC/SC			
乙丙橡胶绝缘通信电缆	CHE₈₅/DC/SC			

注：1. 表中的代号含义说明如下：C—船用电力电缆；CK—船用控制电缆；CH—船用通信电缆；E—乙丙橡胶绝缘；J—交联聚乙烯绝缘；F—氯丁橡胶护套；PJ—无卤交流聚乙烯护套；PO—无卤非交流聚乙烯护套；80—铜丝编织铠装；82—铜丝编织铠装氯丁橡胶外护套；90—钢丝编织铠装；92—钢丝编织铠装氯丁橡胶外护套；85—铜丝编织铠装交联聚烯烃外护套；86—铜丝编织铠装非交联聚烯烃外护套；95—钢丝编织铠装交联聚烯烃外护套；96—钢丝编织铠装非交联聚烯烃外护套。

2. 表中"D"表示单根阻燃，"S"表示成束阻燃；"DA/SA"表示有卤单根或成束阻燃；"DB/SB"表示低卤单根或成束阻燃；"DC/SC"表示无卤单根或成束阻燃。

表5-82　船用电缆在不同敷设状态的载流量（A）对比参考值[2]

导体标称截面积 /mm²	工作温度 /℃	常规敷设时载流量/A		贴天花板敷设时载流量/A	
		单芯	多芯	单芯	多芯
4	90	55	40	40	25
6		70	50	50	35
10		95	70	65	50
16		125	95	85	65
25		165	125	115	85

（续）

导体标称截面积 /mm²	工作温度 /℃	常规敷设时载流量/A		贴天花板敷设时载流量/A	
		单芯	多芯	单芯	多芯
35	90	200	150	140	105
50		245	185	170	130
70		300	230	210	160
95		375	280	260	195
120		435	330	305	230
150		500	380	350	265
185		580	430	400	300
240		685	510	470	350
300		790	590	550	410

注：表中所谓常规敷设是指电缆放在规范的电缆托架上，上下左右保持一定间隙，电缆处于良好的透风散热状态。

5.12.9　乙丙橡胶绝缘软电缆在港口机械的应用

　　港口起重机各部的电缆大部分暴露于日光的紫外线下，还有昼夜的绝对温差，位于海边的港口机械还要长期承受盐雾的侵蚀。其次，由于起重机工作的移动，电缆必须经受高强度的机械应力的持续施加。这些工作条件要求电缆具有高柔韧性和高机械性。为防止电缆在频繁弯曲、卷绕状态下的打扭、开裂、断芯等常见的机械损伤，电缆在外力作用下应保持其结构的稳定性。这些恶劣的工作环境条件使港口机械用拖曳软电缆的寿命不长，甚至一年半载就由于各种破损需要更换。为此，江苏远洋东泽电缆股份有限公司研制了乙丙橡胶绝缘氯丁橡胶护套软电缆应用在港口机械上。电缆名称为，乙丙橡胶绝缘氯丁橡胶护套港口机械用拖曳软电缆。型号为 CREF。其中，C 表示港口机械用电缆；R 表示导体为特软结构；E 表示乙丙橡胶绝缘；F 表示氯丁橡胶护套。此种电缆的结构如图 5-27 所示。它的主要技术特性如下：

　　1）乙丙橡胶绝缘氯丁橡胶护套软电缆柔韧易弯曲。该电缆导体选用了 IEC 60228《电缆的导体》中规定的第 6 类特软结构导体，将镀锡铜单线采用小节距束绞成股线，然后再将多根股线反向复绞，

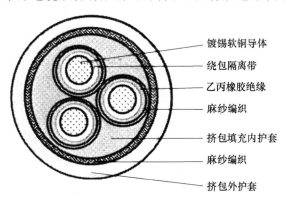

　　镀锡软铜导体
　　绕包隔离带
　　乙丙橡胶绝缘
　　麻纱编织
　　挤包填充内护套
　　麻纱编织
　　挤包外护套

图 5-27　乙丙橡胶绝缘氯丁橡胶护套软电缆的结构[45]

股线和复绞线均经过压膜成型。保证其圆整度。电缆绝缘材料选用了乙丙橡胶，它耐热老化性能好，无"水树"击穿的忧虑，工作温度比天然（丁苯）橡胶高 25℃，相同导体截面积的电缆，载流量可增加约 30%，它有优异的耐寒特性即在 −50℃时，仍保持良好的柔韧性。此外，它具有优良的抗风化和光照的稳定性。护套材料采用柔软的氯丁橡胶，也不会影响电缆的弯曲性能。

　　2）乙丙橡胶绝缘氯丁橡胶护套软电缆可承受较大拉力。一方面在线芯绝缘外采用了麻

纱进行高密度（控制在≥85%）编织；另一方面在内护套外也采用麻纱（密度控制在60%~75%）进行稀疏编织，然后再挤包外护套，从而使外护套、编织和内护套融为一体，极大地增强了抗拉能力。

3）乙丙橡胶绝缘氯丁橡胶护套软电缆在港口机械移动时，内部结构稳定、圆整性好。港口机械移动时，软电缆受力过程中，通用橡套软电缆会产生绞合线芯的变形，而外层的护套因较柔软，线芯就会凸出而造成电缆外观凹凸不平，物理性能和电气性能均受到很大伤害。而乙丙橡胶绝缘氯丁橡胶护套软电缆在多芯绝缘线芯成缆时，不再采用额外的其他填充料进行填充，也不再在缆芯外绕包色带材料，它直接紧压挤包填充型内护套，将各绝缘线芯的位置固定。

4）乙丙橡胶绝缘氯丁橡胶护套软电缆具有耐磨、抗撕、耐油、耐气候、耐油泥、高阻燃等性能。该电缆选改性的合成氯丁橡胶作为电缆的外护套材料。挤压式挤包合成氯丁橡胶，使其渗入编织层间的缝隙，并与内护套连接成一体，外观光滑、密实、圆整的氯丁橡胶护套使该电缆具有港口环境要求的综合性能[45]。

5.13　城市轨道交通用直流牵引电缆

5.13.1　采用直流牵引的优点

城市轨道交通采用直流牵引有许多优点：线路成本低、损耗小、没有无功功率、电力连接方便、容易控制和调节，尤其是在长距离输电中直流电力系统已经广泛被采用。

直流牵引用的直流电力电缆具有下列优点：绝缘的工作电场强度高，绝缘厚度薄。电缆外径小、重量轻、柔软性好和制造安装容易；介质损耗和导体损耗低，载流量大；没有交流磁场，有环保方面的优势。直流电缆特性与交流电缆有本质区别，后者除芯线电阻损耗外，还有绝缘介质损耗及铅包、铠装的磁感应损耗，而前者基本上只有芯线电阻损耗且绝缘老化也较后者缓慢得多，因而运行费用也较低。在输送功率相同和可靠性指标相当的可比条件下，直流电缆输电线路的投资比交流线路要低（特别是当线路长度为20~40km时），而在输电技术上更能提高电力系统的运行可靠性和满足灵活性[46]。

5.13.2　直流牵引电缆的技术要求

直流牵引电缆系指城市用地铁或轻轨专用直流牵引机车电源电缆。在牵引变电所内，整流变压器和整流器组成的整流机组将35kV或10kV电压转换成机车运行电压，通过高速直流开关给接触网（第三轨）供电，通过钢轨（回流轨）、回流电缆返回整流机组负极。直流牵引电缆用于直流高速开关到接触网的供电。直流供电一般为双极传输，具有两根导线，一根为正极，另一根为负极。正极电缆为绝缘加护套的结构，负极电缆为护套兼有绝缘功能。地铁工程中负极电缆的数量约占直流电缆数量的40%，考虑设备的统一、施工和运营维护的方便以及运营的可靠，负极电缆宜采用与正极电缆相同的结构。

交流电缆的绝缘设计、使用特性、对环境的适应性能等均不适用于现代轨道交通直流牵引系统的要求。采用交流电缆代替直流牵引电缆来使用，往往会使传输稳定性能下降，甚至会造成浪费。在第4章4.2节曾简单介绍了用普通交联聚乙烯输送直流会降低绝缘寿命，要使交联聚乙烯电缆应用在直流系统，须在绝缘材料中采用添加剂减缓电缆绝缘中空间电荷累积。

目前，我国对直流牵引电缆尚没有统一标准规范，这里仅从多个城市续建或新建轨道交通工程的招标技术条件，以及宝胜集团有限公司的研制，介绍直流牵引电缆的特性和指标要求。

1. 电压等级要求

牵引系统供电多采用直流电压，其电压等级分别为 3 000V、1 500V、750V 等。

2. 阻燃要求

因为城市轨道交通多为地下长距离隧道，且通过人员密集的公共场所，一旦发生火灾，地下封闭的环境给人员逃生和消防工作带来很大的困难，这些决定了城市轨道交通建设时所有的产品应具有良好阻燃的性能。一般应选用低卤低烟阻燃电缆或无卤低烟阻燃电缆，这样电缆在火灾环境中不但具有阻燃性能，而且不释放浓烟和有毒气体，从而保障了人员和电气设备的安全。具体要求：

1）电缆燃烧时的阻燃性能应满足 GB/T 18380.3—2001《电缆在火焰条件下的燃烧试验 第 3 部分：或束电线电缆的燃烧试验方法》规定的 A 类（B 类或 C 类）要求，虽然这个标准中没有明确的规定，但是不同级别的阻燃电缆如何应用，需要根据具体的工程情况来选定相应阻燃级别的电缆。在 1 500V 地铁直流牵引变电所内，从 1 500V 直流开关柜至接触网上网隔离开关的直流电缆根数一般在 20 根以上。根据国内电缆的技术资料，通过 5.2.2 节的式（5-1）计算可得，$V \geq 12L/m$，按 5.2.3 节的办法选定相应阻燃级别，地铁 1 500V 直流电力电缆阻燃类别应为 A 类阻燃[47]。

2）对低卤低烟阻燃电缆：一是透光率≥30%；二是电缆燃烧时低卤性能应满足：卤酸气体逸出量≤100mg/g；pH 值≥2.5；电导率≤30μS/mm。

3）对于无卤低烟阻燃型电缆：一是无卤性能应满足 pH 值≥4.3，电导率≤10μS/mm 的要求；二是透光率≥60%。

3. 安装要求

一般直流牵引电缆敷设空间有限，电缆采用柔软设计，适合地铁及轨道交通的使用，要求其弯曲半径小（标准值为电缆外径的 6 倍），重量轻，便于安装及维护。电缆敷设时的弯曲半径规定：非软结构电缆为电缆外径的 12 倍；交联聚乙烯绝缘软结构电缆为电缆外径的 6 倍；乙丙橡胶绝缘软结构电缆为电缆外径的 4 倍。

4. 工作环境要求

因地下环境和大气的影响，电缆长期敷设在潮湿的环境下，水分子会通过橡胶或塑料层渗透到电缆的内部，引起绝缘电气性能下降，甚至造成安全事故。因此，直流牵引电缆应具有防水、防潮性能。另外，根据城市交通的具体情况，电缆还应具有防油、防日晒（防紫外线）、防鼠、防白蚁等性能[48]。

5.13.3　直流牵引电缆的选型结构

根据直流牵引电缆的技术要求，它们的选型结构如下：

（1）导体

为了满足轨道交通的轻量化、柔性好、转弯半径小的安装要求，硬性电缆导体（1、2 类导体）由紧压型的多股细圆线组成，一般每根细圆线芯直径不大于 3mm，不必镀锡，导体紧压系数较大，生产成本较低。柔性电缆的导体（5 类导体）由非紧压型的多股圆铜线组成，采用镀锡退火处理，生产成本较高。在尽可能减少电缆的弯曲半径时，也可考虑选用 GB/T 3956—2008《电缆的导体》中最柔软的第 6 类导体。

宝胜集团有限公司研制导体的具体参数见表 5-83。

表 5-83　直流牵引电缆的导体

标称截面积 /mm²	非紧压导体结构		紧压导体结构 1		紧压导体结构 2		软结构（第 5 类）	
	根数与直径（根/mm）	直径 /mm	根数与直径（根/mm）	直径 /mm	根数与直径（根/mm）	直径 /mm	根数与直径（根/mm）	直径 /mm
120	37/2.03	14.21	25/2.53	13.0	24/2.66	12.9	608/0.5	16.75
150	37/2.25	15.75	30/2.53	14.6	19/3.22	14.4	777/0.5	18.55
185	37/2.52	17.64	37/2.53	16.2	37/2.60	16.0	925/0.5	21.54
240	61/2.25	20.25	48/2.53	18.4	60/2.30	18.3	1 221/0.5	23.54
300	61/2.52	22.68	61/2.53	20.6	60/2.60	20.35	1 525/0.5	27.69
400	61/2.85	25.65	60/2.91	23.4	60/2.91	23.2	2 013/0.5	30.15

导体截面积一般都比较大，正、负极电缆通常可选择 400mm² 的铜导体。对敷设空间特别狭小且敷设处存在强烈震动的连接电缆，应选择柔性电缆。如果连接电缆中 120mm² 规格的电缆约占连接电缆总长的 25%，可以将其截面积加大，即整个工程都采用 150mm² 的电缆，便于设备的统一和施工以及运营维护的方便。

（2）绝缘设计

电缆在直流电压下绝缘内的电场强度与其电阻率成正比分布，电缆在运行中，电缆内温度升高，电阻率会受温度的影响而发生变化。当电缆负荷为零时，最大电场强度出现在导电线芯表面；加上负荷后，最大电场强度有向绝缘表面移动的趋势。因此，在绝缘材料选择和厚度设计时不仅应保证在空载时线芯表面场强不能超过其允许值，而且还应保证电缆在允许最大负荷时，绝缘层表面的电场强度不超过其允许值。

绝缘材料的选择。由 5.13.2 可知：轨道交通用直流牵引电缆一般应为低卤低烟或无卤低烟 A 类阻燃电缆，可采用交联聚乙烯、聚乙烯、乙丙橡胶等不含卤素的电缆。但聚乙烯绝缘电缆有易延燃、受热易变形、易发生应力龟裂的缺点，所以轨道交通用直流牵引电缆不采用聚乙烯电缆；乙丙橡胶具有耐臭氧、介质损耗小、柔韧性好的特点，在短路时可承受 250℃ 的高温而不受损伤，虽然它价格较高，可是适合用在柔韧性要求高、弯曲半径要求小的连接电缆；交联聚乙烯电缆以其优异的电气性能，良好的热过载特性，传输容量大的性能及其重量轻和敷设不受落差限制、电缆安装和运行维护方便等优点，且价格便宜，因此综合考虑，直流牵引电缆采用交联聚乙烯这类绝缘不含卤素的电缆是合适的。

绝缘厚度的选择。国家标准 GB/T 12706.1~4—2002《额定电压 1kV（U_m = 1.2kV）到 35kV（U_m = 40.5kV）挤包绝缘电力电缆及附件》（等同 IEC60502）中，低压交直流比为 2.4 倍，那么 1 500V 直流电压相当于 600V 交流电压。为此电缆的绝缘厚度可按 0.6/1kV 的电缆选用[46]。

直流输电线路中正、负极电缆，因使用特性不同其绝缘层厚度设计可有区别。

直流电缆对工频耐压和冲击耐压的要求不高，正极电缆的电压在各个工程中没有差别，而负极电缆的电压有较大区别，地铁工程中负极电缆的数量约占直流电缆数量的 40%，考虑设备的统一、施工和运营维护的方便以及运营的可靠，负极电缆宜采用与正极电缆相同的结构。

（3）护层设计

绝缘采用了非阻燃材料，而护层采用了具有防紫外线的低（无）卤低烟阻燃材料。根据直流牵引电缆不同性能的需求，从表 5-84 中合理地选择外护套材料。

表 5-84　常用的几种电缆材料 pH 值和电导率表[48]

名称及规格	材料来源	pH 值	电导率/（μS/mm）
无卤低烟护套料	进口	4.5	3.8
一步法硅烷料	国产	4.8	0.8
10kV 交联聚乙烯料	国产	5.0	1.0
70℃聚氯乙烯绝缘料	国产	1.8	220
70℃聚氯乙烯护套料	国产	1.7	195
90℃聚氯乙烯护套料	国产	2.0	168
70℃聚氯乙烯护套料①	国产	1.9	178
低卤低烟料	国产	2.4	65

注：前三种为无卤低烟电缆料，可满足于 pH≥4.3，电导率≤10μS/mm 的要求，其他为低卤低烟电缆料。

①　为阻燃型。

（4）阻燃结构设计

对于 C 类阻燃直流牵引电缆，采用乙丙橡胶和交联聚乙烯材料作绝缘，护套采用阻燃材料是能够实现的。但对于 A、B 类阻燃要求来说，比较困难。为了使电缆达到不同的阻燃级别的要求，可在绝缘和护层之间设计一层厚度为 1～2mm 的高阻燃隔火层，以实现电缆的阻燃或提高电缆的阻燃等级。

（5）电缆的防水结构设计

对于潮湿多雨地区，因地下环境和大气的影响，电缆长期敷设在潮湿的环境下，水分子会通过橡胶或塑料层渗透到电缆的内部，引起绝缘电气性能下降，甚至造成安全事故。因此，直流牵引电缆应具有防水、防潮性能。

电缆防水一般以径向防水为主，采用一层不能渗水或难以透水的材料，将水分阻挡在绝缘以外，从而达到保护绝缘的目的。通常可采用铝/塑黏接综合护层；也可以在绝缘和护层之间单独设计一层线型低密度聚乙烯材料作为防水层，因为线型低密度聚乙烯具有较好的韧度、耐磨及较低的透水性。另外，也可采用膨胀型阻水带缠绕在绝缘层的外表面，以便起到纵向或径向的防水的作用。可参考 5.7 节有关内容。

（6）防白蚁、防鼠层设计

地下空间鼠害严重，采用提高电缆护套材料的硬度来防直流牵引电缆的白蚁危害，采用 0.12mm 厚的铜带或 0.12mm 厚的非磁性不锈钢钢带作为防鼠层，效果明显。

（7）防紫外线设计

城市轻轨和地铁的车辆段一般位于地面上，要求直流电缆防紫外线。防紫外线低卤低烟阻燃直流牵引电缆的结构示意图如图 5-28 所示。

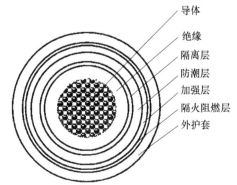

导体
绝缘
隔离层
防潮层
加强层
隔火阻燃层
外护套

图 5-28　防紫外线低卤低烟阻燃
直流牵引电缆的结构示意图[48]

5.13.4　直流牵引电缆的特殊性能试验与要求

直流牵引电缆的特殊性能试验与要求如下：

1）直流耐压试验。采用 $4U_0$、15min 直流耐压例行和 $5U_0$、4h 型式试验。

2）防水试验。电缆径向防水的实验，采用了 72h 的强化防水实验的方法。

3）防白蚁试验。根据 GB/T 2951.38—1986《电线电缆　白蚁试验方法》试验群体法，达到蛀蚀等级为一级的试验要求。

4）防紫外线性能试验。根据 GB/T 14049—2008《额定电压 10kV 架空绝缘电缆》标准要求：电缆在大气和日光老化的作用下，试样经过 42d 老化后，护套的抗张强度和断裂伸长的变化率应不超过 ±30%；经 21d 老化后试样与 42d 老化后试样对比，抗张强度和断裂伸长率的变化率应不超过 ±15%。

5）耐油性能试验。将试样放入 100 ±2℃ 的油中，24h 后测量其抗张强度和断裂伸长率的最大变化率不超过 ±40%[48]。

5.13.5　直流牵引电缆的型号名称

宝胜科技创新股份有限公司在 21 世纪初，成功地研制了乙丙橡胶绝缘弹性体护套无卤低烟 B 类阻燃直流牵引软电缆，型号为 WDZB-DCEFR 1 500V（＋）1×120，（"＋"表示正极）；交联聚乙烯绝缘聚烯烃护套无卤低烟 A 类阻燃防紫外线直流牵引软电缆，型号为 FSZ-WDZA-DCYJYR 1 500V（＋）1×120；交联聚乙烯绝缘聚烯烃护套低卤低烟 A 类阻燃防紫外线直流牵引电缆，型号为 FSZ-DDZA-DCYJY（±）1 500V 1×400。

目前，尚没有统一标准规范，不同厂家生产的型号、结构也不同。这里仅举宝胜科技创新股份有限公司的几种型号供参考（见表 5-85）。

因交联聚乙烯绝缘不适用作直流电缆的绝缘，所以采用乙丙橡胶绝缘或硅橡胶绝缘的性能较好。

表 5-85　城市轨道交通用直流牵引电缆表[49]

产品型号	产品名称
DCYJV	交联聚乙烯绝缘聚氯乙烯护套直流牵引电缆
DCYJVR	交联聚乙烯绝缘聚氯乙烯护套直流牵引软电缆
WDZA（B、C）-DCYJY	交联聚乙烯绝缘聚烯烃护套无卤低烟 A（B 或 C）类阻燃直流牵引电缆
WDZ A（B、C）-DCYJYR	交联聚乙烯绝缘聚烯烃护套无卤低烟 A（B 或 C）类阻燃直流牵引软电缆
DDZ A（B、C）-DCYJY	交联聚乙烯绝缘聚烯烃护套低烟低卤 A（B 或 C）类阻燃直流牵引电缆
FSZ-WDZ A（B、C）-DCYJYR	交联聚乙烯绝缘聚烯烃护套无卤低烟 A（B 或 C）类阻燃防紫外线直流牵引软电缆
DCEFR	乙丙橡胶绝缘弹性体护套直流牵引软电缆
WDZ A（B、C）-DCEFR	乙丙橡胶绝缘弹性体护套无卤低烟 A（B 或 C）类阻燃直流牵引软电缆
WDZA-FS-DCYJJ	交联聚乙烯绝缘防蚁防鼠无卤低烟 A 类阻燃直流牵引电缆

注：1. 表中 EPR 为乙丙橡胶电缆，电缆绝缘还可以选用硅橡胶绝缘。

2. 阻燃型电缆在型号前加"ZR"，无卤阻燃型电缆在型号前加"WDZ"，并应标注阻燃级别。

5.13.6　地铁使用 1 500V 直流牵引电缆的实例

【例 5-11】　目前，我国 1 500V 直流供电的地铁比较多，已经建成的有广州一、二号线和上海地铁一、二号线、明珠线、莘闵线、M8 线，深圳地铁一期工程、南京地铁、重庆轻轨等。下面对其中 3 条地铁线实际使用的直流供电电缆进行说明。

广州地铁 1 号线 1 500V 直流电力电缆采用的是德国西门子公司的 N2X-0.6/1kV-1×400 电力电缆、是阻燃 C 类铜单芯交联聚乙烯绝缘电缆；防护层采用无卤脱硫橡胶材料；护套是乙烯醋酸（EVA）化合物。

广州地铁二号线 1 500V 正负极直流电力电缆采用的是无卤低烟阻燃 A 类铜单芯交联聚乙烯电缆；连接电缆的绝缘材料采用乙丙橡胶（EPR）；防护层由两层阻燃带内包铜带构成；对防紫外线电缆采用阻燃 A 类护套。在低洼潮湿处电缆有聚烯烃高阻燃防水内护套。

上海明珠线一期的 1 500V 直流电力电缆为：低烟低卤阻燃 C 类铜单芯交联聚乙烯绝缘电缆，防护层重叠绕包一层铜带以作为防鼠铠装，采用低卤防紫外线阻燃护套，所有电缆均具有径向防水层[47]。

5.14　京津高速铁路采用交流牵引电缆的实例

【例 5-12】[50]　北京—天津开行的 350km/h 动车组是我国第一条高速铁路轨道交通。该轨道交通采用交联聚乙烯绝缘防鼠无卤低烟 B 类阻燃铜带铠装交流牵引电缆，电缆型号和规格为 FS-WDZB-YJY63-8.7/10kV-1×70，其中，衡阳恒飞电缆有限责任公司提供了 427km 的电缆。下面将该电缆的结构特点简要介绍如下，供参考。

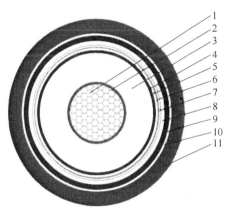

图 5-29　FS-WDZB-YJY63—8.7/10kV
电缆结构图[50]

1—铜导体　2—导体屏蔽　3—交联聚乙烯绝缘
4—绝缘屏蔽　5—铜带屏蔽　6—绕包阻水带
7—铝塑复合带　8—聚烯烃内护套　9—铜带
铠装　10—高阻燃包带　11—无卤
低烟阻燃聚烯烃外护套

1. 电缆结构

如图 5-29 所示。

2. 铜导体

按 GB/T 3956—2008《电缆的导体》的规定，$70mm^2$ 铜导体 20℃时直流电阻≤0.268Ω/km，因此设计由 19 根直径 2.2mm（19/2.2）导线绞合的导体结构，导体须紧压。采用紧压导体既可减少电缆尺寸，节约原材料，还能阻止水分沿导体轴向扩散，防止电缆水树的产生，提高电缆使用寿命。紧压系数要达到 0.89 以上，压紧后外径为 9.8mm，外层紧压膜为纳米膜，目的是减少铜粉的产生，增加导体表面的光洁度。

3. 采用交联绝缘三层共挤

半导电层屏蔽的厚度控制在 0.6 ~ 0.8mm，绝缘厚度按 GB/T 12706.2—2002《额定电压 1kV（$U_m = 1.2kV$）到 35kV（$U_m = 40.5kV$）挤包绝缘电力电缆及附件　第 2 部分：额定电压 6kV（$U_m = 7.2kV$）到 30kV（$U_m = 36kV$）电缆 1419KB》规定，交联聚乙烯绝缘厚度的平均值不能小于标称值 4.5mm，考虑到聚烯烃绝缘材料的热收缩性能，生产现场绝缘厚度值为 4.5×1.04 = 4.68mm，满足标准要求。绝缘偏心度按照用户要求不大于 10%，选择低熔垂的绝缘料，使绝缘偏心度控制在 5% 以内。为确保绝缘表面外观质量，保证氮气（N_2）浓度在 99.5% 与以上。

4. 铜带屏蔽

由于京津高铁对电缆安全性要求很高，电缆采用消弧线圈接地系统，接地故障电流较大，因此要求采用二层厚度为 0.1mm、宽度为 40mm 的铜带间隙绕包。但本产品的绝缘线芯外径为 22.1mm，若采用 40mm 宽的铜带，则绕包易发皱，且不易包好。因此，在铜带绕包时，调整绕包角度和绕包张力显得尤为重要。另外，为了克服缆芯上下左右摆动，在包带前后加置定位膜作支撑。

5. 绕包阻水带

采用铝-塑黏结阻水带，铝-塑黏结阻水带由纵包的涂塑复合铝带及挤包聚乙烯（PE）护套所组成，护套与涂塑铝带粘结牢固。复合铝带厚度为 0.25mm，其中裸铝带厚度为 0.15mm。铝带纵包重叠宽度在 6mm 以上，PE 护套厚度控制在 1.2mm。

6. 铜带铠装（可防鼠）及绕高阻燃包带

铠装所用的铜带是韧炼充分的软铜带，两边没有卷边或裂口等缺陷。绕包时，避免绕包过紧，因电缆通电时绝缘发热而有所膨胀，甚至造成铜带绷断。铜带重叠率控制在带宽的 18%~20%。因铠装铜带具有一定的硬度，而且表面光滑，因此可有效地防止老鼠啃咬。

绕包一层铜带后，还加绕二层高阻燃带。高阻燃带重叠率在 15%~20%。绕包高阻燃带一方面起着保护作用，即使护套挤制过程中免受机械的擦伤，另一方面起着隔火阻燃的作用。

7. 无卤低烟阻燃聚烯烃外护套

外护套采用无卤低烟阻燃聚烯烃外护套材料，并在其中添加了大量无机阻燃剂 $Al(OH)_3$ 和 $Mg(OH)_2$。

5.15 电气化铁道 27.5kV 交联聚乙烯电缆

5.15.1 电气化铁道 27.5kV 供电系统特点

电气化铁道牵引供电系统为工频交流单相系统，由变电所通过降压变压器将公用高压电源降压后向车辆提供工频交流单相电源。变电所内设备额定电压为 27.5kV。由于电网的波动情况，最高电压可达 31.5kV。电压与电力系统 35kV 电压等级较为接近，比其相电压略高。由于电气化铁道的 27.5kV 专用电缆不同于我国目前电力系统广泛使用的 26/35kV 电缆，因此有必要对电气化铁道 27.5kV 专用电缆的主要结构和电气性能进行介绍，供电缆的选型参考。

牵引负荷为冲击负荷，波动较大。车辆驶入某一供电臂内时，负荷电流迅速增大，驶出该供电臂时，负荷电流迅速下降，对系统的冲击性较大。特别当某一供电臂内车辆密集时，还会出现短时或周期性的过负荷情况。牵引系统内设备都应考虑到此冲击负荷的特点，不能仅考虑长时间的有效电流[51]。

5.15.2 电气化铁道多采用 27.5kV 专用电缆

我国电气化铁道的 27.5kV 设备间连接和牵引线过去大多采用架空裸线形式，其运营效果不够理想，出现的故障比较多。随着我国客运专线和高速铁路的大规模建设，27.5kVGIS

开关柜需要使用电缆进出线，电缆布线在布置美观方面比架空线具有优势，和架空裸线相比可节省不可再生的土地资源，符合我国国策和国家的长远根本利益。从国外电气化铁路以及国内电力系统、城市轨道交通系统的成功运行经验看，只要对电缆的结构、选型、工艺、敷设安装等方面控制到位，电缆本身可靠性要高于架空线，而电缆的可靠性直接影响到牵引供电系统整体的可靠性，对电气化铁道来说，这是十分重要的。从铁道行业标准 TB/T 2822—1997《电气化铁道 27.5kV 单相铜芯交联聚乙烯绝缘电缆》颁布施行后，27.5kV 电缆的应用已纳入到我国的高速客专线技术平台体系中。电气化铁道已多采用 27.5kV 专用电缆。

5.15.3　电气化铁道 27.5kV 电缆的型号、结构和技术参数

电气化铁道 27.5kV 单相铜芯交联聚乙烯绝缘电缆适用于单相、工频、额定电压 27.5kV 电气化铁道供电线、自耦变压器供电线，以及牵引变电所、分区所、开闭所等引出的馈电线路。

铁道行业标准 TB/T2822—1997《电气化铁道 27.5kV 单相铜芯交联聚乙烯绝缘电缆》规定的电缆型号：TYJV-27.5kV-1 × $150mm^2$、TYJV-27.5kV-1 × $185mm^2$、TYJY-27.5kV-1 × $150mm^2$、TYJY-27.5kV-1 × $185mm^2$。这些电缆除塑料包带和外护套材料不同外，电缆结构相同。下面将该电缆的结构特点[52]简要介绍如下：

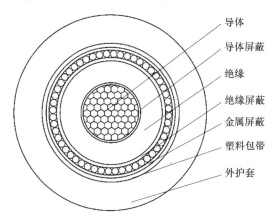

1. 电缆结构

如图 5-30 所示。

2. 导体

电气化铁道 27.5kV 专用电缆是用于固定敷设的电缆，铜导体采用两种绞合圆形紧压结构，导体表面应光洁、圆整，无油污、毛刺和锐边，无凸起或断裂的单线及其他缺陷。为了防止在挤出过程中，导体屏蔽层因为导体最外层铜丝间的间隙过大而凹陷，导体填充系数宜为 0.9 以上。

图 5-30　电气化铁道 27.5kV 单相
铜芯交联聚乙烯绝缘电缆[52]

3. 导体屏蔽—绝缘—绝缘屏蔽采用三层共挤的交联机组一次挤出

导体屏蔽的主要作用是缓和电缆内部电场应力集中。消除导体绞合的影响，改善电缆内部电场的径向分布以提高电缆的电气强度。交联电缆在生产过程由于多因素的影响，导体屏蔽易出现凹陷、凸起等缺陷，导致内部电场分布不均匀，严重影响电缆的电气性能和使用寿命。导体屏蔽通常采用挤包的半导电层。

根据标准要求和实际生产，电气化铁道 27.5kV 单相铜芯交联聚乙烯绝缘采用过氧化物交联聚乙烯，以保证电缆的电气性能。

绝缘屏蔽的主要作用是均化电场、吸收游离杂质、屏蔽外电场。导体屏蔽—绝缘—绝缘屏蔽采用三层一次共挤出，均匀地包覆在导体上，挤出层表面应光滑，无明显绞线凸纹、尖角、颗粒、焦烧或擦伤的痕迹。

4. 金属屏蔽

金属屏蔽层的主要作用是将电缆运行时产生的电磁场屏蔽在绝缘线芯内，以减少对外界

产生电磁干扰,以及将系统产生的设计范围内的故障电流安全引入接地系统,保证系统安全运行。金属屏蔽采用疏绕的软铜线及表面用反向间隙绕包的铜带所织成,这可使铜线疏绕层在电气上连成一体。根据标准对金属屏蔽的要求,选择铜线的直径与根数和铜带规格,保证金属屏蔽层的截面积满足标准要求以及电气导通。

电气化铁道牵引供电系统电缆发生绝缘击穿故障时,金属屏蔽层和铠装层将承受几乎全部的牵引供电系统短路电流。作为短路电流的通路,金属屏蔽层和铠装层的等效截面积之和应能够承受系统短路电流而不发生损伤。

5. 塑料包带

包带的主要作用是将金属屏蔽和外护套隔离,以防止两者接触后护套对金属屏蔽的腐蚀,影响电缆的安全性。包带采用与绝缘耐温等级相同的聚氯乙烯(PVC)带或聚乙烯(PE)带。

6. 外护套

TYJV 型号电缆的环境温度按 $-15 \sim 40℃$ 考虑,选用聚氯乙烯护套;TYJY 型号电缆的环境温度按 $-40 \sim 40℃$ 考虑,选用聚乙烯护套。护套表面应有湿涂或干涂的石墨导电涂层。

7. 要求电气化铁路电缆具备较强的径向防水性能

电气化铁路在变电所内大部分为电缆沟内敷设。电缆在所外至上网点之间以直埋敷设居多,部分为电缆沟等构筑物内敷设,电缆敷设情况的复杂,使电缆可能经常性的浸入水中,对 27.5kV 交联聚乙烯电力电缆就需要具备较强的径向防水性能。另外,电缆外护层一般也具备一定的防水性能,应防止外护层破损,防止水分进入。

5.15.4　电气化铁道 27.5kV 电缆不能用 26/35kV 电缆代替

27.5kV 电缆作为我国电气化铁路的专用电缆,不同于我国目前电力系统应用广泛的 26/35kV 电缆,具有一定的独特性。过去普通铁路中少量应用的电缆出现故障的主要原因是选用了普通 26/35kV 电缆代替 27.5kV 专用电缆,其原因如下:

1)27.5kV 单相交流电缆的电压比 26/35 电缆的相电压略高。国内牵引供电系统,牵引变电所标称电压为 27.5kV,根据系统的不同,电网的波动情况,最高电压可达到 31.5kV,高于欧洲电压水平。所以根据国内的牵引供电系统的特点,确定电缆 U_0 为 27.5kV。比国内三相电力使用的中压电缆 26/35kV 的相电压 26V 略高。

2)27.5kV 单相交流电缆要求的绝缘水平比 26/35 电缆的高。绝缘水平是电缆最主要的一项电气参数,27.5kV 单相交流电缆的工频与冲击耐受电压均高于普通中压 26/35kV 电缆。绝缘水平与电缆的 U_0 密切相关,电气化铁路 27.5kV 电缆的绝缘水平确定如下:

①交流耐压试验为 69kV(2.5U_0),30min;

②电缆冲击耐受电压为 250kV;

③4h 工频耐压为 110kV(4U_0)。

3)27.5kV 单相交流电缆要求的绝缘厚度比 26/35 电缆的大。电缆的绝缘为电缆最重要部分,起到电缆对地绝缘作用,长期承受着系统的运行电压。

标准 GB12706 中规定 26/35kV 交联聚乙烯电缆的标称厚度为 10.5mm。从工程实践中得出,决定电缆绝缘水平不仅仅取决于绝缘厚度,而且和绝缘材料的优良性能和生产工艺有关。电缆的工频耐压和冲击耐压值也已经直接对电缆的绝缘水平有了要求。绝缘厚度过厚会导致电缆外径增大，增加了敷设的难度，同时绝缘厚度加厚虽可以通过电缆的各种型式试验，但却有可能掩盖工厂在绝缘材料和工艺上的不足。考虑到国内厂家的材料性能和生产工艺水平，27.5kV 单相交流电缆要求的绝缘厚度一般不小于 11mm。

4）附件也不能用 26/35kV 电缆附件代替。过去市场上没有专用的 27.5kV 电缆附件，出现了用电力系统 26/35kV 电缆附件代替的情况。造成绝缘水平不足，导致事故频发[51]。

5.16　变频器专用电缆

变频器专用电缆用于频率控制传动系统中作供电电缆或连接电缆，这种电缆可降低变频器谐波对电缆及设备的不良影响。由于目前还没有国家的统一标准，这里介绍两个企业的变频器专用电缆。

5.16.1　耐热硅橡胶绝缘及护套变频器专用电缆

上海摩恩电气有限公司生产的 0.6/1kV 硅橡胶绝缘及护套变频器专用电缆，适用于耐温等级较高的变频器电力传输系统，其主要技术参数为在屏蔽层传输阻抗测量 30MHz、60MHz 两个点的数据，分别不大于 $25\Omega/m$、$50\Omega/m$。电缆的理想屏蔽系数：铜丝编织屏蔽不大于 0.9，铜丝缠绕铜带绕包复合屏蔽不大于 0.6。硅橡胶绝缘的耐温：-40℃～180℃。具有极好的柔软性和弹性。可提高电缆及系统的用电安全性能。0.6/1kV 硅橡胶绝缘及护套变频器专用电缆的型号、名称见表 5-86。0.6/1kV 硅橡胶绝缘及护套变频器专用电缆的规格见表 5-87。图 5-31 给出了 0.6/1kV 硅橡胶绝缘及护套变频器专用电缆的典型结构示意图，供参考。

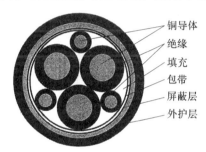

图 5-31　0.6/1kV 硅橡胶绝缘及护套变频器专用电缆的典型结构示意图

表 5-86　0.6/1kV 硅橡胶绝缘及护套变频器专用电缆的型号、名称

型　号	名　　称
BPGGRP	铜芯硅橡胶绝缘及护套铜丝编织屏蔽变频器用动力电缆
BPGGRPP	铜芯硅橡胶绝缘及护套双层铜丝编织屏蔽变频器用动力电缆
BPGXGRP11	镀锡铜芯硅橡胶绝缘及护套镀锡铜丝编织屏蔽变频器用动力电缆
BPGXGRP11P11	镀锡铜芯硅橡胶绝缘及护套双层镀锡铜丝编织屏蔽变频器用动力电缆
BPGGRP1—2	铜芯硅橡胶绝缘及护套铜丝缠绕铜带绕包复合屏蔽变频器用动力电缆

表 5-87　0.6/1kV 硅橡胶绝缘及护套变频器专用电缆的规格

型号	额定电压/kV	芯数	主线芯标称截面积/mm²
BPGGRP BPGGRPP BPGXGRP11 BPGXGRP11P11 BPGGRP1—2	0.6/1	3 + 3	4～300

5.16.2　交联聚乙烯绝缘变频器专用电缆

安徽江淮电缆有限公司生产的 0.6/1kV 交联聚乙烯绝缘变频器专用电缆,它尤其适用于造纸、钢铁、纺织、金属加工和食品加工工业用水泵、鼓风机、输送机、传输线和空调。它有较低的有效电容和低传输阻抗。交联聚乙烯绝缘的耐温为 90℃。0.6/1kV 交联聚乙烯绝缘变频器专用电缆的型号、名称见表 5-88。该企业在型号前加"JH"表示企业型号。0.6/1kV 交联聚乙烯绝缘变频器专用电缆的结构参数见表 5-89。

表 5-88　0.6/1kV 交联聚乙烯绝缘变频器专用电缆的型号、名称

型　号	名　称
JHBPYJVP	交流聚乙烯绝缘铜丝编织总屏蔽聚氯乙烯护套变频器用主回路电缆
JHBPYJPVP	交流聚乙烯绝缘铜丝编织分屏蔽和总屏蔽聚氯乙烯护套变频器用主回路电缆
JHBPYJPVP$_2$	交流聚乙烯绝缘铜丝编织分屏蔽铜带绕包总屏蔽聚氯乙烯护套变频器用主回路电缆
JHBPYJVP$_2$	交流聚乙烯绝缘铜带绕包总屏蔽聚氯乙烯护套变频器用主回路电缆
JHBPYJP$_2$VP$_2$	交流聚乙烯绝缘铜带绕包分屏蔽和总屏蔽聚氯乙烯护套变频器用主回路电缆
JHBPYJP$_2$VP	交流聚乙烯绝缘铜带绕包分屏蔽铜丝编织总屏蔽聚氯乙烯护套变频器用主回路电缆
JHBPYJVP$_2$P	交流聚乙烯绝缘铜带绕包和铜丝编织双层总屏蔽聚氯乙烯护套变频器用主回路电缆
JHBPYJP$_3$VP	交流聚乙烯绝缘铝(铝塑)带(扎纹)纵包分屏蔽铜丝编织总屏蔽聚氯乙烯护套变频器用主回路电缆
JHBPYJP$_3$VP$_2$	交流聚乙烯绝缘铝(铝塑)带(扎纹)纵包分屏蔽铜带绕包总屏蔽聚氯乙烯护套变频器用主回路电缆

表 5-89　0.6/1kV 交联聚乙烯绝缘变频器专用电缆的结构参数

规格 /mm^2	电缆最大外径/mm						
	JHBPYJVP	JHBPYJPVP	JHBPYJPVP$_2$	JHBPYJVP$_2$	JHBPYJP$_2$VP$_2$ JHBPYJP$_3$VP$_2$	JHBPYJP$_2$VP JHBPYJP$_3$VP	JHBPYJVP$_2$P
3×1.5 + 3×0.25	10.8	11.8	11.6	10.6	11.4	11.5	11.2
3×2.5 + 3×0.5	12.6	13.6	13.4	12.4	13.2	13.3	13.0
3×4 + 3×0.75	14.0	15.0	14.8	13.7	14.6	14.8	14.4
3×6 + 3×1	17.8	18.8	18.6	17.5	18.4	18.5	18.2
3×10 + 3×1.5	23.1	24.0	23.8	22.8	23.7	23.8	23.4
3×16 + 3×2.5	26.6	27.7	27.5	26.3	27.3	27.4	27.0
3×25 + 3×4	31.0	32.0	31.8	30.7	31.6	31.7	31.3
3×35 + 3×6	34.6	35.7	35.5	34.4	35.2	35.4	35.0
3×50 + 3×10	39.7	40.9	40.7	39.4	40.3	40.5	40.0
3×70 + 3×10	45.3	46.5	46.3	45.0	45.9	46.1	45.6
3×95 + 3×16	49.6	50.8	50.6	49.3	50.2	50.4	50.0
3×120 + 3×25	54.0	55.5	55.2	54.0	54.9	55.1	54.6
3×150 + 3×35	60.1	61.3	61.0	59.8	60.7	60.9	60.4
3×185 + 3×35	73.8	75.0	74.7	73.5	74.4	74.6	74.1
3×240 + 3×50	82.0	83.3	83.0	81.6	82.5	82.8	82.2

5.16.3 中压大功率变频驱动系统用电力电缆

上海摩恩电气有限公司生产的中压大功率变频驱动系统用电力电缆，适用于中压大功率变频器驱动系统用电力电缆，其主要技术参数为总屏蔽层的截面积不小于相线截面积的50%，屏蔽层传输阻抗在100MHz范围内，不大于$1\Omega/m$。主要特点为具有较小的绝缘介质损耗；具有较强的耐电压冲击性，能经受高速、频繁变频时的脉冲电压；具有良好的屏蔽性能；可降低屏蔽器输出中存在的谐波的不良影响，降低电机噪声；提供过电流误动作保护，提高电机的转矩效率；电缆结构紧凑，用电安全性高。

中压大功率变频驱动系统用电力电缆的型号、名称见表5-90。它的规格见表5-91。它的接地线、总屏蔽层截面积见表5-92。

表 5-90 中压大功率变频驱动系统用电缆的型号、名称

型 号	名 称
FCMC-PFG	大功率变频驱动系统用电力电缆
ZB-FCMC-PFG	B类阻燃大功率变频驱动系统用电力电缆
ZC-FCMC-PFG	C类阻燃大功率变频驱动系统用电力电缆

表 5-91 中压大功率变频驱动系统用电缆的规格

型号	额定电压 U_0/U（kV）	芯数 相线 + 地线 + 屏蔽层	相线标称截面积 /mm²
FCMC-PFG ZB-FCMC-PFG ZC-FCMC-PFG	8.7/15		25 ~ 300
	12/20		35 ~ 300
	18/30	3 + 3 + 1（T）	50 ~ 240
	21/35		50 ~ 240
	26/35		50 ~ 240

表 5-92 中压大功率变频驱动系统用电缆的接地线、总屏蔽层截面积

相线标称截面积 /mm²	接地线标称截面积 /mm²	总屏蔽层截面积 /mm²	相线标称截面积 /mm²	接地线标称截面积 /mm²	总屏蔽层截面积 /mm²
25	4	16	150	25	95
35	6	25	185	35	95
50	10	25	240	50	120
70	16	35	300	50	150
95	16	50	400	70	240
120	25	70			

5.17 耐热耐寒扁平电缆

上海摩恩电气有限公司生产的耐热耐寒扁平电缆。

1. 用途

适用于发电、冶金、化工、海上船舶、港口等恶劣工作环境中作移动电器设备之间电气连接。

2. 技术特性

1）电缆长期工作温度范围为 $-60 \sim 180℃$。

2）电缆具有极好的弯曲、柔软性和弹性，可用于弯曲半径较小的场合。

3）电缆具有优异的耐臭氧老化、热老化、紫外线老化和大气老化性能。

4）电缆具有耐燃性，有良好的导热性，耐辐射性和防腐性。使用在变频场合下，仍具有优良的抗干扰性能。

3. 电缆的型号、名称、规格和技术参数

电缆的型号、名称和规格见表 5-93。电缆的技术参数见表 5-94。

表 5-93　耐热耐寒扁平电缆的型号、名称和规格

型号	名称	芯数	标称截面积/mm²
YGGB	移动型耐热耐寒扁平电缆	3～8	1～2.5
YFGB		4	1～35
YVFGB		3	6～70
YGGPB	移动型耐热耐寒屏蔽型扁平电缆	3～6	1～10

表 5-94　耐热耐寒扁平电缆的技术参数

标称截面积/mm²	线芯直径/mm	电缆外形尺寸上限/mm	重量/(kg/km)
4×1	1.29	17.76×6.09	225
6×1	1.29	25.54×6.09	308
8×1	1.29	33.32×6.09	360
4×1.5	1.56	20.44×6.76	291
6×1.5	1.56	29.56×6.76	360
8×1.5	1.56	38.68×6.76	469
4×2.5	2.05	27.10×8.05	333
6×2.5	2.05	39.8×8.05	536
8×2.5	2.05	52.5×8.05	608
4×4	2.60	33.3×9.6	457
6×4	2.60	49.1×9.6	790
4×6	3.15	38.4×11.5	615
6×6	3.15	56.7×11.5	1 098
3×10	4.40	37.8×14.2	702
6×10	4.40	73.2×14.2	1 428
3×25	6.81	48.23×17.81	1 645
4×25	6.81	63.44×17.81	2 193
4×35	7.90	70.6×19.9	2 181
3×50	9.20	59.8×21.8	2 681
3×70	12.6	72.4×26.0	2 878
4×50	9.20	78.8×21.8	3 158

4. 耐热耐寒扁平电缆的结构

结构示意图如图 5-32 所示。

图 5-32　耐热耐寒扁平电缆的结构示意图

第6章　海底电缆的选择

海底电缆广泛应用于给近岸海岛供电，向石油、天然气等海上生产平台供电和将海上风电场的绿色电能送至岸上电网等场合。

6.1　高质量的海底电缆需求增大

我国是海洋大国，拥有 300 万 km^2 的海域和 18 000km 长的海岸线，沿海分布有 6 000多个岛屿，在浅海大陆架蕴藏着丰富的海底油田和天然气。

早期海底电力电缆（以下简称海缆）主要用于向孤立的近海设备，如灯塔、医疗船等供电。随着我国沿海城市与临近岛屿海洋经济的快速发展，由陆地向近岸的海岛或海岛向海岛供电成为海缆的主要用途；近年来，国家近海油气田加大开发力度，且石油勘采移至深海远洋，这导致对向海上生产平台供电，和海上钻井平台之间的电网连接需求增加；我国海上风力发电与陆上的联网（见图 6-1），沿海岛屿与陆地以及部分国际间海缆有线通信量的增大，都需要发展海底电缆技术，并选用和敷设更多的海底电缆。由于海底环境的特殊性，海缆的制造和敷设比陆地上电缆要复杂和困难得多。

图 6-1　东海大桥海上风力发电场

6.2　海缆运行外部事故的主要原因

由于海洋环境的特殊性，安置在海底的电缆经常会受到损害，而损害的原因不一而足。据 20 世纪 90 年代资料统计，有 870 起是由外部损害造成的，在海底电缆事故中，除去腐蚀及磨损，危害最大的要数渔船的拖网作业，其次就是船舶在应急状态下的紧急抛锚[53]。一般而言，大型船舶的锚在较软质地海床上的穿透深度为 1.5m 左右，有时也可能深达 5 ~6m。渔业捕捞活动之所以对海底电缆造成危害，主要原因为：捕捞网具刹地时，不仅会在海床上穿入一定深度（通常在 0.6m 左右，近年来的深海大马力拖网渔船网具刹地深度可能大于 0.6m），而且网具的拖曳速度及冲力也较大；在近海水域渔船出入频繁，且无固定航线；茫茫大海，无边无际，难以建立工程标志。

6.3　按环境条件保护海缆的方法

为了防止外部损害造成海底电缆事故的发生，海底电缆敷设路径的选择应满足电缆不易受机械损伤，能实施可靠防护，敷设方便、经济合理等要求，宜敷设在岸边不易被冲刷、海底无石山或沉船等障碍、少有沉锚和拖网渔船活动的水域，不宜敷设在码头、水工建筑物近旁、疏浚挖泥区和规划筑港地带。

为了减少海缆路径中由于捕鱼工具、锚等对海底电缆造成破坏的风险，海底电力电缆不得悬空于海水中。对海底电缆的保护，除自身铠装防护之外，主要采取开沟埋设、覆盖防护材料稳定和锚固方式。其中，覆盖防护材料稳定需较大的投资，而锚固保护仅适用于岩石海底的防护环境被破坏。实践表明：要保护海底电缆免受外部损害，最有效、最经济的办法还是开沟埋设。

按开沟埋设所用机械的工作原理不同，可分为冲设（使用高压喷水）、犁沟如图6-2所示，机械开沟机、挖泥船及水下爆破开沟等不同方式。在近岸段、较浅水域及软质海底，通常采用水力冲射开沟。对于岩石海底，同时又必须开沟保护的海底电缆，通常采取水下爆破或机械挖掘的方法（但水下爆破开沟的费用昂贵）。在深水及长距离海底电缆敷设中，使用最多的是海底电缆犁开沟。

根据环境条件选择海底电缆的保护方法见表6-1。

a)　　　　　　　　　　　　　　　　b)

图6-2　用振动海犁埋设海缆的情景

表 6-1　根据环境条件选择海底电缆的保护方法[53]

水深 (0.304 8m)	海底质 (0.070 3kg/cm²)			
	软土 (0~10)	硬土 (10~750)	软岩 (750~10 000)	硬岩 (>10 000)
击浪区 (0~10)	挖掘	挖掘	开沟	避免
	开沟	开沟	爆破	爆破
大陆架 (10~500)	冲射	冲射	开沟	避免
	犁沟	开沟	爆破	爆破
坡度 (500~2 000)	犁沟	犁沟	避免	避免
	冲射	冲射	固定	固定
平坦 (>2 000)	犁沟	犁沟	避免	避免
	冲射	冲射	都不行	都不行

注：表中 0.070 3kg/cm² = PSI；0.304 8m = ft。

6.4　海底电力电缆的特殊性

由于海底的地形、地质复杂，加之海水涌动，电缆的工作环境和受力状况比较恶劣，尤其电缆敷设是一项非常艰巨而复杂的工程，在电缆敷设过程中，工程人员将经受生死般的考验，海底电缆的特殊性如下：

（1）大长度

一根海底电缆往往有几千米、几十千米乃至几百千米长，因此，要求电缆的制造工艺必须稳定，制造质量始终如一。例如，东海大桥海上风电场 1 期工程是中国第一个真正意义上的海上风电场，如图 6-1 所示，总装机容量为 102MW，风电场海域范围距离岸线为 8~13km。第 7 章 7.2.13 节【实例 7-2】中 41km 长的 HYJQF41-26/35—3×120+2×12B1 海底光电复合缆。

（2）大强度

海缆应有足够的抗拉强度，能经受敷设时不确定的破坏性拉力（有时高达几吨力）。

（3）阻水性好

海底电缆敷设于海底，要求电缆具有耐水的功能，不仅应有完好的径向阻水结构，还须有良好的纵向阻水功能（参见第 5 章第 5.7.3 和第 5.7.4 节内容），以保证电缆在海底长期安全运行。若电缆意外遭到外力（如船锚）破坏时，应尽量减小海水浸入电缆的长度，以减少维修损失。

（4）耐海水腐蚀

海缆应能耐 Eh 值高的区域对海缆造成的电化学腐蚀；还应耐硫化物含量、硫酸盐还原菌浓度高的区域对海缆造成的氧化还原腐蚀。

6.5　海缆的导体结构特点

海底电缆的环境与陆地不同，所以它的结构也有特殊要求。海缆结构一般分为导体、绝缘、半导电屏蔽、纵向阻水缓冲层、金属护层（通常为铅套或铅合金护套）、塑料内护层、铠装和外被层。

第 6.4 节中详细介绍了海底电缆的环境特殊性。因此，海缆导电线芯应采用紧压铜导体结构，而且要采用阻水型导体设计，必须是全阻水结构的。径向阻水结构须采用铅护套隔断海水向绝缘渗透，而且必须完好无损；纵向阻水结构须在绝缘层内侧与外侧有阻止海水沿纵向（轴向）渗透的结构材料，它在电缆导体中填充阻水材料（如电缆油、阻水膏、阻水粉、阻水绳等），而且在金属套内常用阻水带，这些阻水材料具有遇水膨胀的功能，从而达到阻止海水纵向渗透的目的（参见第 5.7.3 ～第 5.7.5 节的有关内容）。

由于电缆应有足够的抗拉强度，金属丝铠装是海底电缆的必要结构，而且三芯海底电缆多采用粗钢丝铠装，以增加电缆的抗拉强度和对电缆的保护效果。为保证中、高压海缆安全运行，防止电缆在敷设和运行过程中可能遇到的机械损伤，同时承受机械力和敷设时产生的拖曳力，保证金属护套和塑料护套的完整性，根据海底电缆的传输电流和牵引力的要求，可采用扁铜线和粗钢丝铠装结构。单芯电缆宜采用扁铜线铠装，若采用镀锌钢丝铠装，应充分考虑钢丝铠装层交流损耗对电缆载流量的要求[54]。

耐海水腐蚀是海缆必须考虑的问题，这涉及钢丝自身耐海水腐蚀的性能和外被层对钢丝的保护特性两个方面。铠装钢丝采用一般低碳镀锌不够理想，可能会影响电缆的使用寿命。在选择短距离海底电缆结构中不妨试用国内开发的 Zn-Al-Mg 合金镀层钢丝（可参考第 6.9.2 的铠装防腐蚀内容），探索钢丝的耐腐蚀性。

传统的浸渍黄麻外被层，耐海水腐蚀的能力较差，特选用聚丙烯（PP）绳代替。与黄麻相比，聚丙烯绳强度高，耐磨性好，耐海水腐蚀，用来作海缆外被层，可提高防腐性能，能够起到很好的防护保护作用。由于聚丙烯绳与沥青粘接效果差，但新的粘接剂未到实用阶段，仍以沥青粘接来提高耐腐蚀能力。

6.6　海缆绝缘材料的选择

海缆绝缘材料的选择越来越多地采用交联聚乙烯。对于额定电压为 35kV 及以下的海缆，油纸绝缘电缆具有天然的阻水结构，以往海底电缆多采用这种绝缘。乙丙橡胶因无"水树"之虑，绝缘性能优越，广泛用于中低压水下电缆线路，但因介损较高，不适用于作高压电缆的绝缘。随着交联聚乙烯电缆制造工艺的不断发展，特别是全干式法交联生产电缆的逐渐成熟，交联聚乙烯电缆以其电气性能良好，耐热性能好，传输容量大，结构轻便、易于弯曲，不受线路落差限制，运行维护无漏油等优点，已取代了 35kV 及以下的油纸绝缘海底电缆。对于额定电压为 110 ～ 220kV 的交联聚乙烯海底电缆，我国已成功地应用在工程实践中，只是在有较多的运行经验地区，才可考虑选择自容式充油纸绝缘电缆。

6.7　海缆的铅或铅合金护套的选择

6.7.1　海缆径向阻水须采用铅（铅合金）护套

　　海缆和第5.7节介绍的防（耐）水电力电缆都要求有良好的阻水性能，必须有径向阻水结构和纵向阻水结构。理论上常用径向阻水结构有铅护套、皱纹铝护套和综合护套。但是，海缆和一般淡水防（耐）水电力电缆不同，一定要用铅（铅合金）护套。皱纹铝套用于充油电缆较好。若用于交联电缆，由于挤压加工温度高（400℃以上），有损伤阻水带之虑，与绝缘屏蔽之间的间隙大，对实现径向阻水不利。另外，径向阻水结构时刻都在发挥着阻水作用，皱纹铝护套在复杂的海底一旦破损，皱纹铝护套会很快穿孔，一处透水整根将电缆受损，不如铅（铅合金）护套耐用。所谓"综合护套"，是指在绝缘屏蔽外面纵包一层铝塑复合带，形成一个带有搭接纵缝的薄壁铝管，再挤一层聚乙烯护套，并使铝塑复合带与聚乙烯护套粘结在一起，以增强薄壁铝管的强度。由于聚乙烯的透水性最差，因此大大削弱了环境水分从薄壁铝管的搭接纵缝向绝缘渗透的能力。综合护套的结构重量轻、成本低、但阻水效果存在争议，不宜在重要的海底电缆中采用。铅（铅合金）护套虽然有厚重的缺点，但它熔点低、在制造过程中不会使电缆过热，柔软且贴紧绝缘屏蔽而有益于实现径向阻水，化学性能稳定，耐腐蚀性好，不易受酸碱等物质的腐蚀，它是隔断海水环境水分向绝缘渗透的较好屏障，因此海缆径向阻水结构须采用铅（铅合金）护套。

6.7.2　铅（铅合金）护套的厚度计算

　　海缆径向阻水结构都采用铅护套（或用第6.7.3节介绍比纯铅的力学性能更高的铅合金）。另外，铅护套作为海缆的金属屏蔽层和防腐蚀层，同时又是瞬态短路电流的通路。铅护套的厚度因敷设环境或客户的技术要求可做适当调整，但应避免客户套用油浸纸绝缘海缆的铅套设计规范，使交联聚乙烯绝缘海缆的铅护套过厚。三芯海底电力电缆铅护套的标称厚度设计可按下式计算，即

$$T = 0.03D_s + 0.8$$

式中　T——铅套标称厚度

　　　　D_s——铅套前假设直径[55]。

6.7.3　铅和铅合金的性能比较

　　由于合金铅的力学强度和蠕变性能要比纯铅高，因此电缆铅护套大多采用合金铅挤包而成。我国海底电缆常用合金的牌号及主要成分配比见表6-2。

表6-2　海底电缆常用合金铅牌号及主要成分[55]

合金名称	合金牌号	合金元素与成分配比（重量%）			
		锑	锡	铜	铅
铅锑铜合金	A	0.4~0.6	—	0.02~0.05	余量
铅锑锡合金	E	0.15~0.25	0.35~0.45	—	余量
铅锑锡合金	EL	0.06~0.10	0.35~0.45	—	余量

大长度海底电缆一般都采用 E 合金铅，因为 E 合金铅连续挤制性能好，不易发生高熔点合金离析，堵塞熔铅管流道。

6.8　海缆的塑料增强保护（PE）层

铅和铅合金比较柔软，机械性能较差。为了保证铅套在制造、敷设和使用中不受损伤，通常在铅（合金铅）护套外，用挤塑机挤制一层塑料增强保护层，两者之间还要涂敷一层粘接剂，使其成为一个整体，从而提高海缆线芯的综合保护性能。

塑料增强保护层可采用专用改性中密度聚乙烯护套料。它的主要作用如下。

1）一般 1.0mm 的改性聚乙烯护层相当于 1.5mm 的铅护层的机械强度，能部分吸收和分散外部对铅护套的引力，可提高电缆铅套的耐浪涌冲击及抗疲劳性。

2）PE 护层与铅（合金铅）护套共同构成了海底电缆的径向防水屏障。在铅（合金铅）护套局部损伤情况下，PE 护套仍可以阻挡海水的浸入。

3）PE 护层与铅（合金铅）共同构成海底电缆的防腐结构，可有效地隔绝海水中化学、生物的腐蚀侵害。

海缆铅（合金铅）套外的 PE 护套，是海底电缆防水、防腐蚀保护的关键构件。如果客户订购的海底电力电缆是敷于海岸盐碱滩涂、陆上的沼泽湖泊等没有来往船只随意抛锚的浅滩区域，则可以不采用 PE 护层，只绕包一层塑料粘胶带（SJD 带）做防蚀层即可，SJD 带可采用高强度聚氯乙烯（PVC）粘胶带，黄、绿、红彩色粘胶带可作为电缆线芯相序分色[55]。

6.9　海缆的外护层选择

海缆的外护层一般由内衬层、金属丝铠装层和外被层三部分组成。

6.9.1　海缆铠装防护的选择

为保证中、高压海缆安全运行，防止电缆在敷设和运行过程中可能遇到的机械损伤，同时承受机械力和敷设时产生的拖曳力，保证金属护套和塑料护套的完整性，根据海缆规划路由中每个区域的张力、外部危害形式以及电缆的输送容量（考虑铠装损耗及对电缆载流量的影响）要求进行金属丝铠装设计。

海缆在安装过程中经受张力的作用，张力不仅来自悬挂海缆的重量，还包括敷设船垂直运动产生的附加动态力。安装过程中的合力常常远大于海缆垂至海底的静态受力。铠装还须提供足够的机械保护，防止安装机具、渔具和锚具带来的外部威胁。

6.9.2　三芯中、高压海缆的铠装选择

三芯中、高压海缆的铠装规格尺寸和机械性能要求是根据海底电缆规格及客户要求的敷设、地理条件选定的。可综合以下几方面进行选择。

1. 铠装材料

三芯中、高压海缆一般采用单层粗圆钢丝铠装。对敷设条件及使用环境特殊的海底电

缆，可采用双层粗圆钢丝铠装。铠装钢丝一般采用镀锌低碳钢丝，应符合 GB/T 3082—2008《铠装电缆用热镀锌或热镀锌-5％铝-混合稀土合金镀层低碳钢丝》标准要求。圆铠装钢丝直径一般为 4.0mm、5.0mm、6.0mm、8.0mm，也可以采用其他直径[5]。

对于张力要求不高的浅水敷设情况，可采用疏绕的单丝铠装。钢丝的间隙可以是敞开的，也可以用塑料、麻绳或类似的填充绳填充。这种铠装不仅可以减轻重量，对于交流电缆来说，还可以减少磁滞损耗。

铠装还可以采用更具防腐性的金属，如铜、青铜和黄铜线。但是，铝铠装不能用在海底电缆，铜的价格比钢贵。

现在还可以采用芳纶纤维（Kevlar）来作为铠装。自 20 世纪 70 年代以来，轻型的芳纶纤维已经用于近海工业中特殊海缆，但这些纤维制成的绳或线对于侧面碰撞（如锚、渔具的冲击）的保护作用很小。由于它的蠕变特性，芳纶纤维不适用于承受持续载荷的海缆。

2. 铠装节距

海底电力电缆的铠装由金属线沿电缆按一定的绞合节距绞制而成。节距是铠装单线沿电缆旋转一周前进的距离，为铠装层下电缆直径的 10 ~ 30 倍。

要根据预计的张力、导体的张力稳定性和电缆的抗扭要求及其安装条件优化铠装节距。

3. 铠装结构

在浅水水域，细钢丝铠装就足以满足张力要求。

敷设于浅海礁盘上的海底电缆，由于受到潮流的冲击，海底电缆在坚硬的礁石上摩擦，一年多铠装钢丝层就会磨耗损毁。因此，有必要采用双层粗圆钢丝铠装结构，并且应采取水下固定，或做梯形坝抛石埋设保护。否则海底电缆寿命不长，最多 3 ~ 5 年就得更换维修[55]。

对于深水敷设的海底电力电缆，应设计双层反向绞合的铠装层。与单层铠装比较，双层铠装为抵御外力提供了更强的保护。当两层铠装的绞向不同，就能够阻止锚、埋设犁、岩石等带来的锐边刺入。

在需要防止岩石、坠落物和拖曳设备（如渔具）的外部伤害时，可以设计采用一种特殊铠装层组合，它包含小节距单线绞合的外层以及大节距绞合的内层。外层小节距的铠装层并不增加抗张强度，但会显著提高电缆的抗压性能。

对那些没有必要采用重型铠装进行附加防护的情况，可用塑料填充替代部分钢丝。这就减少了海缆的重量和磁损耗并节省了成本。

4. 铠装防腐蚀

耐海水腐蚀是海缆必须考虑的问题，这涉及钢丝自身耐海水腐蚀的性能和外被层对钢丝的保护特性两个方面。

铠装单线一般采用镀锌钢丝。镀锌层的厚度为 50μm 或更大，它对钢丝起主要的防腐保护作用。其次的保护措施是在制造过程中涂覆热沥青。在安装或运行过程中，裸露的海缆会受到含沙水流的冲击，沥青层会腐蚀剥落。在沥青层受损部位，镀锌层接替起到防腐保护作用。但是，有人认为铠装钢丝采用低碳镀锌不够理想，可能会影响电缆的使用寿命。

近年来，国内对海缆的铠装钢丝开发了一种 Zn-Al-Mg 合金镀层钢丝。试验证明，这种合金镀层钢丝的基本表现为均匀腐蚀，腐蚀速率大大低于热镀锌，且其生成腐蚀产物膜的电化学腐蚀速率较原始状态降低了一个多数量级，腐蚀产物膜具有降低腐蚀动力的作用。在选择短距离海底电缆结构中不妨试用，探索钢丝的耐腐蚀性。

外被层对钢丝的保护可以选用在铠装单丝外挤包聚合物护套作为防腐保护，可以避免电线与海水的直接接触。这种方法可以省去沥青层，在海上风电场的海缆上已采用这种设计。但当海缆受损，挤包护套可能会有害，在单线中的局部电化学电流会产生电腐蚀。使用这种方法的优劣有待更长时间的实践证明[5]。

外被层对钢丝的保护还以选用由中高密度聚乙烯构成的外护套，它可以克服沥青易磨损、易脱落等缺点，且可以更好地保护钢丝铠装，钢丝铠装外加聚丙烯绳外被层，可以提高电缆抗海水侵蚀和施工磨损的能力。

6.9.3　单芯中、高压海缆的铠装选择

单芯中、高压海缆的铠装规格尺寸和机械性能要求是根据海底电缆规格及客户要求的敷设、地理条件选定的。

单芯中、高压海缆运行时，除了两端直接接地的环流损耗外，如果采用磁性金属作为铠装材料，还会产生磁滞损耗和涡流损耗，数量级与导体电流产生的损耗相当，或更甚。减少单芯中、高压海缆电缆损耗的措施如下：

1）采用非磁性材料作为铠装，如青铜、黄铜、铜或铝。铜是一种昂贵的选择，铝更为便宜，但它容易受到海水的腐蚀，不能在单芯海缆中采用。由铜丝绞合的铠装结合了低电阻率和高耐腐蚀性，但机械强度低于钢丝铠装。硬拉铜线的机械强度较高，但其电导率低于退火铜。20 世纪 80 年代，英属哥伦比亚和温哥华岛之间的 500kV 交流海缆上，已经采用了双层反向绞合的扁铜线作为铠装。

单芯中、高压海缆的铠装丝一般有：扁铜线、双扁铜线，扁铜线的厚度一般为 2.0mm、2.5mm、3.0mm，也可以采用其他厚度[5]。

2）使用减少磁感应的铠装结构。单芯交流海缆使用截面很大的铜屏蔽层，且屏蔽层在电缆两端牢固接地，因此产生了与导体电流相当的屏蔽电流。在铠装层下，两种电流方向相反，磁场基本抵消，磁损耗几乎完全消失，但铜屏蔽需要具有与导体同样的截面积，屏蔽中的损耗会大大增加。对于双层反向绞合的铠装结构，内层采用铜丝铠装，外层采用钢丝，这样能够为单芯交流电缆组成低损耗、高强度的铠装。

此外，在铠装金属丝中采用隔磁设计的特殊结构，或用昂贵的不锈钢丝作为铠装单丝，都不能减少单芯中、高压海缆的磁滞损耗和涡流损耗[5]（见第 1.7.3 节）。

6.9.4　海缆内、外被层的选择

至于传统的浸渍黄麻外被层，耐海水腐蚀的能力较差，特选用聚丙烯（PP）绳代替。与黄麻相比，聚丙烯绳强度高，耐磨性好，耐海水腐蚀，用来作海缆外被层，可提高防腐性能。

内被层一般可采用一层，外被层可采用两层"聚丙烯（PP）绳缠绕 + 沥青浸渍"混合防腐结构，制造加工内衬层较为方便，外被层又能满足海底电力电缆特殊的电性能及加工性能要求。

6.10　海缆的固定接头与软接头的选择

连续长度是海缆连接的基本要求之一。

海底电力电缆由于传输电能的两地距离太远或由于传输的容量大而增大截面，有时受制造设备的限制，制造单根无中间接头的大长度大截面海缆十分困难，如果无法满足实际工程的需要，只能采用中间接头，把两段或几段电缆的各部分连接起来，连接处的性能要求满足运行的需要。此外，大长度海缆在运输、敷设和运行过程中发生故障是难免的，故中间接头又是修复故障的重要手段。中间接头分为两种，一是在一段电缆生产结束后，在装船或施工过程中安装的固定接头；二是在电缆生产过程中进行电缆接续，俗称软接头。由于电缆敷设施工条件的限制，在无法提供单根连续大长度电缆的时候，软接头比固定接头更受用户的欢迎[56]。

软接头的结构尺寸与电缆本体相同或者略大若干毫米，它不仅要保证电缆的电气性能，还要能承受拉、扭和弯曲等各种机械应力的作用，其技术难度较大。因此，软接头在结构和性能上与普通连接盒有很大差异而与电缆本体很相近。软接头或固定接头的额定电压等级及其绝缘水平，不得低于所连接电缆的额定电压等级及其绝缘水平；它们的形式应与设置的环境条件相适应，且不致使电缆通流能力降低。

在工厂中制作软接头，首先进行的是导体连接，采用银焊等直径线芯焊接，焊接时要避免产生未连接上、裂缝、微孔等焊接缺陷，可以用 X 射线检查焊接质量。临近焊接处的导体因为受到煅烧，是薄弱环节，机械强度比正常导体有所降低。其次是绝缘连接，先在待连接的电缆两端制作反应力锥，再缠绕与电缆本体相似的绝缘带或聚合物绝缘带，或采用"挤塑模铸法"。在处理导体屏蔽层和与接头屏蔽层的过渡时，周围环境对产品质量有相当大的影响，必须在有一定湿度和温度控制要求的密闭空间进行，护套则是用事先套在绝缘外的铅管焊接而成，最后与电缆本体一起铠装，因此软接头是一种隐藏式的电缆接头，除非特殊标注，否则在外观上很难识别。

由于海底电缆长度大，导体接头不可避免，接头质量是影响电缆抗拉强度的关键。

6.11　海缆交流输电受限距离的探讨

交流电缆绝缘中的等效电容随电缆长度增加而增加，在能量传输过程中，等效电容与电源间不停地进行着充电放电，由于电缆中电容电流的存在，电缆的输电容量被减少，当充电电流达到极大值而影响正常有功负荷的传输时，输电距离受到限制，输电量的减少程度取决于电缆的结构设计、长度、电压质量。海底电缆往往是大长度、大强度，高电压，电容电流较大，长距离输电会受到限制。多个跨海工程表明，交流海底电缆理论上的极限传输距离约为 40km[57]，超过这个距离，采用交流传输电能就不具经济性了。如海上风电设备通常距沿岸 10～30km，所以高压交流输电（HVAC）常被反对，当离岸距离大于 150km，且三芯电缆传输容量大于 300MW，或者单回路输电大于 1 000MW，距离大于 100km 时，采用交流输电就太不经济了，可采用长距离高压直流输电技术。

6.12　海缆的截面积选择

由于海底电缆的特殊性，除按第 3 章的要求选择电缆有关截面外，对它的截面选择要考虑以下几方面。

1）按电缆长期允许电流不大于 100% 持续工作电流确定导体最小截面时，其载流量应按海底的环境温度及海床的土壤热阻系数校正。

2）海底电缆虽然主要用于中、高压输送电能，但往往输送的距离长，注意电缆长度过长时，有必要进行电压降校核选择。

3）海底电缆在敷设时要承受不确定的破坏性拉力，电缆承受较大拉力时，首先受力的是电缆导体，随着拉力的增加，铠装金属丝的负荷增加，但导体依然承受着最大的风险。当需要导体承受拉力且较合理时，可按拉力选择截面。

4）电缆输送电流为有功与无功电流的矢量和，长距离的海底电缆对地电容很大，很长的海缆登陆后需装设高压并联电抗器对电缆电容进行补偿，以改善电缆中电容电流的分布。要按补偿后的电流进行截面选择。

6.13　海缆附件的选择与配置

海缆附件与海缆本身有着相同的电气性能和防水特点，一般由海缆厂家配套供应。海缆附件包括户外电缆终端和中间接头，中间接头为第 6.10 节中介绍的固定接头与软接头，这里只介绍户外电缆终端的具体要求[58]：

1）户外终端额定电压等级及其绝缘水平不得低于所连接电缆的额定电压等级及其绝缘水平，它的绝缘还应满足所设置环境条件（如污秽、盐雾、海拔）的要求。

2）户外终端型式与电缆所连接的线路相匹配。

3）户外终端的抗拉强度应满足布置条件下的要求，能够承受足够的水平拉力。

4）户外终端出线杆与电缆铜导体之间必须用压接方法进行连接。

5）户外终端应装有防晕罩或屏蔽环。

6）终端的尾管必须有接地用接线端子，且必须具有使底座与支架相绝缘的底座绝缘子。

6.14　中、高压交联聚乙烯绝缘海缆的结构和载流量

中天科技海缆有限公司生产的中、高压海底电缆的型号和名称见第 7.2.5 节有关内容，该公司生产的海底电缆是在同类海底光纤复合电缆中去掉光纤单元（OFC）即可。所以它生产的三芯或单芯海底电缆的外形结构和结构参数见第 7.2.6 节～第 7.2.9 节的有关内容。它生产的三芯或单芯海底电缆的载流量等电气参数见第 7.2.10 节和第 7.2.11 节的有关内容。

上海上缆藤仓电缆有限公司生产的中、高压海底电缆的型号和名称、外形结构和结构参数、载流量等电气参数见表 6-3～表 6-10。

表 6-3　YJQ41G 26/35kV　铜导体单芯交联聚乙烯绝缘铅护套钢丝铠装海底电缆结构

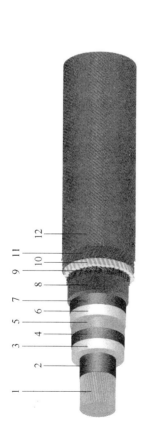

1—绞合铜导体　2—内屏蔽　3—XLPE 绝缘　4—外屏蔽
5—阻水带　6—铅护套　7—防腐层　8—PE 护套
9—PP 绳内衬层　10—铠装钢丝　11—S 向绞 PP 绳　12—Z 向绞 PP 绳

导体标称截面积/mm²	导体直径/mm	标称绝缘厚度/mm	绝缘外径/mm	铅护套厚度/mm	PE套厚度/mm	铠装钢丝根数×直径/(n×mm)	电缆近似外径/mm	电缆单位长度近似重量/(kg/km)	20℃导体直流电阻/(Ω/km)	电缆电容/(μF/km)	电缆电感/(mH/km)	电缆载流量/A 空气中 35℃	电缆载流量/A 海水中 20℃
70	10.0	10.5	33.0	2.0	2.6	27×6	72.0	12 900	0.268 0	0.126	4.23	275	320
95	11.8	10.5	34.8	2.1	2.6	28×6	74.0	13 800	0.193 0	0.138	4.30	335	370
120	12.9	10.5	35.9	2.1	2.7	28×6	76.0	14 400	0.153 0	0.145	4.34	380	410
150	14.3	10.5	37.3	2.2	2.7	29×6	77.0	15 100	0.124 0	0.154	4.38	430	445
185	16.0	10.5	39.0	2.2	2.8	30×6	79.0	16 000	0.099 1	0.165	4.43	490	490
240	18.3	10.5	41.3	2.3	2.9	31×6	82.0	17 300	0.075 4	0.180	4.48	570	540
300	20.4	10.5	43.4	2.3	3.0	33×6	84.0	18 500	0.060 1	0.193	4.52	645	590
400	23.1	10.5	46.1	2.4	3.0	34×6	87.0	20 200	0.047 0	0.210	4.57	735	640
500	26.5	10.5	49.5	2.5	3.2	36×6	91.0	22 400	0.036 7	0.234	4.62	830	695
630	30.0	10.5	53.0	2.6	3.3	38×6	95.0	24 900	0.028 3	0.255	4.66	935	755
800	33.8	10.5	56.8	2.7	3.4	40×6	99.0	27 800	0.022 1	0.279	4.71	1 040	810

注：表中数据为典型结构，具体供需双方签订的技术协议进行生产。

表6-4 YJQ41G 64/110kV 铜导体单芯交联聚乙烯绝缘铅护套钢丝铠装海底电缆结构

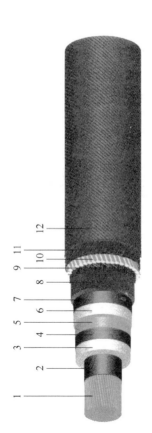

1—绞合铜导体　2—内屏蔽　3—XLPE绝缘　4—外屏蔽
5—阻水带　6—铅护套　7—防腐层　8—PE护套
9—PP绳内衬层　10—铠装钢丝　11—S向绞PP绳　12—Z向绞PP绳

| 导体 | | 标称绝缘厚度/mm | 绝缘外径/mm | 铅护套厚度/mm | PE套厚度/mm | 铠装钢丝根数×直径/(n×mm) | 电缆近似外径/mm | 电缆单位长度近似重量/(kg/km) | 20℃导体直流电阻/(Ω/km) | 电缆电容/(μF/km) | 电缆电感/(mH/km) | 电缆载流量/A | |
标称截面积/mm²	直径/mm											空气中35℃	海水中20℃
240	18.3	19.0	58.3	4.0	4.0	43×6	111	27 800	0.075 40	0.121	4.48	530	600
300	20.4	18.5	59.4	4.0	4.0	43×6	112	28 600	0.060 10	0.131	4.52	600	655
400	23.1	17.5	60.1	4.0	4.0	44×6	112	29 720	0.047 00	0.146	4.57	685	715
500	26.5	17.0	62.9	4.0	4.0	45×6	115	31 500	0.036 66	0.164	4.62	780	780
630	30.0	16.5	65.4	4.0	4.5	46×6	119	33 900	0.028 30	0.182	4.67	875	845
800	33.8	16.0	67.8	4.0	4.5	48×6	121	36 200	0.022 10	0.202	4.71	975	905

注:表中数据为典型结构,具体按供需双方签订的技术协议进行生产。

表 6-5　YJQF41G　8.7/10kV　铜导体三芯交联聚乙烯绝缘分相铅护套钢丝铠装海底电缆结构

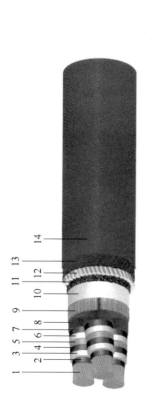

1—绞合铜导体　　2—内屏蔽　　3—XLPE 绝缘　　4—外屏蔽
5—阻水带　　6—铅护套　　7—防腐层　　8—PE 护套
9—聚丙烯绳填充　　10—包带层　　11—PP 绳内衬层　　12—铠装钢丝
13—S 向绞 PP 绳　　14—Z 向绞 PP 绳

标称截面积 /mm²	导体 直径 /mm	标称绝缘厚度 /mm	绝缘外径 /mm	铅护套厚度 /mm	PE 套厚度 /mm	铠装钢丝 根数×直径 /(n×mm)	电缆近似外径 /mm	电缆单位长度近似重量 /(kg/km)	20℃导体直流电阻 /(Ω/km)	电缆电容 /(μF/km)	电缆电感 /(mH/km)	电缆载流量 /A 空气中 35℃	电缆载流量 /A 海水中 20℃
70	10.0	4.5	21.0	1.7	2.0	40×6	99.0	20 900	0.268 0	0.228	2.50	255	260
95	11.8	4.5	22.8	1.7	2.0	42×6	103.0	22 600	0.193 0	0.254	2.58	305	305
120	12.9	4.5	23.9	1.8	2.0	44×6	106.0	24 300	0.153 0	0.270	2.63	350	345
150	14.3	4.5	25.3	1.8	2.1	45×6	110.0	26 000	0.124 0	0.291	2.68	400	390
185	16.0	4.5	27.0	1.9	2.1	47×6	118.0	29 300	0.099 1	0.315	2.73	440	430
240	18.3	4.5	29.3	2.0	2.2	50×6	124.0	33 000	0.075 4	0.348	2.80	510	495
300	20.4	4.5	31.4	2.0	2.3	53×6	129.0	36 100	0.060 1	0.378	2.85	570	550
400	23.1	4.5	34.1	2.1	2.4	56×6	131.0	40 000	0.047 0	0.417	2.91	645	610

注:表中数据为典型结构,具体按供需双方签订的技术协议进行生产。

表6-6 YJQF41G 26/35kV 铜导体三芯交联聚乙烯绝缘分相铅护套钢丝铠装海底电缆结构

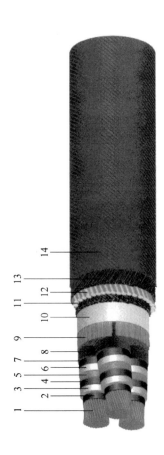

1—绞合铜导体　2—内屏蔽　3—XLPE绝缘　4—外屏蔽
5—阻水带　6—铅护套　7—防腐层　8—PE护套
9—聚丙烯绳填充　10—包带层　11—PP绳内衬层　12—铠装钢丝
13—S向绞PP绳　14—Z向绞PP绳

标称截面积/mm²	导体 直径/mm	标称绝缘厚度/mm	绝缘外径/mm	铅护套厚度/mm	PE套厚度/mm	铠装钢丝 根数×直径/(n×mm)	电缆近似外径/mm	电缆单位长度近似重量/(kg/km)	20℃导体直流电阻/(Ω/km)	电缆电容/(μF/km)	电缆电感/(mH/km)	电缆载流量/A 空气中35℃	电缆载流量/A 海水中20℃
70	10.0	10.5	33.0	1.9	2.2	54×6	127.0	29 900	0.268 0	0.126	2.57	260	260
95	11.8	10.5	34.8	2.0	2.2	56×6	131.0	32 400	0.193 0	0.138	2.64	315	309
120	12.9	10.5	35.9	2.0	2.3	57×6	134.0	33 900	0.153 0	0.145	2.69	355	345
150	14.3	10.5	37.3	2.1	2.3	59×6	137.0	36 200	0.124 0	0.154	2.74	400	385
185	16.0	10.5	39.0	2.1	2.4	61×6	141.0	38 400	0.099 1	0.165	2.79	450	435
240	18.3	10.5	41.3	2.2	2.4	64×6	151.0	42 100	0.075 4	0.180	2.85	520	495
300	20.4	10.5	43.4	2.2	2.5	66×6	152.0	45 300	0.060 1	0.193	2.90	585	550
400	23.1	10.5	46.1	2.3	2.6	70×6	158.0	50 700	0.047 0	0.210	2.96	660	645

注:表中数据为典型结构,具体按需供需双方签订的技术协议进行生产。

表 6-7 YJQ41G 6/6kV 铜导体三芯交联聚乙烯绝缘统包铅护套钢丝铠装海底电缆结构

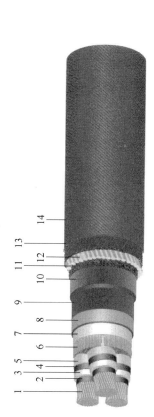

1—绞合铜导体　2—内屏蔽　3—XLPE 绝缘　4—外屏蔽
5—铜带屏蔽　6—聚丙烯绳填充　7—无纺布包带　8—统包铝护套
9—防腐层　10—PE 护套　11—PP 绳内衬层　12—铠装钢丝
13—S 向绞 PP 绳　14—Z 向绞 PP 绳

导体		标称绝缘厚度 /mm	绝缘外径 /mm	三芯成缆包带外径 /mm	铝护套厚度 /mm	PE 套厚度 /mm	铠装钢丝根数×直径 /(n×mm)	电缆近似外径 /mm	电缆单位长度近似重量 /(kg/km)	20℃导体直流电阻 /(Ω/km)	电缆电容 /(μF/km)	电缆电感 /(mH/km)	电缆载流量/A	
标称截面积 /mm²	直径 /mm												空气中 35℃	海水中 20℃
50	8.6	3.4	17.4	43.6	2.1	2.8	30×6	86.0	15 600	0.387 0	0.258	2.32	190	195
70	10.0	3.4	18.8	46.6	2.1	2.9	32×6	89.0	17 200	0.268 0	0.285	2.40	230	240
95	11.8	3.4	20.6	50.5	2.2	3.0	34×6	93.0	19 200	0.193 0	0.319	2.48	280	290
120	12.9	3.4	21.7	52.9	2.3	3.1	35×6	96.0	20 800	0.153 0	0.340	2.54	315	325
150	14.3	3.4	23.1	55.8	2.4	3.2	37×6	99.0	22 700	0.124 0	0.366	2.59	355	365
185	16.0	3.4	24.8	59.5	2.5	3.3	39×6	103.0	25 000	0.099 1	0.399	2.65	400	410
240	18.3	3.4	27.1	64.5	2.6	3.5	42×6	109.0	28 300	0.075 4	0.442	2.71	465	470
300	20.4	3.4	29.2	69.0	2.7	3.7	44×6	114.0	32 000	0.060 1	0.482	2.77	525	525
400	23.1	3.4	31.9	74.8	2.9	3.9	48×6	120.0	36 500	0.047 0	0.533	2.83	595	590

注:表中数据为典型结构,具体按供需双方签订的技术协议进行生产。

表 6-8 YJQ41G 8.7/10kV 铜导体三芯交联聚乙烯绝缘统包铅护套钢丝铠装海底电缆结构

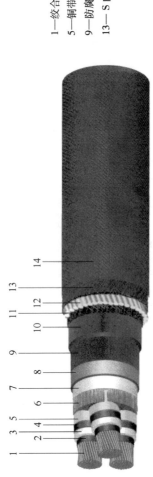

1—绞合铜导体　2—内屏蔽　3—XLPE 绝缘　4—外屏蔽
5—铜带屏蔽　6—聚丙烯绳填充　7—无纺布包带　8—统包铅护套
9—防腐层　10—PE 护套　11—PP 绳内衬层　12—铠装钢丝
13—S 向绞 PP 绳　14—Z 向绞 PP 绳

导体标称截面积/mm²	导体直径/mm	标称绝缘厚度/mm	绝缘外径/mm	三芯成缆包带外径/mm	铅护套厚度/mm	PE套厚度/mm	铠装钢丝根数×直径/(n×mm)	电缆近似外径/mm	电缆单位长度近似重量/(kg/km)	20℃导体直流电阻/(Ω/km)	电缆电容/(μF/km)	电缆电感/(mH/km)	电缆载流量/A 空气中35℃	电缆载流量/A 海水中20℃
50	8.6	4.5	19.6	48.3	2.1	2.9	32×6	90.0	17 000	0.387 0	0.208	2.34	190	200
70	10.0	4.5	21.0	51.3	2.1	3.0	34×6	94.0	18 400	0.268 0	0.228	2.42	230	240
95	11.8	4.5	22.8	55.2	2.2	3.1	36×6	98.0	20 400	0.193 0	0.254	2.50	280	290
120	12.9	4.5	23.9	57.6	2.3	3.2	38×6	101.0	22 000	0.153 0	0.270	2.55	310	325
150	14.3	4.5	25.3	60.5	2.4	3.4	39×6	104.0	24 000	0.124 0	0.291	2.61	360	365
185	16.0	4.5	27.0	64.3	2.5	3.5	41×6	108.0	26 400	0.099 1	0.315	2.66	405	410
240	18.3	4.5	29.3	69.2	2.6	3.7	44×6	114.0	29 700	0.075 4	0.348	2.73	470	470
300	20.4	4.5	31.4	73.7	2.7	3.9	47×6	119.0	33 100	0.060 1	0.378	2.78	525	525
400	23.1	4.5	34.1	79.5	2.9	4.1	50×6	125.0	37 900	0.047 0	0.417	2.84	595	580

注:表中数据为典型结构,具体按供需双方签订的技术协议进行生产。

表6-9　YJQ41G 26/35kV 铜导体三芯交联聚乙烯绝缘统包铅护套钢丝铠装海底电缆结构

1—绞合铜导体　2—内屏蔽　3—XLPE绝缘　4—外屏蔽
5—铜带屏蔽　6—聚丙烯绳填充　7—无纺布包带　8—统包铝护套
9—防腐层　10—PE护套　11—PP绳内衬层　12—铠装钢丝
13—S向绞PP绳　14—Z向绞PP绳

导体标称截面积/mm²	导体直径/mm	标称绝缘厚度/mm	绝缘外径/mm	三芯成缆包带外径/mm	铅护套厚度/mm	PE套厚度/mm	铠装钢丝根数×直径/(n×mm)	电缆近似外径/mm	电缆单位长度近似重量/(kg/km)	20℃导体直流电阻/(Ω/km)	电缆电容/(μF/km)	电缆电感/(mH/km)	电缆载流量/A 空气中35℃	电缆载流量/A 海水中20℃
50	8.6	10.5	31.6	74.1	2.6	3.9	47×6	119.0	26 800	0.387 0	0.117	2.42	195	200
70	10.0	10.5	33.0	77.1	2.6	4.0	48×6	122.0	28 400	0.268 0	0.126	2.50	240	245
95	11.8	10.5	34.8	81.0	2.7	4.1	51×6	126.0	30 700	0.193 0	0.138	2.58	290	290
120	12.9	10.5	35.9	83.4	2.7	4.2	52×6	129.0	32 300	0.153 0	0.145	2.63	325	325
150	14.3	10.5	37.3	86.3	2.8	4.3	53×6	132.0	34 400	0.124 0	0.154	2.68	365	365
185	16.0	10.5	39.0	90.1	2.9	4.4	56×6	136.0	37 100	0.099 1	0.165	2.73	415	410
240	18.3	10.5	41.3	95.0	3.0	4.6	58×6	142.0	40 800	0.075 4	0.180	2.79	480	470
300	20.4	10.5	43.4	99.5	3.1	4.8	61×6	147.0	44 500	0.060 1	0.193	2.85	540	525

注：表中数据为典型结构，具体按供需双方签订的技术协议进行生产。

表6-10　海底电缆导体的短路电流

时间/s	导体截面面积/mm²											
	240	300	400	500	630	800	1 000	1 200	1 400	1 600	2 000	2 500
	短路电流/kA											
0.1	109	136.3	181.6	226.9	285.8	362.8	453.4	544	634.6	725.1	906.3	1132.6
0.15	89.1	111.3	148.4	185.4	233.5	296.4	370.4	444.3	518.3	592.3	740.2	925.1
0.2	77.2	96.5	128.6	160.6	202.3	256.8	320.9	385	449	513.1	641	801.3
0.35	58.2	73.1	97.3	121.6	153.1	194.3	242.8	291.2	339.7	388.1	485	606.1
0.5	49	61.2	81.5	101.8	128.2	162.7	203.3	243.8	284.4	324.9	406	507.3
0.75	40.1	50.1	66.7	83.3	104.8	133	166.2	199.3	232.4	265.5	331.8	414.5
1	34.8	43.4	57.8	72.2	90.9	115.3	144	172.7	201.4	230.1	287.5	359.2
1.5	28.5	35.6	47.3	59.1	74.3	94.3	117.8	141.2	164.7	188.1	235	293.5
2.5	22.2	27.7	36.8	45.9	57.8	73.2	91.4	109.6	127.8	146	182.3	227.7
3	20.3	25.3	33.6	42	52.8	66.9	83.5	100.2	116.8	133.4	166.5	208

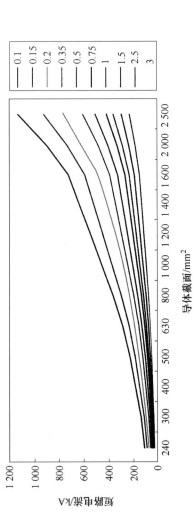

6.15　两个交联聚乙烯绝缘海缆的工程实例

6.15.1　虾峙岛—桃花岛 35kV 海缆联网工程实例

【例 6-1】　2002 年敷设在浙江虾峙岛—桃花岛的海缆 ZS-YJQF41-26/35-3×150（湖北永鼎红旗电气有限公司的企业标准型号）[56]，该电缆长 3.8km，分为 3 段，用两套软接头连接，它在海中最大水深为 120m，电缆布缆船允许的最小弯曲半径为 2.3m。电缆导电线芯用紧压结构，导线绞制时，绞线间间隙填充半导电的阻水材料。电缆采用分相挤包合金铅套结构作为径向阻水，同时铅套在本结构中，又起到金属屏蔽作用。电缆用高强度橡胶布带扎紧、聚丙烯绳加沥青的复合结构作内衬层；铠装钢丝用直径为 5.0mm 低碳镀锌钢丝；沥青加聚丙烯绳作外被；为防止沥青粘附布缆设备，电缆外面绕包聚氯乙烯带。电缆的外径为 130mm，重量约为 30kg/m。电缆的结构如图 6-3 所示和见表 6-11。研制的两套软接头成功应用，随后被越来越多的用作海底电力传输线。

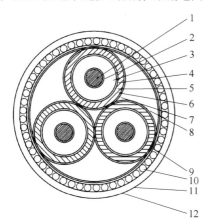

图 6-3　虾峙岛—桃花岛
35kV 海缆结构图
1—阻水导体　2—导体屏蔽　3—XLPE 绝缘
4—绝缘屏蔽　5—半导电的阻水带　6—铅套
7—防腐层　8—填充绳（PVC 发泡填充条）
9—内衬层（PP 绳 + 防腐沥青）　10—铠装
钢丝　11—（外被层）双层（PP 绳 +
防腐沥青）　12—PVC 包带

表 6-11　虾峙岛—桃花岛 35kV 海缆结构

项　　目		数　值
导体	截面积/mm²	3×150
	直径/mm	14.6
	屏蔽厚度/mm	≈0.8
绝缘厚度/mm		10.5
绝缘屏蔽	厚度/mm	≈1.0
	直径/mm	39
半导电阻水层厚度/mm		1.0
合金铅厚度/mm		2.0
防腐层外径/mm		≈46
防腐内衬层厚度/mm		4.0
铠装钢丝直径/mm		5.0
PP 绳纤维外被厚度/mm		6.0
成品电缆外径/mm		≈130
标称重量/（kg/m）		≈30

6.15.2　崇明—长兴 110kV 海缆联网工程实例

【例 6-2】　崇明—长兴 110kV 海缆联网工程[58]，全线分为崇明侧陆上段（主要采用架空线，部分采用海缆）、崇明侧浅滩段、海缆敷设段、长兴侧浅滩段及长兴侧陆上段（主要采用架空线，部分采用海缆）五部分。下面将对海缆的选型、截面的选择、海缆的型号、海缆结构、海缆的主要结构参数、海缆附件的选择等做简要介绍。

1. 海缆敷设环境数据

敷设水深约为 15m；高低潮位差为 6m；河床下的埋设深度为 2.5m；沿电缆路径的河床土壤热阻系数最大值为 0.5k·m/W；最高水温为 30℃；最低水温为 0℃。

2. 海缆的运行条件

1）系统额定电压（U_0/U）：64/110kV；

2）系统频率：50Hz；

3）系统最高工作电压：126kV；

4）系统的接地方式：中性点直接接地；

5）短路电流计算：25kA；

6）短路电流最长持续时间：1s；

7）雷电冲击电压（峰值）：550kV；

8）1min 工频耐受电压（有效值）：185/200kV；

9）输送最大潮流：90MW；

10）工程所处的地面高程：小于 40m；

11）终端污秽等级：设备选型全部按三级污秽考虑，泄露比距为 2.8cm/kV；

12）电缆线路设计使用年限：大于 30 年。

3. 导体

电缆导体的最高工作温度为 90℃，短路时电缆导体的最高温度不超过 250℃。采用规则绞合紧压圆柱形线芯结构，导体表面光洁、无油污、无损伤屏蔽及绝缘的毛刺、锐边。

4. 海缆截面的选择

根据上海气象条件，以及 IEC 287 标准中关于土壤热阻系数和环境温度的选取，并参照上海地区原有海底电缆关于土壤热阻系数的取值原则，本工程电缆载流量计算条件见表 6-12。

表 6-12　载流量的计算条件

使用条件	选取环境温度/℃	热阻系数/（k·m/W）
敷设在电缆沟中	40	
过堤段	40	1.0
浅滩段（直埋在土中 1.0m）	30	1.0
海底段（埋入河床底 2.5m）	30	0.7

根据 90MW 输送容量及上述使用条件的计算，采用截面为 400mm^2 的海底电缆可满足要求。

5. 绝缘

绝缘材料为超净化交联聚乙烯，绝缘平均厚度与标准值的正公差不大于其标称值的 10% +0.1mm，绝缘偏心度不大于 8%。

6. 绝缘层和内、外半导电层

绝缘层和内、外半导电层的挤压方式为三层连续共挤，且采用干式交联方式。

7. 金属套及防水层

具有防止水分沿绝缘屏蔽外表面纵向渗透的阻水层和防止水分沿导体纵向渗透的阻水

层。

8. 铠装层

采用镀锌粗圆钢丝铠装,并采用隔磁效果的铠装结构。海缆外被层采用聚乙烯外护套 + 聚丙烯 + 沥青。

9. 海缆的型号

综上所述,可认为所选的电缆型号为 HYJFQ41-64/110-3 × 400 + OPTC。

10. 海缆结构

如图 6-4 所示。

11. 海缆的主要结构参数

见表 6-13。

12. 海缆附件的选择

本工程海缆附件由海缆厂家配套提供,海缆附件与海缆本身有相同的电气性能和防水特点,海缆附件采用预制式产品。

13. 金属护套的接地方式及过电压保护

长兴侧海缆终端塔、崇明电缆终端均采用直接接地的形式,接地装置的接地电阻不大于 4Ω,电缆金属护套通过同轴电缆与电缆接地盒直接相连,直接接地盒再与接地装置连接。两端直接接地后,三芯海底电缆金属护套中的感应电压为零,不会在护套中形成环流。

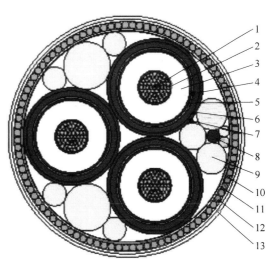

图 6-4　崇明—长兴 110kV 海缆结构图
1—导体　2—导体屏蔽层　3—绝缘　4—绝缘屏蔽层
5—阻水膨胀带　6—金属护套　7—内护套　8—光缆
9—填充物　10—邦扎带　11—内衬层
12—钢丝铠装　13—外被层

表 6-13　海缆主要结构参数

结构	标准尺寸或厚度/mm	标准直径/mm
导体	61 × 2.93	23.5
绝缘	15	56.5
金属护套	4.5	71.5
半导电层	2.2	76.3
钢丝铠装	95 × 5.6	
外被层	4.5	189

为了防止和限制大气过电压,保护电缆,在电缆终端每相装设避雷器,根据规程规定和使用条件,在长兴侧电缆登塔处选用 Y10W1-100/260W 防污型无间隙氧化锌避雷器,在电缆终端站处采用避雷针防雷保护。在崇明侧电缆登塔处选用 Y10W1-100/260W 防污型无间隙氧化锌避雷器。

第7章　光纤复合电力电缆的选择

将光纤单元与电力电缆复合在一起，同时输送电能和传输数据，既节约成本，又降低敷设次数，具有较高的性价比。它们将在智能电网和海底电缆获得广泛的应用和发展。

7.1　光纤复合低压电力电缆

7.1.1　光纤复合低压电缆是"四网融合"入户端的最佳方案

光纤复合低压电缆（Optical Fiber Composite Low-voltage Cable，简称 OPLC）是一种将光单元复合在低压电力电缆内，具有电力传输和光通信传输组合的电缆，适用于额定电压为 0.6/1kV 及以下电压等级。

近年来，随着宽带数据业务的迅速发展，多家电信运营商在不断的竞争下，一根又一根通信光缆接入楼宇和家庭，造成建筑物内线缆杂乱不堪、安全隐患突出。光纤复合低压电缆集光纤和输配电铜线于一体，采用光纤复合低压电缆配合无源光网络（PON）技术，实现光纤入户，承载信息内网的居民用电信息采集业务，满足智能电网信息化、自动化、互动化需求的信息外网"多网融合"业务。支持实时监控、管理及维护功能。局端提供用电信息采集主站接口及电信网、广播电视网、互联网等业务接口，与用户端之间通过无源光分路器连接。光分路器用于分发下行数据和集中上行数据，无需供电，不需维护，非常适合光纤入户网络分配。无源光网络用户端部署在室里，可以实现数据、语言、视频业务的传送和电表数据的透明传输。客户可以通过用户端拨打电话、上网、点播视频节目、观看高清电视。家庭智能用电系统可以传输空调、热水器、电炊具等智能家电的用电信息和控制信息，进行实时控制和远程控制。

光纤复合低压电缆可实现智能电网、电信网、广播电视网和互联网等"四网融合"的要求，目前它与单一传输线缆相比，性价比最高，是"四网融合"入户端的最佳方案。

由于服务期内的电力电缆一般不会轻易改造，对老旧小区采用光纤复合低压电缆入户还有困难，而对新建小区正积极成规模的推广应用。

7.1.2　光纤复合低压电缆的优点

光纤复合低压电缆最大的特点是融合了光纤通信与电力传输的功能，它与单一传输线缆相比有以下的 5 个优点。

1）集光纤和电力电缆输配电缆于一身,避免二次布线,降低施工、网络建设费用。在敷设光纤复合低压电缆的同时完成了光纤入户,产品毛利率高于普通光缆。使用光纤复合低压电缆方案与传统的低压电力电缆＋光缆组合方案相比,只增加不到 10% 的材料成本,即可使综合成本降低 40% 左右。同时,光纤复合低压电缆入户在技术上实现了只需一次施工、一个通道、一次性解决线缆入户的问题。可取代以往电线、网线、电话线、有线电视线等多条线缆的多次施工,大大节约线缆资源和管道资源。因此,它是目前性价比最高的"最后一公里"接入方案。

2)提供多种传输技术,适应性高、可扩展性强,产品适用面广。使用光纤复合低压电缆,配合相应的设备和器件,可在一根传输线上实现多种业务,如多媒体电话,互联网接入、语音通信、IPTV、家庭智能电能表等业务。还有,通过光纤复合低压电缆入户的光纤可将家里的电力信息、用水、用煤气等信息进行收集,可以省去很多人工抄表的流程。

3)具备较强的机械性能,如江苏亨通光电有限公司充分考虑产品的使用环境复杂性,按照 GB/T 7424 中有关规定,进行拉伸、压扁、冲击、反复弯曲、扭转、卷绕、曲绕等项目试验,符合并优于标准要求,使产品具有优越的弯曲性能和良好的耐侧压性能等。

4)绿色和安全性能优越。如江苏亨通光电有限公司考虑光纤复合低压电缆用于用户接入,基于安全考虑,使用了绿色环保的阻燃、耐火材料。

5)光单元与电力电缆长期工作温度相兼容。考虑到光纤复合低压电缆敷设后,光单元与电力电缆工作温度须长期相兼容。按照 GB/T 7424《光缆总规范》中的 F1 实验方法,各项光学性能指标符合 YD/T 629 要求,各项电器性能符合 GB/T 12706.1—2008 额定电压 1kV ($U_m = 1.2kV$)到 35kV ($U_m = 40.5kV$)挤包绝缘电力电缆及附件 第 1 部分:额定电压 1kV ($U_m = 1.2kV$)和 3kV ($U_m = 3.6kV$)电缆、GB/T 5023.1~5—2008《额定电压 450/750V 及以下聚氯乙烯绝缘电缆》的要求。

7.1.3 光纤复合低压电缆的型号命名

目前,没有光纤复合低压电缆的相应国家标准或规范,江苏亨通光电股份有限公司对此电缆的命名示例如下:

示例 1:

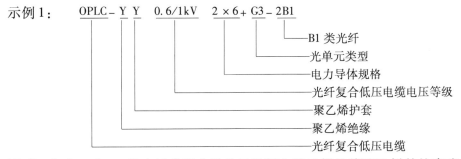

说明:包含 2 芯 B1 类光纤碟形光缆单元的铜心聚乙烯绝缘聚乙烯外护套光纤复合扁电缆,额定电压为 0.6/1kV,2 芯,导体标称截面为 $6mm^2$(主)。

实例 2:

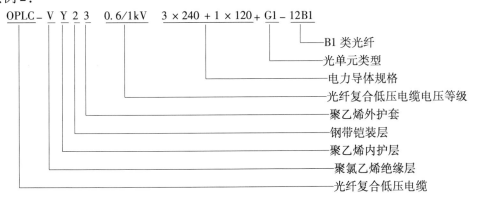

说明：包含 12 芯 B1 类光纤非金属层绞式光纤单元的铜心聚氯乙烯绝缘钢带铠装聚乙烯外护套光纤复合电缆，额定电压为 0.6/1kV，3 芯加 1 芯，导体标称截面为 240mm² （主）和 120mm² （中）。

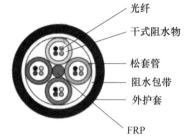

图 7-1　G1—非金属层绞（全干式）光缆单元

7.1.4　光纤复合低压电缆的光单元

光单元由光纤保护套管（松套管）、阻水结构、加强元件、护套 4 个结构单元组成，其实质就是一根微型非金属光缆。

江苏亨通光电股份有限公司的光纤复合低压电缆中的光单元如图 7-1 ~ 图 7-5 所示。

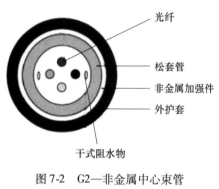

图 7-2　G2—非金属中心束管（全干式）光缆单元

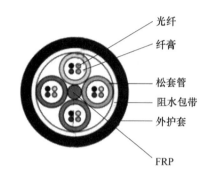

图 7-3　GT1—非金属层绞（油膏填充式）光缆单元

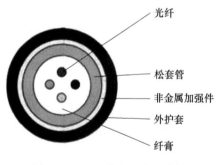

图 7-4　GT2—非金属中心束管（油膏填充式）光缆单元

图 7-5　G3—碟形光单元

7.1.5　光纤复合低压电缆的类型

江苏亨通光电股份有限公司的光纤复合低压电缆的类型如下。

1）主要用于用户接入，可垂直或水平布线，引入智能电表和光器件终端（图 7-6 ~ 图 7-9）。

2）主要用于智能小区办公楼等配网分支，由管道接入光—电分线箱（图 7-10 ~ 图 7-13）。

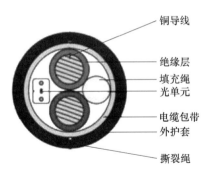

铜导线
绝缘层
填充绳
光单元
电缆包带
外护套
撕裂绳

图 7-6　OPLC-VV　0.6/1kV
$2 \times 6 + G3 - 2B1$

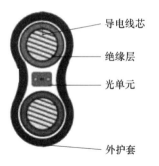

导电线芯
绝缘层
光单元
外护套

图 7-7　OPLC-YY　0.6/1kV
$2 \times 6 + G3 - 2B1$

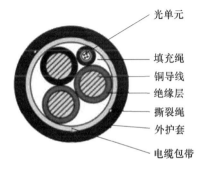

光单元
填充绳
铜导线
绝缘层
撕裂绳
外护套
电缆包带

图 7-8　OPLC-WDZC-YY　0.6/1kV
$3 \times 10 + G2 - 4B1$

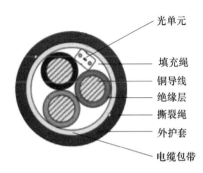

光单元
填充绳
铜导线
绝缘层
撕裂绳
外护套
电缆包带

图 7-9　OPLC-ZC-VV　0.6/1kV
$3 \times 4 + G3 - 2B1$

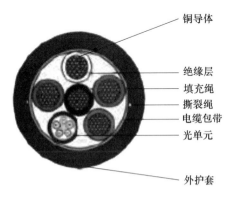

铜导体
绝缘层
填充绳
撕裂绳
电缆包带
光单元
外护套

图 7-10　OPLC-VV　0.6/1kV
$5 \times 120 + G1 - 36B1$

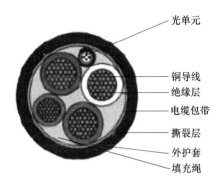

光单元
铜导线
绝缘层
电缆包带
撕裂层
外护套
填充绳

图 7-11　OPLC-YY　0.6/1kV
$3 \times 25 + 1 \times 16 + G2 - 4B1$

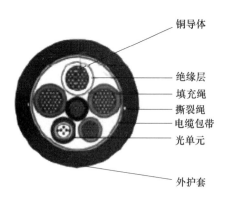

图 7-12 OPLC-ZC-VV 0.6/1kV

3 × 95 + 2 × 50 + G2 — 24B1

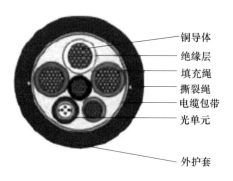

图 7-13 OPLC-WDZC-YY 0.6/1kV

3 × 95 + 1 × 50 + G2 — 12B1

3）主要用于智能小区办公楼等配网分支，由随道或直埋接入光—电分线箱（图 7-14 ~ 图 7-15）。

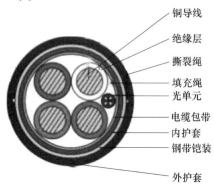

图 7-14 OPLC-VV22 0.6/1kV

4 × 120 + G1 — 36B1

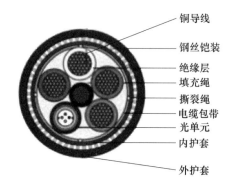

图 7-15 OPLC-WDZC-YY 33 0.6/1kV

4 × 25 + 1 × 16 + G2 — 4B1

7.1.6 光单元在光纤复合低压电缆中的位置

除了图 7-7 中的 8 字形结构外，其余各种光纤复合低压电缆的几种典型类型结构的共同点是光单元均置于绝缘线芯的边隙中。原因如下。

1）由于几根绝缘线芯绞合的中间空隙较小，在多数复合缆结构中，允许的光单元直径较小，光单元易受到挤压。

2）光单元处于中心位置时，由于没有同绝缘线芯一起螺旋绞合而呈直线状，在光纤复合低压电缆受到拉力作用时，将率先受到拉力作用，易受到破坏。

3）光单元处于中心位置，受到电力线芯温度作用可能大于处于边隙位置，对光纤的传输性能可能影响较大。

因此，光单元放置在光纤复合低压电缆中的边隙处，对于 3 芯等截面、4 芯等截面、5

芯等截面的光纤复合低压电缆，以 d 表示绝缘线芯直径，光单元最大允许直径分别为 $0.483d$、$0.414d$、$0.377d$。如果实际光单元的直径大于计算的光单元最大允许直径，为了使光单元不受侧压力作用及光纤复合低压电缆的圆整，应加大中心填充材料的直径，使得边隙的空间容得下光单元。

7.1.7　光纤复合低压电缆主要技术参数

江苏亨通光电股份有限公司的光纤复合低压电缆的主要技术参数见表 7-1 ~ 表 7-17。

表 7-1　2 芯裸护套入户用光纤复合电缆

| 型号 | 规格 | 光单元 | | | 20℃时导体最大电阻 / (Ω/km) | 电缆近似重量 / (kg/km) | 电缆参考外径 /mm | 直埋土壤中载流量 /A | 在空气中载流量 /A |
| | | 型号 | | 芯数 | | | | | |
		G1	G2	G3						
OPLC-BYY	2 × 1.5			✓	2	12.1	131	10.1	29	20
OPLC-BVV	2 × 2.5			✓	2	7.41	159	10.9	36	25
OPLC-BVY	2 × 4			✓	4	4.61	217	12.7	48	33
OPLC-BYYB	2 × 6			✓	4	3.08	268	13.7	60	42
OPLC-BVVB	2 × 10			✓	4	1.83	388	16.3	84	58
OPLC-BVYB	2 × 16			✓	4	1.15	533	18.4	110	76
300/500V	2 × 25			✓	4	0.727	762	21.2	140	98

注：1. 直埋土壤中载流量按土壤热阻系数为 1.0（PT = 80℃·cm/W）计算。

　　2. 不同规格光纤复合电缆的光单元形式，可在表中打"✓"的单元内进行选择，芯数为可实现的最大芯数。

　　3. 本产品还可按要求设计成阻燃、耐火、无卤低烟、低烟低卤型电缆。

表 7-2　3 芯裸护套入户用光纤复合电缆

| 型号 | 规格 | 光单元 | | | 20℃时导体最大电阻 / (Ω/km) | 电缆近似重量 / (kg/km) | 电缆参考外径 /mm | 直埋土壤中载流量 /A | 在空气中载流量 /A |
| | | 型号 | | 芯数 | | | | | |
		G1	G2	G3						
	3 × 1.5			✓	2	12.1	155	11.2	24	17
	3 × 2.5			✓	2	7.41	191	12.1	30	21
OPLC-BYY	3 × 4			✓	4	4.61	268	14.2	40	28
OPLC-BVV OPLC-BVY	3 × 6			✓	4	3.08	337	15.4	52	36
300/500V	3 × 10			✓	4	1.83	498	17.8	72	49
	3 × 16			✓	4	1.15	699	20.2	94	66
	3 × 25			✓	4	0.727	1016	23.4	120	84

注：1. 直埋土壤中载流量按土壤热阻系数为 1.0（PT = 80℃·cm/W）计算。

　　2. 不同规格光纤复合电缆的光单元形式，可在表中打"✓"的单元内进行选择，芯数为可实现的最大芯数。

　　3. 本产品还可按要求设计成阻燃、耐火、无卤低烟、低烟低卤型电缆。

表 7-3　3 加 1 芯裸护套配网用光纤复合电缆

型号	规格	光单元				20℃时导体最大电阻 / (Ω/km)	电缆近似重量 / (kg/km)	电缆参考外径 /mm	直埋土壤中载流量 /A	在空气中载流量 /A
		型号			芯数					
		G1	G2	G3						
OPLC-YY OPLC-VV OPLC-VY 0.6/1kV	3×16+1×10		✓		12	1.15	807	22.1	94	66
	3×25+1×16		✓		12	0.727	1185	25.4	120	84
	3×35+1×16	✓	✓		30	0.524	1500	27.2	145	100
	3×50+1×25	✓	✓		30	0.387	2006	31.4	175	125
	3×70+1×35	✓	✓		30	0.268	2768	35.6	210	160
	3×95+1×50	✓	✓		60	0.193	3757	38.4	255	195
	3×120+1×70	✓	✓		60	0.153	4713	42.1	295	235
	3×150+1×70	✓	✓		60	0.124	5673	46.9	330	260
	3×185+1×95	✓	✓		144	0.0991	7121	51.6	370	305
	3×240+1×120	✓	✓		144	0.0754	9193	58.3	425	360
	3×300+1×150	✓	✓		144	0.0601	11433	64.7	480	410

注：1. 直埋土壤中载流量按土壤热阻系数为 1.0（PT = 80℃·cm/W）计算。

　　2. 不同规格光纤复合电缆的光单元形式，可在表中打"✓"的单元内进行选择组合，芯数为可实现的最大芯数。

　　3. 本产品还可按要求设计成阻燃、耐火、无卤低烟、低烟低卤型电缆。

表 7-4　4 芯裸护套配网用光纤复合电缆

型号	规格	光单元				20℃时导体最大电阻 / (Ω/km)	电缆近似重量 / (kg/km)	电缆参考外径 /mm	直埋土壤中载流量 /A	在空气中载流量 /A
		型号			芯数					
		G1	G2	G3						
OPLC-YY OPLC-VV OPLC-VY 0.6/1kV	4×16		✓		12	1.15	878	22.1	94	66
	4×25		✓		12	0.727	1295	25.4	120	84
	4×35	✓	✓		30	0.524	1700	27.2	145	100
	4×50	✓	✓		30	0.387	2276	31.4	175	125
	4×70	✓	✓		30	0.268	3159	35.6	210	160
	4×95	✓	✓		60	0.193	4324	39.4	255	195
	4×120	✓	✓		60	0.153	5339	43.1	295	235
	4×150	✓	✓		60	0.124	6590	48.0	330	260
	4×185	✓	✓		144	0.0991	8150	52.7	370	305
	4×240	✓	✓		144	0.0754	10639	59.8	425	360
	4×300	✓	✓		144	0.0601	13255	66.4	480	410

注：1. 直埋土壤中载流量按土壤热阻系数为 1.0（PT = 80℃·cm/W）计算。

　　2. 不同规格光纤复合电缆的光单元形式，可在表中打"✓"的单元内进行选择组合，芯数为可实现的最大芯数。

　　3. 本产品还可按要求设计成阻燃、耐火、无卤低烟、低烟低卤型电缆。

表 7-5　3 加 2 芯裸护套配网用光纤复合电缆

| 型号 | 规格 | 光单元 | | | 20℃时导体最大电阻/（Ω/km） | 电缆近似重量/（kg/km） | 电缆参考外径/mm | 直埋土壤中载流量/A | 在空气中载流量/A |
| | | 型号 | | 芯数 | | | | | |
		G1	G2	G3					
OPLC-YY OPLC-VV OPLC-VY 0.6/1kV	3×16+2×10	✓	✓		1.15	983	22.1	94	66
	3×25+2×16	✓	✓		0.727	1438	25.4	120	84
	3×35+2×16	✓	✓		0.524	1752	27.2	145	100
	3×50+2×25	✓	✓		0.387	2418	31.4	175	125
	3×70+2×35	✓	✓		0.268	3253	35.6	210	160
	3×95+2×50	✓	✓		0.193	4473	40.9	255	195
	3×120+2×70	✓	✓		0.153	5674	45.3	295	235
	3×150+2×70	✓	✓		0.124	6577	48.8	330	260
	3×185+2×95	✓	✓		0.0991	8352	54.4	370	305
	3×240+2×120	✓	✓		0.0754	10669	61.1	425	360
	3×300+2×150	✓	✓		0.0601	13222	67.9	480	410

注：1. 直埋土壤中载流量按土壤热阻系数为 1.0（PT＝80℃·cm/W）计算。

　　2. 不同规格光纤复合电缆的光单元形式，可在表中打"✓"的单元内进行选择组合，芯数为可实现的最大芯数。

　　3. 本产品还可按要求设计成阻燃、耐火、无卤低烟、低烟低卤型电缆。

表 7-6　4 加 1 芯裸护套配网用光纤复合电缆

| 型号 | 规格 | 光单元 | | | 20℃时导体最大电阻/（Ω/km） | 电缆近似重量/（kg/km） | 电缆参考外径/mm | 直埋土壤中载流量/A | 在空气中载流量/A |
| | | 型号 | | 芯数 | | | | | |
		G1	G2	G3					
OPLC-YY OPLC-VV OPLC-VY 0.6/1kV	4×16+1×10	✓	✓		36	1.15	1043	22.5	94	66
	4×25+1×16	✓	✓		60	0.727	1442	26.0	120	84
	4×35+1×16	✓	✓		72	0.524	1950	28.3	145	100
	4×50+1×25	✓	✓		96	0.387	2670	32.8	175	125
	4×70+1×35	✓	✓		120	0.268	3700	37.3	210	160
	4×95+1×50	✓	✓		144	0.193	4980	42.8	255	195
	4×120+1×70	✓	✓		144	0.153	6200	47.1	295	235
	4×150+1×70	✓	✓		144	0.124	7410	51.6	330	260
	4×185+1×95	✓	✓		144	0.0991	9320	57.2	370	305
	4×240+1×120	✓	✓		144	0.0754	12005	64.8	425	360
	4×300+1×150	✓	✓		144	0.0601	14900	71.8	480	410

注：1. 直埋土壤中载流量按土壤热阻系数为 1.0（PT＝80℃·cm/W）计算。

　　2. 不同规格光纤复合电缆的光单元形式，可在表中打"✓"的单元内进行选择组合，芯数为可实现的最大芯数。

　　3. 本产品还可按要求设计成阻燃、耐火、无卤低烟、低烟低卤型电缆。

表7-7 5芯裸护套配网用光纤复合电缆

型号	规格	光单元 型号			芯数	20℃时导体 最大电阻 /（Ω/km）	电缆近似 重量 /（kg/km）	电缆参 考外径 /mm	直埋土壤 中载流量 /A	在空气中 载流量 /A
		G1	G2	G3						
OPLC-YY OPLC-VV OPLC-VY 0.6/1kV	5 × 16	✓	✓		36	1.15	1110	23.1	94	66
	5 × 25	✓	✓		60	0.727	1645	26.8	120	84
	5 × 35	✓	✓		72	0.524	2175	29.7	145	100
	5 × 50	✓	✓		96	0.387	2910	34.1	175	125
	5 × 70	✓	✓		120	0.268	4030	39.1	210	160
	5 × 95	✓	✓		144	0.193	5480	44.7	255	195
	5 × 120	✓	✓		144	0.153	6780	49.2	295	235
	5 × 150	✓	✓		144	0.124	8250	54.3	330	260
	5 × 185	✓	✓		144	0.0991	10300	60.1	370	305
	5 × 240	✓			144	0.0754	13310	68.3	425	360
	5 × 300	✓			144	0.0601	16560	75.7	480	410

注：1. 直埋土壤中载流量按土壤热阻系数为1.0（PT=80℃·cm/W）计算。

2. 不同规格光纤复合电缆的光单元形式，可在表中打"√"的单元内进行选择组合，芯数为可实现的最大芯数。

3. 本产品还可按要求设计成阻燃、耐火、无卤低烟、低烟低卤型电缆。

表7-8 3加1芯钢带铠装型配网用光纤复合电缆

型号	规格	光单元 型号			芯数	20℃时导体 最大电阻 /（Ω/km）	电缆近似 重量 /（kg/km）	电缆参 考外径 /mm	直埋土壤 中载流量 /A	在空气中 载流量 /A
		G1	G2	G3						
OPLC-YY23 OPLC-VV22 OPLC-VY23 0.6/1kV	3 × 16 + 1 × 10		✓		12	1.15	1 070	25.3	92	66
	3 × 25 + 1 × 16		✓		12	0.727	1 490	28.6	115	85
	3 × 35 + 1 × 16	✓	✓		30	0.524	1 830	30.6	140	105
	3 × 50 + 1 × 25	✓	✓		30	0.387	2 405	34.8	175	125
	3 × 70 + 1 × 35	✓	✓		30	0.268	3 570	40.4	205	160
	3 × 95 + 1 × 50	✓	✓		60	0.193	4 480	43.2	250	195
	3 × 120 + 1 × 70	✓	✓		60	0.153	5 750	47.1	290	235
	3 × 150 + 1 × 70	✓	✓		60	0.124	6 860	51.8	325	265
	3 × 185 + 1 × 95	✓	✓		144	0.099 1	8 470	56.8	365	300
	3 × 240 + 1 × 120	✓	✓		144	0.075 4	10 720	63.7	420	355
	3 × 300 + 1 × 150	✓	✓		144	0.060 1	13 150	70.2	475	410

注：1. 直埋土壤中载流量按土壤热阻系数为1.0（PT=80℃·cm/W）计算。

2. 不同规格光纤复合电缆的光单元形式，可在表中打"√"的单元内进行选择组合，芯数为可实现的最大芯数。

3. 本产品还可按要求设计成阻燃、耐火、无卤低烟、低烟低卤型电缆。

表 7-9　4 芯钢带铠装型配网用光纤复合电缆

型号	规格	光单元				20℃时导体最大电阻/（Ω/km）	电缆近似重量/（kg/km）	电缆参考外径/mm	直埋土壤中载流量/A	在空气中载流量/A
		型号			芯数					
		G1	G2	G3						
OPLC-YY23 OPLC-VV22 OPLC-VY23 0.6/1kV	4×16		✓		12	1.15	1 160	25.3	92	66
	4×25		✓		12	0.727	1 630	28.6	115	85
	4×35	✓	✓		30	0.524	2 080	30.6	140	105
	4×50	✓	✓		30	0.387	2 698	34.8	175	125
	4×70	✓	✓		30	0.268	3 410	40.4	205	160
	4×95	✓	✓		60	0.193	5 297	44.3	250	195
	4×120	✓	✓		60	0.153	6 433	48.3	290	235
	4×150	✓	✓		60	0.124	7 755	52.7	325	265
	4×185	✓	✓		144	0.099 1	9 530	58.0	365	300
	4×240	✓	✓		144	0.075 4	12 260	65.2	420	355
	4×300	✓	✓		144	0.060 1	15 020	72.1	475	410

注：1. 直埋土壤中载流量按土壤热阻系数为 1.0（PT＝80℃·cm/W）计算。

　　2. 不同规格光纤复合电缆的光单元形式，可在表中打"✓"的单元内进行选择组合，芯数为可实现的最大芯数。

　　3. 本产品还可按要求设计成阻燃、耐火、无卤低烟、低烟低卤型电缆。

表 7-10　3 加 2 芯钢带铠装型配网用光纤复合电缆

型号	规格	光单元				20℃时导体最大电阻/（Ω/km）	电缆近似重量/（kg/km）	电缆参考外径/mm	直埋土壤中载流量/A	在空气中载流量/A
		型号			芯数					
		G1	G2	G3						
OPLC-YY23 OPLC-VV22 OPLC-VY23 0.6/1kV	3×16+2×10	✓	✓		36	1.15	1 260	25.3	92	66
	3×25+2×16	✓	✓		60	0.727	1 760	28.6	115	85
	3×35+2×16	✓	✓		72	0.524	2 110	30.6	140	105
	3×50+2×25	✓	✓		96	0.387	2 830	34.8	175	125
	3×70+2×35	✓	✓		120	0.268	4 160	40.4	205	160
	3×95+2×50	✓	✓		144	0.193	5 470	45.9	250	195
	3×120+2×70	✓	✓		144	0.153	6 804	50.5	290	235
	3×150+2×70	✓	✓		144	0.124	7 708	53.8	325	265
	3×185+2×95	✓	✓		144	0.099 1	9 680	59.8	365	300
	3×240+2×120	✓	✓		144	0.075 4	12 230	66.5	420	355
	3×300+2×150	✓	✓		144	0.060 1	15 100	73.7	475	410

注：1. 直埋土壤中载流量按土壤热阻系数为 1.0（PT＝80℃·cm/W）计算。

　　2. 不同规格光纤复合电缆的光单元形式，可在表中打"✓"的单元内进行选择组合，芯数为可实现的最大芯数。

　　3. 本产品还可按要求设计成阻燃、耐火、无卤低烟、低烟低卤型电缆。

表 7-11　4 加 1 芯钢带铠装型配网用光纤复合电缆

型号	规格	光单元				20℃时导体最大电阻/（Ω/km）	电缆近似重量/（kg/km）	电缆参考外径/mm	直埋土壤中载流量/A	在空气中载流量/A
		型号			芯数					
		G1	G2	G3						
OPLC-YY23 OPLC-VV22 OPLC-VY23 0.6/1kV	4×16+1×10	✓	✓		36	1.15	1 323	25.7	92	66
	4×25+1×16	✓	✓		60	0.727	1 850	29.2	115	85
	4×35+1×16	✓	✓		72	0.524	2 322	31.7	140	105
	4×50+1×25	✓	✓		96	0.387	3 442	37.4	175	125
	4×70+1×35	✓	✓		120	0.268	4 532	41.9	205	160
	4×95+1×50	✓	✓		144	0.193	5 920	47.6	250	195
	4×120+1×70	✓	✓		144	0.153	7 368	52.1	290	235
	4×150+1×70	✓	✓		144	0.124	8 709	56.8	325	265
	4×185+1×95	✓	✓		144	0.099 1	10 780	62.6	365	300
	4×240+1×120	✓	✓		144	0.075 4	13 622	70.1	420	355
	4×300+1×150	✓	✓		144	0.060 1	16 767	77.6	475	410

注：1. 直埋土壤中载流量按土壤热阻系数为 1.0（PT = 80℃·cm/W）计算。

　　2. 不同规格光纤复合电缆的光单元形式，可在表中打"✓"的单元内进行选择组合，芯数为可实现的最大芯数。

　　3. 本产品还可按要求设计成阻燃、耐火、无卤低烟、低烟低卤型电缆。

表 7-12　5 芯钢带铠装型配网用光纤复合电缆

型号	规格	光单元				20℃时导体最大电阻/（Ω/km）	电缆近似重量/（kg/km）	电缆参考外径/mm	直埋土壤中载流量/A	在空气中载流量/A
		型号			芯数					
		G1	G2	G3						
OPLC-YY23 OPLC-VV22 OPLC-VY23 0.6/1kV	5×16	✓	✓		36	1.15	1 398	26.3	92	66
	5×25	✓	✓		60	0.727	1 996	30.2	115	85
	5×35	✓	✓		72	0.524	2 566	33.1	140	105
	5×50	✓	✓		96	0.387	3 732	36.9	175	125
	5×70	✓	✓		120	0.268	4 976	43.9	205	160
	5×95	✓	✓		144	0.193	6 699	49.7	250	195
	5×120	✓	✓		144	0.153	7 978	54.0	290	235
	5×150	✓	✓		144	0.124	9 632	59.7	325	265
	5×185	✓	✓		144	0.099 1	11 702	65.5	365	300
	5×240	✓	✓		144	0.075 4	15 102	74.1	420	355
	5×300	✓	✓		144	0.060 1	18 632	81.7	475	410

注：1. 直埋土壤中载流量按土壤热阻系数为 1.0（PT = 80℃·cm/W）计算。

　　2. 不同规格光纤复合电缆的光单元形式，可在表中打"✓"的单元内进行选择组合，芯数为可实现的最大芯数。

　　3. 本产品还可按要求设计成阻燃、耐火、无卤低烟、低烟低卤型电缆。

表 7-13　3 加 1 芯钢丝铠装型配网用光纤复合电缆

型号	规格	光单元				20℃时导体最大电阻 /（Ω/km）	电缆近似重量 /（kg/km）	电缆参考外径 /mm	直埋土壤中载流量 /A	在空气中载流量 /A
		型号			芯数					
		G1	G2	G3						
OPLC-YY33 OPLC-VV32 OPLC-VY33 0.6/1kV	3×16+1×10		✓		12	1.15	1 633	28.3	92	66
	3×25+1×16		✓		12	0.727	2 155	31.8	115	85
	3×35+1×16	✓	✓		30	0.524	2 568	33.8	140	105
	3×50+1×25	✓	✓		30	0.387	3 454	38.8	175	125
	3×70+1×35	✓	✓		30	0.268	4 432	43.2	205	160
	3×95+1×50	✓	✓		60	0.193	5 612	46.0	250	195
	3×120+1×70	✓	✓		60	0.153	7 298	50.7	290	235
	3×150+1×70	✓	✓		60	0.124	8 521	55.2	325	265
	3×185+1×95	✓	✓		144	0.099 1	10 321	60.4	365	300
	3×240+1×120	✓	✓		144	0.075 4	12 834	67.3	420	355
	3×300+1×150	✓	✓		144	0.060 1	15 543	73.8	475	410

注：1. 直埋土壤中载流量按土壤热阻系数为 1.0（PT＝80℃·cm/W）计算。

　　2. 不同规格光纤复合电缆的光单元形式，可在表中打"✓"的单元内进行选择组合，芯数为可实现的最大芯数。

　　3. 本产品还可按要求设计成阻燃、耐火、无卤低烟、低烟低卤型电缆。

表 7-14　4 芯钢丝铠装型配网用光纤复合电缆

型号	规格	光单元				20℃时导体最大电阻 /（Ω/km）	电缆近似重量 /（kg/km）	电缆参考外径 /mm	直埋土壤中载流量 /A	在空气中载流量 /A
		型号			芯数					
		G1	G2	G3						
OPLC-YY33 OPLC-VV32 OPLC-VY33 0.6/1kV	4×16		✓		12	1.15	1 734	28.3	92	66
	4×25		✓		12	0.727	2 287	31.8	115	85
	4×35	✓	✓		30	0.524	2 799	33.8	140	105
	4×50	✓	✓		30	0.387	3 776	38.8	175	125
	4×70	✓	✓		30	0.268	4 874	43.2	205	160
	4×95	✓	✓		60	0.193	6 798	47.9	250	195
	4×120	✓	✓		60	0.153	8 043	51.7	290	235
	4×150	✓	✓		60	0.124	9 521	56.3	325	265
	4×185	✓	✓		144	0.099 1	11 432	61.6	365	300
	4×240	✓	✓		144	0.075 4	14 380	68.8	420	355
	4×300	✓	✓		144	0.060 1	18 325	77.0	475	410

注：1. 直埋土壤中载流量按土壤热阻系数为 1.0（PT＝80℃·cm/W）计算。

　　2. 不同规格光纤复合电缆的光单元形式，可在表中打"✓"的单元内进行选择组合，芯数为可实现的最大芯数。

　　3. 本产品还可按要求设计成阻燃、耐火、无卤低烟、低烟低卤型电缆。

表7-15　3加2芯钢丝铠装型配网用光纤复合电缆

型号	规格	光单元 型号			芯数	20℃时导体最大电阻 /（Ω/km）	电缆近似重量 /（kg/km）	电缆参考外径 /mm	直埋土壤中载流量 /A	在空气中载流量 /A
		G1	G2	G3						
OPLC-YY33 OPLC-VV32 OPLC-VY33 0.6/1kV	3×16+2×10	✓	✓		36	1.15	1 865	28.3	92	66
	3×25+2×16	✓	✓		60	0.727	2 476	31.8	115	85
	3×35+2×16	✓	✓		72	0.524	2 821	33.8	140	105
	3×50+2×25	✓	✓		96	0.387	3 981	38.8	175	125
	3×70+2×35	✓	✓		120	0.268	4 942	43.2	205	160
	3×95+2×50	✓	✓		144	0.193	6 989	49.5	250	195
	3×120+2×70	✓	✓		144	0.153	8 323	53.9	290	235
	3×150+2×70	✓	✓		144	0.124	9 550	57.4	325	265
	3×185+2×95	✓	✓		144	0.099 1	11 730	63.4	365	300
	3×240+2×120	✓	✓		144	0.075 4	14 410	70.1	420	355
	3×300+2×150	✓	✓		144	0.060 1	18 380	78.8	475	410

注：1. 直埋土壤中载流量按土壤热阻系数为1.0（PT = 80℃·cm/W）计算。

　　2. 不同规格光纤复合电缆的光单元形式，可在表中打"✓"的单元内进行选择组合，芯数为可实现的最大芯数。

　　3. 本产品还可按要求设计成阻燃、耐火、无卤低烟、低烟低卤型电缆。

表7-16　4加1芯钢丝铠装型配网用光纤复合电缆

型号	规格	光单元 型号			芯数	20℃时导体最大电阻 /（Ω/km）	电缆近似重量 /（kg/km）	电缆参考外径 /mm	直埋土壤中载流量 /A	在空气中载流量 /A
		G1	G2	G3						
OPLC-YY33 OPLC-VV32 OPLC-VY33 0.6/1kV	4×16+1×10	✓	✓		36	1.15	1 935	28.7	92	66
	4×25+1×16	✓	✓		60	0.727	2 590	32.4	115	85
	4×35+1×16	✓	✓		72	0.524	3 330	35.7	140	105
	4×50+1×25	✓	✓		96	0.387	4 230	40.2	175	125
	4×70+1×35	✓	✓		120	0.268	5 450	44.7	205	160
	4×95+1×50	✓	✓		144	0.193	7 570	51.2	250	195
	4×120+1×70	✓	✓		144	0.153	9 140	55.7	290	235
	4×150+1×70	✓	✓		144	0.124	10 580	60.4	325	265
	4×185+1×95	✓	✓		144	0.099 1	12 850	66.2	365	300
	4×240+1×120	✓	✓		144	0.075 4	15 950	73.7	420	355
	4×300+1×150	✓	✓		144	0.060 1	20 320	82.5	475	410

注：1. 直埋土壤中载流量按土壤热阻系数为1.0（PT = 80℃·cm/W）计算。

　　2. 不同规格光纤复合电缆的光单元形式，可在表中打"✓"的单元内进行选择组合，芯数为可实现的最大芯数。

　　3. 本产品还可按要求设计成阻燃、耐火、无卤低烟、低烟低卤型电缆。

表 7-17　5 芯钢丝铠装型配网用光纤复合电缆

型号	规格	光单元			芯数	20℃时导体最大电阻/(Ω/km)	电缆近似重量/(kg/km)	电缆参考外径/mm	直埋土壤中载流量/A	在空气中载流量/A
		型号								
		G1	G2	G3						
OPLC—YY33 OPLC—VV32 OPLC—VY33 0.6/1kV	5×16	✓	✓		36	1.15	2 020	29.3	92	66
	5×25	✓	✓		60	0.727	2 710	33.4	115	85
	5×35	✓	✓		72	0.524	3 940	37.1	140	105
	5×50	✓	✓		96	0.387	4 518	41.5	175	125
	5×70	✓	✓		120	0.268	6 420	47.5	205	160
	5×95	✓	✓		144	0.193	8 220	53.3	250	195
	5×120	✓	✓		144	0.153	9 333	57.6	290	235
	5×150	✓	✓		144	0.124	11 605	63.3	325	265
	5×185	✓	✓		144	0.099 1	13 860	69.1	365	300
	5×240	✓	✓		144	0.075 4	18 440	79.0	420	355
	5×300	✓	✓		144	0.060 1	22 246	86.4	475	410

注：1. 直埋土壤中载流量按土壤热阻系数为 1.0（PT = 80℃·cm/W）计算。

2. 不同规格光纤复合电缆的光单元形式，可在表中打"✓"的单元内进行选择组合，芯数为可实现的最大芯数。

3. 本产品还可按要求设计成阻燃、耐火、无卤低烟、低烟低卤型电缆。

7.1.8　光纤复合低压电缆光单元主要技术参数

根据线路传输和使用环境的要求，光纤复合低压电缆中光纤可选用弯曲不敏感单模光纤（G.657A），也可以采用 G.652D 等单模光纤。江苏亨通光电股份有限公司采用的就是这两种光单元，它们的光纤特性符合标准 GB/T 9771—2008《通信用单模光纤系列》《通信用单模光纤》。主要技术参数见表 7-18 和表 7-19。

表 7-18　G.652D 光纤技术参数保证值

光纤技术条件		典 型 值
衰减系数 （Db/km）	波长 1 310nm	≤0.35
	波长 1 550nm	≤0.22
光纤温度特性 -60℃ ~ +85℃温度循环	波长 1 310nm	衰减变化：0.05
	波长 1 550nm	衰减变化：0.05
成缆温度特性 -40℃ ~ +70℃温度范围	波长 1 310nm	衰减变化：0.05
	波长 1 550nm	衰减变化：0.05
φ60mm 绕 100 圈后	波长 1 550nm	衰减变化：0.05
	波长 1 625nm	衰减变化：0.05
φ32mm 绕 1 圈后	波长 1 550nm	衰减变化：0.1
	波长 1 625nm	衰减变化：0.1

表 7-19　G. 657A 光纤技术参数保证值

光纤技术条件		a1 类典型值	a2 类典型值
衰减系数 （Db/km）	波长 1 310nm	≤0. 35	≤0. 35
	波长 1 550nm	≤0. 22	≤0. 22
光纤温度特性 －60℃ ~ ＋85℃温度循环	波长 1 310nm	衰减变化: 0. 05	衰减变化: 0. 05
	波长 1 550nm	衰减变化: 0. 05	衰减变化: 0. 05
成缆温度特性 －40℃ ~ ＋70℃温度范围	波长 1 310nm	衰减变化: 0. 05	衰减变化: 0. 05
	波长 1 550nm	衰减变化: 0. 05	衰减变化: 0. 05
φ30mm 绕 10 圈后（dB）	波长 1 550nm	衰减变化: 0. 25	衰减变化: 0. 03
	波长 1 625nm	衰减变化: 1. 0	衰减变化: 0. 1
φ20mm 绕 1 圈后（dB）	波长 1 550nm	衰减变化: 0. 75	衰减变化: 0. 1
	波长 1 625nm	衰减变化: 1. 5	衰减变化: 0. 2

7.1.9　光纤复合低压电缆的机电特性

江苏亨通光电股份有限公司的光纤复合低压电缆的机电特性如下：

1）机械性能　它包括拉伸、'压扁、冲击、反复弯曲、扭转、卷绕、曲绕等项目。经各项机械性能试验后符合下列要求：

①全部光纤都不断裂。

②护套无目力可见的裂纹。

③金属元件应保持电气导通。

④护套内缆芯的各个元件应无目力可见的损坏。

⑤试验后的光纤应无残余附加衰减。

1 ~ 4-2002《额定电压 1kV（U_m = 1. 2kV）到 35kV（U_m = 40. 5kV）挤包绝缘电力电缆及附件》

2）电气特性　光纤复合电缆中电力电缆部分的电气性能指标符合 GB/T 12706 标准要求。

3）使用特性

①额定电压 U_0/U 为 0. 6/1kV。

②额定工作温度为 70℃。

③安装敷设温度应与外护套材料有关，PVC 型护套安装温度不低于 0℃，PE 型护套安装温度不低于 －15℃。

④安装敷设时电缆弯曲半径见表 7-20。

表 7-20　电缆安装时的最小弯曲半径

项　　目	多芯电缆	
	无铠装	有铠装
安装时的电缆最小弯曲半径	15D	12D
靠近连接盒和终端的电缆最小弯曲半径	12D	10D

注：表中 D 为电缆外径。

7.1.10　光纤复合低压电缆的选型

目前，光纤复合低压电缆的额定电压为 0.6/1kV 及以下，根据供电电压、传输距离和被供电设备所消耗的功率等三者合理选择，供电半径不大于 2km，根据使用场合分，主要有以下三种[59]：

1）从智能小区或办公楼区域变（配）电所的低压开关柜到各住宅楼或办公楼的配电间，是每一幢住宅楼或办公楼的主线路，要满足整幢住宅楼或办公楼供电和通信要求。电缆的载流量和光纤通信容量较大，电缆规格截面较大，光单元中光纤芯数也较多。这种结构的复合电缆规格大，一般都是采用室外直埋或管沟或管道敷设。在选用导体规格时，要保证光纤传输性能不受影响，电缆在最大工作电流下，正常缆芯的最高温度不超过 70℃。绝缘材料最好采用绝缘性能好的交联聚乙烯，护套材料最好采用防水性能较好的聚乙烯护套，直埋敷设时电缆最好有铠装外护层。钢带铠装主要是防止来自径向的外力破坏；而钢丝铠装则能防止径向或纵向的外力破坏，同时又能承受电缆悬挂状态时的自重，一般情况下，可选镀锌钢带间隙绕包。因为光纤芯数多，光单元的结构选用 GT1 或 G1 结构较为合适，光单元加强件采用外置芳纶纱加强，使电缆有良好的抗拉性能。护套采用聚乙烯。

2）从每一幢住宅楼或办公楼配电间到各个单元的配电柜区域，该区域使用的复合电缆相对第 1 种规格要小很多，但产品需要具有一定的阻燃性能。低压电缆导体的选用要综合考虑，设计最大工作电流时，电缆缆芯工作温度不超过 70℃；绝缘最好采用交联聚乙烯，缆芯填充应采用阻燃聚烯烃或玻璃丝带填充，护套采用阻燃聚烯烃护套；考虑到光纤芯较小，光单元可选用 G2 或 GT2 结构，光单元的加强件可采用玻璃丝带或玻璃丝带和芳纶的组合；护套采用阻燃聚烯烃护套料。

3）从各个单元的配电柜到每一个用户的配电箱或控制盒之间，在楼洞和室内使用光纤复合低压电缆，选型重点考虑产品具有良好的弯曲性能和阻燃环保性能。低压电缆导体的选用，除了考虑最大载流量产生的温度不会影响光单元的正常运行外，还要考虑导体的柔软性，最好采用 5 类导体结构，绝缘采用交联聚乙烯，缆芯填充应采用无机纸绳填充，护套采用无卤低烟聚烯烃护套；由于光纤芯较小，可选用 G2、GT2 或 G3 结构的光单元。光单元的加强件可采用玻璃丝带；护套采用无卤低烟聚烯烃护套料，光纤宜选用弯曲不敏感的单模光纤 G657A，也可以采用 G652 等单模光纤。

总之，在光纤复合低压电缆选型时，对导体规格选择要慎重，一定要确保电缆在最大工作电流下正常运行时，复合电缆缆芯工作温度不超过 70℃，以保证光单元能正常使用。对于加强元件的选用，即要考虑光单元能承受一定拉力，在后续生产过程中不被拉长，也要考虑成本。另外，产品材料选择上，要考虑光单元和低压电缆所用材料满足产品在一些特定场合下使用的特殊要求，如阻燃、低压无卤等。

7.1.11　选用光纤复合低压电缆需要注意的问题

光纤复合低压电缆的规模应用，必将引起一些设计思路和配套产品的创新，提出以下几个注意问题供参考：

1）电缆在最大工作电流下，缆芯的最高温度不超过 70℃。该温度不是导体绝缘材料决定的，而是光单元正常运行的最高温度。

2）在建筑物的设计中，改变传统的强（电力）、弱（通信和控制）电的路由分开设计概念，应让建筑、结构等专业了解光纤复合低压电缆到户的解决方案，采用强、弱电的同一路由设计。

3）强、弱电施工界面的划分设计。在没有采用光纤复合低压电缆前，电力部门做电力，通信部门做光纤，两者没有交叉，各干各的。曾看到电力部门做光纤复合低压电缆接续的时候，只给光纤预留了10cm的长度，这个长度连光纤切割刀都无法使用，使得工程停滞，无法继续，而有的通信施工后，光纤、跳线与电力线之间有大量的交叉，造成电力线维修困难，同时又形成了安全隐患。在没有光纤复合低压电缆的相应国家工程设计、施工和验收标准或规范前，设计院需做好强、弱电施工界面的划分设计。

4）光纤复合低压电缆的分支保护宜采用热缩或冷缩保护手套。目前，在工程应用中多是破坏原有的成熟电力分支手套，采用挖洞的方式将光缆掏出，而此种方式会大大降低分支保护手套的可靠性。由此改进的分支保护手套有热缩或冷缩两种方式，通过预制一个单独的光缆分支实现了电缆、光缆的同时引接及密封，安装方便，可提供长期可靠的密封性能。

5）采用新型OPLC楼道综合分配箱。传统的强电低压配电箱放置在强电配电井内，光纤分配箱放置在弱电井内，这样的配置总是造成电力电缆或光缆的大量浪费。当采用强、弱电的同一路由设计后，将光纤配线模块和电力配电模块重新设计，形成一个结构完整，可进行电力线、光缆固定、分支、调度的综合分配箱。综合分配箱内设置了电力缆、光缆的引入装置，使得OPLC缆的接入、配置更为安全可靠，日后维护界面清晰。

6）OPLC线缆内光纤的成端采用光纤分叉手套和快速连接器。对于OPLC线缆内光纤成端，仿电力电缆分叉手套，做成简易的光纤分叉手套，将1根光缆内的几芯裸光纤引入光纤分叉手套中，在手套末端通过光纤机械接续技术制作成快速连接器，即可将OPLC内的裸光纤成端为光纤活动连接器。通过光纤分叉手套和快速连接器，节约了熔纤拖盘、尾纤盘留空间的同时，为裸光纤提供了更为可靠的接入解决方案。

7）建议采用短路保护器对OPLC线缆进行保护。电力电缆运行时，短路时（持续5s）导体最高温度聚氯乙烯绝缘160℃，交联聚乙烯绝缘250℃，此时的瞬时温升对光单元中的光纤衰减有影响，所以用短路保护器进行保护OPLC线缆。

7.1.12　光纤复合低压电缆的典型应用

江苏亨通光电有限公司的300多公里光纤复合低压电缆已经应用在上海浦东峨山路越富豪庭小区、浙江省嘉兴海盐智能试点小区、无锡市金科观天下智能小区以及上海浦东的张江名邸智能用电小区等示范工程。

7.2　海底光纤复合电力电缆

7.2.1　采用海底光电复合缆越来越多的原因

海底光电复合缆是海底光纤复合电力电缆的简称，它是在海底电力电缆的基础上再结合进光单元，所以它是一条即能传输电能，又能实现光纤通信的复合缆。与分别敷设海底电缆和海底光缆相比，海底光电复合缆具有综合成本低、降低了施工次数、施工的时间短、敷设方便、还可以在电缆运行过程中利用通信光纤链路本身来实现传感预警功能等优点。近些年来，我国使用和生产海缆技术渐渐成熟，质量有所提高及价格有所降低，海底光电复合缆特别是 3 芯海底光电复合缆得到越来越多的应用。

海底光电复合缆中电力电缆的技术要求与常规的海底电力电缆完全一致，可参见第 6 章的有关内容。光电缆在海底光电复合缆的位置可参见 7.2.2 节和 7.2.3 节的有关内容。海底光缆的技术特点可参见 7.2.4 节的有关内容。

7.2.2　光电缆在 3 芯海底光电复合缆的位置

海底光电复合缆在结构确定后，应设计光缆（光单元）在海底光电复合缆中所处的位置，再确定光缆结构。由于交联聚乙烯电力电缆导体的工作温度（90℃）较高，光缆的正常工作温度不得超过 60～70℃，所以光纤单元不能放在导体内，通常考虑放置在三相电力电缆绝缘线芯的中心部位或边缘空隙中，它们的直径分别为 d_1 和 d_2，如图 7-16 所示。

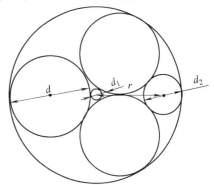

图 7-16　光缆在 3 芯海底
复合缆中的位置[60]

设成缆前单根的电力电缆绝缘线芯（在铅套外施加了防腐层后的结构）的直径为 d，利用平面几何知识可得，如果光缆放置在三相电力电缆绝缘线芯的中心部位，则允许的最大直径 d_1 为

$$d_1 = \frac{2\sqrt{3}-3}{3}d \approx 0.15d$$

如果光缆放置在三相绝缘线芯的任一边缘位置，则允许的最大直径为

$$d_2 = \frac{4\sqrt{3}+9}{33}d \approx 0.48d$$

此时，光缆的中心距复合缆中心距离为

$$r = \frac{3\sqrt{3}+4}{11}d \approx 0.84d$$

从计算结果可以看出：$d_2 > 3d_1$，即光缆放在复合缆的边缘位置所允许的光缆直径是放在复合缆的中心部位的 3 倍多，若电力电缆绝缘线芯直径不足够大，光缆无法放在复合缆的中心部位，这时光缆却往往可以放在 3 芯复合缆的边缘位置。更重要的是，复合缆在承受拉力作用时，处于中心部位的光缆，由于没有绞合节距而呈直线状，将率先受到力的作用，对于普通结构的光缆，能承受的短暂拉伸力只有 2kN 左右，是无法满足复合缆所受机械力的（海底光缆的短暂拉伸力要求为 20～240kN）。这样，光缆单元放在复合缆的中心位置就不合适。如果光缆放置在 3 芯电力电缆绝缘线芯的边隙里，由于跟电力电缆绝缘线芯同时绞合成缆，在复合缆中的缆芯受到拉力作用时，光缆和绝缘线芯同时受力，这样所承受的拉力就小，再加上光缆设有一定的光纤余长，拉伸应力不会对光纤的传输性能构成影响。另外，为避免光单元与电力电缆的成缆绞合过程被挤压，将光单元复合在边缘空隙的填充物中，这种结构可有效保护光单元的安全。

综上所述，光缆单元放置在 3 芯海底复合缆中的边缘空隙最合适[60]。可参见 7.2.12 节的图 7-25、7.2.13 节的图 7-27 和 7.2.14 节的图 7-29。

7.2.3　光电缆在单芯海底光电复合缆的位置

　　光电缆（光纤单元）在单芯海底光电复合缆的位置选择与 7.2.2 节 3 芯海底光电复合缆有所不同，光电缆放置在 3 芯海底光电复合缆中的边缘空隙为合适，但是，110kV、220kV 高压海底电缆多选用单芯结构，这给光电缆的安置增加了难度。

　　下面以两个实例说明光电缆在单芯海底光电复合缆的位置。

　　在 7.2.15 节的［例 7-4］中，将光纤单元放置在单芯 64/110kV 海底光电复合缆中的绕包垫层中，如图 7-17 所示，同时为了确保光纤单元在生产和敷设时能顺利实施，在光纤单元两侧增加了两根金属丝作为受力元件，承担外界的应力。当海缆受到外力挤压时，光纤单元将受到内垫层的保护而不会被压扁；光纤单元绞合结构及缓冲的内垫层均保证了海缆在弯曲情况下，光纤单元会有一定的位移，从而保证了光纤的良好传输性能。光纤单元采用不锈钢套管保护，即方便实用又安全可靠。

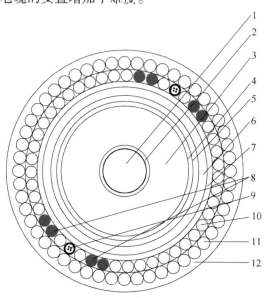

图 7-17　光缆在单芯 64/110kV 海底
光电复合缆中的位置[61]

1—导体 + 阻水材料　2—半导电层　3—XLPE 绝缘
4—绝缘屏蔽层　5—半导电阻水缓冲层　6—铅套
7—半导电 PE 套 + 内垫层　8—支撑金属丝　9—光
电缆（光纤单元）　10—聚乙烯填充条
11—铠装金属丝　12—PP 绳 + 沥青 + 无纺布

　　这里需要说明的一点是，本例中考虑大长度海底光电复合缆连续生产，光电缆要承受太大应力，选用单层钢丝铠装和双层钢丝铠装结构的光纤单元，经常出现不锈钢钢管的损坏，所以选用了 7.2.15 节的图 7-31 无铠装光纤单元结构的光电缆，在光纤单元两侧各安置一根聚乙烯填充条，然后再在两侧各安置两根金属丝，以承担压力或拉力等应力[61]。

　　在 7.2.16 节的［例 7-5］中，将光电缆放置在单芯 220kV 海底光电复合缆中的内衬层外，如图 7-32 所示。

7.2.4　海底光缆的技术特点

　　1）要求海底光缆的使用寿命一般为 25 年，可靠性要求高。海缆敷设和维修时，能经得起在布缆船船头上重复拖拉和布放。能够承受海底环境条件，特别是耐流体静压、耐磨损、耐腐蚀及耐海底生物的侵蚀。当被铁锚、铁钩或渔具钩住时，应不断裂，对拖网船拖网或船锚等引起的损坏有适当的防护。能经受得住从深海中打捞时回收、维修和替换。

　　2）海底光缆主要技术性能表。GB/T 18480—2001 海底光缆规范中的主要技术性能见表 7-21。

　　3）海底光缆的光纤单元采用不锈钢管松套结构，不锈钢管松套结构是我国第三代海底光缆，其常见结构如图 7-18 所示。要求不锈钢管的外径为 2.5 ~ 6mm、管壁薄 0.2mm，圆形结构对称、外径均匀，无漏焊、虚焊，敷设于海底后必须能长期承受至少 2MPa 以上的水压而不变形。光纤余长控制在 0.2% ~ 0.5% 之间，以使机械拉力的作用和温度的变化均不会对光纤产生应力，避免光纤产生附加损耗。因此，合理的均匀余长对保证光纤的使用寿命及可靠性是非常重要的。钢管内光纤膏填充应均匀饱满，以避免不锈钢松套管的水和潮气的渗入，还要求不锈钢管在电缆全长中无疵点。

表 7-21　海底光缆主要性能要求[62]

技术项目	技术要求	备　　注
工作拉伸负荷/kN	10 ~ 120	海缆外径在 13 ~ 36mm 之间，应符合这些要求，在拉伸试验时，光纤应变应不大于规定值
短暂拉伸负荷/kN	20 ~ 240	
断裂拉伸负荷/kN	30 ~ 400	
最小弯曲半径（动态）	一般为海缆外径的 35 倍	
耐冲击试验/kg	20 ~ 260	锤落高度为 150mm
抗压试验/(kN/100mm)	4 ~ 40	
水密试验	在 2 ~ 50MPa 水压下，14 天内渗水长度 200 ~ 1 000m	水压、渗水长度由海缆的应用环境确定
护套绝缘电阻/(MΩ·km)	≥10 000	导体及不锈钢套管对地
护套直流耐电压	5 000V，3min 不击穿	导体及不锈钢套管对地

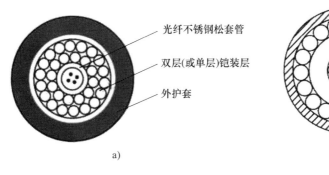

a)

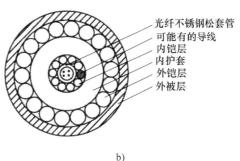

b)

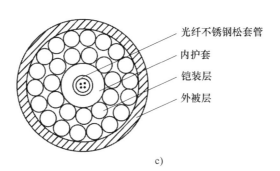

c)

图 7-18　海底光缆的三种结构形式[62]

　　4）海底光缆的特殊铠装钢丝。海缆的寿命某种程度取决于铠装钢丝的耐腐蚀寿命，锌铝镁合金镀层钢丝的耐腐蚀寿命是镀锌钢丝的 3 倍以上。为增强抗腐蚀性，海缆光纤采用锌铝镁合金镀层钢丝铠装。海缆所采用的锌铝镁合金镀层钢丝外径粗（在 2～6mm 之间，一般为其他铠装钢丝的 2 倍），要求铠装时拉力均匀，绞合节距稳定。

5）海底光缆应放在 7.2.2 节或 7.2.3 节所介绍的海底光电复合缆位置，才能得到很好保护，经受大张力的绞合成缆、运输、敷设的考验。

6）光纤单元的绞合系数、光纤余长控制、光纤单元接头等直接决定光纤的使用。

7.2.5　海底光纤复合电缆的型号、名称和使用环境

中天科技海缆有限公司生产的额定电压为 35kV 及以下的海底光纤复合电缆，满足企业标准 Q/320623AP　27—2006《额定电压 1kV 到 35kV 交联聚乙烯绝缘海底电缆》的要求，其型号、名称和使用环境见表 7-22。

表 7-22　海底光纤复合电缆的型号、名称及使用环境

型号	名　称	使用环境
ZS-YJA41 + OFC ZS-YJAF41 + OFC	铜芯交联聚乙烯绝缘综合防水护层或分相综合防水护层粗钢丝铠装纤维外被层海底光纤复合电缆	适用于海底、平台及水下环境的敷设，能承受机械外力作用和较大的拉力
ZS-YJQ41 + OFC ZS-YJQF41 + OFC	铜芯交联聚乙烯绝缘铅套或分相铅套粗钢丝铠装纤维外被层海底光纤复合电缆	适用于海底、平台及水下环境的敷设，能承受机械外力作用和较大的拉力

注：型号中去掉 OFC 后，就是中天科技海缆有限公司生产的海底电缆的型号、名称及使用环境。

7.2.6　三芯海底光纤复合电缆的结构

中天科技海缆有限公司生产的三芯海底光纤复合电缆的外形结构如图 7-19 所示，ZS-YJQF41 + OFC 三芯交联聚乙烯绝缘分相铅套粗钢丝铠装纤维外被层海底光纤复合电缆的结构和 ZS-YJAF41 + OFC 三芯交联聚乙烯绝缘分相综合防水层粗钢丝铠装纤维外被层海底光纤复合电缆的结构如图 7-20 和图 7-21 所示。

图 7-19　三芯海底光纤复合
电缆的外形结构示意

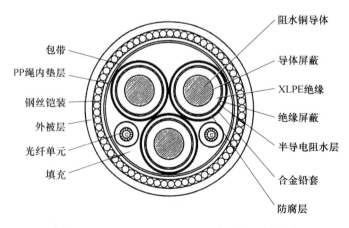

图 7-20　ZS-YJQF41 + OFC 三芯交联聚乙烯绝缘
海底光纤复合电缆的结构

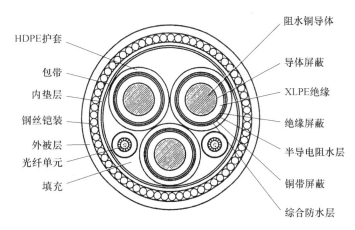

图 7-21　ZS-YJAF41 + OFC 三芯交联聚乙烯绝缘
海底光纤复合电缆的结构图

7.2.7　单芯海底光纤复合电缆的结构

中天科技海缆有限公司生产的单芯海底光纤复合电缆的外形结构如图 7-22 所示，ZS-YJQF41 + OFC 单芯交联聚乙烯绝缘分相铅套粗钢丝铠装纤维外被层海底光纤复合电缆的结构和 ZS-YJAF41 + OFC 单芯交联聚乙烯绝缘分相综合防水层粗钢丝铠装纤维外被层海底光纤复合电缆的结构如图 7-23 和图 7-24 所示。

图 7-22　单芯海底光纤复合
电缆的外形结构示意

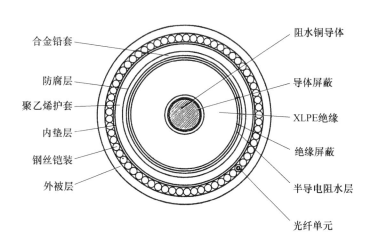

图 7-23　ZS-YJQF41 + OFC 单芯交联聚乙烯绝缘
海底光纤复合电缆的结构

7.2.8　三芯海底光纤复合电缆的结构参数

1）三芯（铜芯）交联聚乙烯绝缘分相铅套粗钢丝铠装纤维外被层海底光纤复合电缆的结构参数见表 7-23 ~ 表 7-27。表中数据摘自中天科技海缆有限公司资料。

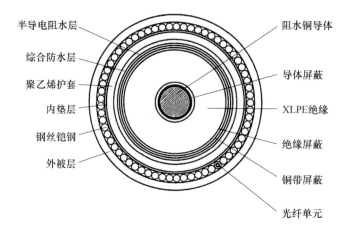

图 7-24　ZS-YJAF41 + OFC 单芯交联聚乙烯绝缘海底光纤复合电缆的结构

表 7-23　8.7/10kV、8.7/15kV ZS-YJQF41 + OFC 的结构参数

标称截面积 /mm²	导体直径 /mm	绝缘厚度 /mm	铅套厚度 /mm	HDPE 厚度 /mm	垫层厚度 /mm	铠装钢丝直径 /mm	外被层厚度 /mm	海缆近似外径 /mm	海缆近似重量 /(kg/m)
50	8.2	4.5	1.3	2.0	2.0	5.0	3.0	82	16.1
70	10.0	4.5	1.3	2.0	2.0	5.0	3.0	86	18.0
95	11.6	4.5	1.4	2.0	2.0	5.0	3.0	90	19.8
120	13.0	4.5	1.4	2.0	2.0	5.0	3.0	93	21.5
150	14.4	4.5	1.5	2.0	2.0	5.0	3.0	96	23.3
185	16.2	4.5	1.5	2.0	2.0	5.0	3.0	100	25.6
240	18.4	4.5	1.5	2.1	2.0	5.0	3.0	105	28.9
300	20.6	4.5	1.6	2.1	2.0	5.0	3.0	111	32.4
400	23.5	4.5	1.7	2.2	2.0	5.0	3.0	120	38.2

注:表中数据为推荐值,实际可视用户要求设计制造。型号中去掉 OFC 后,表中参数也是该公司生产的海底电缆的结构参数。

表 7-24　12/20kV ZS-YJQF41 + OFC 的结构参数

标称截面积 /mm²	导体直径 /mm	绝缘厚度 /mm	铅套厚度 /mm	HDPE 厚度 /mm	垫层厚度 /mm	铠装钢丝直径 /mm	外被层厚度 /mm	海缆近似外径 /mm	海缆近似重量 /(kg/m)
50	8.2	5.5	1.4	2.0	2.0	5.0	3.0	87	17.6
70	10.0	5.5	1.4	2.0	2.0	5.0	3.0	91	19.4
95	11.6	5.5	1.5	2.0	2.0	5.0	3.0	94	21.4
120	13.0	5.5	1.5	2.0	2.0	5.0	3.0	97	29.1
150	14.4	5.5	1.5	2.0	2.0	5.0	3.0	101	25.0
185	16.2	5.5	1.6	2.0	2.0	5.0	3.0	105	27.4

（续）

标称截面积 /mm²	导体直径 /mm	绝缘厚度 /mm	铅套厚度 /mm	HDPE 厚度 /mm	垫层厚度 /mm	铠装钢丝直径 /mm	外被层厚度 /mm	海缆近似外径 /mm	海缆近似重量 /(kg/m)
240	18.4	5.5	1.6	2.1	2.0	5.0	3.0	110	30.8
300	20.6	5.5	1.7	2.1	2.0	5.0	3.0	115	34.3
400	23.5	5.5	1.8	2.2	2.0	5.0	3.0	125	40.2

注：表中数据为推荐值，实际可视用户要求设计制造。型号中去掉 OFC 后，表中参数也是该公司生产的海底电缆的结构参数。

表 7-25　18/30kV ZS-YJQF41 + OFC 的结构参数

标称截面积 /mm²	导体直径 /mm	绝缘厚度 /mm	铅套厚度 /mm	HDPE 厚度 /mm	垫层厚度 /mm	铠装钢丝直径 /mm	外被层厚度 /mm	海缆近似外径 /mm	海缆近似重量 /(kg/m)
50	8.2	8.0	1.5	2.0	2.0	5.0	3.0	98	21.6
70	10.0	8.0	1.5	2.0	2.0	5.0	3.0	102	23.5
95	11.6	8.0	1.6	2.1	2.0	5.0	3.0	106	25.7
120	13.0	8.0	1.6	2.1	2.0	5.0	3.0	109	27.8
150	14.4	8.0	1.7	2.1	2.0	5.0	3.0	113	29.8
185	16.2	8.0	1.7	2.2	2.0	5.0	3.0	117	32.0
240	18.4	8.0	1.8	2.2	2.0	5.0	3.0	122	35.6
300	20.6	8.0	1.9	2.2	2.0	5.0	3.0	127	39.4
400	23.5	8.0	1.9	2.3	2.0	5.0	3.0	137	45.6

注：表中数据为推荐值，实际可视用户要求设计制造。型号中去掉 OFC 后，表中参数也是该公司生产的海底电缆的结构参数。

表 7-26　26/35kV ZS-YJQF41 + OFC 的结构参数

标称截面积 /mm²	导体直径 /mm	绝缘厚度 /mm	铅套厚度 /mm	HDPE 厚度 /mm	垫层厚度 /mm	铠装钢丝直径 /mm	外被层厚度 /mm	海缆近似外径 /mm	海缆近似重量 /(kg/m)
50	8.2	10.5	1.7	2.1	2.0	5.0	3.0	110	26.1
70	10.0	10.5	1.7	2.1	2.0	5.0	3.0	114	26.3
95	11.6	10.5	1.8	2.2	2.0	5.0	3.0	118	30.4
120	13.0	10.5	1.8	2.2	2.0	5.0	3.0	121	32.4
150	14.4	10.5	1.8	2.2	2.0	5.0	3.0	124	34.5
185	16.2	10.5	1.9	2.3	2.0	5.0	3.0	129	37.1
240	18.4	10.5	1.9	2.3	2.0	5.0	3.0	134	41.0
300	20.6	10.5	2.0	2.4	2.0	5.0	3.0	139	44.9
400	23.5	10.5	2.1	2.4	2.0	5.0	3.0	149	51.5

注：表中数据为推荐值，实际可视用户要求设计制造。型号中去掉 OFC 后，表中参数也是该公司生产的海底电缆的结构参数。

表 7-27　48/66kV ZS-YJQF41 + OFC 的结构参数

标称截面积 /mm²	导体直径 /mm	绝缘厚度 /mm	铅套厚度 /mm	HDPE 厚度 /mm	垫层厚度 /mm	铠装钢丝直径 /mm	外被层厚度 /mm	海缆近似外径 /mm	海缆近似重量 /(kg/m)
70	10.0	13.0	2.0	2.2	2.0	6.0	3.0	130	34.4
95	11.6	13.0	2.0	2.2	2.0	6.0	3.0	134	36.3
120	13.0	13.0	2.1	2.2	2.0	6.0	3.0	137	38.7
150	14.4	13.0	2.1	2.3	2.0	6.0	3.0	140	40.9
185	16.2	13.0	2.2	2.3	2.0	6.0	3.0	145	43.9
240	18.4	13.0	2.2	2.3	2.0	6.0	3.0	150	47.1
300	20.6	13.0	2.3	2.4	2.0	6.0	3.0	155	51.4

注：表中数据为推荐值，实际可视用户要求设计制造。型号中去掉 OFC 后，表中参数也是该公司生产的海底电缆的结构参数。

2）三芯（铜芯）交联聚乙烯绝缘分相综合防水层粗钢丝铠装纤维外被层海底光纤复合电缆的结构参数见表 7-28 ~ 表 7-31。表中数据摘自中天科技海缆有限公司资料。

表 7-28　8.7/10kV、8.7/15kV ZS-YJAF41 + OFC 的结构参数

标称截面积 /mm²	导体直径 /mm	绝缘厚度 /mm	LAP 厚度 /mm	HDPE 厚度 /mm	垫层厚度 /mm	铠装钢丝直径 /mm	外被层厚度 /mm	海缆近似外径 /mm	海缆近似重量 /(kg/m)
50	8.2	4.5	0.3	2.3	2.0	5.0	3.0	80	12.9
70	10.0	4.5	0.3	2.3	2.0	5.0	3.0	84	14.4
95	11.6	4.5	0.3	2.4	2.0	5.0	3.0	88	15.9
120	13.0	4.5	0.3	2.4	2.0	5.0	3.0	91	17.3
150	14.4	4.5	0.3	2.4	2.0	5.0	3.0	94	18.7
185	16.2	4.5	0.3	2.5	2.0	5.0	3.0	98	20.6
240	18.4	4.5	0.3	2.5	2.0	5.0	3.0	103	23.3
300	20.6	4.5	0.3	2.5	2.0	5.0	3.0	108	26.1
400	23.5	4.5	0.3	2.6	2.0	5.0	3.0	117	30.7

注：表中数据为推荐值，实际可视用户要求设计制造。型号中去掉 OFC 后，表中参数也是该公司生产的这种海底电缆的结构参数。

表 7-29　12/20kV ZS-YJAF41 + OFC 的结构参数

标称截面积 /mm²	导体直径 /mm	绝缘厚度 /mm	LAP 厚度 /mm	HDPE 厚度 /mm	垫层厚度 /mm	铠装钢丝直径 /mm	外被层厚度 /mm	海缆近似外径 /mm	海缆近似重量 /(kg/m)
50	8.2	5.5	0.3	2.3	2.0	5.0	3.0	85	14.0
70	10.0	5.5	0.3	2.4	2.0	5.0	3.0	89	15.4
95	11.6	5.5	0.3	2.4	2.0	5.0	3.0	92	17.1
120	13.0	5.5	0.3	2.4	2.0	5.0	3.0	95	18.3
150	14.4	5.5	0.3	2.5	2.0	5.0	3.0	99	19.8

（续）

标称截面积 /mm²	导体直径 /mm	绝缘厚度 /mm	LAP 厚度 /mm	HDPE 厚度 /mm	垫层厚度 /mm	铠装钢丝直径 /mm	外被层厚度 /mm	海缆近似外径 /mm	海缆近似重量 /(kg/m)
185	16.2	5.5	0.3	2.5	2.0	5.0	3.0	103	21.8
240	18.4	5.5	0.3	2.5	2.0	5.0	3.0	108	24.8
300	20.6	5.5	0.3	2.6	2.0	5.0	3.0	112	27.4
400	23.5	5.5	0.3	2.6	2.0	5.0	3.0	122	32.0

注：表中数据为推荐值，实际可视用户要求设计制造。型号中去掉 OFC 后，表中参数也是该公司生产的这种海底电缆的结构参数。

表 7-30　18/30kV ZS-YJAF41 + OFC 的结构参数

标称截面积 /mm²	导体直径 /mm	绝缘厚度 /mm	LAP 厚度 /mm	HDPE 厚度 /mm	垫层厚度 /mm	铠装钢丝直径 /mm	外被层厚度 /mm	海缆近似外径 /mm	海缆近似重量 /(kg/m)
50	8.2	8.0	0.3	2.4	2.0	5.0	3.0	96	16.8
70	10.0	8.0	0.3	2.5	2.0	5.0	3.0	100	18.3
95	11.6	8.0	0.3	2.5	2.0	5.0	3.0	104	19.9
120	13.0	8.0	0.3	2.5	2.0	5.0	3.0	107	21.3
150	14.4	8.0	0.3	2.6	2.0	5.0	3.0	110	22.9
185	16.2	8.0	0.3	2.6	2.0	5.0	3.0	114	25.0
240	18.4	8.0	0.3	2.6	2.0	5.0	3.0	119	27.7
300	20.6	8.0	0.3	2.7	2.0	5.0	3.0	124	30.6
400	23.5	8.0	0.3	2.7	2.0	5.0	3.0	133	35.6

注：表中数据为推荐值，实际可视用户要求设计制造。型号中去掉 OFC 后，表中参数也是该公司生产的这种海底电缆的结构参数。

表 7-31　26/35kV ZS-YJAF41 + OFC 的结构参数

标称截面积 /mm²	导体直径 /mm	绝缘厚度 /mm	LAP 厚度 /mm	HDPE 厚度 /mm	垫层厚度 /mm	铠装钢丝直径 /mm	外被层厚度 /mm	海缆近似外径 /mm	海缆近似重量 /(kg/m)
50	8.2	10.5	0.3	2.5	2.0	5.0	3.0	107	19.7
70	10.0	10.5	0.3	2.6	2.0	5.0	3.0	111	21.4
95	11.6	10.5	0.3	2.6	2.0	5.0	3.0	115	23.0
120	13.0	10.5	0.3	2.6	2.0	5.0	3.0	118	24.6
150	14.4	10.5	0.3	2.7	2.0	5.0	3.0	121	26.2
185	16.2	10.5	0.3	2.7	2.0	5.0	3.0	125	28.2
240	18.4	10.5	0.3	2.7	2.0	5.0	3.0	130	31.1
300	20.6	10.5	0.3	2.8	2.0	5.0	3.0	135	34.2
400	23.5	10.5	0.3	2.8	2.0	5.0	3.0	144	39.3

注：表中数据为推荐值，实际可视用户要求设计制造。型号中去掉 OFC 后，表中参数也是该公司生产的这种海底电缆的结构参数。

7.2.9　单芯海底光纤复合电缆的结构参数

单芯（铜芯）交联聚乙烯绝缘铅套粗钢丝铠装纤维外被层海底光纤复合电缆的结构参数见表7-32。表中数据摘自中天科技海缆有限公司资料。

表7-32　64/110kV ZS-YJQF41 + OFC 的结构参数

标称截面积 /mm²	导体直径 /mm	绝缘厚度 /mm	铅套厚度 /mm	HDPE厚度 /mm	垫层厚度 /mm	铠装钢丝直径 /mm	外被层厚度 /mm	海缆近似外径 /mm	海缆近似重量 /(kg/m)
240	18.4	19.0	4.0	4.0	2.0	5.0	3.0	106	27.4
300	20.6	18.5	4.0	4.0	2.0	5.0	3.0	107	28.3
400	23.5	17.5	4.0	4.0	2.0	5.0	3.0	108	29.4
500	26.6	17.0	4.0	4.0	2.0	5.0	3.0	110	30.9
630	30.0	16.5	4.0	4.5	2.0	5.0	3.0	114	33.3
800	34.0	16.0	4.0	4.5	2.0	5.0	3.0	117	36.1
1000	38.2	16.0	4.0	4.5	2.0	5.0	3.0	122	39.0

注：表中数据为推荐值，实际可视用户要求设计制造。型号中去掉OFC后，表中参数也是该公司生产的这种海底电缆的结构参数。

7.2.10　三芯海底光纤复合电缆的载流量等电性能参数

1）三芯（铜芯）交联聚乙烯绝缘分相铅套粗钢丝铠装纤维外被层海底光纤复合电缆的载流量等电气性能参数见表7-33 ~ 表7-37。表中数据摘自中天科技海缆有限公司资料。

表7-33　8.7/10kV、8.7/15kV ZS-YJQF41 + OFC 的载流量等电气参数

标称截面积 /mm²	屏蔽截面积 /mm²	导体电阻 (Ω/km) DC20℃	导体电阻 (Ω/km) AC90℃	屏蔽电阻 (Ω/km) DC20℃	电容 (μF/km)	电感 (mH/km)	载流量 /A 空气	载流量 /A 土壤	短路电流 I_s /kA 导体	短路电流 I_s /kA 屏蔽
50	94.3	0.387	0.494	2.27	0.213	0.438	194	193	7.2	2.3
70	101.7	0.268	0.342	2.10	0.242	0.412	240	235	10.0	2.5
95	117.0	0.193	0.246	1.83	0.267	0.393	288	278	13.6	2.9
120	123.2	0.153	0.196	1.74	0.289	0.379	328	314	17.2	3.0
150	139.0	0.124	0.159	1.54	0.311	0.367	369	348	21.5	3.4
185	147.5	0.099 1	0.127	1.45	0.339	0.354	418	389	26.5	3.6
240	168.9	0.075 4	0.097 6	1.27	0.374	0.341	481	441	34.3	4.1
300	180.0	0.060 1	0.077 8	1.19	0.408	0.331	542	489	42.9	4.4
400	213.6	0.047 0	0.061 4	1.00	0.466	0.324	614	541	57.2	5.2

注：屏蔽为铅套，单回，导体工作温度为90℃，土壤温度为25℃，土壤热阻为1.0K·m/W，敷设深度为1.5m，空气温度为45℃。

表 7-34　12/20kV ZS-YJQF41 + OFC 的载流量等电气参数

标称截面积 /mm²	屏蔽截面积 /mm²	导体电阻 /(Ω/km)	导体电阻 /(Ω/km)	屏蔽电阻 /(Ω/km)	电容 /(μF/km)	电感 /(mH/km)	载流量 /A		短路电流 I_s /kA	
		DC20℃	AC90℃	DC20℃			空气	土壤	导体	屏蔽
50	110.8	0.387	0.494	1.93	0.185	0.453	196	193	7.2	2.7
70	118.8	0.268	0.342	1.80	0.208	0.425	242	235	10.0	2.9
95	135.2	0.193	0.246	1.58	0.229	0.405	290	279	13.6	3.3
120	141.8	0.153	0.196	1.51	0.247	0.391	331	314	17.2	3.5
150	148.4	0.124	0.159	1.44	0.265	0.379	372	349	21.5	3.6
185	167.9	0.099 1	0.127	1.27	0.289	0.367	421	389	26.5	4.1
240	178.9	0.075 4	0.097 6	1.20	0.317	0.352	485	441	34.3	4.4
300	202.4	0.060 1	0.077 8	1.06	0.345	0.341	545	488	42.9	4.9
400	238.1	0.047 0	0.061 4	0.90	0.392	0.333	616	540	57.2	5.8

注：屏蔽为铅套，单回，导体工作温度为90℃，土壤温度为25℃，土壤热阻为1.0K·m/W，敷设深度为1.5m，空气温度为45℃。

表 7-35　18/30kV ZS-YJQF41 + OFC 的载流量等电气参数

标称截面积 /mm²	屏蔽截面积 /mm²	导体电阻 /(Ω/km)	导体电阻 /(Ω/km)	屏蔽电阻 /(Ω/km)	电容 /(μF/km)	电感 /(mH/km)	载流量 /A		短路电流 I_s /kA	
		DC20℃	AC90℃	DC20℃			空气	土壤	导体	屏蔽
50	142.8	0.387	0.494	1.50	0.143	0.485	200	196	7.2	3.5
70	161.9	0.268	0.342	1.33	0.160	0.456	246	238	10.0	3.9
95	170.0	0.193	0.246	1.26	0.175	0.435	294	281	13.6	4.1
120	176.9	0.153	0.196	1.21	0.188	0.420	335	316	17.2	4.3
150	196.0	0.124	0.159	1.09	0.200	0.406	376	348	21.5	4.8
185	205.6	0.099 1	0.127	1.04	0.217	0.392	423	386	26.5	5.0
240	230.7	0.075 4	0.097 6	0.93	0.236	0.377	488	439	34.3	5.6
300	257.3	0.060 1	0.077 8	0.83	0.256	0.364	547	485	42.9	6.3
400	281.7	0.047 0	0.061 4	0.76	0.289	0.355	619	537	57.2	6.9

注：屏蔽为铅套，单回，导体工作温度为90℃，土壤温度为25℃，土壤热阻为1.0K·m/W，敷设深度为1.5m，空气温度为45℃。

表 7-36　26/35kV ZS-YJQF41 + OFC 的载流量等电气参数

标称截面积 /mm²	屏蔽截面积 /mm²	导体电阻 /(Ω/km)	导体电阻 /(Ω/km)	屏蔽电阻 /(Ω/km)	电容 /(μF/km)	电感 /(mH/km)	载流量 /A		短路电流 I_s /kA	
		DC20℃	AC90℃	DC20℃			空气	土壤	导体	屏蔽
50	189.6	0.387	0.494	1.13	0.121	0.514	203	197	7.2	4.6
70	199.2	0.268	0.342	1.07	0.134	0.483	250	239	10.0	4.9
95	220.5	0.193	0.246	0.97	0.146	0.461	298	281	13.6	5.4
120	228.5	0.153	0.196	0.94	0.156	0.445	339	315	17.2	5.6

（续）

标称截面积 /mm²	屏蔽截面积 /mm²	导体电阻 /(Ω/km)	导体电阻 /(Ω/km)	屏蔽电阻 /(Ω/km)	电容 /(μF/km)	电感 /(mH/km)	载流量 /A		短路电流 I_s /kA	
		DC20℃	AC90℃	DC20℃			空气	土壤	导体	屏蔽
150	236.4	0.124	0.159	0.91	0.166	0.431	380	350	21.5	5.8
185	260.8	0.099 1	0.127	0.82	0.178	0.415	428	388	26.5	6.4
240	274.0	0.075 4	0.097 6	0.78	0.193	0.399	493	440	34.3	6.7
300	302.8	0.060 1	0.077 8	0.71	0.209	0.385	551	484	42.9	7.4
400	345.7	0.047 0	0.061 4	0.62	0.234	0.374	623	537	57.2	8.4

注：屏蔽为铅套，单回，导体工作温度为90℃，土壤温度为25℃，土壤热阻为1.0K.m/W，敷设深度为1.5m，空气温度为45℃。

表7-37　48/66kV ZS-YJQF41 + OFC 的载流量等电气参数

标称截面积 /mm²	屏蔽截面积 /mm²	导体电阻 /(Ω/km)	导体电阻 /(Ω/km)	屏蔽电阻 /(Ω/km)	电容 /(μF/km)	电感 /(mH/km)	载流量 /A		短路电流 I_s /kA	
		DC20℃	AC90℃	DC20℃			空气	土壤	导体	屏蔽
70	270.2	0.268	0.342	0.79	0.111	0.509	272	225	10.0	6.6
95	280.2	0.193	0.246	0.76	0.120	0.486	318	261	13.6	6.9
120	304.1	0.153	0.196	0.70	0.127	0.469	354	289	17.2	7.5
150	313.4	0.124	0.159	0.68	0.135	0.455	389	316	21.5	7.7
185	341.4	0.099 1	0.127	0.63	0.144	0.438	429	346	26.5	8.4
240	356.6	0.075 4	0.097 6	0.60	0.186	0.420	481	386	34.3	8.8
300	389.5	0.060 1	0.077 8	0.55	0.167	0.406	525	419	42.9	9.6

注：屏蔽为铅套，单回，导体工作温度为90℃，土壤温度为25℃，土壤热阻为1.0K.m/W，敷设深度为1.5m，空气温度为45℃。

2）三芯（铜芯）交联聚乙烯绝缘分相综合防水层粗钢丝铠装纤维外被层海底光纤复合电缆的载流量等电气参数见表7-38～表7-41。表中数据摘自中天科技海缆有限公司资料。

表7-38　8.7/10kV、8.7/15kV ZS-YJAF41 + OFC 的载流量等电气参数

标称截面积 /mm²	屏蔽截面积 /mm²	导体电阻 /(Ω/km)	导体电阻 /(Ω/km)	屏蔽电阻 /(Ω/km)	电容 /(μF/km)	电感 /(mH/km)	载流量 /A		短路电流 I_s /kA	
		DC20℃	AC90℃	DC20℃			空气	土壤	导体	屏蔽
50	8.1	0.387	0.494	2.13	0.213	0.433	184	187	7.2	1.1
70	8.8	0.268	0.342	1.96	0.242	0.406	229	229	10.0	1.2
95	9.4	0.193	0.246	1.84	0.267	0.387	275	272	13.6	1.3
120	9.9	0.153	0.196	1.74	0.289	0.374	315	307	17.2	1.3
150	10.5	0.124	0.159	1.65	0.311	0.362	355	343	21.5	1.4
185	11.1	0.099 1	0.127	1.55	0.339	0.349	395	376	26.5	1.5
240	12.0	0.075 4	0.097 6	1.44	0.374	0.336	459	431	34.3	1.6
300	12.8	0.060 1	0.077 8	1.35	0.408	0.326	518	482	42.9	1.7
400	14.3	0.047 0	0.061 4	1.20	0.466	0.318	623	554	57.2	1.9

注：屏蔽为铅铜带，单回，导体工作温度为90℃，土壤温度为25℃，土壤热阻为1.0K.m/W，敷设深度为1.5m，空气温度为45℃。

表 7-39 12/20kV ZS-YJAF41 + OFC 的载流量等电气参数

标称截面积 /mm²	屏蔽截面积 /mm²	导体电阻 /(Ω/km)	导体电阻 /(Ω/km)	屏蔽电阻 /(Ω/km)	电容 /(μF/km)	电感 /(mH/km)	载流量 /A		短路电流 I_s /kA	
		DC20℃	AC90℃	DC20℃			空气	土壤	导体	屏蔽
50	8.9	0.387	0.494	1.94	0.185	0.447	187	188	7.2	1.2
70	9.5	0.268	0.342	1.81	0.208	0.419	231	229	10.0	1.3
95	10.1	0.193	0.246	1.70	0.229	0.400	278	273	13.6	1.4
120	10.7	0.153	0.196	1.61	0.247	0.386	318	309	17.2	1.4
150	11.2	0.124	0.159	1.54	0.265	0.373	357	344	21.5	1.5
185	11.9	0.099 1	0.127	1.45	0.289	0.360	399	378	26.5	1.6
240	12.7	0.075 4	0.097 6	1.36	0.317	0.346	463	431	34.3	1.7
300	13.5	0.060 1	0.077 8	1.27	0.345	0.334	520	482	42.9	1.8
400	15.1	0.047 0	0.061 4	1.14	0.392	0.327	617	554	57.2	2.0

注：屏蔽为铅铜带，单回，导体工作温度为90℃，土壤温度为25℃，土壤热阻为1.0K.m/W，敷设深度为1.5m，空气温度为45℃。

表 7-40 18/30kV ZS-YJAF41 + OFC 的载流量等电气参数

标称截面积 /mm²	屏蔽截面积 /mm²	导体电阻 /(Ω/km)	导体电阻 /(Ω/km)	屏蔽电阻 /(Ω/km)	电容 /(μF/km)	电感 /(mH/km)	载流量 /A		短路电流 I_s /kA	
		DC20℃	AC90℃	DC20℃			空气	土壤	导体	屏蔽
50	10.8	0.387	0.494	1.60	0.143	0.479	191	190	7.2	1.4
70	11.4	0.268	0.342	1.51	0.160	0.450	236	231	10.0	1.5
95	12.0	0.193	0.246	1.43	0.175	0.429	284	275	13.6	1.6
120	12.6	0.153	0.196	1.37	0.188	0.414	324	310	17.2	1.7
150	13.1	0.124	0.159	1.32	0.200	0.400	364	345	21.5	1.8
185	13.8	0.099 1	0.127	1.25	0.217	0.386	405	379	26.5	1.9
240	14.6	0.075 4	0.097 6	1.18	0.236	0.371	469	432	34.3	2.0
300	15.4	0.060 1	0.077 8	1.12	0.256	0.351	527	482	42.9	2.1
400	17.0	0.047 0	0.061 4	1.02	0.289	0.348	625	556	57.2	2.3

注：屏蔽为铅铜带，单回，导体工作温度为90℃，土壤温度为25℃，土壤热阻为1.0K.m/W，敷设深度为1.5m，空气温度为45℃。

表 7-41 26/35kV ZS-YJAF41 + OFC 的载流量等电气参数

标称截面积 /mm²	屏蔽截面积 /mm²	导体电阻 /(Ω/km)	导体电阻 /(Ω/km)	屏蔽电阻 /(Ω/km)	电容 /(μF/km)	电感 /(mH/km)	载流量 /A		短路电流 I_s /kA	
		DC20℃	AC90℃	DC20℃			空气	土壤	导体	屏蔽
50	12.6	0.387	0.494	1.36	0.121	0.507	195	192	7.2	1.7
70	13.3	0.268	0.342	1.29	0.134	0.476	240	233	10.0	1.8

（续）

标称截面积 /mm²	屏蔽截面积 /mm²	导体电阻 /(Ω/km) DC20℃	导体电阻 /(Ω/km) AC90℃	屏蔽电阻 /(Ω/km) DC20℃	电容 /(μF/km)	电感 /(mH/km)	载流量 /A 空气	载流量 /A 土壤	短路电流 I_s /kA 导体	短路电流 I_s /kA 屏蔽
95	13.9	0.193	0.246	1.24	0.146	0.454	289	277	13.6	1.9
120	14.4	0.153	0.196	1.19	0.156	0.438	330	313	17.2	1.9
150	15.0	0.124	0.159	1.15	0.166	0.424	370	349	21.5	2.0
185	15.7	0.099 1	0.127	1.10	0.178	0.406	473	383	26.5	2.1
240	16.5	0.075 4	0.097 6	1.05	0.193	0.392	477	436	34.3	2.2
300	17.3	0.060 1	0.077 8	1.00	0.209	0.378	536	482	42.9	2.3
400	18.9	0.047 0	0.061 4	0.91	0.234	0.367	635	561	57.2	2.5

注：屏蔽为铅铜带，单回，导体工作温度为90℃，土壤温度为25℃，土壤热阻为1.0K·m/W，敷设深度为1.5m，空气温度为45℃。

7.2.11　单芯海底光纤复合电缆的载流量等电性能参数

单芯（铜芯）交联聚乙烯绝缘铅套粗钢丝铠装纤维外被层海底光纤复合电缆的载流量等电气参数见表7-42。表中数据摘自中天科技海缆有限公司资料。

表 7-42　64/110kV ZS-YJQF41 + OFC 的载流量等电气参数

标称截面积 /mm²	屏蔽截面积 /mm²	导体电阻 /(Ω/km) DC20℃	导体电阻 /(Ω/km) AC90℃	屏蔽电阻 /(Ω/km) DC20℃	电容 /(μF/km)	电感 /(mH/km)	载流量 /A 空气	载流量 /A 土壤	短路电流 I_s /kA 导体	短路电流 I_s /kA 屏蔽
240	847.2	0.075 4	0.097 6	0.31	0.125	1.768	573	587	34.8	22.4
300	860.1	0.060 1	0.077 7	0.30	0.135	1.748	635	641	43.4	22.5
400	875.3	0.047 0	0.061 3	0.30	0.152	1.719	707	698	57.8	22.5
500	898.2	0.036 6	0.048 1	0.29	0.167	1.696	778	752	72.2	22.8
630	930.4	0.028 3	0.038 2	0.28	0.184	1.672	853	807	90.9	23.3
800	975.3	0.022 1	0.030 9	0.27	0.207	1.647	921	852	115.3	24.2
1 000	1 026.1	0.017 6	0.022 2	0.25	0.224	1.624	981	888	144.0	25.3

注：屏蔽为铅套，单回，导体工作温度为90℃，土壤温度为25℃，土壤热阻为1.0K·m/W，敷设深度为1.5m，空气温度为45℃。

7.2.12　海岸滩涂风电场35kV 光电复合电力电缆实例

【例7-1】[63]　江苏亨通电力电缆有限公司研制了长1km 的 YJQF43-26/35-3×240 + 8B1 海岸滩涂风电场35kV 光电复合电力电缆，这里把风电场项目对光电复合电力电缆的要求、光电复合电力电缆的结构、光单元的选择和金属护层感应电动势计算介绍如下，供参考。

1. 风电场项目对光电复合电力电缆的要求

1）电缆敷设于风电场区潮间带上，电缆直埋与海床下1~2m，海水深度约2m；

2）导体标称截面积3×240mm²，额定电压26/35kV；

3）电缆段长要求不低于1 000m；

4）要求径向和纵向阻水；

5）必须满足海岸滩涂光电复合运输，敷设和海岸滩涂苛刻环境的要求，使用寿命30年。

2. 光电复合电力电缆的结构

其结构如图7-25所示。

（1）纵向阻水功能：纵向阻水考虑导体、绝缘屏蔽和纵包金属屏蔽之间的间隙和成缆后三根绝缘线芯之间的间隙存在。

导体之间间隙的纵向阻水是采用正规绞合结构，在绞合过程中，填入吸水膨胀的阻水材料。各层导体之间考虑了阻水，在每层绞线外绕包适当宽度的半导电阻水带，保证导体的电性能不受影响。采用这种结构，在导体绞合紧压过程中，阻水带会局部破裂，但其中的阻水粉仍会很好地充填于绞线的缝隙中，保持导体的阻水性能。

对于绝缘屏蔽和纵包金属屏蔽之间绕包半导电阻水带的方式实现阻水。

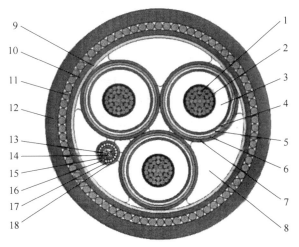

图7-25　海岸滩涂风电场35kV光电复合电力电缆结构[63]
1—阻水铜导体　2—导体半导电屏蔽　3—XLPE绝缘
4—绝缘半导电屏蔽　5—半导电阻水带　6—铜塑复合带
7—特种护套　8—防水填充　9—成缆包带　10—特种内
衬层　11—镀锌低碳钢丝铠装　12—耐海水腐蚀外被层
13—光纤单元　14—海缆特种纤膏　15—松套管
16—内护套　17—磷化钢丝铠装　18—外护套

同时，通过半导电阻水与单面铜塑复合带金属一面的接触，实现了绝缘屏蔽与铜塑复合带的等电位，起到了均衡电场的作用。

成缆后三根绝缘线芯之间的间隙阻水，采用了阻水绳实现线芯间的纵向阻水。

（2）径向阻水功能：每相线芯采用了增强铜塑复合护层＋特种聚乙烯（PE）护套阻水防腐层新技术。纵包时单面铜塑复合带先经过特殊的工装，进入挤出机机头后挤包特种PE护套。因为铜塑复合带的一侧为高分子材料，所以在成型进入机头后，在高温和一定的压力下，可使特种PE护套与铜塑复合带表面的高分子材料完全粘合密封（纵包铜塑复合带有部分搭盖），水分几乎无法渗透。线芯成缆后，内、外护套采用阻水效果优良的改性中密度聚乙烯（MDPE），即可实现径向阻水，又可耐海水腐蚀。

（3）耐腐蚀结构：增强铜塑复合护层＋特种聚乙烯（PE）护套阻水防腐层，既可实现径向阻水，又可耐海水腐蚀，而且这种特殊结构还可增强电缆的综合力学性能。复合缆铠装层采用镀锌钢丝，内护套采用特种增水型PE材料，外护套层采用耐腐蚀改性中密度聚乙烯MDPE材料，进一步增强复合缆的耐腐蚀性能。

3. 光单元的选择

光单元在复合电力电缆中的位置如图7-25所示，光单元的结构示意图如图7-26所示，为确保光单元满足滩涂苛刻使用环境和使用条件，采用了有一定光纤余长的用激光焊接的不锈钢管松套层绞式结构，不锈钢带材性能符合GB/T 4239—2007《不锈钢和耐热钢冷轧钢带》的规定。在不锈钢套管中均匀的填满纤膏，既可保护光纤，又能防止水分和潮气的渗入而产生氢损现象，保证光纤性能长期稳定。光单元中的内外护套均采用高密度聚乙烯（HDPE）材料，同样是考虑光单元的防水功能。在光单元与电力电缆的成缆中和光电复合缆的敷设过程中，光单元也不可避免地承受一定的拉力，因此光单元中采用绞合节径比不大于 14 的低碳镀锌钢丝铠装，然后用绕包带绕包，以保证结构的稳定。

4. 金属护层感应电动势的计算

由于本例中金属护套采用的是单面铜塑复合带，且金属一面通过半导电阻水带与绝缘屏蔽接触（满足均衡电场的需要），而铜塑复合带外面又有特种 PE 护套（防水功能实现需要），很显然该三芯电缆的金属屏蔽层是互相不接触的，需要计算金属护套感应电压是否能够满足安全要求。依据《电力电缆结构设计原理》中等边三角形敷设三相电缆护套的感应电压计算方法来计算如下：

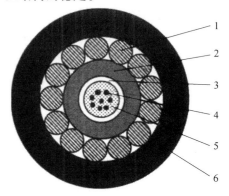

图 7-26　风电场 35kV 光电复合缆
光单元结构示意图[63]

1—钢丝铠装层　2—HDPE 内护套　3—不锈钢
松套管　4—光纤　5—纤膏　6—HDPE 外护套

电缆的电感 X_S（H/m）计算：

$$X_S = 2\omega\ln(2S/D_S) \times 10^{-7}$$

式中：D_S 为电缆金属护套的平均直径（$D_S = 45.3\text{mm}$）；S 为导体间距离（$S = 48.3\text{mm}$）；ω 为角频率（$\omega = 2\pi f$）。

将上述已知参数带入上式可得：

$$X_S = 2 \times 2 \times 3.1416 \times 50 \times \ln(2 \times 48.3/45.3) \times 10^{-7}$$
$$= 4.7556 \times 10^{-5}\ (\text{H/m})$$

电缆金属护套感应电压的计算：

$$U_{S1} = -jI_1X_S$$
$$U_{S2} = -jI_2X_S$$
$$U_{S3} = -jI_3X_S$$

式中，U_{S1}、U_{S2}、U_{S3} 分别为 A 相、B 相、C 相电缆金属护套的感应电压有效值；I_1、I_2、I_3 分别为 A 相、B 相、C 相电缆工作电流。

已知　$S = S_1 = S_2 = S_3$；$I_1 = I_2 = I_3 = 465\text{A}$，则

$$U_{S1} = U_{S2} = U_{S3} = IX_S = 465 \times 4.7556 \times 10^{-5} = 22\ (\text{V/km})$$

本例中要求段长为 1km，因此该电缆金属护套的感应电动势符合不大于 50V 的安全要求。

7.2.13　35kV 海底光纤复合电力电缆实例

【例 7-2】[64]　江苏通光强能输电线科技有限公司研制了长 41km 的 HYJQF41—26/35—3×120 + 2×12B1 海底光电复合缆，其结构如图 7-27 所示，结构参数见表 7-43，这根海底光电复合电缆中三根电力绝缘线芯采用通常分相铅套电缆结构和交联聚乙烯绝缘（采用高洁净抗水树可交联聚乙烯 TR—XLPE）。

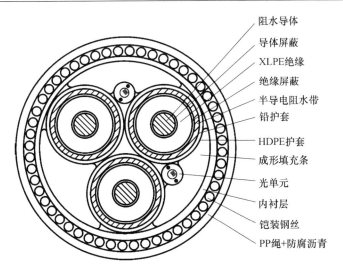

图 7-27　26/35kV 海底光电复合电缆的一个典型结构[64]

表 7- 43　26/35kV 海底光电复合电缆的主要结构参数[64]

参　　数	指　　标	参　　数	指　　标
导体截面积	$3 \times 120 mm^2$	HDPE 护套外径 d_3	46.8mm
导体直径 d_1	13.0mm	光单元外径 d_4	8.0mm
导体屏蔽厚度 t_1	≈0.8mm	防腐内衬层厚度 t_6	4.0mm
绝缘厚度 t_2	10.5mm	铠装镀锌钢丝直径 d_5	6.0mm
绝缘屏蔽厚度 t_3	≈1.0mm	PP 纤维绳外被层厚度 t_7	6.0mm
绝缘直径 d_2	37.6mm	成品复合缆外径 d_6	≈122mm
半导电阻水带厚度 t_4	1.0mm	标称线质量 m_1	≈33.5kg · m^{-1}
合金铅厚度 t_5	1.7mm		

这条 26/35kV 海底光电复合电缆中放置在三根绝缘线芯边隙中的光单元（参见图 7-28）具有纵向及径向阻水功能。这种铝—聚乙烯黏结护套的松套层绞式全填充光缆作为光单元，它的优点是在海底光电复合缆中的性能十分可靠，可含大芯数光纤，缺点是制造长度较短，一般不超过 5km。光单元中光纤的余长与光单元的结构、海底光电复合缆的抗拉特性和温度特性密切相关。在中心不锈钢束管中，光纤余长设计为 0.3% ～ 0.5%。控制在这个范围内，使机械拉力的作用和温度的变化均不会对光纤产生应力，避免光纤产生附加损耗。不锈钢束管内纤膏的填充率（实际填充的纤膏体积与理论计算可填充的总体积之比）控制在

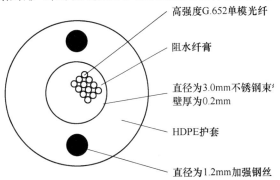

图 7-28　26/35kV 海底光纤复合电缆
采用的光单元结构[64]

90%以上，防止水和潮气渗入不锈钢束管。光单元选用 G.652 或 G.655 光纤。纤膏除了要求有良好的物理化学稳定性外，还必须具有良好的温度稳定性，避免纤膏在低温下对光纤产生径向应力，引起光纤微弯，增加其低温附加损耗。作为抗拉构件的两根平行放置的高强度钢丝，处于光单元上的 HDPE 护套的壁厚的正中间，以便在光单元承受较大拉力时能对光纤起动正确的保护作用。

这条长度为41km 的 26/35kV 的海底光电复合电缆，自重大于 1 300t，为防止放置成品电缆的水池中，处于底部的电缆受到上部电缆的压力而出现可能的变形损伤，在电缆结构中采用了成形填充条（有一定形状的填充条），在三根电力线芯没有复合光单元的边隙中，填入扇形填充条；在复合光单元边隙中，填入顶部挖去圆弧（为放置光单元）的扇形填充条。

这条 26/35kV 海底光电复合电缆中所用的光单元和填充条结构申报了中国国家专利，在参考文献［64］中介绍了从 2004 年至少到 2009 年在菲律宾某海域敷设仍在运行中。

7.2.14　三芯110kV 海底光纤复合电力电缆实例

【例7-3】[55]　某电缆公司出口南美洲的 HYJQF41-64/110—3×630＋2×12B1，交联聚乙烯绝缘、分相铅套、粗圆钢丝铠装光电复合海底电缆。下面介绍这根电缆的结构特点和其中的光单元结构特点，供参考。

1. 三芯 64/110kV 光电复合海底电力电缆的结构

该电缆的结构图如图 7-29 所示。结构尺寸见表 7-44。

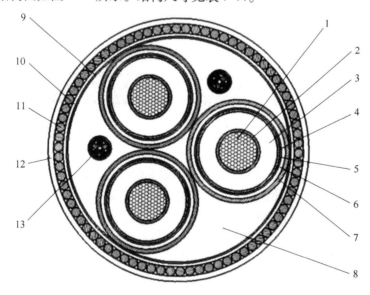

图 7-29　三芯 64/110kV 光电复合海底电力电缆的结构[55]

1—阻水导体　2—导体屏蔽　3—XLPE 绝缘　4—绝缘屏蔽　5—半导电阻水层
6—合金铅套　7—塑料增强保护层　8—填充条　9—成缆捆扎带　10—内衬层
11—钢丝铠装　12—外被层　13—光缆单元

1）铜导体采用正规绞合，分层嵌入阻水带，分层紧压。正规绞合是为了方便内层线芯做阻水处理，以及在制作工厂软接头时，焊接铜导体较方便，且有足够的机械强度。

这根光电复合海底电力电缆的导体采用 58 根 φ3.86mm 软铜线分层绞合紧压结构，绞线层数为 5 层，每层根数为 1 + 6 + 12 + 17 + 22。它在每层都嵌入阻水带，这种大截面导电线芯，由于嵌入了阻水带，有效地削弱了大截面导体的趋肤效应，不需要再做分裂导体。同时分裂导体各扇形模块之间空隙较大，做阻水结构较为困难。

表 7-44　三芯 110kV 光电复合海缆结构尺寸[55]

名　称	标称厚度/mm	外径/mm	名　称	标称厚度/mm	外径/mm
阻水导体	58 根/φ3.86	30.0	填充条（成缆外径）	—	174.6
半导电阻水带 + 导体屏蔽	0.3 + 1.4	33.4	成缆捆扎	2 × 0.2	175.4
XLPE 绝缘	16.5	66.4	内衬层	2.0	179.4
绝缘屏蔽	1.2	68.8	钢丝铠装	92 根/φ6.0	191.4
半导电阻水带	1 × 0.5	70.3	外被层 + 包带	4.0 + 0.2	199.8
合金铅套	2.8	75.9	24 芯光缆单元	φ15	—
塑料增强保护层	2.6	81.1			

2）导体的屏蔽层。该海缆采用了交联聚乙烯绝缘，为了增强导体的纵向阻水性能，导体屏蔽采用重叠绕包一层高强度半导电阻水带和挤包导电聚烯烃屏蔽层结构。

3）在绝缘屏蔽层外重叠绕包半导电阻水膨胀带，作为阻水缓冲带。

4）采用 2.8mm 厚的"E 合金铅"作为大长度海底电缆铅护套。

5）采用 2.6mm 厚的专用改性中密度聚乙烯护套料作为塑料增强保护层。

6）采用较柔软，成缆工艺性能较好，成缆后外形较圆整的发泡 PVC 扇形填充条。

7）外护层由内衬层、钢丝铠装层和外被层三部分组成。这根海缆铠装钢丝直径为 6mm，抗拉强度为 350 ~ 420MPa，断裂伸长率大于 10%。内衬层和外被层采用"聚丙烯（PP）绳缠绕 + 沥青浸渍"的混合防腐结构。

2. 光缆单元

在三芯海底电力电缆成缆时，在填充区中加入两根海底光缆单元。光缆单元选中心钢丝增强、合金铅护套的称为铅护套 53 型光缆单元。该光缆单元性能可靠，不易断芯，且可放置更多的光纤。其结构如图 7-30 所示。海上石油勘探移动平台用海底电缆、水下临时工程敷设用海底电缆以及陆上潮湿环境敷设的光电复合电力电缆，由于对光缆

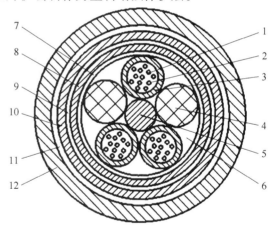

图 7-30　铅护套 53 型光缆单元结构图[55]
1—单模光纤　2—光纤膏　3—高模量聚酯松套管
4—填充绳　5—中心增强钢丝　6—缆芯填充物
7—铝塑复合带纵包　8—PE 套层　9—轧纹镀铬涂
塑钢带纵包　10—PE 护层　11—合金铅套防腐层
12—高密度聚乙烯增强保护层

单元的防腐要求并不高，可采用涂塑钢带纵包、PE 外护套的 GYTA53 型光缆单元。

7.2.15　单芯 110kV 海底光纤复合电力电缆实例

【例 7-4】[61]　宁波东方集团研制的 64/110kV 单芯海底光电复合电缆应用在舟山电网工

程中，其结构图如图 7-17 所示，采用的无铠装光纤单元结构参如图 7-31 所示，无铠装光纤单元技术参数参见表 7-45，这根海底光电复合电缆中的创新点在于海缆的设计不仅提供了电力传输和通信信号传输，而且还将报警和监控融为一体，做到提前预警、准确定位。

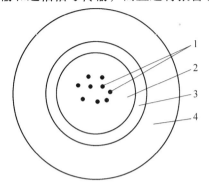

图 7-31　无铠装光纤单元结构[61]

1—光纤　2—纤膏　3—不锈钢管　4—HDPE 护套

表 7-45　无铠装光纤单元的有关技术参数[61]

项　目　名　称		技术参数
光纤	纤芯数	12
	色码识别	标准色谱
填充	材料	纤膏
套管	材料	不锈钢管
	标称直径/内径/mm	3.0；2.6
护套	材料	HDPE
	厚度	1.0
	标称直径/mm	5.0

这条单芯海底光电复合电缆的外部安全预警和定位系统是利用光电复合海缆中的光纤单元，在不影响系统本身通信的前提下，利用电缆内空闲的光纤或波分复用通道，通过自主研制的外围设备（和清华大学及宁波诺可电子科技发展有限公司合作开发），建立可实际运行的模式识别软件系统，实现一套具有抗误报和定位功能的光纤通信安全预警和定位系统，还实现对大长度光电复合海缆的运行温度的监测。

主要技术指标：报警响应——响应时间 <4s，定位准确度 ±50m，误报率 ≤2 次/年，防范距离 <50km，分布式温度监测可达到指标——分布式监测距离 >4km，空间分辨率 <1m，温度检测范围为 -15~100℃，温度检测准确度 ≤ ±1℃。

7.2.16　舟山输电线路 220kV 光纤复合海缆工程实例

【例 7-5】[54]　由宁波东方集团研制的 220kV 光纤复合海缆已在国家电网舟山输电线路中投入运行，这条电缆是 220kV 单芯 1 600mm² 铜导体交联聚乙烯绝缘铅护套粗钢丝铠装纤维外护套海底电缆与光纤复合的电缆，型号规格为 HYJQ41-220kV—1×1600+24D+2A1，它将光纤单元与电力电缆复合在一起，同时输送电能和传输数据，还可在电缆运行过程中利用通信光纤链路本身来实现传感预警功能，即节约成本，又降低敷设施工次数，还降低运行维护费用，具有明显的技术经济效益。该电缆的结构如图 7-32 所示。

HYJQ41-220kV—1×1600+24D+2A1 的结构特点如下：

1）为提高本工程的海底电缆的阻水性能，对截面积 1 600mm² 的导体采用了圆形紧压结构加阻水材料。GB/Z 18890-2002《额定电压 220kV（U_m = 252kV）交联聚乙烯绝缘电力电缆及其附件》标准规定 1 000mm² 以上导体应采用分割导体结构，但海底电缆的特殊使用环境，采用分割导体较难解决导体热膨胀后的阻水性能。参考国外海缆结构并通过实验验证，对本例中的导体采用了圆形紧压结构加阻水材料。

2）绝缘采用全干式交联生产工艺，减小了微孔数和尺寸。绝缘层根据耐受工频交流电压和耐受雷电冲击电压所需要的厚度决定。本例中海缆标称厚度为 24mm，有较大的富裕度。

3）为防止水分或潮气进入电缆绝缘，选择密封性能好、弯曲性能好、耐腐蚀的铅护套。铅护套厚度设计，充分考虑了短路容量和机械强度。

4）光纤复合海底电缆光单元要求比较严格，海底电缆受力时光纤受到的应变应有严格的限制，当海底电缆受到所规定的工作负荷时，光纤不应有伸长量。本例中电缆采用两根光纤单元，放置在内衬层外，全截面积阻水设计，激光焊接不锈钢松套管，填充防止氢损的触变性油膏，外层使用热熔胶粘合剂解决高密度外护套与不锈钢管间的阻水问题。测温光纤可有效监测缆芯温度变化，对过载或高温隐患进行报警，提高海底电缆长期运行安全。

5）本例中的单芯海底电缆采用扁铜线铠装，防止电缆在敷设和运行过程中可能遇到的机械损伤，同时承受机械拉力和敷设时产生的拖曳力，保证金属护套和塑料护套的完整性。

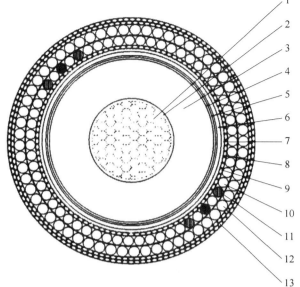

图 7-32　220kV 光纤复合海底电力电缆结构[54]
1—阻水导体　2—导体屏蔽　3—交流聚乙烯绝缘　4—绝缘屏蔽
5—阻水缓冲层　6—铅套　7—外护套　8—防蚀层　9—内衬层
10—填充层　11—光纤单元　13—外被层

6）外被层由聚丙烯（PP）绳等防水耐磨纤维及沥青复合组成，能起到防护保护作用。

HYJQ41-220kV—1×1600+24D+2A1 的电缆结构尺寸和技术数据分别见表 7-46 和表 7-47。

表 7-46　220kV 光纤复合海底电缆结构尺寸[54]

项目名称	标称厚度/mm	直径/mm	项目名称	标称厚度/mm	直径/mm
阻水导体	—	48.0	防蚀层	1×0.15	120.0
导体屏蔽	1.3	51.0	内衬层	2.0	124.0
交联聚乙烯绝缘	24.0	99.0	填充层	7.5	139.0
绝缘屏蔽	1.2	101.4	光纤单元	$\phi6.0$	139.0
半导体阻水带	2×0.5	104.4	金属丝铠装	6.5	152.0
铅套	4.0	112.4	外被层	3.5	159.0
聚乙烯护套	3.6	119.6			

表 7-47　220kV 光纤复合海底电缆技术数据[54]

项　　目	技术数据	项　　目	技术数据
电压 $U_0/U/U_m$/kV	127/220/252	电容/(μF/km)	0.193 2
额定工频试验电压/kV	320	工作拉力/(kN)	130
额定雷电冲击耐受电压峰值/kV	1 050	电缆外径/mm	159
20℃导体直流电阻/(Ω/km)	0.011 3	电缆空气中重量/(kg/m)	61.5
90℃导体交流电阻/(Ω/km)	0.018 75	电缆水中重量/(kg/m)	41.0

7.3　光纤电力复合扁形橡套软电缆及实例

【例7-6】[65]　　港口、火力发电厂、炼钢厂和矿山用的堆取料机等大型移动机械用电缆，以往通常采用单独的动力电缆和控制电缆，分别布设在机械的两侧，这即给设备安装及运行都带来不便，又不可避免引起电磁干扰。若将控制电缆改为光缆并与动力电缆复合成光纤电力复合型电缆，则上述问题可以得到解决。

由上海南洋电材有限公司研制的 3 300V 光纤电力复合扁形橡套软电缆，在 2005 年投入运行后运行良好。电缆型号规格为 YBR-FJ-BG—3300V—$3 \times 38mm^2 + 1 \times 22mm^2$ + OPTIC9；YBR-FS-BG—3300V—$3 \times 38mm^2 + 1 \times 22mm^2$ + OPTIC9。代号含义：Y 为移动；B 为扁形；R 为软结构；FJ 为紧包光纤；FS 为松套光纤；BG 为宝钢用。该电缆的结构如图 7-33 所示，它的结构尺寸及主要性能见表 7-48。对主要组成部分简述如下：

（1）导体

因电缆要不断地经受弯曲，绞合导体采用正反向绞合，即单根股线采用 S 向（左）绞合，多根股线采用 Z 向（右）绞合，这样的导体具有高柔软性、扭转稳定性，以及优良抗冲击性和耐弯折性。

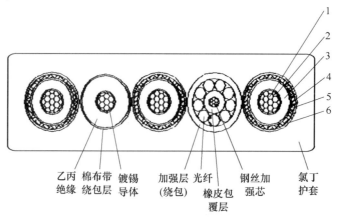

图 7-33　光纤电力复合扁形橡套软电缆结构[65]
1—镀锡铜线　2—半导电层（绕包）　3—乙丙橡胶　4—半导电层（绕包）
5—编织层（镀锡铜线）　6—加强层（绕包）

（2）导体屏蔽

为了消除导电线芯表面的电场畸变，均化电场，减少游离放电，采用了半导电尼龙布包带作为导体屏蔽。

（3）绝缘

绝缘采用自行研发乙丙绝缘橡胶，它具有优良的电气性能和耐臭氧性能，较高的耐热性及机械性能。

（4）绝缘屏蔽

采用半导电棉布带 + 铜丝编织层的组合屏蔽。半导电棉布带与绝缘接触性好，可以减少气隙及其产生的游离放电，均化电场；绝缘外的金属编织层，对绝缘有一定保护作用。由于此电缆为移动电缆，运行过程中有时可能因某些因素产生漏泄电流，因此采用铜丝编织屏蔽并经可靠接地后，可提高系统安全性。

（5）护套

护套要经受频繁弯曲、扭转、牵拉、摩擦，以及耐日光老化等，因此要求护套材料除具有优异的耐候性、耐磨性和优良机械强度，故采用自己研发的以氯丁为基料的橡胶为护套材料。

（6）光纤

光纤采用 G1 级，共有 9 芯，光纤单元近似外径为 5.9mm。

表 7-48　光纤电力复合扁形橡套软电缆结构尺寸和主要参数[65]

项　目		技　术　参　数	
电缆型号		YBR-FJ-BG（YBR-FS-BG）	
额定电压/V		3 300	
电缆规格		$3 \times 38mm^2 + 1 \times 22mm^2 + 9$ 芯光纤	
线芯用途		动力	接地
导体	芯数	3	1
	截面积/mm²	38	22
	结构①	7/34/0.45	7/20/0.45
	近似外径/mm	9.1	7.0
电缆近似尺寸/(mm×mm)		30×99	
近似重量/(kg/km)		4 778	
电性能	耐压试验(V×min)	9 000×10	3 000×10
	20℃绝缘电阻/(MΩ·km)	400	300
	20℃导体电阻/(Ω/km)	0.525	0.892
光性能	衰减(850μm)/(db/km)	≤4.0	
	带宽(MHz—km)	≥200	
允许弯曲半径/mm		≥480	
允许拉力/kN		≤2.3(240kgf)	

① 导体结构为：股线数/绞线芯数/单线直径，例如7/34/0.45 即为 7 根股线绞合而成，其中每股绞线芯数为 34 根，每根单线直径为 0.45mm。

第8章 控制电缆和计算机电缆的选择

从控制中心连接到各系统，用以传递信号或控制操作功能的电缆统称控制电缆。近年，仪器仪表、弱电和计算机网络广泛应用于易爆危险场所，对控制电缆的选择提出新的功能和更高的要求。

8.1 控制电缆的选择

一般控制电缆是由 1 类、2 类或 5 类铜导体与塑料或橡胶绝缘和护套组成，用做电气设备、机械设备的控制、检测仪表、监控回路及保护回路的传递电信号或控制操作功能的载体。

当今控制电缆的主要产品为：聚乙烯绝缘控制电缆、乙丙橡皮绝缘控制电缆、氟塑料绝缘控制电缆和交联聚乙烯绝缘控制电缆，早年曾生产的油浸纸绝缘铅包控制电缆已经被淘汰。

8.1.1 控制电缆的额定电压

控制电缆的额定电压用 U_0/U 表示，我国对塑料绝缘控制电缆的规定为用在交流额定电压为 600/1 000V 及以下，直流额定电压为 1 000V 及以下。对橡皮绝缘控制电缆的额定电压规定为 300/500V 或 600/1 000V，对于具体控制电缆的额定电压请见制造厂家的有关数据。

8.1.2 控制电缆的硬结构和软结构

一般固定敷设的电缆采用硬结构，其导体宜选用 1 类（单根实芯）或 2 类（7 根绞合）导体。例如，KYJV 型号的电缆。在室内经常移动、弯曲半径较小和要求柔软的场合采用软结构，其导体宜选用 5 类（7 根以上的绞合）导体。例如，KYJR 型号的电缆。

按线芯结构形式还可分为三种：A 型（0.5~6mm²，单根实芯）；B 型（0.5~6mm²，7 根单线绞合）；R 型（0.12~1.5mm²，软结构，单线直径 0.12~0.2mm²）。一般可认为 A 型和 B 型为硬结构，R 型为软结构。

导体的硬软应与屏蔽和铠装结构协调一致。如软导体的控制电缆不应该有铜带屏蔽和钢带铠装，而应与铜丝编织屏蔽和钢丝编织铠装相匹配，因为铜带屏蔽和钢带铠装属于硬结构，有这种结构的电缆既不能经常移动也不能有过小的弯曲。如果这种电缆选用软导体，岂不是白白增加加工成本。

8.1.3 控制电缆的屏蔽结构选择

1. 控制电缆的金属屏蔽

金属屏蔽是减弱和防止电磁干扰的重要措施，有些控制电缆具有屏蔽结构，如铜丝编织屏蔽、铝箔屏蔽，铜带屏蔽等等。对于相同外径和长度的屏蔽电缆，这里所列的三种屏蔽方式以铜带屏蔽层的直流电阻为最小，屏蔽效果为最佳。一般来说，屏蔽体半径小、厚度大、层数多、材质复合交错，则屏蔽效果好。不同材质的屏蔽效应不同，如铜带屏蔽的反射衰减效应好，而钢带屏蔽的吸收衰减效应好。屏蔽效应用屏蔽系数 S 表示。屏蔽系数 S 用场中某处屏蔽后的电场强度 E_P 或磁场强度 H_P 与该处屏蔽前的电场强度 E 或磁场强度 H 之比测算。屏蔽系数越小则屏蔽效果越好，即

$$S = \frac{E_P}{E} = \frac{H_P}{H} = 0 \sim 1$$

金属屏蔽有总屏蔽、分屏蔽和双层式总屏蔽等。如果控制电缆每个线对单独屏蔽后再进行总屏蔽，不仅可以避免线对间的耦合干扰，还可以有效地抑制外界干扰以及线对中的高频信号对外界产生的影响，故常用于对信号传输要求较高的场合。

控制电缆金属屏蔽形式的选择，应按可能产生的电气干扰影响的强弱，计入综合抑制干扰的措施，以满足降低干扰和过电压的要求。对防干扰效果的要求越高，则相应的投资也越大，当采用钢带铠装、钢丝编织总屏蔽时，电缆的价格约增加 10% ~ 20%。

2. 强电信号对屏蔽形式的选择

强电回路中的控制电缆，由于其本身的信号较强，因此除了位于超高压配电装置或与高压电缆紧邻平行较长外，均可考虑选用不带金属屏蔽的控制电缆。

3. 弱电信号控制回路使用的控制电缆

当位于存在干扰影响的环境，又不具备有效的抗干扰措施时，应选用带金属屏蔽的控制电缆，以防止电气干扰会对低电平信号回路产生误动作或绝缘击穿等影响。弱电回路的控制电缆如果能与电力电缆拉开足够的距离，或敷设在钢管中时，可能会使外部的电气干扰降低到允许的限度。

4. 控制电缆金属屏蔽类型的选择

应按可能的电气干扰影响，计入综合抑制干扰措施，并应满足降低干扰或过电压的要求，同时应符合下面的要求[4]：

1）位于 110kV 以上配电装置的弱电控制电缆，宜选用总屏蔽或双层式总屏蔽。

2）用于集成电路、微机保护的电流、电压和信号接点的控制电缆，应选屏蔽型。

5. 计算机监测系统信号回路的控制电缆对屏蔽形式的选择

见 8.3.2 节。

6. 充分利用屏蔽功能

电缆具有钢铠、金属套时，应充分利用其屏蔽功能。

7. 控制电缆屏蔽层的接地方式

应注意以下几点[4]：

1）除计算机监控系统的控制电缆屏蔽层只允许集中一点接地的情况外，其他的控制电缆屏蔽层在电磁感应干扰较大时，宜采用两点接地；在静电感应的干扰较大时，则采用一点接地。

2）双重屏蔽或复合式总屏蔽的内屏蔽层宜用一点接地，而外屏蔽层可以两点接地；

3）选择两点接地时还应考虑在暂态电流的作用下，屏蔽层不会被烧毁。

8.1.4　控制电缆的铠装、阻燃、耐火和耐热结构

为了承受拉力和防止机械损伤，控制电缆可以铠装，如钢丝铠装、钢带铠装等。

根据电缆敷设场合的安全要求，可以选具有阻燃性能或耐火性能的控制电缆，例如选用 8.1.11 节、8.1.12 节及 8.1.13 节的阻燃或阻燃耐火控制电缆。若了解阻燃性能和耐火性能的深层概念，请参见第 5 章 5.2 节和 5.3 节的有关内容。

常用于环境温度较高的场合，可以选用耐热型控制电缆，如锅炉的水位控制回路，选型号为 KVV-90、KVV-105 或 8.1.14 节及 8.1.15 节的耐高温控制电缆。

8.1.5　控制电缆的允许弯曲半径

若没有电缆厂家的具体要求，一般可认为非铠装控制电缆的允许弯曲半径应不小于电缆外径的 6 倍，铠装或铜带屏蔽型控制电缆的允许弯曲半径应不小于电缆外径的 12 倍，屏蔽型或软结构控制电缆的允许弯曲半径应不小于电缆外径的 6 倍，其余结构控制电缆的允许弯曲半径应不小于电缆外径的 10 倍[1]，有时候对允许弯曲半径再考虑一定余量，若有具体产品资料，应按该产品要求的允许弯曲半径考虑。

8.1.6　控制电缆线芯数的选择

控制电缆的铜芯导体较细，一般标称截面积为 $0.5 \sim 2.5\text{mm}^2$ 的控制电缆，可生产 $2 \sim 61$ 芯，通常选用时不宜超过 24 芯；标称截面积为 $4 \sim 6\text{mm}^2$ 的控制电缆，可生产 $2 \sim 14$ 芯，通常选用时不宜超过 10 芯；标称截面积为 10mm^2 的控制电缆，可生产 $2 \sim 10$ 芯。

按机械强度要求连接于强电端子排的铜芯电缆和绝缘导线的截面积应大于 1.5mm^2。弱电控制回路导体截面积应不小于 0.5mm^2。

控制电缆应选用多芯电缆，尽量减少根数。并应适当留有备用芯线，还要结合电缆的芯线截面积、长度及敷设条件等因素来选择线芯。

1）电流互感器二次电缆及芯线在 7 芯及以下的控制电缆可不留备用芯线。

2）芯线截面积在 4mm^2 及以上的电缆可不留备用芯线。

3）敷设条件较好的场所，例如控制室内部、机房屏蔽间可考虑不留备用芯线或少留备用芯线。

4）较长的控制电缆 7 芯以上，截面积小于 4mm^2 时，应当留有必要的备用芯。但同一安装单位的同一起止点的控制电缆中不需要每根电缆都留有备用芯，可在同类性质的一根电缆中预留。

5）下列情况的回路，相互间不应合用同一根控制电缆：

①弱电信号、控制回路与强电信号、控制回路。

②低电平信号与高电平信号回路。

③交流断路器分相操作的各相弱电控制回路。

6）弱电回路的每一对往返导线，应属于同一根控制电缆。

7）电流互感器、电压互感器每组二次绕组的相线和中性线应配置于同一根电缆内。

在设计端子排时应避免一根电缆同时接至屏上两侧的端子排。当芯数在 5 芯及以上时，应采用单独的电缆；4 芯及以下时两侧间采用绝缘电线转接。在同一安装单位内截面积相同的交、直流回路必要时可合用一根电缆，但在一根电缆内不宜有两个安装单位的芯线。

8.1.7　控制电缆截面积选择的计算

在电气控制系统和配电装置内，固定敷设的控制线路中一般负荷间断，电流不大，因此线芯截面积不大，通常在 $10\mathrm{mm}^2$ 以下。控制电缆截面积的选择计算如下：

1. 测量表计电流回路用控制电缆的选择[1]

计算测量表计回路的电缆线芯截面积为 S 时，应按电流互感器在某一准确等级下的额定二次负荷值进行选择，其截面积为 S（mm^2）为

$$S = \frac{\rho K_{jx1} l}{Z_{l2} - K_{jx2} Z_{cj} - Z_c}$$

式中　　l——控制电缆长度（m）；

　　　　Z_{l2}——电流互感器在某一准确等级下的额定二次负荷（Ω）；

　　　　Z_{cj}——测量表计的负荷（Ω）；

　　　　Z_c——接触电阻，一般为 0.05Ω；

　　　　ρ——电阻系数，铜为 $0.0184\Omega \cdot \mathrm{mm}^2/\mathrm{m}$；

K_{jx1}、K_{jx2}——接线系数，见表 8-1。

表 8-1　仪表或继电器用电流互感器各种接线方式的接线系数[10]

电流互感器接线方式		导线接线系数 K_{jx1}	仪表或继电器接线系数 K_{jx2}
单相		2	1
三相星形		1	1
两相星形	$Z_{cjo}^{①} = Z_{cj}$	$\sqrt{3}$	$\sqrt{3}$
	$Z_{cjo} = 0$	$\sqrt{3}$	1
两相差接		$2\sqrt{3}$	$\sqrt{3}$
三角形		3	3

①　Z_{jxo} 为中性线回路中的负荷阻抗。

计算结果当 $S < 2.5\mathrm{mm}^2$ 时，仍应选用 $2.5\mathrm{mm}^2$ 电缆。而电流互感器二次电流不超过 5A，所以不需要按额定电流校验电缆芯。另外，控制电缆按短路时校验热稳定也是足够的，因此也不需要按短路时热稳定性校验电缆截面积。

当接线系数 K_{jx1} 及截面积 S 确定后，电缆的最大允许长度 L（m）可由下式计算

$$L = K(Z_{l2} - K_{jx2} Z_{cj} - Z_c)$$

式中　K——系数，$K = 1.1 \sim 1.2$。

2. 保护装置电流回路用控制电缆截面积的选择[1]

根据保护装置一次电流倍数，在电缆互感器的 10% 误差曲线上查出其二次负荷 Z_{xu} 后，可由下式计算电缆线芯截面积 S（mm^2）：

$$S = \frac{\rho K_{jx1} l}{Z_{xu} - K_{jx2} Z_j - Z_c}$$

式中　Z_{xu}——按 10% 倍数曲线确定的二次负荷（Ω）；

K_{jx1}、K_{jx2}——接线系数，见表 8-1；

　　　　Z_j——继电器负荷阻抗（Ω）；

　　　　l——控制电缆长度（m）；

　　　　Z_c——接触电阻，取 0.05Ω。

当电流互感器的接线方式确定后，应根据可能发生的短路方式选取最大的接线系数 K_{jx1}、K_{jx2} 值，如 $S < 2.5\text{mm}^2$ 时，也应选用截面积为 2.5mm^2 的电缆。

3. 电压回路用控制电缆截面积的选择

电压回路的控制电缆截面积 S 按允许电压降计算。电压互感器至计费用的 0.5 级电能表的电压降不宜大于 0.25%。在正常负荷下，电压互感器至测量表计的电压降不应超过额定电压的 1%~3%；当全部保护装置和仪表工作（电压互感器负荷最大）时，至保护和自动装置的电压降不应超过额定电压的 3%。控制电缆截面积 S（mm^2）由下式计算[1]

$$S = \sqrt{3} K_{jx} \frac{P}{U} \times \frac{\rho l}{\Delta u}$$

式中　P——电压互感器每相负荷（VA）；

　　　l——控制电缆长度（m）；

　　　U——线电压（V）；

　　　ρ——电阻系数，铜为 $0.0184\Omega \cdot \text{mm}^2/\text{m}$；

　　　K_{jx}——接线系数，三相星形 $K_{jx}=1$，两相星形接线为 $K_{jx}=\sqrt{3}$，单相 $K_{jx}=2$；

　　　Δu——电缆线芯允许电压降（V）。

4. 控制、信号回路用控制电缆截面积的选择

按机械强度条件选择，控制电缆的缆芯截面积不应小于 1.5mm^2。一般控制、信号回路用控制电缆截面积的选择，应按正常最大负荷下控制母线至各设备间的电压降不超过 10% 额定电压考虑，电缆截面积 S（mm^2）按下式计算。

$$S = \frac{2 \times 100 I_{q \cdot \max} \rho}{\Delta u_{xu}\% U_1 l}$$

式中　$\Delta u_{xu}\%$——元件正常工作时允许的电压降的百分值，一般取 10%；

　　　U_1——直流额定电压（V）；

　　　$I_{q \cdot \max}$——流过控制线圈的最大电流（A）；

　　　ρ——电阻系数，铜为 $0.0184\Omega \cdot \text{mm}^2/\text{m}$；

　　　l——控制电缆长度（m）。

8.1.8　橡胶绝缘控制电缆

橡胶绝缘控制电缆（GB/T 9330—2008《塑料绝缘控制电缆》）主要用于直流和交流 50~60Hz，额定电压为 600/1 000V 及以下控制、信号、保护及测量的固定敷设线路。线芯长期允许工作温度为 65℃。

橡胶绝缘控制电缆的型号、敷设温度和弯曲半径见表 8-2。

表 8-2　橡胶绝缘控制电缆的型号、敷设温度和弯曲半径

名　　称	型号	敷设温度不低于 /℃	弯曲半径不小于 /mm
铜芯橡皮绝缘氯丁橡套控制电缆	KXF		
铜芯橡皮绝缘裸铅包控制电缆	KXQ	−20	10D
铜芯橡皮绝缘铅包聚乙烯护套控制电缆	KXQ03		

（续）

名　　称	型号	敷设温度不低于 /℃	弯曲半径不小于 /mm
铜芯橡皮绝缘铅包钢带铠装聚乙烯护套控制电缆	KXQ23	-20	10D
铜芯橡皮绝缘铅包裸钢丝铠装控制电缆	KXQ30		
铜芯橡皮绝缘聚氯乙烯护套控制电缆	KXV	-15	10D
铜芯橡皮绝缘铜带铠装聚氯乙烯护套控制电缆	KX22		
铜芯橡皮绝缘铜带铠装聚乙烯护套控制电缆	KX23		
铜芯橡皮绝缘铅包聚氯乙烯护套控制电缆	KXQ02		
铜芯橡皮绝缘铅包钢带铠装聚氯乙烯护套控制电缆	KXQ22		
铜芯橡皮绝缘铅包裸钢带铠装控制电缆	KXQ20	-10	10D

注：表中 D 为电缆外径。

氯丁橡套电缆具有不延燃性能，聚乙烯护套电缆具有较好的耐寒性能。

橡胶绝缘控制电缆线芯截面积、根数和单线直径见表 8-3，同心式绞合电缆规格见表 8-4。

表 8-3　橡胶绝缘控制电缆线芯截面积、根数和单线直径[44]

线芯标称截面积 /mm²	铜　芯			铝芯
	A 型电缆	B 型电缆	R 型电缆	A 型电缆
0.12	—	—	7/0.75	
0.2			12/0.15	
0.3			16/0.15	
0.4			23/0.15	—
0.5	1/0.80	7/0.30	28/0.105	
0.75	1/0.97	7/0.37	42/0.105	
1.0	1/1.13	7/0.43	32/0.20	
1.5	1/1.38	7/0.52	48/0.20	
2.5	1/1.78	7/0.68		1/1.78
4	1/2.25	7/0.85	—	1/2.25
6	1/2.76	7/1.04		1/2.76
10	—	7/1.35		—

注：表中 A 型、B 型和 R 型电缆的说明见 8.1.2 节。

表 8-4　同心式绞合电缆规格[44]

型号	导体类型	额定电压/V U_0/U	标称截面积/mm²					
			0.1~0.4	0.5~1	1.5	2.5	4	6~10
KXV	A, B	600/1 000 或 300/500	—	2~61	2~37	4~14	4~14	—
KXQ								
KXQ02								
KXQ03								
KXQ20								

（续）

型号	导体类型	额定电压/V U_0/U	标称截面积/mm²					
			0.1 ~ 0.4	0.5 ~ 1	1.5	2.5	4	6 ~ 10
KXQ22	A，B	600/1 000 或 300/500	—	6 ~ 61	4 ~ 61	4 ~ 37	4 ~ 14	4 ~ 10
KXQ23								
KX22				10 ~ 61	15 ~ 61	6 ~ 37	6 ~ 14	6 ~ 10
KX23								
KXQ30	A	600/1 000 或 300/500	—	—	—	4 ~ 37	4 ~ 14	4 ~ 10
							4 ~ 14	4 ~ 10

注：表中 A 型、B 型和 R 型电缆的说明见 8.1.2 节，芯数系列为 2、4、5、6、7、8、10、12、14、16、19、24、30、37、44、48、52 和 61 芯。

电缆的选择除进行截面积的计算外，有时还要考虑敷设环境对电缆转弯半径大小的要求；电缆的粗细对所穿管件的适合直径或空间选择等，需要知道有关电缆的直径尺寸。KXV 控制电缆的电缆外径见表 8-5，KX22 控制电缆的 A 型线芯电缆外径见表 8-6，KX22 控制电缆的 B 型线芯电缆外径见表 8-7，KXF 控制电缆的 A 型线芯电缆外径表 8-8，KXQ 控制电缆的 A 型线芯电缆外径见表 8-9，KXQ02 控制电缆的 A 型线芯电缆外径见表 8-10。

表 8-5　　KXV 控制电缆的电缆外径[44]

芯数	线芯截面积/mm²					
	0.5	1.5	2.5	4	6	10
	电缆外径/mm					
2	7.4	9.4	10.2	—	—	—
4	8.4	10.8	11.7	13.9	15.1	20.2
5	9.1	11.7	13.8	15.1	16.5	22.0
6	9.8	13.7	14.9	16.4	17.9	24.0
7	9.8	13.7	14.9	16.4	17.9	24.0
8	10.5	14.8	16.1	17.6	20.3	25.9
10	13.2	17.1	19.7	21.6	23.6	30.4
12	13.6	17.6	20.3	22.3	—	—
14	14.2	19.5	21.3	23.4	—	—
16	14.9	20.5	22.4	—	—	—
19	15.6	21.5	23.5	—	—	—
24	18.0	24.9	27.3	—	—	—
30	20.0	26.3	28.9	—	—	—
37	21.4	28.3	31.1	—	—	—
44	23.8	31.8	—	—	—	—
48	24.2	32.2	—	—	—	—
52	24.8	33.0	—	—	—	—
61	26.2	33.5	—	—	—	—

注：表中皆为 A 型线芯电缆，除 0.5mm² 截面积的电缆的额定电压为 300/500V 外，其余电缆的额定电压为 300/500V 或 600/1 000V。

表 8-6　KX22 控制电缆的 A 型线芯电缆外径[44]

芯数	线芯截面积/mm²							
	0.5	0.75	1.0	1.5	2.5	4	6	10
	电缆外径/mm							
4	—	—	—	—	15.9	19.1	20.3	25.4
5	—	—	—	—	19.0	20.3	21.7	27.2
6	14.0	15.7	16.2	17.9	20.1	21.6	23.1	29.2
7	14.1	15.7	16.2	17.9	20.1	21.6	23.1	29.2
8	14.7	17.8	19.1	20.0	21.3	22.8	25.6	31.9
10	17.4	20.7	21.3	22.3	24.9	26.8	28.8	37.4
12	17.8	21.1	21.8	22.8	25.5	27.5	—	—
14	19.4	21.9	22.6	24.7	26.5	28.6	—	—
16	20.1	22.8	24.5	25.7	27.6	—	—	—
19	20.8	24.7	25.5	26.7	28.7	—	—	—
24	23.2	27.5	28.6	30.1	33.3	—	—	—
30	25.2	28.9	29.9	32.3	35.9	—	—	—
37	26.6	31.4	32.5	35.3	38.7	—	—	—
44	29.0	35.4	36.5	38.6	—	—	—	—
48	29.4	35.8	37.1	39.2	—	—	—	—
52	30.0	36.5	37.8	40.0	—	—	—	—
61	32.0	38.3	39.8	43.0	—	—	—	—

注：表中除 0.5mm²、0.75mm² 和 1.0mm² 截面积的电缆的额定电压为 300/500V 外，其余电缆的额定电压为 300/500V 或 600/1 000V。

表 8-7　KX22 控制电缆的 B 型线芯电缆外径[44]

芯数	线芯截面积/mm²						
	0.5	0.75	1.0	1.5	2.5	4	6
	电缆外径/mm						
4	—	—	—	15.4	17.6	19.8	21.2
5	—	—	—	17.4	19.7	21.1	22.6
6	14.3	16.1	17.7	19.5	20.9	22.5	25.2
7	14.3	16.1	17.7	19.5	20.9	22.5	25.2
8	15.1	19.1	19.7	20.6	22.0	24.8	26.7
10	17.8	21.2	22.0	23.0	26.0	28.0	31.1
12	18.2	21.7	22.5	24.6	26.6	28.7	—
14	19.8	22.5	24.3	25.5	27.6	22.9	—
16	20.6	24.4	25.3	26.5	28.8	—	—
19	21.3	25.4	26.3	27.6	30.0	—	—

（续）

芯数	线芯截面积/mm²						
	0.5	0.75	1.0	1.5	2.5	4	6
	电缆外径/mm						
24	24.8	28.5	29.5	32.0	35.8	—	—
30	26.2	29.8	31.7	33.4	37.5	—	—
37	27.3	32.4	33.6	36.5	39.9	—	—
44	29.8	36.5	37.9	40.1	—	—	—
48	30.2	37.0	38.4	40.6	—	—	—
52	32.0	37.8	39.3	42.6	—	—	—
61	33.1	39.6	42.2	44.6	—	—	—

注：表中除 0.5mm²、0.75mm² 和 1.0mm² 截面积的电缆的额定电压为 300/500V 外，其余电缆的额定电压为 300/500V 或 600/1 000V。

表 8-8 KXF 控制电缆的 A 型线芯电缆外径[44]

芯数	线芯截面积/mm²							
	0.5	0.75	1.0	1.5	2.5	4	6	10
	电缆外径/mm							
2	9.4	10.5	10.9	11.4	12.2	—	—	—
4	10.4	11.8	12.2	12.8	13.7	14.9	16.1	22.2
5	11.1	12.6	13.1	13.7	14.8	16.1	17.5	24.0
6	11.8	13.5	14.0	14.7	15.9	17.4	18.9	26.0
7	11.8	13.5	14.0	14.7	15.9	17.4	18.9	26.0
8	12.5	14.4	14.9	15.8	17.1	18.6	22.3	27.9
10	14.2	16.5	17.1	18.1	21.7	23.6	25.6	32.4
12	14.5	16.9	17.6	18.6	22.3	24.3	—	—
14	15.2	17.7	18.4	21.5	23.3	25.4	—	—
16	15.9	18.6	21.3	22.5	24.4	—	—	—
19	16.5	21.5	22.8	23.5	25.5	—	—	—
24	19.0	24.4	25.4	26.9	29.3	—	—	—
30	22.0	25.7	26.7	28.3	30.9	—	—	—
37	23.4	27.4	28.5	30.3	33.1	—	—	—
44	25.8	30.4	31.6	33.6	—	—	—	—
48	26.2	30.8	32.1	34.2	—	—	—	—
52	26.8	31.6	32.9	35.0	—	—	—	—
61	28.2	33.3	34.8	38.0	—	—	—	—

注：表中除 0.5mm²、0.75mm² 和 1.0mm² 截面积的电缆的额定电压为 300/500V 外，其余电缆的额定电压为 300/500V 或 600/1 000V。

表 8-9　KXQ 控制电缆的 A 型线芯电缆外径

芯数	线芯截面积/mm²							
	0.5	0.75	1.0	1.5	2.5	4	6	10
	电缆外径/mm							
2	7.1	8.2	8.5	9.0	9.9	—	—	—
4	8.1	9.5	9.8	10.4	11.4	12.5	13.8	17.8
5	8.7	10.3	10.7	11.4	12.5	13.7	15.1	19.7
6	9.5	11.2	11.7	12.4	13.6	15.0	16.5	21.6
7	9.5	11.2	11.7	12.4	13.6	15.0	16.5	21.6
8	10.2	12.1	12.6	13.4	14.7	16.3	18.0	23.5
10	11.9	14.1	14.8	15.8	17.4	19.3	21.3	28.7
12	12.2	14.6	15.3	16.3	18.0	19.9	—	—
14	12.9	15.4	16.1	17.2	19.0	21.0	—	—
16	13.5	16.2	17.0	18.2	20.2	—	—	—
19	14.3	17.1	17.9	19.2	21.2	—	—	—
24	16.7	20.1	21.0	22.7	25.3	—	—	—
30	17.7	21.4	22.5	24.1	25.9	—	—	—
37	19.1	23.3	24.4	28.3	29.3	—	—	—
44	21.5	26.4	27.7	29.9	—	—	—	—
48	21.8	26.9	28.2	30.4	—	—	—	—
52	22.7	27.7	29.2	31.3	—	—	—	—
61	24.1	29.6	31.0	33.3	—	—	—	—

注：表中除 0.5mm²、0.75mm² 和 1.0mm² 截面积的电缆的额定电压为 300/500V 外，其余电缆的额定电压为 300/500V 或 600/1 000V。

表 8-10　KXQ02 控制电缆的 A 型线芯电缆外径[44]

芯数	线芯截面积/mm²							
	0.5	0.75	1.0	1.5	2.5	4	6	10
	电缆外径/mm							
2	10.4	11.3	11.8	13.3	14.2	—	—	—
4	11.3	13.8	14.1	14.7	15.7	16.8	19.2	23.1
5	13.0	14.6	15.0	15.7	16.8	19.0	20.4	25.0
6	13.8	15.5	15.9	16.7	17.9	20.3	21.8	26.9
7	13.8	15.5	15.9	16.7	17.9	20.3	21.8	26.9
8	14.5	16.4	16.9	17.7	20.0	21.6	23.3	29.0
10	16.2	19.4	20.1	21.1	22.7	24.6	26.6	34.0
12	16.5	19.9	20.6	21.6	23.3	25.2	—	—
14	17.1	20.7	21.4	22.5	24.2	26.3	—	—
16	17.8	21.5	22.3	23.4	25.3	—	—	—

（续）

芯数	线芯截面积/mm²							
	0.5	0.75	1.0	1.5	2.5	4	6	10
	电缆外径/mm							
19	19.6	22.4	23.2	24.5	26.5	—	—	—
24	22.0	25.4	26.3	28.0	30.6	—	—	—
30	22.9	26.7	27.8	29.4	32.2	—	—	—
37	24.4	28.6	30.0	31.6	35.6	—	—	—
44	26.8	31.7	33.0	36.2	—	—	—	—
48	27.1	32.2	33.5	36.7	—	—	—	—
52	27.9	32.9	35.5	37.6	—	—	—	—
61	29.4	35.9	37.3	39.6	—	—	—	—

注：表中除 0.5mm²、0.75mm² 和 1.0mm² 截面积的电缆的额定电压为 300/500V 外，其余的电缆的额定电压为 300/500V 或 600/1 000V。

8.1.9 塑料绝缘控制电缆

塑料绝缘控制电缆（GB/T 93301.2—2008《塑料绝缘控制电缆第 2 部分：聚氯乙烯绝缘和护套控制电缆》）主要用于直流和交流为 50 ~ 60Hz，额定电压为 600/1 000V 及以下控制、信号、保护及测量的固定敷设线路，电缆长期允许工作温度为 65℃，敷设时的温度应不低于 – 15℃，敷设时弯曲半径应不小于成品电缆外径的 10 倍，聚乙烯绝缘控制电缆具有较好的耐寒性能。塑料绝缘控制电缆的型号、名称、额定电压及标称截面积见表 8-11。

表 8-11　塑料绝缘控制电缆的型号、名称、额定电压及标称截面积[44]

型号	名　　称	导体类型	额定电压/$U_0/U/$(V)	标称截面积/mm²				
				0.5 ~ 1	1.5	2.5	4	6 ~ 10
KYY	铜芯聚乙烯绝缘聚乙烯护套控制电缆	A，B	600/100 或 300/500	2 ~ 61	2 ~ 37	4 ~ 14	4 ~ 10	
KYYP	铜芯聚乙烯绝缘铜丝编织总屏蔽聚乙烯护套控制电缆							
KYYP2	铜芯聚乙烯绝缘铜带绕包总屏蔽聚乙烯护套控制电缆							
KYV	铜芯聚乙烯绝缘聚氯乙烯护套控制电缆							
KYVP	铜芯聚乙烯绝缘铜丝编织总屏蔽聚氯乙烯护套控制电缆							
KYVP2	铜芯聚乙烯绝缘铜带绕包总屏蔽聚氯乙烯护套控制电缆							
KVY	铜芯聚氯乙烯绝缘聚乙烯护套控制电缆							
KVYP	铜芯聚氯乙烯绝缘铜丝编织总屏蔽聚乙烯护套控制电缆							
KVYP2	铜芯聚氯乙烯绝缘铜带绕包总屏蔽聚乙烯护套控制电缆							

（续）

型号	名　　称	导体类型	额定电压/$U_0/U/$（V）	标称截面积/mm²				
				0.5～1	1.5	2.5	4	6～10
KY22	铜芯聚乙烯绝缘钢带铠装聚氯乙烯护套控制电缆	A,B	600/100 或 300/500	6～61 10～61	4～61 6～61	4～37 6～37	4～14 6～14	4～10 6～10
KY23	铜芯聚乙烯绝缘钢带铠装聚乙烯护套控制电缆							
KY32	铜芯聚乙烯绝缘细钢丝铠装聚氯乙烯护套控制电缆							
KY33	铜芯聚乙烯绝缘细钢丝铠装聚乙烯护套控制电缆							
KYV30	铜芯聚乙烯绝缘聚乙烯护套裸细钢丝铠装控制电缆							
KYYP1	铜芯聚乙烯绝缘铜丝缠绕总屏蔽聚乙烯护套控制电缆							
KYVP1	铜芯聚乙烯绝缘铜丝缠绕总屏蔽聚氯乙烯护套控制电缆							
KVYP1	铜芯聚氯乙烯绝缘铜丝缠绕总屏蔽聚乙烯护套控制电缆							
KYP233	铜芯聚乙烯绝缘铜带绕包总屏蔽细钢丝铠装聚乙烯护套控制电缆							
KYP232	铜芯聚乙烯绝缘铜带绕包总屏蔽细钢丝铠装聚氯乙烯护套控制电缆							

注：表中 A 型、B 型和 R 型电缆的说明见 8.1.2 节，芯数系列为 2、4、5、6、7、8、10、12、14、16、19、24、30、37、44、48、52 和 61 芯。

塑料绝缘控制电缆的结构形式（导电线芯截面积、根数、单线直径）和绝缘层厚度见表 8-12。

表 8-12　塑料绝缘控制电缆的结构形式和绝缘层厚度[44]

线芯标称截面积/mm²	铜芯导电线芯截面积、根数、单线直径			聚乙烯电缆绝缘层厚度/mm	
	A 型电缆	B 型电缆	R 型电缆	300/500V	600/1 000V
0.5	1/0.80	7/0.30	28/0.105	0.6	0.8
0.75	1/0.97	7/0.37	42/0.105	0.6	0.8
1.0	1/1.13	7/0.43	32/0.20	0.6	0.8
1.5	1/1.38	7/0.52	48/0.20	0.6	0.8
2.5	1/1.78	7/0.68	—	0.6	0.8
4	1/2.25	7/0.85	—	0.6	1.0
6	1/2.76	7/1.04	—	0.8	1.0
10	—	7/1.35	—	0.8	1.0

注：表中 A 型、B 型和 R 型电缆的说明见 8.1.2 节。

塑料绝缘控制电缆的铜带屏蔽层应搭盖绕包，搭盖率应不小于带宽的25%，屏蔽层内应纵向加入总截面积不小于$0.2mm^2$的软铜线或软铜丝束屏蔽层，并应搭盖绕包薄膜带式布带。铜带厚度为$0.1 \sim 0.15mm$，编织屏蔽层和塑料外护层厚度见表8-13。

表8-13 塑料绝缘控制电缆的编织屏蔽层和塑料外护层厚度[44]

屏蔽前或护套前计算直径 /mm	编织屏蔽		聚乙烯外套标称厚度/mm
	铜线直径/mm	覆盖密度/%	A 型和 B 型
≤6.0	0.10 ~ 0.15	≥90	1.0
6.01 ~ 10.00	0.10 ~ 0.15	≥90	1.0
10.01 ~ 12.00			1.5
12.01 ~ 15.00	0.15 ~ 0.20	≥90	1.5
15.01 ~ 18.00			2.0
18.01 ~ 30.00	0.10 ~ 0.15	≥90	2.0
30.01 ~ 40.00			2.5
40.01 ~ 45.00			3.0
>45.00			3.0

注：表中 A 型和 B 型电缆的说明见8.1.2节。

电缆的选择除进行截面积的计算外，有时还要考虑敷设环境对电缆转弯半径大小的要求；电缆的粗细对所穿管件的适合直径或空间的选择等，有必要知道有关电缆的直径尺寸。KYY 控制电缆的 A 型线芯电缆外径见表8-14，KYYP 控制电缆的 A 型线芯电缆外径见表8-15。

表8-14 KYY 控制电缆的 A 型线芯电缆外径[44]

芯数	线芯截面积/mm²				
	1.5	2.5	4	6	10
	电缆外径/mm				
2	8.7	9.5	—	—	—
4	9.9	10.9	14.0	15.2	19.2
5	10.7	11.8	15.2	16.5	21.0
6	11.6	13.8	16.4	18.0	22.8
7	11.6	13.8	16.4	18.0	22.8
8	13.5	14.9	17.7	20.4	24.7
10	14.6	17.2	21.7	23.7	28.7
12	16.1	17.7	22.3	—	—
14	16.8	19.6	23.5	—	—
16	17.7	20.6	—	—	—
19	19.6	21.6	—	—	—
24	22.6	25.0	—	—	—
30	23.8	26.4	—	—	—

（续）

芯数	线芯截面积/mm²				
	1.5	2.5	4	6	10
	电缆外径/mm				
37	25.6	28.3	—	—	—
44	28.5	—	—	—	—
48	29.0	—	—	—	—
52	29.8	—	—	—	—
61	31.5	—	—	—	—

注：表中电缆的额定电压为 600/1 000V。

表 8-15　KYYP 控制电缆的 A 型线芯电缆外径[44]

芯数	线芯截面积/mm²				
	1.5	2.5	4	6	10
	电缆外径/mm				
2	9.1	9.9	—	—	—
4	10.3	11.3	14.4	15.8	19.9
5	11.1	13.2	15.8	17.1	21.6
6	13.1	14.2	17.0	19.6	23.4
7	13.1	14.2	17.0	19.6	23.4
8	13.9	15.2	19.3	21.0	25.5
10	16.2	17.8	22.3	24.3	29.7
12	16.7	18.5	22.9	—	—
14	17.4	20.2	24.1	—	—
16	19.3	21.2	—	—	—
19	20.2	22.2	—	—	—
24	23.2	23.8	—	—	—
30	24.4	27.2	—	—	—
37	26.4	29.2	—	—	—
44	29.3	—	—	—	—
48	29.8	—	—	—	—
52	30.6	—	—	—	—
61	32.3	—	—	—	—

注：表中电缆的额定电压为 600/1 000V。

8.1.10　交联聚乙烯绝缘控制电缆

1. 用途

交联聚乙烯绝缘控制电缆适用于直流和交流为 50Hz，额定电压为 600/1 000V 及以下的发电厂、变电站、工厂、石化等企业远距离操作的控制回路，作为各类电路仪表及自动化装置之间的连接线，起着传输各种电能的作用，使整个电气系统得到安全、可靠的运行。

2. 特性和使用条件

产品电缆经受 3 500V 工频交流电压试验 5min 不击穿。电缆绝缘电阻为 90℃ 时不小于 $1.5M\Omega/km$。交联聚乙烯绝缘控制电缆的耐热性、耐寒性、耐化学性、绝缘电阻和使用寿命远优于聚氯乙烯绝缘控制电缆。

电缆线芯的长期允许工作温度不大于 90℃，过载温度为 130℃，短路温度为 250 ℃ (5s)。电缆的敷设温度不低于 0℃，推荐允许弯曲半径不大于电缆外径的 6 倍。

机械性能好。交联后的聚乙烯保持并提高了原有优良的机械性能，弥补了聚乙烯耐环境应力龟裂性能差的缺点，同时具有很好的耐磨性和承受集中的机械应力的能力。

化学特性优。交联聚乙烯的耐酸碱、耐油性能均比聚乙烯强，其燃烧产物是 CO_2 和 H_2O，因此对环境的危害较少，符合现代消防安全的要求。

3. 电缆的型号及规格

电缆的型号见表 8-16。电缆的规格见表 8-17。

这节的数据摘自江苏宝胜集团资料。

表 8-16 交联聚乙烯绝缘控制电缆的型号

型号	名　称	主要使用场合
KYJV	铜芯交联聚乙烯绝缘聚氯乙烯护套控制电缆	敷设在室内、电缆沟、管道等固定场所
KYJVP	铜芯交联聚乙烯绝缘聚氯乙烯护套编织屏蔽控制电缆	敷设在室内、电缆沟、管道等要求屏蔽固定场所
KYJVP2	铜芯交联聚乙烯绝缘聚氯乙烯护套铜带屏蔽控制电缆	敷设在室内、电缆沟、管道等要求屏蔽固定场所
KYJV22	铜芯交联聚乙烯绝缘聚氯乙烯护套钢带铠装控制电缆	敷设在室内、电缆沟、管道等能承受较大机械外力的固定场所

表 8-17 交联聚乙烯绝缘控制电缆的规格（芯数）

标称截面积/mm²	KYJV	KYJVP	KYJP2	KYJV22
0.75				
1.0		2 ~ 61（芯）	4 ~ 61（芯）	4 ~ 61（芯）
1.5				
2.5	2 ~ 61（芯）			
4		2 ~ 14（芯）	4 ~ 14（芯）	4 ~ 61（芯）
6				
10		2 ~ 10（芯）	4 ~ 10（芯）	4 ~ 10（芯）

电缆的选择除截面积的计算外，有时还要考虑敷设环境对电缆转弯半径大小的要求；电缆的粗细对所穿管件的适合直径或空间的选择等，有必要知道有关电缆的直径尺寸。KYJV 控制电缆的电缆外径尺寸见表 8-18，KYJV22 控制电缆的电缆外径尺寸见表 8-19，KYJVP 控

制电缆的电缆外径尺寸见表 8-20，KYJVP2 控制电缆的电缆外径尺寸见表 8-21。

表 8-18　KYJV 控制电缆的电缆外径

芯数	线芯截面积/mm²						
	0. 75	1. 0	1. 5	2. 5	4	6	10
	电缆外径/mm						
2	6. 5	6. 8	7. 7	8. 9	9. 9	10. 9	14. 1
3	6. 8	7. 1	8. 1	9. 5	10. 4	12. 1	14. 9
4	7. 3	7. 7	8. 9	10. 2	12. 0	13. 2	16. 3
5	7. 9	8. 3	9. 5	11. 7	13. 0	14. 4	18. 3
7	8. 3	8. 3	10. 3	12. 7	14. 1	15. 6	19. 9
8	9. 1	11. 7	13. 5	15. 9	18. 2	20. 2	25. 4
10	10. 5	11. 7	13. 5	16. 9	18. 2	20. 2	25. 4
12	11. 3	12. 0	13. 9	16. 4	18. 7	20. 9	—
14	11. 9	12. 6	14. 5	17. 2	19. 7	21. 9	—
16	12. 4	13. 2	15. 3	18. 5	—	—	—
19	13. 0	13. 8	16. 1	19. 5	—	—	—
24	15. 0	15. 9	19. 0	22. 6	—	—	—
27	15. 3	16. 3	19. 4	23. 1	—	—	—
30	15. 8	17. 2	20. 1	24. 0	—	—	—
37	17. 3	18. 5	21. 6	25. 8	—	—	—
44	19. 3	20. 4	24. 2	29. 6	—	—	—
48	19. 6	20. 9	24. 6	30. 1	—	—	—
52	20. 1	21. 5	25. 3	30. 9	—	—	—
61	21. 3	22. 7	27. 3	33. 2	—	—	—

表 8-19　KYJV22 控制电缆的电缆外径

芯数	线芯截面积/mm²						
	0. 75	1. 0	1. 5	2. 5	4	6	10
	电缆外径/mm						
4	—	—	—	13. 8	15. 0	16. 2	19. 7
5	—	—	—	14. 7	16. 0	17. 8	21. 3
7	12. 1	12. 5	13. 9	15. 7	17. 1	19. 0	22. 9
8	12. 7	13. 2	14. 7	16. 6	18. 6	20. 3	24. 5
10	14. 1	14. 7	16. 5	19. 3	21. 2	23. 2	29. 0
12	14. 3	15. 0	16. 9	19. 8	21. 7	23. 9	—
14	14. 9	15. 6	17. 9	20. 6	22. 7	24. 9	—
16	15. 4	16. 2	18. 7	21. 5	—	—	—
19	16. 0	17. 2	19. 5	22. 5	—	—	—

（续）

芯数	线芯截面积/mm²						
	0.75	1.0	1.5	2.5	4	6	10
	电缆外径/mm						
24	18.4	19.3	22.0	25.5	—	—	—
27	18.7	19.7	22.4	26.1	—	—	—
30	19.2	20.2	23.1	27.0	—	—	—
37	20.3	21.5	24.5	30.6	—	—	—
44	22.3	23.6	27.8	24.2	—	—	—
48	22.6	23.9	29.4	34.5	—	—	—
52	23.3	24.8	30.1	35.5	—	—	—
61	24.3	25.7	31.6	37.4	—	—	—

表 8-20　KYJVP 控制电缆的电缆外径

芯数	线芯截面积/mm²						
	0.75	1.0	1.5	2.5	4	6	10
	电缆外径/mm						
2	7.4	7.7	8.6	9.8	11.6	12.6	15.2
3	7.7	8.0	9.0	10.3	12.1	13.2	16.0
4	8.2	8.6	9.7	11.9	13.1	14.3	17.8
5	8.8	9.2	10.4	12.8	14.1	15.5	19.4
7	9.4	9.8	11.8	13.8	15.2	16.7	21.0
8	10.0	11.1	12.8	14.7	16.7	14.4	22.8
10	12.1	12.8	14.6	17.0	19.3	21.5	26.7
12	12.4	13.1	15.0	17.9	19.8	22.1	—
14	13.8	13.7	15.6	18.7	20.8	23.2	—
16	13.5	14.3	16.4	19.6	—	—	—
19	14.1	14.9	17.6	20.6	—	—	—
24	16.1	17.4	20.1	23.9	—	—	—
27	16.4	17.8	20.5	24.4	—	—	—
30	17.3	18.3	21.4	25.3	—	—	—
37	18.4	19.6	22.9	27.7	—	—	—
44	20.6	21.9	25.4	31.1	—	—	—
48	20.9	22.2	25.9	31.6	—	—	—
52	21.4	22.8	27.2	32.8	—	—	—
61	22.6	24.0	28.7	34.7	—	—	—

表 8-21　KYJVP2 控制电缆的电缆外径

芯数	线芯截面积/mm^2						
	0.75	1.0	1.5	2.5	4	6	10
	电缆外径/mm						
4	8.0	8.4	9.54	11.5	12.7	13.9	17.4
5	8.6	9.0	10.8	12.4	13.7	15.1	18.9
7	9.2	9.6	11.6	13.4	14.8	16.3	20.6
8	10.4	10.9	12.4	14.4	16.3	18.0	22.2
10	11.7	12.4	14.3	17.0	18.9	20.9	26.1
12	12.0	12.7	14.8	17.5	19.4	21.5	—
14	12.6	13.3	15.2	18.3	20.4	22.6	—
16	13.1	13.9	16.0	19.2	—	—	—
19	13.7	14.5	17.2	20.2	—	—	—
24	15.7	17.0	19.7	23.3	—	—	—
27	16.4	17.4	20.1	23.8	—	—	—
30	16.9	17.9	20.8	24.7	—	—	—
37	18.0	19.2	22.2	27.1	—	—	—
44	20.0	21.3	24.9	30.3	—	—	—
48	20.3	21.6	25.9	30.8	—	—	—
52	20.8	22.2	26.6	32.0	—	—	—
61	22.0	23.4	28.7	33.9	—	—	—

8.1.11　交联聚乙烯阻燃控制电缆

阻燃控制电缆适用于交流额定电压为 450/750V 及以下有特殊阻燃要求的控制、监控回路及保护回路的固定敷设，作为电气装置之间的控制接线。

交联聚乙烯阻燃控制电缆用于交流系统时，电缆的额定电压至少等于该系统的标称电压，当用于直流系统时，该系统的标称电压应不大于电缆额定电压的 1.5 倍。该电缆的长期允许工作温度为 90℃，敷设温度应不低于 0℃，推荐的允许弯曲半径：无铠装的电缆或有屏蔽层结构的软电缆，应不小于电缆外径的 6 倍；有铠装或铜带屏蔽结构的电缆，应不小于电缆外径的 12 倍。电气性能和机械物理性能符合国标 GB/T 9330—2008《塑料绝缘控制电缆》的规定要求，电缆的阻燃性能符合 GB 12666.1～GB 12666.7—1990《电线电缆燃烧试验方法》的规定要求。

交联聚乙烯阻燃控制电缆的型号、名称及使用范围见表 8-22，它的规格见表 8-23。

表 8-22　交联聚乙烯阻燃控制电缆的型号、名称及使用范围

型号	名　　　称	主要使用范围
ZRA-KYJV	阻燃 A 类铜芯交联聚乙烯绝缘聚氯乙烯护套控制电缆	敷设阻燃要求较高的室内、隧道、电缆沟、管道等固定场合
ZRA-KFYJV	阻燃 A 类铜芯辐照交联聚乙烯绝缘聚氯乙烯护套控制电缆	

（续）

型号	名　　称	主要使用范围
ZRA-KYJVP	阻燃 A 类铜芯交联聚乙烯绝缘聚氯乙烯护套铜线编织屏蔽控制电缆	敷设阻燃要求较高的室内、隧道、电缆沟、管道等要求屏蔽的固定场合
ZRA-KFYJVP	阻燃 A 类铜芯辐照交联聚乙烯绝缘聚氯乙烯护套铜线编织屏蔽控制电缆	
ZRA-KYJVP2	阻燃 A 类铜芯交联聚乙烯绝缘聚氯乙烯护套铜带屏蔽控制电缆	
ZRA-KFYJVP2	阻燃 A 类铜芯辐照交联聚乙烯绝缘聚氯乙烯护套铜带屏蔽控制电缆	
ZRA-KYJ22	阻燃 A 类铜芯交联聚乙烯绝缘聚氯乙烯护套钢带铠装控制电缆	敷设在室内、隧道、电缆沟、管道、直埋等有较高阻燃要求的固定场合，能承受较大的机械外力
ZRA-KFYJ22	阻燃 A 类铜芯辐照交联聚乙烯绝缘聚氯乙烯护套钢带铠装控制电缆	
ZRA-KYJV32	阻燃 A 类铜芯交联聚乙烯绝缘聚氯乙烯护套钢丝铠装控制电缆	敷设在室内、隧道、电缆沟、管道、竖井等有较高阻燃要求的固定场合，能承受较大的机械拉力
ZRA-KFYJV32	阻燃 A 类铜芯辐照交联聚乙烯绝缘聚氯乙烯护套钢丝铠装控制电缆	

注：表中 ZRA 表示阻燃而且阻燃等级为 A 级。

表 8-23　交联聚乙烯阻燃控制电缆的规格

型　号	导体标称截面积/mm²							
	0.5	0.75	1.0	1.5	2.5	4	6	10
	芯　　数							
ZRA-KYJV	—	2 ~ 61				2 ~ 14		2 ~ 10
ZRA-KFYJV								
ZRA-KYJVP								
ZRA-KFYJVP								
ZRA-YJVP2	—	4 ~ 61				4 ~ 14		4 ~ 10
ZRA-KFYJVP2								
ZRA-KYJ22	—	7 ~ 61		4 ~ 61		4 ~ 14		4 ~ 10
ZRA-KFYJ22								
ZRA-KYJV32	—	7 ~ 61		4 ~ 61		4 ~ 14		4 ~ 10
ZRA-KFYJV32								

8.1.12　无卤低烟阻燃控制电缆

1. 用途

适用于交流率 50Hz、电压 450/750V 及以下控制、监控回路及保护线路等场合，特别适用地铁、剧院、核电站等要求高安全的重要场所。

2. 技术特性和使用条件

具备无卤低烟阻燃控制电缆的一切特性，克服了一般阻燃控制电缆的缺点，便于救火和人员的疏散，避免了卤酸气体对仪器和设备的腐蚀，成为一般阻燃控制电缆的换代产品。卤素气体释放量试验，PH 值≥4.3，电导率≤10μS/min；电缆燃烧发烟量试验，透光率≥60%；电缆耐火试验：通过 IEC60331 和 GB 12666.6《电线电缆燃烧耐火试验方法》规定的 B 类耐火试验；电缆阻燃试验，通过 GB 12666.5—1990《电线电缆燃烧试验方法 第5部分：成束电线电缆燃烧试验方法》规定的成束 A 类（或 B 类或 C 类）燃烧试验。

控制电缆导体的最高额定温度为90℃，电缆的敷设温度不低于0℃，无铠装层的电缆，允许的弯曲半径应不小于电缆外径的6倍，有铠装层或屏蔽结构的电缆，允许的弯曲半径应不小于电缆外径的12倍，有屏蔽结构的软电缆，应不小于电缆外径的6倍。绝缘线芯采用数字编码，便于安装、调试和维修。

该控制电缆能经受交流为50Hz、3 500V耐压试验，5min不击穿。

3. 电缆的型号、名称和规格

电缆的型号和名称见表8-24。电缆的规格见表8-25。

这节的数据摘自江苏宝胜集团资料。

表8-24 无卤低烟阻燃控制电缆的型号和名称

型号	名 称
WDZA-KYJY	
WDZB-KYJY	铜芯交联聚乙烯绝缘聚烯烃护套无卤低烟A（B，C）类阻燃控制电缆
WDZC-KYJY	
WDZA-KYJYP	
WDZB-KYJYP	铜芯交联聚乙烯绝缘铜丝编织屏蔽聚烯烃护套无卤低烟A（B，C）类阻燃控制电缆
WDZC-KYJYP	
WDZA-KYJYP2	
WDZB-KYJYP2	铜芯交联聚乙烯绝缘铜带屏蔽聚烯烃护套无卤低烟A（B，C）类阻燃控制电缆
WDZC-KYJYP2	
WDZA-KYJYP3	
WDZB-KYJYP3	铜芯交联聚乙烯绝缘铝塑复合带屏蔽铠装聚烯烃护套无卤低烟A（B，C）类阻燃控制电缆
WDZC-KYJYP3	
WDZA-KYJYP2/23	
WDZB-KYJYP2/23	铜芯交联聚乙烯绝缘钢带铠装聚烯烃护套无卤低烟A（B，C）类阻燃控制电缆
WDZC-KYJYP2/23	

表8-25 无卤低烟阻燃控制电缆的规格

型号	额定电压/kV	标称截面积/mm²						
		0.75	1.0	1.5	2.5	4	6	10
		芯 数						
WDZA-KYJY								
WDZB-KYJY	0.6/1	2~61				2~14		2~10
WDZC-KYJY								

（续）

型号	额定电压 /kV	标称截面积/mm²						
		0.75	1.0	1.5	2.5	4	6	10
		芯　数						
WDZA-KYJYP2	0.6/1	2 ~ 61				4 ~ 14		4 ~ 10
WDZB-KYJYP2								
WDZC-KYJYP2								
WDZA-KYJY23		6 ~ 61				4 ~ 14		4 ~ 10
WDZB-KYJY23								
WDZC-KYJY23								
WDZA-KYJYP2/23								
WDZB-KYJYP2/23								
WDZC-KYJYP2/23								
WDZA-KYJYP3/23								
WDZB-KYJYP3/23								
WDZC-KYJYP3/23								

8.1.13　无卤低烟阻燃耐火控制电缆

1. 用途

适用于交流工频电压为 0.1/1kV 及以下设备，火灾报警和消防设备、紧急通道运输、照明等应急设施的控制、监控、测量及保护线路。特别适用地铁、地下商场、高层建筑、智能通信大楼、电站等要求高安全的重要场所。

2. 技术特性

具备无卤低烟阻燃控制电缆的一切特性，在 800℃ 及以下火焰环境中燃烧，能够保证通电 90min 以上，适用于紧急情况的控制要求。卤素气体释放量试验，PH 值≥4.3，电导率≤10μS/min；电缆燃烧发烟量试验，透光率 ≥60%；电缆耐火试验：通过 IEC60331 和 GB 12666.6—1990《电线电缆燃烧试验方法　第 6 部分：电线电缆耐火特性试验方法》规定的 B 类耐火试验；电缆阻燃试验，通过 IEC60332 和 GB 12666.5—1990《电线电缆燃烧试验方法　第 5 部分：成束电线电缆燃烧试验方法》规定的成束 A 类（或 B 类或 C 类）燃烧试验。

控制电缆导体的最高额定温度为 90℃，电缆的敷设温度不低于 0℃，无铠装层的电缆，允许的弯曲半径应不小于电缆外径的 8 倍，有铠装层的电缆，允许的弯曲半径应不小于电缆外径的 16 倍。

该控制电缆能经受交流为 50Hz、3 500V 耐压试验，5min 不击穿。

3. 电缆的型号、名称、规格和外径⊖

电缆的型号和名称见表 8-26。电缆的规格见表 8-27。部分电缆的外径见表 8-28。

⊖　数据摘自江苏宝胜集团资料。

表 8-26　无卤低烟阻燃耐火控制电缆的型号和名称

型号	名　称
WDZN-KYJY	铜芯交联聚乙烯绝缘聚烯烃护套无卤低烟阻燃耐火控制电缆
WDZN-KYJYP2	铜芯交联聚乙烯绝缘铜带绕包屏蔽聚烯烃护套无卤低烟阻燃耐火控制电缆
WDZN-KYJY23	铜芯交联聚乙烯绝缘钢带铠装聚烯烃护套无卤低烟阻燃耐火控制电缆

表 8-27　无卤低烟阻燃耐火控制电缆的规格

型号	额定电压 /kV	导体标称截面积/mm²				
		1.5	2.5	4	6	10
		芯　数				
WDZN-KYJY		2～61		2～14	4～10	
WDZN-KYJYP2	0.6/1					
WDZN-KYJY23		7～61	4～61	4～14		

注：推荐的芯数系列为 2、3、4、5、7、8、10、12、14、16、19、24、27、30、37、44、48、52 和 61 芯。

表 8-28　无卤低烟阻燃耐火控制电缆的外径

芯数	WDZN-KYJY			WDZN-KYJYP2 或 WDZN-KYJY23		
	线芯截面积/mm²			线芯截面积/mm²		
	2.5	4	6	2.5	4	6
	电缆外径/mm					
2	12.1	13.0	14.1	—	—	—
3	12.8	13.8	15.5	—	—	—
4	14.0	15.7	16.9	17.6	18.7	19.9
5	16.0	17.1	18.5	18.9	20.1	21.9
7	17.2	18.6	20.1	20.2	21.6	23.5
8	18.5	20.1	22.2	21.5	23.5	25.2
10	21.7	24.0	26.0	25.1	27.0	29.0
12	22.4	24.8	26.9	25.8	27.7	31.1
14	23.6	26.0	28.3	27.0	29.0	32.5
16	25.2	—	—	28.2	—	—
19	26.6	—	—	30.8	—	—
24	31.1	—	—	35.3	—	—
30	31.8	—	—	36.0	—	—
37	35.6	—	—	40.4	—	—
44	40.7	—	—	45.3	—	—
48	41.4	—	—	46.0	—	—
52	42.6	—	—	47.2	—	—
61	45.6	—	—	49.8	—	—

8.1.14　氟塑料绝缘耐高温防腐控制电缆

目前，对于氟塑料绝缘耐高温防腐控制电缆还没有国家标准，这里介绍安徽江淮电缆集团有限公司生产的氟塑料耐高温防腐控制电缆。它按该企业标准生产，在产品型号前加"JHK"表示该企业控制电缆，下面在型号中简化为"K"表示。供选择同类电缆时参考。

1. 用途

适用于石油、化工、发电、冶金等工矿企业。在高温、低温和酸、碱、油、水及腐蚀气体的恶劣环境中，用于电器仪表和自动化控制系统的信号传输线。

2. 技术特性

工作温度：F_{46} 氟塑料绝缘不超过 200℃；

　　　　　F_4 氟塑料绝缘不超过 260℃；

　　　　　F_{47} 氟塑料绝缘不超过 285℃。

成品电缆的阻燃性能符合 GB 12666—1990《电线电缆燃烧试验方法》的规定。额定电压（U_0/U）：450/750V 及以下。最低环境温度：固定敷设 -60℃，非固定敷设 -20℃。最小弯曲半径：非铠装电缆应不小于电缆外径的 10 倍，铠装电缆应不小于电缆外径的 12 倍。

推荐的芯数系列为 2、3、4、5、7、8、10、12、14、16、19、24、27、30、37、44、48、52 和 61 芯。

3. 电缆型号、名称和结构参数

电缆型号中字母数字代号的说明见表 8-29。电缆的型号和名称见表 8-30。部分电缆的结构参数见表 8-31。

表 8-29　氟塑料绝缘控制电缆型号中字母数字代号的说明

项目	字母数字代号	说　　明
导体镀层	Y	镀银
绝缘材料	F	FEP（聚全氟乙丙烯）最高工作温度为 200℃
	F_4	PTFE 最高工作温度为 260℃
	F_{47}	PFA 最高工作温度为 285℃
屏蔽材料	P_0	镀锡铜丝编织
	P	镀锡铜丝编织
	P_2	铜带
护套材料	F	FEP（聚全氟乙丙烯）最高工作温度为 200℃
	H_{11}	PTFE 最高工作温度为 260℃
	H_9	PFA 最高工作温度为 285℃
	V	105℃阻燃聚氯乙烯护套
	V_F	丁腈护套
	G	硅橡胶护套
铠装材料	22	钢带铠装
	32	细钢丝铠装
导体种类	A	见 8.1.2 的有关说明
	B	见 8.1.2 的有关说明
	R	见 8.1.2 的有关说明

表 8-30　氟塑料绝缘控制电缆的型号和名称

型号	名　　　称
KFF	F_{46} 氟塑料绝缘和护套高温防腐控制电缆
KFFP	F_{46} 氟塑料绝缘和护套屏蔽高温防腐控制电缆
$KFFP_2$	F_{46} 氟塑料绝缘和护套铜带屏蔽高温防腐控制电缆
KFF_{22}	F_{46} 氟塑料绝缘和护套钢带铠装高温防腐控制电缆
$KFFP_{22}$	F_{46} 氟塑料绝缘和护套钢带铠装屏蔽高温防腐控制电缆
$KFFP_{2-22}$	F_{46} 氟塑料绝缘和护套钢带铠装铜带屏蔽高温防腐控制电缆
KFF_{32}	F_{46} 氟塑料绝缘和护套细钢丝铠装高温防腐控制电缆
$KFFP_{32}$	F_{46} 氟塑料绝缘和护套细钢丝铠装屏蔽高温防腐控制电缆
$KFFP_{2-32}$	F_{46} 氟塑料绝缘和护套细钢丝铠装铜带屏蔽高温防腐控制电缆
KFV	F_{46} 氟塑料绝缘 105℃ 阻燃聚氯乙烯护套高温防腐控制电缆
KFVP	F_{46} 氟塑料绝缘 105℃ 阻燃聚氯乙烯护套屏蔽高温防腐控制电缆
$KFVP_2$	F_{46} 氟塑料绝缘 105℃ 阻燃聚氯乙烯护套铜带屏蔽高温防腐控制电缆
KFVR	F_{46} 氟塑料绝缘 105℃ 阻燃聚氯乙烯护套高温防腐控制软电缆
KFVRP	F_{46} 氟塑料绝缘 105℃ 阻燃聚氯乙烯护套屏蔽高温防腐控制软电缆
KFV_{22}	F_{46} 氟塑料绝缘 105℃ 阻燃聚氯乙烯护套钢带铠装高温防腐控制电缆
$KFVP_{22}$	F_{46} 氟塑料绝缘 105℃ 阻燃聚氯乙烯护套钢带铠装高温防腐控制电缆
$KFVP_{2-22}$	F_{46} 氟塑料绝缘 105℃ 阻燃聚氯乙烯护套铜带屏蔽钢带铠装高温防腐控制电缆
KFV_{32}	F_{46} 氟塑料绝缘 105℃ 阻燃聚氯乙烯护套细钢丝铠装高温防腐控制电缆
$KFVP_{32}$	F_{46} 氟塑料绝缘 105℃ 阻燃聚氯乙烯护套细钢丝铠装屏蔽高温防腐控制电缆
$KFVP_{2-32}$	F_{46} 氟塑料绝缘 105℃ 阻燃聚氯乙烯护套铜带屏蔽细钢丝铠装高温防腐控制电缆
KFV_F	F_{46} 氟塑料绝缘丁腈护套高温防腐控制电缆
KFV_FP	F_{46} 氟塑料绝缘丁腈护套屏蔽高温防腐控制电缆
KFV_FP_2	F_{46} 氟塑料绝缘丁腈护套铜带屏蔽高温防腐控制电缆
KFV_FR	F_{46} 氟塑料绝缘丁腈护套高温防腐控制软电缆
KFV_FRP	F_{46} 氟塑料绝缘丁腈护套屏蔽高温防腐控制软电缆
KFV_{F-22}	F_{46} 氟塑料绝缘丁腈护套钢带铠装高温防腐控制电缆
KFV_FP_{22}	F_{46} 氟塑料绝缘丁腈护套钢带铠装屏蔽高温防腐控制电缆
KFV_FP_{2-22}	F_{46} 氟塑料绝缘丁腈护套钢带铠装铜带屏蔽高温防腐控制电缆
KFV_{F-32}	F_{46} 氟塑料绝缘丁腈护套细钢丝铠装高温防腐控制电缆
KFV_FP_{32}	F_{46} 氟塑料绝缘丁腈护套细钢丝铠装屏蔽高温防腐控制电缆
KFV_FP_{2-32}	F_{46} 氟塑料绝缘丁腈护套细钢丝铠装铜带屏蔽高温防腐控制电缆
KFG	F_{46} 氟塑料绝缘硅橡胶护套高温防腐控制电缆
KFGP	F_{46} 氟塑料绝缘硅橡胶护套屏蔽高温防腐控制电缆
$KFGP_2$	F_{46} 氟塑料绝缘硅橡胶护套高温铜带屏蔽防腐控制电缆
KFGR	F_{46} 氟塑料绝缘硅橡胶护套高温防腐控制软电缆
KFGRP	F_{46} 氟塑料绝缘硅橡胶护套屏蔽高温防腐控制软电缆

(续)

型号	名　　　称
KFG$_{22}$	F$_{46}$氟塑料绝缘硅橡胶护套钢带铠装高温防腐控制电缆
KFGP$_{22}$	F$_{46}$氟塑料绝缘硅橡胶护套钢带铠装屏蔽高温防腐控制电缆
KFCP$_{2-22}$	F$_{46}$氟塑料绝缘硅橡胶护套钢带铠装铜带屏蔽高温防腐控制电缆
KFG$_{32}$	F$_{46}$氟塑料绝缘硅橡胶护套细钢丝铠装高温防腐控制电缆
KFGP$_{32}$	F$_{46}$氟塑料绝缘硅橡胶护套细钢丝铠装屏蔽高温防腐控制电缆
KFGP$_{2-32}$	F$_{46}$氟塑料绝缘硅橡胶护套细钢丝铠装铜带屏蔽高温防腐控制电缆
KF$_4$H$_{11}$	F$_4$氟塑料绝缘H$_{11}$护套高温防腐控制电缆
KF$_4$H$_{11}$P	F$_4$氟塑料绝缘H$_{11}$护套屏蔽高温防腐控制电缆
KF$_4$H$_{11}$P$_2$	F$_4$氟塑料绝缘H$_{11}$护套铜带屏蔽高温防腐控制电缆
KF$_4$H$_{11}$R	F$_4$氟塑料绝缘H$_{11}$护套高温防腐控制软电缆
KF$_4$H$_{11}$RP	F$_4$氟塑料绝缘H$_{11}$护套屏蔽高温防腐控制软电缆
KF$_4$H$_{11-22}$	F$_4$氟塑料绝缘H$_{11}$护套钢带铠装高温防腐控制电缆
KF$_4$H$_{11}$P$_{22}$	F$_4$氟塑料绝缘H$_{11}$护套钢带铠装屏蔽高温防腐控制电缆
KF$_4$H$_{11}$P$_{2-22}$	F$_4$氟塑料绝缘H$_{11}$护套钢带铠装铜带屏蔽高温防腐控制电缆
KF$_4$H$_{11-32}$	F$_4$氟塑料绝缘H$_{11}$护套细钢丝铠装高温防腐控制电缆
KF$_4$H$_{11}$P$_{32}$	F$_4$氟塑料绝缘H$_{11}$护套细钢丝铠装屏蔽高温防腐控制电缆
KF$_4$H$_{11}$P$_{2-32}$	F$_4$氟塑料绝缘H$_{11}$护套细钢丝铠装铜带屏蔽高温防腐控制电缆
KYF$_4$H$_{11}$	镀银铜线导体F$_4$氟塑料绝缘H$_{11}$护套高温防腐控制电缆
KYF$_4$H$_{11}$P	镀银铜线导体F$_4$氟塑料绝缘H$_{11}$护套屏蔽高温防腐控制电缆
KYF$_4$H$_{11}$R	镀银铜线导体F$_4$氟塑料绝缘H$_{11}$护套高温防腐控制软电缆
KYF$_4$H$_{11}$RP	镀银铜线导体F$_4$氟塑料绝缘H$_{11}$护套屏蔽高温防腐控制软电缆
KYF$_4$H$_{11-22}$	镀银铜线导体F$_4$氟塑料绝缘H$_{11}$护套钢带铠装高温防腐控制电缆
KYF$_4$H$_{11}$P$_{22}$	镀银铜线导体F$_4$氟塑料绝缘H$_{11}$护套钢带铠装屏蔽高温防腐控制电缆
KYF$_4$H$_{11}$P$_{2-22}$	镀银铜线导体F$_4$氟塑料绝缘H$_{11}$护套钢带铠装铜带屏蔽高温防腐控制电缆
KYF$_4$H$_{11-32}$	镀银铜线导体F$_4$氟塑料绝缘H$_{11}$护套细钢丝铠装高温防腐控制电缆
KYF$_4$H$_{11}$P$_{32}$	镀银铜线导体F$_4$氟塑料绝缘H$_{11}$护套细钢丝铠装屏蔽高温防腐控制电缆
KYF$_4$H$_{11}$P$_{2-32}$	镀银铜线导体F$_4$氟塑料绝缘H$_{11}$护套细钢丝铠装铜带屏蔽高温防腐控制电缆
KF$_{47}$H$_9$	F$_{47}$氟塑料绝缘H$_9$护套高温防腐控制电缆
KF$_{47}$H$_9$P	F$_{47}$氟塑料绝缘H$_9$护套屏蔽高温防腐控制电缆
KF$_{47}$H$_9$P$_2$	F$_{47}$氟塑料绝缘H$_9$护套铜带屏蔽高温防腐控制电缆
KF$_{47}$H$_9$R	F$_{47}$氟塑料绝缘H$_9$护套高温防腐控制软电缆
KF$_{47}$H$_9$RP	F$_{47}$氟塑料绝缘H$_9$护套屏蔽高温防腐控制软电缆
KF$_{47}$H$_{9-22}$	F$_{47}$氟塑料绝缘H$_9$护套钢带铠装高温防腐控制电缆
KF$_{47}$H$_9$P$_{22}$	F$_{47}$氟塑料绝缘H$_9$护套钢带铠装屏蔽高温防腐控制电缆
KF$_{47}$H$_9$P$_{2-22}$	F$_{47}$氟塑料绝缘H$_9$护套钢带铠装铜带屏蔽高温防腐控制电缆
KF$_{47}$H$_{9-32}$	F$_{47}$氟塑料绝缘H$_9$护套细钢丝铠装高温防腐控制电缆

（续）

型号	名　称
$KF_{47}H_9P_{32}$	F_{47}氟塑料绝缘 H_9 护套细钢丝铠装屏蔽高温防腐控制电缆
$KF_{47}H_9P_{2-32}$	F_{47}氟塑料绝缘 H_9 护套细钢丝铠装铜带屏蔽高温防腐控制电缆
$KYF_{47}H_9$	镀银铜线导体 F_{47}氟塑料绝缘 H_9 护套高温防腐控制电缆
$KYF_{47}H_9P$	镀银铜线导体 F_{47}氟塑料绝缘 H_9 护套屏蔽高温防腐控制电缆
$KYF_{47}H_9P_2$	镀银铜线导体 F_{47}氟塑料绝缘 H_9 护套铜带屏蔽高温防腐控制电缆
$KF_{47}H_9R$	镀银铜线导体 F_{47}氟塑料绝缘 H_9 护套高温防腐控制软电缆
$KYF_{47}H_9RP$	镀银铜线导体 F_{47}氟塑料绝缘 H_9 护套屏蔽高温防腐控制软电缆
$KYF_{47}H_{9-22}$	镀银铜线导体 F_{47}氟塑料绝缘 H_9 护套钢带铠装高温防腐控制电缆
$KYF_{47}H_9P_{22}$	镀银铜线导体 F_{47}氟塑料绝缘 H_9 护套钢带铠装屏蔽高温防腐控制电缆
$KYF_{47}H_9P_{2-22}$	镀银铜线导体 F_{47}氟塑料绝缘 H_9 护套钢带铠装铜带屏蔽高温防腐控制电缆
$KYF_{47}H_{9-32}$	镀银铜线导体 F_{47}氟塑料绝缘 H_9 护套细钢丝铠装高温防腐控制电缆
$KYF_{47}H_9P_{32}$	镀银铜线导体 F_{47}氟塑料绝缘 H_9 护套细钢丝铠装屏蔽高温防腐控制电缆
$KYF_{47}H_9P_{2-32}$	镀银铜线导体 F_{47}氟塑料绝缘 H_9 护套细钢丝铠装铜带屏蔽高温防腐控制电缆

注：阻燃电缆在原型号前加"ZR"，并加上阻燃等级。耐火电缆在原型号前加"NH"，并加上耐火等级。

表 8-31　部分氟塑料绝缘控制电缆的结构参数

芯数×标称截面积 /mm²	导体线芯		电缆最大外径/mm		计算重量/（kg/km）	
	种类	根数/直径 /mm	KFF KFFR	KFFP KFFP₂ KFFRP	KFF KFFR	KFFP KFFP₂ KFFRP
2×0.5	A	1/0.80	4.8	5.6	31.9	54.5
	B	7/0.30	5.0	5.8	33.6	61.7
	R	16/0.20	5.2	6.0	35.4	64.4
2×0.75	A	1/0.97	5.2	6.0	44.9	63.7
	B	7/0.37	5.8	6.8	45.0	71.5
	R	24/0.20	6.1	7.2	48.4	76.3
2×1.0	A	1/1.13	5.8	6.6	49.0	81.9
	B	7/0.43	6.2	7.2	53.5	81.9
	R	32/0.20	6.4	7.4	56.0	85.1
2×1.5	A	1/1.38	6.9	7.6	72.1	103.1
	B	7/0.52	7.3	8.0	76.6	107.9
	R	30/0.25	7.4	8.3	78.4	113.2
2×2.5	A	1/1.78	7.9	8.9	100.8	139.4
	B	7/0.68	8.5	9.5	109.6	151.3
	R	50/0.25	8.8	9.8	102.6	155.9
2×4.0	B	7/0.85	9.9	11.0	170.2	224.2
	R	56/0.30	10.3	11.2	183.9	232.4

（续）

芯数×标称截面积 /mm²	导体线芯		电缆最大外径/mm		计算重量/（kg/km）	
	种类	根数/直径 /mm	KFF KFFR	KFFP KFFP₂ KFFRP	KFF KFFR	KFFP KFFP₂ KFFRP
2×6.0	B	7/1.04	11.4	12.5	237.6	299.9
	R	84/0.30	11.7	12.8	240.1	313.1
3×0.5	A	1/0.80	5.1	5.9	41.2	65.4
	B	7/0.30	5.3	6.1	43.4	65.7
	R	16/0.20	5.5	6.3	44.5	65.8
3×0.75	A	1/0.97	5.5	6.2	51.2	76.5
	B	7/0.37	6.1	7.1	58.7	86.6
	R	24/0.20	6.5	7.5	63.6	93.4
3×1.0	A	1/1.13	6.1	7.1	64.7	99.3
	B	7/0.43	6.5	7.5	70.6	100.4
	R	32/0.20	7.1	7.8	80.7	105.2
3×1.5	A	1/1.38	7.2	7.8	94.7	125.5
	B	7/0.52	7.7	8.6	100.9	137.1
	R	30/0.25	7.8	8.7	103.2	139.8
3×2.5	A	1/1.78	8.3	9.3	135.2	176.2
	B	7/0.68	9.1	10.2	149.2	198.6
	R	50/0.25	9.4	10.5	151.4	204.2
3×4.0	B	7/0.85	10.7	11.5	214.2	267.8
	R	56/0.30	10.9	11.8	222.4	274.0
3×6.0	B	7/1.04	12.1	13.2	309.3	375.9
	R	84/0.30	12.2	13.6	333.5	393.9
4×0.5	A	1/0.80	5.5	5.5	51.5	77.2
	B	7/0.30	5.8	5.8	45.5	80.9
	R	16/0.20	6.0	6.0	57.4	84.8
4×0.75	A	1/0.97	6.0	6.0	64.7	98.6
	B	7/0.37	6.9	6.9	79.8	103.5
	R	24/0.20	7.3	7.3	86.1	111.4
4×1.0	A	1/1.13	6.9	6.9	87.7	118.9
	B	7/0.43	7.4	7.4	96.0	133.3
	R	32/0.20	7.7	7.7	100.3	136.4
4×1.5	A	1/1.38	7.9	7.9	119.4	155.6
	B	7/0.52	8.4	8.4	126.7	167.9
	R	30/0.25	8.6	8.6	130.2	172.5

（续）

芯数×标称截面积 /mm²	导体线芯		电缆最大外径/mm		计算重量/(kg/km)	
	种类	根数/直径 /mm	KFF KFFR	KFFP KFFP₂ KFFRP	KFF KFFR	KFFP KFFP₂ KFFRP
4×2.5	A	1/1.78	9.2	9.2	173.4	223.9
	B	7/0.68	10.2	10.2	196.1	244.2
	R	50/0.25	10.5	10.5	200.9	250.5
4×4.0	B	7/0.85	11.7	11.8	272.6	336.7
	R	56/0.30	11.9	13.0	283.2	348.4
4×6.0	B	7/1.04	13.5	14.4	402.3	466.7
	R	84/0.30	13.9	14.8	420.0	486.4
5×0.5	A	1/0.80	6.0	7.0	61.7	95.7
	B	7/0.30	6.3	7.3	65.7	96.6
	R	16/0.20	6.9	7.6	75.5	99.3
5×0.75	A	1/0.97	6.9	7.6	84.6	115.7
	B	7/0.37	7.5	8.4	95.3	130.5
	R	24/0.20	8.0	8.9	103.2	142.3
5×1.0	A	1/1.13	7.5	8.4	105.3	146.4
	B	7/0.43	8.0	9.0	114.6	152.6
	R	32/0.20	8.4	9.4	120.5	161.7
5×1.5	A	1/1.38	8.6	9.6	144.1	186.3
	B	7/0.52	9.2	10.3	154.1	204.1
	R	30/0.25	9.4	10.5	158.2	207.4
5×2.5	A	1/1.78	10.2	11.1	223.1	272.6
	B	7/0.68	11.1	12.0	244.2	296.8
	R	50/0.25	11.4	12.5	250.0	312.3
5×4.0	B	7/0.85	13.0	13.9	350.0	411.9
	R	56/0.30	13.3	14.2	364.6	427.7
5×6.0	B	7/1.04	14.8	15.7	480.0	551.0
	R	84/0.30	15.2	16.1	502.5	575.5
7×0.5	A	1/0.80	6.5	7.5	80.1	117.2
	B	7/0.30	7.1	7.8	91.2	117.8
	R	16/0.20	7.4	8.3	96.3	131.0
7×0.75	A	1/0.97	7.4	8.3	109.0	147.2
	B	7/0.37	8.1	9.1	123.3	162.9
	R	24/0.20	8.6	9.6	133.3	175.5

（续）

芯数×标称截面积 /mm²	导体线芯		电缆最大外径/mm		计算重量/（kg/km）	
	种类	根数/直径 /mm	KFF KFFR	KFFP KFFP₂ KFFRP	KFF KFFR	KFFP KFFP₂ KFFRP
7×1.0	A	1/1.13	8.1	9.1	137.2	176.9
	B	7/0.43	8.7	9.7	150.2	193.0
	R	32/0.20	9.2	10.3	158.7	208.7
7×1.5	A	1/1.38	10.2	10.7	168.4	223.4
	B	7/0.52	10.8	11.3	181.2	236.5
	R	30/0.25	11.3	11.6	189.6	259.5
7×2.5	A	1/1.78	11.1	11.4	278.9	295.9
	B	7/0.68	11.9	12.3	292.9	308.4
	R	50/0.25	12.5	13.0	308.7	325.5
7×4.0	B	7/0.85	13.5	14.0	418.3	435.5
	R	56/0.30	14.0	14.5	436.4	454.9
10×0.5	A	1/0.80	7.9	8.3	168.8	290.3
	B	7/0.30	8.3	8.7	179.3	202.5
	R	16/0.20	8.8	9.3	189.6	210.2
10×0.75	A	1/0.97	8.5	9.0	189.3	211.6
	B	7/0.37	8.9	9.3	198.6	225.5
	R	24/0.20	9.4	10.0	213.0	235.8
10×1.0	A	1/1.13	8.8	9.3	236.9	258.9
	B	7/0.43	9.5	9.9	245.3	266.4
	R	32/0.20	10.2	10.7	256.2	278.3
10×1.5	A	1/1.38	11.5	11.9	346.2	369.5
	B	7/0.52	12.3	12.7	359.9	381.8
	R	30/0.25	12.9	13.4	370.6	395.5
10×2.5	A	1/1.78	13.2	13.6	493.5	520.6
	B	7/0.68	13.7	14.2	502.3	529.5
	R	50/0.25	14.6	15.1	516.8	548.7
10×4.0	B	7/0.85	16.8	17.3	740.5	772.6
	R	56/0.30	17.6	18.2	776.9	810.2
12×0.5	A	1/0.80	8.2	8.7	178.6	194.6
	B	7/0.30	8.5	9.1	193.2	215.3
	R	16/0.20	8.9	9.7	202.4	220.2
12×0.75	A	1/0.97	8.8	9.2	204.5	221.9
	B	7/0.37	9.3	9.9	212.9	235.3
	R	24/0.20	9.8	10.5	229.4	249.6

（续）

芯数×标称截面积 /mm²	导体线芯		电缆最大外径/mm		计算重量/(kg/km)	
	种类	根数/直径 /mm	KFF KFFR	KFFP KFFP₂ KFFRP	KFF KFFR	KFFP KFFP₂ KFFRP
12×1.0	A	1/1.13	9.5	10.0	254.4	275.2
	B	7/0.43	10.0	10.5	282.6	304.3
	R	32/0.20	10.8	11.5	290.6	325.6
12×1.5	A	1/1.38	12.3	12.7	370.1	392.5
	B	7/0.52	12.8	13.3	393.9	418.9
	R	30/0.25	13,4	14.0	409.9	438.5
12×2.5	A	1/1.78	14.5	15.0	532.4	554.6
	B	7/0.68	15.1	15.6	567.2	583.3
	R	50/0.25	15.8	16.4	573.6	596.8
12×4.0	B	7/0.85	18.9	19.4	810.6	845.8
	R	56/0.30	19.8	20.4	846.4	893.7
14×0.5	A	1/0.80	8.2	8.7	182.1	199.9
	B	7/0.30	8.9	9.4	198.7	219.0
	R	16/0.20	9.7	11.3	208.3	225.3
14×0.75	A	1/0.97	9.5	10.0	216.6	235.3
	B	7/0.37	10.3	10.8	242.3	262.3
	R	24/0.20	11.4	12.0	257.2	279.9
14×1.0	A	1/1.13	10.5	11.0	273.2	298.5
	B	7/0.43	11.3	11.8	306.9	333.2
	R	32/0.20	12.2	13.0	319.3	344.8
14×1.5	A	1/1.38	13.5	14.0	398.0	420.0
	B	7/0.52	13.8	14.5	421.9	444.6
	R	30/0.25	14.8	15.5	433.7	453.4
14×2.5	A	1/1.78	15.2	15.7	584.3	606.9
	B	7/0.68	15.9	16.5	641.3	664.5
	R	50/0.25	16.8	17.5	669.2	693.8
14×4.0	B	7/0.85	20.0	20.5	890.5	938.6
	R	56/0.30	20.6	21.5	932.3	962.4
16×0.5	A	1/0.80	9.7	10.8	176.1	229.1
	B	7/0.30	10.3	11.2	192.0	240.6
	R	16/0.20	10.8	11.7	203.1	254.2
16×0.75	A	1/0.97	10.8	11.7	232.2	283.3
	B	7/0.37	11.0	13.0	263.1	328.3
	R	24/0.20	12.9	13.8	293.2	354.5

（续）

芯数×标称截面积/mm²	导体线芯		电缆最大外径/mm		计算重量/(kg/km)	
	种类	根数/直径/mm	KFF KFFR	KFFP KFFP₂ KFFRP	KFF KFFR	KFFP KFFP₂ KFFRP
16×1.0	A	1/1.13	11.9	13.0	295.0	360.2
	B	7/0.43	13.1	14.0	332.2	394.5
	R	32/0.20	13.6	14.5	346.6	411.5
16×1.5	A	1/1.38	14.0	14.9	421.3	487.6
	B	7/0.52	14.9	15.8	446.2	517.6
	R	30/0.25	15.3	16.2	458.7	532.2
16×2.5	A	1/1.78	16.3	17.2	623.5	702.1
	B	7/0.68	17.7	19.1	688.5	782.1
	R	50/0.25	18.6	19.6	706.9	800.0
16×4.0	B	7/0.85	21.0	22.1	985.2	1 101.6
	R	56/0.30	21.6	22.5	1 027.0	1 131.7
19×0.5	A	1/0.80	10.3	11.3	209.4	255.9
	B	7/0.30	10.9	11.8	221.4	273.0
	R	16/0.20	11.3	12.4	233.4	295.2
19×0.75	A	1/0.97	11.3	12.4	267.9	329.7
	B	7/0.37	12.7	13.6	321.4	372.7
	R	24/0.20	13.5	14.4	337.6	402.0
19×1.0	A	1/1.13	12.7	13.6	350.2	410.5
	B	7/0.43	13.7	14.6	383.6	449.0
	R	32/0.20	14.3	15.2	400.8	469.2
19×1.5	A	1/1.38	14.7	15.6	489.0	561.1
	B	7/0.52	15.7	16.6	518.0	593.6
	R	30/0.25	16.1	17.0	532.3	609.9
19×2.5	A	1/1.78	17.2	18.3	727.7	822.9
	B	7/0.68	19.2	20.1	808.6	901.2
	R	50/0.25	19.8	20.7	827.0	922.5
19×4.0	B	7/0.85	22.2	23.3	1 151.2	1 274.5
	R	56/0.30	23.0	23.9	1 215.4	1 326.8
24×0.5	A	1/0.80	12.0	13.1	260.5	327.4
	B	7/0.30	12.8	13.7	283.2	344.0
	R	16/0.20	13.3	14.2	298.6	362.0
24×0.75	A	1/0.97	13.3	14.2	342.1	405.6
	B	7/0.37	14.7	15.6	388.0	458.5
	R	24/0.20	15.8	16.7	420.6	491.1

（续）

芯数×标称截面积 /mm²	导体线芯		电缆最大外径/mm		计算重量/(kg/km)	
	种类	根数/直径 /mm	KFF KFFR	KFFP KFFP₂ KFFRP	KFF KFFR	KFFP KFFP₂ KFFRP
24×1.0	A	1/1.13	14.7	15.6	435.8	505.8
	B	7/0.43	16.0	16.9	478.3	555.4
	R	32/0.20	16.7	17.8	499.6	592.0
24×1.5	A	1/1.38	17.1	18.2	628.0	705.1
	B	7/0.52	18.5	19.5	658.9	751.5
	R	30/0.25	19.1	20.0	680.5	772.5
24×2.5	A	1/1.78	20.4	21.3	927.5	1 026.2
	B	7/0.68	22.4	23.5	1 010.5	1 135.0
	R	50/0.25	23.3	24.2	1 018.8	1 234.7
27×0.5	A	1/0.80	12.4	13.3	294.2	353.0
	B	7/0.30	13.0	13.9	310.2	372.1
	R	16/0.20	13.5	14.4	327.2	391.5
27×0.75	A	1/0.97	13.5	14.5	376.2	441.8
	B	7/0.37	15.1	16.0	427.9	500.4
	R	24/0.20	16.1	17.0	462.1	539.5
27×1.0	A	1/1.13	15.1	15.9	481.7	553.5
	B	7/0.43	16.3	17.2	527.7	606.3
	R	32/0.20	17.0	18.1	551.0	644.2
27×1.5	A	1/1.38	17.7	18.6	687.7	773.0
	B	7/0.52	19.1	20.0	762.2	824.3
	R	30/0.25	19.5	20.4	751.8	824.8
27×2.5	A	1/1.78	20.9	21.8	1 029.2	1 170.4
	B	7/0.68	23.3	24.0	1 136.1	1 248.0
	R	50/0.25	23.9	24.8	1 162.3	1 278.3
30×0.5	A	1/0.80	12.8	13.7	321.3	382.2
	B	7/0.30	13.5	14.4	339.4	403.7
	R	16/0.20	14.0	14.9	357.8	424.7
30×0.75	A	1/0.97	14.0	14.9	412.3	479.2
	B	7/0.37	15.6	16.5	468.5	543.5
	R	24/0.20	16.7	17.8	507.3	598.7
30×1.0	A	1/1.13	15.6	16.5	528.2	603.3
	B	7/0.43	16.9	18.0	579.2	627.7
	R	32/0.20	17.8	18.7	616.3	701.1

（续）

芯数×标称截面积 /mm²	导体线芯		电缆最大外径/mm		计算重量/（kg/km）	
	种类	根数/直径 /mm	KFF KFFR	KFFP KFFP₂ KFFRP	KFF KFFR	KFFP KFFP₂ KFFRP
30×1.5	A	1/1.38	18.3	20.3	755.1	854.2
	B	7/0.52	19.7	20.6	803.3	898.3
	R	30/0.25	20.2	21.0	825.4	919.4
37×0.5	A	1/0.80	13.8	14.7	385.0	450.9
	B	7/0.30	14.5	15.4	406.5	475.1
	R	16/0.20	15.1	16.0	428.8	501.3
37×0.75	A	1/0.97	15.1	16.5	496.0	560.0
	B	7/0.37	16.8	17.9	563.5	566.5
	R	24/0.20	18.2	19.2	621.7	571.7
37×1.0	A	1/1.13	16.8	17.9	637.1	730.1
	B	7/0.43	18.4	19.4	710.3	801.8
	R	32/0.20	19.3	20.2	745.4	837.4
37×1.5	A	1/1.38	18.8	20.8	913.2	1 021.6
	B	7/0.52	21.3	22.2	970.5	1 070.0
	R	30/0.25	21.8	22.9	997.0	1 116.9

注：安徽江淮电缆集团有限公司最大可生产61芯，此表未列入。表8-30中其他型号的结构参数此表也未列入。

这里对结构参数相似的电缆型号介绍如下：

1）KF_4H_{11}、$KF_{47}H_9$、KYF_4H_{11}、$KYF_{47}H_9$ 结构参数与 KFF 相似；

2）$KF_4H_{11}R$、$KF_{47}H_9R$、$KYF_4H_{11}R$、$KYF_{47}H_9R$ 结构参数 KFFR 相似；

3）$KF_4H_{11}P$、$KF_{47}H_9P$、$KYF_4H_{11}P$、$KYF_{47}H_9P$ 结构参数 KFFP 相似；

4）$F_4H_{11}RP$、$KF_{47}H_9RP$、$KYF_4H_{11}RP$、$KYF_{47}H_9RP$ 结构参数 KFFRP 相似。

8.1.15　高温为500℃耐火控制电缆

1. 用途

适用于机电工业、热电厂、冶金、石油、化工等行业，在500℃高温条件下静态干燥工作环境中，电压450/750V及以下供电加热及高温电器，高温仪器各种电动装置信号的控制连接。

2. 技术特性

电缆敷设方便简单，该电缆不仅耐高温、耐老化，而且具有阻燃、不延燃的性能，屏蔽型还可在高温条件下具有抗干扰性能。该电缆可在800℃~1 000℃的火焰燃烧情况下保持通电3小时以上。

电缆使用温度为 -20℃~500℃。在300℃时使用可长期工作，500℃静态干燥条件下工作两年以上。

该控制电缆能经受交流为 50Hz、3 000V 耐压试验，5min 不击穿。

该控制电缆的最小弯曲半径为电缆外径的 10 倍。

3. 电缆的型号、名称、规格参数及外径[⊖]

电缆的型号、名称及使用范围见表 8-32。电缆的规格和有关参数见表 8-33。部分电缆的外径见表 8-34。

表 8-32　高温 500℃耐火控制电缆的型号、名称及使用范围

型号	名　称	敷设方式
KWGB500	500℃高温绝缘耐火控制电缆	固定敷设
KWGBR500	500℃高温绝缘耐火控制软电缆	固定敷设时，要求电缆柔软的场合
KWGBP500	500℃高温绝缘耐火屏蔽控制电缆	固定敷设时，要求抗干扰性能
KWGBRP500	500℃高温绝缘耐火屏蔽控制软电缆	固定敷设时，要求抗干扰且电缆柔软的场合

表 8-33　高温 500℃耐火控制电缆的规格

型号	导体标称截面积/mm²						
	0.75	1.0	1.5	2.5	4	6	10
	芯　数						
KWGB500	2 ~ 61	2 ~ 61	2 ~ 48	2 ~ 44	2 ~ 14	2 ~ 10	2 ~ 4
KWGBR500							
KWGBP500	4 ~ 61	4 ~ 61	4 ~ 48	4 ~ 44			
KWGBRP500							

表 8-34　部分高温 500℃耐火控制电缆的外径

标称截面积/mm²	电缆芯数									
	2	4	6	8	10	14	18	19	24	37
	电缆外径/mm									
0.75	9.9	11.4	13.2	14.4	16.9	18.4	20.2	20.5	24.5	28.6
1.0	10.1	11.6	13.6	14.8	17.3	18.8	20.7	21.1	25.4	29.2
1.5	10.3	11.8	13.8	15.0	17.5	19.1	20.9	21.5	25.8	29.7
2.5	10.5	12.0	14.1	15.3	17.8	19.5	21.3	21.7	26.3	30.3

8.1.16　耐寒交联控制电缆

1. 用途

交联聚乙烯绝缘耐寒控制电缆适用于低温条件下和北方寒冷地区的直流、交流为 50Hz，额定电压为 0.6/1kV 及以下的发电厂、变电站、工厂、石化等企业远距离操作控制回路。

2. 技术特性和使用条件

交联聚乙烯绝缘耐寒控制电缆最低长期使用温度为 -40℃。电缆导体长期允许最高工作温度为 80℃。电缆的敷设温度不低于 -10℃。电缆的耐寒护套在 -40℃，16h 的低温冲击条

⊖　数据摘自江苏宝胜集团资料。

件下按 GB/T 2951.2—1997《电缆绝缘和护套材料通用试验方法　第 1 部分第 2 节》进行试验后无任何目力可见的裂纹。

无铠装控制电缆的允许弯曲半径不小于电缆外径的 8 倍；有铠装控制电缆允许弯曲半径不小于电缆外径的 16 倍。

产品电缆经受 3 500V 工频交流电压，试验 5min 不击穿。

电缆绝缘电阻 90℃时不小于 1.5MΩ/km。

本产品的尺寸和重量可与同规格的普通交联聚乙烯控制电缆视作等同。

电缆的交货长度：成圈长度为 100m，成盘长度应不小于 100m，24 芯及以下的电缆允许不超过总长度的 5%，不小于 20m 的短段电缆交货；24 芯以上的电缆允许不超过总长度的 10%，不小于 20m 的短段电缆交货。

江苏宝胜集团生产的耐寒控制电缆的型号、名称及使用范围见表 8-35；交联聚乙烯绝缘耐寒控制电缆的规格（芯数）见表 8-36。

表 8-35　交联聚乙烯绝缘耐寒控制电缆的型号

型号	名　称	主要使用场合
KYJYH	铜芯交联聚乙烯绝缘聚乙烯护套耐寒控制电缆	敷设在低温及北方寒冷地区的室内外、电缆沟、管道等固定场所
KYJYPH	铜芯交联聚乙烯绝缘编织屏蔽聚乙烯护套耐寒控制电缆	敷设在低温及北方寒冷地区的室内外、电缆沟、管道等要求屏蔽的固定场所
KYJYP$_2$H	铜芯交联聚乙烯绝缘铜带屏蔽聚乙烯护套耐寒控制电缆	敷设在低温及北方寒冷地区的室内外、电缆沟、管道等要求屏蔽固定场所
KYJY23H	铜芯交联聚乙烯绝缘钢带铠装聚乙烯护套耐寒控制电缆	敷设在低温及北方寒冷地区的室内外、电缆沟、管道等能承受较大机械外力的固定场所

表 8-36　交联聚乙烯绝缘耐寒控制电缆的规格（芯数）

标称截面积/mm²	KYJYH	KYJYPH	KYJYP$_2$H	KYJY23H
0.75	2~61（芯）	4~61（芯）	4~61（芯）	7~61（芯）
1.0	2~61（芯）	4~61（芯）	4~61（芯）	7~61（芯）
1.5	2~61（芯）	4~61（芯）	4~61（芯）	7~61（芯）
2.5	2~61（芯）	4~61（芯）	4~61（芯）	4~61（芯）
4	2~14（芯）	4~14（芯）	4~14（芯）	4~14（芯）
6	2~14（芯）	4~14（芯）	4~14（芯）	4~14（芯）
10	2~10（芯）	4~10（芯）	4~10（芯）	4~10（芯）

8.1.17　耐热耐寒型数字巡回检测装置屏蔽控制电缆

1. 用途

耐热耐寒型数字巡回检测装置屏蔽控制电缆具有较高的防干扰性能，不受高温、潮湿的气候影响，能可靠地传送微弱的模拟信号和数字信号，特别对频率变化较大的传输信号对其电性能影响甚微，该电缆可广泛应用于核电站、冶金、矿山、石油和化工等部门的检测和控制用计算机系统或自动化控制装置及特殊场合的工业计算机装置上。

2. 技术特性和使用条件

1）该电缆具有良好的抗电场、磁场干扰性能。对 10kHz 的固有衰减为 2.88dB/km；对 10kHz 的波阻抗为 122Ω；串音衰减：近端为 69.49dB，远端为 86.86dB。

2）该电缆使用条件：工频为 250V、电流为 50mA，环境温度为 −60~180℃。

3）该电缆具有耐辐射性和防霉性，其吸水性不超过 0.015%。

4）该电缆在温度、频率变化或受潮时，对其电性能几乎不影响。

5）该电缆能够使用在要求电缆柔软的场合。

3. 电缆的型号、名称及规格

见表 8-37。

表 8-37　耐热耐寒型数字巡回检测装置屏蔽控制电缆的型号、名称及规格

型号	名　　称	标称截面积/mm²	芯对数
KJGP13	耐热耐寒型数字巡回检测装置屏蔽控制电缆	0.5、0.75、	1~24
KJGP13R	耐热耐寒型数字巡回检测装置屏蔽控制软电缆	1.0、1.5	

注：数据摘自上海摩恩电气有限公司资料。

8.1.18　变频器用控制电缆

1. 用途

主要用于变频器控制回路中微弱电压、电流信号的控制。

2. 技术特性和使用条件

1）该电缆具有良好的双屏蔽效果，可防止强电压对弱电压电流信号的干扰。

2）该电缆长期允许最高温度达 180℃，最低允许工作温度为 −60℃。

3）合理地敷设间距与有效地屏蔽接地，可以减少静电耦合干扰。

4）具有良好的耐老化性。

5）具有极好的柔软性和弹性。

3. 电缆的型号、名称及规格

见表 8-38。

表 8-38　变频器用控制电缆的型号、名称及规格

型号	名　　称	标称截面积/mm²	芯对数
BPKXGGP2	硅橡胶绝缘铜带屏蔽硅橡胶护套变频器用控制电缆		
BPKXGGPP2	硅橡胶绝缘铜丝编织铜带绕包双屏蔽硅橡胶护套变频器用控制电缆	0.75、1.0、	1~20
BPKXGP2GP2	硅橡胶绝缘铜带分屏蔽铜带总屏蔽硅橡胶护套变频器用控制电缆	1.5、2.5	
BPKXGPP2GPP2	硅橡胶绝缘铜丝编织铜带绕包双分屏蔽铜丝编织铜带绕包双总屏蔽硅橡胶护套变频器用控制电缆		

注：数据摘自上海摩恩电气有限公司资料。

4. 变频器用控制电缆的结构

示意图如图 8-1 所示。

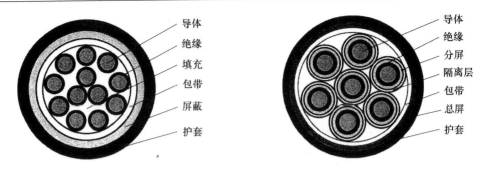

图 8-1　变频器用控制电缆的结构示意图

8.1.19　城市轨道交通用控制信号电缆

城市轨道交通用控制信号电缆是指城市交通用地铁、轻轨或市郊铁路用的控制信号电缆。目前，尚没有统一的标准规范，不同厂家生产的型号、结构也不同。这里仅举宝胜科技创新股份有限公司的几种型号供参考。

（1）地铁用信号电缆

主要适用于交流额定电压 300/500V 及以下传输地铁控制、通信信号和微机网络信号。它们的型号和名称见表 8-39。

表 8-39　地铁用信号电缆的型号、名称[49]

型号	名　　称
WDZA（B、C）-PYYP	铜芯聚乙烯绝缘铜丝编织屏蔽聚烯烃护套无卤低烟 A（B、C）级阻燃信号电缆
WDZA（B、C）-PYJYP	铜芯交联聚乙烯绝缘铜丝编织屏蔽聚烯烃护套无卤低烟 A（B、C）级阻燃信号电缆
WDZA（B、C）-PYYP23	铜芯聚乙烯绝缘铜丝编织屏蔽钢带铠装聚烯烃护套无卤低烟 A（B、C）级阻燃信号电缆
WDZA（B、C）-PYJYP23	铜芯交联聚乙烯绝缘铜丝编织屏蔽钢带铠装聚烯烃护套无卤低烟 A（B、C）级阻燃信号电缆

（2）铁路信号电缆

适用于交流额定电压 500V 或直流电压 1 000V 及以下，传输音频信号以及固定敷设的铁路信号和自动装置用传输控制信号。它们的型号和名称见表 8-40。

表 8-40　铁路用信号电缆的型号、名称[49]

型号	名　　称
PTYY	聚乙烯绝缘聚乙烯护套铁路信号电缆
PTY23	聚乙烯绝缘钢带铠装聚乙烯护套铁路信号电缆
PTYA23	聚乙烯绝缘综合护套钢带铠装聚乙烯护套铁路信号电缆
PTYL23	聚乙烯绝缘铝护套钢带铠装聚乙烯护套铁路信号电缆

（3）轨道交通低电容联挑控制电缆

适用于沿地铁、轻轨和铁路主干线敷设，联通各车站电源变压器的有关设备。它们的型号和名称见表 8-41。

表 8-41　轨道交通低电容联挑控制电缆的型号、名称[49]

型号	名　称
WD-LKYYP2	铜芯聚乙烯绝缘铜带屏蔽聚烯烃护套轨道交通用低电容无卤低烟联跳控制电缆
WD-LKYYP3	铜芯聚乙烯绝缘铝塑复合带屏蔽聚烯烃护套轨道交通用低电容无卤低烟联跳控制电缆
WD-LKYYP2/23	铜芯聚乙烯绝缘铜带屏蔽钢带铠装聚烯烃护套轨道交通用低电容无卤低烟联跳控制电缆
WD-LKYYP3/23	铜芯聚乙烯绝缘铝塑复合带屏蔽钢带铠装聚烯烃护套轨道交通用低电容无卤低烟联跳控制电缆
WD-LKYA23	铜芯聚乙烯绝缘铝塑复合带纵包屏蔽钢带铠装聚烯烃护套轨道交通用低电容无卤低烟联跳控制电缆
WD-LKYL23	铜芯聚乙烯绝缘铝护套钢带铠装聚烯烃护套轨道交通用低电容无卤低烟联跳控制电缆

（4）耐火信号电缆

用于额定电压 300/500V 室内火灾安全系统设备信号传输。它们的型号和名称见表 8-42。

表 8-42　耐火信号电缆的型号、名称[49]

型号	名　称
NH-KXGY	铜芯弹性体绝缘无卤阻燃聚烯烃护套耐火信号电缆
NH-KXGYR	铜芯弹性体绝缘无卤阻燃聚烯烃护套耐火信号软电缆
NH-PTYY	铜芯聚乙烯绝缘聚乙烯护套耐火信号电缆
NH-PTYY23	铜芯聚乙烯绝缘钢带铠装聚乙烯护套耐火信号电缆

（5）地铁干线用通信电缆

适用于轨道交通通信系统传输音频、150Hz 及以下模拟信号，可直埋或管道敷设。它们的型号和名称见表 8-43。

表 8-43　地铁干线用通信电缆的型号、名称[49]

型号	名　称
WDZC-HEYFAPT23	铜芯泡沫聚乙烯绝缘铝塑综合护套无卤低烟 C 类阻燃聚烯烃外护套地铁干线用通信电缆

（6）同轴射频电缆

适用于轨道交通视频通信系统。它们的型号和名称见表 8-44。

表 8-44　同轴射频电缆的型号、名称[49]

型号	名　称
SYV	实芯聚乙烯绝缘聚氯乙烯护套同轴射频电缆
SF46F	实芯聚全氟乙丙烯绝缘（F46）聚四氟乙烯（F4）护套同轴射频电缆
SFF	实芯聚四氟乙烯（F4）绝缘聚四氟乙烯（F4）护套同轴射频电缆

（7）铁路长途通信综合光缆

适用于电气化铁路干线通信及信号传输。它的型号和名称见表 8-45。

表 8-45　铁路长途通信综合光缆的型号、名称[49]

型号	名　称
GD123	铝护套钢带铠装聚乙烯外护套铁路通信光电综合电缆

8.2　本质安全型信号控制和计算机电缆

8.2.1　易爆危险场所要求电缆"本质安全"

在易爆危险场所，电火花和热效应是引发易爆气体爆炸的主要根源。从系统布线角度考虑，由于电缆是由许多电容、电感等分布元件所组成，使其相应地成为储能元件，因此在信号传输过程中不可避免地存储一定的能量，一旦系统出现故障，这些储能就会以电火花或热效应的形式释放出来，引起爆炸，影响系统的安全。因此，要求电缆低电容和低电感，电缆本身所带的电荷要少，不易产生电火花；另外，电缆要具有良好的屏蔽性能，有优良的抗外电磁场干扰性能及对外不产生干扰。这就要求电缆具有"本质安全"的特性[66]。

在石化、电力、冶金、矿山等部门，各类工程的工业自动化仪表系统（ICS）、集散控制系统（DCS）及可编程序控制器（PLC）等系统的本质安全防爆系统中，本质安全型信号控制电缆作电子计算机、工业自动化仪表、传感器及执行结构之间的连接线，传输检测、控制、报警、联锁等模拟和数字信号，有着巨大的需求量。

8.2.2　本质安全型信号控制电缆的定义

本质安全技术是一种低功率设计技术。针对电火花和热效应是引发易爆气体爆炸的主要根源，本质安全技术从限制能量入手，通过限制系统产生的电火花和热效应这两个可能的引爆源头来防爆。在正常工作和故障状态下，当系统产生的电火花或热效应的能量小于一定程度时，系统就不可能点燃易爆气体而产生爆炸，因此本质安全技术是可靠、安全的防爆技术。

在规定条件（包括正常工作和规定的故障条件）下产生的任何电火花或任何热效应均不能点燃规定的爆炸性气体环境的电路，称为本质安全系统电路；应用于本质安全电路的电缆即为本质安全型信号控制电缆。它应具有低电容和低电感，并具有良好的屏蔽性能和抗干扰性能，防爆性能优于一般的普通型控制电缆和计算机电缆[66]。

8.2.3　本质安全型信号控制电缆的结构

电缆的结构元件包括导体、绝缘、成缆元件、分/总屏蔽、内衬层（可选）、铠装（可选）和护套，一个典型的本质安全型信号控制电缆结构如图8-2所示。

1. 导体

本质安全型信号控制电缆是传输弱电系统中较大的控制、模拟电流信号。因此导体截面积比通信电缆大，一般与普遍型控制电缆相同，它的导体截面积可参见8.1.8节的表8-3或8.1.15节的表8-33中的标称截面积。按照不同使用条件的要求，导体结构可选用符合标准GB/T 3956规定的第1、2种或第5种结构。

2. 绝缘

本质安全型信号控制电缆常用的绝缘材料有聚乙烯、交联聚乙烯等。聚乙烯和交联聚乙烯的工作温度分别为70℃和90℃，介质损耗和介电常数小，并且电气性能优异，机械性能、耐热等级和防腐能力等均有优越性。

3. 对绞线对

本质安全型信号控制电缆与对称通信电缆采用相同的对绞（或对称）结构，即由一对不同色标的绝缘线芯通过对绞机绞合而成。由于对绞线对织成的回路具有交叉换位效应，可使回路中干扰电流相互抵消或减小，但交叉节距要有一定的配合，当交叉节距小一些，则交叉效果更好。因此，在对绞过程中，要严格控制对绞节距，并且要保证相邻对的节距各不相同以及无偶数位关系，以防止回路相互干扰。

对绞线对通常采用数字或色带标志来识别，然后在其表面绕包非吸湿性包带扎紧。

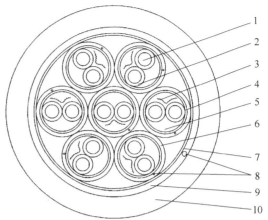

图 8-2　一个典型的本质安全型信号控制电缆结构图[66]

1—导体　2—绝缘　3—色带　4—聚酯带　5—对绞线对　6—分屏蔽　7—包带　8—引流线　9—总屏蔽　10—护套

4. 屏蔽

该电缆的屏蔽通常有分屏蔽、总屏蔽和分屏蔽加总屏蔽等三种。屏蔽采用 $0.05 \sim 0.1\text{mm}$ 的铝塑复合带重叠绕包或纵包的方式。铝塑复合带以塑料薄膜为基材，单面或双面涂覆铝粉而制成，包覆时，铝面向内。为了保证屏蔽的电气连续性，并且方便安装接地，屏蔽层内放置一根铜丝作引流线，引流线截面积不小于 0.2mm^2。铝塑复合带屏蔽的电缆，外径小、重量轻、较柔软、防潮，屏蔽效果好。

5. 成缆元件

成缆元件（缆芯）由各对绞线对或分屏蔽与对绞线对绞合而成。对绞线对数可以为 $1 \sim 61$ 对，优先推荐的线对个数与普通型控制电缆相同（可参见 8.1.6 节有关内容）。缆芯间隙可以采用非吸湿性材料填充，以使外观圆整。填充材料应与电缆的工作温度一致，并且与接触物相容。缆芯外绕包一层或多层包带扎紧，防止敷设过程中缆芯松散。有阻燃要求的电缆应采用阻燃材料填充，且阻燃包带绕包扎紧。

6. 铠装

铠装可以采用双钢带螺旋状间隙绕包方式，也可以采用钢丝编织方式，铠装层下要有内衬层。由于涂漆钢带有毒，铠装钢带应采用镀锌钢带，经钢带铠装后电缆能承受较大的径向压力；而钢丝编织铠装的电缆能承受较大的纵向拉力，且较柔软，但加工效率低、成本高。如果电缆有铠装结构，则因钢铝（屏蔽层）组合结构，电缆抗干扰的屏蔽效果更好。

7. 护套

护套应采用聚烯烃或聚氯乙烯。无卤阻燃本质安全型信号控制电缆应采用无卤低烟阻燃聚烯烃。按照本质安全系统的要求，护套的颜色为蓝色，以便与非本质安全型信号控制电缆区别[66]。

8.2.4　本质安全型信号控制电缆的型号、名称

广泛用于化学、石油化学工业、煤气和天然气中有爆炸性环境的自动化控制系统、集散

控制系统及可编程序控制器等系统，监控回路及保护线路等各种本质安全电路中，作电子计算机、工业自动化仪表、传感器及执行结构之间的连接线，具有分析参数小，抗外界干扰和线间串扰等优点。目前，国内和行业还没有本质安全系统电缆的产品标准，表 8-46 给出电缆的型号、名称和使用条件，供选择参考。

表 8-46　本安型信号控制电缆的型号、名称和使用条件

型号	名　　　称	使用条件
ia-K$_2$YV	本安型 PE 绝缘，PVC 护套二芯绞合屏蔽控制电缆	1. 固定敷设在室内，电缆沟或管道中
ia-K$_2$YVR	本安型 PE 绝缘，PVC 护套二芯绞合屏蔽控制软电缆	
ia-K$_2$YV（E）	本安型 PE 绝缘，PVC 护套二芯绞合屏蔽仪用电缆	2. 电缆的工作温度为 - 20 ℃ ~ 65℃
ia-K$_2$YV（E）R	本安型 PE 绝缘，PVC 护套二芯绞合屏蔽仪用软电缆	3. 电缆的敷设温度应不低于0℃，弯曲半径不少电缆外径的 10 倍
ia-K$_3$YV	本安型 PE 绝缘，PVC 护套三芯绞合屏蔽控制电缆	
ia-K$_3$YVR	本安型 PE 绝缘，PVC 护套三芯绞合屏蔽控制软电缆	4. 额定电压为 450/750V
ia-K$_3$YV（EX）	本安型 PE 绝缘，PVC 护套三芯绞合屏蔽控制仪用电缆	5. 应与非本安型电缆分开敷设或进行有效的隔离
ia-K$_3$YVR（EX）R	本安型 PE 绝缘，PVC 护套三芯绞合屏蔽仪用软电缆	

注：1. 可根据需要生产 PVC 绝缘，PVC 护套本安型控制电缆 ia-k$_2$ 等。

　　2. 可根据需要生产钢带铠装本安信号控制电缆，需在型号右下角加注代号"22"如 ia-kYV$_{22}$表示钢带铠装。

　　3. 需在阻燃型加特征代号"ZR"如 ZR-ia-K$_2$YV 等。

　　4. 表中 ia 表示本质安全电路（电缆）。

8.2.5　耐热耐寒型本质安全系统用检测仪器电缆

这节介绍的是上海摩恩电气有限公司生产的耐热耐寒型本质安全系统用检测仪器电缆。它按该企业标准生产，在产品型号前加"BA"表示该企业的本质安全系统用电缆。

1. 用途

主要用于石油、化工等部门的安全型设备及系统。它不仅能可靠地传送微弱的模拟信号和数字信号，而且防干扰性能高，电气性能稳定，防磁场、抗静电干扰效果优良，不受高温潮湿气候的影响，保证了传输信号参数的准确性和控制系统的安全运行。

2. 技术参数

1）耐压性能　线—线　1 500/5V/min；

2）任一线对工作电容不大于 $100\mu F/km$；

3）任一线对电感电阻比不大于 $50mH/\Omega$；

4）在 50Hz-400mA 的外界磁场下，任一对感应值不超过 0.5mV；

5）静电放电电压 15kV ±10%，对电缆任一线芯的耦合系数不大于 0.1%；

6）超宽幅电磁场频率为 20 ~ 200MHz，场强 120dB，电场信号衰减不大于 50dB。

3. 技术特性和使用条件

1）采用低阻抗的高分子复合带屏蔽，提高电缆安全防爆性能。

2）该电缆具有优良耐油、耐老化、耐腐蚀性能。

3）绝缘材料具有优越的耐电晕、抗电弧性能。

4）电缆使用条件：额定电压为 300/500V，环境温度为 - 60 ~ 180℃。

5）具有极好的弯曲柔软性和弹性。

4. 电缆的型号、名称及规格

见表 8-47 和表 8-48。

表 8-47　耐热耐寒型本质安全系统用检测仪器电缆的型号、名称

型号	名　　称	用途
$BAGGP_{35}$	铜芯高聚体绝缘铝塑复合带屏蔽本质安全系统用电缆	桥架敷设
$BAGVP_{35-22}$	铜芯高聚体绝缘铝塑复合带屏蔽钢带铠装本质安全系统用电缆	埋地敷设
$BAGP_{35}GP_{35}$	铜芯高聚体绝缘铝塑复合带双屏蔽本质安全系统用电缆	桥架敷设
$BAGP_{35}VGP_{35-22}$	铜芯高聚体绝缘铝塑复合带双屏蔽钢带铠装本质安全系统用电缆	埋地敷设

表 8-48　耐热耐寒型本质安全系统用检测仪器电缆的规格

型　　号	额定电压/V	标称截面积/mm^2	芯对数
$BAGGP_{35}$　　$BAGP_{35}GP_{35}$	300/600	0.5　0.75	1 ~ 24
$BAGVP_{35-22}$　　$BAGP_{35}VGP_{35-22}$		1.0　1.5	4 ~ 24

注：表中数据摘自上海摩恩电气有限公司资料。

5. 耐热耐寒型本质安全系统用检测仪器电缆

结构示意图如图 8-3 所示。

8.2.6　本质安全电路计算机电缆

目前，对于本质安全电路计算机电缆还没有国家标准，这里介绍的是安徽江淮电缆集团有限公司生产的这种电缆。它按该企业标准生产，在产品型号前加"JHDJ"表示该企业生产的计算机电缆，简化为"DJ"表示。供选择同类电缆时参考。

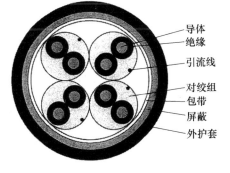

图 8-3　耐热耐寒型本质安全系统用检测仪器电缆的结构示意图

导体
绝缘
引流线
对绞组
包带
屏蔽
外护套

1. 用途

本质安全电路计算机电缆具有低电容和低电感特点，并具有良好的屏蔽性能和抗干扰性能，因此防爆性能优于一般计算机电缆和控制电缆。在防爆要求场合的集散控制系统和自动化检测控制等电路中用作传输线。

2. 主要技术指标

见表 8-49。

表 8-49　本质安全电路计算机电缆的主要技术指标

性能项目		单位	技 术 指 标		
			聚乙烯绝缘	交联聚乙烯绝缘	辐照交流聚乙烯绝缘
20℃时绝缘电阻		$MΩ/km$	≥5 000	≥50 000	≥50 000
电容不平衡		pF/m	≤1	≤0.5	≤0.5
电感电阻比	0.75(mm^2)	$μH/Ω$	≤20	≤5	≤5
	1.0(mm^2)		≤25	≤5	≤5
	1.5(mm^2)		≤35	≤5	≤5

（续）

性能项目	单位	技 术 指 标		
		聚乙烯绝缘	交联聚乙烯绝缘	辐照交流聚乙烯绝缘
分布电感	μH/m	≤0.6	≤0.02	≤0.02
抗外磁干扰（400A/m）	mV	≤5	≤1	≤1
抗静电感应（20kV）	mV	≤80	≤20	≤20
抗射频干扰（120dB）在 20～200MHz 频道内透入	dB	≤60	≤10	≤10
试验电压	V/1min	1 000	1 000	1 000

3. 技术特性和使用条件

1）额定电压 U_0/U：300/500V。

2）最高工作温度：聚乙烯绝缘不超过70℃，交联聚乙烯不超过90℃，辐照交联聚乙烯绝缘不超过105℃。

3）最低环境温度：固定敷设 -40℃，非固定敷设 -15℃。

4）最小弯曲半径：无铠装电缆应不小于电缆外径的6倍；有铠装电缆应不小于电缆外径的12倍。

4. 电缆的型号、名称及结构参数

电缆的型号、名称见表8-50。电缆的结构参数见表8-51。

表8-50　本质安全电路计算机电缆的型号、名称

型号	名　　称
DJYPY-ia	本质安全电路用铜芯聚乙烯绝缘对绞铜丝编织屏蔽聚乙烯护套计算机电缆
DJYPY$_{22}$-ia	本质安全电路用铜芯聚乙烯绝缘对绞铜丝编织屏蔽钢带铠装聚乙烯护套计算机电缆
DJYPY$_{32}$-ia	本质安全电路用铜芯聚乙烯绝缘对绞铜丝编织屏蔽细钢丝铠装聚乙烯护套计算机电缆
DJYPYP-ia	本质安全电路用铜芯聚乙烯绝缘对绞铜丝编织屏蔽铜丝编织总屏蔽聚乙烯护套计算机电缆
DJYP$_2$Y-ia	本质安全电路用铜芯聚乙烯绝缘对绞铜带屏蔽聚乙烯护套计算机电缆
DJYP$_2$YP$_2$-ia	本质安全电路用铜芯聚乙烯绝缘对绞铜带屏蔽铜带绕包总屏蔽聚乙烯护套计算机电缆
DJYP$_3$Y-ia	本质安全电路用铜芯聚乙烯绝缘对绞铝箔/塑料薄膜复合带屏蔽聚乙烯护套计算机电缆
DJYP$_3$YP$_3$-ia	本质安全电路用铜芯聚乙烯绝缘对绞铝箔/塑料薄膜复合带屏蔽铝箔/塑料薄膜复合带总屏蔽聚乙烯护套计算机电缆
DJYP$_3$YA$_{33}$-ia	本质安全电路用铜芯聚乙烯绝缘对绞铝箔/塑料薄膜复合带屏蔽涂塑铝带粘接总屏蔽单层钢带扎纹纵包铠装聚乙烯护套计算机电缆
DJYJPY-ia	本质安全电路用铜芯交联聚乙烯绝缘对绞铜丝编织屏蔽聚乙烯护套计算机电缆
DJYJPY$_{22}$-ia	本质安全电路用铜芯交联聚乙烯绝缘对绞铜丝编织屏蔽钢带铠装聚乙烯护套计算机电缆
DJYJPY$_{32}$-ia	本质安全电路用铜芯交联聚乙烯绝缘对绞铜丝编织屏蔽细钢丝铠装聚乙烯护套计算机电缆
DJYJPYP-ia	本质安全电路用铜芯交联聚乙烯绝缘对绞铜丝编织屏蔽铜丝编织总屏蔽聚乙烯护套计算机电缆
DJYJP$_2$Y-ia	本质安全电路用铜芯交联聚乙烯绝缘对绞铜带屏蔽聚乙烯护套计算机电缆
DJYJP$_2$YP$_2$-ia	本质安全电路用铜芯交联聚乙烯绝缘对绞铜带屏蔽铜带绕包总屏蔽聚乙烯护套计算机电缆

（续）

型号	名　称
DJYJP₃Y-ia	本质安全电路用铜芯交联聚乙烯绝缘对绞铝箔/塑料薄膜复合带屏蔽聚乙烯护套计算机电缆
DJYJP₃YA₅₃-ia	本质安全电路用铜芯交联聚乙烯绝缘对绞铝箔/塑料薄膜复合带屏蔽涂塑铝带粘接总屏蔽单层钢带扎纹纵包铠装聚乙烯护套计算机电缆
DJFYJPY-ia	本质安全电路用铜芯辐照交联聚乙烯绝缘对绞铜丝编织屏蔽聚乙烯护套计算机电缆
DJFYJPY₂₂-ia	本质安全电路用铜芯辐照交联聚乙烯绝缘对绞铜丝编织屏蔽钢带铠装聚乙烯护套计算机电缆
DJFYJPY₃₂-ia	本质安全电路用铜芯辐照交联聚乙烯绝缘对绞铜丝编织屏蔽细钢丝铠装聚乙烯护套计算机电缆
DJFYJPYP-ia	本质安全电路用铜芯辐照交联聚乙烯绝缘对绞铜丝编织屏蔽铜丝编织总屏蔽聚乙烯护套计算机电缆
DJFYJP₂Y-ia	本质安全电路用铜芯辐照交联聚乙烯绝缘对绞铜带屏蔽聚乙烯护套计算机电缆
DJFYJP₂YP₂-ia	本质安全电路用铜芯辐照交联聚乙烯绝缘对绞铜带屏蔽铜带绕包总屏蔽聚乙烯护套计算机电缆
DJFYJP₃Y-ia	本质安全电路用铜芯辐照交联聚乙烯绝缘对绞铝箔/塑料薄膜复合带屏蔽聚乙烯护套计算机电缆
DJFYJP₃YP₃-ia	本质安全电路用铜芯辐照交联聚乙烯绝缘对绞铝箔/塑料薄膜复合带屏蔽铝箔/塑料薄膜复合带总屏蔽聚乙烯护套计算机电缆
DJFYJP₃YA₅₃-ia	本质安全电路用铜芯辐照交联聚乙烯绝缘对绞铝箔/塑料薄膜复合带屏蔽涂塑铝带粘接总屏蔽单层钢带扎纹纵包铠装聚乙烯护套计算机电缆

注：1. 表中 ia 表示本质安全电路（电缆），FYJ 表示辐照交联聚乙烯，53 表示单层钢带扎纹纵包铠装，P₃ 表示铝箔/塑料薄膜复合膜。

2. 阻燃电缆在原型号前加"ZR"，并加阻燃等级标注。耐火电缆在原型号前加"NH"，并加耐火等级标注。

表 8-51　本质安全电路计算机电缆的结构参数

对数×每对芯数×标称截面积 /mm²	电缆最大直径/mm						
	DJYPY-ia DJYJPY-ia DJFYJPY-ia	DJYP₂Y-ia DJYJP₂Y-ia DJFYJP₂Y-ia	DJYP₂YP₂-ia DJYJP₂YP₂-ia DJFYJP₂YP₂-ia	DJYP₃Y-ia DJYJP₃Y-ia DJFYJP₃Y-ia	DJYP₃YP₃-ia DJYJP₃YP₃-ia DJFYJP₃Y P₃-ia	DJYP₃Y₂₂-ia DJYJP₃Y₂₂-ia DJFYJP₃Y₂₂-ia	DJYPYP-ia DJYJPYP-ia DJFYJPYP-ia
1×2×0.75	8.4	8.4	9.3	8.4	9.3	11.6	9.5
2×2×0.75	14.8	14.8	15.7	14.8	15.7	18.0	15.9
3×2×0.75	15.6	15.6	16.5	15.6	16.5	15.8	16.7
4×2×0.75	17.0	17.0	17.9	17.0	17.9	20.2	18.1
5×2×0.75	18.8	18.8	19.7	18.8	19.7	22.0	19.9
6×2×0.75	21.2	21.2	22.1	21.2	22.1	24.4	22.3
7×2×0.75	21.2	21.2	22.1	21.2	22.1	24.4	22.3
8×2×0.75	22.2	22.2	23.1	22.2	23.1	25.4	23.3
9×2×0.75	26.0	26.0	26.9	26.0	26.9	29.2	27.3
10×2×0.75	26.0	26.0	26.9	26.0	26.9	29.2	27.3
12×2×0.75	27.0	27.0	27.9	27.0	27.9	30.2	28.3
14×2×0.75	28.4	28.4	29.3	28.4	29.3	31.6	29.7
16×2×0.75	30.4	30.4	31.3	30.4	31.3	33.6	31.7

（续）

对数×每对芯数×标称截面积 /mm²	电缆最大直径/mm						
	DJYPY-ia DJYJPY-ia DJFYJPY-ia	DJYP₂Y-ia DJYJP₂Y-ia DJFYJP₂Y-ia	DJYP₂YP₂-ia DJYJP₂YP₂-ia DJFYJP₂YP₂-ia	DJYP₃Y-ia DJYJP₃Y-ia DJFYJP₃Y-ia	DJYP₃YP₃-ia DJYJP₃YP₃-ia DJFYJP₃YP₃-ia	DJYP₃Y₂₂-ia DJYJP₃Y₂₂-ia DJFYJP₃Y₂₂-ia	DJYPYP-ia DJYJPYP-ia DJFYJPYP-ia
19×2×0.75	32.0	32.0	32.9	32.0	32.9	35.2	33.3
24×2×0.75	37.8	37.8	38.7	37.8	38.7	41.0	39.1
1×3×0.75	8.8	8.8	9.7	8.8	9.7	12.0	9.9
3×3×0.75	16.5	16.5	17.4	16.5	17.4	19.7	17.6
4×3×0.75	18.2	18.2	19.1	18.2	19.1	21.4	19.3
5×3×0.75	19.9	19.9	20.8	19.9	20.8	23.1	21.0
6×3×0.75	22.0	22.0	22.9	22.0	22.9	25.2	23.3
7×3×0.75	22.0	22.0	22.9	22.0	22.9	25.2	23.3
8×3×0.75	23.7	23.7	24.6	23.7	24.6	26.9	25.0
10×3×0.75	28.2	28.2	29.1	28.2	29.1	31.4	29.3
12×3×0.75	29.1	29.1	30.0	29.1	30.0	32.3	30.3
14×3×0.75	30.6	30.6	31.5	30.6	31.5	33.8	31.9
1×2×1.0	8.8	8.8	9.7	8.8	9.7	12.0	9.9
2×2×1.0	15.8	15.8	16.7	15.8	16.7	19.0	16.9
3×2×1.0	16.5	16.5	17.4	16.5	17.4	19.7	17.6
4×2×1.0	18.2	18.2	19.1	18.2	19.1	21.4	19.3
5×2×1.0	19.9	19.9	20.8	19.9	20.8	23.1	21.0
6×2×1.0	22.0	22.0	22.9	22.0	22.9	25.2	23.3
7×2×1.0	22.0	22.0	22.9	22.0	22.9	25.2	23.3
8×2×1.0	23.7	23.7	24.6	23.7	24.6	26.9	25.0
9×2×1.0	28.2	28.2	29.1	28.2	29.1	31.4	29.3
10×2×1.0	28.2	28.2	29.1	28.2	29.1	31.4	29.3
12×2×1.0	29.1	29.1	30.0	29.1	30.0	32.3	30.3
14×2×1.0	30.6	30.6	31.5	30.6	31.5	33.8	31.9
16×2×1.0	32.7	32.7	33.6	32.7	33.6	35.9	34.0
19×2×1.0	34.4	34.4	35.3	34.4	35.3	37.6	35.7
24×2×1.0	40.8	40.8	41.7	40.8	41.7	44.0	42.1
1×3×1.0	9.2	9.2	10.1	9.2	10.1	12.4	10.3
3×3×1.0	18.0	18.0	18.9	18.0	18.9	20.8	18.7
4×3×1.0	19.6	19.6	20.5	19.6	20.5	22.4	20.3
5×3×1.0	21.3	21.3	22.2	21.3	22.2	24.5	22.6
6×3×1.0	23.2	23.2	24.1	23.2	24.1	26.4	24.5
7×3×1.0	23.2	23.2	24.1	23.2	24.1	26.4	24.5

（续）

对数×每对芯数×标称截面积/mm²	电缆最大直径/mm						
	DJYPY-ia DJYJPY-ia DJFYJPY-ia	DJYP₂Y-ia DJYJP₂Y-ia DJFYJP₂Y-ia	DJYP₂YP₂-ia DJYJP₂YP₂-ia DJFYJP₂YP₂-ia	DJYP₃Y-ia DJYJP₃Y-ia DJFYJP₃Y-ia	DJYP₃YP₃-ia DJYJP₃YP₃-ia DJFYJP₃YP₃-ia	DJYP₃Y₂₂-ia DJYJP₃Y₂₂-ia DJFYJP₃Y₂₂-ia	DJYPYP-ia DJYJPYP-ia DJFYJPYP-ia
8×3×1.0	25.1	25.1	26.0	25.1	26.0	28.3	26.4
10×3×1.0	29.8	29.8	30.7	29.8	30.7	33.0	31.1
12×3×1.0	30.8	30.8	31.7	30.8	31.7	34.0	32.1
14×3×1.0	32.8	32.8	33.7	32.8	33.7	36.0	34.1
1×2×1.5	10.0	10.0	10.9	10.0	10.9	12.4	11.3
2×2×1.5	17.7	17.7	18.6	17.7	18.6	20.9	18.8
3×2×1.5	18.7	18.7	19.6	18.7	19.6	21.9	19.8
4×2×1.5	20.7	20.7	21.6	20.7	21.6	23.9	21.8
5×2×1.5	22.6	22.6	23.5	22.6	23.5	25.8	23.9
6×2×1.5	24.7	24.7	25.6	24.7	25.6	27.9	26.0
7×2×1.5	24.7	24.7	25.6	24.7	25.6	27.9	26.0
8×2×1.5	27.3	27.3	28.2	27.3	28.2	30.5	28.6
9×2×1.5	32.0	32.0	32.9	32.0	32.9	35.2	33.3
10×2×1.5	32.0	32.0	32.9	32.0	32.9	35.2	33.3
12×2×1.5	33.4	33.4	34.3	33.4	34.3	36.6	34.7
14×2×1.5	35.2	35.2	36.1	35.2	36.1	38.4	36.5
16×2×1.5	37.7	37.7	38.6	37.7	38.6	40.9	39.0
19×2×1.5	39.8	39.8	40.7	39.8	40.7	43.0	41.1
24×2×1.5	46.5	46.5	47.4	46.5	47.4	49.7	47.8
1×3×1.5	10.6	10.6	11.5	10.6	11.5	13.8	11.7
3×3×1.5	19.5	19.5	20.4	19.5	20.4	22.9	20.8
4×3×1.5	22.0	22.0	22.9	22.0	22.9	25.2	23.3
5×3×1.5	24.0	24.0	24.9	24.0	24.9	27.2	25.3
6×3×1.5	26.6	26.6	27.5	26.6	27.5	29.8	27.9
7×3×1.5	26.6	26.6	27.5	26.6	27.5	29.8	27.9
8×3×1.5	28.8	28.8	29.7	28.8	29.7	32.0	30.1
10×3×1.5	34.2	34.2	35.1	34.2	35.1	37.4	35.5
12×3×1.5	35.9	35.9	36.8	35.9	36.8	39.4	37.2
14×3×1.5	38.2	38.2	39.1	38.2	39.1	41.9	39.1

注：安徽江淮电缆集团有限公司可生产最大61芯电缆，此表未列入。涂塑铝带粘接总屏蔽单层钢带扎纹纵包铠装电缆比铝塑复合带总屏蔽电缆大1mm。

8.3　常用的计算机电缆

8.3.1　计算机电缆的特点及概述

　　计算机电缆是一种专门用于计算机的特殊控制电缆。它由 1 类、2 类或 5 类铜导体与塑料绝缘护套以及屏蔽和铠装组成，要求抗干扰性能好，能可靠地传输微弱的模拟信号。芯数根据需要有一对到多对，导体截面积为 $0.5 \sim 10 mm^2$，导体对数为 $1 \sim 37$（对）。电缆绝缘可以选用聚乙烯、交联聚乙烯、乙丙橡胶等材料。工作电压为 300/500V。

　　计算机电缆的功能是为计算机输送电能和传递电信号。为了避免电磁干扰引起计算机误动作，计算机电缆的屏蔽效果一定要好。因此，电缆结构中往往有分屏蔽和总屏蔽。一般固定敷设的电缆多采用铝塑复合带或铜带分屏蔽以及钢带或钢丝铠装总屏蔽。非固定敷设的电缆或要求柔软的电缆，它们的导体、屏蔽和铠装都应采用软结构（如 5 类导体，钢丝编织分屏蔽和钢丝编织总屏蔽）。根据环境条件和安全的要求，可以选用阻燃型或耐火型电缆。带屏蔽和铠装电缆允许最小敷设弯曲半径为 12D，非屏蔽和铠装电缆为 6D。

　　计算机电缆的质量评判主要看导体直流电阻（见 1.1.3 表 1-1）和工频耐压（2 000V，5min 不击穿）以及电缆结构与外观质量，屏蔽效果如何，目前尚无规定指标和试验方法。

　　计算机电缆因尚无国家标准，各生产厂家的电缆型号不尽一致，用户应在订货合同中把技术要求写具体、明确，以免对方误解。

　　计算机电缆广泛应用于发电、冶金、石油、化工、港口等部门的检测和控制用计算机系统或自动化装置，以及一般的工业计算机上。

8.3.2　计算机电缆的屏蔽选择

　　计算机监控系统信号回路的控制电缆的屏蔽选择，应符合下列规定[4]：

　　1）开关量信号，可选用总屏蔽。

　　2）高电平模拟信号，宜选用对绞线总屏蔽，必要时也可选用对绞线芯分屏蔽。

　　3）低电平模拟信号或脉冲量信号，宜选用对绞线芯分屏蔽，必要时也可选用对绞线芯分屏蔽复合总屏蔽。

8.3.3　对计算机电缆的屏蔽接地方式的规定

　　对计算机电缆的屏蔽接地方式，应符合下列规定[4]：

　　1）计算机监控系统的模拟信号回路的控制电缆屏蔽层，应用集中式一点接地，不得构成两点或多点接地。其原因基于保证计算机监控系统正常工作的要求，因为即使仅 1V 左右的干扰电压，也可能引起逻辑判断的谬误，集中一点接地可避免出现接地环流。

　　2）集成电路、微机保护的电流、电压和信号的控制电缆屏蔽层，应在开关安置场所与控制室同时接地。

8.3.4　聚乙烯绝缘聚氯乙烯护套计算机电缆

1. 用途

适用于发电、冶金、石油、化工、港口等工矿企业的集散控制系统、电子计算机系统、自动化系统的信号传输及作为检测仪器、仪表等连接用电缆。

2. 技术特性

执行标准：Q/321084 KKD04—2002。额定电压：450/750V 及以下，最高工作温度：70℃。最低环境温度：固定敷设 −40℃，非固定敷设 −15℃。无铠装层的电缆，允许的弯曲半径应不小于电缆外径的 6 倍，有铠装层的电缆，允许的弯曲半径应不小于电缆外径的 12 倍。

3. 电缆的型号、名称及使用范围

见表 8-52。电缆的规格和有关参数见表 8-53。部分电缆的外径见表 8-54 和表 8-55。

表 8-52　聚乙烯绝缘聚氯乙烯护套计算机电缆的名称、型号及使用范围

名　　称	型号	使用范围
聚乙烯绝缘对绞铜丝编织分屏蔽聚氯乙烯护套计算机电缆	DJYPV	敷设在室内、电缆沟、管道固定场合
聚乙烯绝缘对绞铜丝编织分屏蔽及总屏蔽聚氯乙烯护套计算机电缆	DJYPVP	
聚乙烯绝缘对绞铜丝编织总屏蔽聚氯乙烯护套计算机电缆	DJYVP	
聚乙烯绝缘对绞铜带分屏蔽聚氯乙烯护套计算机电缆	DJYP2V	
聚乙烯绝缘对绞铜带分屏蔽及总屏蔽聚氯乙烯护套计算机电缆	DJYP2VP2	
聚乙烯绝缘对绞铜带总屏蔽聚氯乙烯护套计算机电缆	DJYVP2	
聚乙烯绝缘对绞铝/塑复合带分屏蔽聚氯乙烯护套计算机电缆	DJYP3V	
聚乙烯绝缘对绞铝/塑复合带分屏蔽及总屏蔽聚氯乙烯护套计算机电缆	DJYP3VP3	
聚乙烯绝缘对绞铝/塑复合带总屏蔽聚氯乙烯护套计算机电缆	DJYVP3	
聚乙烯绝缘对绞铜丝编织分屏蔽聚氯乙烯护套计算机软电缆	DJYPVR	敷设在室内、有移动要求的场合
聚乙烯绝缘对绞铜丝编织分屏蔽及总屏蔽聚氯乙烯护套计算机软电缆	DJYPVPR	
聚乙烯绝缘对绞铜丝编织总屏蔽聚氯乙烯护套计算机软电缆	DJYVPR	
聚乙烯绝缘对绞铜带分屏蔽聚氯乙烯护套计算机软电缆	DJYP2VR	
聚乙烯绝缘对绞铜带分屏蔽及总屏蔽聚氯乙烯护套计算机软电缆	DJYP2VP2R	
聚乙烯绝缘对绞铜带总屏蔽聚氯乙烯护套计算机软电缆	DJYVP2R	
聚乙烯绝缘对绞铝/塑复合带分屏蔽聚氯乙烯护套计算机软电缆	DJYP3VR	
聚乙烯绝缘对绞铝/塑复合带分屏蔽及总屏蔽聚氯乙烯护套计算机软电缆	DJYP3VP3R	
聚乙烯绝缘对绞铝/塑复合带总屏蔽聚氯乙烯护套计算机软电缆	DJYVP3R	
聚乙烯绝缘对绞铜丝编织分屏蔽聚氯乙烯护套钢带铠装计算机电缆	DJYPV22	敷设在室内、电缆沟、管道、直埋等能承受一定机械外力的固定场所
聚乙烯绝缘对绞铜丝编织分屏蔽及总屏蔽聚氯乙烯护套钢带铠装计算机电缆	DJYPVP22	
聚乙烯绝缘对绞铜丝编织总屏蔽聚氯乙烯护套钢带铠装计算机电缆	DJYVP22	
聚乙烯绝缘对绞铜带分屏蔽聚氯乙烯护套钢带铠装计算机电缆	DJYP2V22	
聚乙烯绝缘对绞铜带分屏蔽及总屏蔽聚氯乙烯护套钢带铠装计算机电缆	DJYP2VP2/22	
聚乙烯绝缘对绞铜带总屏蔽聚氯乙烯护套钢带铠装计算机电缆	DJYVP2/22	
聚乙烯绝缘对绞铝/塑复合带分屏蔽聚氯乙烯护套钢带铠装计算机电缆	DJYP3V22	
聚乙烯绝缘对绞铝/塑复合带分屏蔽及总屏蔽聚氯乙烯护套钢带铠装计算机电缆	DJYP3VP3/22	
聚乙烯绝缘对绞铝/塑复合带总屏蔽聚氯乙烯护套钢带铠装计算机电缆	DJYVP3/22	

表 8-53　聚乙烯绝缘聚氯乙烯护套计算机电缆的规格

型号	额定电压 /kV	导体标称截面积/mm²			
		0.5	0.75	1.0	1.5
		对数			
DJYPV	300/500	1~19			
DJYPVP					
DJYVP					
DJYPVR					
DJYPVPR					
DJYVPR					
DJYP2V	450/750	2~19		1~19	
DJYP2VP2					
DJYVP2					
DJYP3V					
DJYP3VP3					
DJYVP3					
DJYP2VR					
DJYP2VP2R					
DJYVP2R					
DJYP3VR					
DJYP3VP3R					
DJYVP3R					
DJYPV22		2~19		1~19	
DJYPVP22					
DJYVP22					
DJYP2V22					
DJYP2VP2/22					
DJYVP2/22					
DJYP3V22					
DJYP3VP3/22					
DJYVP3/22					

表 8-54　聚乙烯绝缘聚氯乙烯护套计算机电缆的外径（1）

对数×每对 /mm²	电缆最大参考外径/mm					
	DJYPV	DJYPVP	DJYVP	DJYPV22	DJYPVP22	DJYVP22
1×2×0.5			8.7			
1×2×0.75			9.4			
1×2×1.0			10.1			
1×2×1.5			10.3			15.0

（续）

对数×每对 /mm²	电缆最大参考外径/mm					
	DJYPV	DJYPVP	DJYVP	DJYPV22	DJYPVP22	DJYVP22
2×2×0.5	13.6	14.7	13.3	17.8	18.9	17.5
2×2×0.75	14.8	15.9	14.5	19.0	20.1	18.7
2×2×1.0	16.1	17.2	15.1	20.6	21.7	19.3
2×2×1.5	17.1	18.2	16.8	21.6	22.7	20.2
3×2×0.5	14.4	15.3	14.0	18.6	19.7	18.7
3×2×0.75	16.5	17.6	15.2	20.9	22.0	19.4
3×2×1.0	17.1	18.2	15.9	21.5	22.6	20.1
3×2×1.5	18.2	19.3	17.7	22.6	23.7	21.8
4×2×0.5	16.5	17.6	15.2	21.0	22.1	19.4
4×2×0.75	18.0	19.1	17.3	22.4	23.5	21.7
4×2×1.0	18.7	19.8	18.0	23.1	24.3	22.5
4×2×1.5	19.9	21.0	19.2	24.3	25.4	23.4
5×2×0.5	18.0	19.1	17.3	22.5	23.6	21.6
5×2×0.75	18.7	20.8	18.8	24.1	25.2	23.2
5×2×1.0	20.5	21.6	19.6	24.9	26.0	24.0
5×2×1.5	21.8	22.9	20.9	26.4	27.5	26.1
6×2×0.5	19.6	20.7	18.6	24.1	25.2	23.0
6×2×0.75	21.4	22.5	20.3	25.9	27.0	24.8
6×2×1.0	22.8	23.9	21.7	27.5	28.6	25.7
6×2×1.5	24.3	25.4	22.7	29.0	30.1	27.9
7×2×0.5	19.8	20.7	18.6	24.1	25.2	23.0
7×2×0.75	21.4	22.5	20.3	25.9	27.0	24.8
7×2×1.0	22.8	23.9	21.2	27.5	28.6	25.7
7×2×1.5	24.3	25.4	22.7	29.0	30.1	27.9
8×2×0.5	21.2	22.3	19.9	25.7	26.8	24.4
8×2×0.75	23.7	24.8	21.9	28.4	29.5	26.3
8×2×1.0	24.7	25.8	23.4	29.3	30.4	28.0
8×2×1.5	26.3	27.4	24.9	31.0	32.1	29.7
9×2×0.5	23.8	24.9	21.8	28.5	29.6	26.2
9×2×0.75	26.0	27.1	24.4	30.7	31.8	29.1
9×2×1.0	27.1	28.2	25.5	31.8	32.9	30.2
9×2×1.5	29.0	30.1	27.4	33.6	34.7	32.0
10×2×0.5	25.4	26.5	23.6	30.1	31.2	28.3
10×2×0.75	27.8	28.9	26.0	32.5	33.6	30.7
10×2×1.0	28.9	30.0	27.2	33.6	34.7	31.9

对数×每对/mm²	电缆最大参考外径/mm					
	DJYPV	DJYPVP	DJYVP	DJYPV22	DJYPVP22	DJYVP22
10×2×1.5	31.0	32.1	29.2	35.7	36.8	33.8
11×2×0.5	26.2	27.3	24.3	30.9	32.0	29.0
11×2×0.75	28.7	29.8	26.8	33.4	34.5	31.5
11×2×1.0	29.9	31.0	28.0	34.6	35.7	32.7
11×2×1.5	32.0	33.1	30.1	36.7	37.8	34.8
12×2×0.5	26.2	27.3	24.3	30.9	32.0	29.0
12×2×0.75	28.7	29.8	26.8	33.4	34.5	31.5
12×2×1.0	29.9	31.0	28.0	34.5	35.7	32.7
12×2×1.5	32.0	33.1	30.1	36.7	37.8	34.8
13×2×0.5	27.6	28.7	25.5	32.3	33.4	30.2
13×2×0.75	30.2	31.3	28.1	34.0	36.0	32.8
13×2×1.0	31.6	32.7	29.4	36.2	37.3	34.1
13×2×1.5	33.7	34.8	31.6	38.4	39.5	36.3
14×2×0.5	27.6	28.7	25.5	32.3	33.4	30.2
14×2×0.75	30.2	31.3	28.1	34.0	36.0	32.8
14×2×1.0	31.6	32.7	29.4	36.2	37.3	34.1
14×2×1.5	33.7	34.8	31.6	38.4	39.5	36.3
15×2×0.5	29.1	30.2	26.9	33.8	34.9	31.5
15×2×0.75	31.9	33.0	29.6	36.6	37.7	34.3
15×2×1.0	33.3	34.4	31.0	38.0	39.1	35.7
15×2×1.5	36.4	37.5	33.3	41.5	42.6	38.0
16×2×0.5	29.1	30.2	26.9	33.8	34.9	31.5
16×2×0.75	31.9	33.0	29.6	36.6	37.7	34.3
16×2×1.0	33.3	34.4	31.0	38.0	39.1	35.7
16×2×1.5	36.4	37.5	33.3	41.5	42.6	38.0
17×2×0.5	30.7	31.8	28.2	35.4	36.5	32.9
17×2×0.75	33.7	34.8	31.2	38.4	39.5	35.8
17×2×1.0	35.9	37.0	32.7	41.1	42.2	37.3
17×2×1.5	37.2	38.3	35.1	43.5	44.6	39.8
18×2×0.5	30.7	31.8	28.2	35.4	36.5	32.9
18×2×0.75	33.7	34.8	31.2	38.4	39.5	35.8
18×2×1.0	35.9	37.0	32.7	41.1	42.2	37.3
18×2×1.5	37.2	38.3	35.1	43.5	44.6	39.8
19×2×0.5	30.7	31.8	28.2	35.4	36.5	32.9
19×2×0.75	33.7	34.8	31.2	38.4	39.5	35.8
19×2×1.0	35.9	37.0	32.7	41.1	42.2	37.3
19×2×1.5	37.2	38.3	35.1	43.5	44.6	39.8

表8-55　聚乙烯绝缘聚氯乙烯护套计算机电缆的外径（2）

对数×每对 /mm²	电缆最大参考外径/mm					
	DJYPV	DJYPVP	DJYVP	DJYPV22	DJYPVP22	DJYVP22
1×3×0.5			9.1			
1×3×0.75			10.1			
1×3×1.0			10.4			13.9
1×3×1.5			11.4			15.6
2×3×0.5	17.0	18.1	15.6	21.4	22.5	19.8
2×3×0.75	18.5	19.6	17.9	22.9	24.0	22.3
2×3×1.0	19.3	20.4	18.7	23.7	24.8	23.1
2×3×1.5	20.7	21.7	20.0	25.0	26.1	24.4
3×3×0.5	18.0	19.1	17.3	22.4	23.5	21.7
3×3×0.75	19.6	20.7	18.9	24.1	25.2	23.3
3×3×1.0	20.5	21.6	19.7	24.9	26.0	24.2
3×3×1.5	22.3	23.4	21.1	27.0	28.1	25.6
4×3×0.5	19.7	20.8	18.8	24.2	25.3	23.2
4×3×0.75	21.6	22.7	20.6	26.0	27.1	25.1
4×3×1.0	23.6	24.1	21.8	27.7	28.8	26.0
4×3×1.5	24.5	25.6	23.3	29.2	30.3	28.0
5×3×0.5	21.6	22.7	20.4	26.1	27.2	24.9
5×3×0.75	24.2	25.3	22.5	28.1	29.2	26.9
5×3×1.0	25.2	26.3	24.0	29.9	31.0	28.7
5×3×1.5	27.0	28.1	24.7	31.6	32.7	29.4
6×3×0.5	24.1	25.2	22.2	28.8	29.9	26.6
6×3×0.75	26.4	27.5	25.0	31.1	32.2	29.6
6×3×1.0	27.6	29.7	26.1	32.2	33.3	30.8
6×3×1.5	29.5	30.6	28.1	34.2	35.3	32.7
7×3×0.5	24.1	25.2	22.2	28.8	29.9	26.6
7×3×0.75	26.4	27.5	25.0	31.1	32.2	29.6
7×3×1.0	27.6	28.7	26.1	32.2	33.3	30.8
7×3×1.5	29.5	30.6	28.1	34.2	35.3	32.7
8×3×0.5	26.1	27.5	24.4	30.8	31.9	29.1
8×3×0.75	23.9	25.0	26.9	33.3	34.4	31.6
8×3×1.0	29.9	31.0	28.2	34.6	35.7	32.9
8×3×1.5	32.0	33.1	30.3	36.7	37.8	35.0
9×3×0.5	28.8	29.9	26.7	32.4	32.5	31.4
9×3×0.75	31.6	32.7	29.6	36.3	37.4	34.3
9×3×1.0	32.5	33.6	31.0	37.2	38.3	35.7

（续）

对数 × 每对	电缆最大参考外径/mm					
/mm²	DJYPV	DJYPVP	DJYVP	DJYPV22	DJYPVP22	DJYVP22
9 × 3 × 1.5	36.1	37.2	33.4	41.3	42.4	38.1
10 × 3 × 0.5	30.8	31.9	28.5	35.4	36.5	33.2
10 × 3 × 0.75	33.8	34.9	31.6	38.5	39.6	36.2
10 × 3 × 1.0	36.1	37.2	33.1	41.2	42.3	37.8
10 × 3 × 1.5	38.7	39.8	36.4	43.8	44.9	41.6
11 × 3 × 0.5	31.8	32.9	29.4	36.5	37.6	34.1
11 × 3 × 0.75	35.7	36.8	32.6	40.6	41.7	37.2
11 × 3 × 1.0	37.3	38.4	34.2	42.5	43.5	38.8
11 × 3 × 1.5	40.0	41.1	37.6	45.1	46.2	42.7
12 × 3 × 0.5	31.8	32.9	29.4	36.5	37.8	34.1
12 × 3 × 0.75	35.7	36.8	32.6	40.6	41.7	37.2
12 × 3 × 1.0	37.3	38.4	34.2	42.5	43.6	38.8
12 × 3 × 1.5	40.0	41.1	37.6	45.1	46.2	42.7
13 × 3 × 0.5	33.5	34.6	30.9	38.2	39.3	35.6
13 × 3 × 0.75	37.6	38.7	34.3	42.8	43.9	39.0
13 × 3 × 1.0	39.3	40.4	36.7	44.5	45.6	41.9
13 × 3 × 1.5	42.7	43.8	38.6	47.3	48.4	44.7
14 × 3 × 0.5	33.5	34.5	30.9	38.2	39.3	35.6
14 × 3 × 0.75	37.6	38.7	34.3	42.8	43.9	39.0
14 × 3 × 1.0	39.3	40.4	36.7	44.5	45.6	41.9
14 × 3 × 1.5	42.7	43.8	38.6	47.3	48.4	44.7
15 × 3 × 0.5	36.1	37.2	32.6	41.3	42.4	37.2
15 × 3 × 0.75	39.8	40.9	36.9	44.9	46.0	42.0
15 × 3 × 1.0	42.0	43.1	38.7	46.7	47.8	43.9
15 × 3 × 1.5	45.1	46.2	41.7	49.8	50.9	46.9
16 × 3 × 0.5	36.1	37.2	32.6	41.3	42.4	37.2
16 × 3 × 0.75	39.8	40.9	36.9	44.9	46.0	42.0
16 × 3 × 1.0	42.0	43.1	38.7	46.7	47.8	43.9
16 × 3 × 1.5	45.1	46.2	41.7	49.8	50.9	46.9
17 × 3 × 0.5	38.1	39.2	34.3	43.3	42.4	39.0
17 × 3 × 0.75	42.5	43.6	38.9	47.1	46.0	44.0
17 × 3 × 1.0	44.4	45.5	40.8	49.1	47.8	45.9
17 × 3 × 1.5	47.6	48.7	44.5	52.3	50.0	49.0
18 × 3 × 0.5	38.1	39.2	34.3	43.3	44.4	39.0
18 × 3 × 0.75	42.5	43.6	38.9	47.1	48.2	44.0

（续）

对数×每对 /mm²	电缆最大参考外径/mm					
	DJYPV	DJYPVP	DJYVP	DJYPV22	DJYPVP22	DJYVP22
18×3×1.0	44.4	45.5	40.8	49.1	50.2	45.9
18×3×1.5	47.6	48.7	44.5	52.3	53.4	46.9
19×3×0.5	38.1	39.2	34.3	43.3	44.4	39.0
19×3×0.75	42.5	43.6	38.9	47.1	48.2	44.0
19×3×1.0	41.4	45.5	40.8	49.1	50.2	45.9
19×3×1.5	47.6	48.7	44.5	52.3	53.4	46.9

8.3.5 交联聚乙烯绝缘聚氯乙烯护套计算机电缆

1. 用途

适用于发电、冶金、石油、化工、港口等工矿企业的集散控制系统、电子计算机系统、自动化系统的信号传输及作为检测仪器、仪表等连接用电缆。

2. 技术特性

执行标准：Q/321084 KKD04—2002。额定电压：450/750V 及以下，最高工作温度：90℃。最低环境温度：固定敷设 −40℃，非固定敷设 −15℃。无铠装层的电缆，允许的弯曲半径应不小于电缆外径的 6 倍，有铠装层的电缆，允许的弯曲半径应不小于电缆外径的 12 倍。

3. 电缆的型号、名称、规格参数及外径

电缆的型号、名称及使用范围见表 8-56。电缆的规格和有关参数见表 8-57。部分电缆的外径见表 8-58 和表 8-59。

表 8-56 交联聚乙烯绝缘聚氯乙烯护套计算机电缆的名称、型号及使用范围

名　　　称	型号	使用范围
交联聚乙烯绝缘对绞铜丝编织分屏蔽聚氯乙烯护套计算机电缆	DJYJPV	
交联聚乙烯绝缘对绞铜丝编织分屏蔽及总屏蔽聚氯乙烯护套计算机电缆	DJYJPVP	
交联聚乙烯绝缘对绞铜丝编织总屏蔽聚氯乙烯护套计算机电缆	DJYJVP	
交联聚乙烯绝缘对绞铜带分屏蔽聚氯乙烯护套计算机电缆	DJYJP2V	
交联聚乙烯绝缘对绞铜带分屏蔽及总屏蔽聚氯乙烯护套计算机电缆	DJYJP2VP2	敷设在室内、电缆沟、管道固定场合
交联聚乙烯绝缘对绞铜带总屏蔽聚氯乙烯护套计算机电缆	DJYJVP2	
交联聚乙烯绝缘对绞铝/塑复合带分屏蔽聚氯乙烯护套计算机电缆	DJYJP3V	
交联聚乙烯绝缘对绞铝/塑复合带分屏蔽及总屏蔽聚氯乙烯护套计算机电缆	DJYJP3VP3	
交联聚乙烯绝缘对绞铝/塑复合带总屏蔽聚氯乙烯护套计算机电缆	DJYJVP3	
交联聚乙烯绝缘对绞铜丝编织分屏蔽聚氯乙烯护套计算机软电缆	DJYJPVR	
交联聚乙烯绝缘对绞铜丝编织分屏蔽及总屏蔽聚氯乙烯护套计算机软电缆	DJYJPVPR	
交联聚乙烯绝缘对绞铜丝编织总屏蔽聚氯乙烯护套计算机软电缆	DJYJVPR	敷设在室内、有移动要求的场合
交联聚乙烯绝缘对绞铜带分屏蔽聚氯乙烯护套计算机软电缆	DJYJP2VR	
交联聚乙烯绝缘对绞铜带分屏蔽及总屏蔽聚氯乙烯护套计算机软电缆	DJYJP2VP2R	
交联聚乙烯绝缘对绞铜带总屏蔽聚氯乙烯护套计算机软电缆	DJYJVP2R	

（续）　　　　　　　　　　　　　　　　　　　　　　　　　　　　　　（续）

名　　称	型　号	使用范围
交联聚乙烯绝缘对绞铝/塑复合带分屏蔽聚氯乙烯护套计算机软电缆	DJYJP3VR	敷设在室内、有移动要求的场合
交联聚乙烯绝缘对绞铝/塑复合带分屏蔽及总屏蔽聚氯乙烯护套计算机软电缆	DJYJP3VP3R	
交联聚乙烯绝缘对绞铝/塑复合带总屏蔽聚氯乙烯护套计算机软电缆	DJYJVP3R	
交联聚乙烯绝缘对绞铜丝编织分屏蔽聚氯乙烯护套钢带铠装计算机电缆	DJYJPV22	敷设在室内、电缆沟、管道、直埋等能承受一定机械外力的固定场所
交联聚乙烯绝缘对绞铜丝编织分屏蔽及总屏蔽聚氯乙烯护套钢带铠装计算机电缆	DJYJPVP22	
交联聚乙烯绝缘对绞铜丝编织总屏蔽聚氯乙烯护套钢带铠装计算机电缆	DJYJVP22	
交联聚乙烯绝缘对绞铜带分屏蔽聚氯乙烯护套钢带铠装计算机电缆	DJYJP2V22	
交联聚乙烯绝缘对绞铜带分屏蔽及总屏蔽聚氯乙烯护套钢带铠装计算机电缆	DJYJP2VP2/22	
交联聚乙烯绝缘对绞铜带总屏蔽聚氯乙烯护套钢带铠装计算机电缆	DJYJVP2/22	
交联聚乙烯绝缘对绞铝/塑复合带分屏蔽聚氯乙烯护套钢带铠装计算机电缆	DJYJP3V22	
交联聚乙烯绝缘对绞铝/塑复合带分屏蔽及总屏蔽聚氯乙烯护套钢带铠装计算机电缆	DJYJP3VP3/22	
交联聚乙烯绝缘对绞铝/塑复合带总屏蔽聚氯乙烯护套钢带铠装计算机电缆	DJYJVP3/22	

执行标准：Q/32108 4 KRD04—2002，额定电压：450/750V 及以上，最高工作温度：90℃。

表 8-57　交联聚乙烯绝缘聚氯乙烯护套计算机电缆的规格

型　号	额定电压/kV	导体标称截面积/mm²			
		0.5	0.75	1.0	1.5
		对　　数			
DJYJPV	300/500	1～19			
DJYJPVP					
DJYJVP					
DJYJPVR					
DJYJPVPR					
DJYJVPR					
DJYJP2V					
DJYJP2VP2					
DJYJVP2					
DJYJP3V					
DJYJP3VP3					
DJYJVP3					
DJYJP2VR	450/750	2～19		1～19	
DJYJP2VP2R					
DJYJVP2R					
DJYJP3VR					
DJYJP3VP3R					
DJYJVP3R					

（续）

型号	额定电压/kV	导体标称截面积/mm²			
		0.5	0.75	1.0	1.5
		对　　数			
DJYJPV22					
DJYJPVP22					
DJYJVP22					
DJYJP2V22					
DJYJP2VP2/22	450/750	2 ~ 19		1 ~ 19	
DJYJVP2/22					
DJYJP3V22					
DJYJP3VP3/22					
DJYJVP3/22					

表 8-58　交联聚乙烯绝缘聚氯乙烯护套计算机电缆的外径（1）

对数×每对/mm²	电缆最大参考外径/mm					
	DJYJPV	DJYJPVP	DJYJVP	DJYJPV22	DJYJPVP22	DJYJVP22
1×2×0.5			8.6			
1×2×0.75			9.0			
1×2×1.0			9.6			
1×2×1.5			10.0			15.0
2×2×0.5	13.6	14.7	12.8	17.8	18.9	17.5
2×2×0.75	14.8	15.9	14.3	19.0	20.1	18.7
2×2×1.0	16.1	17.2	15.0	20.6	21.7	19.3
2×2×1.5	17.1	18.2	16.4	21.6	22.7	20.2
3×2×0.5	14.4	15.5	13.4	18.6	19.7	18.7
3×2×0.75	16.5	17.6	15.0	20.9	22.0	19.4
3×2×1.0	17.1	18.2	15.8	21.5	22.6	20.1
3×2×1.5	18.2	19.3	17.2	22.6	23.7	21.8
4×2×0.5	16.5	17.6	15.0	21.0	22.1	19.4
4×2×0.75	18.0	19.1	16.6	22.4	23.5	21.7
4×2×1.0	18.7	19.8	17.4	23.1	24.3	22.5
4×2×1.5	19.9	21.0	18.5	24.3	25.4	23.4
5×2×0.5	18.0	19.1	16.3	22.5	23.6	21.6
5×2×0.75	18.7	20.8	18.2	24.1	25.2	23.2
5×2×1.0	20.5	21.6	19.5	24.9	26.0	24.0
5×2×1.5	21.8	22.9	20.7	26.4	27.5	26.1
6×2×0.5	19.6	20.7	18.2	24.1	25.2	23.0

（续）

对数×每对 /mm²	电缆最大参考外径/mm					
	DJYJPV	DJYJPVP	DJYJVP	DJYJPV22	DJYJPVP22	DJYJVP22
6×2×0.75	21.4	22.5	19.1	25.9	27.0	24.8
6×2×1.0	22.8	23.9	20.9	27.5	28.6	25.7
6×2×1.5	24.3	25.4	22.6	29.0	30.1	27.9
7×2×0.5	19.8	20.7	18.2	24.1	25.2	23.0
7×2×0.75	21.4	22.5	19.1	25.9	27.0	24.8
7×2×1.0	22.8	23.9	20.9	27.5	28.6	25.7
7×2×1.5	24.3	25.4	22.6	29.0	30.1	27.9
8×2×0.5	21.2	22.3	19.4	25.7	26.8	.24.4
8×2×0.75	23.7	24.8	21.3	28.4	29.5	26.3
8×2×1.0	24.7	25.8	22.6	29.3	30.4	28.0
8×2×1.5	26.3	27.4	24.8	31.0	32.1	29.7
9×2×0.5	23.8	24.9	21.2	28.5	29.6	26.2
9×2×0.75	26.0	27.1	23.6	30.7	31.8	29.1
9×2×1.0	27.1	28.2	25.5	31.8	32.9	30.2
9×2×1.5	29.0	30.1	26.3	33.6	34.7	32.0
10×2×0.5	25.4	26.5	23.4	30.1	31.2	28.3
10×2×0.75	27.8	28.9	25.2	32.5	33.6	30.7
10×2×1.0	28.9	30.0	26.4	33.6	34.7	31.9
10×2×1.5	31.0	32.1	28.9	35.7	36.8	33.8
11×2×0.5	26.2	27.3	23.7	30.9	32.0	29.0
11×2×0.75	28.7	29.8	26.2	33.4	34.5	31.5
11×2×1.0	29.9	31.0	27.4	34.6	35.7	32.7
11×2×1.5	32.0	33.1	29.9	36.7	37.8	34.8
12×2×0.5	26.2	27.3	23.7	30.9	32.0	29.0
12×2×0.75	28.7	29.8	26.2	33.4	34.5	31.5
12×2×1.0	29.9	31.0	27.4	34.5	35.7	32.7
12×2×1.5	32.0	33.1	29.9	36.7	37.8	34.8
13×2×0.5	27.6	28.7	25.5	32.3	33.4	30.2
13×2×0.75	30.2	31.3	27.4	34.0	36.0	32.8
13×2×1.0	31.6	32.7	28.8	36.2	37.3	34.1
13×2×1.5	33.7	34.8	31.1	38.4	39.5	36.3
14×2×0.5	27.6	28.7	25.5	32.3	33.4	30.2
14×2×0.75	30.2	31.3	27.4	34.0	36.0	32.8
14×2×1.0	31.6	32.7	28.8	36.2	37.3	34.1
14×2×1.5	33.7	34.8	31.1	38.4	39.5	36.3

（续）

对数×每对 /mm²	电缆最大参考外径/mm					
	DJYJPV	DJYJPVP	DJYJVP	DJYJPV22	DJYJPVP22	DJYJVP22
15×2×0.5	29.1	30.2	26.3	33.8	34.9	31.5
15×2×0.75	31.9	33.0	29.2	36.6	37.7	34.3
15×2×1.0	33.3	34.4	30.8	38.0	39.1	35.7
15×2×1.5	36.4	37.5	32.7	41.5	42.6	38.0
16×2×0.5	29.1	30.2	26.3	33.8	34.9	31.5
16×2×0.75	31.9	33.0	29.2	36.6	37.7	34.3
16×2×1.0	33.3	34.4	30.8	38.0	39.1	35.7
16×2×1.5	36.4	37.5	32.7	41.5	42.6	38.0
17×2×0.5	30.7	31.8	27.4	35.4	36.5	32.9
17×2×0.75	33.7	34.8	30.6	38.4	39.5	35.8
17×2×1.0	35.9	37.0	32.5	41.1	42.2	37.3
17×2×1.5	37.2	38.3	34.7	43.5	44.6	39.8
18×2×0.5	30.7	31.8	27.4	35.4	36.5	32.9
18×2×0.75	33.7	34.8	30.6	38.4	39.5	35.8
18×2×1.0	35.9	37.0	32.5	41.1	42.2	37.3
18×2×1.5	37.2	38.3	34.7	43.5	44.6	39.8
19×2×0.5	30.7	31.8	27.4	35.4	36.5	32.9
19×2×0.75	33.7	34.8	30.6	38.4	39.5	35.8
19×2×1.0	35.9	37.0	32.5	41.1	42.2	37.3
19×2×1.5	37.2	38.3	34.7	43.5	44.6	39.8

表 8-59　交联聚乙烯绝缘聚氯乙烯护套计算机电缆的外径（2）

对数×每对 /mm²	电缆最大参考外径/mm					
	DJYJPV	DJYJPVP	DJYJVP	DJYJPV22	DJYJPVP22	DJYJVP22
1×3×0.5			9.1			
1×3×0.75			10.1			
1×3×1.0			10.4			13.9
1×3×1.5			11.4			15.6
2×3×0.5	17.0	18.1	15.6	21.4	22.5	19.8
2×3×0.75	18.5	19.6	17.9	22.9	24.0	22.3
2×3×1.0	19.3	20.4	18.7	23.7	24.8	23.1
2×3×1.5	20.7	21.7	20.0	25.0	26.1	24.4
3×3×0.5	18.0	19.1	17.3	22.4	23.5	21.7
3×3×0.75	19.6	20.7	18.9	24.1	25.2	23.3
3×3×1.0	20.5	21.6	19.7	24.9	26.0	24.2

（续）

对数×每对 /mm²	电缆最大参考外径/mm					
	DJYJPV	DJYJPVP	DJYJVP	DJYJPV22	DJYJPVP22	DJYJVP22
3×3×1.5	22.3	23.4	21.1	27.0	28.1	25.6
4×3×0.5	19.7	20.8	18.8	24.2	25.3	23.2
4×3×0.75	21.6	22.7	20.6	26.0	27.1	25.1
4×3×1.0	23.6	24.1	21.6	27.7	28.8	26.0
4×3×1.5	24.5	25.6	23.3	29.2	30.3	28.0
5×3×0.5	21.6	22.7	20.4	26.1	27.2	24.9
5×3×0.75	24.2	25.3	22.5	28.1	29.2	26.9
5×3×1.0	25.2	26.3	24.0	29.9	31.0	28.7
5×3×1.5	27.0	28.1	24.7	31.6	32.7	29.4
6×3×0.5	24.1	25.2	22.2	28.8	29.9	26.6
6×3×0.75	26.4	27.5	25.0	31.1	32.2	29.6
6×3×1.0	27.6	29.7	26.1	32.2	33.3	30.8
6×3×1.5	29.5	30.6	28.1	34.2	35.3	32.7
7×3×0.5	24.1	25.2	22.2	28.8	29.9	26.6
7×3×0.75	26.4	27.5	25.0	31.1	32.2	29.6
7×3×1.0	27.6	28.7	26.1	32.2	33.3	30.8
7×3×1.5	29.5	30.6	28.1	34.2	35.3	32.7
8×3×0.5	26.1	27.2	24.4	30.8	31.9	29.1
8×3×0.75	23.9	25.0	26.9	33.3	34.4	31.6
8×3×1.0	29.9	31.0	28.2	34.6	35.7	32.9
8×3×1.5	32.0	33.1	30.3	36.7	37.8	35.0
9×3×0.5	28.8	29.9	26.7	32.4	32.5	31.4
9×3×0.75	31.6	32.7	29.6	36.3	37.4	34.3
9×3×1.0	32.5	33.6	31.0	37.2	38.3	35.7
9×3×1.5	36.1	37.2	33.4	41.3	42.4	38.1
10×3×0.5	30.8	31.9	28.5	35.4	36.5	33.2
10×3×0.75	33.8	34.9	31.6	38.5	39.6	36.2
10×3×1.0	36.1	37.2	33.1	41.2	42.3	37.8
10×3×1.5	38.7	39.8	36.4	43.8	44.9	41.6
11×3×0.5	31.8	32.9	29.4	36.5	37.6	34.1
11×3×0.75	35.7	36.8	32.6	40.6	41.7	37.2
11×3×1.0	37.3	38.4	34.2	42.5	43.5	38.8
11×3×1.5	40.0	41.1	37.6	45.1	46.2	42.7
12×3×0.5	31.8	32.9	29.4	36.5	37.8	34.1
12×3×0.75	35.7	36.8	32.6	40.6	41.7	37.2

（续）

对数 × 每对 /mm²	电缆最大参考外径/mm					
	DJYJPV	DJYJPVP	DJYJVP	DJYJPV22	DJYJPVP22	DJYJVP22
12 × 3 × 1.0	37.3	38.4	34.2	42.5	43.6	38.8
12 × 3 × 1.5	40.0	41.1	37.6	45.1	46.2	42.7
13 × 3 × 0.5	33.5	34.6	30.9	38.2	39.3	35.6
13 × 3 × 0.75	37.6	38.7	34.3	42.8	43.9	39.0
13 × 3 × 1.0	39.3	40.4	36.7	44.5	45.6	41.9
13 × 3 × 1.5	42.7	43.8	38.6	47.3	48.4	44.7
14 × 3 × 0.5	33.5	34.5	30.9	38.2	39.3	35.6
14 × 3 × 0.75	37.6	38.7	34.3	42.8	43.9	39.0
14 × 3 × 1.0	39.3	40.4	36.7	44.5	45.6	41.9
14 × 3 × 1.5	42.7	43.8	38.6	47.3	48.4	44.7
15 × 3 × 0.5	36.1	37.2	32.6	41.3	42.4	37.2
15 × 3 × 0.75	39.8	40.9	36.9	44.9	46.0	42.0
15 × 3 × 1.0	42.0	43.1	38.7	46.7	47.8	43.9
15 × 3 × 1.5	45.1	46.2	41.7	49.8	50.9	46.9
16 × 3 × 0.5	36.1	37.2	32.6	41.3	42.4	37.2
16 × 3 × 0.75	39.8	40.9	36.9	44.9	46.0	42.0
16 × 3 × 1.0	42.0	43.1	38.7	46.7	47.8	43.9
16 × 3 × 1.5	45.1	46.2	41.7	49.8	50.9	46.9
17 × 3 × 0.5	38.1	39.2	34.3	43.3	42.4	39.0
17 × 3 × 0.75	42.5	43.6	38.9	47.1	46.0	44.0
17 × 3 × 1.0	44.4	45.5	40.8	49.1	47.8	45.9
17 × 3 × 1.5	47.6	48.7	44.5	52.3	50.0	49.0
18 × 3 × 0.5	38.1	39.2	34.3	43.3	44.4	39.0
18 × 3 × 0.75	42.5	43.6	38.9	47.1	48.2	44.0
18 × 3 × 1.0	44.4	45.5	40.8	49.1	50.2	45.9
18 × 3 × 1.5	47.6	48.7	44.5	52.3	53.4	46.9
19 × 3 × 0.5	38.1	39.2	34.3	43.3	44.4	39.0
19 × 3 × 0.75	42.5	43.6	38.9	47.1	48.2	44.0
19 × 3 × 1.0	41.4	45.5	40.8	49.1	50.2	45.9
19 × 3 × 1.5	47.6	48.7	44.5	52.3	53.4	46.9

8.3.6　阻燃计算机电缆

目前，对于阻燃计算机电缆还没有国家标准，这里介绍的是安徽江淮电缆集团有限公司的阻燃计算机电缆。它按该企业标准生产，在产品型号前加"JHDJ"表示该企业生产的计算机电缆，简化为"DJ"表示。供选择同类电缆参考。

1. 用途

适用发电、冶金、石化等工矿企业的集散控制系统、电子计算机系统、自动化系统的信号传输及作为检测仪器、仪表等连接用多对屏蔽电缆。

2. 技术特性

1）电缆工作温度：一般不超过 70℃。

2）电缆最低环境温度：固定敷设 –40℃，非固定敷设 –15℃。

3）一般阻燃性能符合 GB/T 12666.2—1990《电线电缆燃烧试验方法 第 2 部分：单根电线电缆垂直燃烧试验方法》规定；成束阻燃性能符合 GB 12666.5—1990《电线电缆燃烧试验方法 第 5 部分：成束电线电缆燃烧试验方法》规定。

4）额定电压：300/500V。

5）最小弯曲半径：无铠装层电缆应小于电缆外径的 10 倍，有铠装层电缆应小于电缆外径的 12 倍。

3. 主要技术指标

见表 8-60。

表 8-60 阻燃计算机电缆的主要技术指标

性能项目		单位	技 术 指 标	
			聚乙烯绝缘	聚氯乙烯绝缘
20℃时绝缘电阻	任一线对导体间	MΩ·km	≥5 000	
	线对屏蔽间		≥1	
工作电容（1kHz）	3 型	pF/m	75	
	1 和 2 型		90	
电容不平衡		pF/m	1	
电感电阻比	0.75（mm²）	μH/Ω	≤20	≤20
	1.0（mm²）		≤25	≤25
	1.5（mm²）		≤35	≤35
屏蔽抑制系数			≤0.01	≤0.01
试验电压		V/1min	1 000	1 000
阻燃性			符合 GB 12666.—1990 要求	

4. 电缆的型号、名称和结构参数

电缆的型号、名称见表 8-61。电缆的结构参数见表 8-62。

表 8-61 阻燃计算机电缆的型号、名称

型号	名 称
ZR-DJYPV	铜芯聚乙烯绝缘对绞铜丝编织屏蔽聚氯乙烯护套阻燃计算机电缆
ZR-DJYPV/SA	铜芯聚乙烯绝缘对绞铜丝编织屏蔽聚氯乙烯护套成束阻燃型计算机电缆
ZR-DJYPV$_{22}$	铜芯聚乙烯绝缘对绞铜丝编织屏蔽钢带铠装聚氯乙烯护套阻燃计算机电缆
ZR-DJYPV$_{22}$/SA	铜芯聚乙烯绝缘对绞铜丝编织屏蔽钢带铠装聚氯乙烯护套成束阻燃型计算机电缆
ZR-DJYPV$_{32}$	铜芯聚乙烯绝缘对绞铜丝编织屏蔽细钢丝铠装聚氯乙烯护套阻燃计算机电缆

（续）

型号	名　称
ZR-DJYPV$_{32}$/SA	铜芯聚乙烯绝缘对绞铜丝编织屏蔽细钢丝铠装聚氯乙烯护套成束阻燃型计算机电缆
ZR-DJYPVP	铜芯聚乙烯绝缘对绞铜丝编织屏蔽铜丝编织总屏蔽聚氯乙烯护套阻燃计算机电缆
ZR-DJYPV/SA	铜芯聚乙烯绝缘对绞铜丝编织屏蔽铜丝编织总屏蔽聚氯乙烯护套成束阻燃型计算机电缆
ZR-DJYP$_2$V	铜芯聚乙烯绝缘对绞铜带屏蔽聚氯乙烯护套阻燃计算机电缆
ZR-DJYP$_2$V/SA	铜芯聚乙烯绝缘对绞铜带屏蔽聚氯乙烯护套成束阻燃型计算机电缆
ZR-DJYP$_2$VP$_2$	铜芯聚乙烯绝缘对绞铜带屏蔽铜带总屏蔽聚氯乙烯护套阻燃计算机电缆
ZR-DJYP$_2$VP$_2$/SA	铜芯聚乙烯绝缘对绞铜带屏蔽铜带总屏蔽聚氯乙烯护套成束阻燃型计算机电缆
ZR-DJYP$_3$V	铜芯聚乙烯绝缘对绞铝箔/塑料薄膜复合带屏蔽聚氯乙烯护套阻燃计算机电缆
ZR-DJYP$_3$V/SA	铜芯聚乙烯绝缘对绞铝箔/塑料薄膜复合带屏蔽聚氯乙烯护套成束阻燃型计算机电缆
ZR-DJYP$_3$VP$_3$	铜芯聚乙烯绝缘对绞铝箔/塑料薄膜复合带屏蔽铝箔/塑料薄膜复合带总屏蔽聚氯乙烯护套阻燃计算机电缆
ZR-DJYP$_3$VP$_3$/SA	铜芯聚乙烯绝缘对绞铝箔/塑料薄膜复合带屏蔽铝箔/塑料薄膜复合带总屏蔽聚氯乙烯护套成束阻燃型计算机电缆
ZR-DJYP$_3$VA$_{53}$	铜芯聚乙烯绝缘对绞铝箔/塑料薄膜复合带屏蔽涂塑铝带粘接总屏蔽单层钢带扎纹纵包铠装聚氯乙烯护套阻燃计算机电缆
ZR-DJYP$_3$VA$_{53}$/SA	铜芯聚乙烯绝缘对绞铝箔/塑料薄膜复合带屏蔽涂塑铝带粘接总屏蔽单层钢带扎纹纵包铠装聚氯乙烯护套成束阻燃型计算机电缆
DZR-DJYPV	铜芯聚乙烯绝缘对绞铜丝编织屏蔽聚氯乙烯护套低烟低卤阻燃计算机电缆
DZR-DJYPV$_{22}$	铜芯聚乙烯绝缘对绞铜丝编织屏蔽钢带铠装聚氯乙烯护套低烟低卤阻燃计算机电缆
DZR-DJYPV$_{32}$	铜芯聚乙烯绝缘对绞铜丝编织屏蔽细钢丝铠装聚氯乙烯护套低烟低卤阻燃计算机电缆
DZR-DJYPVP	铜芯聚乙烯绝缘对绞铜丝编织屏蔽铜丝编织总屏蔽聚氯乙烯护套低烟低卤阻燃计算机电缆
DZR-DJYP$_2$V	铜芯聚乙烯绝缘对绞铜带屏蔽聚氯乙烯护套低烟低卤阻燃计算机电缆
DZR-DJYP$_2$VP$_2$	铜芯聚乙烯绝缘对绞铜带屏蔽铜带总屏蔽聚氯乙烯护套低烟低卤阻燃计算机电缆
DZR-DJYP$_3$V	铜芯聚乙烯绝缘对绞铝箔/塑料薄膜复合带屏蔽聚氯乙烯护套低烟低卤阻燃计算机电缆
DZR-DJYP$_3$VP$_3$	铜芯聚乙烯绝缘对绞铝箔/塑料薄膜复合带屏蔽铝箔/塑料薄膜复合带总屏蔽聚氯乙烯护套低烟低卤阻燃计算机电缆
DZR-DJYP$_3$VA$_{53}$	铜芯聚乙烯绝缘对绞铝箔/塑料薄膜复合带屏蔽涂塑铝带粘接总屏蔽单层钢带扎纹纵包铠装聚氯乙烯护套低烟低卤阻燃计算机电缆

注：1. 表中 53 表示单层钢带扎纹纵包铠装，P$_3$ 表示铝箔/塑料薄膜复合膜，DZR 表示低烟低卤。

　　2. 选择阻燃电缆应有阻燃等级标注。

表 8-62　阻燃计算机电缆的结构参数

对数×每对芯数×标称截面积/mm²	电缆最大直径/mm						
	ZR-DJYPV ZR-DJYPV/SA DZR-DJYPV	ZR-DJYP$_2$V ZR-DJYP$_2$V/SA DZR-DJYP$_2$V	ZR-DZYP$_2$VP$_2$ ZR-DJYP$_2$VP$_2$/SA DZR-DJYP$_2$VP$_2$	ZR-DJYP$_3$V ZR-DJYP$_3$V/SA DZR-DJYP$_3$V	ZR-DJYP$_3$VP$_3$ ZR-DJYP$_3$VP$_3$/SA DZR-DJYP$_3$VP$_3$	ZR-DJYPV$_{22,32}$ ZR-DJYPV$_{22,32}$/SA DZR-DJYPV$_{22,32}$	ZR-DJYPVP ZR-DJYPV/SA DZR-DJYPVP
1×2×0.75	8.4	8.4	9.3	8.4	9.3	11.6	9.5
2×2×0.75	14.8	14.8	15.7	14.8	15.7	18.0	15.9

（续）

对数×每对芯数×标称截面积/mm²	电缆最大直径/mm						
	ZR-DJYPV ZR-DJYPV/SA DZR-DJYPV	ZR-DJYP$_2$V ZR-DJYP$_2$V/SA DZR-DJYP$_2$V	ZR-DZYP$_2$VP$_2$ ZR-DJYP$_2$VP$_2$/SA DZR-DJYP$_2$VP$_2$	ZR-DJYP$_3$V ZR-DJYP$_3$V/SA DZR-DJYP$_3$V	ZR-DJYP$_3$VP$_3$ ZR-DJYP$_3$VP$_3$/SA DZR-DJYP$_3$VP$_3$	ZR-DJYPV$_{22,32}$ ZR-DJYPV$_{22,32}$/SA DZR-DJYPV$_{22,32}$	ZR-DJYPVP ZR-DJYPV/SA DZR-DJYPVP
3×2×0.75	15.6	15.6	16.5	15.6	16.5	15.8	16.7
4×2×0.75	17.0	17.0	17.9	17.0	17.9	20.2	18.1
5×2×0.75	18.8	18.8	19.7	18.8	19.7	22.0	19.9
6×2×0.75	21.2	21.2	22.1	21.2	22.1	24.4	22.3
7×2×0.75	21.2	21.2	22.1	21.2	22.1	24.4	22.3
8×2×0.75	22.2	22.2	23.1	22.2	23.1	25.4	23.3
9×2×0.75	26.0	26.0	26.9	26.0	26.9	29.2	27.3
10×2×0.75	26.0	26.0	26.9	26.0	26.9	29.2	27.3
12×2×0.75	27.0	27.0	27.9	27.0	27.9	30.2	28.3
14×2×0.75	28.4	28.4	29.3	28.4	29.3	31.6	29.7
16×2×0.75	30.4	30.4	31.3	30.4	31.3	33.6	31.7
19×2×0.75	32.0	32.0	32.9	32.0	32.9	35.2	33.3
1×3×0.75	8.8	8.8	9.7	8.8	9.7	12.0	9.9
3×3×0.75	16.5	16.5	17.4	16.5	17.4	19.7	17.6
4×3×0.75	18.2	18.2	19.1	18.2	19.1	21.4	19.3
5×3×0.75	19.9	19.9	20.8	19.9	20.8	23.1	21.0
6×3×0.75	22.0	22.0	22.9	22.0	22.9	25.2	23.3
7×3×0.75	22.0	22.0	22.9	22.0	22.9	25.2	23.3
8×3×0.75	23.7	23.7	24.6	23.7	24.6	26.9	25.0
10×3×0.75	28.2	28.2	29.1	28.2	29.1	31.4	29.3
12×3×0.75	29.1	29.1	30.0	29.1	30.0	32.3	30.3
14×3×0.75	30.6	30.6	31.5	30.6	31.5	33.8	31.9
1×2×1.0	8.8	8.8	9.7	8.8	9.7	12.0	9.9
2×2×1.0	15.8	15.8	16.7	15.8	16.7	19.0	16.9
3×2×1.0	16.5	16.5	17.4	16.5	17.4	19.7	17.6
4×2×1.0	18.2	18.2	19.1	18.2	19.1	21.4	19.3
5×2×1.0	19.9	19.9	20.8	19.9	20.8	23.1	21.0
6×2×1.0	22.0	22.0	22.9	22.0	22.9	25.2	23.3
7×2×1.0	22.0	22.0	22.9	22.0	22.9	25.2	23.3
8×2×1.0	23.7	23.7	24.6	23.7	24.6	26.9	25.0
9×2×1.0	28.2	28.2	29.1	28.2	29.1	31.4	29.3
10×2×1.0	28.2	28.2	29.1	28.2	29.1	31.4	29.3
12×2×1.0	29.1	29.1	30.0	29.1	30.0	32.3	30.3

（续）

对数×每对芯数×标称截面积/mm²	电缆最大直径/mm						
	ZR-DJYPV ZR-DJYPV/SA DZR-DJYPV	ZR-DJYP₂V ZR-DJYP₂V/SA DZR-DJYP₂V	ZR-DZYP₂VP₂ ZR-DJYP₂VP₂/SA DZR-DJYP₂VP₂	ZR-DJYP₃V ZR-DJYP₃V/SA DZR-DJYP₃V	ZR-DJYP₃VP₃ ZR-DJYP₃VP₃/SA DZR-DJYP₃VP₃	ZR-DJYPV₂₂,₃₂ ZR-DJYPV₂₂,₃₂/SA DZR-DJYPV₂₂,₃₂	ZR-DJYPVP ZR-DJYPV/SA DZR-DJYPVP
14×2×1.0	30.6	30.6	31.5	30.6	31.5	33.8	31.9
16×2×1.0	32.7	32.7	33.6	32.7	33.6	35.9	34.0
19×2×1.0	34.4	34.4	35.3	34.4	35.3	37.6	35.7
1×3×1.0	9.2	9.2	10.1	9.2	10.1	12.4	10.3
3×3×1.0	18.0	18.0	18.9	18.0	18.9	20.8	18.7
4×3×1.0	19.6	19.6	20.5	19.6	20.5	22.4	20.3
5×3×1.0	21.3	21.3	22.2	21.3	22.2	24.5	22.6
6×3×1.0	23.2	23.2	24.1	23.2	24.1	26.4	24.5
7×3×1.0	23.2	23.2	24.1	23.2	24.1	26.4	24.5
8×3×1.0	25.1	25.1	26.0	25.1	26.0	28.3	26.4
10×3×1.0	29.8	29.8	30.7	29.8	30.7	33.0	31.1
12×3×1.0	30.8	30.8	31.7	30.8	31.7	34.0	32.1
14×3×1.0	32.8	32.8	33.7	32.8	33.7	36.0	34.1
1×2×1.5	10.0	10.0	10.9	10.0	10.9	12.4	11.3
2×2×1.5	17.7	17.7	18.6	17.7	18.6	20.9	18.8
3×2×1.5	18.7	18.7	19.6	18.7	19.6	21.9	19.8
4×2×1.5	20.7	20.7	21.6	20.7	21.6	23.9	21.8
5×2×1.5	22.6	22.6	23.5	22.6	23.5	25.8	23.9
6×2×1.5	24.7	24.7	25.6	24.7	25.6	27.9	26.0
7×2×1.5	24.7	24.7	25.6	24.7	25.6	27.9	26.0
8×2×1.5	27.3	27.3	28.2	27.3	28.2	30.5	28.6
9×2×1.5	32.0	32.0	32.9	32.0	32.9	35.2	33.3
10×2×1.5	32.0	32.0	32.9	32.0	32.9	35.2	33.3
12×2×1.5	33.4	33.4	34.3	33.4	34.3	36.6	34.7
14×2×1.5	35.2	35.2	36.1	35.2	36.1	38.4	36.5
16×2×1.5	37.7	37.7	38.6	37.7	38.6	40.9	39.0
19×2×1.5	39.8	39.8	40.7	39.8	40.7	43.0	41.1
1×3×1.5	10.6	10.6	11.5	10.6	11.5	13.8	11.7
3×3×1.5	19.5	19.5	20.4	19.5	20.4	22.9	20.8
4×3×1.5	22.0	22.0	22.9	22.0	22.9	25.2	23.3
5×3×1.5	24.0	24.0	24.9	24.0	24.9	27.2	25.3
6×3×1.5	26.6	26.6	27.5	26.6	27.5	29.8	27.9
7×3×1.5	26.6	26.6	27.5	26.6	27.5	29.8	27.9

（续）

对数×每对芯数×标称截面积/mm²	电缆最大直径/mm						
	ZR-DJYPV ZR-DJYPV/SA DZR-DJYPV	ZR-DJYP₂V ZR-DJYP₂V/SA DZR-DJYP₂V	ZR-DZYP₂VP₂ ZR-DJYP₂VP₂/SA DZR-DJYP₂VP₂	ZR-DJYP₃V ZR-DJYP₃V/SA DZR-DJYP₃V	ZR-DJYP₃VP₃ ZR-DJYP₃VP₃/SA DZR-DJYP₃VP₃	ZR-DJYPV₂₂,₃₂ ZR-DJYPV₂₂,₃₂/SA DZR-DJYPV₂₂,₃₂	ZR-DJYPVP ZR-DJYPV/SA DZR-DJYPVP
8×3×1.5	28.8	28.8	29.7	28.8	29.7	32.0	30.1
10×3×1.5	34.2	34.2	35.1	34.2	35.1	37.4	35.5
12×3×1.5	35.9	35.9	36.8	35.9	36.8	39.4	37.2
14×3×1.5	38.2	38.2	39.1	38.2	39.1	41.9	39.1

注：安徽江淮电缆集团有限公司可生产最大61芯电缆，此表未列入。涂塑铝带粘接总屏蔽单层钢带扎纹纵包铠装电缆比铝塑复合带总屏蔽电缆大1mm。

8.3.7 交联聚乙烯绝缘聚氯乙烯护套耐火阻燃计算机电缆

1. 用途

交联聚乙烯绝缘聚氯乙烯护套耐火阻燃计算机电缆在经受火焰直接燃烧的情况下，一定时间内不发生短路。在火灾发生时，有利于灭火减少损失。适用于防火要求较高的发电、冶金、石油、化工、港口、轻纺、医疗等工矿企业的集散控制系统、电子计算机系统、自动化系统的信号传输及作为检测仪器、仪表等连接用电缆。

2. 技术特性

企业标准将电压提高为额定电压：450/750V 及以下。最高工作温度：90℃，电缆敷设时不低于0℃。耐火特性符合 GB/T 19216.11—2003《在火焰条件下电缆或光缆的线路完整性试验 第11部分：试验装置—火焰温度不低于750℃的单独供火》A 类或 B 类要求，阻燃特性符合 GB/T 18380.3—2001《电缆在火焰条件下的燃烧试验 第3部分成束电缆燃烧试验方法》A 类、B 类或 C 类的要求。

3. 电缆的型号、名称和规格参数

电缆的型号、名称见表8-63。电缆的规格和有关参数见表8-64。

表 8-63 交联聚乙烯绝缘聚氯乙烯护套耐火阻燃计算机电缆的名称、型号

名　　　称	型号
铜芯交联聚乙烯绝缘聚氯乙烯护套耐火阻燃计算机电缆	ZR-NH-DJYJV
铜芯交联聚乙烯绝缘聚氯乙烯护套铜丝屏蔽耐火阻燃计算机电缆	ZR-NH-DJYJVP
铜芯交联聚乙烯绝缘聚氯乙烯护套铜丝分屏蔽耐火阻燃计算机电缆	ZR-NH-DJYJPV
铜芯交联聚乙烯绝缘聚氯乙烯护套铜丝分屏蔽加总屏蔽耐火阻燃计算机电缆	ZR-NH-DJYJPVP
铜芯交联聚乙烯绝缘聚氯乙烯护套铜带屏蔽耐火阻燃计算机电缆	ZR-NH-DJYJVP2
铜芯交联聚乙烯绝缘聚氯乙烯护套铜带分屏蔽耐火阻燃计算机电缆	ZR-NH-DJYJP2V
铜芯交联聚乙烯绝缘聚氯乙烯护套铜带分屏蔽加总屏蔽耐火阻燃计算机电缆	ZR-NH-DJYJP2VP2

4. 电缆的主要技术性能

见表8-65。

表 8-64　交联聚乙烯绝缘聚氯乙烯护套耐火阻燃计算机电缆的规格

型号	额定电压 /V	导体标称截面积/mm²			
		0.75	1.0	1.5	2.5
		对　数			
ZR-NH-DJYJV					
ZR-NH-DJYJVP					
ZR-NH-DJYJPV					
ZR-NH-DJYJPVP	450/750	1~24			
ZR-NH-DJYJVP2					
ZR-NH-DJYJP2V					
ZR-NH-DJYJP2VP2					

表 8-65　交联聚乙烯绝缘聚氯乙烯护套耐火阻燃计算机电缆的主要技术指标

性能项目	单位	技　术　指　标			
20℃时导体直流电阻≤	Ω/km	标称截面积/mm²	0.75	1.0	1.5	2.5
		1、2 类导体	24.5	18.1	12.1	7.41
		5 类导体	26.0	19.5	13.3	7.98
试验电压（5min）	kV	3.0			
绝缘电阻	MΩ·km	1 000			
耐火特性		符合 GB 12666.6 A 或 B 要求			
阻燃特性		GB/T 18380.3 成束电缆燃烧试验 A、B 或 C 类			

8.3.8　无卤低烟阻燃计算机电缆

这里介绍的是安徽江淮电缆集团有限公司生产的无卤低烟阻燃计算机电缆。它按该企业标准生产，在产品型号前加"JHDJ"表示该企业计算机电缆，简化为"DJ"表示，用"WZR"表示无卤低烟阻燃。供选择同类电缆参考。

1. 用途

本质安全电路计算机电缆具有低电容和低电感特点，并具有良好的屏蔽性能和抗干扰性能，因而防爆性能优于一般计算机电缆和控制电缆。用于有防爆要求场合的集散控制系统和要求无卤低烟阻燃的自动化检测控制系统等电路中作传输线。

2. 主要技术指标

见表 8-66。

表 8-66　无卤低烟阻燃计算机电缆的主要技术指标

性能项目	单位	技　术　指　标		
		聚乙烯绝缘	交联聚乙烯绝缘	辐照交流聚乙烯绝缘
20℃时绝缘电阻	MΩ·km	≥5 000	≥50 000	≥50 000
电容不平衡	pF/m	≤1	≤0.5	≤0.5

（续）

性能项目		单位	技 术 指 标		
			聚乙烯绝缘	交联聚乙烯绝缘	辐照交流聚乙烯绝缘
电感电阻比	0.75（mm²）	μH/Ω	≤20	≤5	≤5
	1.0（mm²）		≤25	≤5	≤5
	1.5（mm²）		≤35	≤5	≤5
分布电感		μH/m	≤0.6	≤0.02	≤0.02
抗外磁干扰（400A/m）		mV	≤5	≤1	≤1
抗静电感应（20kV）		mV	≤80	≤20	≤20
抗射频干扰（120dB）在 20～200MHz 频道内透入		dB	≤60	≤10	≤10
试验电压		V/1min	1 000	1 000	1 000
阻燃性	卤酸气体逸出量（mg/g）		0		
	PH 值		≥4.3		
	电导率（us/mm）		≤10		
	毒性指数		≤5		
	透光率		≥60%		

3. 技术特性和使用条件

1）额定电压（U_0/U）：300/500V。

2）最高工作温度：聚乙烯绝缘不超过70℃，交联聚乙烯不超过90℃，辐照交联聚乙烯绝缘不超过105℃。

3）最低环境温度：固定敷设 –40℃，非固定敷设 –15℃。

4）最小弯曲半径：无铠装电缆应不小于电缆外径的 6 倍；有铠装电缆应不小于电缆外径的 12 倍。

4. 电缆的型号、名称和结构参数

电缆的型号、名称见表8-67。电缆的结构参数（外径）见表8-68。

表8-67　无卤低烟阻燃计算机电缆的型号、名称

型号	名　　　称
WZR-DJYPE	铜芯聚乙烯绝缘对绞铜丝编织屏蔽聚烯烃护套无卤低烟阻燃计算机电缆
WZR-DJYPE₂₂	铜芯聚乙烯绝缘对绞铜丝编织屏蔽钢带铠装聚烯烃护套无卤低烟阻燃计算机电缆
WZR-DJYPE₃₂	铜芯聚乙烯绝缘对绞铜丝编织屏蔽细钢丝铠装聚烯烃护套无卤低烟阻燃计算机电缆
WZR-DJYPEP	铜芯聚乙烯绝缘对绞铜丝编织屏蔽铜丝编织总屏蔽聚烯烃护套无卤低烟阻燃计算机电缆
WZR-DJYP₂E	铜芯聚乙烯绝缘对绞铜带屏蔽聚烯烃护套无卤低烟阻燃计算机电缆
WZR-DJYP₂EP₂	铜芯聚乙烯绝缘对绞铜带屏蔽铜带绕包总屏蔽聚烯烃护套无卤低烟阻燃计算机电缆
WZR-DJYP₃E	铜芯聚乙烯绝缘对绞铝箔/塑料薄膜复合带屏蔽聚烯烃护套无卤低烟阻燃计算机电缆
WZR-DJYP₃EA₅₃	铜芯聚乙烯绝缘对绞铝箔/塑料薄膜复合带屏蔽涂塑铝带粘接总屏蔽单层钢带扎纹纵包铠装聚氯乙烯护套无卤低烟阻燃计算机电缆

（续）

型号	名　　称
WZR-DJYJPE	铜芯交联聚乙烯绝缘对绞铜丝编织屏蔽聚烯烃护套无卤低烟阻燃计算机电缆
WZR-DJYJPE22	铜芯交联聚乙烯绝缘对绞铜丝编织屏蔽钢带铠装聚烯烃护套无卤低烟阻燃计算机电缆
WZR-DJYJPE32	铜芯交联聚乙烯绝缘对绞铜丝编织屏蔽细钢丝铠装聚烯烃护套无卤低烟阻燃计算机电缆
WZR-DJYJPEP	铜芯交联聚乙烯绝缘对绞铜丝编织屏蔽铜丝编织总屏蔽聚烯烃护套无卤低烟阻燃计算机电缆
WZR-DJYJP2E	铜芯交联聚乙烯绝缘对绞铜带屏蔽聚烯烃护套无卤低烟阻燃计算机电缆
WZR-DJYJP2EP2	铜芯交联聚乙烯绝缘对绞铜带屏蔽铜带绕包总屏蔽聚烯烃护套无卤低烟阻燃计算机电缆
WZR-DJYJP3E	铜芯交联聚乙烯绝缘对绞铝箔/塑料薄膜复合带屏蔽聚烯烃护套无卤低烟阻燃计算机电缆
WZR-DJYJP3EA53	铜芯交联聚乙烯绝缘对绞铝箔/塑料薄膜复合带屏蔽涂塑铝带粘接总屏蔽单层钢带扎纹纵包铠装聚氯乙烯护套无卤低烟阻燃计算机电缆
WZR-DJFYJPE	铜芯辐照交联聚乙烯绝缘对绞铜丝编织屏蔽聚烯烃护套无卤低烟阻燃计算机电缆
WZR-DJFYJPE22	铜芯辐照交联聚乙烯绝缘对绞铜丝编织屏蔽钢带铠装聚烯烃护套无卤低烟阻燃计算机电缆
WZR-DJFYJPE32	铜芯辐照交联聚乙烯绝缘对绞铜丝编织屏蔽细钢丝铠装聚烯烃护套无卤低烟阻燃计算机电缆
WZR-DJFYJPEP	铜芯辐照交联聚乙烯绝缘对绞铜丝编织屏蔽铜丝编织总屏蔽聚烯烃护套无卤低烟阻燃计算机电缆
WZR-DJFYJP2E	铜芯辐照交联聚乙烯绝缘对绞铜带屏蔽聚烯烃护套无卤低烟阻燃计算机电缆
WZR-DJFYJP2EP2	铜芯辐照交联聚乙烯绝缘对绞铜带屏蔽铜带绕包总屏蔽聚烯烃护套无卤低烟阻燃计算机电缆
WZR-DJFYJP3E	铜芯辐照交联聚乙烯绝缘对绞铝箔/塑料薄膜复合带屏蔽聚烯烃护套无卤低烟阻燃计算机电缆
WZR-DJFYJP3EA53	铜芯辐照交联聚乙烯绝缘对绞铝箔/塑料薄膜复合带屏蔽涂塑铝带粘接总屏蔽单层钢带扎纹纵包铠装聚氯乙烯护套无卤低烟阻燃计算机电缆

注：1. 表中 FYJ 表示辐照交联聚乙烯，53 表示单层钢带扎纹纵包铠装，P_3 表示铝箔/塑料薄膜复合膜。

2. 无卤低烟阻燃电缆在原型号前加"WZR"，并加阻燃等级标注。

表 8-68　无卤低烟阻燃计算机电缆的结构参数

对数×每对芯数×标称截面积/mm²	电缆最大直径/mm						
	WZR-DJYPE WZR-DJYJPE WZR-DJFYJPE	WZR-DJYP2E WZR-DJYJP2E WZR-DJFYJP2E	WZR-DJYP2EP2 WZR-DJYJP2EP2 WZR-DJFYJP2EP2	WZR-DJYP3E WZR-DJYJP3E WZR-DJFYJP3E	WZR-DJYP3EA53 WZR-DJYJP3EA53 WZR-DJFYJP3EA53	WZR-DJYPE22 WZR-DJYJPE22 WZR-DJFYJPE22	WZR-DJYPEP WZR-DJYJPEP WZR-DJFYJPEP
1×2×0.75	8.4	8.4	9.3	8.4	10.3	11.6	9.5
2×2×0.75	14.8	14.8	15.7	14.8	16.7	18.0	15.9
3×2×0.75	15.6	15.6	16.5	15.6	17.5	15.8	16.7
4×2×0.75	17.0	17.0	17.9	17.0	18.9	20.2	18.1
5×2×0.75	18.8	18.8	19.7	18.8	20.7	22.0	19.9
6×2×0.75	21.2	21.2	22.1	21.2	23.1	24.4	22.3
7×2×0.75	21.2	21.2	22.1	21.2	23.1	24.4	22.3
8×2×0.75	22.2	22.2	23.1	22.2	24.1	25.4	23.3
9×2×0.75	26.0	26.0	26.9	26.0	27.9	29.2	27.3
10×2×0.75	26.0	26.0	26.9	26.0	27.9	29.2	27.3

（续）

对数×每对芯数×标称截面积/mm²	电缆最大直径/mm						
	WZR-DJYPE WZR-DJYJPE WZR-DJFYJPE	WZR-DJYP₂E WZR-DJYJP₂E WZR-DJFYJP₂E	WZR-DJYP₂EP₂ WZR-DJYJP₂EP₂ WZR-DJFYJP₂EP₂	WZR-DJYP₃E WZR-DJYJP₃E WZR-DJFYJP₃E	WZR-DJYP₃EA₅₃ WZR-DJYJP₃EA₅₃ WZR-DJFYJP₃EA₅₃	WZR-DJYPE₂₂ WZR-DJYJPE₂₂ WZR-DJFYJPE₂₂	WZR-DJYPEP WZR-DJYJPEP WZR-DJFYJPEP
12×2×0.75	27.0	27.0	27.9	27.0	28.9	30.2	28.3
14×2×0.75	28.4	28.4	29.3	28.4	39.3	31.6	29.7
16×2×0.75	30.4	30.4	31.3	30.4	32.3	33.6	31.7
19×2×0.75	32.0	32.0	32.9	32.0	33.9	35.2	33.3
24×2×0.75	37.8	37.8	38.7	37.8	39.7	41.0	39.1
1×3×0.75	8.8	8.8	9.7	8.8	10.7	12.0	9.9
3×3×0.75	16.5	16.5	17.4	16.5	18.4	19.7	17.6
4×3×0.75	18.2	18.2	19.1	18.2	20.1	21.4	19.3
5×3×0.75	19.9	19.9	20.8	19.9	21.8	23.1	21.0
6×3×0.75	22.0	22.0	22.9	22.0	23.9	25.2	23.3
7×3×0.75	22.0	22.0	22.9	22.0	23.9	25.2	23.3
8×3×0.75	23.7	23.7	24.6	23.7	25.6	26.9	25.0
10×3×0.75	28.2	28.2	29.1	28.2	30.1	31.4	29.3
12×3×0.75	29.1	29.1	30.0	29.1	31.0	32.3	30.3
14×3×0.75	30.6	30.6	31.5	30.6	32.5	33.8	31.9
1×2×1.0	8.8	8.8	9.7	8.8	10.7	12.0	9.9
2×2×1.0	15.8	15.8	16.7	15.8	17.7	19.0	16.9
3×2×1.0	16.5	16.5	17.4	16.5	18.4	19.7	17.6
4×2×1.0	18.2	18.2	19.1	18.2	20.1	21.4	19.3
5×2×1.0	19.9	19.9	20.8	19.9	21.8	23.1	21.0
6×2×1.0	22.0	22.0	22.9	22.0	23.9	25.2	23.3
7×2×1.0	22.0	22.0	22.9	22.0	23.9	25.2	23.3
8×2×1.0	23.7	23.7	24.6	23.7	25.6	26.9	25.0
9×2×1.0	28.2	28.2	29.1	28.2	30.1	31.4	29.3
10×2×1.0	28.2	28.2	29.1	28.2	30.1	31.4	29.3
12×2×1.0	29.1	29.1	30.0	29.1	31.0	32.3	30.3
14×2×1.0	30.6	30.6	31.5	30.6	32.5	33.8	31.9
16×2×1.0	32.7	32.7	33.6	32.7	34.6	35.9	34.0
19×2×1.0	34.4	34.4	35.3	34.4	36.3	37.6	35.7
24×2×1.0	40.8	40.8	41.7	40.8	42.7	44.0	42.1
1×3×1.0	9.2	9.2	10.1	9.2	11.1	12.4	10.3
3×3×1.0	18.0	18.0	18.9	18.0	19.9	20.8	18.7
4×3×1.0	19.6	19.6	20.5	19.6	21.5	22.4	20.3

（续）

对数×每对芯数×标称截面积/mm²	电缆最大直径/mm						
	WZR-DJYPE WZR-DJYJPE WZR-DJFYJPE	WZR-DJYP₂E WZR-DJYJP₂E WZR-DJFYJP₂E	WZR-DJYP₂EP₂ WZR-DJYJP₂EP₂ WZR-DJFYJP₂EP₂	WZR-DJYP₃E WZR-DJYJP₃E WZR-DJFYJP₃E	WZR-DJYP₃EA₅₃ WZR-DJYJP₃EA₅₃ WZR-DJFYJP₃EA₅₃	WZR-DJYPE₂₂ WZR-DJYJPE₂₂ WZR-DJFYJPE₂₂	WZR-DJYPEP WZR-DJYJPEP WZR-DJFYJPEP
5×3×1.0	21.3	21.3	22.2	21.3	23.2	24.5	22.6
6×3×1.0	23.2	23.2	24.1	23.2	25.1	26.4	24.5
7×3×1.0	23.2	23.2	24.1	23.2	25.1	26.4	24.5
8×3×1.0	25.1	25.1	26.0	25.1	27.0	28.3	26.4
10×3×1.0	29.8	29.8	30.7	29.8	31.7	33.0	31.1
12×3×1.0	30.8	30.8	31.7	30.8	32.7	34.0	32.1
14×3×1.0	32.8	32.8	33.7	32.8	34.7	36.0	34.1
1×2×1.5	10.0	10.0	10.9	10.0	11.9	12.4	11.3
2×2×1.5	17.7	17.7	18.6	17.7	19.6	20.9	18.8
3×2×1.5	18.7	18.7	19.6	18.7	20.6	21.9	19.8
4×2×1.5	20.7	20.7	21.6	20.7	22.6	23.9	21.8
5×2×1.5	22.6	22.6	23.5	22.6	24.5	25.8	23.9
6×2×1.5	24.7	24.7	25.6	24.7	26.6	27.9	26.0
7×2×1.5	24.7	24.7	25.6	24.7	26.6	27.9	26.0
8×2×1.5	27.3	27.3	28.2	27.3	29.2	30.5	28.6
9×2×1.5	32.0	32.0	32.9	32.0	33.9	35.2	33.3
10×2×1.5	32.0	32.0	32.9	32.0	33.9	35.2	33.3
12×2×1.5	33.4	33.4	34.3	33.4	35.3	36.6	34.7
14×2×1.5	35.2	35.2	36.1	35.2	37.1	38.4	36.5
16×2×1.5	37.7	37.7	38.6	37.7	39.6	40.9	39.0
19×2×1.5	39.8	39.8	40.7	39.8	41.7	43.0	41.1
24×2×1.5	46.5	46.5	47.4	46.5	48.4	49.7	47.8
1×3×1.5	10.6	10.6	11.5	10.6	12.5	13.8	11.7
3×3×1.5	19.5	19.5	20.4	19.5	21.4	22.9	20.8
4×3×1.5	22.0	22.0	22.9	22.0	23.9	25.2	23.3
5×3×1.5	24.0	24.0	24.9	24.0	25.9	27.2	25.3
6×3×1.5	26.6	26.6	27.5	26.6	28.5	29.9	27.7
7×3×1.5	26.6	26.6	27.5	26.6	28.5	29.8	27.9
8×3×1.5	28.8	28.8	29.7	28.8	30.7	32.0	30.1
10×3×1.5	34.2	34.2	35.1	34.2	36.1	37.4	35.5
12×3×1.5	35.9	35.9	36.8	35.9	37.8	39.4	37.2
14×3×1.5	38.2	38.2	39.1	38.2	40.1	41.9	39.1

注：安徽江淮电缆集团有限公司可生产最大 61 芯电缆，此表未列入。涂塑铝带粘接总屏蔽单层钢带扎纹纵包铠装电缆比铝塑复合带总屏蔽电缆大 1mm。

8.3.9　无卤低烟聚烯烃绝缘耐火计算机电缆

1. 用途

无卤低烟聚烯烃绝缘耐火计算机电缆经受火焰直接燃烧的情况下，一定时间内不发生短路，因此在火灾发生时，有利于灭火减少损失。适用于防火要求较高的地铁、宾馆、发电、冶金、石油、化工、港口、轻纺、医疗等工矿企业的集散控制系统、电子计算机系统、自动化系统的信号传输及检测仪器、仪表等连接用电缆。

2. 技术特性

执行标准：Q/321084 KKD23—2002。额定电压：450/750V 及以下。最高工作温度为90℃。电缆敷设时不低于0℃。耐火特性符合 GB/T 19216.11—2003《在火焰条件下电缆或光缆的线路完整性试验　第八部分：试验装置—火焰温度不低于 750℃ 的单独供火》A 类或 B 类要求，阻燃特性符合 GB/T 18380.3—2001《电缆在火焰条件下的燃烧试验　第 3 部分成束电缆燃烧试验方法》A 类、B 类或 C 类的要求。

3. 电缆的型号、名称和技术指标

电缆的型号和名称见表 8-69。电缆的主要技术指标见表 8-70。

表 8-69　无卤低烟聚烯烃绝缘耐火计算机电缆的名称、型号

名　　　称	型号
无卤低烟绝缘及护套耐火阻燃计算机电缆	WDZ-NH-DJEE
无卤低烟绝缘及护套铜丝总屏蔽耐火阻燃计算机电缆	WDZ-NH-DJEEP
无卤低烟绝缘及护套铜丝分屏蔽耐火阻燃计算机电缆	WDZ-NH-DJEPE
无卤低烟绝缘及护套铜丝分屏蔽加总屏蔽耐火阻燃计算机电缆	WDZ-NH-DJEPEP
无卤低烟绝缘及护套铜带总屏蔽耐火阻燃计算机电缆	WDZ-NH-DJEEP2
无卤低烟绝缘及护套铜带分屏蔽耐火阻燃计算机电缆	WDZ-NH-DJEP2E
无卤低烟绝缘及护套铜带分屏蔽加总屏蔽耐火阻燃计算机电缆	WDZ-NH-DJEP2EP2

表 8-70　无卤低烟聚烯烃绝缘耐火计算机电缆的主要技术指标

性能项目	单位	技　术　指　标				
20℃时导体直流电阻≤	Ω/km	标称截面积/mm²	0.75	1.0	1.5	2.5
		1、2类导体	24.5	18.1	12.1	7.41
		5类导体	26.0	19.5	13.3	7.98
试验电压（5min）	kV	3.0				
绝缘电阻	MΩ·km	1 000				
耐火特性		符合 GB 12666.6 A 类或 B 要求				
阻燃特性		GB/T 18380.3 成束电缆燃烧试验 A、B 或 C 类				

8.3.10　耐热耐寒型测量和计算机输入用电缆

这里介绍的是上海摩恩电气有限公司生产的耐热耐寒型测量和计算机输入用电缆

1. 用途

耐热耐寒型测量和计算机输入用电缆，适用于额定电压为 300/500V 及以下高低频场

合，及抗干扰性能要求较高的电子计算机、检测仪器、仪表的连接场合，可适用于环境工作温差变化较大和工作环境潮湿恶劣的测量场合。

2. 技术特性

1）电缆长期工作温度为 $-60 \sim 180℃$。

2）电缆具有良好的抗电场、磁场干扰性能。

3）电缆具有较低的噪声比，对与对之间抗干扰性好。

4）电缆使用在变频场合下，仍具有优良的抗干扰性能。

3. 电缆的型号、名称和规格

见表 8-71。

表 8-71　耐热耐寒型测量和计算机输入用电缆的型号、名称和规格

型号	名　　　称	标称截面积/mm²	芯对数
DJGPG	铜丝编织对绞屏蔽计算机输入电缆	0.75	2~48
DJGP₃G	铝塑复合带对绞屏蔽计算机输入电缆		
DJGGP	铜丝编织总屏蔽计算机输入电缆	1.0	
DJGPGP	铜丝编织对绞屏蔽和总屏蔽计算机输入电缆		
DJGP₃GP₃	铝塑复合带对绞屏蔽和总屏蔽计算机输入电缆	1.5	

4. 耐热耐寒型测量和计算机输入用电缆的结构

示意图如图 8-4 所示。

8.3.11　耐高温、防腐和耐油计算机电缆

这里介绍的是安徽江淮电缆集团有限公司生产的耐高温、防腐、耐油计算机电缆。按该企业标准生产，在产品型号前加"JHDJ"表示该企业生产计算机电缆，简化为"DJ"表示。供选择同类电缆参考。

1. 用途

适用石油、化工、发电、冶金等工矿企业，在高温场合的集散控制系统、电子计算机系统、自动化系统的信号传输及检测仪器、仪表等的连接。

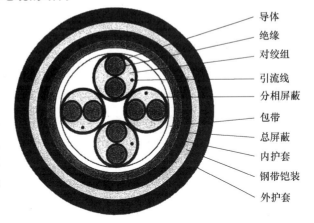

图 8-4　耐热耐寒型测量和计算机输入用电缆的结构示意图

导体
绝缘
对绞组
引流线
分相屏蔽
包带
总屏蔽
内护套
钢带铠装
外护套

2. 技术特性

额定电压（U_0/U）：300/500V

工作温度：F_{46} 氟塑料绝缘不超过 200℃

　　　　　F_4 氟塑料绝缘不超过 260℃

　　　　　F_{47} 氟塑料绝缘不超过 285℃

　　　　　硅橡胶绝缘不超过 180℃

电缆弯曲半径不小于电缆外径的 15 倍。

3. 电缆的型号、名称和结构参数

电缆的型号和名称见表 8-72。部分电缆的结构参数见表 8-73。

表 8-72　耐高温、防腐、耐油计算机电缆的型号和名称

型号	名　　称
DJFF	F_{46} 绝缘对绞式 F_{46} 护套高温防腐耐油计算机电缆
$DJFFP_2$	F_{46} 绝缘对绞式铜带屏蔽 F_{46} 护套高温防腐耐油计算机电缆
$DJFFP_{-1}$	F_{46} 绝缘对绞式铜丝编织屏蔽 F_{46} 护套高温防腐耐油计算机电缆
$DJFFP_{-2}$	F_{46} 绝缘对绞式铜丝编织屏蔽铜丝编织总屏蔽 F_{46} 护套高温防腐耐油计算机电缆
DJGGP	硅橡胶绝缘对绞式铜丝编织屏蔽硅橡胶护套高温防腐耐油计算机电缆
DJFGP	F_{46} 绝缘对绞式铜丝编织屏蔽硅橡胶护套高温防腐耐油计算机电缆
$DJGV_FP$	硅橡胶绝缘对绞式铜丝编织屏蔽丁腈护套高温防腐耐油计算机电缆
DJF_4H_{11}	F_4 绝缘对绞式 H_{11} 护套高温防腐耐油计算机电缆
$DJF_4H_{11}P_2$	F_4 绝缘对绞式铜带屏蔽 H_{11} 护套高温防腐耐油计算机电缆
$DJF_4H_{11}P_{-1}$	F_4 绝缘对绞式铜丝编织屏蔽 H_{11} 护套高温防腐耐油计算机电缆
$DJF_4H_{11}P_{-2}$	F_4 绝缘对绞式铜丝编织屏蔽铜丝编织总屏蔽 H_{11} 护套高温防腐耐油计算机电缆
$DJYF_4H_{11}$	镀银铜线导体 F_4 绝缘对绞式 H_{11} 护套高温防腐耐油计算机电缆
$DJYF_4H_{11}P_2$	镀银铜线导体 F_4 绝缘对绞式铜带屏蔽 H_{11} 护套高温防腐耐油计算机电缆
$DJYF_4H_{11}P_{-1}$	镀银铜线导体 F_4 绝缘对绞式铜丝编织屏蔽 H_{11} 护套高温防腐耐油计算机电缆
$DJYF_4H_{11}P_{-2}$	镀银铜线导体 F_4 绝缘对绞式铜丝编织屏蔽铜丝编织总屏蔽 H_{11} 护套高温防腐耐油计算机电缆
DJF_4GP	F_4 绝缘对绞式铜丝编织屏蔽硅橡胶护套高温防腐耐油计算机电缆
$DJF_{47}H_9$	F_{47} 绝缘对绞式 H_9 护套高温防腐耐油计算机电缆
$DJF_{47}H_9P_2$	F_{47} 绝缘对绞式铜带屏蔽 H_9 护套高温防腐耐油计算机电缆
$DJF_{47}H_9P_{-1}$	F_{47} 绝缘对绞式铜丝编织屏蔽 H_9 护套高温防腐耐油计算机电缆
$DJF_{47}H_9P_{-2}$	F_{47} 绝缘对绞式铜丝编织屏蔽铜丝编织总屏蔽 H_9 护套高温防腐耐油计算机电缆
$DJYF_{47}H_9$	镀银铜线导体 F_{47} 绝缘对绞式 H_9 护套高温防腐耐油计算机电缆
$DJYF_{47}H_9P_2$	镀银铜线导体 F_{47} 绝缘对绞式铜带屏蔽 H_9 护套高温防腐耐油计算机电缆
$DJYF_{47}H_9P_{-1}$	镀银铜线导体 F_{47} 绝缘对绞式铜丝编织屏蔽 H_9 护套高温防腐耐油计算机电缆
$DJYF_{47}H_9P_{-2}$	镀银铜线导体 F_{47} 绝缘对绞式铜丝编织屏蔽铜丝编织总屏蔽 H_9 护套高温防腐耐油计算机电缆
$DJF_{47}GP$	F_{47} 绝缘对绞式铜丝编织屏蔽硅橡胶护套高温防腐耐油计算机电缆

注：1. 阻燃电缆在原型号前加 "ZR"，并加上阻燃等级。耐火电缆在原型号前加 "NH"，并加上耐火等级。

2. 电缆型号中字母数字代号的说明可参见 8.1.14 表 8-29。

3. 表中电缆的芯数可为 2 芯或 3 芯，电缆对数可为 1、2、3、4 ~ 61 对，标称截面积可为 0.75、1.0、1.5（mm^2）。

表 8-73　部分耐高温、防腐、耐油计算机电缆的结构参数

对数 × 每对芯数 × 标称截面积 /mm^2	电缆最大直径/mm					
	DJFF DJF$_4$H$_{11}$ DJF$_{47}$H$_9$ DJYF$_4$H$_{11}$ DJYF$_{47}$H$_9$	DJFFP$_2$ DJF$_4$H$_{11}$P$_2$ DJF$_{47}$H$_9$P$_2$ DJYF$_4$H$_{11}$P$_2$ DJYF$_{47}$H$_9$P$_2$	DJFFP$_{-1}$ DJF$_4$H$_{11}$P$_{-1}$ DJF$_{47}$H$_9$P$_{-1}$ DJYF$_4$H$_{11}$P$_{-1}$ DJYF$_{47}$H$_9$P$_{-1}$	DJFFP$_{-2}$ DJF$_4$H$_{11}$P$_{-2}$ DJF$_{47}$H$_9$P$_{-2}$ DJYF$_4$H$_{11}$P$_{-2}$ DJYF$_{47}$H$_9$P$_{-2}$	DJFGP DJF$_4$GP DJF$_{47}$GP	DJGGP DJGV$_F$P
1 × 2 × 0.75	6.0	6.8	6.8	7.4	7.2	8.4
2 × 2 × 0.75	10.0	11.2	11.2	12.2	12.4	14.8
3 × 2 × 0.75	10.5	12.0	12.0	12.9	13.1	13.6
4 × 2 × 0.75	11.5	13.0	13.0	14.0	14.2	17.0
5 × 2 × 0.75	12.5	14.2	14.2	15.2	15.4	18.8
6 × 2 × 0.75	13.6	15.5	15.5	16.2	16.6	21.2
7 × 2 × 0.75	13.6	15.5	15.5	16.2	16.6	21.2
8 × 2 × 0.75	14.8	16.9	16.9	17.9	18.3	22.2
9 × 2 × 0.75	17.4	20.0	20.0	20.9	21.2	26.0
10 × 2 × 0.75	17.4	20.0	20.0	20.9	21.2	26.0
12 × 2 × 0.75	18.2	20.8	20.8	21.8	22.1	27.0
14 × 2 × 0.75	19.0	21.8	21.8	22.9	23.4	28.4
16 × 2 × 0.75	20.2	23.2	23.2	24.3	24.8	30.4
19 × 2 × 0.75	21.4	24.5	24.5	25.5	26.0	32.0
24 × 2 × 0.75	25.2	29.0	29.0	29.9	30.6	37.8
1 × 3 × 0.75	6.2	6.9	6.9	7.7	7.5	8.8
3 × 3 × 0.75	11.2	12.5	12.5	13.5	13.7	16.5
4 × 3 × 0.75	12.4	14.0	14.0	14.9	15.1	18.2
5 × 3 × 0.75	13.5	15.4	15.4	16.2	16.4	19.9
6 × 3 × 0.75	15.0	18.0	18.0	17.8	18.1	22.0
7 × 3 × 0.75	15.0	18.0	18.0	17.8	18.1	22.0
8 × 3 × 0.75	15.9	18.2	18.2	19.2	19.5	23.7
10 × 3 × 0.75	18.4	21.5	21.5	22.5	23.0	28.2
12 × 3 × 0.75	19.5	22.2	22.2	23.2	23.7	29.1
14 × 3 × 0.75	20.5	23.4	23.4	24.4	25.0	30.6
1 × 2 × 1.0	6.5	7.0		7.8	7.6	8.8
2 × 2 × 1.0	10.8	12.2		13.0	13.2	15.8
3 × 2 × 1.0	11.4	12.8		13.7	14.0	16.5
4 × 2 × 1.0	12.6	14.2		14.1	15.3	18.2
5 × 2 × 1.0	13.8	15.5		16.4	16.7	19.9
6 × 2 × 1.0	15.0	17.0		18.1	18.4	22.0

（续）

对数×每对芯数 ×标称截面积 /mm²	电缆最大直径/mm					
	DJFF DJF$_4$H$_{11}$ DJF$_{47}$H$_9$ DJYF$_4$H$_{11}$ DJYF$_{47}$H$_9$	DJFFP$_2$ DJF$_4$H$_{11}$P$_2$ DJF$_{47}$H$_9$P$_2$ DJYF$_4$H$_{11}$P$_2$ DJYF$_{47}$H$_9$P$_2$	DJFFP$_{-1}$ DJF$_4$H$_{11}$P$_{-1}$ DJF$_{47}$H$_9$P$_{-1}$ DJYF$_4$H$_{11}$P$_{-1}$ DJYF$_{47}$H$_9$P$_{-1}$	DJFFP$_{-2}$ DJF$_4$H$_{11}$P$_{-2}$ DJF$_{47}$H$_9$P$_{-2}$ DJYF$_4$H$_{11}$P$_{-2}$ DJYF$_{47}$H$_9$P$_{-2}$	DJFGP DJF$_4$GP DJF$_{47}$GP	DJGGP DJGV$_F$P
7×2×1.0	15.0	17.0		18.1	18.4	22.0
8×2×1.0	16.2	18.4		19.5	19.8	23.7
9×2×1.0	19.0	22.0		22.9	23.4	28.2
10×2×1.0	19.0	22.0		22.9	23.4	28.2
12×2×1.0	20.0	22.7		23.7	24.2	29.1
14×2×1.0	20.8	23.8		24.8	25.3	30.6
16×2×1.0	22.2	25.4		26.4	27.1	32.7
19×2×1.0	23.4	26.8		27.7	28.4	34.4
24×2×1.0	27.6	31.6		32.6	33.6	40.8
1×3×1.0	6.6	7.3	7.3	8.1	7.9	9.2
3×3×1.0	12.2	13.7	13.7	14.4	15.2	18.0
4×3×1.0	13.3	14.9	14.9	15.7	16.5	19.6
5×3×1.0	13.7	16.5	16.5	17.6	17.9	21.3
6×3×1.0	16.0	18.0	18.0	19.0	19.3	23.2
7×3×1.0	16.0	18.0	18.0	19.0	19.3	23.2
8×3×1.0	17.2	19.4	19.4	20.5	20.8	25.1
10×3×1.0	20.4	23.8	23.8	24.1	24.6	29.8
12×3×1.0	21.0	24.0	24.0	24.9	25.8	30.8
14×3×1.0	22.4	25.4	25.4	26.4	27.1	32.8
1×2×1.5	7.5	8.2	8.2	9.0	9.0	10.0
2×2×1.5	13.0	14.5	14.5	15.4	15.4	17.7
3×2×1.5	13.7	15.3	15.3	16.3	16.3	18.7
4×2×1.5	15.0	16.8	16.8	17.7	18.0	20.7
5×2×1.5	16.4	18.4	18.4	19.5	19.6	22.6
6×2×1.5	17.9	20.0	20.0	21.1	21.2	24.7
7×2×1.5	17.9	20.0	20.0	21.1	21.2	24.7
8×2×1.5	19.5	22.0	22.0	23.0	23.5	27.3
9×2×1.5	22.9	25.8	25.8	26.9	27.4	32.0
10×2×1.5	22.9	25.8	25.8	26.9	27.4	32.0
12×2×1.5	23.9	26.9	26.9	28.0	28.7	33.4
14×2×1.5	25.1	28.4	28.4	29.5	30.2	35.2

（续）

对数 × 每对芯数 × 标称截面积 /mm²	电缆最大直径/mm					
	DJFF DJF$_4$H$_{11}$ DJF$_{47}$H$_9$ DJYF$_4$H$_{11}$ DJYF$_{47}$H$_9$	DJFFP$_2$ DJF$_4$H$_{11}$P$_2$ DJF$_{47}$H$_9$P$_2$ DJYF$_4$H$_{11}$P$_2$ DJYF$_{47}$H$_9$P$_2$	DJFFP$_{-1}$ DJF$_4$H$_{11}$P$_{-1}$ DJF$_{47}$H$_9$P$_{-1}$ DJYF$_4$H$_{11}$P$_{-1}$ DJYF$_{47}$H$_9$P$_{-1}$	DJFFP$_{-2}$ DJF$_4$H$_{11}$P$_{-2}$ DJF$_{47}$H$_9$P$_{-2}$ DJYF$_4$H$_{11}$P$_{-2}$ DJYF$_{47}$H$_9$P$_{-2}$	DJFGP DJF$_4$GP DJF$_{47}$GP	DJGGP DJGV$_F$P
16 × 2 × 1.5	26.9	30.4	30.4	31.5	33.4	37.7
19 × 2 × 1.5	28.4	32.0	32.0	33.1	34.0	39.8
24 × 2 × 1.5	32.3	37.6	37.6	38.7	39.6	46.5
1 × 3 × 1.5	7.8	8.6	8.6	9.4	9.4	10.6
3 × 3 × 1.5	14.5	16.2	16.2	17.2	17.0	19.5
4 × 3 × 1.5	15.9	17.7	17.7	18.8	19.1	22.0
5 × 3 × 1.5	17.4	19.5	19.5	20.5	20.8	24.0
6 × 3 × 1.5	19.2	21.4	21.4	22.5	23.0	26.6
7 × 3 × 1.5	19.2	21.4	21.4	22.5	23.0	26.6
8 × 3 × 1.5	20.7	23.2	23.2	24.4	24.8	28.8
10 × 3 × 1.5	24.6	27.6	27.6	28.7	29.4	34.2
12 × 3 × 1.5	25.8	29.0	29.0	30.1	32.5	35.9
14 × 3 × 1.5	27.2	30.5	30.5	31.6	36.5	38.2

注：安徽江淮电缆集团有限公司可生产最大 61 芯电缆。

第9章 电缆附件的选择

电缆附件是电缆线路中必不可少的组成部分，和电缆本身同样重要。只有选择好、制作好和安装好电缆附件，才能保证电能或电信号的传输。

9.1 电缆附件选择的意义

电力电缆的各种中间接头和终端头统称为电缆附件，电缆中间接头是指电缆段间相互连接的装置，作用是使电路畅通，保证电缆接头处绝缘等级，保持密封和保证机械保护的作用。电缆终端头是装配到电缆线路首末端的一种装置，用来保证与电网或其他用电设备的电气连接，并且作为电缆导体线芯绝缘引出的一种装置。一般来讲，电缆中间接头和终端头是电缆线路的薄弱环节。据统计，多数事故发生在这些接头上，因此正确选择电缆接头，保证电缆接头质量，对电缆线路的安全运行具有很大的意义。

中间接头和终端头的种类和制作方法多种多样，以下就它们的结构性能和附件种类加以介绍。

9.2 电缆中间接头和终端头的种类

根据电缆线路中间连接方式的不同，电缆的中间接头也各不相同。两根绝缘材料相同、结构也相同的电缆的连接称为直通式接头；两根绝缘材料不同或截面积不同的电缆连接称为过渡接头；在有些情况下，将三芯电缆与三根单芯电缆相互连接起来，这种接头称为转换接头；将一路送来的电源分几路送出去，这种连接干线电缆与分支电缆的接头称为分支接头，当支线电缆与干线电缆近乎垂直的接头称 T 型分支接头。近乎平行的接头称 Y 型分支接头，在干线电缆某处同时分出两根分支电缆，称 X 型分支电缆。用于大长度电缆线路中，使接头两端电缆的金属护套或金属屏蔽层及半导电层断开，以便交叉互连，减少护层（或屏蔽层）损耗，这种接头称绝缘接头。

用于聚氯乙烯绝缘电缆、交联聚乙烯和橡皮绝缘电缆的中间接头和终端头有橡胶自黏带、塑料胶黏带绕包成型的绕包式电缆附件；应用高分子材料具有"弹性记忆"的特点，将电缆附件各组成部分做成管材、手套等，再经交联扩径，现场安装时加热收缩成型，这类电缆附件称为热收缩电缆附件；利用弹性体材料将电缆附件绝缘和应力控制层在工厂内成型硫化，再扩径填充衬垫，现场安装时抽出衬垫，弹性体材料就压紧在经过处理的末端或接头处，这类电缆附件称为冷收缩电缆附件；利用热固化树脂现场浇注成型为浇铸式电缆附件；利用与电缆绝缘相同或相近的塑料薄膜带材现场绕包再加压、加热成型的称为模塑式电缆附件。它们的结构形式见表9-1。

电缆终端头可分为用于外露于空气中（敞开式）和不外露于空气中（封闭式）的两种，见表9-2。用于户内的结构比较简单，只要满足电气强度、密度要求和爬电距离即可。用于户外的，运行环境较为恶劣，要能在各种大气环境下运行，要求接头具有密封防潮性能，外绝缘材料具有防污、憎水、防紫外线或防老化性能等。

表 9-1　电缆附件的结构型式

电缆绝缘类型	电压等级 /kV	结构型式	结 构 特 征
交联聚乙烯	10 ~ 35	绕包式	绝缘和屏蔽层带材 (常用自黏性橡胶带) 绕包而成
		热缩式	将具有电缆附件所需要的各种性能的热收缩管材、分支套和雨罩 (常用于户外终端头) 现场套装在经过处理后的电缆末端或中间接头处，加热收缩而成
		冷缩式	用橡胶材料，将电缆附件的增强绝缘和应力控制部件 (如果有的话) 在工厂里模制成型，再扩径加以螺旋状支撑物，现场套在经过处理后的电缆末端或中间接头处，安装时退去支撑物，收缩压紧在电缆上而成
		浇注式	用热固性树脂 (环氧树脂、聚氨酯或丙烯酸酯) 现场浇铸在经过处理后的电缆末端或中间接头处的接头盒或模具内，固化后而成
		预制式	用橡胶材料，将电缆附件里的增强绝缘和屏蔽层在工厂内模制成一个整体或若干部件，现场套装在经过处理后的电缆末端或中间接头处而成
		模塑式	用与电缆绝缘相同或相近的带材现场绕包在经过处理后的接头处，再以模具热压成型
	66 ~ 220	绕包型	以高压自黏乙丙橡胶带作为绝缘带。用绕包机绕包绝缘，绝缘带在常温条件下施加一定压力后自行黏合。钢管外壳内灌注绝缘复合物
		模塑型	以交联聚乙烯带为绝缘，绕包后用模具加热成型
		组装式预制型	以预制橡胶应力锥及预制环氧绝缘件在现场组装并采用弹簧机械紧压
		整体预制型	主要部件是橡胶预制件，预制件内径与电缆绝缘外径配合

表 9-2　电缆终端头的类型

特征	名称	适 用 环 境
外露于空气中 (敞开式)	户内终端	不经受阳光直接照射和风霜雨雪的室内环境
	户外终端	能经受阳光直接照射和风霜雨雪的室外环境
不外露于空气中 (封闭式)	设备终端	作为电缆和高压电气设备进出线接口装置 (全绝缘而不暴露在空气中)
	GIS 终端	用于与 SF_6 气体绝缘、金属封闭组合电器直接相连

电缆与不同的电器相连接所采用的电缆终端不同。当电缆与 SF_6 全封闭电器直接相连时，一般采用封闭式终端。电缆与高压变压器直接相连时一般采用象鼻式终端。电缆与电器相连具有整体式插接功能时，应采用可分离式 (插接式) 终端。除上述情况外，电缆与其他电器或导体相连时，一般采用敞开式终端。

9.3　制作中间接头和终端头的配件

常用于制作电缆中间接头和终端头的配件有接线端子、连接管、接地线、撑板、电缆终端盒、电缆中间接头盒等。

1. 接线端子

也称接线鼻子，通过接线端子使得电缆导线与设备端子相连接。根据电缆导线材料的不同，接线端子分为铜鼻子（如：DT 和 DTM 系列铜接线端子）、铝鼻子（如：DLM 系列铝接线端子）、铜铝过渡鼻子（如：DTL 系列铜铝接线端子）。铜鼻子用于电缆导线与所接设备材料均为铜。当电缆导线与所接设备材料不同时要采用铜铝过渡鼻子，各种接线鼻子均有成品供应，特殊情况下也可以单独加工。

2. 连接管

用于电缆中间接头的导线连接，也分为铜连接管（如：GT 系列铜连接管）、铝连接管（如：GL 和 GLM 系列铝连接管）、铜铝过渡连接管（如：GTLM 系列铜铝连接管）。

3. 接地线

当电缆导线流过短路电流时，由于短路电流往往较大，会在金属护套中产生一定的感应电压，当感应电压超过一定值时就能击穿电缆的内衬层，引起电弧，严重的还会烧坏电缆护套。为了防止这种事故的发生，必须将电缆线路中除线芯以外的金属部分连接起来并且接地。通常的做法是将电缆的金属护套、金属屏蔽层、铠装层、电缆终端头及中间接头的金属外壳用导线锡焊起来并与接地网相连接。

4. 撑板

在多芯电缆的中间接头中，为了保持绝缘线芯之间及与铅或铜套管之间的距离，保证相间绝缘以及便于固定安装，需要使用撑板。撑板主要有瓷撑板和环氧树脂撑板两种。撑板的选择要与护套管相配套。没有合适的撑板时也可以将绝缘带卷成小卷置于电缆芯之间，以代替撑板。

5. 电缆终端盒

电缆终端盒是电缆终端头的外壳总称。根据不同的使用环境，电缆终端盒可以分为户内终端盒和户外终端盒两种。户内电缆终端盒一般采用尼龙、环氧树脂或聚丙乙烯等作为材料。户外电缆终端盒有铝合金电缆终端盒、环氧树脂终端盒等。选择时要根据实际情况而定。

6. 电缆中间接头盒

电缆中间接头的外壳称为电缆中间接头盒。电缆中间接头盒根据使用的场合和材料的不同主要分为以下几类：铅套管式地下电缆中间接头盒、玻璃钢地下电缆中间接头盒、聚苯乙烯电缆接头盒、铸铝合金电缆接头盒。

9.4　中低压交联电力电缆附件的选择

35kV 及以下电力电缆线路中的各种中间接头和终端头统称为中低压电力电缆附件。电缆附件是电缆线路中必不可少的组成部分，电缆必须通过这些附件才能传输电能。

在一般场合下使用的中、低压交联聚乙烯电缆的中间接头和终端头在国内可以配套供应，在特殊场合如水底敷设的电缆、进口封闭电器配套连接的电缆、核电厂厂用电缆的接头可考虑向外商提出配套供应符合要求的终端头。

这节着重介绍的是中压级（6~35kV）电缆所用附件，低压电缆附件比较简单，主要是导体连接及密封问题，绝缘要求不高，且不考虑电场处理问题，其具体结构可参照 9.4.1 节。

9.4.1　中低压塑料电力电缆附件的结构

传统的中间接头和终端头一般是指以往的铸铁头、环氧树脂头、干包头、尼龙头等，它们的市场占有率在逐渐减少，国内生产的中低压塑料电力电缆中间接头和终端头的类型如下：

1. 绕包式

终端头的应力锥、绝缘保护及中间头的绝缘全用自黏性橡胶带、塑料带在现场绕包成型。户外头雨罩和中间头保护外壳用硬塑料制成。常见的绕包带材主要有乙丙橡胶、丁基橡胶或硅橡胶为基材的绝缘层、半导电带、应力控制带、抗漏电痕带、密封带、阻燃带等。该类终端头的工艺简单、成本最低，适用于各种电缆规格、形状。国内有约 30 年的使用经验。其缺点是现场成型，所以附件的质量受环境条件（如空气湿度、灰尘等）的影响较大，而且随施工人员的素质不同有较大的差异，制作工时较长，中间头外壳体积大（终端头体积较小），还有这种附件所用的主要材料（自黏性材）都是非硫化型或低硫化型橡胶材料，它具有冷流性和热变形的特性，而橡胶材料的热阻系数一般都较大，因此安装好的电缆附件（主要指接头）经过长期较高温度下运行后有绝缘下降、偏心现象，对电压高的绝缘接头应引起注意。主要适用于 1～10kV 橡塑电力电缆，35kV 电缆也可使用。

2. 浇注式

浇注式是用热固性树脂现场浇注在电缆头盒或接头模具内而形成的电缆接头，主要分为直通式和分支式。在交联聚乙烯等挤包型绝缘电缆上使用的多为聚氨酯树脂、丙烯酸树脂等，其固化后具有较高的弹性，其膨胀系数也比较接近交联聚乙烯等挤包型电缆绝缘材料的膨胀系数，这对提高接头内电缆绝缘与增强绝缘界面特性十分有利。密封防潮性最好，施工时间快，浇注树脂均为冷浇注，工艺方便，适用规格较宽。

浇注式的缺点非常明显，环境温度应严格控制，浇注树脂还有一定的保质期，且不能在潮湿天气浇注，以免受潮降低电缆头绝缘；浇注后还应通过物理结构检查，现场工作比较麻烦。另外，浇注式在运行中由于电场的原因还有可能出现裂纹，致使电缆渗水出现故障。

3. 热缩式

接头用的绝缘管、保护管、分支套、雨罩等部件是用高分子聚合物材料（如交联聚乙烯、硅橡胶）经辐照或化学交联工艺并加热扩张。预制成热缩型，其内壁涂有热熔密封胶。在现场正确操作安装后，用丙烷气体喷灯或大功率工业用电吹风机等，加热收缩成型。其优点是施工简单、时间短、规格少。因热收缩有一定范围，所以适用性强，安装工具少，接头外形尺寸小。

热缩式的缺点：对施工人员的技术要求较高；热缩过程中容易产生层间气隙或烧损产品，密封技术很重要；须用火源，现场的防火安全尤为重要；随着时间的推移，密封也随之变差。价格高于绕包式和浇注式。

国内应用较多，适用于 35kV 及以下户内终端，也可用于户外终端头和中间头。

4. 冷缩式

接头用的管材、雨罩等部件通常是用弹性较好的冷缩性橡胶材料（如硅橡胶、乙丙橡胶）在工厂内注塑成各种电缆附件的部件并硫化成型之后，再将内径扩张并衬以螺旋状的塑料支撑条以保持扩张的内径，现场安装时，将这些预扩张件套在经过处理后的电缆末端（终端头）和接头处（中间接头），抽出内部螺旋状的支撑条，橡胶件就会收缩紧压在电缆绝缘上，从而构成了终端或中间接头。收缩的类型有：（1）机械嵌填材料装上后抽出而收缩；（2）密封包装，拆开后与空气接触反应而收缩。

冷缩式电缆附件具有以下优点：

1）绝缘可靠。冷缩式电缆附件用的乙丙橡胶、三元乙丙橡胶、硅橡胶具有优良的绝缘性和高弹性，安装后始终保持对电缆本体合适的径向压力，使内界面结合紧密，体积小，不会因电缆运行时呼吸作用而产生电击穿。应力控制部分与主绝缘复合为一体，有效地解决了电缆半导体电层屏蔽断面处的电应力集中问题。确保绝缘可靠，安全运行。

2）安装操作方便、迅速。产品都已在工厂内制造成型。无须特别培训，无需专用工具，安装简单，且不用火，省时省力，大大减少了工作人员的工作强度和由于操作不当造成的质量事故，而且解决了热缩电缆附件收缩不紧的问题。

3）抗污秽、抗老化、憎水性好，具有优越的耐寒耐热性能，特别适用于高海拔地区、寒冷地区、潮湿地区、烟雾地区及重污染地区。

4）无火灾隐患。由于冷缩件的特性和制作工艺，现场不需火源，无火灾隐患。特别适用于石油、化工、矿山等易燃易爆场所安装使用。

5）运行后密封优良。冷缩管加长且无合缝线，随着时间的推移，冷缩式附件会与电缆融为一体，不会出现密封不良现象。

缺点是价格比热缩式还贵。

5. 预制式

整个接头在工厂内采用乙丙橡胶、硅橡胶等分层注胶工艺，形成内屏蔽、绝缘、外屏蔽3层密切结合的结构，现场只要套装在经过处理的电缆末端或中间接头处，而导体的连接方式和普通电缆附件相同。优点是把电缆中间接头和终端头的增强绝缘和屏蔽层预先在工厂里做成为一个整体，从而使现场安装制作带来的各种不利因素影响降低到最低程度，施工方便，时间短，无特殊工艺要求，批量生产后价廉，外形尺寸小，拆卸方便。

缺点是预制件与电缆之间为过盈配合，对电缆尺寸准确性要求严格，接头规格多，装配后要确保足够的界面压力，安装比较困难，有时需要使用氮气才能安装。操作较复杂，对施工人员的技术要求较高。

预制式附件主要适用于10kV及以下电压等级中，国外也有用于35~63kV电压等级的。

6. 模塑式

终端头的应力锥和中间接头的绝缘用幅照交联或化学交联的聚乙烯簿膜带材包绕后，再用特制的加热膜加热（因热膨胀而受压）成一整体。户外头的外绝缘和中间接头外保护要另加其他部件。绕包工艺同绕包式，因增强绝缘采用模塑法，所以电性能较好，主要适用于35kV交联聚乙烯电缆。

9.4.2　中低压塑料电力电缆附件的比较和选择

9.4.1节所述的电缆附件在实际使用中还体现出各自的优点和不足之处，可从它们的适用范围，结构特点，现场安装要求及成本方面作一个大概的比较，见表9-3。

表 9-3　中低压各种形式电缆附件适用性比较

对　比　项　目			电缆附件品种					
			绕包式	浇注式	热缩式	冷缩式	预制式	模塑式
适用范围	电缆种类	挤包绝缘电缆	◎	◇	◎	◎	◎	◎
		油纸绝缘电缆	×	◎	◇	×	×	×
	电压等级	35kV	◇	◇	◇	◎	◎	◇
		10kV 及以下	◎	◎	◎	◎	◎	×
	电缆附件分类	终端头	◎	◎	◎	◎	◎	◇
		直通接头	◎	◎	◎	◎	◎	◎
		分支接头	◇	◎	×	×	◇	×
结构特点		结构	◎	◎	◇	◎	◎	◎
		规格	◎	◎	◎	◎	◇	◎
现场安装		操作技术	◇	◎	◇	◎	◎	◇
		耗费工时	◎	◎	◎	◎	◎	◎
成本			◎	◎	◎	◇	◇	◎

注：◎—适用、结构简单、规格少、操作技术要求不高、耗时校少、成本较低；
　　◇—可适用、结构较复杂、规格较多、操作技术要求较高、耗时较多、成本较多；
　　×——般不适用。

表 9-3 对中低压塑料电缆附件作了大概的比较后，这里对上述 6 种电缆附件进一步分析比较如下：从人员培训方面，各类电缆附件的制作方式都需要对工作人员进行培训，只是冷缩式的培训较快，工作人员在工艺上能够很快地掌握；从现场安全方面，制作热缩式电缆中间或终端头时工作人员需办理动火工作票，且应在现场布置消防器材；从制作程序上，冷缩式较为方便；从价格上，热缩式有一定的优势；从安装使用方式上，环网柜、电缆分支箱、欧式箱变和美式箱变上应使用预制式，其他方面使用冷缩式。因此，目前热缩式、冷缩式和预制式等电缆附件应用最为广泛。下面就运行可靠性、安装简便性、储存特性、市场价格等方面再进一步进行分析比较[67]。

（1）运行的可靠性

1）采用硅橡胶材料的预制式附件和冷缩式附件比采用聚烯烃材料的热缩附件性能更好，运行更可靠。从分子结构来说，特种硅橡胶比聚烯烃的分子链更稳定。此外，硅橡胶还具有以下几种独特的性能：硅橡胶在 −50 ~ 250℃ 之间始终具有良好的弹性；抗漏电起痕能力强；适用温度范围广，在 −50 ~ 200℃ 情况下都可使用；具有耐辐射、耐 X 射线、耐 Y 射线、抗紫外老化的特殊性能；憎水性能优异，淋雨状态下可自动迁移表面赃物，具有抗污秽能力；安装后与电缆本体贴合为一体，对电缆主绝缘施加恒定的压力与电缆同呼吸，能有效降低电缆终端的放电量。

2）采用应力锥结构的预制式和冷缩附件运行可靠性最好、应力管结构的冷缩式附件次之，应力管结构的热缩式电缆附件要差些。

在电缆附件结构中，最关键的是电应力控制部件，采用电应力控制的主要目的是要控制处于电缆屏蔽层或隔离层末端处的电应力。如果不采用电应力控制，便会发生放电，影响电缆寿命，解决电应力分布的方法主要有应力管（参数法）和应力锥（几何法）。

应力管是利用材料参数来控制电场应力。应力管或带材通常是把应力控制材料制作成热缩的管子，其原理是通过减小绝缘表面的电阻或增大表面的电容来降低屏蔽端口处表面电位。但前者会导致表面泄漏电流增大而发热，造成不利影响；后者则可使表面容抗降低，且不会导致发热，有效可行。实际应用中的应力控制材料通常具有高介电常数、中电阻率的特性。应力管对材料的要求高，由于电场中的电力线在两种不同的介电常数介质的界面上产生折射，并遵循折射定律，当两种介质的介电常数差别越大，发生折射的角度也越大。如果管子达到一定厚度时，便可满足设计的电气性能。应力管由于安装简单方便被广泛应用到10kV 的中压电缆附件上，但在实际应用中，随着运行时间的加长，材料本身的性能会发生改变，电气参数极易发生漂移，从而影响其疏散电场的效果，可靠性较差，故在更高电压等级的电缆附件中基本不采用此法。

应力锥则利用部件几何形状来控制电场应力。往外延长的半导体层中增加了许多杂散电容，这些杂散电容与原有的电缆绝缘表面电容组成电容链，从而补偿原电容链的不足，使得终端绝缘流入半导体端部的电容电流分散到各杂散电容上，屏蔽端部的电场趋向均匀。对中压电缆附件，通常在其出厂时已经制作好应力锥。即所谓的预制式电缆附件，而且保证质量，曲线控制也比较好，但不同厂家产品略有差异，生产的圆整度、粗糙度以及安装时的附件与电缆绝缘箱配合的界面压紧力的大小都会影响应力锥的效果。

应力锥利用部件几何形状来控制电场应力，对材料电气性能参数要求不高，但可靠性高。因此，应力锥结构的电缆附件比应力管结构的电缆附件可靠性要高得多。

通常热缩式电缆附件核心部件是应力管，预制附件核心部件是应力锥，而冷缩式电缆附件有采用应力管结构的，如 3M 公司；也有采用应力锥结构的，如深圳长圆、久远电力。

（2）安装的简便性　相比浇注式和绕包式电缆附件，热缩式、预制式、冷缩式等类型的电缆附件在安装操作上均有很大改进，安装简化、效率提高，对环境和气候的依赖性也大幅度降低，是公认的新一代电缆附件，但具体到各型电缆附件，由于各自的特点，决定了它们还是有一定的差别，其安装结构如图 9-1 所示。

热缩式电缆附件由具有"记忆效应"的聚烯烃材料制成，现场安装时必须达到使其软化的温度条件（120~140℃）才能恢复其记忆形状，因此需动明火加热使其收缩，在烧烤时火焰不能太强，也不能过于集中在某一处时间太长，否则易造成热缩件烧糊，表面碳化，而且热缩式电缆附件的配件含地线、铜扎线材料，也必须要用火烤或电加热焊牢，因此给安装操作带来一定难度，另外在一些不能动明火的特殊场合，如炼油厂、化工厂、油罐区、煤矿等，热缩式电缆附件在使用上受到限制。

冷缩式电缆附件由硅橡胶材料制成，在工厂经预扩张后用支撑管固定，现场安装时只需抽掉支撑管，由于硅橡胶具有优异弹性而自动收缩，抱紧电缆本体，因此不需动明火，加之冷缩式电缆附件的配件中用恒力弹簧来固定地线，用铠装带来恢复电缆机械强度，用防水带来恢复电缆外护层和防水，不存在需动明火的地方，安装更为简便。

预制式附件是采用具有极佳柔韧性和弹性的硅橡胶制成，比电缆本体小一些，在现场安

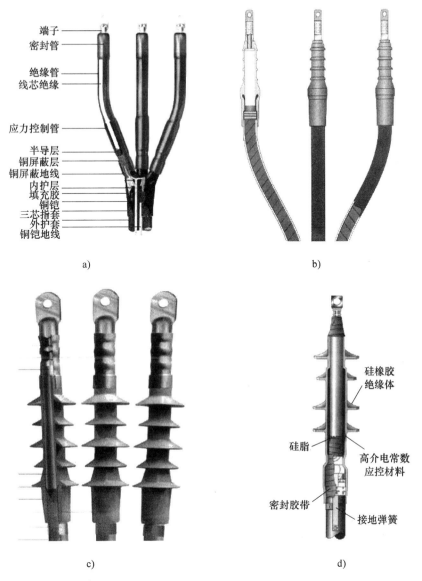

端子
密封管

绝缘管
线芯绝缘

应力控制管

半导层
铜屏蔽层
铜屏蔽地线
内护层
填充胶
铜铠
三芯指套
外护套
铜铠地线

a)

b)

硅橡胶
绝缘体

硅脂

高介电常数
应控材料

密封胶带

接地弹簧

c)

d)

图 9-1　三种电缆附件安装结构[67]

a）热缩附件　b）预制附件　c）冷缩附件（应力锥型）　d）冷缩附件（应力管型）

装时利用硅橡胶弹性和硅脂的润滑性推入电缆本体安装部位，和电缆本体属于过盈配合，其他部件包括热缩分支手套、热缩绝缘管、护套管等，需现场用明火烘烤收缩，因此预制式附件介于热缩式电缆附件和冷缩式电缆附件之间，在一些不能动明火的特殊场合预制式附件使用也受到限制。

如上所述，冷缩式电缆附件安装最为简便，完全不动明火，操作时只需现场抽芯即可，地线用恒力弹簧固定；预制式附件安装次之，关键部件（预制橡胶件）不动明火，其余部件需动明火烧烤收缩；热缩式电缆附件安装相比而言要复杂一些，所有部件均需动明火加热收缩。

（3）储存特性

1）规格种类不同　热缩式电缆附件和冷缩式电缆附件都采用扩张工艺制造的，含 3～4 种规格，每种规格可适用于 3 个电缆截面；预制附件是在工厂预制成型，现场安装利用硅橡胶的优异弹性与电缆本体过盈配合，因此包含十几种规格，每种规格一般只适用于一个电缆截面，因此造成厂家和用户在备货上面临不同：预制附件必须备齐所有规格，种类比较繁多，灵活性和适用性低一些；热缩式电缆附件和冷缩式电缆附件只需备 3～4 种规格，灵活性和适用性高。

2）储存期限不同　热缩式电缆附件和冷缩式电缆附件都采用扩张定型，但工艺上有很大不同，热缩式电缆附件是高分子聚烯烃在加热到软化温度时利用机械或压缩空气法进行 2.5～3 倍（机械扩张可更高）扩张，随后骤然降温使其定型，聚烯烃材料分子之间处于一种平衡状态，除非再次加热到软化温度，否则该形状在常温下可始终保持不变，因此，热缩式电缆附件储存周期基本不受限制。

冷缩式电缆附件则是基于硅橡胶优异的弹性在常温下利用机械法进行约 2～2.5 倍扩张，随后放入支撑管使其定型，硅橡胶材料处于一种张力状态。当现场安装抽芯取出支撑管时，橡胶的张力会自然回缩，由于橡胶始终处于张力，在较长时间后会产生弹性疲劳，导致回缩不到位，因此冷缩式电缆附件储存周期受到限制，一般必须在 6～9 个月之内使用。

预制式电缆附件则是在工厂预制成型，不经扩张，形状始终保持如一，橡胶材料分子间处于一种平衡状态，现场安装直接推至电缆本体的相应部位，因此，预制式电缆附件储存周期不受限制。

（4）价格比较　同规格电缆附件相比，热缩式电缆附件的价格最低，冷缩式电缆附件的价格最高，是热缩式电缆附件的 4～10 倍，预制式电缆附件接近冷缩式电缆附件。

通过前面的综合比较。冷缩式电缆和预制式电缆附件可靠性最高，冷缩式电缆附件安装最简便，热缩式电缆附件价格最低。一般使用冷缩预制组合式电缆附件是比较明智的选择，而且熟悉热缩式电缆附件安装工艺的技工使用这种冷缩预制组合式也不存在技术上的困难。

表 9-3 的电缆附件都是按其成型工艺来命名的，皆为单学科技术产品，例如绕包式电缆附件是完全用带材绕包形成的，热收缩电缆附件完全由热收缩部件组成。通过现场安装和多年来的使用经验分析，单一学科技术产品构成的电缆附件并非理想结构，甚至难以构成完整的电缆附件。例如三芯挤包绝缘电缆采用预制式终端头，三芯分开后的电缆线芯铜屏蔽保护及三芯分叉口的密封防水措施必须采用其他方法，目前多用热收缩管加分支套或冷收缩管分支套来解决。也就是说，完整的三芯挤包绝缘 10kV 电缆预制式终端头，实际上是利用预制式加热收缩或冷收缩两个学科技术来实现的。现在，这种多学科技术综合利用的电缆附件越来越普遍了，而其品种分类仍以主体绝缘结构的学科技术来命名。

9.4.3　低压 0.6/1kV 热塑型电缆附件的电气性能和规格

这里介绍的是中科英华高技术股份有限公司生产的 0.6/1kV 热缩电缆附件的电性能和规格。

0.6/1kV 热缩型电缆附件产品广泛应用于 1kV 交联聚乙烯电缆终端和中间连接的接续处理，根据电缆芯数分单芯、两芯、三芯、四芯、五芯等并满足电缆的不同截面积。具有体积小、重量轻、运行可靠、安装方便等特点。

防水设计、双应力控制、屏蔽/绝缘一体；-50～95℃温度条件下，使用寿命超过 20

年；收缩率：径向≥50%，轴向≤5%；收缩温度：通过标准 GB 11033.1—1989《额定电压 26～35kV 及以下电力电缆附件基本技术要求》。

（1）0.6/1kV 热缩电缆附件的安装程序

1）剥除电缆外护套：量取电缆拉直长度为 600mm，剥除电缆外护层，留 50mm 刚体，剥除 550mm 的刚体及内垫层。

2）安装支套：分开线芯，将指套牢牢套至根部，然后从中间向两端加热，使其完全收缩。（若是 3＋1 芯、4＋1 芯、3＋2 芯电缆，则应先在地线端套入两根或一根垫管，加热收缩后再套入指套。）

3）安装端子：在线芯末端量取端子孔深加 5mm 长度，剥除线芯绝缘，然后压接端子，用锉刀或沙纸抛光端子表面，擦拭干净。

4）安装绝缘管：清洁线芯绝缘表面和指套，套入绝缘管，使绝缘管的下端搭接指套根部，上端包住端子的压痕，然后由下向上加热，直至绝缘管完全收缩。

（2）0.6/1kV 热缩式电缆附件的电性能指标

见表 9-4。

表 9-4　0.6/1kV 热缩式电缆附件的电性能指标

产品名称	试验项目	标准要求	试验结果	结论
0.6/1kV 终端及中间连接	1min 工频耐压试验	4kV 不闪络，不击穿	4kV、1min 不闪络、不击穿	通过标准 GB 11033—1989
	负荷循环试验（3 次循环）	1.5kV、5h 加热、3h 冷却、加热时导体温度为 75℃	不闪络、不击穿	
	4h 工频耐压试验	2.4kV、4h、不闪络、不击穿	2.4kV、4h、不闪络、不击穿	

（3）0.6/1kV 热缩式电缆附件的规格

编号如下：

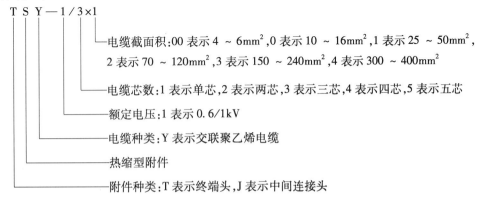

（4）0.6/1kV 热缩式电缆附件的规格

见表 9-5。

表 9-5　0.6/1kV 热缩式电缆附件的规格

型号	名称	适用电缆截面积/mm²	型号	名称	适用电缆截面积/mm²
TSY-1/1 ×00	1kV 橡塑绝缘单芯电缆热缩型终端	4 ~ 6	JSY-1/3 ×00	1kV 橡塑绝缘三芯电缆热缩型中间连接	4 ~ 6
TSY-1/1 ×0		10 ~ 16	JSY-1/3 ×0		10 ~ 16
TSY-1/1 ×1		25 ~ 50	JSY-1/3 ×1		25 ~ 50
TSY-1/1 ×2		70 ~ 120	JSY-1/3 ×2		70 ~ 120
TSY-1/1 ×3		150 ~ 240	JSY-1/3 ×3		150 ~ 240
TSY-1/1 ×4		300 ~ 400	JSY-1/3 ×4		300 ~ 400
JSY-1/1 ×00	1kV 橡塑绝缘单芯电缆热缩型中间连接	4 ~ 6	TSY-1/4 ×00	1kV 橡塑绝缘四芯电缆热缩型终端（3 + 1，4 等芯）	4 ~ 6
JSY-1/1 ×0		10 ~ 16	TSY-1/4 ×0		10 ~ 16
JSY-1/1 ×1		25 ~ 50	TSY-1/4 ×1		25 ~ 50
JSY-1/1 ×2		70 ~ 120	TSY-1/4 ×2		70 ~ 120
JSY-1/1 ×3		150 ~ 240	TSY-1/4 ×3		150 ~ 240
JSY-1/1 ×4		300 ~ 400	TSY-1/4 ×4		300 ~ 400
TSY-1/2 ×00	1kV 橡塑绝缘两芯电缆热缩型终端	4 ~ 6	JSY-1/4 ×00	1kV 橡塑绝缘四芯电缆热缩型中间连接（3 + 1，4 等芯）	4 ~ 6
TSY-1/2 ×0		10 ~ 16	JSY-1/4 ×0		10 ~ 16
TSY-1/2 ×1		25 ~ 50	JSY-1/4 ×1		25 ~ 50
TSY-1/2 ×2		70 ~ 120	JSY-1/4 ×2		70 ~ 120
TSY-1/2 ×3		150 ~ 240	JSY-1/4 ×3		150 ~ 240
TSY-1/2 ×4		300 ~ 400	JSY-1/4 ×4		300 ~ 400
JSY-1/2 ×00	1kV 橡塑绝缘两芯电缆热缩型中间连接	4 ~ 6	TSY-1/5 ×00	1kV 橡塑绝缘五芯电缆热缩型终端（3 + 2、4 + 1、5 等芯）	4 ~ 6
JSY-1/2 ×0		10 ~ 16	TSY-1/5 ×0		10 ~ 16
JSY-1/2 ×1		25 ~ 50	TSY-1/5 ×1		25 ~ 50
JSY-1/2 ×2		70 ~ 120	TSY-1/5 ×2		70 ~ 120
JSY-1/2 ×3		150 ~ 240	TSY-1/5 ×3		150 ~ 240
JSY-1/2 ×4		300 ~ 400	TSY-1/5 ×4		300 ~ 400
TSY-1/3 ×00	1kV 橡塑绝缘三芯电缆热缩型终端	4 ~ 6	JSY-1/5 ×00	1kV 橡塑绝缘五芯电缆热缩型中间连接（3 + 2、4 + 1、5 等芯）	4 ~ 6
TSY-1/3 ×0		10 ~ 16	JSY-1/5 ×0		10 ~ 16
TSY-1/3 ×1		25 ~ 50	JSY-1/5 ×1		25 ~ 50
TSY-1/3 ×2		70 ~ 120	JSY-1/5 ×2		70 ~ 120
TSY-1/3 ×3		150 ~ 240	JSY-1/5 ×3		150 ~ 240
TSY-1/3 ×4		300 ~ 400	JSY-1/5 ×4		300 ~ 400

9.4.4　中压 6/10～8.7/15kV 热缩式电缆附件的电气性能和规格

这里介绍的是中科英华高技术股份有限公司生产的 6/10～8.7/15kV 热缩式电缆附件的电性能和规格。

6/10～8.7/15kV 热缩式电缆附件产品广泛应用于 6/10～8.7/15kV 交联聚乙烯电缆终端和中间连接的接续处理，该系列产品适用于 6/10～8.7/15kV 等级不同形式的电缆。具有体积小、重量轻、运行可靠、安装方便等特点。根据用户需要可以进行特殊设计。

防水设计、双应力控制、屏蔽/绝缘一体；－50～95℃ 温度条件下，使用寿命超过 20 年；收缩率：径向≥50%，轴向≤5%；收缩温度：通过标准 GB 11033.1—1989《额定电压 26～35kV 及以下电力电缆附件基本技术要求》。

（1）6/10～8.7/15kV 热缩式电缆附件的电性能指标

见表 9-6。

表 9-6　6/10～8.7/15kV 热缩式电缆附件的电性能指标

序号	试验项目	标准要求	试验结果	结论
1	1min 工频耐压试验	45kV 干态（户内终端、中间连接）45kV 湿态（户外终端）不闪络，不击穿	不闪络，不击穿	通过标准 GB 11033—1989
2	局部放电	13kV　≤20PC	13kV　≤20PC	
3	恒压负荷循环	导体温度为 95℃，5h 加热、3h 冷却、三个周期，不闪络，不击穿	不闪络，不击穿	
4	局部放电	13kV　≤20PC	13kV　≤20PC	
5	雷电冲击	105kV 正负极性各 10 次不闪络，不击穿	不闪络，不击穿	
6	直流耐压为 15min	52kV，15min 不闪络，不击穿	不闪络，不击穿	
7	工频耐压为 4h	35kV，4h 不闪络，不击穿	不闪络，不击穿	

（2）6/10～8.7/15kV 热缩式电缆附件的规格

编号如下：

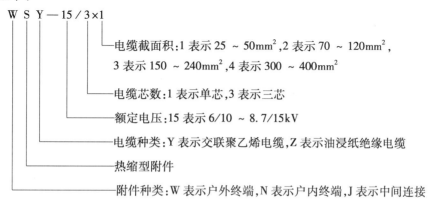

（3）6/10～8.7/15kV 热缩式电缆附件的规格

见表 9-7。

表 9-7　6/10～8.7/15kV 热缩式电缆附件的规格

型号	名称	适用电缆截面积/mm²	型号	名称	适用电缆截面积/mm²
NSY-15/1×1	6/10～8.7/15kV 交联绝缘单芯电缆热缩式电缆户内终端	25～50	NSZ-15/1×1	6/10～8.7/15kV 油浸纸单芯电缆热缩式电缆户内终端	25～50
NSY-15/1×2		70～120	NSZ-15/1×2		70～120
NSY-15/1×3		150～240	NSZ-15/1×3		150～240
NSY-15/1×4		300～400	NSZ-15/1×4		300～400
WSY-15/1×1	6/10～8.7/15kV 交联绝缘单芯电缆热缩式电缆户外终端	25～50	WSZ-15/1×1	6/10～8.7/15kV 油浸纸单芯电缆热缩式电缆户外终端	25～50
WSY-15/1×2		70～120	WSZ-15/1×2		70～120
WSY-15/1×3		150～240	WSZ-15/1×3		150～240
WSY-15/1×4		300～400	WSZ-15/1×4		300～400
JSY-15/1×1	6/10～8.7/15kV 交联绝缘单芯电缆热缩式电缆中间连接（复合管式）	25～50	JSZ-15/1×1	6/10～8.7/15kV 油浸纸单芯电缆热缩式电缆中间连接（复合管式）	25～50
JSY-15/1×2		70～120	JSZ-15/1×2		70～120
JSY-15/1×3		150～240	JSZ-15/1×3		150～240
JSY-15/1×4		300～400	JSZ-15/1×4		300～400
JSYZ-15/1×1	6/10～8.7/15kV 单芯电缆交联—油浸纸过渡中间连接（复合管式）	25～50	JSYZ-15/3×1	6/10～8.7/15kV 三芯电缆交联—油浸纸过渡中间连接（复合管式）	25～50
JSYZ-15/1×2		70～120	JSYZ-15/3×2		70～120
JSYZ-15/1×3		150～240	JSYZ-15/3×3		150～240
JSYZ-15/1×4		300～400	JSYZ-15/3×4		300～400
NSY-15/3×1	6/10～8.7/15kV 交联绝缘三芯电缆热缩式电缆户内终端	25～50	NSZ-15/3×1	6/10～8.7/15kV 油浸纸三芯电缆热缩式电缆户内终端	25～50
NSY-15/3×2		70～120	NSZ-15/3×2		70～120
NSY-15/3×3		150～240	NSZ-15/3×3		150～240
NSY-15/3×4		300～400	NSZ-15/3×4		300～400
WSY-15/3×1	6/10～8.7/15kV 交联绝缘三芯电缆热缩式电缆户外终端	25～50	WSZ-15/3×1	6/10～8.7/15kV 油浸纸三芯电缆热缩式电缆户外终端	25～50
WSY-15/3×2		70～120	WSZ-15/3×2		70～120
WSY-15/3×3		150～240	WSZ-15/3×3		150～240
WSY-15/3×4		300～400	WSZ-15/3×4		300～400
JSY-15/3×1	6/10～8.7/15kV 交联绝缘三芯电缆热缩式电缆中间连接（复合管式）	25～50	JSZ-15/3×1	6/10～8.7/15kV 油浸纸三芯电缆热缩式电缆中间连接（复合管式）	25～50
JSY-15/3×2		70～120	JSZ-15/3×2		70～120
JSY-15/3×3		150～240	JSZ-15/3×3		150～240
JSY-15/3×4		300～400	JSZ-15/3×4		300～400

9.4.5　中压 18/30～26/35kV 热缩式电缆附件的电气性能和规格

　　这里介绍的是中科英华高技术股份有限公司生产的 18/30～26/35kV 热缩式电缆附件的电性能和规格。

18/30～26/35kV 热缩式电缆附件产品广泛应用于 18/30～26/35kV 交联聚乙烯电缆终端和中间连接的接续处理,该系列产品适用于 18/30～26/35kV 等级不同形式的电缆。具有体积小、重量轻、运行可靠、安装方便等特点。根据用户需要可以进行特殊设计。

防水设计、双应力控制、屏蔽/绝缘一体；－50～95℃温度条件下,使用寿命超过 20 年；收缩率：径向≥50%,轴向≤5%；收缩温度：通过标准 GB 11033.1—1989《额定电压 26～35kV 及以下电力电缆附件基本技术要求》。

（1）18/30～26/35kV 热缩式电缆附件的电性能指标

见表9-8。

表9-8　18/30～26/35kV 热缩式电缆附件的电性能指标

序号	试验项目	标准要求	试验结果	结论
1	1min 工频耐压试验	105kV 干态（户内终端、中间连接） 105kV 湿态（户外终端）不闪络,不击穿	不闪络,不击穿	通过标准 GB 11033—1989
2	局部放电	39kV　≤10PC	39kV　≤10PC	
3	恒压负荷循环	导体温度为 95℃,5h 加热,3h 冷却,三个周期,不闪络,不击穿	不闪络,不击穿	
4	局部放电	39kV　≤10PC	39kV　≤10PC	
5	雷电冲击	250kV 正负极性各 10 次不闪络,不击穿	不闪络,不击穿	
6	直流耐压为 15min	156kV,15min 不闪络,不击穿	不闪络,不击穿	
7	工频耐压为 4h	104kV,4h 不闪络,不击穿	不闪络,不击穿	

（2）18/30～26/35kV 热缩式电缆附件的规格

编号如下：

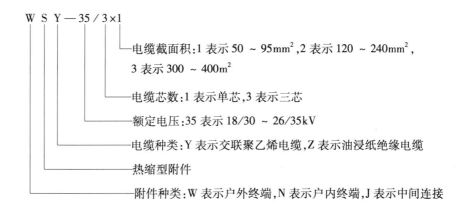

（3）18/30～26/35kV 热缩式电缆附件的规格

见表9-9。

表 9-9　18/30 ~ 26/35kV 热缩式电缆附件的规格

型号	名称	适用电缆截面积/mm²	型号	名称	适用电缆截面积/mm²
NSY-35/1×1	35kV 交联绝缘单芯电缆热缩式电缆户内终端	50 ~ 95	NSY-35/3×1	35kV 交联绝缘三芯电缆热缩式电缆户内终端	50 ~ 95
NSY-35/1×2		120 ~ 240	NSY-35/3×2		120 ~ 240
NSY-35/1×3		300 ~ 400	NSY-35/3×3		300 ~ 400
WSY-35/1×1	35kV 交联绝缘单芯电缆热缩式电缆户外终端	50 ~ 95	WSY-35/3×1	35kV 交联绝缘三芯电缆热缩式电缆户外终端	50 ~ 95
WSY-35/1×2		120 ~ 240	WSY-35/3×2		120 ~ 240
WSY-35/1×3		300 ~ 400	WSY-35/3×3		300 ~ 400
JSY-35/1×1	35kV 交联绝缘单芯电缆热缩式电缆中间连接	50 ~ 95	JSY-35/3×1	35kV 交联绝缘三芯电缆热缩式电缆中间连接	50 ~ 95
JSY-35/1×2		120 ~ 240	JSY-35/3×2		120 ~ 240
JSY-35/1×3		300 ~ 400	JSY-35/3×3		300 ~ 400
NSZ-35/1×1	35kV 油浸纸单芯电缆热缩式电缆户内终端	50 ~ 95	NSZ-35/3×1	35kV 油浸纸三芯电缆热缩式电缆户内终端	50 ~ 95
NSZ-35/1×2		120 ~ 240	NSZ-35/3×2		120 ~ 240
NSZ-35/1×3		300 ~ 400	NSZ-35/3×3		300 ~ 400
WSZ-35/1×1	35kV 油浸纸单芯电缆热缩式电缆户外终端	50 ~ 95	WSZ-35/3×1	35kV 油浸纸三芯电缆热缩式电缆户外终端	50 ~ 95
WSZ-35/1×2		120 ~ 240	WSZ-35/3×2		120 ~ 240
WSZ-35/1×3		300 ~ 400	WSZ-35/3×3		300 ~ 400
NSZ-35/1×1	35kV 油浸纸单芯电缆热缩式电缆中间连接	50 ~ 95	JSZ-35/3×1	35kV 油浸纸三芯电缆热缩式电缆中间连接	50 ~ 95
NSZ-35/1×2		120 ~ 240	JSZ-35/3×2		120 ~ 240
NSZ-35/1×3		300 ~ 400	JSZ-35/3×3		300 ~ 400
JSYZ-35/1×1	35kV 单芯电缆交联—油浸纸过渡中间连接	50 ~ 95	JSYZ-35/3×1	35kV 三芯电缆交联—油浸纸过渡中间连接	50 ~ 95
JSYZ-35/1×2		120 ~ 240	JSYZ-35/3×2		120 ~ 240
JSYZ-35/1×3		300 ~ 400	JSYZ-35/3×3		300 ~ 400

9.5　交联聚乙烯 110kV 电力电缆中间接头的选择

在我国大中城市和大型厂矿中经常使用的几种 110kV 电力电缆中间接头,供用户选择参考。另外,在我国有些地区,目前还使用 66kV 中心点非有效接地系统,它所使用的电缆通常与 110kV 电缆相当,它的电缆附件可参考 110kV 的电缆附件。

1. 绕包型

绕包型中间接头是以乙丙橡胶为基材的绝缘带作为接头的绝缘,绝缘带在常温条件下施加一定压力后能自行黏合。在绝缘带拉伸的状态下绕包,带内的残留张力在绕包后成为绝缘带层间的压力,绕包后黏合成一整体。绝缘带在拉力下厚度减簿、宽度缩小,施工时以宽度的收缩率来控制绕包时的张力。为使张力均匀,必须用绕包机绕包绝缘,乙丙橡胶的绝缘性能虽好,但在绕包过程中与空气摩擦会产生静电,使绝缘带的表面粘上很多的灰尘,带上的灰尘在绝缘接头中间造成隐患。其优点是易于操作,缺点是工艺质量受环境的影响较大。绕包过程中张力控制必须均匀,现场要有适当的防尘措施。

2. 模塑型

模塑型接头是以交联聚乙烯带为绝缘，绕包后用模具加热使其在高温及压力（绝缘材料膨胀产生的压力）下硫化成与电缆制造厂绝缘相似的交联聚乙烯绝缘的中间接头。硫化质量受加热的温度、时间和冷却工程的影响，因此必须按严格的工艺操作。另外，由于有加热和冷却过程，安装时间比其他类型接头长。

3. 组装式预制型

由工厂浇注的以环氧树脂为绝缘、中间和两端以弹簧压紧的预制应力锥组成的接头为组装式预制型接头。这类接头在现场除削切及压接的工作外，主要是组装工作，与绕包型和模塑型接头相比，它对安装工艺的依赖性相对要少些。其绝缘部分分为三段。在出厂时无法做整体绝缘的出厂试验。

4. 整体预制型

整体预制型接头的半导体内屏蔽、主绝缘和半导体外屏蔽及应力锥全在工厂内预制成一整体的接头。在现场施工中电缆经过剥切处理后，将在现场用临时衬管扩张的整体预制接头套入电缆一端，两端电缆压接头后装上带有凸缘的金属屏蔽电极，电极上的凸缘扣入电缆绝缘的两条槽内，它能防止电缆绝缘的回缩，然后将衬管及预制接头移至接头中心，以专用工具抽出衬管，预制件即自行收缩在电极上，接头的屏蔽和主绝缘即制作完成。安装过程中预制件与电缆绝缘的界面暴露的时间很短，接头工艺简单，主绝缘及屏蔽均在工厂预制，能做出厂试验以检验制造质量。这类接头对现场安装、工艺条件的依赖性较低。与其他类型的接头相比，其独特之处是金属屏蔽电极有防止电缆绝缘的功能。

5. 整体预制型接头与绕包型接头比较

整体预制型接头的最大的优点是工效高、安装简便，所需时间约为绕包型的三分之一。提高了接头的安全可靠性。它不像绕包型接头需要品种繁多的带材，这样避免各种带材在安装时的错用，以及避免不同类型绕包机的不同操作方法引起的差错。此外，整体预制型接头的耐老化性能很好，不像绕包型接头对绝缘带及半导体带（储存期一般为 2～3 年）备品要不断更新，以防止备品材料的老化。整体预制型接头结构紧凑，它的半导体内屏蔽、应力锥、主绝缘及外屏蔽全在工厂内预制成标准化组合部件，尺寸比绕包型小得多。整体预制型接头目前是一种理想接头，当条件允许时应尽量选用。

9.6　交联聚乙烯 110kV 电力电缆终端头的选择

9.6.1　交联聚乙烯 110kV 电力电缆终端头的型式选择

110kV 交联聚乙烯电缆终端头的主要型式：

1）连接 GIS（全封闭组合电器）母线槽的三相共体式全封闭气体绝缘终端头。

2）连接大容量主变压器的单相密封式、液体绝缘终端头。

3）连接架空设备的单相磁套式固体绝缘终端头。

安装时，实施方法与中间连接工艺基本相同，必须完成剥去外护层、处理金属护层以及屏蔽层、增强绝缘等工序，但不同的终端头类型和结构特点都有各自不同的工艺要求。例如：

1）与 GIS 连接的终端头，为保证密封，其连接箱底部下 1.2～1.5m 长度的一端电缆要求完全垂直，并可靠固定。

2）进行 GIS 与电缆终端头连接安装时，为确保良好的绝缘，工作人员应戴无纤维手套，并必须使用专用工具。

3）GIS 连接箱连接电缆有抽真空要求时，必须严格达到真空度的要求。

4）连接大容量主变压器的电缆终端头，其连接应选择实体铜棒，加工成接线端进行压接。

5）GIS 连接箱及主变压器连接箱的连接均属特制的精工铸件，拆卸过程中需用软性材料包裹，以保护接触面。

6）对预制应力锥的安装，应遵守有关尺寸和规定，在安装过程中自始至终保持清洁。终端的安装宜选用力矩扳手。

9.6.2　交联聚乙烯 110kV 电力电缆终端头的结构选择

110kV 电缆终端结构应着重考虑电场分布是否合理，电缆终端按其电场控制元件不同可分为应力锥式终端和电容式终端两大类：

1. 应力锥式终端

户外应力锥式终端是通过依据电缆尺寸设计应力锥的形状曲线来改变电缆终端屏蔽部电场分布。根据应力锥制造材料，应力锥固定方式和终端外绝缘不同可分为以下两类。

（1）预制型电缆终端。

这种终端的内绝缘采用预制应力锥控制电场，外绝缘是瓷套管（或环氧树脂套管）。套管与应力锥之间一般都灌注硅油或聚丁烯、聚异丁烯之类的浸渍油。在现场安装时，根据工艺要求分步完整终端。现代预制型终端有三种基本结构：

1）现场安装时，将橡胶预制应力锥机械扩张后套在电缆绝缘层上，依靠应力锥材料自身弹性保持应力锥与电缆绝缘层之间界面上的应力和电气强度，其典型结构示意图如图 9-2 所示。欧美一些国家的电缆制造厂商和我国沈阳电缆厂都有这种结构的产品。它的外绝缘是瓷套（GIS 终端一般用环氧树脂套管）。内绝缘是一个合成橡胶硅橡胶或乙丙橡胶通过注塑或挤塑制造应力锥，瓷套（或环氧树脂套管）内注入合成绝缘油。显然，这种结构非常简单。

2）采用弹簧压紧装置。这种结构的特点是在应力锥上增加一套机械弹簧装置以保持应力锥与电缆之间界面上的应力恒定，辅以对付在高电场和热场作用下，橡胶应力锥老化后可能会引起的界面压力的变化（松弛）。图 9-3 为户外终端应力锥上加弹簧压紧装置结构示意图（GIS 终端上采用的弹簧压紧装置结构与户外终端是一样的）。"弹簧"通过喇叭形的"铝合金托架"将压力传递到"橡胶预制应力锥"上。由于"环氧套"的限制，弹簧压力分解，增加了应力锥与电缆绝缘层的界面压力。这种结构还有很重要的特点，它的橡胶应力锥与浸渍油基本隔离，从而消除了应力锥材料溶涨的可能性。日本和韩国的电缆制造商采用了这种结构。我国湖南长沙电缆终端公司的产品也是这种结构。这种在应力锥上增加弹簧装置的结构在设计上似乎更周全。但是，结构复杂了，对制造和现场安装的要求也提高了，并且现场安装的时间也增加了。

3）采用一种非橡胶应力锥，在设计上它即能提供可靠的应力控制又能避开应力锥与电缆绝缘直接接触，典型的结构是美国 G&W 公司设计的产品。图 9-4 为这种结构用在户外终

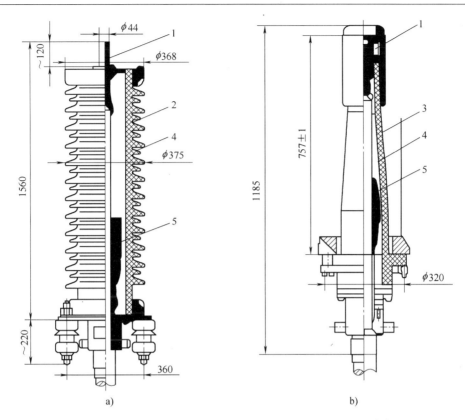

图 9-2　橡胶应力锥直接套在电缆绝缘层上的结构示意图[68]

a）户外终端　b）GIS/变压器终端

1—导体引出杆　2—瓷套管　3—环氧树脂套管　4—绝缘油　5—橡胶预制应力锥

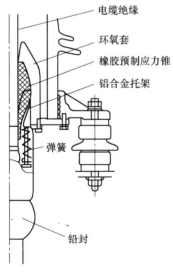

图 9-3　在橡胶应力锥上加弹簧压紧
装置示意图的结构[68]

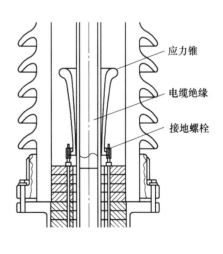

图 9-4　非橡胶型应力锥结构示意图[68]

端的结构示意图（用在 GIS 终端上的设计与此相同）。应力锥用铝合金成型，表面喷镀一定厚度的环氧树脂。由图 9-4 可见，这种结构的应力锥与电缆绝缘不直接接触，因此可以允许配套电缆有较大的直接和偏心度的制造公差。另外，这类终端在工厂内已经把主要的零部件瓷套管、应力锥、顶盖、地盘和油压调整装置等都装配好，并且充满绝缘油。安装时，当电缆端部准备好后，将预制终端套入电缆即可。

　　GIS 终端和变压器终端的基本结构与以上的户外终端相似。

　　由于 GIS 是在全封闭环境下运行，可以免受大气条件和污秽的影响，加上 SF_6 气体的良好绝缘性，所以 GIS 终端的外绝缘采用环氧树脂套管，它的内绝缘用的应力锥和绝缘油与户外终端相似。在图 9-2 和图 9-4 电缆终端的环氧树脂套管内充有绝缘油，称为湿式（或充油式）GIS 电缆终端。图 9-3 的 GIS 终端内，不灌注绝缘油，称干式 GIS 电缆终端。

　　变压器终端因变压器油与 SF_6 气体的介电常数不同，所以整个终端的电场分布也不完全相同。另外，变压器油的击穿强度也较 SF_6 气体低。因此，大多数相关公司采用的是改变变压器终端套管高压屏蔽罩的形状调整电场分布，达到尽可能与 GIS 终端相同的结构。

　　（2）应力锥式全预制干式户外终端。为了解决合成橡胶应力锥和交联聚乙烯与浸渍油的相容性问题，并降低终端造价，全预制干式户外终端也较多地用于电缆工程中。这种终端是由硅橡胶材料应力锥和硅橡胶绝缘伞裙组成，集应力锥、伞裙和绝缘层预制成一体，成为一个整体预制件，不采用任何液体或气体绝缘。这种结构极大地简化了终端的安装工序，即在通常处理完电缆并压接好接线杆后，将整个终端预制件套入电缆的绝缘上即成。图 9-5 是瑞士 Nexane 公司开发的 123kV 全干式软性合成绝缘户外终端结构示意图。国内长沙电缆附件公司和广东长圆电缆附件公司有类似的产品。

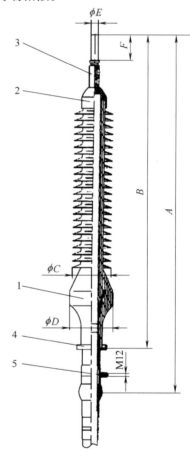

图 9-5　123kV 全干式软性合成
绝缘户外终端结构示意图
1—硅橡胶预制件（应力锥、伞裙和绝缘层成一体）
2—顶帽（屏蔽罩）　3—导体引出杆　4—泄漏电流
收集环　5—接地极

2. 电容式终端

　　干式电容型电缆终端通过在电缆终端屏蔽端部添加相互串联的电容形成电容锥来改善终端电场分布。从原理上讲，电容锥控制电场的效果优于应力锥，不足之处是制造和安装较困难。近年来，国内 110 (66) kV 也出现由一次绝缘包绕、硅橡胶伞裙、接线端子、均压球、接地引线等构成的干式电容型电缆终端。

　　此类终端主绝缘处理采用的是现场绕制，因此现场制作人员的技术水平和流程控制决定了终端质量。

9.6.3 交联聚乙烯 110kV 电力电缆终端头选型应注意的问题

在上述各类电缆终端中，每种结构都具有一系列优点，但也存在一些弱点。而且，某个结构的某个特点，在某种使用场合下是优点，在另一种使用场合也许成为缺点。

（1）硅橡胶复合套管和瓷套的选择

9.6.2 节的户外应力锥式终端都可以用硅橡胶复合套管代替瓷套作为户外终端的外绝缘。复合套管重量轻，方便了运输和现场安装。与瓷套相比，复合管的最大优点是有优良的防爆性能。终端内绝缘发生击穿时，终端内部压力剧增，甚至使瓷套爆炸。瓷套是脆性材料，爆炸后的碎片会殃及周边其他电气设备和人员安全。柔性的复合绝缘材料正好能克服瓷套的这一弱点，保证了周围的人员和设备的安全。这是硅橡胶复合套管突出的优点。

然而，硅橡胶复合套管是有机复合材料。它的稳定性比无机材料的瓷套差。由于复合套管投运时间还不长，参考材质与之类同的线路绝缘子运行经验证明，硅橡胶复合绝缘材料的机械特性、电气性能和稳定特性等均能满足运行要求。但是，在运行一定年限后会出现憎水性、机械特性和电气性能下降，密封劣化等现象。不同地区劣化程度不一样，这说明大气条件对复合绝缘子的劣化有较大影响。另一方面，相同运行条件下，不同制造厂的产品也使劣化程度不一样。

因此，硅橡胶复合套管的长期老化性能比不上瓷套，后者在输变电行业已成功地使用了百余年的历史，足以证明它的可靠性。正确的选择应根据实际的使用条件确定，比如在大城市人口和设备密集地区，硅橡胶复合套管的防爆性凸现了重要性；相反，在一些气候条件恶劣的地区，选用瓷套也许更合适，因为终端爆炸的几率毕竟很小。

（2）全预制干式合成绝缘户外终端和传统预制式终端的选择

全预制干式合成绝缘户外终端的结构简单、重量轻、特别是现场安装十分方便。由于终端内不存在绝缘油和气，彻底消除了油、气泄漏的可能，给用户一种没有隐患的安全感。柔性的结构又允许它以横、竖或任何方向安装使用。但是其实践历史尚不够长，其所含不同绝缘材料间弹性压接的界面压力，长期使用将有自然减小，是否确实不影响绝缘击穿特性，依现行标准试验还难以充分地评判。但是充油电缆终端的安装或运行管理较麻烦，且有安装质量等因素出现漏油之类缺陷，现在趋向于使用干式构造。

综上所述，众多类型的电缆终端，各有所长，很难确定哪一种最佳或哪一种最差，这也是这些电缆终端能在近十多年时间里并存发展的原因。电缆终端的选型应该根据实际使用要求决定，不必盲目追求，适用才是最好。可靠性永远是电缆工程的第一重要的考虑因素。高压电缆终端的可靠性可以从电气性能、密封防潮性能、机械性能和工艺性能等方面进行评判。另外，制造厂商的质量保证体系也是评判电缆终端品质的重要因素。

9.7 交联聚乙烯 110kV 典型电缆附件的结构和电气参数

本节介绍的是上海上缆藤仓电缆有限公司生产的几个典型电缆附件的结构和电气参数。这些附件的应力锥采用具有优异的电绝缘性能、耐电晕性和耐老化性能的乙丙橡胶，金属弹簧保证了应力锥与电缆界面的持久压紧力，性能可靠、稳定。2008 年 6 月通过国家电网武汉高压研究所型式试验。

9.7.1　交联聚乙烯 110kV 一体式绝缘/直通接头 YJJJ12/YJJT12

见图 9-6。

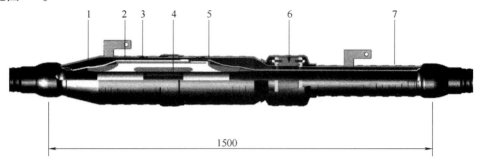

图 9-6　交联聚乙烯 110kV 一体式绝缘/直接通头 YJJ12/YJJT12

1—混合物　2—绝缘铜管 A　3—橡胶件　4—连接管　5—绝缘铜管 B　6—绝缘筒　7—绝缘铜管 C

电气性能：

额定电压 U_0/U（kV）	64/110
最高使用电压 U_m（kV）	126
雷电冲击电压（kV）	550
适用规范	IEC 60840
	GB/T 11017—2002

适用电缆规格：

导体截面积（mm^2）	240 ~ 1200
最大绝缘外径（mm）	78

制品规格：

应力锥材质	EP 橡胶
导体连接方式	压缩
总重量（kg）	约 80
出厂试验项目	
AC 耐压试验	160kV　30min
局部放电试验	96kV　5PC 以下
气密试验	0.6MPa

9.7.2　交联聚乙烯 110kV 干式油浸终端 YJZYG

见图 9-7。

电气性能：

额定电压 U_0/U（kV）	64/110
最高使用电压 U_m（kV）	126
雷电冲击电压（kV）	550
适用规范	IEC 60840

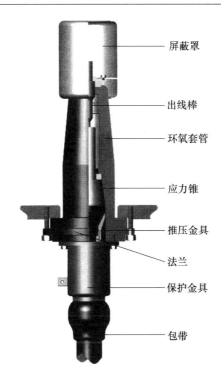

图 9-7　交联聚乙烯 110kV 干式油浸终端 YJZYG 示意图

GB/T 11017—2002

适用电缆规格：

| 导体截面积（mm²） | 240～1200 |
| 最大绝缘外径（mm） | 78 |

制品规格：

套管长度（mm）	757
应力锥材质	EP 橡胶
导体连接方式	压缩
总重量（kg）	约 70

出厂试验项目：

AC 耐压试验	160kV　30min
局部放电试验	96kV　5PC 以下
气密试验	0.6MPa

9.7.3　交联聚乙烯 110kV 干式 GIS 终端（470 型）YJZGG

见图 9-8。

电气性能：

额定电压 U_0/U（kV）	64/110
最高使用电压 U_m（kV）	126
雷电冲击电压（kV）	550

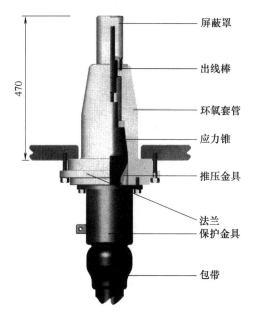

图 9-8　交联聚乙烯 110kV 干式 GIS 终端（470 型）YJZGG 示意图

适用规范	IEC 60840
	GB/T 11017—2002
	接口尺寸
	IEC 62271—209
	（原 IEC 60859）

适用电缆规格：
导体截面积（mm²）　　　　240～1200
最大绝缘外径（mm）　　　　78
制品规格：
套管长度（mm）　　　　　　470
应力锥材质　　　　　　　　EP 橡胶
导体连接方式　　　　　　　压缩
总重量（kg）　　　　　　　约 50
出厂试验项目：
AC 耐压试验　　　　　　　160kV　30min
局部放电试验　　　　　　　96kV　5PC 以下
气密试验　　　　　　　　　0.6MPa

9.7.4　交联聚乙烯 110kV 干式 GIS 终端（757 型）YJZGG

见图 9-9。
电气性能：
额定电压 U_0/U（kV）　　　　64/110
最高使用电压 U_m（kV）　　　126

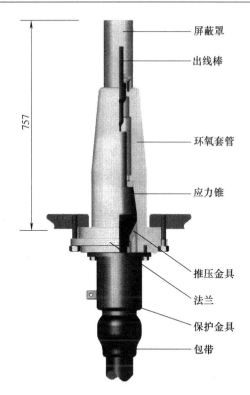

图 9-9 交联聚乙烯 110kV 干式 GIS 终端 (757 型) YJZGG

雷电冲击电压 (kV)　　　　　550
适用规范　　　　　　　　　　IEC 60840
　　　　　　　　　　　　　　GB/T 11017—2002
　　　　　　　　　　　　　　接口尺寸
　　　　　　　　　　　　　　IEC 62271—209
　　　　　　　　　　　　　　（原 IEC 60859）

适用电缆规格：
导体截面积 (mm²)　　　　　240 ~ 1200
最大绝缘外径 (mm)　　　　　78
制品规格：
套管长度 (mm)　　　　　　　757
应力锥材质　　　　　　　　　EP 橡胶
导体连接方式　　　　　　　　压缩
总重量 (kg)　　　　　　　　约 60
出厂试验项目：
AC 耐压试验　　　　　　　　160kV　30min
局部放电试验　　　　　　　　96kV　5PC 以下
气密试验　　　　　　　　　　0.6MPa

9.7.5　交联聚乙烯 110kV 瓷套户外终端 YJZWC4

见图 9-10。

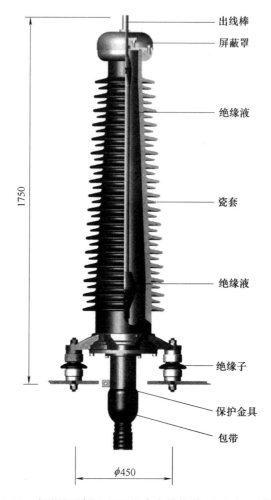

图 9-10　交联聚乙烯 110kV 瓷套户外终端 YJZWC4 示意图

电气性能：

额定电压 U_0/U（kV）	64/110
最高使用电压 U_m（kV）	126
雷电冲击电压（kV）	550
表面泄漏距离（mm）	4100
耐污等级（级）	IV
适用规范	IEC 60840
	GB/T 11017—2002

适用电缆规格：

导体截面积（mm^2）	240～1200
最大绝缘外径（mm）	78

制品规格：

套管长度（mm）　　　　　　　1400

应力锥材质　　　　　　　　　EP 橡胶

导体连接方式　　　　　　　　压缩

绝缘混合物种类　　　　　　　硅油

总重量（kg）　　　　　　　　约 170

出厂试验项目：

AC 耐压试验　　　　　　　　160kV　30min

局部放电试验　　　　　　　　96kV　5PC 以下

气密试验　　　　　　　　　　0.6MPa

9.7.6　交联聚乙烯 110kV 复合户外终端 YJZFC4

见图 9-11。

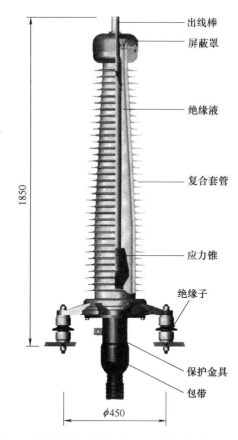

图 9-11　交联聚乙烯 110kV 复合户外终端 YJZFC4 示意图

电气性能：

额定电压 U_0/U（kV）　　　　64/110

最高使用电压 U_m（kV）　　　126

雷电冲击电压（kV）　　　　　550

表面泄漏距离（mm）	4175
耐污等级（级）	Ⅳ
适用规范	IEC 60840
	GB/T 11017—2002

适用电缆规格：

| 导体截面积（mm²） | 240～1200 |
| 最大绝缘外径（mm） | 78 |

制品规格：

套管长度（mm）	1500
应力锥材质	EP 橡胶
导体连接方式	压缩
绝缘混合物种类	硅油
总重量（kg）	约 110

出厂试验项目：

AC 耐压试验	160kV　30min
局部放电试验	96kV　5PC 以下
气密试验	0.6MPa

9.8　规范对电缆附件选择的规定

9.8.1　对中间接头的要求规定

1. 电缆中间接头装置类型的选择

电缆中间接头装置类型的选择应符合下列规定[4]：

1）对自容式充油电缆，当仅有铜带等径向加强层，高差超过 40m，重要回路高差超过 30m 时；或者当径向和纵向均有铜带等加强层，高差超过 80m，重要回路高差超过 60m 时，应采用塞止接头。

2）电缆线路距离超过电缆制造长度，且除下述第（3）情况外，应采用直通接头。

3）单芯电缆线路较长以交叉互联接地的隔断金属层连接部位，除可在金属层上实施有效隔断及其绝缘处理的方式外，其他应采用绝缘接头。

4）电缆线路分支接出的部位，除带分支主干电缆或在电缆网络中应设置分支箱、环网柜等情况外，其他应采用 T 型接头。

5）3 芯与单芯电缆直接相连的部位，应采用转换接头。

6）挤塑绝缘电缆与自容式充油电缆相连的部位，应采用过渡接头。

2. 电缆中间接头构造类型的选择

电缆中间接头构造类型的选择应按满足工程所需可靠性、安装与维护简便和经济合理等因素综合确定，并应符合下述规定[4]：

1）海底等水下电缆的接头，应维持钢铠层纵向连续且有足够的机械强度，宜选用软性连接。

2）在可能有水浸泡的设置场所，6kV 及以上交联聚乙烯（XLPE）电缆中间接头应具有外包防水层。

3）在不允许有火种场所的电缆中间接头，不得选用热缩型。

4）220kV 及以上 XLPE 电缆选用的接头，应由该型接头与电缆连接成整体的标准性试验确认。

5）66～110kV XLPE 电缆线路可靠性要求较高时，不宜选用包带型接头。

3. 电缆中间接头的绝缘特性

电缆中间接头的绝缘特性应符合下列规定[4]：

1）接头的额定电压及其绝缘水平，不得低于所连接电缆额定电压及其要求的绝缘水平。

2）绝缘接头的绝缘环两侧耐受电压，不得低于所连接电缆护层绝缘水平的 2 倍。

9.8.2　对终端头的要求规定

1. 电缆终端头装置类型的选择

电缆终端头装置类型的选择应符合下列规定[4]：

1）电缆与六氟化硫（SF_6）全封闭电器直接相连时，应采用封闭式 GIS 终端。

2）电缆与高压变压器直接相连时，应采用象鼻式终端。

3）电缆与电器相连且具有整体式插接功能时，应采用敞开式终端。

4）除上述情况外，电缆与其他电器或导体相连时，应采用敞开式终端。

2. 电缆终端头类构造型的选择

电缆终端头类构造型的选择应按所需可靠性、安装与维护简便和经济合理等因素综合确定，并应符合下列规定[4]：

1）与充油电缆相连的终端，应耐受可能的最高工作油压。

2）与 SF_6 全封闭电器相连的 GIS 终端，其接口应相互应相互配合；终端并应具有与 SF_6 气体完全隔离的密封结构。

3）在易燃、易爆等不允许有火种场所的电缆终端，应选用无明火作业的构造类型。

4）220kV 及以上交联聚乙烯（XLPE）电缆选用的终端型式，应通过该型终端与电缆连成整体的标准性资格试验考核。

5）在多雨且污秽或盐雾较重地区的电缆终端，宜具有硅橡胶或复合式套管。

6）66～110kV XLPE 电缆户外终端宜选用全干式预制型。

3. 电缆终端头绝缘特性的选择

电缆终端头绝缘特性的选择应符合下列规定[4]：

1）终端的额定电压及其绝缘水平，不得低于所连接电缆额定电压及其要求的绝缘水平。

2）终端的外绝缘，必须符合安置处海拔及污秽环境条件下所爬电比距的要求。

4. 电缆终端的机械强度的要求

电缆终端的机械强度的要求应满足安置处引线拉力、风力和地震力作用的要求[4]。

9.9　电缆附件型号中字母与数字的意义

若电缆附件规格符合国家的标准规定，那么只要写出电缆的型号规格，就能明确具体的产品，因此有必要了解电缆附件型号中字母与数字的意义，去识别选用电缆附件。电缆附件型号中字母与数字含义见表9-10。

表 9-10　电缆附件型号中字母与数字含义[44]

类别	特　　征		派　　生		
	不同式样	不同材料	截面积/mm²	芯数	规格编号
B—过渡接线棒 D—接线端子 G—连接管套 J—线夹子 L—连接器 N—户内用终端盒 Q—压接钳 TQ—套（首套） W—户外用终端盒 ZK—开敞式终端 ZF—封闭式终端 JT—直通接头 JS—塞止接头 XY—压力供油箱	D—鼎足式、堵油式 M—密封式 G—倒挂式 R—绕包式 S—扇形线芯 YS—液压接 XS—机械压接 BS—爆炸力压接 Z—整体式 J—挤包绝缘式，紧压 Y—圆形线芯用	C—瓷 H—环氧树脂 L—铝及铝合金 N—尼龙 T—铜 TL—铜铝 V—聚氯乙烯塑料 Q—铅 Z—纸 G—钢材 B—玻璃钢	10 16 25 35 50 70 95 120 150 185 240	1（单芯） 2（双芯） 3（三芯） 4（3+1）或四芯等截面积	1, 2, 3, 4, 5, 6, 7, 8, 9, 10, 11, 21, 150 等

注：铜材代号"T"一般省略。

第 10 章　电缆型号的选择

电缆产品有成百上千种，它的型号是认识电缆、选用电缆必备的知识，也是招标订货的主要依据。近年来，由于电缆开发生产的迅速发展，有时标准制定滞后，出现企业各自编制的电缆型号，显得有些混乱。有时仅用电缆型号不能表示所需电缆，同时需提出满足特殊环境的要求或满足特殊试验的要求。

10.1　电力电缆产品型号的一般规律

10.1.1　电缆产品的名称

通常只要写出电线电缆的标准型号规格，就能明确具体的产品，但在电气图样或材料表中，一般还将电缆的工作电压，芯数和截面积标注在电缆型号中。其方法是在型号后再加上说明额定电压、芯数和标称截面积的阿拉伯数字。它的完整命名通常较为复杂，所以人们有时用一个简单的名称（通常是一个类别的名称）结合型号规格来代替完整的名称，如一根电缆的名称：额定电压为 0.6/1kV、A 类阻燃铜芯交联聚乙烯绝缘钢带铠装聚氯乙烯护套、三相线芯标称截面积为 120mm^2，中性线和 PE 线标称截面积皆为 70mm^2 的电力电缆，与之对应的型号写为 ZRA-YJV22-0.6/1kV—3 × 120 + 2 × 70，型号的写法说明如下：

1）额定电压为 0.6/1kV——使用场合/电压等级；

2）阻燃等级 ZRA——强调的特征；

3）铜芯——导体材料（铜芯省略）；

4）交联聚乙烯绝缘 YJ——绝缘材料；

5）聚氯乙烯护套代号 V——内护套材料；

6）外护层代号 22——十位"2"表示钢带铠装，个位"2"表示聚氯乙烯外护套；

7）电缆的芯数和截面积为 3 × 120 + 2 × 70——表示三相线芯标称截面积为 120mm^2，中性线和 PE 线标称截面积皆为 70mm^2；

8）电力电缆——产品的大类名称。

综上所述，电缆产品的完整命名通常比较复杂冗长，其中用电缆型号表示较为简明。

10.1.2　电缆型号的组成和顺序

电缆型号的组成和顺序如下：

［1：电缆品种代号、用途］［2：绝缘种类代号］［3：导体材料（铜芯无表示）］［4：内护层代号］［5：其他结构（屏蔽层）特征（无特征时省略）］［6：外护层（无外护层时省略）或派生］［7：使用特征代号（无特性时省略）］

1~5 项和第 7 项用拼音字母表示，高分子材料用英文名的缩写字母表示，每项可以是 1~2 个字母；第 6 项是 1~3 个数字。

型号中的省略原则：电线电缆产品中铜是主要使用的导体材料，故铜芯代号 T 省写，但裸电线及裸导体制品除外。裸电线及裸导体制品类、电力电缆类、电磁线类产品不表明大类代号，电气装备用电线电缆类和通信电缆类也不列明，但列明小类或系列代号等。没有其他结构（屏蔽层）特征时和使用特征代号时，可省略。

第 7 项是各种特殊使用场合或附加特殊使用要求的标记，在"—"后以拼音字母标记。有时为了突出该项，把此项写到最前面。如 ZR—（阻燃）、NH—（耐火）、WDZ—（无卤低烟、企业标准）、TH—（湿热地区用）、FY—（防白蚁、企业标准）等。

10.1.3　电缆型号中字母和数字的意义

若电缆型号规格符合国家的标准规定，那么只要写出电缆的型号规格，就能明确具体的产品。由于电缆开发生产的迅速发展，有时标准制定滞后，不同企业有不同的命名，各自编制企业标准，显得有些混乱，有必要了解电缆型号中字母和数字的意义，去识别选用电缆。

1）用汉语拼音第一个字母的大写表示绝缘种类、导体材料、内护层材料和结构特点。如用 Z 代表纸（zhi）；L 代表铝（lv）；Q 代表铅（qian）；F 代表分相（fen）；ZR 代表阻燃（zuran）；HN 代表耐火（naihuo），具体可参见表 10-1。

2）用英语字母缩写表示绝缘种类、导体材料、内护层材料和结构特点。如，OPLC 代表光纤复合低压电缆（Optical Fiber Composite Low-voltage Cable）。

3）用数字表示外护层构成，有两位数字。无数字代表无铠装层，无外被层。第一位数字表示铠装，第二位数字表示外被层，如粗钢丝铠装纤维外被层表示为 41。具体可参见表 10-1。电缆外护层型号、名称、适用场所和结构标准见第 1 章 1.5.2 节的表 1-4 和表 1-5，还可参见第 1 章 1.5.4 节的表 1-6 和表 1-7。

表 10-1　电缆型号中字母和数字的意义

电缆品种	电力电缆和塑料绝缘电缆代号从略；B—布线；JK—架空绝缘电缆；R—绝缘软电缆；Y—通用橡套软电缆；C—船用电缆；K—控制电缆；M—矿用电缆；DJ—计算机电缆；H（L）—海底电缆；ia 或 BA—本质安全电缆
特性	ZR（A、B、C、D）—A、B、C、D 级阻燃；GZR—隔氧阻燃；NH（A、B）—耐火（A、B）或耐寒；DL—低卤；WL—无卤；WD—无卤低烟；F—防腐；S—双层绞合电线；ZS—阻水；FS—防水；FY—防白蚁；B—多芯扁形电线；R—软电缆；B—多芯扁电缆；Y—移动电缆；Q—轻型电缆；Z—中型电缆；C—重型电缆
绝缘材料	V—聚氯乙烯；Y①—聚乙烯（聚烯烃）；YJ—交联聚乙烯；X—橡胶（天然丁苯橡胶）；Z—纸；XD—丁基橡胶；G—硅橡胶；F②—氟塑料；E—乙丙橡胶
导体材料	L—铝；铜不标注
内护层	V—聚氯乙烯护套；Y—聚乙烯护套；L—铝包；Q—铅包；H—橡套；HF—非燃橡套；F—氯丁橡胶护套
屏蔽层代号③	P—铜丝编织屏蔽；P1—铝箔（铝塑复合带）屏蔽；LW—铝套；P2—铜带屏蔽；P3—铝箔/塑料薄膜复合膜；S—铜丝疏绕屏蔽；Q—铅套；A—综合护层
结构特征	D—不滴流；P—屏蔽；G—高压；F—分相；Z—直流；CY—冲油；S—铜丝疏绕屏蔽；A—综合护层

（续）

| 外护层 | 十位
（铠装层） | 0—无铠装；1—联锁铠装；2—钢带铠装；3—细圆钢丝铠装；4—粗圆钢丝（≥φ4）铠装；5—皱纹（轧纹）钢带；6—非磁性金属带（如铝合金带）铠装；7—非磁性金属丝；8—铜丝编织；9—钢丝编织 |
| | 个位
（外被层） | 0—裸外护套；1—纤维外护套；2—聚氯乙烯外护套；3—聚乙烯外护套 |

注：1. 铠装材料有的用 22 表示钢带铠装，32 表示钢丝铠装，53 表示单层钢带扎纹纵包铠装。

　　2. 在光缆中，用 S 代表钢塑复合带，用 A 代表铝塑复合带。

① 聚烯烃有时也用 E 或 0 表示；

② F2 表示聚偏二氟乙烯，F3 表示聚三氟乙烯，F4 表示可溶性聚四氟乙烯，F46 表示聚全氟乙丙烯，可参见第 5 章 5.11.1。

③ 6kV 及以上电力电缆都有绝缘内半导电屏蔽和绝缘外半导电屏蔽及金属屏蔽，其中在电缆型号中不反映半导电屏蔽和铜带屏蔽。

　　还需说明：在不会引起混淆的情况下，有些结构描述可省写或简写，如汽车线、软线中不允许用铝导体，故不描述导体材料。

　　现举例说明电缆型号的字母、数字编排顺序和意义。

　　例 1：电力电缆 FS—YJY33—26/35—3x70

　　1）塑料绝缘电缆代号从略——电缆品种；

　　2）防腐防水代号 FS——强调的特征；

　　3）交联聚乙烯绝缘代号 YJ——绝缘材料；

　　4）铜芯代号省略——导体材料；

　　5）聚乙烯护套代号 Y——内护套材料；

　　6）外护层代号 33——十位"3"表示细钢丝铠装层，个位"3"表示聚乙烯外护套；

　　7）额定电压 26/35kV——使用场合/电压等级；

　　8）电缆的芯数和截面积 3x70"——表示 3 芯 70mm^2 的电缆。

　　例 2：电力电缆 YJLW03—Z—127/220kV

　　1）塑料绝缘电缆代号从略——电缆品种；

　　2）交联聚乙烯绝缘代号 YJ——绝缘材料；

　　3）铜芯代号省略——导体材料；

　　4）屏蔽层代号 LW——表示皱纹铝套材料（在 110kV 交联聚乙烯电缆中，LW 不代表铝导体）；

　　5）外护层代号 03——十位"0"表示无铠装层，个位"3"表示聚乙烯外护套。

　　6）防水代号 Z——表示纵向阻水；

　　7）额定电压 127/220kV——使用场合/电压等级。

10.2　常见电力电缆型号的举例说明

　　上节介绍了电力电缆型号的一般规律，其中有的字母代号是企业的命名，并不是国家规范规定。这里对常见电力电缆按型号、名称举例说明如下，有的还简要说明电缆用途，供选择电缆参考，若与现行标准不同，以现行标准为准。

1. 几种交联聚乙烯电缆型号的应用举例

交联聚乙烯电缆型号的应用见表10-2。

表10-2　交联聚乙烯电缆型号的应用

序号	型号/kV	额定电压/kV	用　　途
1	YJYD-3.6/6	3.6/6	铜芯交联聚乙烯绝缘聚乙烯护套民用机场助航灯光电缆
2	YJYD-6/6	6/6	铜芯交联聚乙烯绝缘聚乙烯护套民用机场助航灯光电缆
3	YJLV72-0.6/1	0.6/1	铝芯交联聚乙烯绝缘非磁性金属丝铠装聚氯乙烯护套电力电缆
4	YJLV72-1.8/3	1.8/3	铝芯交联聚乙烯绝缘非磁性金属丝铠装聚氯乙烯护套电力电缆
5	YJLV72-3.6/6	3.6/6	铝芯交联聚乙烯绝缘非磁性金属丝铠装聚氯乙烯护套电力电缆
6	YJLV72-6/10	6/10	铝芯交联聚乙烯绝缘非磁性金属丝铠装聚氯乙烯护套电力电缆
7	YJLV72-8.7/10	8.7/10	铝芯交联聚乙烯绝缘非磁性金属丝铠装聚氯乙烯护套电力电缆
8	YJLV72-8.7/15	8.7/15	铝芯交联聚乙烯绝缘非磁性金属丝铠装聚氯乙烯护套电力电缆
9	YJLV72-12/20	12/20	铝芯交联聚乙烯绝缘非磁性金属丝铠装聚氯乙烯护套电力电缆
10	YJLV72-18/30	18/30	铝芯交联聚乙烯绝缘非磁性金属丝铠装聚氯乙烯护套电力电缆
11	YJLV72-21/35	21/35	铝芯交联聚乙烯绝缘非磁性金属丝铠装聚氯乙烯护套电力电缆
12	YJLV72-26/35	26/35	铝芯交联聚乙烯绝缘非磁性金属丝铠装聚氯乙烯护套电力电缆
13	YJLV73-1.8/3	1.8/3	铝芯交联聚乙烯绝缘非磁性金属丝铠装聚乙烯护套电力电缆
14	YJLV73-12/20	12/20	铝芯交联聚乙烯绝缘非磁性金属丝铠装聚乙烯护套电力电缆
15	YJLV73-18/30	18/30	铝芯交联聚乙烯绝缘非磁性金属丝铠装聚乙烯护套电力电缆
16	kV YJLV73-21/35	21/35	铝芯交联聚乙烯绝缘非磁性金属丝铠装聚乙烯护套电力电缆
17	YJLV73-26/35	26/35	铝芯交联聚乙烯绝缘非磁性金属丝铠装聚乙烯护套电力电缆
18	YJLW02-64/110	64/110	铜芯交联聚乙烯绝缘皱纹铝套或焊接皱纹铝套聚氯乙烯护套电力电缆
19	YJLW02-127/220	127/220	铜芯交联聚乙烯绝缘皱纹铝套或焊接皱纹铝套聚氯乙烯护套电力电缆
20	YJLW02-Z-64/110	64/110	铜芯交联聚乙烯绝缘皱纹铝套或焊接皱纹铝套聚氯乙烯护套纵向阻水电力电缆
251	YJLW02-Z-127/220	127/220	铜芯交联聚乙烯绝缘皱纹铝套或焊接皱纹铝套聚氯乙烯护套纵向阻水电力电缆
22	YJLW03-64/110	64/110	铜芯交联聚乙烯绝缘皱纹铝套或焊接皱纹铝套聚乙烯护套电力电缆
23	YJLW03-127/220	127/220	铜芯交联聚乙烯绝缘皱纹铝套或焊接皱纹铝套聚乙烯护套电力电缆
24	YJLW03-Z-64/110	64/110	铜芯交联聚乙烯绝缘皱纹铝套或焊接皱纹铝套聚乙烯护套纵向阻水电力电缆
25	YJLW03-Z-127/220	127/220	铜芯交联聚乙烯绝缘皱纹铝套或焊接皱纹铝套聚氯乙烯护套纵向阻水电力电缆

2. 几种阻燃电缆型号的应用举例

阻燃电缆型号的应用见表10-3、表10-4。

表 10-3　阻燃电缆型号的应用（一）

序号	型　　号	名　　称	用　　途
1	ZRA-YJV、ZRA-YJLV、ZRB-YJV、ZRB-YJLV、ZRC-YJV、ZRC-YJLV	交联聚乙烯绝缘铜芯（或铝芯）聚氯乙烯护套 A（B、C）类阻燃电力电缆	可敷设在对阻燃有要求的室内、隧道及管道中
2	ZRA-YJV22，ZRA-YJLV22，ZRB-YJV22，ZRB-YJLV22，ZRC-YJV22，ZRC-YJLV22	交联聚乙烯绝缘铜芯（或铝芯）钢带铠装聚氯乙烯护套 A（B、C）类阻燃电力电缆	适宜对阻燃有要求时埋地敷设，不适宜管道内敷设
3	ZRA-VV、ZRA-VLV、ZRB-VV、ZRB-VLV、ZRC-VV、ZRC-VLV	聚氯乙烯绝缘铜芯（或铝芯）聚氯乙烯护套 A（B、C）类阻燃电力电缆	可敷设在对阻燃有要求的室内、隧道及管道中
4	ZRA-VV22、ZRA-VLV22、ZRB-VV22、ZRB-VLV22、ZRC-VV22、ZRC-VLV22	聚氯乙烯绝缘铜芯（或铝芯）钢带铠装聚氯乙烯护套 A（B、C）类阻燃电力电缆	适宜对阻燃有要求时埋地敷设，不适宜管道内敷设
5	WDZA-YJY，WDZA-YJLY，WDZB-YJY，WDZB-YJLY，WDZC-YJY，WDZC-YJLY	无卤低烟交联聚乙烯绝缘铜芯（或铝芯）聚烯烃护套 A（B、C）类阻燃电力电缆	可敷设在对阻燃且无卤低烟有要求的室内、隧道及管道中
6	WDZA-YJY23，WDZA-YJLY23，WDZB-YJY23，WDZB-YJLY23，WDZC-YJY23，WDZC-YJLY23	无卤低烟交联聚乙烯绝缘铜芯（或铝芯）钢带铠装聚烯烃护套 A（B、C）类阻燃电力电缆	适宜对阻燃且无卤低烟有要求时埋地敷设，不适宜管道内敷设

表 10-4　阻燃电缆型号的应用（二）

序号	型　　号	额定电压/kV	名　　称
1	ZRA-YJV-6/6	6/6	交联聚乙烯绝缘聚氯乙烯护套阻燃 A 类电力电缆
2	ZRA-YJV-8.7/10	8.7/10	交联聚乙烯绝缘聚氯乙烯护套阻燃 A 类电力电缆
3	ZRA-YJV-12/20	12/20	交联聚乙烯绝缘聚氯乙烯护套阻燃 A 类电力电缆
4	ZRA-YJV-18/30	18/30	交联聚乙烯绝缘聚氯乙烯护套阻燃 A 类电力电缆
5	ZRA-YJV32-3.6/6	3.6/6	交联聚乙烯绝缘细钢丝铠装聚氯乙烯护套阻燃 A 类电力电缆
6	ZRA-YJV32-6/6	6/6	交联聚乙烯绝缘细钢丝铠装聚氯乙烯护套阻燃 A 类电力电缆
7	ZRA-YJV32-8.7/10	8.7/10	交联聚乙烯绝缘细钢丝铠装聚氯乙烯护套阻燃 A 类电力电缆
8	ZRA-YJV32-12/20	12/20	交联聚乙烯绝缘细钢丝铠装聚氯乙烯护套阻燃 A 类电力电缆
9	ZRA-YJV32-18/30	18/30	交联聚乙烯绝缘细钢丝铠装聚氯乙烯护套阻燃 A 类电力电缆
10	ZRA-YJV42-3.6/6	3.6/6	交联聚乙烯绝缘粗钢丝铠装聚氯乙烯护套阻燃 A 类电力电缆
11	ZRA-YJV42-6/6	6/6	交联聚乙烯绝缘粗钢丝铠装聚氯乙烯护套阻燃 A 类电力电缆
12	ZRA-YJV42-8.7/10	8.7/10	交联聚乙烯绝缘粗钢丝铠装聚氯乙烯护套阻燃 A 类电力电缆
13	ZRA-YJV42-12/20	12/20	交联聚乙烯绝缘粗钢丝铠装聚氯乙烯护套阻燃 A 类电力电缆
13	ZRA-YJV42-18/30	18/30	交联聚乙烯绝缘粗钢丝铠装聚氯乙烯护套阻燃 A 类电力电缆

3. 几种耐火电缆型号的应用举例

耐火电缆型号的应用见表 10-5、表 10-6。

表 10-5 耐火电缆型号的应用（一）

序号	型　号	名　称	用　途
1	NHA-YJV，NHB-YJV	交联聚乙烯绝缘聚氯乙烯护套 A（B）类耐火电力电缆	可敷设在对耐火有要求的室内、隧道及管道中
2	NHA-YJV22，NHB-YJV22	交联聚乙烯绝缘钢带铠装聚氯乙烯护套 A（B）类耐火电力电缆	适宜对耐火有要求时埋地敷设，不适宜管道内敷设
3	NHA-VV，NHB-VV	聚氯乙烯绝缘聚氯乙烯护套 A（B）类耐火电力电缆	可敷设在对耐火有要求的室内、隧道及管道中
4	NHA-VV22，NHB-VV22	聚氯乙烯绝缘钢带铠装聚氯乙烯护套 A（B）类耐火电力电缆	适宜对耐火有要求时埋地敷设，不适宜管道内敷设
5	WDNA-YJY，WDNB-YJY	交联聚乙烯绝缘聚烯烃护套 A（B）类无卤低烟耐火电力电缆	可敷设在对无卤低烟且耐火有要求的室内、隧道及管道中
6	WDNA-YJY23，WDNB-YJY23	交联聚乙烯绝缘钢带铠装聚烯烃护套 A（B）类无卤低烟耐火电力电缆	适宜对无卤低烟且耐火有要求时埋地敷设，不适宜管道内敷设

表 10-6 耐火电缆型号的应用（二）

序号	型　号	额定电压/V	名　称
1	NH-KVV	450/750	聚氯乙烯绝缘聚氯乙烯护套阻燃 C 类耐火控制电缆
2	NH-KVV22	450/750	聚氯乙烯绝缘聚氯乙烯护套钢带铠装阻燃 C 类耐火控制电缆
3	NH-KVV23	450/750	聚氯乙烯绝缘聚乙烯护套镀锌钢带铠装阻燃 C 类耐火控制电缆
4	NH-KVV32	450/750	聚氯乙烯绝缘聚氯乙烯护套细钢丝铠装阻燃 C 类耐火控制电缆
5	NH-KVV33	450/750	聚氯乙烯绝缘聚乙烯护套细钢丝铠装阻燃 C 类耐火控制电缆
6	NH-KVVP	450/750	聚氯乙烯绝缘聚氯乙烯护套铜丝编织屏蔽阻燃 C 类耐火控制电缆
7	NH-KVVP2	450/750	聚氯乙烯绝缘聚氯乙烯护套铜带屏蔽阻燃 C 类耐火控制电缆
8	NH-KVY	450/750	聚氯乙烯绝缘聚乙烯护套阻燃 C 类耐火控制电缆
9	NH-KVYP	450/750	聚氯乙烯绝缘聚乙烯护套铜丝编织屏蔽阻燃 C 类耐火控制电缆
10	NH-KVYP2	450/750	聚氯乙烯绝缘聚乙烯护套铜带屏蔽阻燃 C 类耐火控制电缆
11	NH-KYJV	450/750	交联聚乙烯绝缘聚氯乙烯护套阻燃 C 类耐火控制电缆
12	NH-KYJV22	450/750	交联聚乙烯绝缘聚氯乙烯护套钢带铠装阻燃 C 类耐火控制电缆
13	NH-KYJV23	450/750	交联聚乙烯绝缘聚乙烯护套钢带铠装阻燃 C 类耐火控制电缆
14	NH-KYJV32	450/750	交联聚乙烯绝缘聚氯乙烯护套细钢丝铠装阻燃 C 类耐火控制电缆
15	NH-KYJV33	450/750	交联聚乙烯绝缘聚乙烯护套细钢丝铠装阻燃 C 类耐火控制电缆
16	NH-KYJVP	450/750	交联聚乙烯绝缘聚氯乙烯护套铜丝编织屏蔽阻燃 C 类耐火控制电缆
17	NH-KYJVP2	450/750	交联聚乙烯绝缘聚氯乙烯护套铜带屏蔽阻燃 C 类耐火控制电缆
18	NH-KYJY	450/750	交联聚乙烯绝缘聚乙烯护套阻燃 C 类耐火控制电缆
19	NH-KYJYP	450/750	交联聚乙烯绝缘聚乙烯护套铜丝编织屏蔽耐火阻燃 C 类控制电缆
20	NH-KYJYP2	450/750	交联聚乙烯绝缘聚乙烯护套铜带屏蔽阻燃 C 类耐火控制电缆
21	NH-KYV	450/750	聚乙烯绝缘聚氯乙烯护套阻燃 C 类耐火控制电缆

（续）

序号	型　号	额定电压/V	名　称
22	NH-KYV22	450/750	聚乙烯绝缘聚氯乙烯护套镀锌钢带铠装阻燃 C 类耐火控制电缆
23	NH-KYV23	450/750	聚乙烯绝缘聚乙烯护套镀锌钢带铠装阻燃 C 类耐火控制电缆
24	NH-KYV32	450/750	聚乙烯绝缘聚氯乙烯护套细钢丝铠装阻燃 C 类耐火控制电缆
25	NH-KYV33	450/750	聚乙烯绝缘聚乙烯护套细钢丝铠装阻燃 C 类耐火控制电缆
26	NH-KYVP	450/750	聚乙烯绝缘聚氯乙烯护套铜丝编织屏蔽阻燃 C 类耐火控制电缆
27	NH-KYVP2	450/750	聚乙烯绝缘聚氯乙烯护套铜带屏蔽阻燃 C 类耐火控制电缆
28	NH-KYY	450/750	聚乙烯绝缘聚乙烯护套阻燃 C 类耐火控制电缆
29	NH-KYYP	450/750	聚乙烯绝缘聚乙烯护套铜丝编织屏蔽阻燃 C 类耐火控制电缆
30	NH-KYYP2	450/750	聚乙烯绝缘聚乙烯护套铜带屏蔽阻燃 C 类耐火控制电缆

4. 几种预制分支电缆型号的应用举例

预制分支电缆型号的应用见表 10-7。

表 10-7　预制分支电缆型号的应用

序号	型　号	额定电压/kV	名　称
1	FZ-NHVV-0.6/1 kV	0.6/1	聚氯乙烯绝缘聚氯乙烯护套耐火预制分支电力电缆
2	FZ-NHYJV-0.6/1kV	0.6/1	交联聚乙烯绝缘聚氯乙烯护套耐火预制分支电力电缆
3	FZ-VV-0.6/1kV	0.6/1	聚氯乙烯绝缘聚氯乙烯护套预制分支电力电缆
4	FZ-WDNHYJY-0.6/1kV	0.6/1	交联聚乙烯绝缘聚烯烃护套无卤低烟耐火预制分支电力电缆
5	FZ-WDZYJY-0.6/1kV	0.6/1	交联聚乙烯绝缘聚烯烃护套无卤低烟阻燃分支电力电缆
6	FZ-ZRVV-0.6/1kV	0.6/1	聚氯乙烯绝缘聚氯乙烯护套阻燃预制分支电力电缆

5. 几种海底电缆型号的应用举例

海底电缆型号的应用见表 10-8。

表 10-8　海底电缆型号的应用

序号	型　号	名　称	工作温度/℃
1	HL-ZQDY41-6/10 ~ 26/35 kV	铜芯黏性（不滴流）油纸绝缘铅套聚乙烯护套粗钢丝铠装海底电缆	65
2	HL-ZQFDY41-6/10 ~ 26/35kV	铜芯黏性（不滴流）油纸绝缘分相铅套聚乙烯护套粗钢丝铠装海底电缆	65
3	HL-EQFY41-6/10 ~ 26/35kV	铜芯乙丙橡胶绝缘分相铅套聚乙烯护套粗钢丝铠装海底电缆	90
4	HL-YJQFY41-6/10 ~ 26/35kV	铜芯交联聚乙烯绝缘分相铅套聚乙烯护套粗钢丝铠装海底电缆	90
5	HL-YJAF41-6/10 ~ 26/35kV	铜芯交联聚乙烯绝缘分相综合护套粗钢丝铠装海底电缆	90
6	HL-CYZQY141-110 ~ 500kV	铜芯纸绝缘铅套铜带径向加强聚乙烯护套粗钢丝铠装自容式充油海底电缆	85
7	HL-CYZQY241-110 ~ 500kV	铜芯纸绝缘铅套不锈钢带径向加强聚乙烯护套粗钢丝铠装自容式充油海底电缆	85

（续）

序号	型　号	名　　　称	工作温度/℃
8	HL-ZZQDY41-10～100kV	直流铜芯黏性（不滴流）油纸绝缘铅套聚乙烯护套粗钢丝铠装海底电缆	65
9	HL-ZEQY41-10～100kV	直流铜芯乙丙橡胶绝缘铅套聚乙烯护套粗钢丝铠装海底电缆	90

典型海底电缆类型见表10-9。

表10-9　典型海底电力电缆类型一览表

名　　　称	型　号	截面积/芯数 /（mm²/N）	电压等级 /kV	工作温度 /℃
铜芯黏性（不滴流）油纸绝缘铅套聚乙烯护套粗钢丝铠装海底电缆	HL-ZQDY41	50～1 000/1	6/10～26/35	65
		50～300/3		
铜芯黏性（不滴流）油纸绝缘分相铅套聚乙烯护套粗钢丝铠装海底电缆	HL-ZQFDY41	50～120/3	6/10～26/35	65
直流铜芯黏性（不滴流）油纸绝缘铅套聚乙烯护套粗钢丝铠装海底电缆	HL-ZZQDY41	50～1 000/1	10～100	65
		50～150/3	6/10～26/35	90
		50～1 000/1	10～100	90
		50～150/3	6/10～26/35	90
铜芯交联聚乙烯绝缘分相综合护套粗钢丝铠装海底电缆	HL-YJAF41	50～150/3	6/10～26/35	90
		150～2 000/1		85
		150～2 000/1	110～500	85

10.3　有特殊要求的电缆型号标注方法

有些设备或使用场合要求电缆具有多种特性，如车用薄绝缘电缆（线），要求具有耐热（长期工作温度达105℃、甚至为125℃）、耐寒、耐油、耐磨、阻燃、焊接操作时不熔等特性。用辐照交联生产工艺，采用高能射线（钴—60等放射性元素的γ射线加速）或高速电子作能源，使高分子链直接连接起来，由线型结构变成体型结构。因为射线的能量较高，所以不需要交联剂，也能将C—C键直接连接起来，因而具有较高的耐热等级。根据材料的配方和加工工艺的不同可做成90℃、105℃、125℃级绝缘，并能满足上述的多种特性要求。但按我国电缆型号的一般规律标注，YJY-0.6/1kV、YJV-0.6/1kV无法区分辐照交联和化学交联。因此，有的企业将辐照交联电缆的型号上加"F"，以示与化学交联电缆的区别，如用型号"ZR-FYJY"或"ZR-FYJV"表示阻燃辐照交联聚乙烯绝缘聚（氯）乙烯护套电力电缆；也有的企业仍用一般规律的电缆型号，但同时在名称中明确为"125℃辐照交联电缆"；还有的企业自行为特殊电缆命名，如汽车及拖拉机用铜芯高压点相线、电视机高压引接线。但这些都不是国家标准。国标要求，除列出电缆型号外，还需注明特殊的实验要求。

现在用2011年9月的一个电缆采购招标公告具体说明。

采购招标公告的有关内容如下：

受买方委托对莆田后海风电场二期电缆采购项目进行国内公开竞争性招标。现邀请合格投标人参加投标。

（1）投标人的合格条件

1）~3）内容（略）。

4）投标人至少应提供投标产品（防水防腐 35kV 等级电缆）其中一种规格的国家级检测合格的报告（国家电缆电线质量监督检验中心出具含但不限于防水防腐检测合格的报告）。必须提交检测报告复印件，投标时携带原件（备查）。同时提供投标产品（防水防腐35kV 等级）电缆其中一种规格的样品。

（2）招标内容

见表 10-10。

表 10-10　招 标 内 容

序　　号	货 物 名 称	型 号 规 格	暂定长度/m
1	防腐防水 35kV 电力电缆	FS-YJY33-26/35-3 × 70	17 500
2	防腐防水 35kV 电力电缆	FS-YJY33-26/35-3 × 95	5 500
3	防腐防水 35kV 电力电缆	FS-YJY33-26/35-3 × 150	1 500
4	防腐防水 35kV 电力电缆	FS-YJY33-26/35-3 × 185	3 500
5	防腐防水 35kV 电力电缆	FS-YJY33-26/35-3 × 50	1 500

此外，选购中、高压交联电缆时，写出电缆型号后，还必须注明金属屏蔽层的结构和金属屏蔽层截面积，其理由见 3.12.7 节有关内容。

10.4　电缆型号中根数、芯数和截面积标注的注意事项

现行的国家标准对电缆的标注未做详细的规定，因此在电气图样或材料表中，出现了许多异样的标注形式，使得电气技术人员对其有不同的理解，常常引起误会。如电缆标志，YJY-0.6/1kV-3 × 185 + 1 × 95。

对这样的标注形式很难判定它是 4 根单芯电缆，还是 1 根 4 芯电缆。同一型号的电缆即有单芯也有多芯，若一个工程中同时采用了多芯电缆和单芯电缆，建议考虑用下面的标注方法将其区分：

电缆型号——额定电压——根数（芯数 × 截面积）或电缆型号——额定电压——根数（芯数 × 截面积 + 芯数 × 截面积）。

例1：1 根额定电压 10kV 铜芯交联聚乙烯绝缘聚乙烯护套 3 芯 185mm² 电力电缆可用下面形式标注：

YJY-10kV-1（3 × 185）

而 3 根额定电压 10kV 铜芯交联聚乙烯绝缘聚乙烯护套单芯 185mm² 电力电缆则用下面形式标注：

YJY-10kV-3（1 × 185）

例2：2 根额定电压 10kV 铜芯交联聚乙烯绝缘聚乙烯护套而且每根为 4 芯 3 × 185 + 1 ×

95（mm²）电力电缆可用下面形式标注：

　　YJY-10kV-2（$3 \times 185 + 1 \times 95$）

　　而 3 根额定电压 10kV 铜芯交联聚乙烯绝缘聚乙烯护套单芯 185mm² 电力电缆和 1 根额定电压 10kV 铜芯交联聚乙烯绝缘聚乙烯护套单芯 95mm² 电力电缆则用下面形式标注：

　　YJY-10kV-3（1×185）$+1$（1×95）

　　以上说明；若按例 1 和例 2 的型式进行标注，就不会相互矛盾和无法区分了。

10.5　电缆清册的内容及电缆编号

　　一项工程或一册图样选择完电力电缆后，应对电力电缆进行编号，并编写电缆清册，若敷设环境有特殊要求或需做特殊试验的还要明确提出。

　　电缆清册是采购订货、施放电缆和指导施工的依据，也是运行维护的重要档案资料。应列入每根电缆的编号、起始点、型号、规格、长度，并分类统计出总长度，控制电缆还应列出每根电缆的备用芯。

　　电缆编号是识别电缆的标志，故要求全厂或建筑小区编号不重复，并且有一定的含义和规律，能表达电缆的特征。

　　现举例说明：6M40—210 氮氢压缩机直接起动项目的电缆清册见表 10-11，各设备的具体位置见参考文献〔11〕的第 6 章工程设计实例中的 6kV 同步电动机直接起动实例。表中控制电缆的备用芯见该工程设计实例中的端子排图。

表 10-11　6M40-210 氮氢压缩机直接起动项目的电缆清册

序号	电缆编号	起点	终点	电缆型号规格	电缆长度/m	敷设方式	穿管长度/m
				中压电缆			
1	G-C0301	中压起动柜（在厂区的变配电所）	中压同步电动机（在压缩车间的 2 层）	ZRB-YJV$_{22}$-8.7/10kV-3×240		CT-SC150	
				低压动力电缆			
2	L-C0301	励磁柜（在厂区的变配电所）	同步电动机直流励磁（在压缩车间的 2 层）	ZRB-YJV$_{22}$-0.6/1kV-2×95		CT-SC80	
3	1M	辅机电控柜 KT-A（在压缩车间的 2 层）	压缩机 1#液压泵（在压缩车间的 1 层）	ZRB-YJV-0.6/1kV-4×6	26	CT-SC25	20
4	2M	辅机电控柜 KT-A（在压缩车间的 2 层）	压缩机 2#液压泵（在压缩车间的 1 层）	ZRB-YJV-0.6/1kV-4×6	25	CT-SC25	19
5	3M	辅机电控柜 KT-A（在压缩车间的 2 层）	压缩机　注油电动机（在压缩车间的 2 层）	ZRB-YJV-0.6/1kV-4×2.5	54	CT-SC20	48
6	4M	辅机电控柜 KT-A（在压缩车间的 2 层）	压缩机　盘车电动机（在压缩车间的 2 层）	ZRB-YJV-0.6/1kV-4×6	52	CT-SC25	46
7	5M	辅机电控柜 KT-A（在压缩车间的 2 层）	压缩机　通风电动机（在压缩车间的 1 层）	ZRB-YJV-0.6/1kV-4×4	41	CT-SC25	35

（续）

序号	电缆编号	起点	终点	电缆型号规格	电缆长度/m	敷设方式	穿管长度/m
			低压动力电缆				
8	6M	辅机电控柜 KT-A（在压缩车间的 2 层）	压缩机油站电加热器（在压缩车间的 1 层）	ZRB-YJV-0. 6/1kV-4 × 16	31	CT-SC40	25
9	DI	低压配电盘 AA1（在厂区变配电所）	辅机电控柜 KT-A（在压缩车间的 2 层）	ZRB-YJV-0. 6/1kV-4 × 25 + 1 × 16		CT-SC80	
10	D2	低压配电盘 AA1（在厂区变配电所）	仪表柜（在压缩车间的 2 层）	ZRB-YJV-0. 6/1kV-3 × 2. 5		CT-SC20	
11	D3	低压配电盘 AA1（在厂区变配电所）	天车电源柜（在压缩车间的 2 层）	ZRB-YJV-0. 6/1kV-4 × 70 + 1 × 35		CT-SC100	
12	D4	低压配电盘 AA1（在厂区变配电所）	检修电源箱（在压缩车间的 1 层）	ZRB-YJV-0. 6/1kV-4 × 16 + 1 × 10		CT-SC50	
13	D5	低压配电盘 AA1（在厂区变配电所）	励磁柜（在厂区变配电所）	ZRB-YJV-0. 6/1kV-4 × 95 + 1 × 50		CT-SC100	
			控制电缆				
14	K-01	中压起动柜（在厂区变配电所）	辅机电控柜 KT-A（在压缩车间的 2 层）	ZRB-KVV$_{22}$-450/750V-24 × 1. 5		SC50	
15	K-02	中压起动柜（在厂区变配电所）	仪表柜（在压缩车间的 2 层）	ZRB-KVV$_{22}$-450/750V-14 × 1. 5		SC40	
16	4K	辅机电控柜 KT-A（在压缩车间的 2 层）	压缩机　盘车电动机（在压缩车间的 2 层）	ZRB-KVV$_{22}$-450/750V-8 × 1. 5		SC32	

注：表中 G-C0301 和 L-C0301 电缆已在其他电缆清册中统计，为避免重复这里没有列出其长度。

　　表中 4K 电缆，在电流测量回路采用双芯 2 × 1.5。

参 考 文 献

[1] 江日洪. 交联聚乙烯电力电缆线路[M]. 2版. 北京：中国电力出版社，2009.

[2] 范鸿兴. 简明电线电缆应用手册[M]. 天津：天津大学出版社，2008.

[3] 张志清，潘树超. 阻燃电缆的类别及选用[J]. 电工园地，2002，11：23-24.

[4] GB 50217—2007 电力工程电缆设计规范[S]. 北京：中国计划出版社，2008.

[5] 龚永超，何旭涛，孙建生，等. 高压海底电力电缆铠装的设计和选型[J]. 电线电缆，2011，5：19-22.

[6] 刘淑敏，郭志红. 城区10kV配电网中性点接地方式探讨[J]. 山东电力技术，1999，5：28-30.

[7] 杨贵河. 电缆电容的计算[J]. 电气开关，2010，1：80-81.

[8] 王洪艳. 高压单芯XLPE绝缘电缆的绝缘金属屏蔽层接地方式的选择[J]. 机电信息，2010，1：249.

[9] 胡小勇. 10kV大截面单芯电缆应用中的经验教训[J]. 供用电，2003，3：35.

[10] 中国航空工业规划设计研究院，等. 工业与民用配电设计手册[M]. 3版. 北京：中国电力出版社，2005.

[11] 常瑞增. 中压电动机的工程设计和维修[M]. 北京：机械工业出版社，2010.

[12] 刘明光，刘永民，刘鸿渤，等. 冲击负荷下XLPE高压电缆缆芯截面选择[J]. 供用电，2002，2：23-24.

[13] 贾朝霞. 电气设计中电缆截面的选择探讨[J]. 化学工程与装备，2010，2：107-110.

[14] 朱欣娣，武宇波，魏莹莹. 中压交联电缆屏蔽层的几个关键问题的讨论[J]. 电线电缆，2009，4：11-13.

[15] 斯培灿. 单芯中压交联电缆金属屏蔽层的使用和选择[J]. 电线电缆，2001，3：21-23.

[16] 肖少非，顾在峰. 浅谈高压交联电缆的选型[J]. 江苏电机工程，2009，2：50-52.

[17] 陈光高，焦仲福，刘建春. 高压交联聚乙烯绝缘电缆的选择[J]. 电线电缆，2002，2：7-10.

[18] 孟毓，龚尊，吴正松. 东海大桥110kV电力电缆工程设计概要[J]. 供用电，2005，8：5-7.

[19] 唐一行. 阻燃、耐火电线电缆在电气防火中的分类及其应用研究[J]. 现代商贸工业，2010，22：400-401.

[20] 胡大伟，高玄飞. 不同阻燃级别的电缆在建筑工程中的应用[J]. 建筑电气，2010，6：25-28.

[21] 杜毅威. 阻燃低烟无卤电线电缆在建筑工程中的应用[J]. 建筑电气，2010，6：26-28.

[22] 汪海，徐红. 材料氧指数与电缆成束燃烧关系的分析[J]. 电线电缆，2013，1：26-28.

[23] 陶晶. 阻燃电缆和耐火电线的结构、特性及选用[J]. 西北水电，2002，3：38-40.

[24] 柳莞裕，余虎. 中高压耐火电力电缆的研制[J]. 电线电缆，2008，6：21-22.

[25] 唐崇健. 矿物绝缘电缆的特性及相关电气规范的采用[J]. 电线电缆，2004，6：10-13.

[26] 唐崇健，陈大勇，蔡如明. 矿物绝缘电缆在国家体育场的应用[J]. 电线电缆，2010，5：13-15.

[27] 李炳华，徐学民，吴生庭，等. 超高层建筑钢结构偏移对矿物绝缘电缆的影响[J]. 建筑电气，2010，6：20-24.

[28] 陈卫、王小伟等. 环保型多芯预制分支电缆的研制[J]. 电线电缆，2010，6：10-12.

[29] 阙书阁，单中，曹鑫兆. 浅谈电气竖井内主干电缆的分支[J]. 建筑电气，2005，1：18-20.

[30] 单中，曹鑫兆. 预制分支电缆和母线槽应用比较与分析[J]. 建筑电气，2003，5：17-18.

[31] 田长虹. 预制分支电缆在供配电系统中应用的讨论[J]. 电线电缆，2004，6：36-37.

[32] 陈文奎，徐云海，杨泽强. 预分支电缆设计及应用误区[J]. 建筑电气，2012，11：44-46.

[33] 任建国，杭岚. 预制分支电缆在高层建筑中的应用[J]. 技术进步，2006，7：73-74.

[34] 李迎九，戴瑜兴，等．预制分支电缆在智能大厦中的应用[J]．电工技术杂志，2001，9：34-35.

[35] 王金锋，郑晓泉，孔志达，等．防水型交联聚乙烯绝缘电力电缆结构分析[J]．电线电缆，2009，6：4-8.

[36] 朱永志．对电力电缆应用中若干问题的探讨[J]．科技资讯，2010，1：108-110.

[37] 李武林．20/35kV 风力发电用耐扭曲电力电缆的研制[J]．电线电缆，2010，10：22-25.

[38] 钱子明，管新元，马军．35kV 及以下风力发电场传输、并网用电电缆的研制[J]．电线电缆，2009，5：15-18.

[39] 高强．电缆防白蚁问题的探讨[J]．电线电缆，2003，5：36-37.

[40] 刘文山，周华敏，何文．高压电力电缆白蚁防治的方法和措施[J]．电线电缆，2009，5：41-43.

[41] 孙兆渭．无毒无害的防白蚁电缆[J]．电线电缆，2003，6：41-43.

[42] 曹永刚，等．尼龙 12 在防白蚁电力电缆的应用[J]．电线电缆，2012，6：32-35.

[43] 常瑞增．集肤效应电拌热系统在码头输油管线上的应用[J]．港工技术，2011，5：47-49.

[44] 李金伴．常用电线电缆选用手册[M]．北京：化学工业出版社，2011，3.

[45] 孙勇，赵爱林，李永红．一种新型的港口机械用拖曳软电缆研制[J]．电线电缆，2011，1：16-17.

[46] 杨卫贤．城市轨道交通供电系统直流电缆的应用概况[J]．科技创新导报，2009，2：118-119.

[47] 谢红．城市轨道牵引供电电缆选型分析[J]．机车电传动，2003，2：33-35.

[48] 唐崇健，庞玉春．轨道交通直流牵引电缆的特性和要求[J]．电线电缆，2003，3：23-27.

[49] 计初喜，庞玉春．城市轨道交通用电缆的品种及应用[J]．电线电缆，2005，1：14-16.

[50] 匡松文，唐世国．轨道交通 XLPE 绝缘电力电缆制造工艺特点[J]．电线电缆，2010，3：24-26.

[51] 邵健强，李汉卿．电气化铁道 27.5kV 电缆技术参数研究．信息系统工程[J]，2011，8：72-73.

[52] 肖云涛，林磊．电气化铁道 27.5kV 单相铜芯 XLPE 电缆的研制[J]．电线电缆，2010，5：16-18.

[53] 张国光．海底电缆安全及其施工埋设技术研究[J]．海洋技术，1992，1：65-73.

[54] 沈佩芳．220kV 大长度光纤复合海底电力电缆的研制[J]．电线电缆，2010，6：1-3.

[55] 吴建宁，郑运焱，吴弘．三芯光电复合海底电力电缆的设计与制造之一——结构设计[J]．电线电缆，2012，3：20-23.

[56] 王国忠．大长度 35kVXLPE 绝缘海底电力电缆的制造[J]．电线电缆，2004，(3)：15-17.

[57] 邱巍，鲍洁秋，于力，等．海底电缆及其技术难点[J]．沈阳工学院学报：自然科学版，2012，1，(1)：41-44.

[58] 王怡风，朱爱钧，龚尊．崇明-长兴 110kV 海缆联网工程设计探讨[J]．华东电力，2007，11：102-106.

[59] 周礼文．光纤复合低压电缆几个问题的探讨[J]．电线电缆，2011，5：23-26.

[60] 王国忠．海底光纤复合电力电缆的开发[J]．电线电缆，2005，6：11-14.

[61] 周厚强，叶信红．110kV 光纤复合海底光缆单元的设计及应用[J]．电线电缆，2009，6：1-3.

[62] 杨可贵．海底光缆的特点及其有关技术的探讨[J]．电线电缆，2005，4：18-20.

[63] 王科好，马军，钱子明．新型海岸滩涂风电场光电复合电力电缆的研制[J]．电线电缆，2010，2：19-22.

[64] 王国忠．海底光电复合缆的研制[J]．光纤与电缆及其应用技术，2009，1：11-14.

[65] 陈安元，张国平，陈文刚，等．3300V 级光纤电力复合扁形橡套软电缆的研制[J]．电线电缆，2011，3：12-14.

[66] 肖云涛，林磊．本质安全系统仪表电缆的研制[J]．电线电缆，2010，1：7-10.

[67] 李志勇．各型电缆附件的特点及应用[J]．四川兵工学报，2008，1：32-35.

[68] 车念坚．高压交联电力电缆附件选型的若干问题[J]．电力设备，2004，8：18-22.